高职高专机械类“十二五”规划精品课程建设教材

AUTO CAD 2010 实用教程

主　编　段绍娥　肖祖政

副主编　王　斌　付芝芳　谢晓华　陈志明

参　编　邓小单　伍春发　皮　杰　杨启正

主　审　刘少军

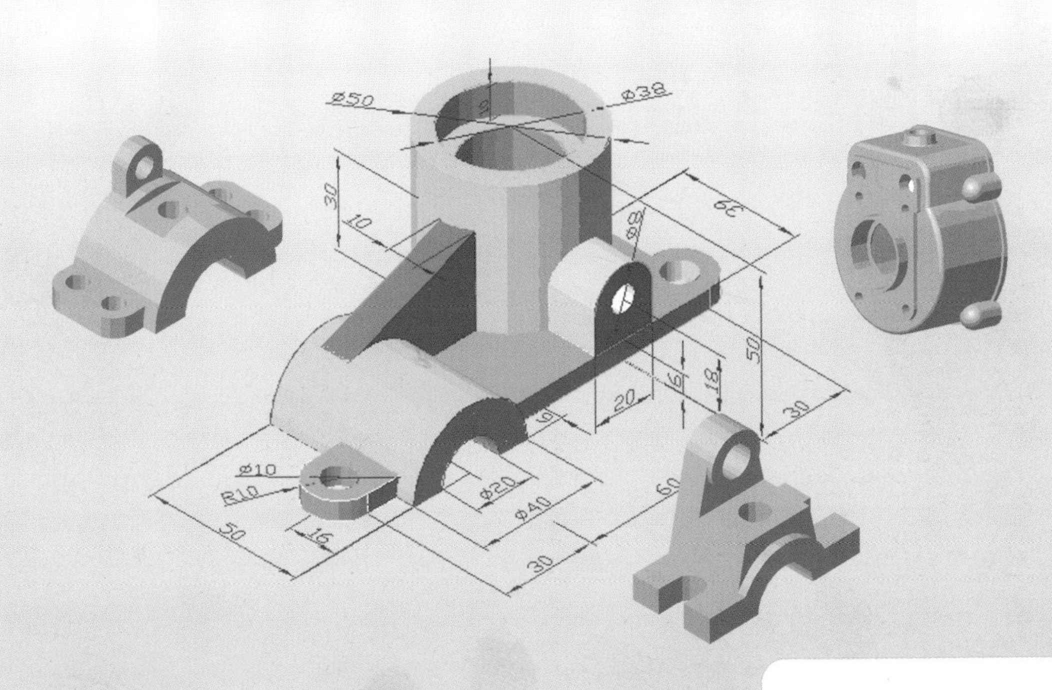

内容简介

本书以中文版AutoCAD 2010为操作平台， 按照绘制一张图的先后顺序作为教学的顺序来编写， 打破了本类教材普遍按软件功能排序的常规。

全书共分为11章， 第1章介绍了AutoCAD 2010软件的功能、 界面操作及绘图环境的设置， 调用绘图命令的几种方式。第2章介绍了绘图前的一些基本设置。第3章介绍了二维绘图与编辑命令的应用及自动追踪功能、 夹点编辑等辅助功能的应用。第4章介绍了文本标注与编辑以及表格的创建。第5章介绍了尺寸标注与编辑。第6章介绍了块与属性。第7章通过一些综合实例， 系统地讲解了绘制一张二维零件图的顺序。第8章介绍了轴测图的基础知识、 绘制方法， 以及在轴测图中输入文字和进行尺寸标注的方法。第9章介绍了三维绘图的相关辅助功能。第10章介绍了三维曲面模型绘制的基本方法。第11章介绍了三维实体的绘制及尺寸标注的方法。

其中， 第3～7章是全书的核心， 也是掌握CAD绘图知识的重点。

本书每一章节所列举的大量实例典型实用， 步骤讲解详细， 表达通俗易懂， 符合生产实际， 每一实例的讲解都采用了最合理、 最形象的表达方式， 使读者易懂、 易学、易操作。而且， 在各章节后都配备了充足的练习题， 特别方便读者自学。

本书既适于初学者快速入门， 并逐步提高之用， 也可作为高职高专、 中专职校、 技工学校及高级绘图员级认证培训的教材， 还可作为从事机械、 模具、 计算机等专业人员的自学参考书。

前 言

本书从实际应用出发，以最快的速度、最高的学习效率教会学习者绘制一张二维图样和一张三维实体图的过程操作，掌握相关功能的应用，删减了平时应用较少的一些功能命令，突出了实效性和实用性。

本书按绘制一张图的先后顺序阐述了 AutoCAD 2010 的各基本功能的使用，打破了按软件功能排序的常规，根据使用需要，把相关功能汇集到一起，即绘一张二维图样的顺序：绘图设置→绘图与编辑→尺寸标注→块与属性的应用→文本标注→创建标题栏→打印图形。绘一张三维图样的顺序：构图面与视角面的创设→用户坐标系的应用→相应构图面的图形绘制→三维尺寸标注→图形着色与渲染。

本书强调了功能综合、实例综合。以绘制一个综合例图的步骤讲解，来引出和贯穿各个知识点，所举实例符合机械制图国家标准，培养学习者一个良好的绘图习惯，使绘出的图样更加贴近生产实际。

全书共分为 11 章，主要介绍了 AutoCAD 绘图前的一些基本设置；二维绘图与编辑；文本、尺寸标注与编辑；块与属性；轴测图的绘制；二维绘图综合实例；三维绘图概述；三维曲面、实体模型的绘制等内容。

全书各章具有一个共同特点：每一章节所讲述的几个基本命令都是先逐个举例讲解，再通过一个典型综合例题，将这一章节所讲的命令全部贯穿运用，一边讲解绘图步骤，一边融入绘图技巧，**尤其是每个章节中穿插的“知识要点提示”，它阐述了该章节绘图的操作要领、注意事项、绘图技巧等，是教学实践经验的体现。**

本书具有三大优点和特色：

(1)本套教材特邀各学校教学一线的“双师型”专业骨干教师参编，教材中汇集了丰富的教学经验，阐述了各种绘图技巧。

(2)**全书以绘图的先后顺序作为教学的顺序编写，打破了本类教材普遍按软件功能排序的常规，突出了实效性，这是一个创新点。**

(3)本书采用“实例教学法”，每一章都列举了大量的实例，并在各章后配备了相应的练习题，**本书的例图和习题图共达 200 多个，练习题非常充足，这是本书区别于同类书籍的一个最大的优点。**

本书收集了各类专业书、相关资料的典型图样和习题，并结合长年累积的教学实践经验和绘图技巧，精心设计例题，所举实例典型实用，步骤讲解详细，表达通俗易懂，使读者易懂、易学、易操作，既可用于教学，又可用于自学。

本书既适于初学者快速入门，并逐步提高之用，也可作为高职高专、中专职校、技工学校及高级绘图员级认证培训的教材，还可作为从事机械、模具、计算机等专业人员的自学参考书。

本书由衡阳技师学院段绍娥、肖祖政担任主编；湖南工贸技师学院王斌、娄底职业技术学院付芝芳、永州职业技术学院谢晓华、南方职业学院陈志明担任副主编；衡阳技师学院邓小单、湖南交通工程职业技术学院伍春发、湖南科技职业技术学院皮杰、湖南科技经贸职院杨启正参编。全书由湖南工贸技师学院刘少军主审。

由于时间仓促和作者水平有限，书中难免会出现不足和错误，敬请专家、读者批评指正。

编　者

2011 年 6 月

目　录

第11章 三维实体的绘制与编辑 ……………………………………………… (295)

第 1 章　AutoCAD 2010 概述

【学习目标】

(1)了解 AutoCAD 2010 软件的功能。

(2)掌握 AutoCAD 2010 的界面操作。

(3)掌握绘图环境的设置。

(4)掌握调用绘图命令的几种方式。

AutoCAD 是美国 Autodesk 公司 1982 年 12 月推出的一款计算机辅助设计软件，从最初的 AutoCAD R1.0 版本开始，经过多次升级改版，目前已经成功研发出最新版本 AutoCAD 2010。使用此软件绘制各种图形，解决了传统手工绘图效率低、绘图准确度差及劳动强度大等问题。在目前的计算机绘图领域，AutoCAD 是使用最为广泛的计算机绘图软件。

1.1　AutoCAD 2010 功能概述

AutoCAD 2010 软件具有操作简便、易于掌握、修改方便、体系结构开放等特点，能够绘制二维图形与三维图形，具备强大的图形编辑功能、丰富的尺寸标注功能，能够渲染图形以及打印输出图纸，深受广大工程技术人员的欢迎。目前已广泛应用于机械、建筑、电子、土木工程、地质等领域。

1.1.1　绘制与编辑图形

AutoCAD 2010 软件提供了丰富的二维绘图命令，利用这些命令还可以绘制点、直线、多段线、圆、圆弧、矩形、多边形、椭圆、样条曲线等基本图形。实际上针对不同图形，通过运用绘图功能与编辑功能的结合使用，采用适当的绘图方法，是提高用 AutoCAD 软件绘图速度和效率的核心。图 1 - 1 所示为使用 AutoCAD 绘制的二维图形。

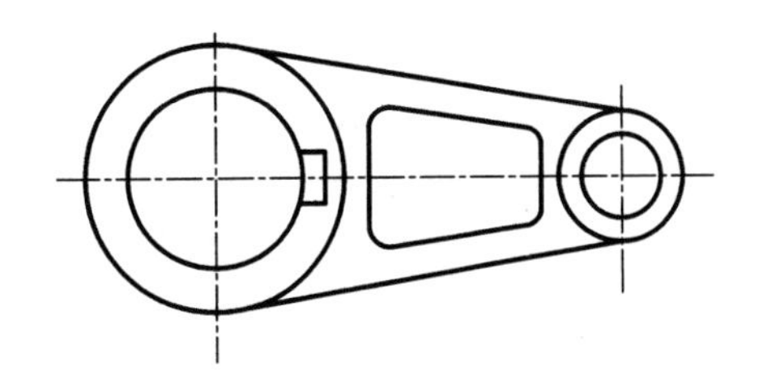

图 1 - 1　绘制二维图形

AutoCAD 软件可以绘制三种不同的三维图形，即三维线框图形、三维曲面图形和三维实体图形。当前比较实用的是三维实体图形，AutoCAD 软件提供了长方体、楔体、圆柱体、圆锥体、圆环体和球体等基本的三维实体的绘制命令，也可以通过将二维平面图形拉伸、旋转等编辑命令应用转换成三维实体，再通过交集、并集、差集等布尔运算组装成需要的三维实体图形，图 1 - 2 所示为使用 AutoCAD 绘制的三维图形。

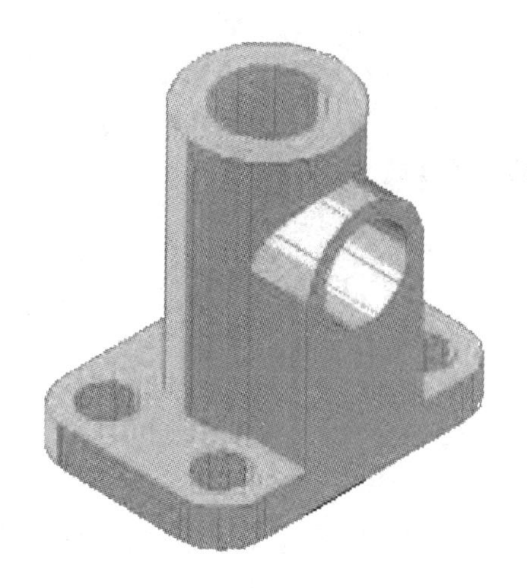

图 1-2　绘制三维图形

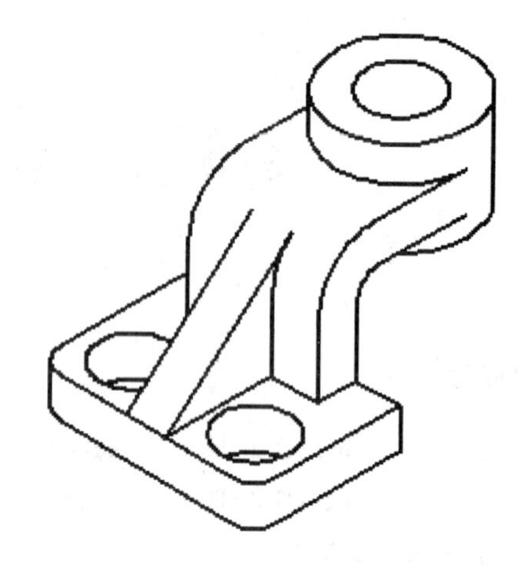

图 1-3　绘制轴测图

1.1.2　标注图形尺寸

尺寸标注是向图形中添加测量注释的过程，是整个绘图过程中不可缺少的一步，AutoCAD 的“标注”菜单组中包含了一套完整的尺寸标注功能和尺寸编辑功能，使用该功能可以在图形的各个方向上创建各种类型的尺寸标注，可以方便、快速地以一定格式创建符合行业或项目标准的标注。

标注显示了对象的测量值，对象之间的距离、角度或者特征与指定原点的距离。在 AutoCAD 中提供了线性、半径、角度等多种基本的标注类型，可以进行水平、垂直、对齐、旋转、坐标、基线或连续标注等多种标注形式。此外，还可以进行引线标注、公差标注以及自定义的粗糙度标注。标注的对象可以是二维图形，也可以是三维图形，图 1-4 所示为使用 AutoCAD 标注的二维图形和三维图形。

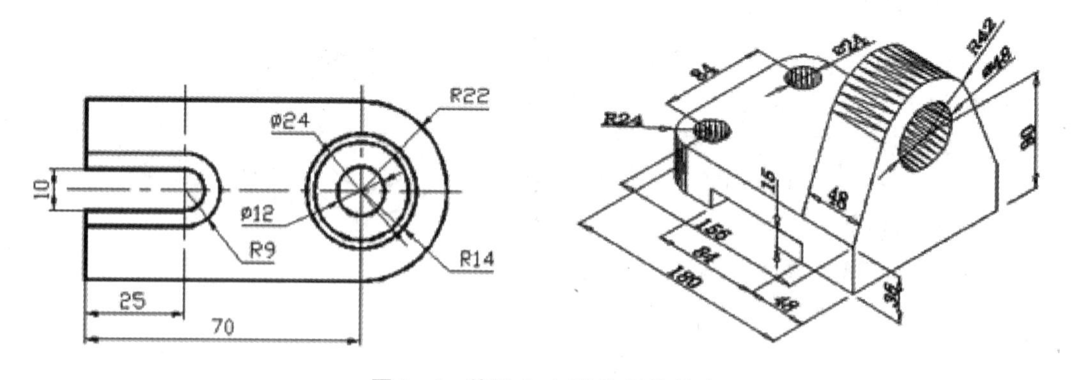

图 1-4　使用 AutoCAD 标注尺寸

1.1.3　渲染三维图形

在 AutoCAD 中，可以运用雾化、光源和材质，将模型渲染为具有真实感的图像。如果是为了演示，可以渲染全部对象；如果时间有限，或显示设备和图形设备不能提供足够的灰度等级和颜色，就不必精细渲染；如果只需快速查看设计的整体效果，则可以简单消隐或设置视觉样式。图 1－5 所示为使用 AutoCAD 进行渲染的效果。

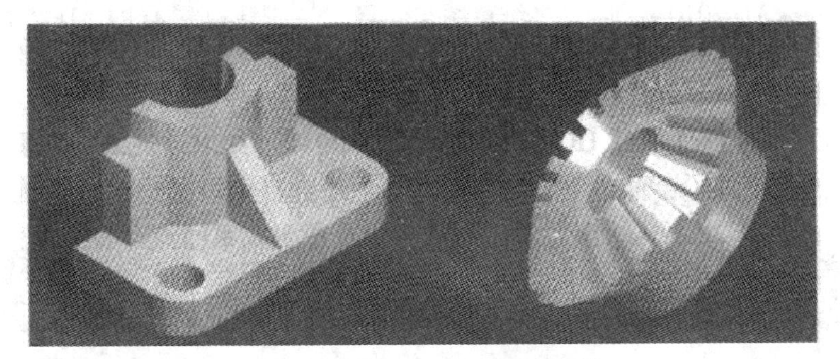

图 1－5　使用 AutoCAD 渲染图像

1.1.4　输出与打印图形

AutoCAD 不仅允许将所绘图形以不同样式通过绘图仪或打印机输出，还能够将不同格式的图形导入 AutoCAD 或将 AutoCAD 图形以其他格式输出。因此，当图形绘制完成之后可以使用多种方法将其输出。例如，可以将图形打印在图纸上或创建成文件以供其他应用程序使用。

1.2　AutoCAD 2010 界面介绍

软件安装完毕后，一般会自动在桌面上建立快捷图标。双击该图标，即可快速启动 AutoCAD 2010。

用户还可以选择“开始”→“程序”→Autodesk→AutoCAD 2010 － Simplified Chinese→AutoCAD 2010 命令，启动 AutoCAD 2010，该版本的带功能区的界面结构如图 1－6 所示。

如图 1－6 所示，AutoCAD 2010 的界面主要由菜单浏览器、快速访问工具栏、功能区、绘图区、命令窗口和状态栏组成，其中整合了功能按钮的功能区是新添加的。

图 1－6　AutoCAD 2010 中文版的全新界面

1.2.1 选择工作空间

中文版 AutoCAD 2010 提供了“二维草图与注释”“三维建模”“AutoCAD 经典”3 种工作空间模式。

要在 3 种工作空间模式中进行切换，只需要在快速访问工具栏选择“显示菜单栏”命令，在弹出的菜单中选择“工具”→“工作空间”命令(如图 1－7 所示)，或在状态栏中单击“切换工作空间”按钮，在弹出的菜单中选择相应的命令即可(如图 1－8 所示)。

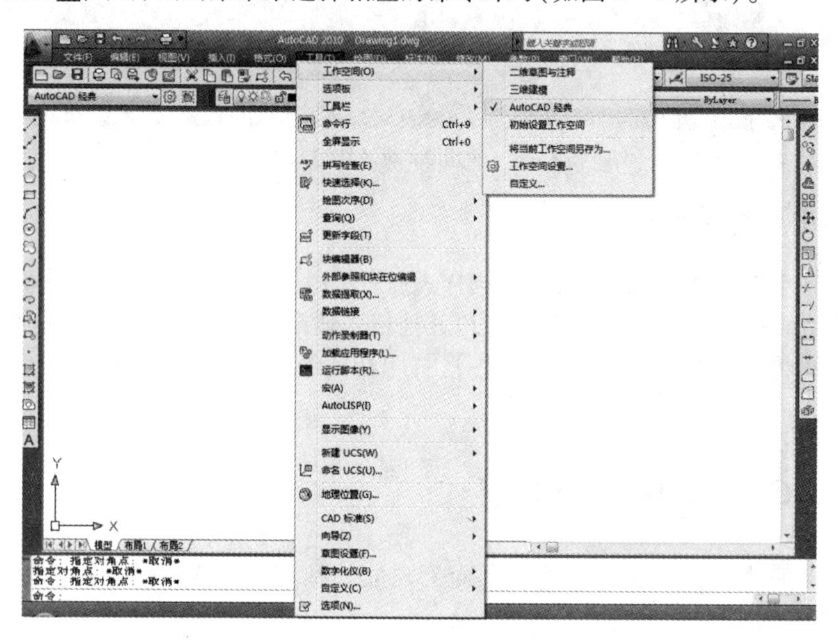

图 1－7 “工作空间”菜单

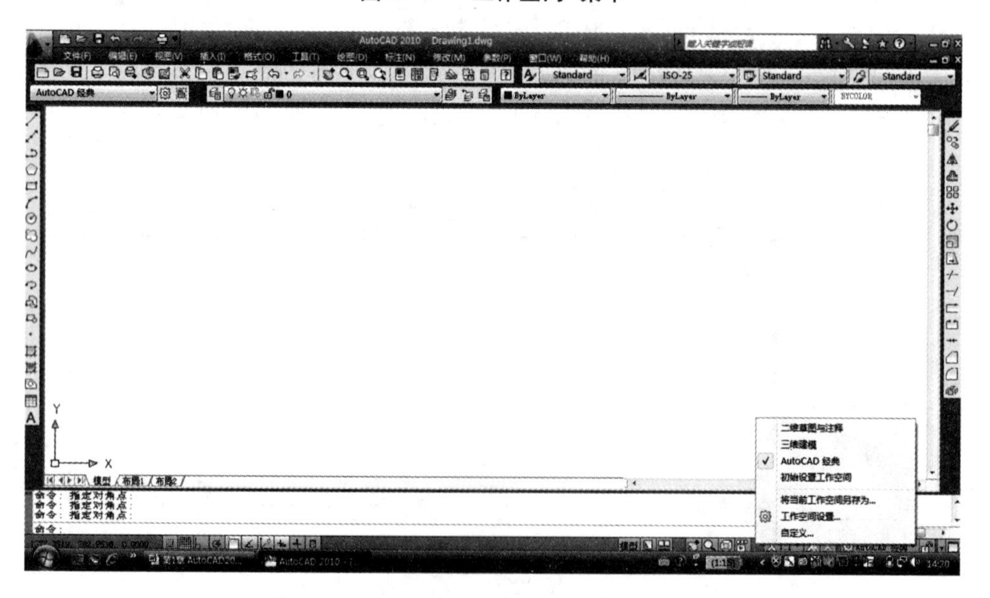

图 1－8 “切换工作空间”按钮菜单

在状态栏中单击“切换工作空间”按钮，在弹出的菜单中选择“工作空间设置”命令，将打开“工作空间设置”对话框，可以设置菜单显示及顺序，如图 1－9 所示。

图 1－9　“工作空间设置”对话框

1.2.2　二维草图与注释空间

在默认状态下，打开“二维草图与注释”空间，其界面主要由“菜单浏览器”按钮、“功能区”选项板、快速访问工具栏、文本窗口与命令行、状态栏等元素组成，如图 1－10 所示。在该空间中，可以使用“绘图”“修改”“图层”“标注”“文字”“表格”等面板方便地绘制二维图形。

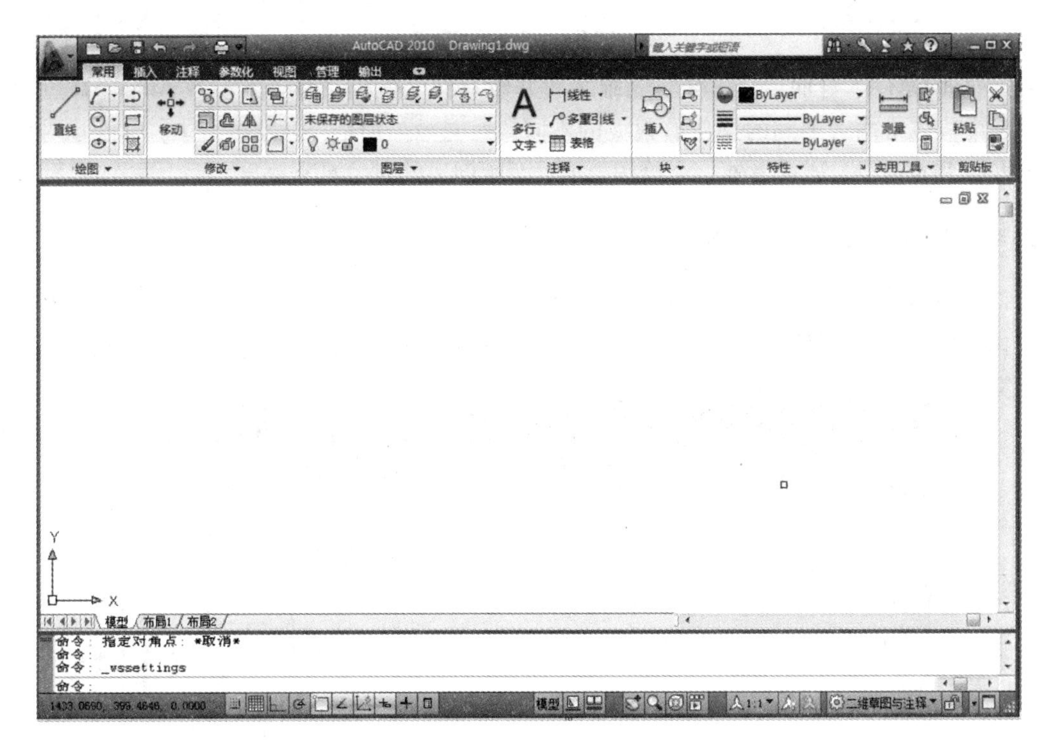

图 1－10　“二维草图与注释”空间

1.2.3　三维建模空间

使用“三维建模”空间，可以更加方便地在三维空间中绘制图形。在“功能区”选项板中集成了“三维建模”“视觉样式”“光源”“材质”“渲染”“导航”等面板，从而为绘制三维图形、观察图形、创建动画、设置光源、为三维对象附加材质等操作提供了非常便利的环境，如图 1－11所示。

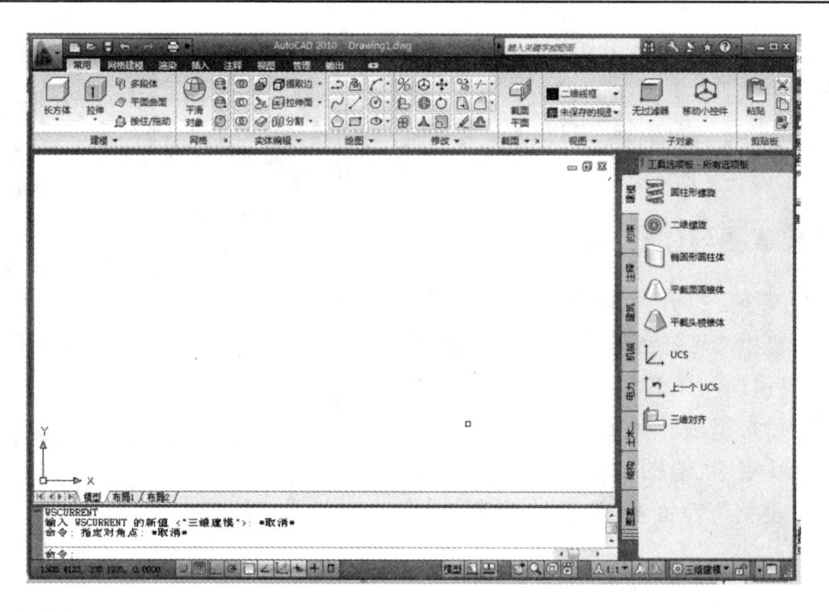

图 1－11 “三维建模”空间

对 AutoCAD 本身而言，三维与二维之间并没有什么区别，对于大多数 AutoCAD 用户来说，三维与二维两者之间的操作有很大的不同，其主要区别是：三维造型中，所创建对象除了有长度和宽度外，还有另外一个绘图方向，即所创建的对象具有高度。

1.2.4 AutoCAD 经典空间

对于习惯于 AutoCAD 传统界面的用户来说，可以使用“AutoCAD 经典”工作空间，其界面主要由“菜单浏览器”按钮、快速访问工具栏、菜单栏、工具栏、文本窗口与命令行、状态栏等元素组成，如图 1－12 所示。

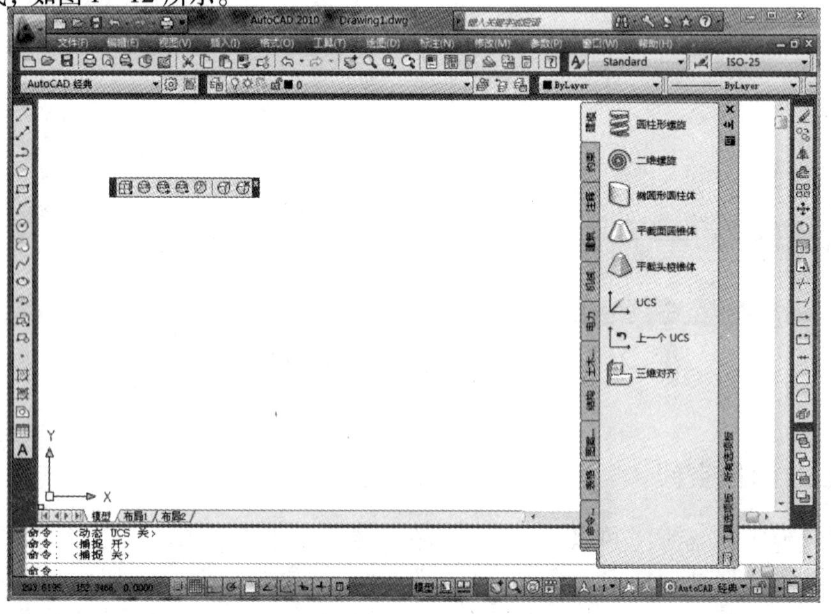

图 1－12 “AutoCAD 经典”空间

1.2.5　AutoCAD 工作空间的基本组成

AutoCAD 的各个工作空间由“菜单浏览器”按钮、快速访问工具栏、标题栏、绘图窗口、文本窗口、状态栏和选项板等组成。

1.“菜单浏览器”按钮

“菜单浏览器”按钮 位于界面左上角，单击该按钮，将弹出 AutoCAD 菜单，如图 1－13 所示，其中几乎包含了 AutoCAD 的全部功能和命令，用户选择命令后即可执行相应操作。

2. 快速访问工具栏

AutoCAD 2010 设计了快速访问工具栏，位于窗口顶部的左方，如图 1－14 所示。快速访问工具栏用于存储经常访问的命令，其中的默认命令按钮包括新建、打开、保存、打印、放弃和重做。该工具栏可以自定义，其中包含由工作空间定义的命令集。

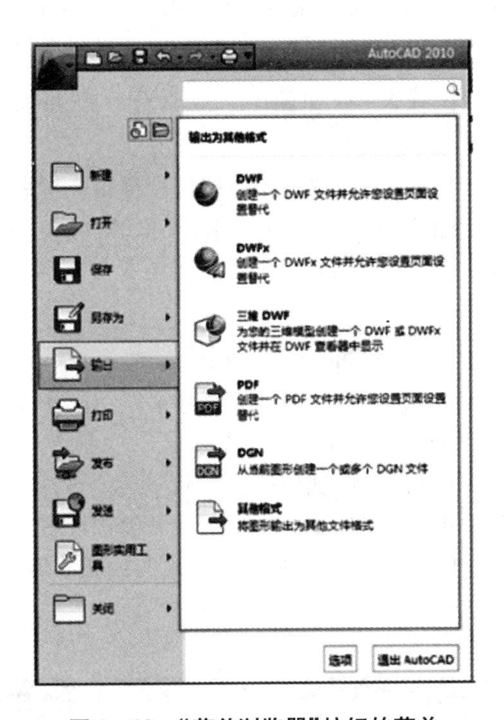

图 1－13　“菜单浏览器”按钮的菜单

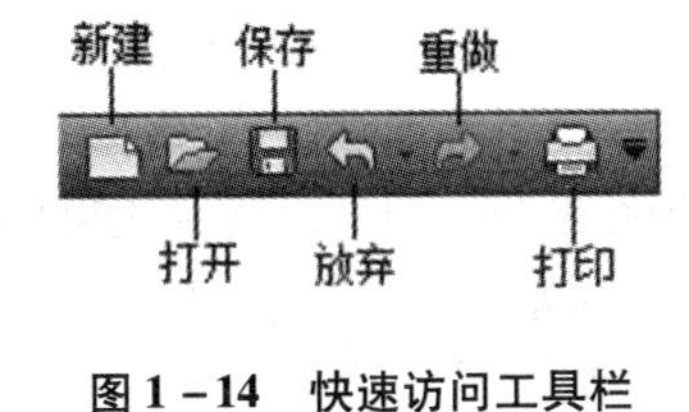

图 1－14　快速访问工具栏

在快速访问工具栏上右击，在弹出的快捷菜单中选择“自定义快速访问工具栏”命令，弹出“自定义用户界面”对话框，并显示可用命令的列表。将想要添加的命令从“自定义用户界面”对话框的“命令列表”窗格中拖曳到快速访问工具栏，即可添加该命令。

> **知识要点提示：**
>
> 单击快速访问工具栏上的下三角按钮 ，在弹出的快捷菜单中选择“显示菜单栏”命令，就可以在工作空间中显示菜单栏。同样地，在弹出的快捷菜单中选择“工具栏”命令的子命令，就可以在工作空间中显示工具栏。

3. 标题栏

标题栏位于应用程序窗口的最上面，用于显示当前正在运行的程序名及文件名等信息，如果是 AutoCAD 默认的图形文件，其名称为 DrawingN. dwg（N 是数字），例如：Drawing1. dwg，如图 1－15 所示。

图 1－15 标题栏

标题栏中的信息中心提供了多种信息来源，在文本框中输入需要帮助的问题，然后单击“搜索”按钮，就可以获取相关的帮助；单击“通讯中心”按钮，可以获取最新的软件更新、产品支持通告和其他服务的直接链接；单击“收藏夹”按钮，可以保存一些重要的信息。

单击标题栏右侧的按钮，可以最小化、最大化或关闭应用程序窗口。标题栏最左边是应用程序的小图标，单击它将会弹出一个 AutoCAD 窗口控制下拉菜单，可以执行最小化或最大化窗口、恢复窗口、移动窗口、关闭 AutoCAD 等操作。

4. “功能区”选项板

功能区是 AutoCAD 2010 新增的功能之一，位于绘图窗口的上方，用于显示与基于任务的工作空间关联的按钮和控件。“功能区”选项板是和工作空间相关的，不同工作空间用于不同的任务种类，不同工作空间的功能区内的面板和控件也不尽相同。

在默认状态下，在“二维草图和注释”空间中，“功能区”选项板有 7 个选项卡：常用、插入、注释、参数化、视图、管理和输出。每个选项卡包含一组面板，每个面板又包含许多由图标表示的命令按钮，如图 1－16 所示。通过切换选项卡，可以选择不同功能的面板，例如，“注释”选项卡所集成的面板如图 1－17 所示。

图 1－16 “二维草图和注释”工作空间的“功能区”选项板

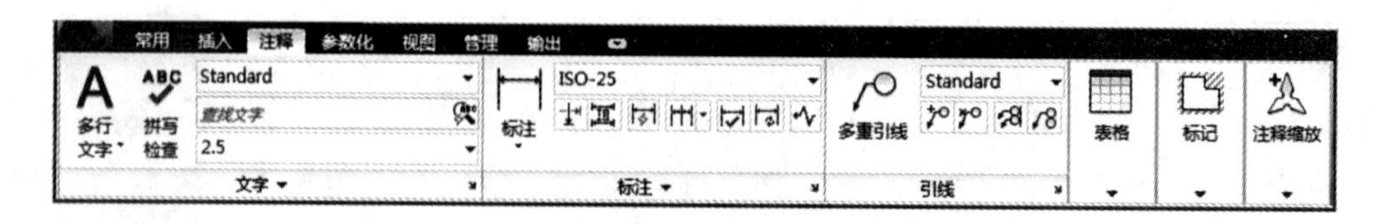

图 1－17 “注释”选项卡

如果某个面板中没有足够的空间显示所有的工具按钮，单击右下角的三角按钮，可以展开折叠区域，显示其他相关的命令按钮，如图1－18所示为单击“绘图”面板右下角的三角按钮后的效果。如果某个按钮后面有个下三角按钮，表明该按钮下面还有其他的命令按钮，单击下三角按钮，弹出菜单，显示其他的命令按钮。例如，如图1－19所示为单击绘圆按钮后面的三角按钮所弹出的菜单。

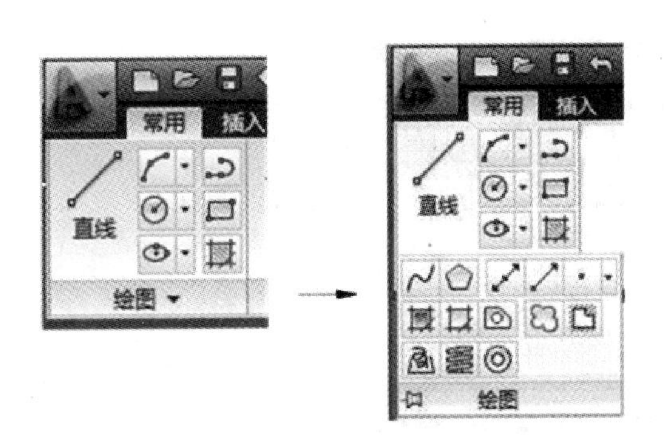

图1－18 展开“绘图”面板

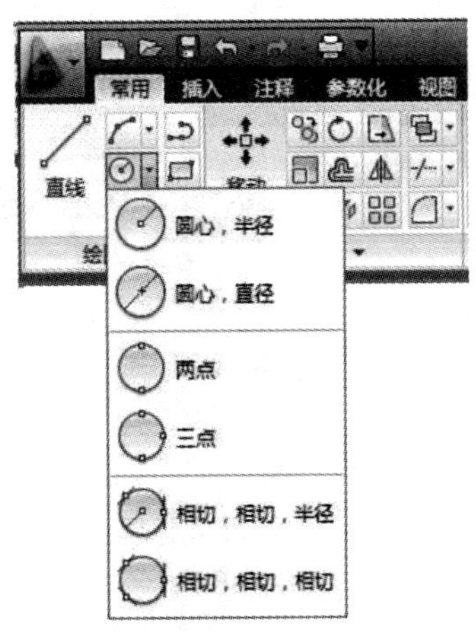

图1－19 “圆”按钮下的其他按钮

知识要点提示：

在面板上右击，在弹出的快捷菜单中选择“显示面板标题”命令，将显示面板的标题，如果取消选择该命令，将不显示面板的标题。

5. 菜单栏

启动AutoCAD 2010后，会发现“经典”界面的菜单栏为隐藏状态。此时可单击快速访问工具栏右侧的小箭头，在弹出的快捷菜单中选择“显示菜单栏”命令，如图1－20所示。

显示的菜单栏如图1－21所示。菜单栏位于窗口顶部，提供了“文件”“编辑”“视图”“插入”“格式”“工具”“绘图”“标注”“修改”“参数”“窗口”“帮助”共12项菜单，用户通过它几乎可以使用软件中的所有功能。

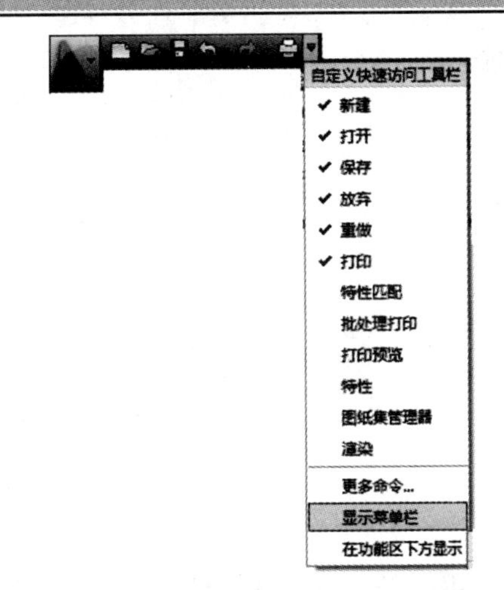

图1－20 在快捷菜单中选择“显示菜单栏”命令

文件(F) 编辑(E) 视图(V) 插入(I) 格式(O) 工具(T) 绘图(D) 标注(N) 修改(M) 参数(P) 窗口(W) 帮助(H)

图1－21 菜单栏

6. 工具栏

在使用 AutoCAD 进行绘图时，除了使用菜单外，大部分的命令可以通过工具栏来执行。在 AutoCAD 2010 中，只需将鼠标移至工具栏中的按钮上，即会显示该按钮的提示信息。它具有简明、便捷的特点，是最常用的执行命令方式。

AutoCAD 2010 一共提供了多达 44 个工具栏，但默认状态下仅显示功能区，工具栏会全部隐藏。要打开工具栏，可在菜单栏选择“工具”→“工具栏”→“AutoCAD”命令，然后选择要显示的工具栏，如图 1－22 所示。

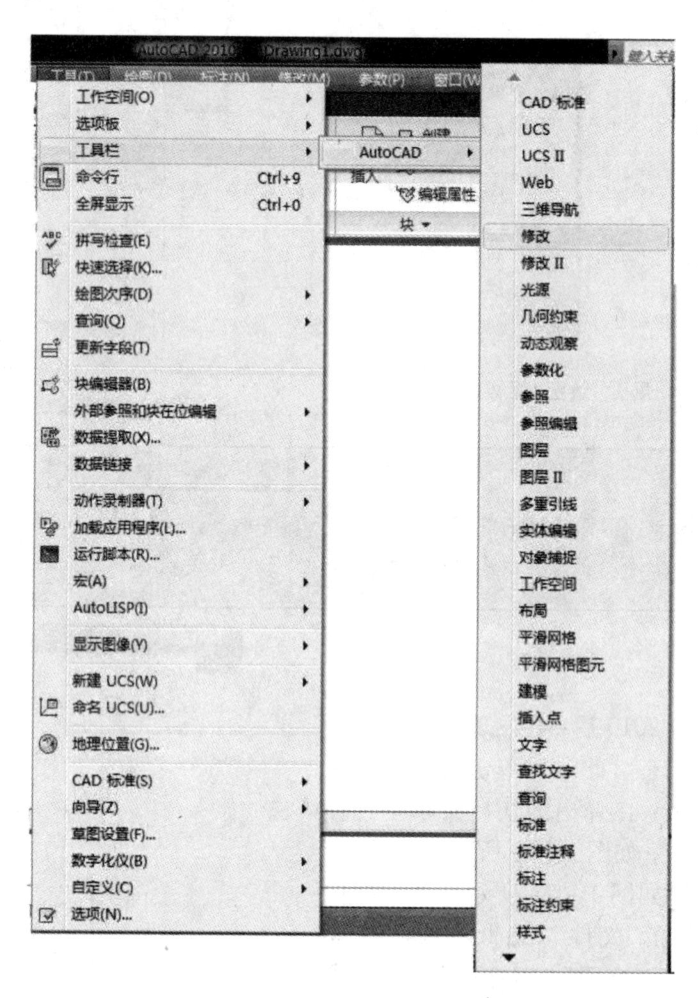

图 1－22 显示工具栏

常用的工具栏有“标准”“工作空间”“绘图”“绘图次序”“特性”“图层”“修改”“样式”，如图 1－23 所示。

将鼠标置于工具栏上按住左键拖动，就可以移动工具栏的位置。当拖动当前浮动的工具栏至窗口任意一侧时，会贴紧于窗口。

工具栏的可移动性无疑给设计工作带来了方便，但通常也会因操作失误，而将工具栏拖离原来的位置，所以 AutoCAD 2010 提供了锁定工具栏的功能。有 2 种方法锁定工具栏。

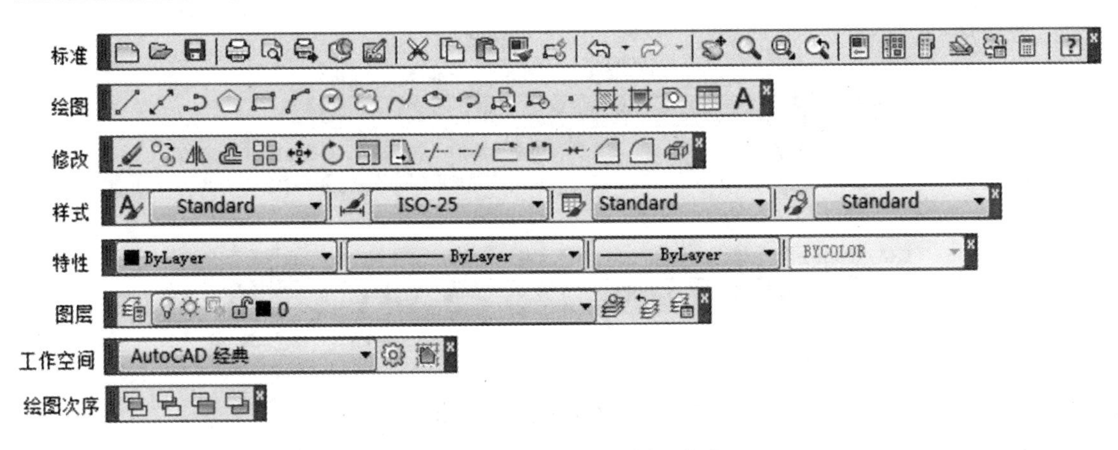

图 1-23 常用的工具栏及名称

(1) 从菜单栏中选择“窗口”→“锁定位置”→“全部”→“锁定”命令。

(2) 单击窗口下方状态栏右侧的锁定图标，从弹出的菜单中选择“全部”→“锁定”命令，如图 1-24 所示。

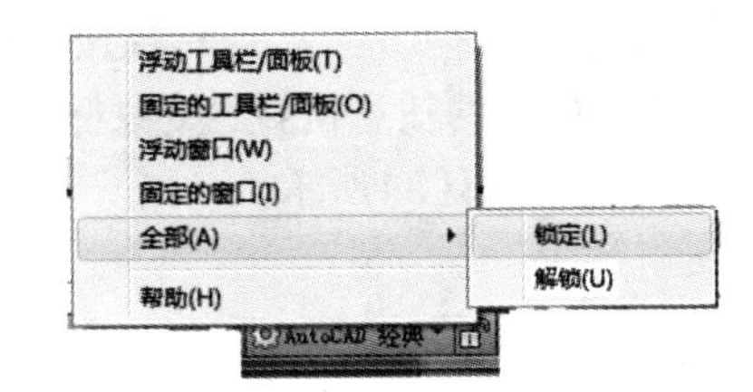

图 1-24 通过按钮锁定工具栏

7. 命令行窗口

“命令行”窗口位于绘图窗口的底部，用于接受输入的命令，并显示 AutoCAD 提示信息。在 AutoCAD 2010 中，“命令行”窗口可以拖放为浮动窗口，如图 1-25 所示。

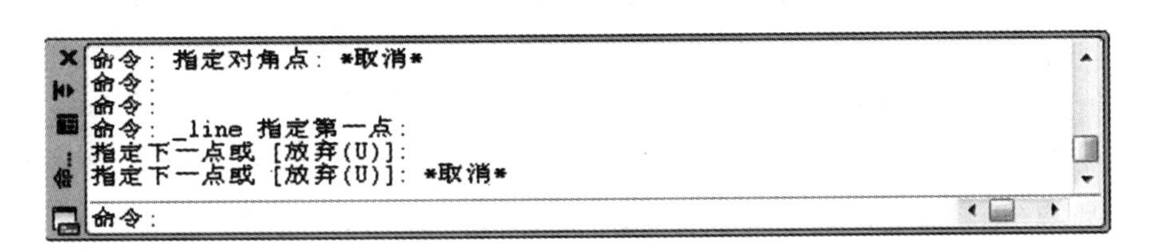

图 1-25 “命令行”窗口

8. 状态栏

状态栏如图 1-26 所示，用来显示 AutoCAD 当前的状态，如当前光标的坐标、命令和按钮的说明等。状态栏的各图标含义如图 1-27 所示。

图 1-26 AutoCAD 状态栏

在绘图窗口中移动光标时，状态栏的“坐标”区将动态地显示当前坐标值。坐标显示取决于所选择的模式和程序中运行的命令，有“相对”“绝对”“无”3 种模式。

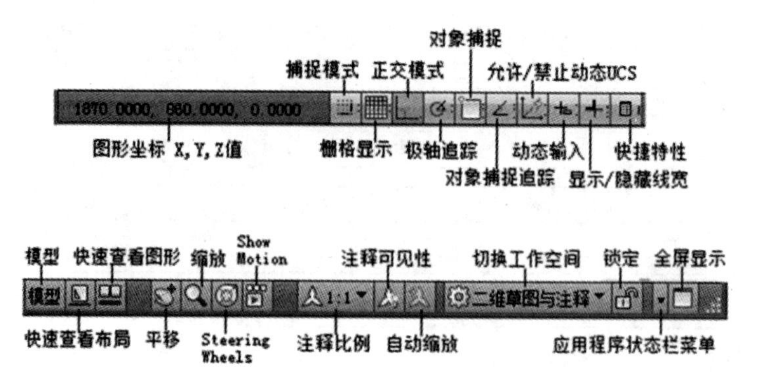

图 1-27　AutoCAD 状态栏的各图标含义

状态栏中包括如“捕捉”“删格”“正交”“极轴”“对象捕捉”“对象追踪”“DUCS”“DYN”“线宽”“快捷特性”10 个状态转换按钮，这些按钮既可以按图标显示，也可按文字显示。将光标置于状态栏中的任意位置，按鼠标右键，如图 1-28(a)所示，将“使用图标”选项取消，转换效果如图 1-28(b)所示。

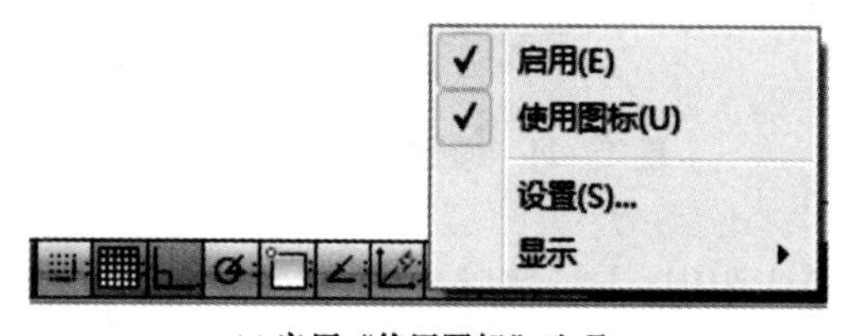

(a) 启用“使用图标”选项

(b) 取消“使用图标”选项

图 1-28　AutoCAD 状态栏部分图标

这 10 个状态按钮功能如下：

● “捕捉”按钮：单击该按钮，打开捕捉设置，此时光标只能在 X 轴、Y 轴或极轴方向移动固定的距离(即精确移动)。单击“菜单浏览器”按钮，在弹出的菜单中选择“工具”→“草图设置”命令，在打开的“草图设置”对话框的“捕捉和删格”选项卡中设置 X 轴、Y 轴或极轴捕捉间距。

● “删格”按钮：单击该按钮，打开删格显示，此时屏幕上将布满小点。其中，删格的 X 轴和 Y 轴间距也可通过“草图设置”对话框的“捕捉和删格”选项卡进行设置。

● “正交”按钮：单击该按钮，打开正交模式，此时只能绘制垂直直线或水平直线。

● “极轴追踪”按钮：单击该按钮，打开极轴追踪模式。在绘制图形时，系统将根据设置显示一条追踪线，可在该追踪线上根据提示精确移动光标，从而进行精确绘图。默认情况下，系统预设了 4 个极轴，与 X 轴的夹角分别为 0°、90°、180°、270°(即角增量为 90°)。可以使用“草图设置”对话框的“极轴追踪”选项卡设置角度增量。

● “对象捕捉”按钮：单击该按钮，打开对象捕捉模式。因为所有几何对象都有一些决定其形状和方位的关键点，所以，在绘图时可以利用对象捕捉功能自动捕捉这些关键点。可以使用“草图设置”对话框的“对象捕捉”选项卡设置对象的捕捉模式。

● “对象追踪”按钮：单击该按钮，打开对象追踪模式，可以通过捕捉对象上的关键点，并沿正交方向或极轴方向拖动光标，此时可以显示光标当前位置与捕捉点之间的相对关系。若找到符合要求的点，直接单击即可。

● “DUCS”按钮：单击该按钮，可以允许或禁止动态 UCS。

● “DYN”按钮：单击该按钮，将在绘制图形时自动显示动态输入文本框，方便绘图时设置精确数值。

● “线宽”按钮：单击该按钮，打开线宽显示。在绘图时如果为图层和所绘图形设置了不同的线宽，打开该开关，可以在屏幕上显示线宽，以标识各种具有不同线宽的对象。

● “快捷特性”按钮：单击该按钮，可以显示对象的快捷特性面板，能帮助用户快捷地编辑对象的一般特性。通过“草图设置”对话框的“快捷特性”选项卡可以设置快捷特性面板的位置模式和大小。

在 AutoCAD 2010 的状态栏中包括一个图形状态栏，含有“注释比例”“注释可见性”“自动缩放”3 个按钮，其功能如下：

● “注释比例”按钮：单击该按钮，可以更改可注释对象的注释比例。

● “注释可见性”按钮：单击该按钮，可以用来设置仅显示当前比例的可注释对象或显示所有比例的可注释对象。

● “自动缩放”按钮：单击该按钮，可在更改注释比例时自动将比例添加至可注释对象。

此外，状态栏中其他按钮的功能如下所示：

● “快速查看布局”（“快速查看图形”）按钮：单击该按钮，可以浏览和操控当前图形的模型或布局个性特征。

● “Steering Wheels”按钮：单击该按钮，可以打开控制盘来追踪光标在绘图窗口中的移动，并且提供了控制二维和三维图形显示的工具。

● “Show Motion”按钮：单击该按钮，可以访问当前图形中已储存的并按类别组织起来的一系列活动的命名视图。

● “全屏显示”按钮：单击该按钮，可以隐藏 AutoCAD 窗口中“功能区”选项板等界面元素，使 AutoCAD 的绘图窗口全屏显示。

1.3　设置绘图环境

1.3.1　设置“显示”选项

单击“菜单浏览器”按钮→单击按钮，弹出“选项”对话框，在“选项”对话框的“显示”选项卡中提供了“窗口元素”“布局元素”“显示精度”“显示性能”“十字光标大小”“淡入度控制”6 项显示设置项目，如图 1 - 29 所示。通过它们可以设置软件的各项显示属性，下面将逐一进行简单介绍。

● 窗口元素：窗口元素主要用于控制绘图环境特有的显示设置。

1）选择“显示屏幕菜单”复选框，可以在绘图区域的右侧显示屏幕菜单。

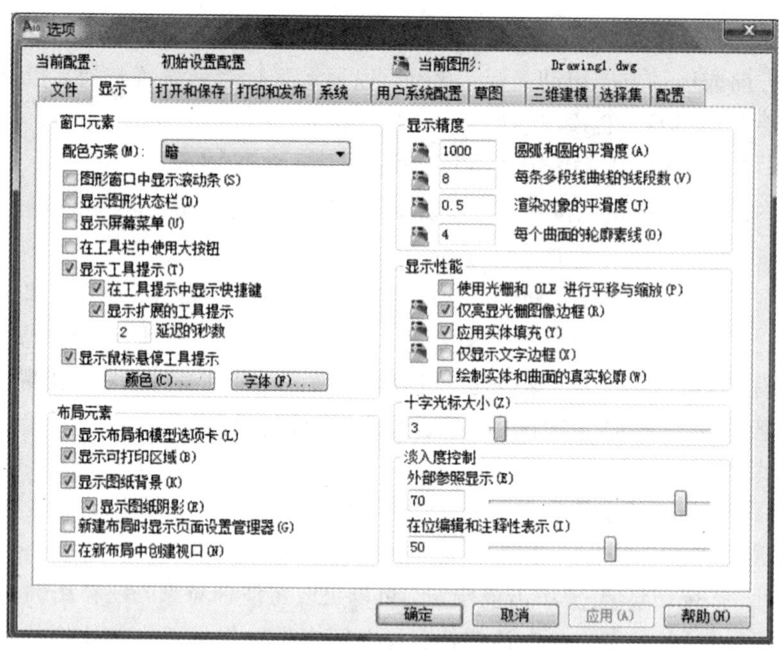

图 1－29 “显示”选项卡

2）选择“在工具栏中使用大按钮”复选框，则可以将原来 15 像素 ×16 像素的图标以 32 像素 ×30 像素的尺寸显示，选择此复选框后的“绘图”工具栏如图 1－30 所示。

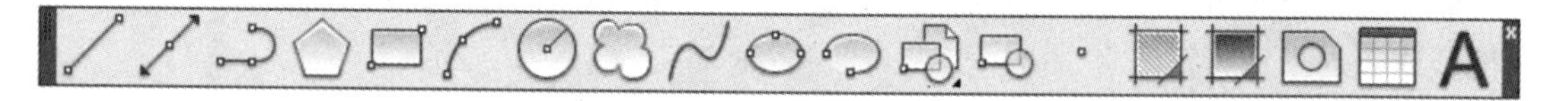

图 1－30 以大按钮显示的“绘图”工具栏

3）若单击“颜色”按钮 颜色(C)...，打开“图形窗口颜色”对话框，可以指定主应用程序窗口中元素的颜色，如图 1－31 所示。

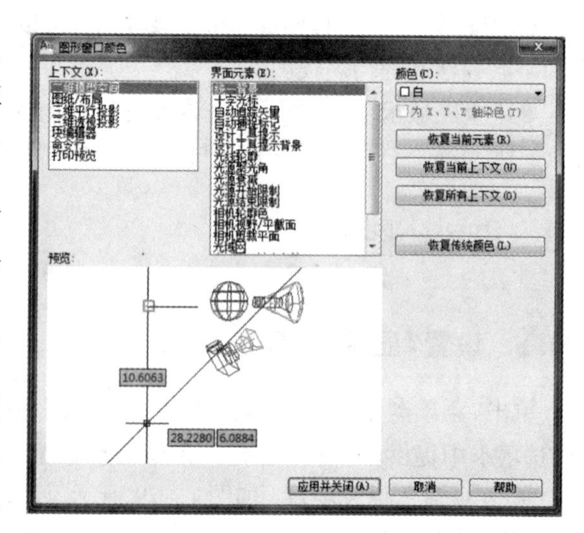

图 1－31 “图形窗口颜色”对话框

4）若单击“字体”按钮 字体(F)...，打开“命令行窗口字体”对话框，可以指定命令行窗口的文字字体，如图 1－32 所示。

● 布局元素：布局是指一个图纸的空间环境，用户可在其中设置图形进行打印。“布局元素”选项组中主要是用于控制现有布局和新布局的选项。

● 显示精度：用于控制对象的显示质量。精度越高，性能就越受影响。例如设置较高的质量值时，将会影响程序的运行速度与文件的容量大小。

例如图 1－33(a)所示，由于显示精度设置较低，所绘圆弧呈多个直线段相连的状态显示，将显示精度的各项设置调高，如图 1－34 所示，再按菜单“视图”的“重生成”，该圆弧将变光滑，效果如图 1－33(b)所示。

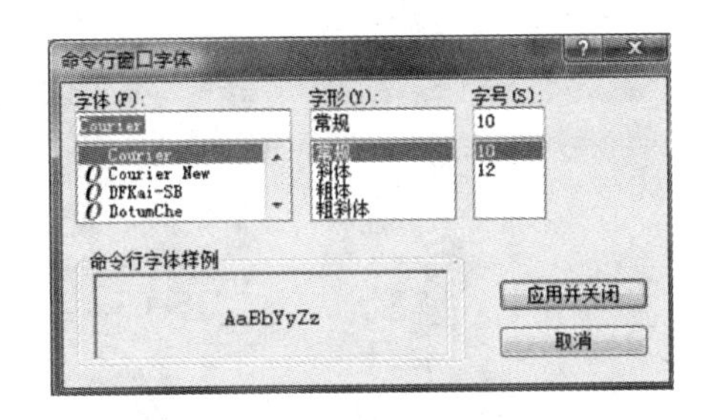

图 1－32　“命令行窗口字体”对话框

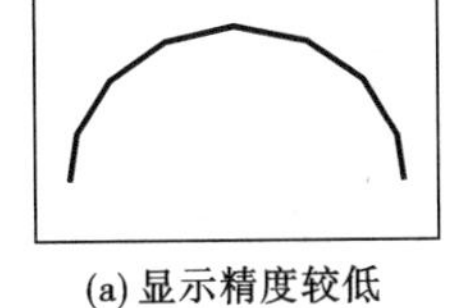

(a) 显示精度较低

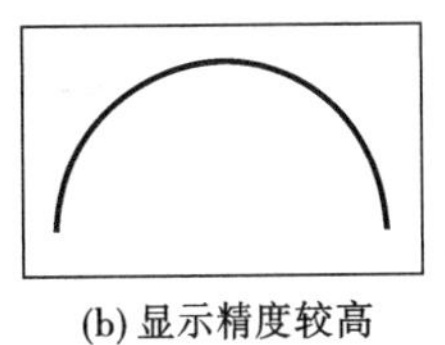

(b) 显示精度较高

图 1－33　显示精度的比较

● 显示性能：是用于控制与显示性能相关的复选框。

● 十字光标大小：用于控制十字光标的尺寸。默认尺寸为 5%，有效值的范围是全屏幕大小的 1% ～100%。在设置为 100% 时，将看不到十字光标的末端。将其大小设置为 15% 时的效果如图 1－35 所示。

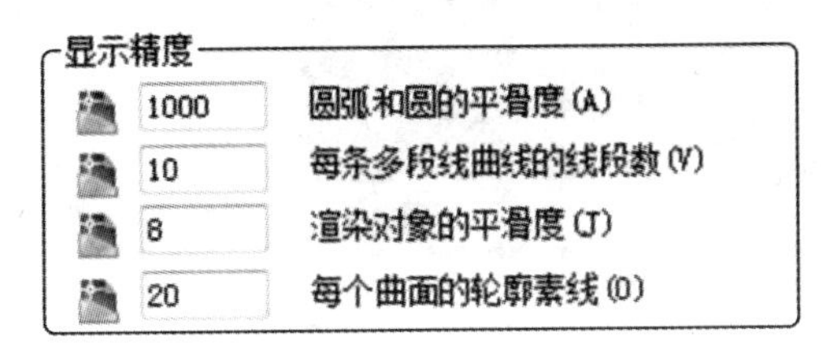

图 1－34　显示精度的设置

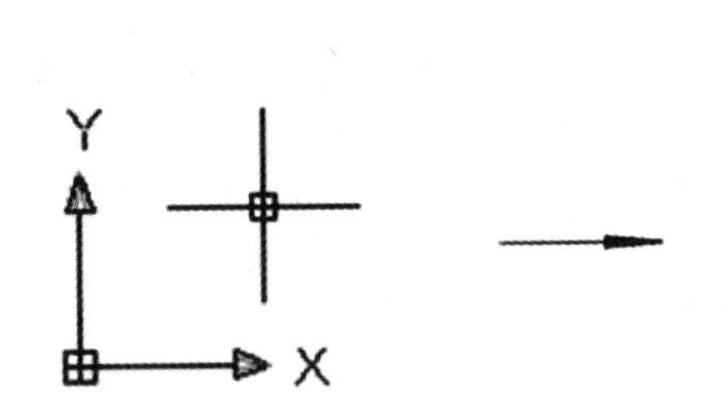

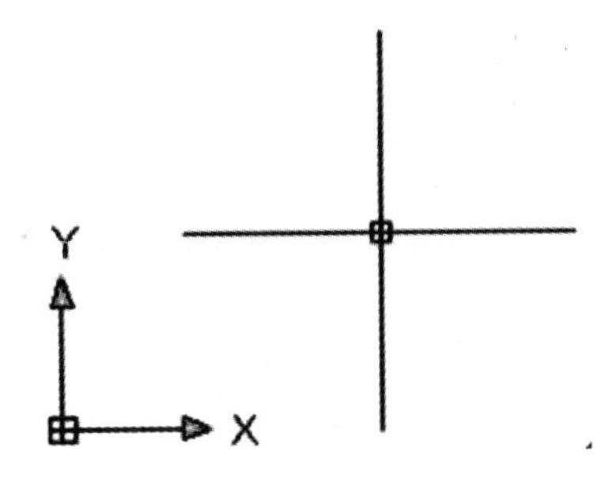

图 1－35　光标尺寸由 5% 调整到 15% 的效果

● 淡入度控制：控制外部参照和在位编辑的淡入度值。

【例题 1－1】　将绘图窗口的模型空间背景颜色设置为白色(默认情况下，绘图窗口的背景颜色为黑色)。

实例分析：要设置模型空间的背景颜色，可以使用“选项”对话框的“显示”选项卡来实现。

操作提示：

(1)单击“菜单浏览器”按钮，在弹出的菜单中单击“选项”按钮，打开“选项”对话框。

(2)选择“显示”选项卡，在“窗口元素”选项区域中单击“颜色(C)...”按钮，打开“图形窗口颜色”对话框，如图 1－36 所示。

(3)在“背景”选项区域选择“二维模型空间”选项，在“界面元素”列表框中选择“统一背景”选项，在“颜色”下拉列表框中选择“白”选项，如图1－36所示。

(4)这时模型空间背景颜色将设置成白色，单击“应用并关闭(A)”按钮完成设置，效果见图1－37所示的预览。

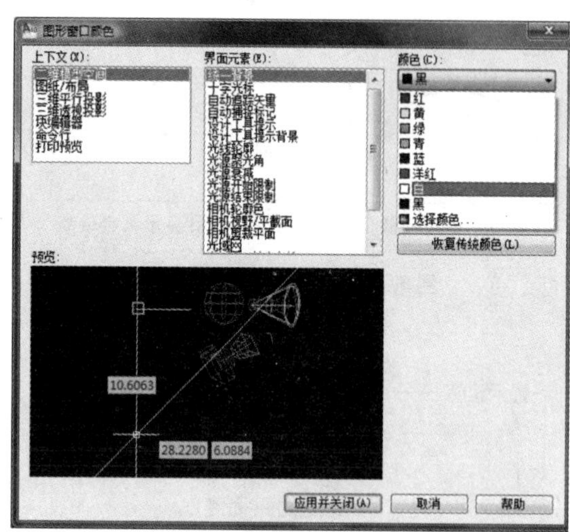
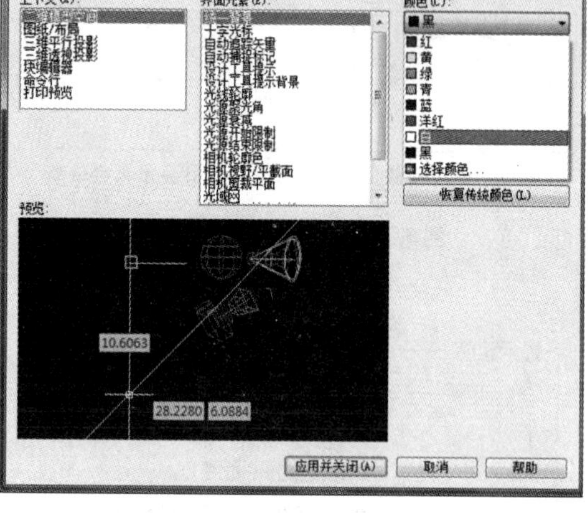

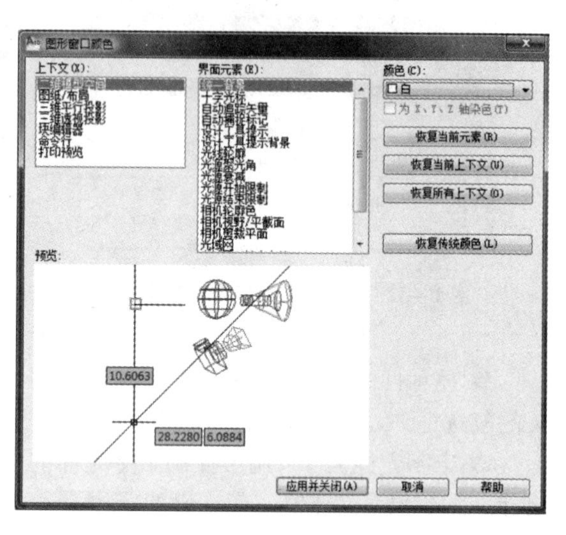

图1－36 “图形窗口颜色”对话框　　图1－37 将模型空间背景颜色设置为白色

1.3.2 设置“草图”选项

在“选项”对话框中切换至“草图”选项卡，即可出现如图1－38所示的设置界面。在这里可以设置多个编辑功能，其中包括“自动捕捉设置”“自动捕捉标记大小”“对象捕捉选项”“AutoTrack设置”“对齐点获取”“靶框大小”等设置项目。有关捕捉与追踪方面的知识，将在本书后面章节进行详细介绍。

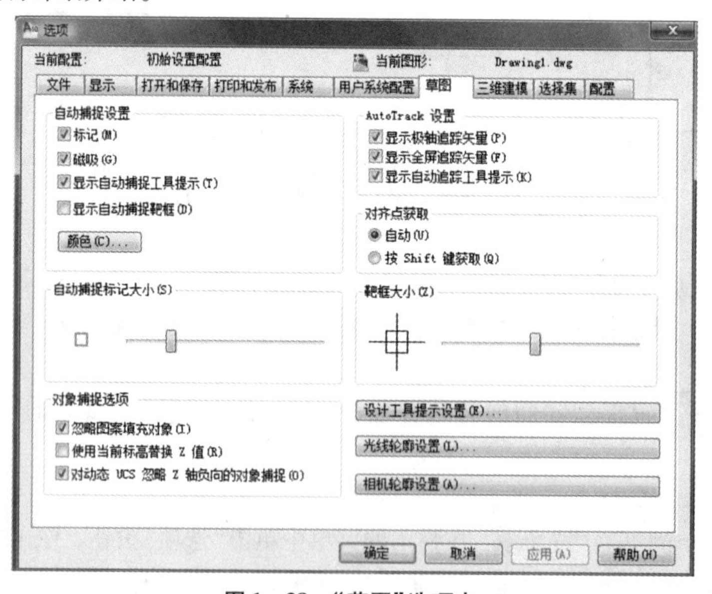

图1－38 “草图”选项卡

1.3.3 设置“选择集”选项

在“选择集”选项卡中，用户可以根据工作方式来调整应用程序界面和绘图区域，如图1－39所示，这里可以进行“拾取框大小”“选择集预览”“选择集模式”“功能区选项”“夹点大小”“夹点”的相关设置。

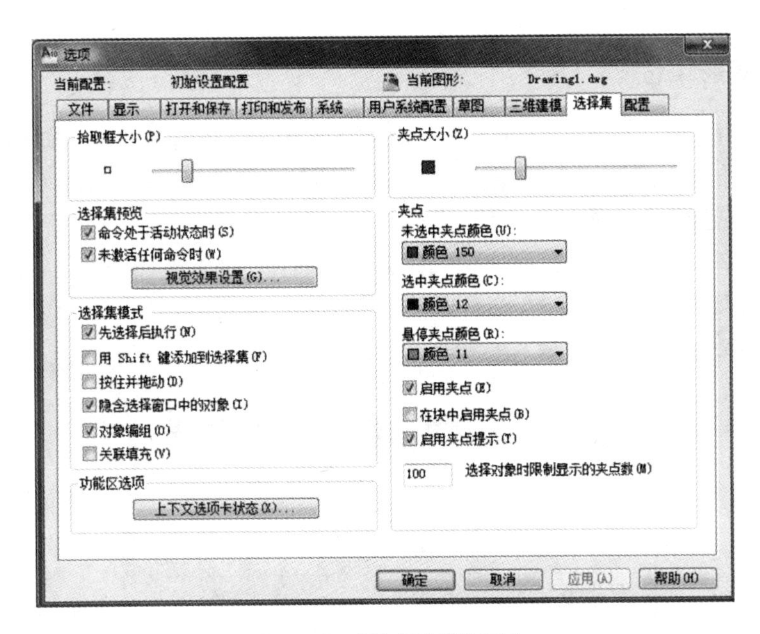

图1－39 “选择集”选项卡

● 拾取框大小：拾取框是在编辑命令中出现的对象选择工具，用于控制拾取框的显示尺寸。

● 选择集预览：当拾取框光标滚动过对象时，亮显对象。

单击[视觉效果设置(G)...]按钮，可打开如图1－40 所示的“视觉效果设置”对话框，它主要用于控制预览的外观。

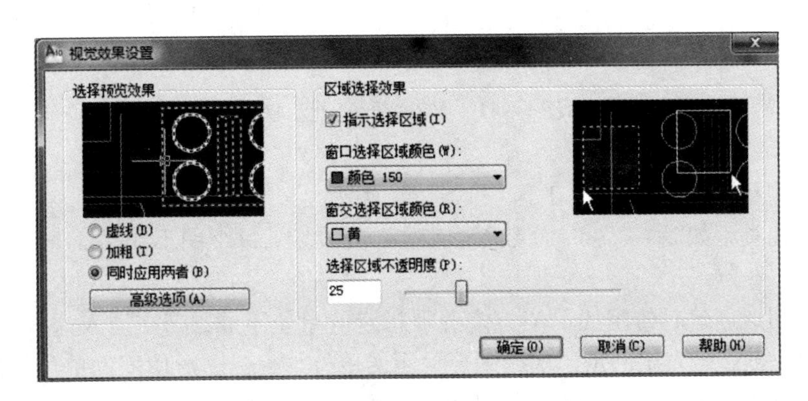

图1－40 “视觉效果设置”对话框

● 选择集模式：用于控制与对象选择方法相关的设置。

● 功能区选项：单击 上下文选项卡状态(X)... 按钮，将显示“功能区上下文选项卡状态选项”对话框，用于控制单击或双击对象时功能区上下文选项卡的显示方式。

● 夹点大小：用于控制夹点的显示尺寸。

● 夹点：用于控制与夹点相关的设置，在对象被选中后，其上将显示夹点，即一些小方块。

1.3.4 设置图形单位

在 AutoCAD 中，可以采用 1:1 的比例因子绘图，因此，所有的直线、圆和其他对象都能够以真实大小来绘制。例如一个零件长 200cm，可以按 200cm 的真实大小来绘制，在需要打印时，再将图形按图纸大小进行缩放。

在 AutoCAD 2010 中，可以在快速访问工具栏选择“显示菜单栏”命令，在弹出的菜单中选择“格式”→“单位”命令(Units)，在打开的“图形单位”对话框中设置绘图时使用的长度单位、角度单位，以及单位的显示格式和精度等参数，如图 1-41 所示。

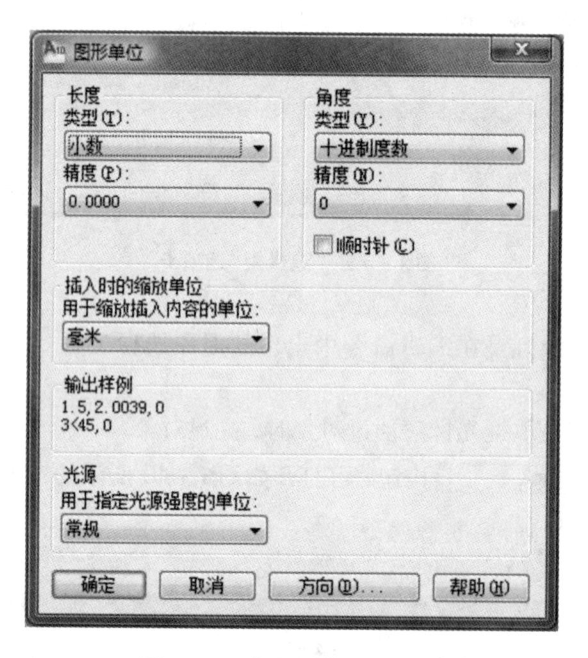

图 1-41 “图形单位”对话框

在长度的测量单位类型中，“工程”和“建筑”类型是以英尺和英寸显示，每一图形单位代表 1 英寸。其他类型如“科学”和“分数”没有这样的设定，每个图形单位都可以代表任何真实的单位。

如果块或图形创建时使用的单位与该选项指定的单位不同，则在插入这些块或图形时，将对其按比例缩放，插入比例是源块或图形使用的单位与目标图形使用的单位之比。如果插入块时不按指定单位缩放，可以选择“无单位”选项。

知识要点提示：

当在“长度”或“角度”选项区域中选择设置了长度或角度的类型与精度后，在“输出样例”选项区域中将显示它们对应的样例。

在“图形单位”对话框中，单击“方向”按钮，可以利用打开的“方向控制”对话框设置起始角度(0°)的方向，如图1－42所示。默认情况下，角度的0°方向是指向右(即正东方或3点钟)方向，如图1－42所示。逆时针方向为角度增加的正方向。

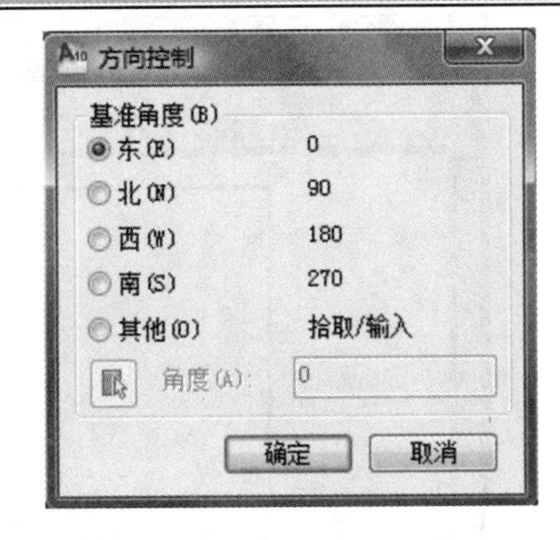

图1－42 “方向控制”对话框

在“方向控制”对话框中，当选中“其他”单选按钮时，可以单击“拾取角度”按钮，切换到图形窗口中，通过拾取两个点来确定基准角度的0°方向。

在“图形单位”对话框中完成所有的图形单位设置后，单击“确定”按钮，可将设置的单位应用到当前图形并关闭该对话框。此外，也可以使用Units命令来设置图形单位，这时将自动激活文本窗口。

1.3.5 设置图形界限

图形界限就是绘图区域，也称为图限。在AutoCAD 2010中，可以在快速访问工具栏选择“显示菜单栏”命令，在弹出的菜单中选择“格式”→“图形界限”命令(Limits)来设置图形界限。

在世界坐标系下，图形界限由一对二维点确定，即左下角点和右上角点。在发出Limits命令时，命令提示行将显示如下提示信息：

指定左下角点或[开(ON)/关(OFF)]<0.0000，0.0000>：

通过选择“开(ON)”或“关(OFF)”选项可以决定能否在图形界限之外指定一点，如果选择“开(ON)”选项，那么将打开图形界限检查，就不能在图形界限之外结束一个对象，也不能使用“移动”或“复制”命令将图形移到图形界限之外，但可以指定两个点(中心和圆周上的点)来画圆，圆的一部分可能在界限之外；如果选择“关(OFF)”选项，AutoCAD禁止图形界限检查，可以在图限之外画对象或指定点。

【例题1－2】 设置幅面为420×297的A3图纸的图形界限，并在对应坐标位置绘制420×297的矩形以显示图形界限的大小。

操作提示：

(1)在快速访问工具栏选择“显示菜单栏”命令，在弹出的菜单中选择“格式”→“图形界限”命令(或在命令行中输入Limits命令)。

(2)在命令行的“指定左下角点或[开(ON)/关(OFF)]<0.0000，0.0000>：”提示下，输入绘图图限的左下角点(0，0)，并按Enter键。

(3)在命令行的“指定右上角点<0.0000，0.0000>：”提示下，输入绘图图限的右上角点(420, 297)，并按 Enter 键。

(4)单击矩形工具“”，按照上述图形界限的坐标对应输入第一角点(0, 0)，输入第二角点(420, 297)，效果如图 1－43 所示。

图 1－43 绘制矩形显示图形界限

1.4 调用绘图命令的方式

为了满足不同用户的需要，使操作更加灵活方便，AutoCAD 2010 提供了多种方式来调用同一绘图命令。例如，可以使用菜单栏、工具栏、“屏幕菜单”、绘图命令和选项板等方法来绘制基本图形对象。

1.4.1 “绘图”菜单及其工具栏

“绘图”菜单如图 1－44 所示，它是绘制图形最基本、最常用的方法。“绘图”菜单包含了中文版 AutoCAD 2010 的大部分绘图功能，在该菜单中选择命令或子命令可绘制出相应的二维图形。

“绘图”工具栏如图 1－45 所示，它的每个工具按钮都对应于“绘图”菜单中的相应绘图命令，单击它们可执行相应的绘图命令。

1.4.2 “修改”菜单及其工具栏

图形编辑就是对图形对象进行移动、旋转、缩放、复制、删除和参数修改等操作的过程。中文版 AutoCAD 2010 的大部分编辑功能体现在“修改”菜单中，选择命令或子命令可使用编辑命令绘制复杂的图形，“修改”菜单和“修改”工具栏如图 1－46 所示。

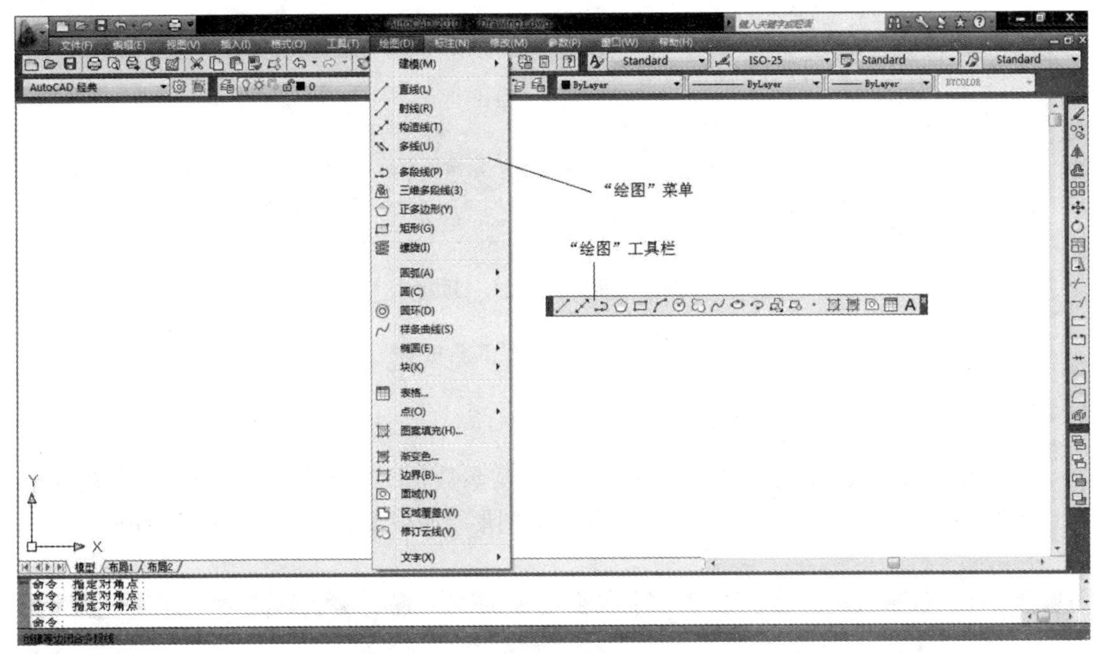

图1-44　"绘图"菜单和"绘图"工具栏

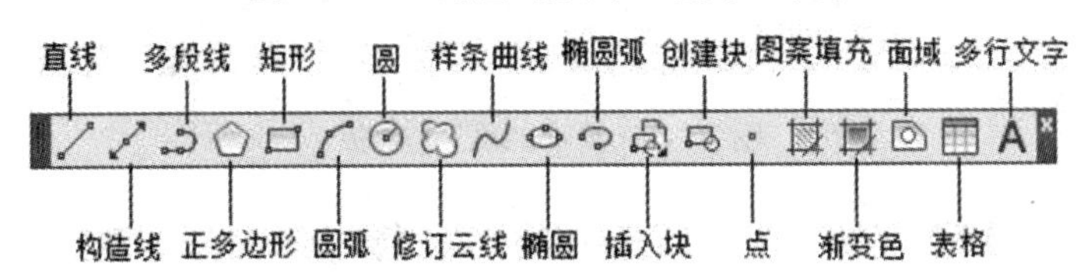

图1-45　"绘图"工具栏

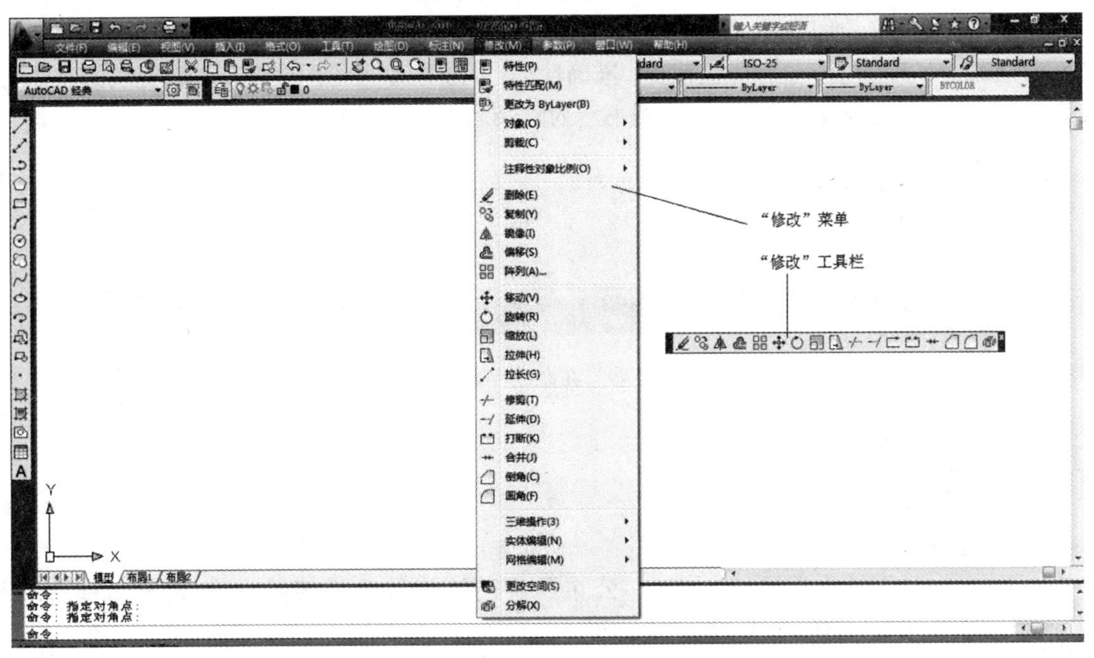

图1-46　"修改"菜单和"修改"工具栏

“修改”工具栏及名称如图 1 - 47 所示，它的每个工具按钮都对应于“修改”菜单中的相应编辑命令，单击它们可执行相应的编辑命令。

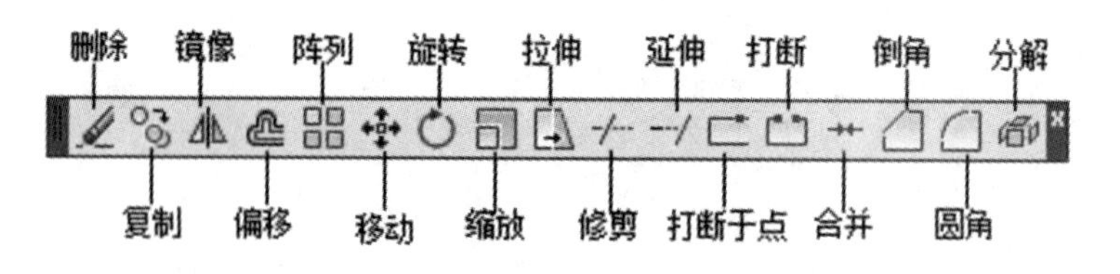

图 1 - 47 “修改”工具栏

1.4.3 使用“功能区”选项板

“功能区”选项板集成了“常用”“插入”“注释”“参数化”“视图”“管理”“输出”等选项卡，在这些选项卡的面板中单击按钮即可执行相应的图形绘制或编辑操作，如图 1 - 48所示。

图 1 - 48 “功能区”选项板

1.4.4 使用绘图命令

使用绘图命令也可以绘制图形，在命令提示行中输入绘图命令，按 Enter 键，并根据命令行的提示信息进行绘图操作。例如绘制直线，在命令行输入直线命令“LINE”或输入简写“L”，如图 1 - 49 所示，这种方法快捷，准确性高，但要求掌握绘图命令及其选择项的具体功能。常用的绘图命令及其简写，可参阅书后的附录。

图 1 - 49 在命令行输入命令

1.5 习题与上机操作

1. 填空题

(1) AutoCAD 是由美国 ________ 公司开发的通用计算机辅助设计 (Computer Aided Design, CAD) 软件，它诞生于 ________ 年。

(2) AutoCAD 软件一般对创建新图形对象的命令称为绘图命令，对已有图形对象的修改称为编辑命令，那么圆弧 (Arc) 命令属于 ________ 命令，复制 (Copy) 命令属于 ________

命令。

(3)AutoCAD 文档的后缀名为 ________，新建未存盘的 AutoCAD 文档，自动命名为 ________。

(4)下拉菜单项中，右下角带有小黑三角形“▸”的菜单项表示该菜单项下还有 ________，有“…”的表示该菜单项将打开一个 ________。

(5)可以通过在任意工具栏上单击 ________，在弹出的快捷菜单中，选择对应的工具栏名称来显示或隐藏工具栏。

(6)绘制图形时光标显示为十字形“+”，拾取编辑对象时显示为拾取框的形状为 ________。

2. 上机操作题

(1)建立一个尺寸为 800×600、精度为 0.1、测量角度为顺时针方向的图形。

(2)制作 A3 图幅的样板图。

第2章 使用绘图辅助工具

【学习目标】

(1)掌握图层、颜色、线型、线宽的设置及辅助功能的设置。

(2)掌握栅格、对象捕捉和自动追踪的设置和使用。

(3)掌握动态输入、快捷特性的使用。

在使用 AutoCAD 绘图之前，通常需要借助辅助工具来提高绘图效率。本章主要介绍图层、颜色、线型、线宽的设置；对象捕捉模式的设定；动态输入等。

2.1 使用图层

AutoCAD 的图层相当于是很多透明的纸叠加在一起，一层挨着一层，每层均可拥有任意的颜色、线型和线宽等属性，如图2-1所示，图层 A 上放置了用细实线线型绘制的剖面线，图层 B 上放置了用粗实线线型绘制的零件的轮廓线，两个图层叠放在一起就形成了零件的俯视图。

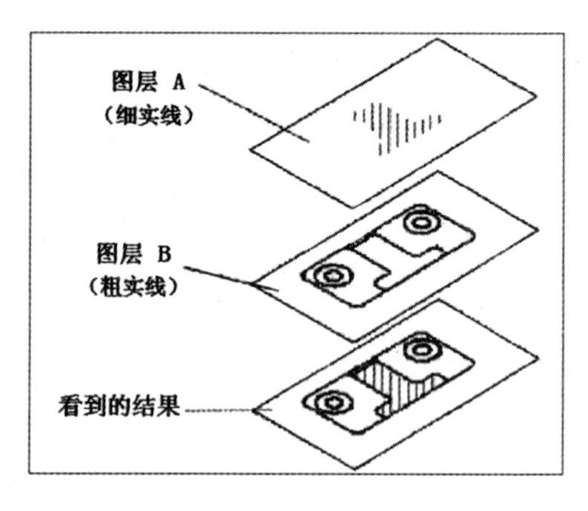

图2-1 图层与图形之间的关系

绘制各种复杂的工程图样时，为了便于修改、操作，通常把同一张图样中相同属性的内容放在同一个图层中，不同的内容放在不同的图层中。如：把图形放在一个图层，把尺寸标注放在另一个图层，文本标注又放在一个图层。当只需要修改图形时，可通过图层控制，关闭或冻结其他图层，从而避免相互干扰。也可把同一图样中需要采用的多种线型，如粗实线、细实线、点划线、中心线、虚线、双点划线等放在不同的图层中绘制，用不同的颜色来表示。

2.1.1 新建图层

开始绘制新图形时，AutoCAD 自动创建一个名为 0 的特殊图层。默认情况下，图层 0 将被指定使用 7 号颜色(白色或黑色，由背景色决定)、Continuous 线型、“默认”线宽及 NORMAL 打印样式。在绘图过程中，如果要使用更多的图层来组织图形，就需要先创建新图层。

新建图层有以下两种方法：

(1)在“快速访问工具栏”的右侧点击按钮▣，选择“显示菜单栏”命令，在弹出的菜单中选择“格式”→“图层”命令。

(2)在“功能区”选项板中选择“常用”选项卡，在“图层”面板中单击“图层特性”按钮，打开“图层特性管理器”选项板，如图2-2所示。

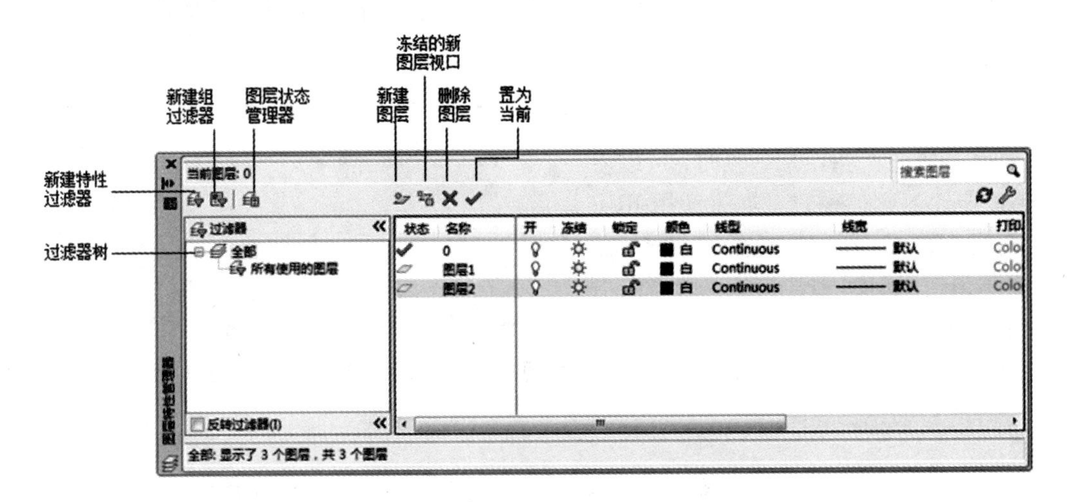

图2-2　“图层特性管理器”选项板

单击“新建图层”按钮，在图层列表中将出现一个名称为“图层1”的新图层。默认情况下，新建图层与当前图层的状态、颜色、线型、线宽等设置相同。(单击“冻结的新图层”视口按钮，也可以创建一个新图层，只是该图层在所有的视口中都被冻结。)

当创建了图层后，图层的名称将显示在图层列表框中，如果要更改图层名称，可以单击该图层名，然后输入一个新的图层名并按Enter键确认。

知识要点提示：

在为创建的图层命名时，图层的名称中不能包含通配符(*和?)和空格，也不能与其他图层重名。

2.1.2　设置图层

在AutoCAD中，可以设置图层的各个属性，以满足用户不同的绘图需求。

1. 设置图层颜色

颜色在图形中具有非常重要的作用，可用来表示不同的组件、功能和区域。图层的颜色实际上是图层中图形相对的颜色。每个图层都拥有自己的颜色，对不同的图层可以设置相同的颜色，也可以设置不同的颜色，绘制复杂图形时就可以很容易区分图形的各部分。

创建图层后，要改变图层的颜色，可在“图层特性管理器”选项板中单击图层的“颜色”列对应的图标，打开“选择颜色”对话框，如图2-3所示。

在“选择颜色”对话框中，可以使用“索引颜色”“真彩色”“配色系统”3个选项卡为图层设置颜色。

● “索引颜色”选项卡：可以使用AutoCAD 的标准颜色（ACI 颜色）。在 ACI 颜色表中，每一种颜色用一个 ACI 编号（1～255之间的整数）标识。“索引颜色”选项卡实际上是一张包含 256 种颜色的颜色表。

● “真彩色”选项卡：使用 24 位颜色定义显示 16M 色。指定真彩色时，可以使用 RGB 或 HSL 颜色模式。如果使用 RGB 颜色模式，则可以指定颜色的红、绿、蓝组合；如果使用 HSL 颜色模式，则可以指定颜色的色调、饱和度和亮度要素，如图 2－4 所示，在这两种颜色模式下，可以得到同一种所需的颜色。

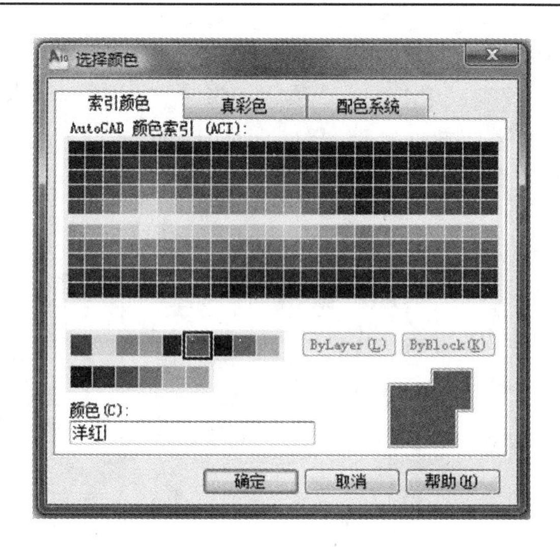

图 2－3 “选择颜色”对话框的“索引颜色”选项卡

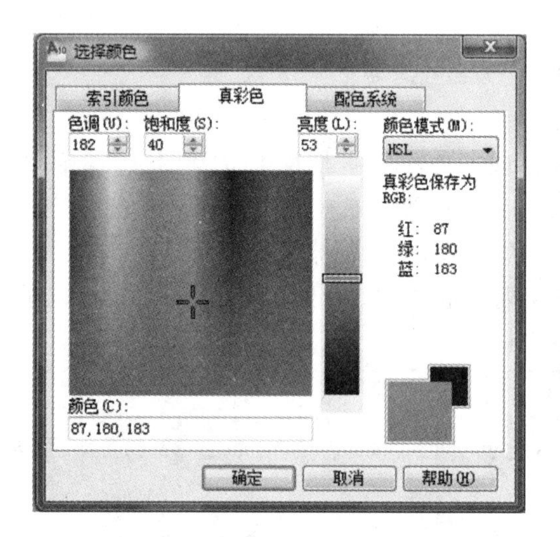

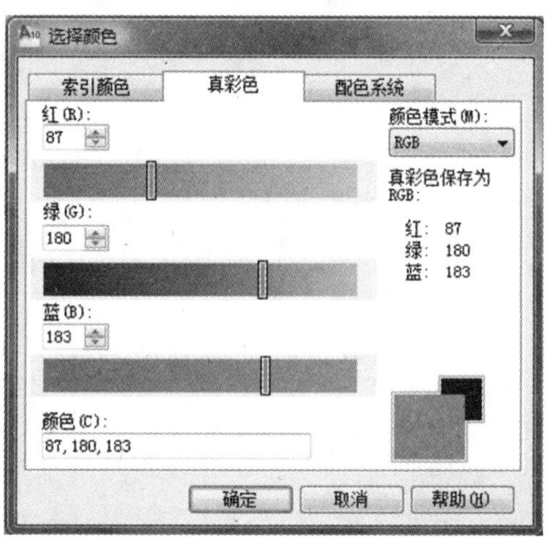

图 2－4 “HSL”和“RGB”颜色模式

● “配色系统”选项卡：使用标准 pantone 配色系统设置图层的颜色，如图 2－5 所示。

2. 设置图层线型

单击图层特性管理器“线型”列下的图标，将弹出“选择线型”对话框，如图 2－6 所示，“已加载的线型”列表框内列出了已经加载的线型，单击该列表内的线型，然后单击[确定]按钮，可设置图层线型。系统默认只加载了 Continuous 一种线型。

如果要将图层设置为其他的线型，须先将其他线型加载到“已加载的线型”列表框中。先单击[加载(L)...]按钮，将弹出“加载或重载线型”对话框，如图 2－7 所示，在其“可用线型”列表框内列出了所有的可用线型，从中选择要加载的线型，然后单击[确定]按钮，则该线型就加载到“选择线型”对话框中的“已加载的线型”列表框中。

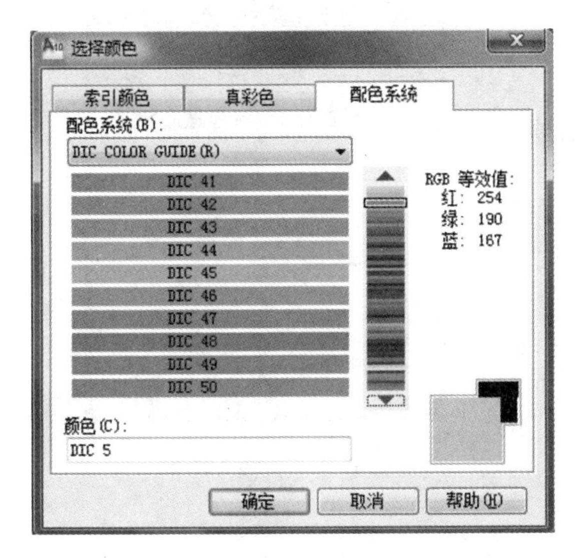

图 2-5　“配色系统”选项卡

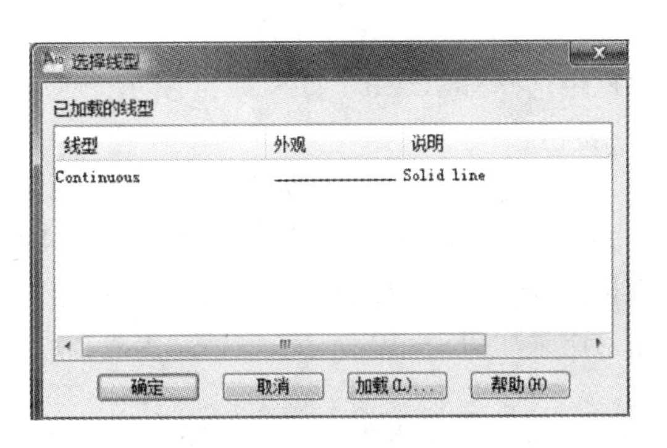

图 2-6　“选择线型”对话框

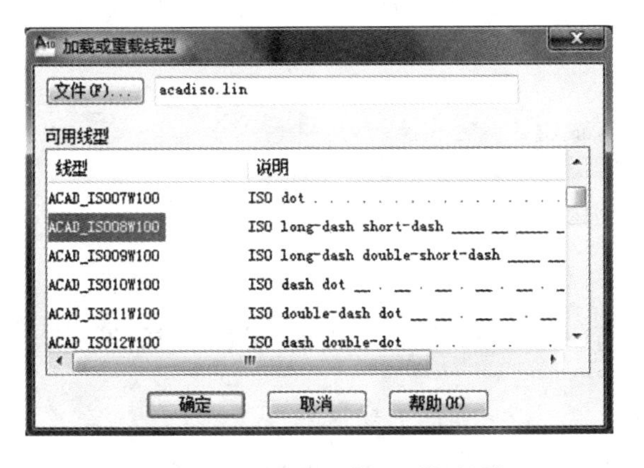

图 2-7　“加载或重载线型”对话框

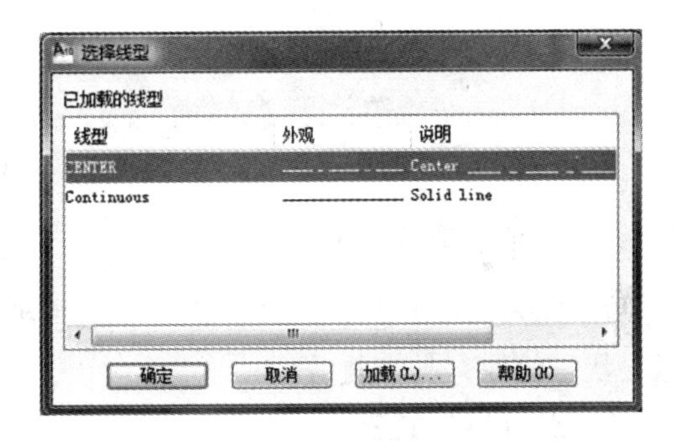

图 2-8　选择线型

【例题 2-1】 创建如图 2-10 所示的图层，要求图层名为“中心线层”，图层颜色为“洋红”，线型为 CENTER，线宽为 0.05mm。

操作提示：

(1)在快速访问工具栏选择“显示菜单栏”命令，在弹出的菜单中选择“格式”→“图层”命令，打开“图层特性管理器”选项板。

(2)单击选项板上方的“新建图层”按钮，创建一个新图层，这时“名称”列自动显示图层名为“图层 1”，点击该文本，重新输入文字，更改为“中心线层”。

(3)在“图层特性管理器”选项板中单击“颜色”列的图标，打开“选择颜色”对话框，在标准颜色区中单击洋红色，这时“颜色”文本框中将显示颜色的名称“洋红”，如图 2-3 所示，单击“确定”按钮。

(4)在“图层特性管理器”选项板中单击“线型”列上的“Continuous”，打开“选择线型”对话框，单击加载(L)...按钮，打开“加载或重载线型”对话框，在“可用线型”列表框中选择线型 CENTER，然后单击“确定”按钮。

(5)在“选择线型”对话框的“已加载的线型”列表框中选择 CENTER，如图 2－8 所示，然后单击“确定”按钮。

(6)在“图层特性管理器”选项板中单击“线宽”列的线宽，打开“线宽”对话框，在“线宽”列表框中选择 0.05mm，如图 2－9 所示，然后单击“确定”按钮。结果如图 2－10 所示。

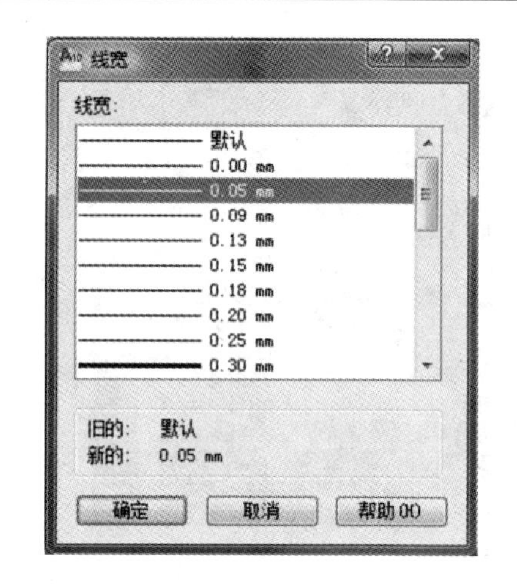

图 2－9 选择线宽

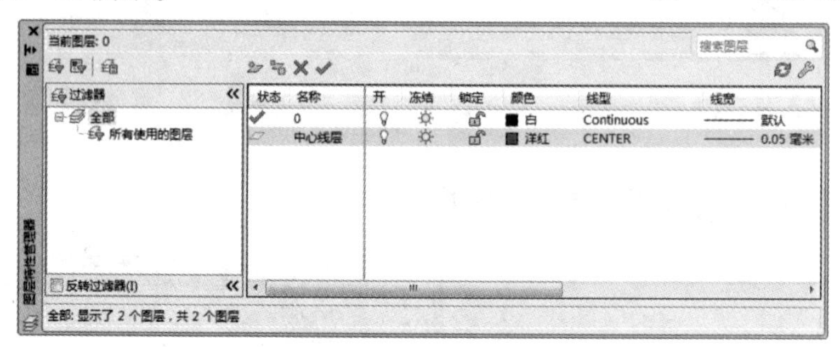

图 2－10 创建图层

2.1.3 图层管理

在 AutoCAD 中建立完图层后，需要对其进行管理，包括图层特性的设置、图层的切换、图层状态的保存与恢复等。

1. 设置图层特性

使用图层绘制图形时，新对象的各种特性将默认为随层，由当前图层的默认设置决定。也可以单独设置对象的特性，新设置的特性将覆盖原来随层的特性。在“图层特性管理器”选项板中，每个图层都包含状态、名称、打开/关闭、冻结/解冻、锁定/解锁、线型、颜色、线宽和打印样式等特性，如图 2－11 所示。AutoCAD 2010 中，图层的各列属性可以显示或隐藏，只需右击图层列表的标题栏，在弹出的快捷菜单中选择或取消选择命令即可。

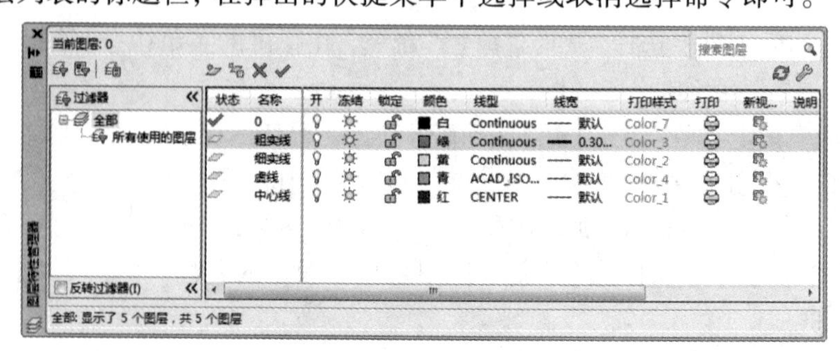

图 2－11 图层特性

● 状态：显示图层和过滤器的状态。其中，被删除的图层标识为☒，当前图层标识为☑。

● 名称：图层的名字，是图层的唯一标识。默认情况下，图层的名称按图层0、图层1、图层2……的编号依次递增，可以根据需要为图层定义表达用途的名称。

● 开关状态：单击“开”列对应的小灯泡图标，可以打开或关闭图层。在开状态下，灯泡的颜色为黄色，图层上的图形可以显示，也可以再输出设备打印；在关状态下，灯泡的颜色为灰色，图层上的图形不能显示，也不能打印输出。在关闭当前图层时，系统将显示一个消息对话框，警告正在关闭当前层。

● 冻结：单击图层“冻结”列对应的太阳或雪花图标，可以冻结或解冻图层。图层被冻结时显示雪花图标，此时图层上的图形对象不能被显示、打印输出和编辑修改。图层被解冻时显示太阳图标，此时图层上的图形对象能够被显示、打印输出和编辑。

知识要点提示：

不能冻结当前层，也不能将冻结层设为当前层，否则将会显示警告信息对话框，冻结的图层与关闭图层的可见性是相同的，但冻结的对象不参加处理过程中的运算，关闭的图层则要参加运算。所以在复杂的图形中冻结不需要的图层可以加快系统重新生成图形时的速度。

● 锁定：单击“锁定”列对应的关闭或打开小锁图标，可以锁定或解锁图层。图层在锁定状态下并不影响图形对象的显示，且不能对该图层上已有图形对象进行编辑，但可以绘制新图形对象。此外，在锁定的图层上可以使用查询命令和对象捕捉功能。

● 颜色：单击“颜色”列对应的图标，可以使用打开的“选择颜色”对话框来选择图层颜色。

● 线型：单击“线型”列显示的线型名称，可以使用打开“选择线型”对话框来选择所需要的线型。

● 线宽：单击“线宽”列显示的线宽值，可以使用打开的“线宽”对话框来选择所需要的线宽。

● 打印样式：通过“打印样式”列确定各图层的打印样式，如果使用的是彩色绘图仪，则不能改变这些打印样式。

● 打印：单击“打印”列对应的打印机图标，可以设置图层是否能够被打印，在保持图形显示可见性不变的前提下控制图形的打印特性。打印功能只对没有冻结和关闭的图层起作用。

● 说明：单击“说明”列两次，可以为图层或组过滤添加必要的说明信息。

2. 置为当前层

在“图层特性管理器”选项板的图层列表中，选择某一图层后，单击“置为当前”按钮☑，或在“功能区”选项板中选择“常用”选项卡，在“图层”面板的“图层控制”下拉列表框中选择某一图层，都可以将该层设置为当前层。

在“功能区”选项板中选择“常用”选项卡，在“图层”面板中单击“更改为当前图层”按钮，选择要更改到当前图层的对象，并按Enter键，可以将对象更改为当前图层。

在“功能区”选项板中选择“常用”选项卡，在图层面板中单击 按钮，选择将要使其图层成为当前图层的对象，并按 Enter 键，可以将对象所在图层置为当前图层。

3. 保存与恢复图层状态

图层设置包括图层状态和图层特性。图层状态包括图层是否打开、冻结、锁定、打印和在新视口中自动冻结。图层特性包括颜色、线型、线宽和打印样式。可以选择要保存的图层状态和图层特性。例如，可以选择只保存图形中图层的“冻结/解冻”设置，忽略所有其他设置。恢复图层状态时，除了每个图层的冻结或解冻设置以外，其他设置仍保持当前设置。

(1)保存图层状态

如果要保存图层状态，可在“图层特性管理器”选项板的图层列表中右击要保存的图层，在弹出的快捷菜单中选择“保存图层状态”命令，打开“要保存的新图层状态”对话框，如图 2－12 所示。在“新图层状态”文本框输入图层状态的名称，在“说明”文本框中输入相关的图层说明文字，然后单击“确定”按钮即可。

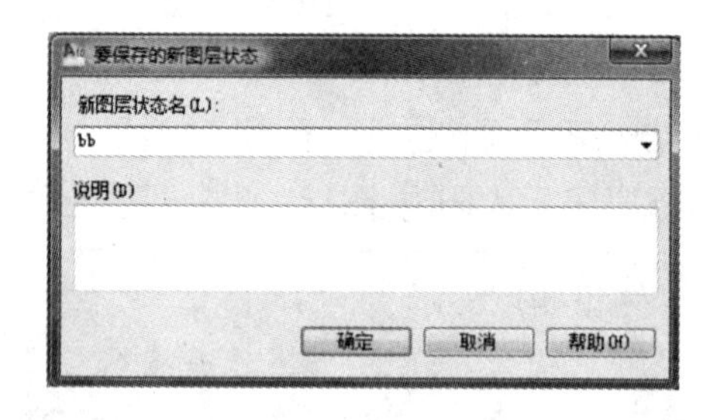

图 2－12 “要保存的新图层状态”对话框

(2)恢复图层状态

如果改变了图层的显示等状态，还可以恢复以前保存的图层设置。在“图层特性管理器”选项板的图层列表中右击要恢复图层，在弹出的快捷菜单选择“恢复图层状态”命令，打开“图层状态管理器”对话框，选择需要恢复的图层状态后，单击“恢复”按钮即可，如图 2－13 所示。

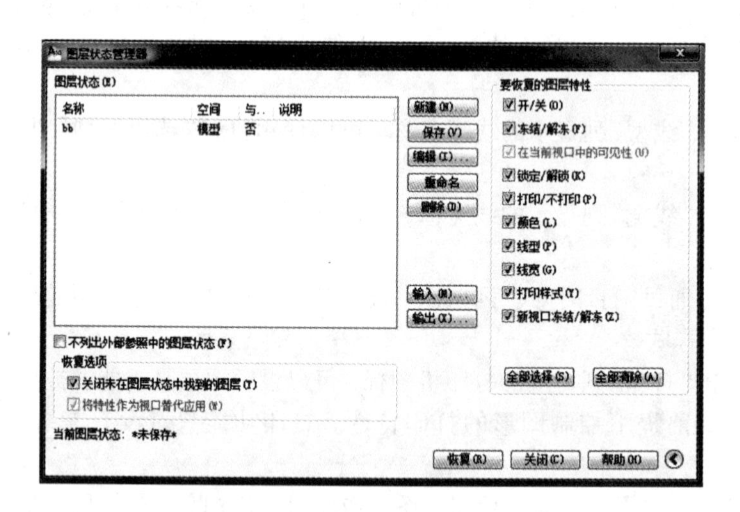

图 2－13 “图层状态管理器”对话框

4. 使用图层工具管理图层

在 AutoCAD 2010 中使用图层管理工具可以更加方便地管理图层。单击“菜单浏览器”按钮，在弹出的菜单中选择“格式”→“图层工具”命令中的子命令(如图 2－14 所示)，或在“功能区”选项板中选择“常用”选项卡，在“图层”面板中单击相应的按钮(如图 2－15 所示)，都可以通过图层工具来管理图层。

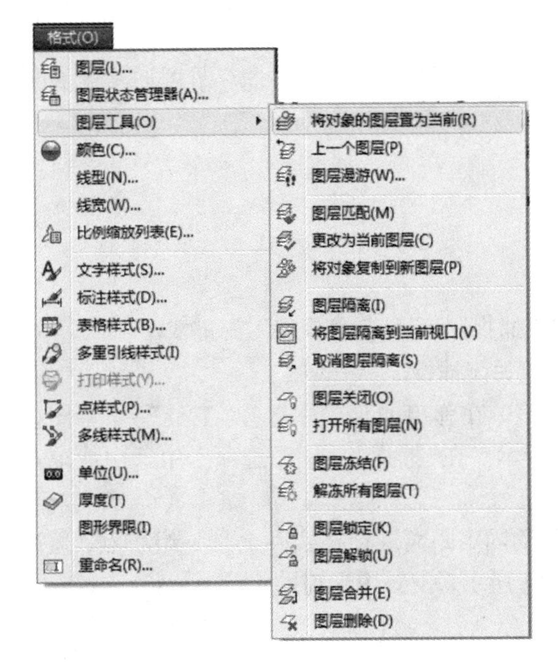

图 2－14　“图层工具”子命令

未保存的图层状态

锁定的图层淡入　50

图层

图 2－15　“图层”面板

“图层”面板中的各按钮与“图层工具”子命令的功能相对应，各主要按钮的功能如下：

- “隔离”按钮：单击该按钮，可以将选定对象的图层隔离。
- “取消隔离”按钮：单击该按钮，恢复由“隔离”命令隔离的图层。
- “关”按钮：单击该按钮，将选定对象的图层关闭。
- “冻结”按钮：单击该按钮，将选定对象的图层冻结。
- “匹配”按钮：单击该按钮，将选定对象的图层更改为选定目标对象的图层。
- “上一个”按钮：单击该按钮，恢复上一个图层设置。
- “锁定”按钮：单击该按钮，锁定选定对象的图层。
- “解锁”按钮：单击该按钮，将选定对象的图层解锁。
- “打开所有图层”按钮：单击该按钮，打开图形中的所有图层。
- “解冻所有图层”按钮：单击该按钮，解冻图形中的所有图层。
- “更改为当前图层”按钮：单击该按钮，将选定对象的图层更改为当前图层。
- “将对象复制到新图层”按钮：单击该按钮，将图元复制到不同的图层。
- “图层漫游”按钮：单击该按钮，隔离每个图层。
- “隔离到当前视口”按钮：单击该按钮，将对象的图层隔离到当前视口。
- “合并”按钮：单击该按钮，合并两个图层，并从图形中删除第一个图层。
- “删除”按钮：单击该按钮，从图形中永久删除图层。

2.2 使用栅格、捕捉和正交

捕捉用来控制光标的精确移动，栅格用于移动光标时作为长度参照，两者通常配合使用，以便快速、精确绘制图形。

2.2.1 设置栅格和捕捉

1. 打开或关闭捕捉和栅格功能

打开或关闭捕捉和栅格功能有以下几种方法。

（1）在 AutoCAD 程序窗口的状态栏中，单击“捕捉”按钮和“栅格”按钮。

（2）按 F7 键打开或关闭栅格，按 F9 键打开或关闭捕捉。

（3）在快速访问工具栏选择“显示菜单栏”命令，在弹出的菜单中选择“工具”→“草图设置”命令，打开“草图设置”对话框，如图 2－16 所示。在“捕捉和栅格”选项卡中选中或取消“启用捕捉”和“启用栅格”复选框。

捕捉可控制光标只能沿 X 轴、Y 轴或极轴移动固定距离。栅格实际上是一组小点，通过这些小点可以直观地测量距离和位置，如图 2－17 所示，主要用于辅助定位。

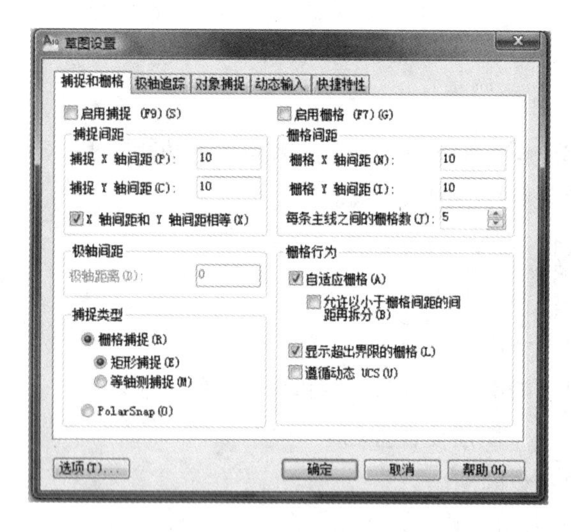

图 2－16 “草图设置”对话框

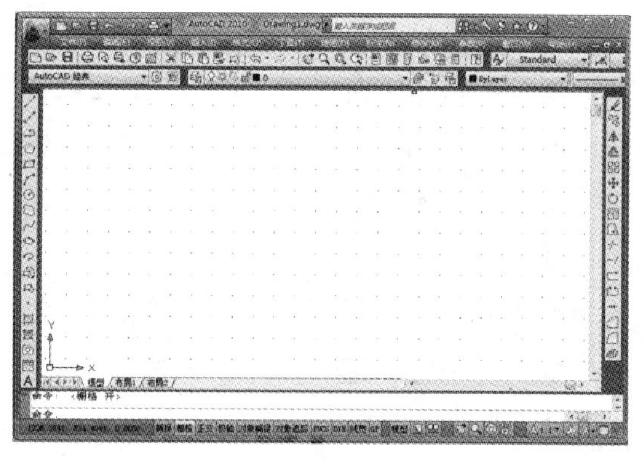

图 2－17 在绘图窗口中显示栅格

2. 设置捕捉和栅格参数

利用“草图设置”对话框中的“捕捉和栅格”选项卡，如图 2－16 所示，可以设置捕捉和栅格的相关参数，各选项的功能如下。

- “启用捕捉”复选框：打开或关闭捕捉方式。选中该复选框，可以启用捕捉。
- “捕捉间距”选项区域：设置捕捉间距、捕捉角度以及捕捉基点坐标。
- “启用栅格”复选框：打开或关闭栅格显示。选中该复选框，可以启用栅格。
- “栅格间距”选项区域：设置栅格间距。如果栅格的 X 轴和 Y 轴间距值为 0，则栅格采用捕捉 X 轴和 Y 轴间距的值。

● “捕捉类型”选项区域：可以设置捕捉类型和样式，包括“栅格捕捉”和“极轴捕捉”两种。

①“栅格捕捉”单选按钮：选中该单选按钮，可以设置捕捉样式为栅格。当选中“矩形捕捉”单选按钮时，可将捕捉样式设置为标准矩形捕捉模式，光标可以捕捉一个矩形栅格；当选中“等轴测栅格”单选按钮时，可将捕捉样式设置为等轴测捕捉模式，光标将捕捉到一个等轴测栅格；在“捕捉间距”和“栅格间距”选项区域中可以设置相关参数。

②“极轴捕捉”单选按钮：选中该单选按钮，可以设置捕捉样式为极轴捕捉。此时，在启用了极轴追踪或对象捕捉追踪的情况下指定点，光标将沿极轴角或对象捕捉追踪角度进行捕捉，这些角度是相对最后指定的点或最后获取的对象捕捉点计算的，并且在“极轴间距”选项区域中的“极轴距离”文本框中可设置极轴捕捉间距。

● “栅格行为”选项区域：用于设置“视觉样式”下栅格线的显示样式(三维线框除外)。

①“自适应栅格”复选框：用于限制缩放时栅格的密度。

②“允许以小于栅格间距的间距再拆分”复选框：用于是否能够以小于栅格间距的间距来拆分栅格。

③“显示超出界限的栅格”复选框：用于确定是否显示界限之外的栅格。

④“跟随动态 UCS”复选框：跟随动态 UCS 的 XY 平面而改变栅格平面。

2.2.2　使用正交功能

使用 ORTHO 命令，可以打开正交模式，用于控制是否以正交方式绘图。在正交模式下，可以方便地绘制出与当前 X 轴或 Y 轴平行的线段。

打开或关闭正交方式有以下两种方法：

(1)在 AutoCAD 程序窗口的状态栏中单击“正交”按钮。

(2)按 F8 键打开或关闭。

打开正交功能后，输入的第 1 点是任意的，但当移动光标准备指定第 2 点时，引出的橡皮筋线已不再是这两点之间的连线，而是起点到光标十字线的垂直线中较长的那段线，此时单击鼠标，该橡皮筋线就变成所绘直线。

2.3　使用对象捕捉

在绘图的过程中，经常要指定图形对象上的点，例如：端点、圆心、交点等，如果用户只凭观察来拾取它们，无论怎样小心，都不可能非常准确地找到这些点。因此，AutoCAD 2010 提供了对象捕捉功能，可以帮助用户迅速、准确地捕捉到某些特殊点，从而能够精确地绘制图形。

在 AutoCAD 中，可以通过“对象捕捉”工具栏、“草图设置”对话框等方式调用对象捕捉功能。

2.3.1　对象捕捉工具栏

“对象捕捉”工具栏如图 2－18 所示。在绘图的过程中，用户要指定某点时，单击该工具栏中相应的特征点按钮，再把光标移到要捕捉对象上的特征点附近，即可捕捉到相应的对象特征点。

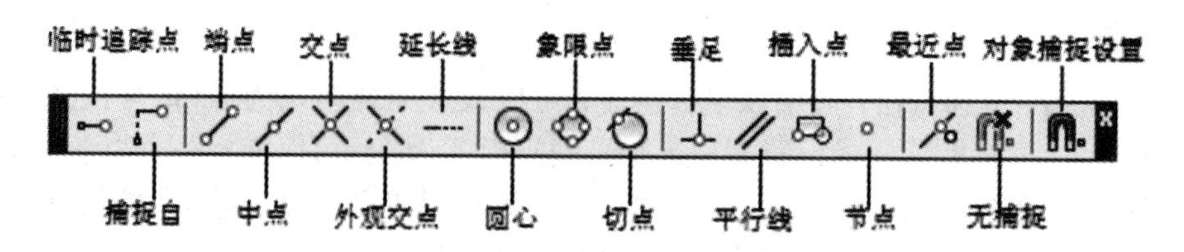

图 2-18 “对象捕捉”工具栏

2.3.2 自动对象捕捉选项卡

在绘图的过程中，要经常使用对象捕捉，用户使用“对象捕捉”工具栏时，每捕捉一个点，都要先点击一次捕捉按钮，将使工作效率大大降低，为此，AutoCAD 2004 又提供了一种自动对象捕捉模式。

所谓自动捕捉，就是当用户把光标放在一个对象上时，系统自动捕捉到该对象上所有符合条件的几何特征点，并显示出相应的标记。如果把光标放在捕捉点上多停留一会儿，系统还会显示该捕捉点的名称提示。

要打开对象捕捉模式，先点击如图 2-19 所示状态栏的“对象捕捉”按钮（或点击图标 ），点击鼠标右键，再点“设置”，在“草图设置”对话框的“对象捕捉”选项卡中，先选中“启用对象捕捉”复选框，然后在“对象捕捉模式”选项区域中选中相应复选框，如图 2-20 所示。

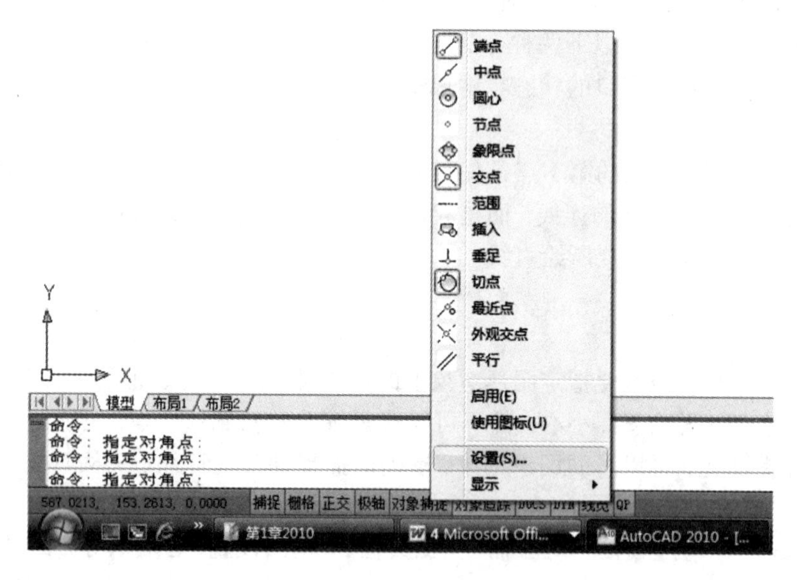

图 2-19 在状态栏点选“对象捕捉”按钮

2.3.3 对象捕捉快捷菜单

当要求指定点时，可以按下 Shift 键或者 Ctrl 键，右击鼠标打开对象捕捉快捷菜单，如图

2 - 21 所示。选择需要的子命令，再把光标移到要捕捉对象的特征点附近，即可捕捉到相应的对象特征点。

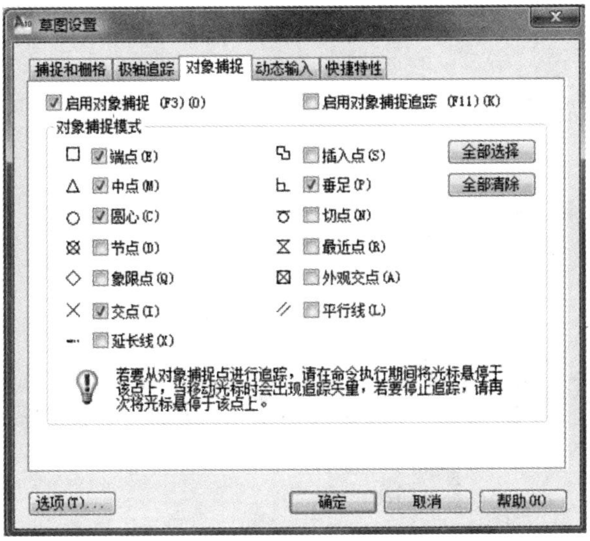

图 2 - 20　在“草图设置”对话框中设置“对象捕捉”模式

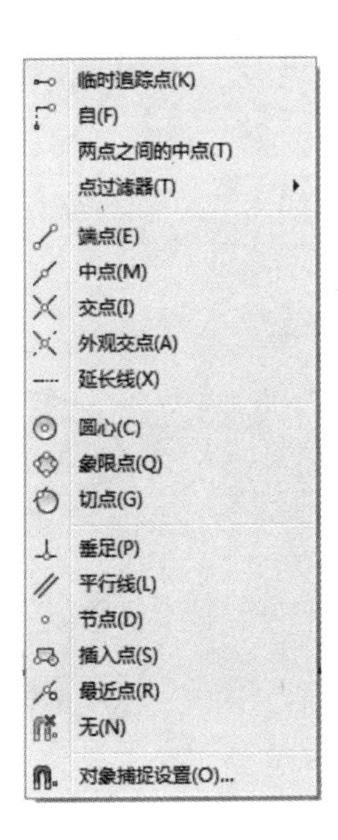

图 2 - 21　对象捕捉快捷菜单

【例 2 - 2】　作如图 2 - 22(a)所示的圆的内接正六边形。

绘图步骤如下：

(1)命令：POLYGON ↙　　(在命令行输入正多边形命令)

(2)输入边的数目 <4>：6 ↙　　(输入边的数目)

(3)指定正多边形的中心点或[边(E)]：(见图(b)，捕捉圆的圆心作为正多边形的中心点)

(4)输入选项[内接于圆(I)/外切于圆(C)] <I>：I ↙ (选择“I”选项，内接正多边形)

(5)指定圆的半径：　　[捕捉圆的象限点，结果如图 2 - 22(c)所示]

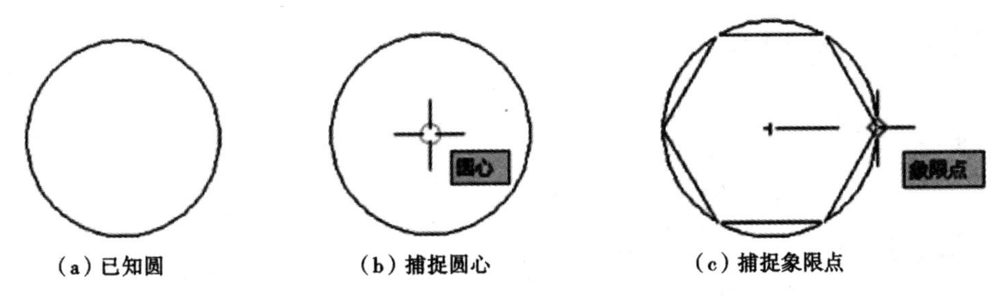

(a) 已知圆　　(b) 捕捉圆心　　(c) 捕捉象限点

图 2 - 22　绘制圆的内接正六边形

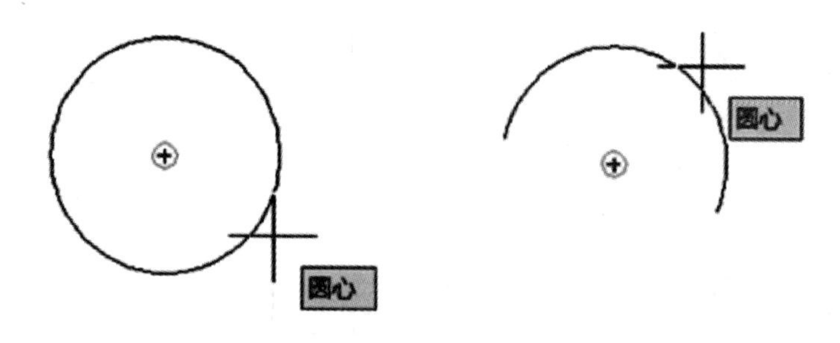

图 2－23　捕捉圆心

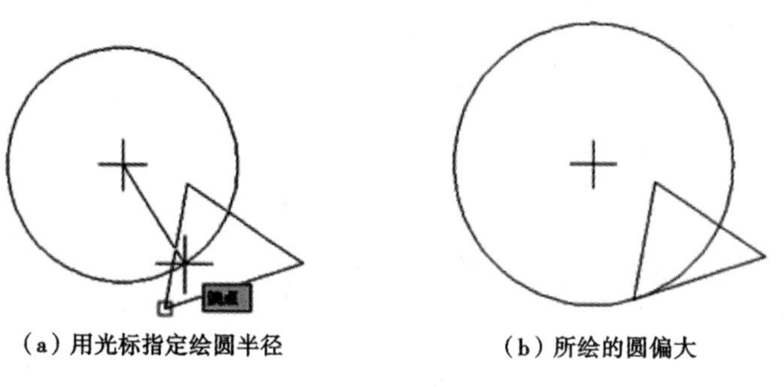

（a）用光标指定绘圆半径　　（b）所绘的圆偏大

图 2－24　对象捕捉对绘图的影响

知识要点提示：

（1）要捕捉圆或圆弧的圆心，先在对象捕捉设置中，选中“☑圆心”捕捉模式，在执行命令时，可将光标放在圆或圆弧的附近，停留一会儿，系统将自动捕捉到该圆的圆心，并显示“圆心”的文字注释，如图 2－23 所示。注意：只有在执行命令时才可运行捕捉功能。

（2）绘圆时，用光标在如图 2－24(a)所示位置单击，指定圆的半径，由于此时有一个“端点”的对象捕捉点在显示，结果所绘的圆是通过了该端点绘制的，比想要绘制的圆偏大，如图 2－24(b)所示。为了防止这种现象的发生。绘图时，应将光标适当移动，不让对象捕捉点的标记符号显示出来，或者将对象捕捉功能关闭。

2.4　缩放与平移视图

在 AutoCAD 2010 中，通过缩放视图和平移视图功能，可以灵活地观察图形的整体效果或局部细节。

2.4.1　缩放视图

缩放视图可以扩大或减小图形对象的屏幕显示尺寸，同时对象的真实尺寸保持不变。通过改变显示区域和图形对象的大小，用户可以更准确、细致地绘图。使用“缩放”工具栏，或选择菜单“视图”→“缩放”中的子命令可以缩放视图，如图 2－25 所示。“缩放”工具栏及名称如图 2－26 所示。

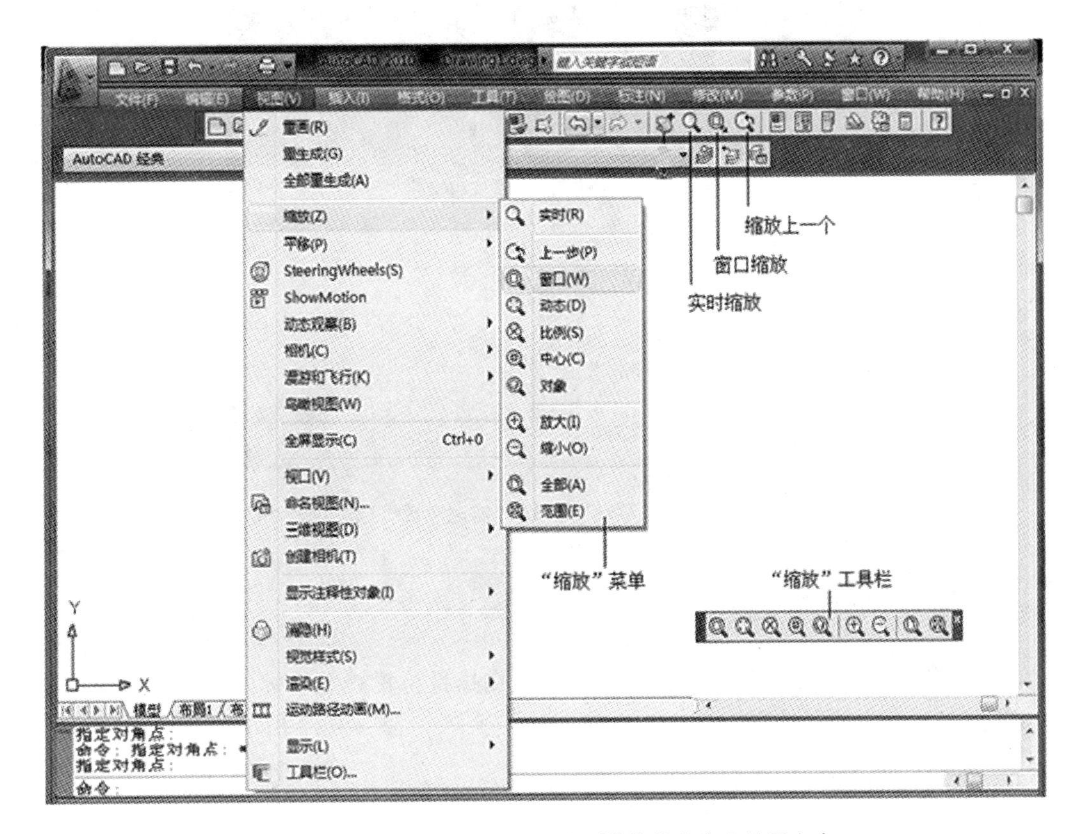

图 2－25　"缩放"工具栏和"缩放"菜单命令中的子命令

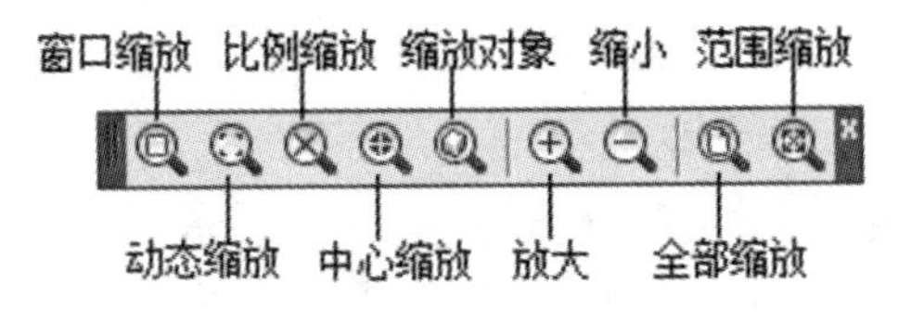

图 2－26　"缩放"工具栏

2.4.2　平移视图

使用平移视图命令，用户可以重新定位图形，以便看清图形的其他部分。可在命令行直接输入 PAN 命令，也可单击"标准"工具栏中的"实时平移"工具或选择"视图"→"平移"菜单中的子命令来执行，如图 2－27 所示。

使用平移命令平移视图时，视图的显示比例不变。平移功能有"实时"和"点"两种模式。

● "实时"平移：在此模式下，鼠标指针变成一只小手。按下鼠标左键拖动，窗口内的图形就可按光标移动的方向移动。释放鼠标按键，则可返回到平移等待状态。按 Esc 键或 Enter 键，可以退出该模式。

● "点"平移：通过指定基点和位移值来移动视图。

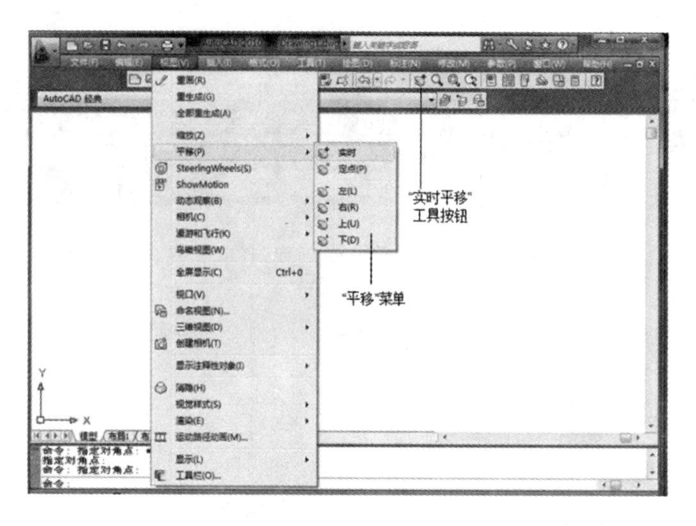

图 2－27 "平移"菜单和"实时平移"工具

2.5 设置动态输入

在 AutoCAD 2010 中，使用动态输入功能可以在指针位置处显示标注输入和命令提示等信息，从而极大地方便了绘图。

2.5.1 启用指针输入

在"草图设置"对话框的"动态输入"选项卡中，选中"启用指针输入"复选框可以启用指针输入功能，如图 2－28 所示。可以在"指针输入"选项区域中单击"设置"按钮，使用打开的"指针输入设置"对话框设置指针的格式和可见性，如图 2－29 所示。

图 2－28 "动态输入"选项卡

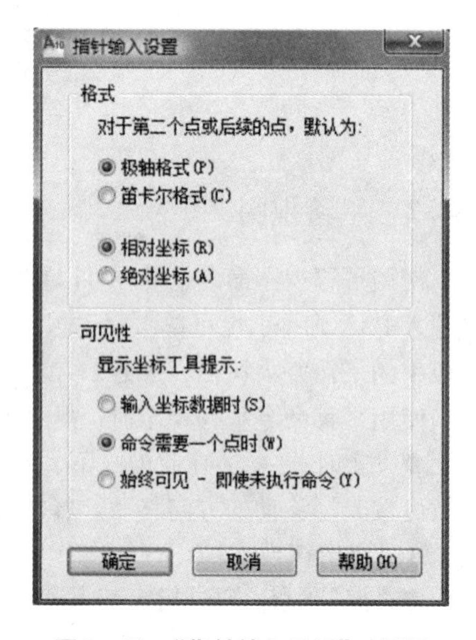

图 2－29 "指针输入设置"对话框

2.5.2　启用标注输入

在图 2－28 的“动态输入”选项卡中，选中“可能时启用标注输入”复选框可以启用标注输入功能。在“标注输入”选项区域中单击“设置”按钮，使用打开的“标注输入的设置”对话框可以设置标注的可见性，如图 2－30 所示。

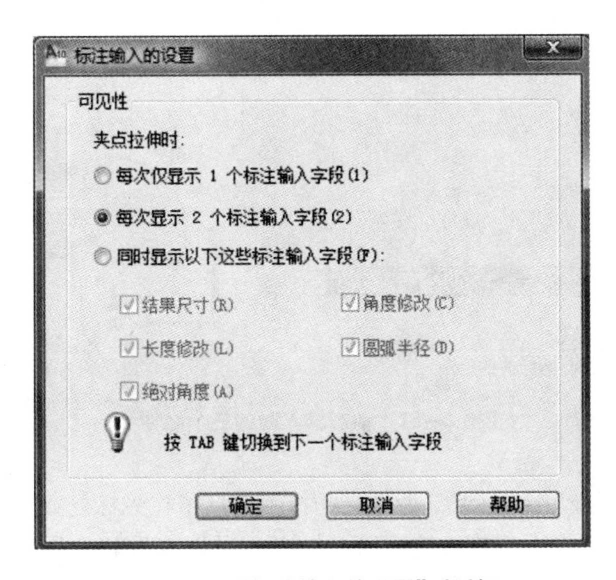

图 2－30　“标注输入的设置”对话框

2.5.3　显示动态提示

启用动态输入后，将在光标附近显示工具提示信息，该信息会随着光标的移动而动态更新。动态输入信息只有在命令执行过程中显示，包括绘图命令、编辑命令和夹点编辑等。

要打开或关闭动态输入，可使用以下 3 种方法。

(1) 单击状态栏的“动态输入”按钮。

(2) 按 F12 键。

(3) 选择菜单栏“工具”→“草图设置”命令，在弹出的“草图设置”对话框中切换到“动态输入”选项卡。

动态输入有 3 个组件：指针输入、标注输入和动态提示，如图 2－31 是绘制圆的过程中显示的动态输入信息。在“草图设置”对话框的“动态输入”选项卡中，可以设置启用动态输入时每个组件所显示的内容。

● 指针输入：当启用指针输入且有命令在执行时，将在光标附近的工具提示中显示坐标，这些坐标值随着光标的移动自动更新，并可以在此输入坐标值，而不用在命令行中输入。按 Tab 键，可以在两个坐标值之间切换。

● 标注输入：启用标注输入时，当命令提示输入第二点时，工具提示将显示距离和角度值，且该值随着光标移动而改变。

一般地，指针输入是在命令行提示“指定第一点”时显示，而标注输入是在命令行提示

“指定第二点时”显示。

例如，执行绘制圆的命令时，当命令行提示“_circle 指定圆的圆心或[三点(3P)/两点(2P)/相切、相切、半径(T)]：”时显示指针输入，此时可输入圆心的坐标值，如图2－31(a)所示；而当命令行提示“指定圆的半径或[直径(D)]<0.0000>：”时，此时显示的是标注输入，如图2－31(b)所示。此即所谓的命令行提示的“第一个点”和“第二个点”，实际上是命令执行过程中的指定点的顺序。

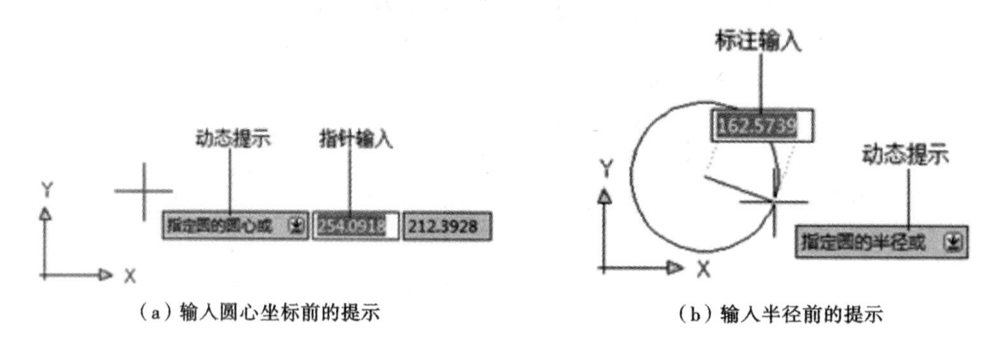

(a) 输入圆心坐标前的提示　　(b) 输入半径前的提示

图2－31　动态输入时的三个组件

● 动态提示：启用动态提示后，命令行的提示信息将在光标处显示。用户可以在工具提示(而不是在命令行)中输入响应。按下箭头“↓”，可以查看和选择选项。按上箭头“↑”，可以显示最近的输入。

下面以一个绘图实例来说明动态输入的使用。

【例题2－3】 绘制如图2－32所示图形。要求利用动态输入绘制一个圆，其圆心为(0，0)，半径为50，然后绘制该圆的内接正六边形。

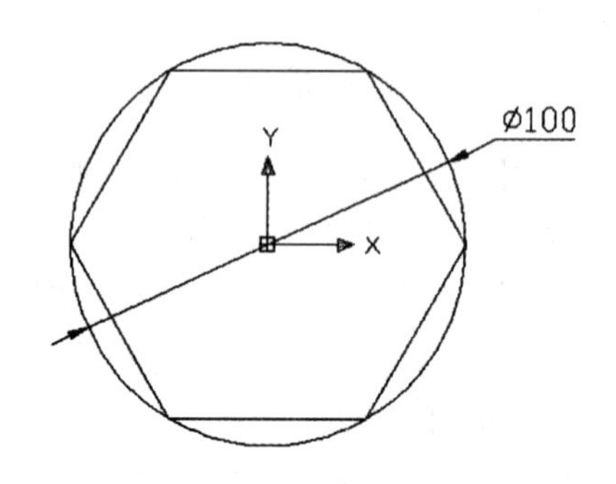

图2－32　绘制图形

(1)按下状态栏的“动态输入”按钮，打开动态输入功能。

(2)单击功能区“常用”选项卡→“绘图”面板→“圆”→“圆心、半径”按钮。

(3)命令行提示“_circle 指定圆的圆心或[三点(3P)/两点(2P)/相切、相切、半径(T)]：”时，可见到光标处显示“动态提示”和“指针输入”，此时可直接输入圆心的X坐标0，见图2－33(a)左图。按Tab键，切换到Y坐标，也输入0，见图2－33(a)右图，然后按Enter键。这一步完成了圆心坐标的指定。

(4)命令行提示“指定圆的半径或[直径(D)]<0.0000>：”时，在光标处显示动态提示和“标注输入”，如图2－33(b)所示，此时可直接输入圆的半径50，然后按Enter键。这一步完成了圆的绘制，如图2－33(c)所示。

(5)单击功能区“常用”选项卡→“绘图”面板→“正多边形”按钮。

(6)命令行提示“_polygon 输入边的数目<4>：”的同时，光标处也显示提示信息，如图2－34(a)所示，此时输入多边形的边数6，然后按Enter键。

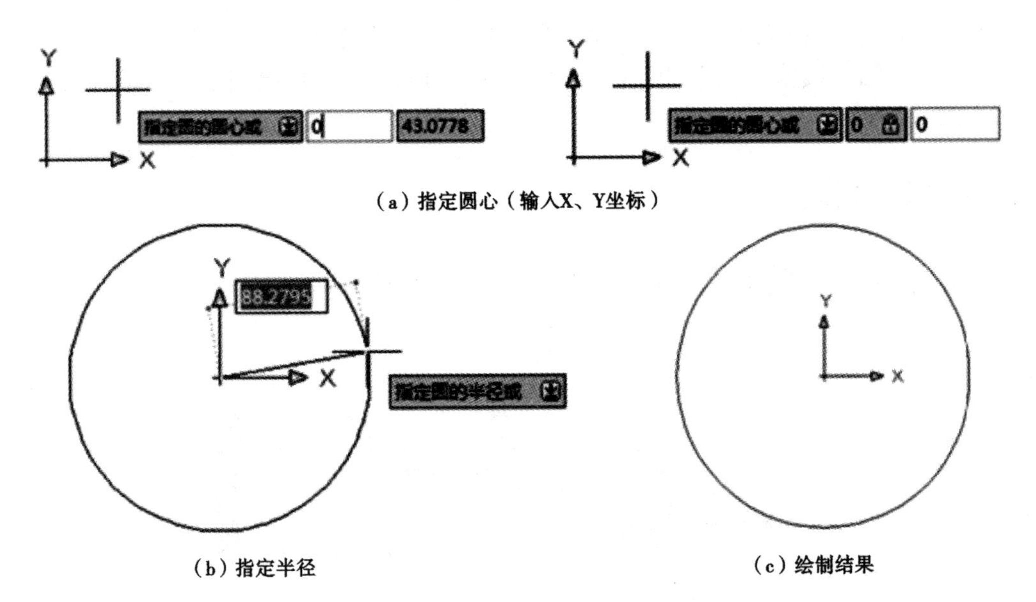

(b) 指定半径　(c) 绘制结果

图2－33　利用动态输入绘制圆

(7)命令行提示“指定正多边形的中心点或[边(E)]：”的同时，光标处也显示动态提示与指针输入，如图2－34(b)所示，此时可参照步骤(3)的操作指定其中心点坐标为(0，0)。

(8)命令行提示“输入选项[内接于圆(I)/外切于圆(C)]<I>：”的同时，光标处也显示动态提示，可用鼠标单击“内接于圆”，如图2－34(c)所示。

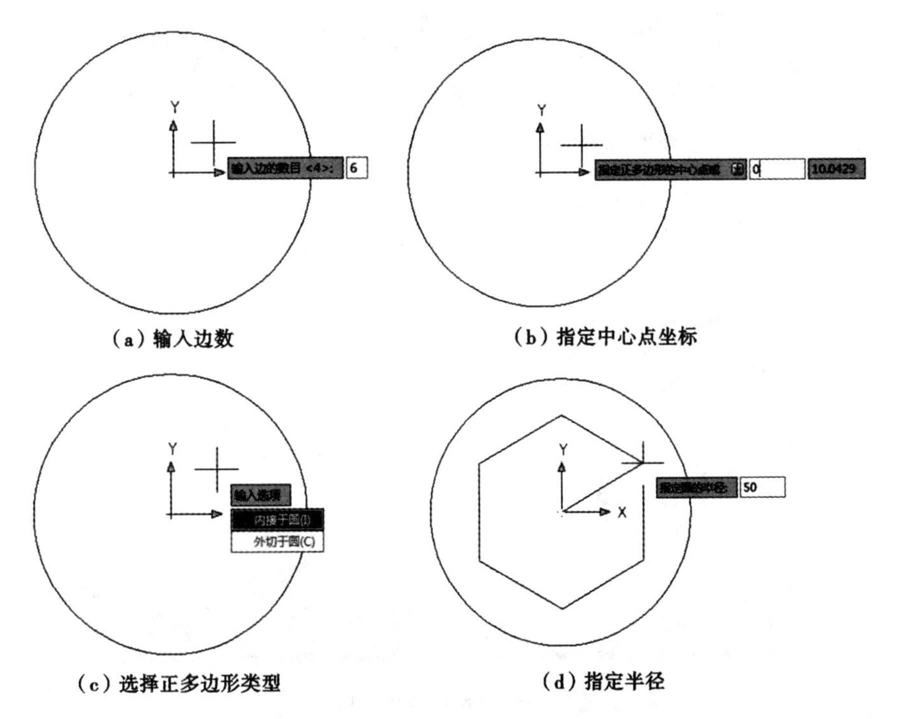

(a) 输入边数　(b) 指定中心点坐标

(c) 选择正多边形类型　(d) 指定半径

图2－34　利用动态输入绘制正多边形

(9)命令行提示“指定圆的半径：”时，光标处也显示动态提示与标注输入，如图 2－34(d)所示。此时可直接输入外接圆的半径 50，然后按 Enter 键完成绘制正六边形。绘制结果如图 2－32 所示。

2.6 使用快捷特性

在 AutoCAD 2010 中，提供了快捷特性功能，当用户选择对象即 3 条线段时，如图 2－35 所示，可显示快捷特性面板，从而方便修改对象的属性。

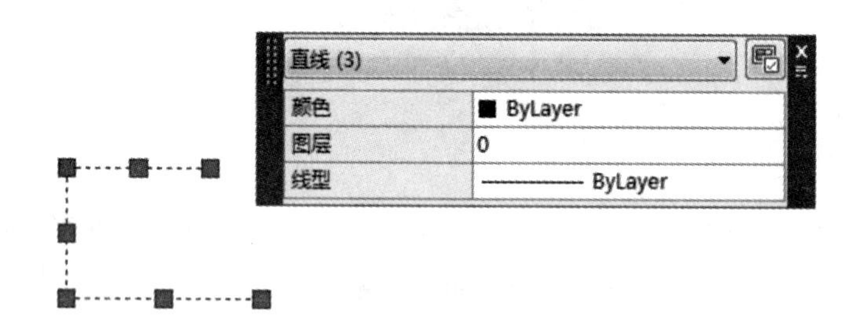

图 2－35 启用快捷特性

在“草图设置”对话框的“快捷特性”选项卡中，选中“启用快捷特性”复选框可以启用快捷特性功能，如图 2－36 所示。选项卡中其他各选项的含义如下。

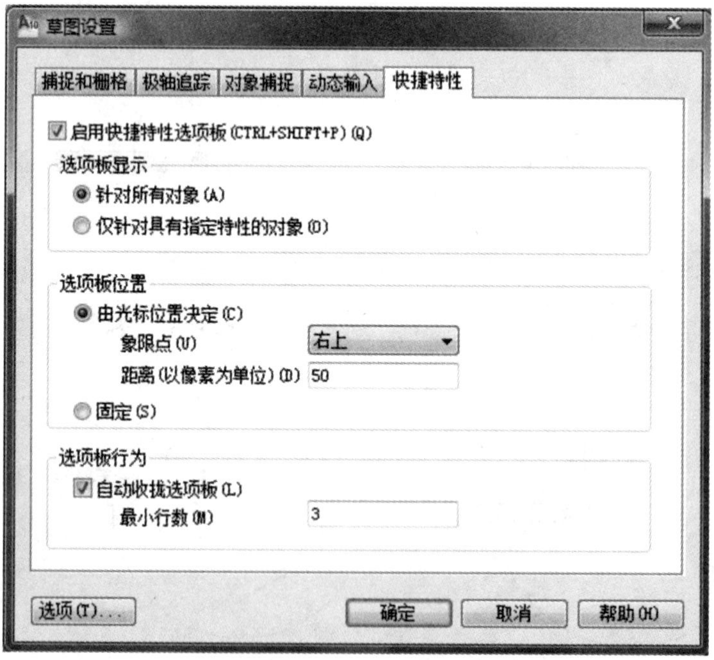

图 2－36 “快捷特性”选项卡

(1)“按对象类型显示”选项区域：可设置显示所有对象的快捷特性面板或显示已定义快捷特性的对象的快捷特性面板。

(2)“位置模式”选项区域：可以设置快捷特性面板的位置。选择“光标”单选按钮，快捷特性面板将根据“象限点”和“距离”的值显示在某个位置；选择“浮动”单选按钮，快捷特性面板将显示在上一次关闭时的位置处。

(3)“大小设置”选项区域：可以设置快捷特性面板显示的高度以及是否自动收拢。

2.7　习题与上机操作

1. 填空题

(1)使用 ________ 模式，只能绘制水平直线或垂直直线。

(2)在 AutoCAD 2010 中设置图层颜色时，在“索引颜色”选项卡中可以使用 ________ 种标准颜色。

(3)图层的特性主要包括 ________、________、________、________、________ 等特性。

2. 上机操作题

创建 3 个图层，分别将其命名为“中心线”“轮廓线”“虚线”。其中，“中心线”图层的线型为 CENTER，图层颜色为“洋红”，线宽为 0.05 毫米；“轮廓线”图层的线型为 Continuous，图层颜色为“绿”，线宽为 0.3 毫米；“虚线”图层的线型为 ACAD_ISO02W100，图层颜色为“黄”，线宽为 0.05 毫米。

第 3 章 二维绘图与编辑

【学习目标】

(1)掌握几种基本的绘图工具命令、图形编辑命令的不同的调用方式。

(2)掌握各种绘图工具命令、图形编辑命令的使用方法及绘图技巧。

(3)能够根据图形特点选择合适的绘图方法，从绘图界限、图层的设置开始，绘制出复杂、完整的图形。

在 AutoCAD 中，基本的绘图工具主要有绘点、直线、射线、构造线、矩形、多边形、圆、圆弧、椭圆、椭圆弧、圆环等，图形编辑命令主要有删除、复制、镜像、偏移、阵列、移动、旋转、缩放、拉伸、拉长、打断、打断于点、延伸、倒角、圆角等。

本章将各种绘图命令与图形编辑命令结合讲解，通过大量举例讲解各种绘图工具和图形编辑命令的使用方法及绘图技巧。

3.1 点、点的坐标、直线、射线、构造线

3.1.1 绘制点

在 AutoCAD 中，点分为单点、多点、定数等分和定距等分共4 种。

1. 命令

(1)点命令：POINT

(2)工具栏：图标[·]

(3)菜单栏：绘图→点

● 菜单栏："绘图"→"点"→"单点"，在绘图窗口中可以点击一次，绘出一个点。

● 菜单栏："绘图"→"点"→"多点"，在绘图窗口中可以点击多次，绘出多个点，按 Esc 键可结束。

● 菜单栏："绘图"→"点"→"定数等分"，在指定的对象上绘制等分点或者在等分点处插入块。

● 菜单栏："绘图"→"点"→"定矩等分"，在指定的对象上按指定的长度绘制点或插入块。

2. 点样式

● 菜单栏："格式"—"点样式"，可打开点样式对话框，点选所需点样式，再点击"确定"按钮，如图 3 - 1 所示。

● 绘制点时，命令提示行显示 PDMODE = 0 与 PDSIZE = 0. 0000 两个系统变量。它们用于显示当前状态下点的样式。

3.1.2　点的坐标

在 AutoCAD 中，表示点坐标的方法有绝对直角坐标、绝对极坐标、相对直角坐标和相对极坐标 4 种，它们的特点如下：

● 绝对直角坐标：就是相对于原点(0，0)的 X，Y 坐标或相对于原点(0，0，0)的 X，Y，Z 坐标。表达形式为：X，Y 或 X，Y，Z。例如：35，20。

● 绝对极坐标：是从原点(0，0)或(0，0，0)出发的位移。它用线段的长度和该线段与 X 轴正方向形成的夹角来表达。表达形式：长度 < 角度。

● 相对直角坐标和相对极坐标：相对坐标是指相对于某一点的 X 轴和 Y 轴位移，或距离和角度。

相对直角坐标表达形式：@X 位移量，Y 位移量。例如：@ 20，-30。

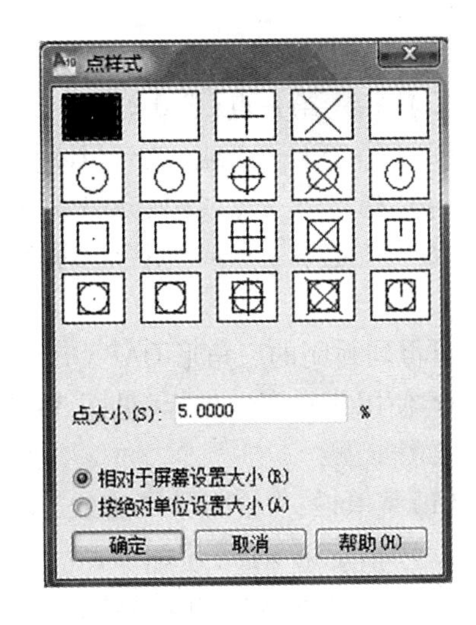

图 3-1　"点样式"对话框

相对极坐标中的角度是新点和上一点连线与 X 轴的夹角。相对极坐标表达形式：@长度 < 角度，输入角度时，既可以用正角，也可以用负角表示。如：@ 45 < 30 或 @ 45 < -330。(系统默认直线与 X 轴的逆时针方向的夹角为正角)。

【例题 3-1】　使用 4 种坐标表示法来创建如图 3-2 所示的三角形 OAB。

● 使用绝对直角坐标(见图 3-2)

绘图步骤：

(1)菜单栏："绘图"→"直线"

(2)"指定第一点："0，0↙　(输入原点 O 的绝对直角坐标)

(3)"指定下一点或[放弃(U)]："35，20↙　(输入点 A 的绝对直角坐标)

(4)"指定下一点或[放弃(U)]："42，42↙　(输入点 B 的绝对直角坐标)

(5)"指定下一点或[闭合(C)/放弃(U)]："C↙　(输入"C"选项，使所绘直线首尾连接)

可得到封闭的三角形 OAB。

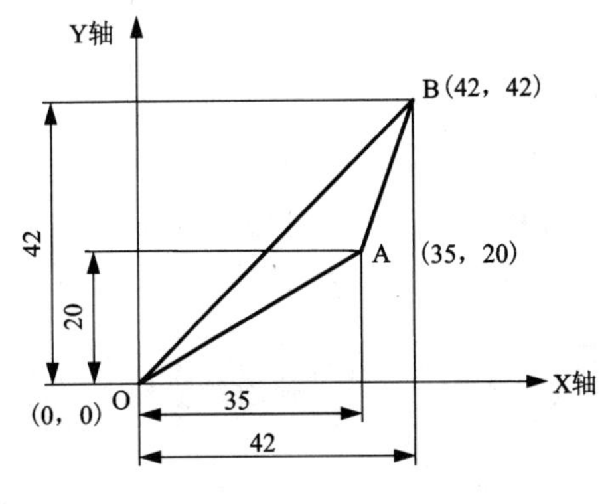

图 3-2　绝对直角坐标

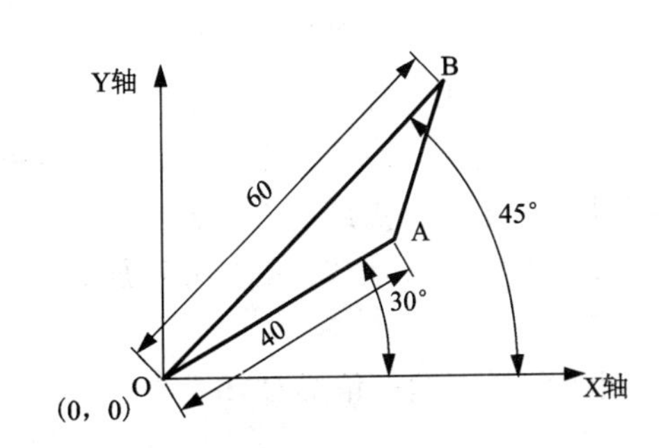

图 3-3　绝对极坐标

● 使用绝对极坐标(见图 3 -3)

绘图步骤:

(1)菜单栏:“绘图”→“直线”

(2)“指定第一点:” 0 <0↙ (输入原点 O 的坐标)

(3)“指定下一点或[放弃(U)]:” 40 <30↙ (输入点 A 的极坐标)

(4)“指定下一点或[放弃(U)]:” 60 <45↙ (输入点 B 的极坐标)

(5)“指定下一点或[闭合(C)/放弃(U)]:” C↙ (输入“C”选项,使所绘直线首尾连接)

可得到封闭的三角形 OAB。

● 使用相对直角坐标(见图 3 -4)

绘图步骤:

(1)菜单栏:“绘图”→“直线”

(2)“指定第一点:” 0, 0↙ (输入原点 O 的坐标)

(3)“指定下一点或[放弃(U)]:” @35, 20↙ (输入点 A 相对于点 O 的相对直角坐标)

(4)“指定下一点或[放弃(U)]:” @8, 22↙ (输入点 B 相对于点 A 的相对直角坐标)

(5)“指定下一点或[闭合(C)/放弃(U)]:” C↙ (输入“C”选项,使所绘直线首尾连接)

可得到封闭的三角形 OAB。

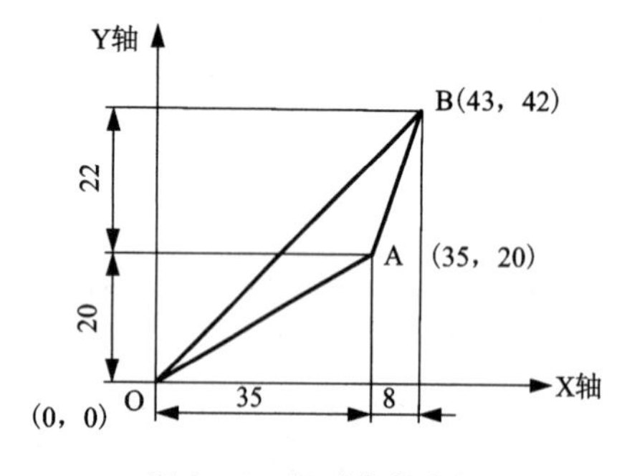

图 3 -4 相对直角坐标

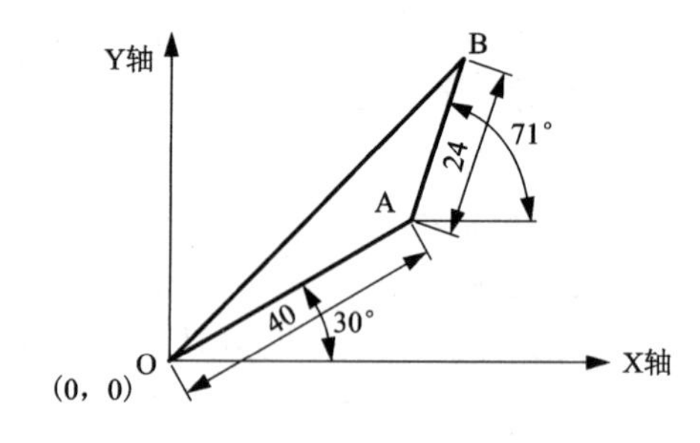

图 3 -5 相对极坐标

● 使用相对极坐标(见图 3 -5)

绘图步骤:

(1)菜单栏:“绘图”→“直线”

(2)“指定第一点:” 0 <0↙ (输入点 O 的极坐标)

(3)“指定下一点或[放弃(U)]:” @40 <30↙ (输入点 A 相对于点 O 的相对极坐标)

(4)“指定下一点或[放弃(U)]:” @ 24 <71↙ (输入点 B 相对于点 A 的相对极坐标)

(5)“指定下一点或[闭合(C)/放弃(U)]:” C↙

(输入“C”选项,使所绘直线首尾连接)

可得到封闭的三角形 OAB。

3.1.3　绘制直线

AutoCAD 中的直线是指直线段，指定了起点和终点即可绘制一条直线。

1. 命令

(1)直线命令：LINE(或简写 L)

(2)工具栏：图标

(3)菜单栏：绘图→直线

2. 选项

绘制直线时，各选项应注意以下要点：

● 绘制封闭折线时，在最后一个“指定下一点或[闭合(C)/放弃(U)]：”提示后面输入 C，再按 Enter 键即可。

● 在绘制折线时，如果在“指定下一点或[闭合(C)/放弃(U)]：”提示后面输入 U，可删除上一条直线。

3.1.4　绘制射线

射线为一端固定、另一端无限延伸的直线。在 AutoCAD 中，射线主要用于绘制辅助线。

(1)射线命令：RAY

(2)“功能区”选项板：“常用”选项卡→“绘图”面板→图标

(3)菜单栏：绘图→射线

指定射线的起点后，这时在“指定通过点：”提示下，指定多个通过点，来绘制以起点为端点的多条射线，直到按 Esc 键或 Enter 键退出。

3.1.5　绘制构造线

构造线为两端可以无限延伸的直线，它没有起点和终点，在 AutoCAD 中，射线也主要用于绘制辅助线。

1. 命令

(1)构造线命令：Xline

(2)工具栏：图标

(3)菜单栏：绘图→构造线

2. 选项

当执行构造线命令时，命令行显示如下信息：

“指定点或[水平(H)/垂直(V)/角度(A)/二等分(B)/偏移(O)]：”

绘制构造线时应注意以下要点：

● 选择“水平”或“垂直”选项，可以创建经过指定点(中点)，并且平行于 X 轴或 Y 轴的构造线。

● 选择“角度”选项，可以先输入参照 R 选项，选择一条参照线，再输入直线与构造线的角度；或者直接输入构造线的角度，再点击必经的点，也可创建与 X 轴成指定角度的构造线。

● 选择“二等分”选项，可以创建二等分指定角的构造线。这时需指定等分角的顶点、起点和端点。

● 选择“偏移”选项，则可以创建平行于指定基线的构造线，这时需要指定偏移距离，选择基线，然后指明构造线位于基线的哪一侧。

3.1.6 上机操作

(1)运用点的绝对直角坐标绘图3－6所示的图形。

(2)运用点的相对极坐标绘图3－7所示的图形。

(3)运用点的相对直角坐标绘图3－8所示的图形。

(4)运用点的相对极坐标绘图3－9所示的图形。

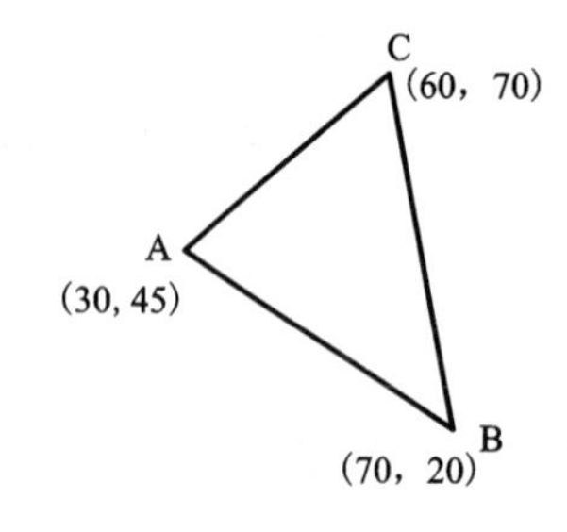

图3－6 运用点的绝对直角坐标绘图

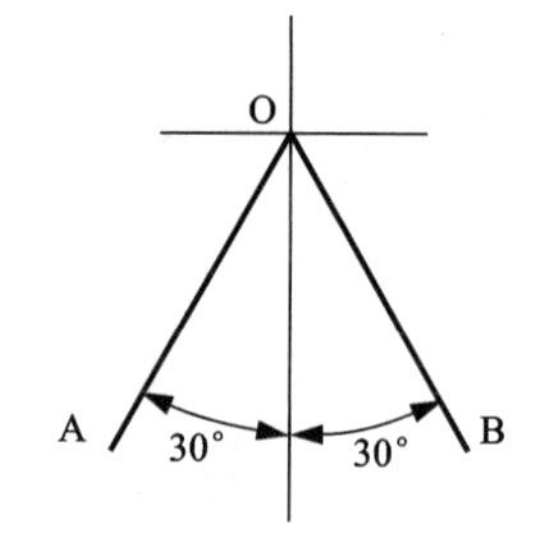

图3－7 运用点的相对极坐标绘图

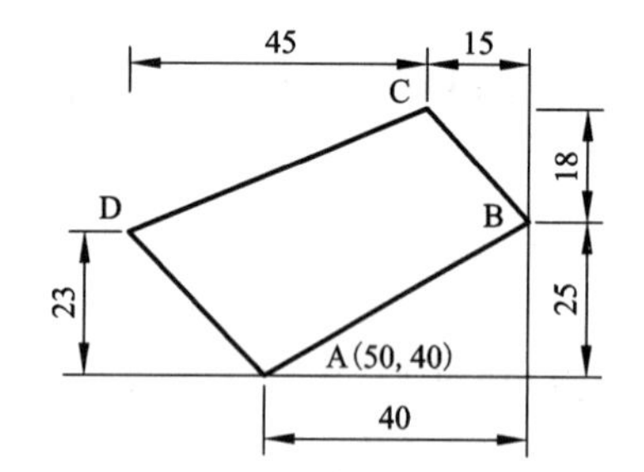

图3－8 运用点的相对直角坐标绘图

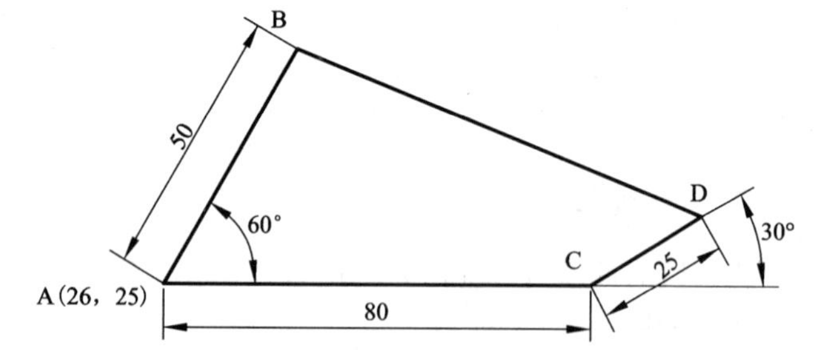

图3－9 运用点的相对极坐标绘图

3.2 圆、修剪、偏移、删除与恢复、放弃与重做

3.2.1 绘制圆

1. 命令

(1)圆命令：CIRCLE(或简写C)

(2)工具栏：图标

(3)菜单栏：绘图→圆

2. 格式

命令：CIRCLE↙

指定圆的圆心或[三点(3P)/两点(2P)/相切、相切、半径(T)]：(指定圆心)↙

指定圆的半径或[直径(D)]：(输入半径)↙

可以使用以下 6 种方法绘制圆，最后的结果如图 3 – 10 所示：

- 圆心、半径：通过指定圆的圆心和半径绘圆。
- 圆心、直径：通过指定圆的圆心和直径绘圆。
- 两点：通过指定两个点，并以两个点之间的距离为直径绘圆。
- 三点：通过指定的三个点来绘圆。
- 相切、相切、半径：以指定的值为半径，绘制一个与两个对象相切的圆。
- 相切、相切、相切：通过依次指定与圆相切的 3 个对象来绘制圆。

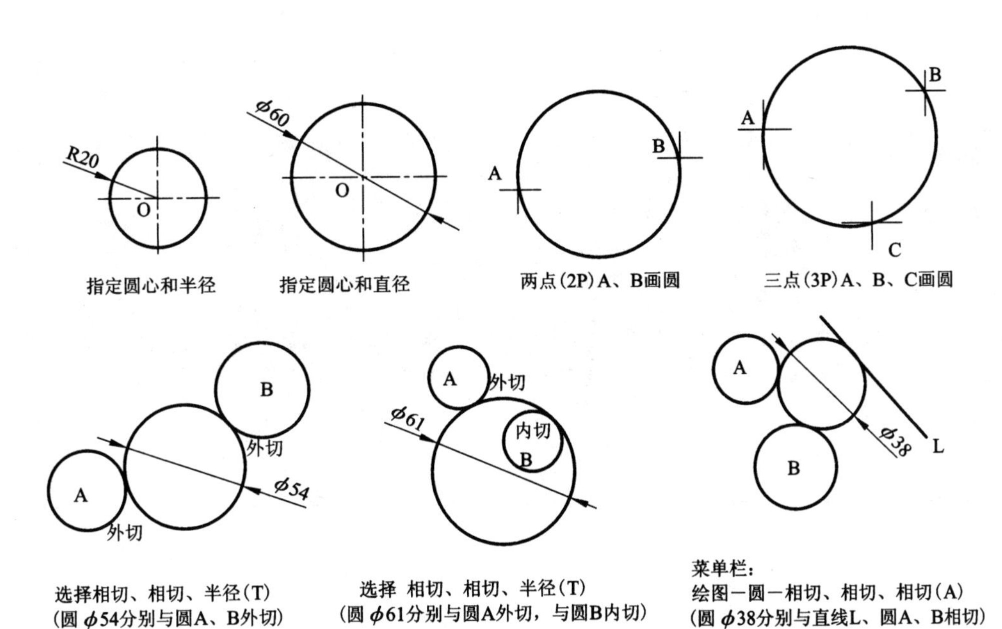

图 3 – 10　圆的 6 种画法

3.2.2　修剪

1. 命令

(1)命令：TRIM(或简写 TR)

(2)工具栏：图标

(3)菜单栏：修改→修剪

2. 举例

【例题 3 – 2】　见图 3 – 11(a)，要求用修剪命令剪去直线 c 的中间段。

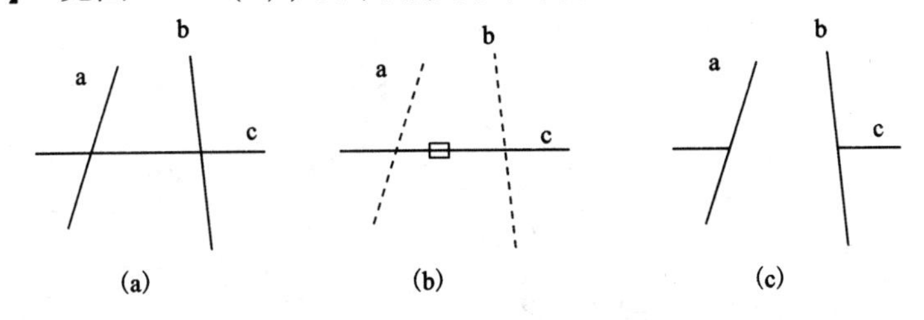

图 3 – 11　修剪练习

绘图步骤：

(1)命令：TRIM(或 TR)↙

当前设置：投影 = UCS 边 = 无

选择剪切边……

(2)选择对象： (点选直线 a 为剪切边)

(3)选择对象： (点选直线 b 为剪切边，此时线 c 被剪成三段)

(4)选择对象：↙

(5)选择要修剪的对象或［投影(P)/边(E)/放弃(U)］：

［点选被剪切边 c 的中间段，见图(b)］

(6)选择要修剪的对象或［投影(P)/边(E)/放弃(U)］：↙ ［效果见图(c)］

知识要点提示：

(1)剪切边和被剪切边可以是直线、圆、圆弧、多段线、椭圆等。

(2)圆的剪切断开点不能只有一个，如图 3 - 12(a)，否则，不能对圆进行修剪。修剪圆必须有两个断开点，如图 3 - 12(b)所示。

(3)同一对象既可以选为剪切边，也可同时选为被剪切边。如图 3 - 13，用框选方式将图(a)所有的图形选中(此时，所选的线条既可作为剪切边，又可作为被剪切边，线与线之间的每一个交点就是一个断开点。)，接着回车，直接点选要剪除的线段即可，见图(b)，修剪结果如图(c)所示。

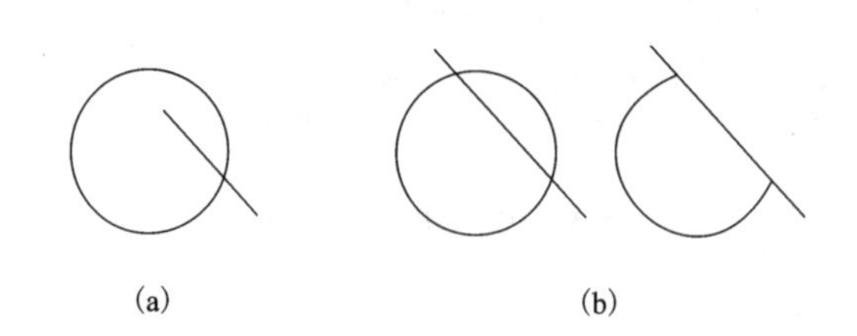

图 3 - 12 修剪圆

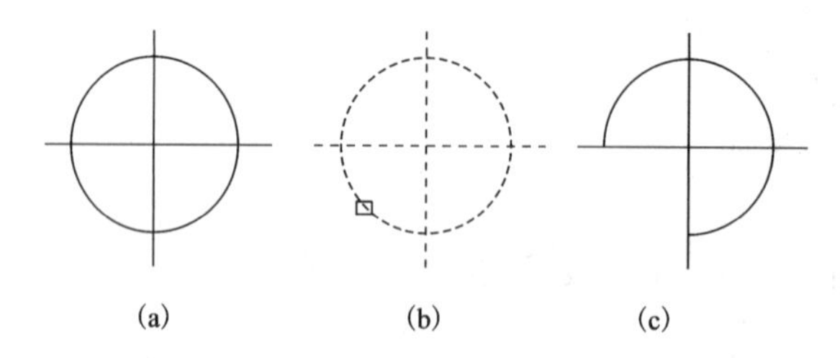

图 3 - 13 修剪图形

3.2.3 偏移

运用偏移可以对指定的直线、圆弧、多段线及圆等对象作同心偏移复制，创建平行线或等距离分布图形。

1. 命令

(1) 偏移命令：OFFSET(或简写为O)

(2) 工具栏：图标

(3) 菜单栏：修改→偏移

2. 格式

当执行偏移命令时，命令行显示如下信息：

"指定偏移距离或[通过(T)]<通过>："

> **知识要点提示：**
>
> (1) 如果先输入偏移距离，再点选要偏移的图形，最后再点击要偏移的一侧，可复制出对象。
>
> (2) 如果在命令行输入T，再选择要偏移的对象，然后指定一个通过点，则复制出的对象将经过通过点。
>
> (3) 直线的偏移：为平行等长的等距线。见图3-14(a)、(b)。
>
> (4) 圆弧的偏移：为圆弧的等距线，圆弧同心且圆心角保持相同。见图3-14(c)。
>
> (5) 多段线的偏移：为多段线的等距线，组成的各线段将自动调整，即其组成的直线段或圆弧段将自动延伸或修剪，构成另一条多段线。见图3-14(d)。

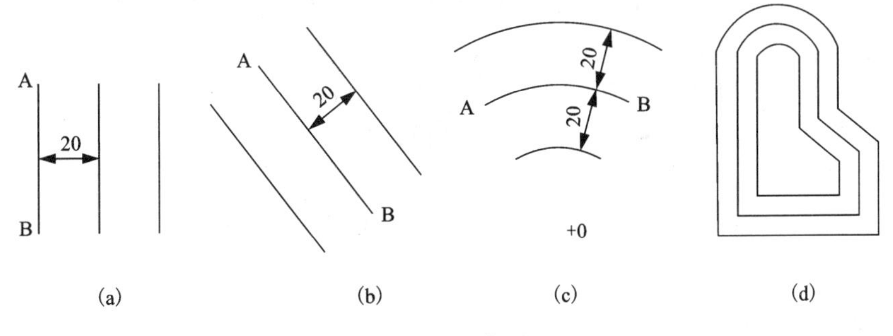

图3-14　偏移

3.2.4　删除与恢复

1. 删除

(1) 命令

1) 删除命令：ERASE(或简写为E)

2) 工具栏：图标

3) 菜单栏：修改→删除

(2) 格式

命令：ERASE↙

选择对象：　　　　　　(选中对象)

选择对象：　　　　　　(回车，可删除所选对象)

2. 恢复

(1)命令

命令：OOPS

(2)功能

恢复上一次用 ERASE 命令所删除的对象。

【例题 3-3】 见图 3-15(a)，要求绘圆 ϕ40，分别与圆 A 和直线 L 相切，再删除圆 B。

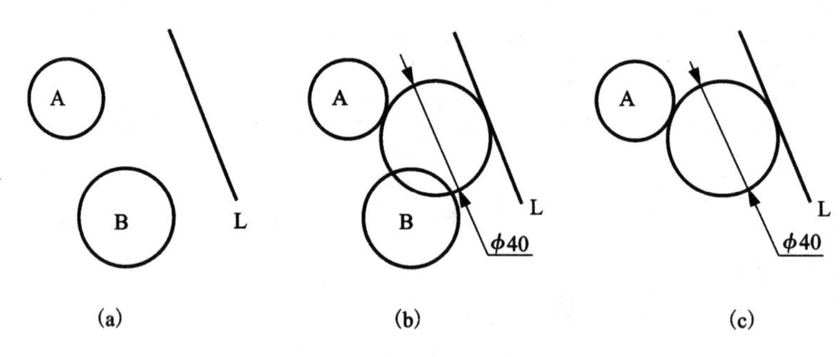

图 3-15 绘圆与删除命令练习

绘图步骤：

(1)命令：CIRCLE↙

(2)指定圆的圆心或[三点(3P)/两点(2P)相切、相切、半径(T)]：T↙

(3)指定对象与圆的第一个切点：　　(点击圆 A)

(4)指定对象与圆的第二个切点：　　(点击直线 L)

(5)指定圆的半径：20↙　　[见图(b)]

(6)命令：ERASE↙

(7)选择对象：　　(点击圆 B)找到 1 个

(8)选择对象：↙　　[见图(c)]

3.2.5 放弃与重做

1. 放弃

(1)命令

1)放弃命令：UNDO(或简写为 U)

2)图标：“标准”工具栏

3)菜单栏：编辑→放弃

(2)功能

取消上一次命令操作。

2. 重做

(1)命令

1)命令：REDO

2)图标：“标准”工具栏

3)菜单栏：编辑→重做

(2)功能

重做刚用 U 命令所放弃的命令操作。

【例题 3-4】 建图层并使用绘圆、偏移和修剪命令绘制如图 3-16 所示的图形。

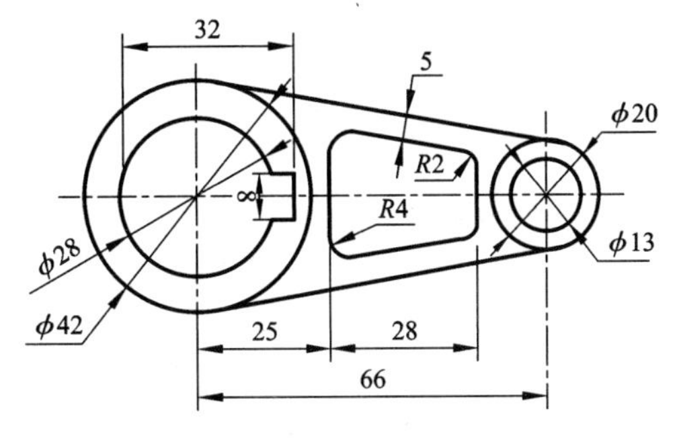

图 3-16　绘制图形

绘图步骤:

(1)新建一个图形文件，选择“格式”→“图层”命令，打开“图层特性管理器”对话框。

(2)单击“新建”按钮，创建图层，图层名称为“中心线层”，设置颜色为“红色”，线型为 CENTER，线宽为默认；创建另一图层，图层名为“轮廓线层”，设置颜色为“绿色”，线型为 Continuous，线宽为 0.3。

(3)选中创建的“中心线层”，单击“当前”按钮，将其设置为当前层，然后单击“确定”按钮，关闭“图层特性管理器”对话框。

(4)创建绘图界限。

先计算以上图形的长为 91 (42/2 + 66 + 20/2 = 91)，宽为 42，估算绘图界限约为 160 × 120。

用绘图界限命令 LIMITS，输入左下角点(0，0)，右上角点(160，120)。接着用矩形命令绘出矩形，以显示绘图界限的绘图范围，指定第一角点为(0，0)，指定第二角点为(160，120)。再用窗口命令 ZOOM，输入选项 A，让所绘矩形在绘图窗口以最大图形显示。再次使用绘图界限命令 LIMITS，输入 ON，将绘图界限呈打开状态。

(5)单击“直线”按钮，绘制一条水平中心线和一条竖直中心线，单击“偏移”按钮，偏移绘出另一竖线，使 AB 距离为 66，如图 3-17 所示。

(6)在“图层”工具栏中，单击图层下拉列表中的“轮廓线层”，将其设置为当前层。

(7)单击“圆”按钮，以交点 A 为圆心，绘制 ϕ42 和 ϕ28 的圆；再以交点 B 为圆心，绘制 ϕ20 和 ϕ13 的圆，如图 3-18 所示。

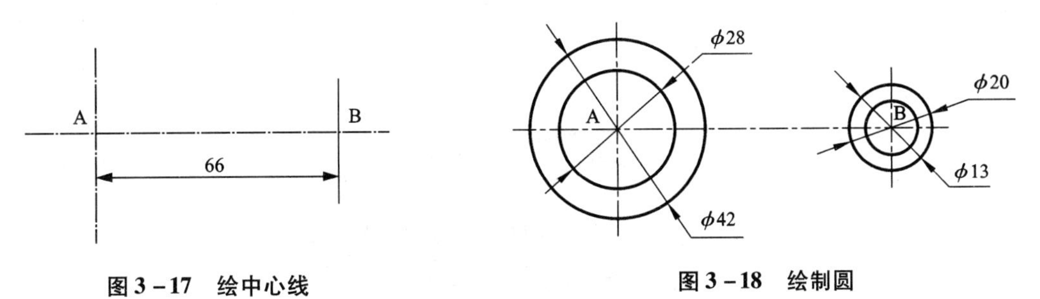

图 3-17　绘中心线　　**图 3-18　绘制圆**

(8)单击“直线”按钮，在“对象捕捉”工具栏中单击“捕捉到切点”按钮，在 ϕ42 圆的上半部单击，确定直线的第 1 个端点，再单击“捕捉到切点”按钮，在 ϕ20 圆的上半部单击，确定直线的第 2 个端点，绘制圆的切线，如图 3-19 所示。

(9)单击“偏移”按钮，将所绘的两条切线向内偏移 5，将水平中心线分别向上和向下各偏移 4，将左侧的竖直中心线向右依次偏移为 18、25 和 53，如图 3－20 所示。

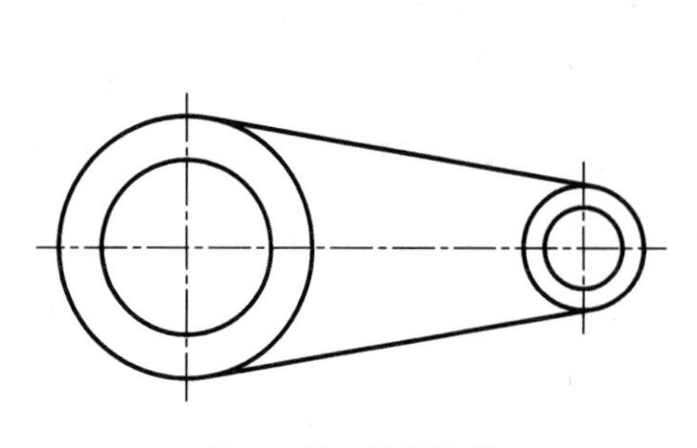

图 3－19 绘制切线

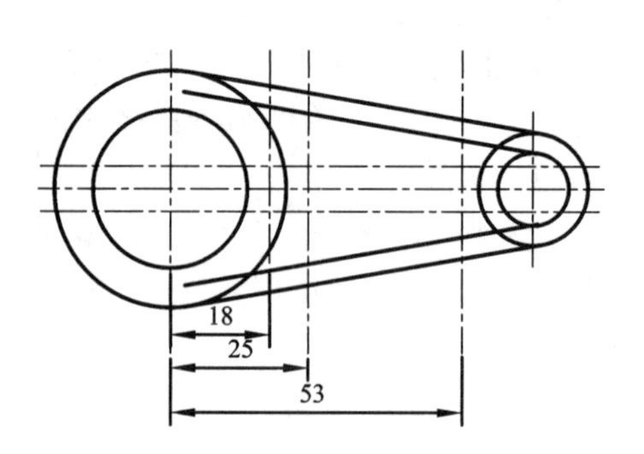

图 3－20 偏移切线和中心线

(10)选择刚偏移的直线(目前呈 CENTER 线型)，在"图层"工具栏中选择图层下拉列表中的"轮廓线层"，然后按 ESC 键(让所选线的夹点消失)，可将它们从"中心线层"转换为"轮廓线层"，如图 3－21 所示。

(11)单击"修剪"按钮，修剪成如图 3－22 所示图形。

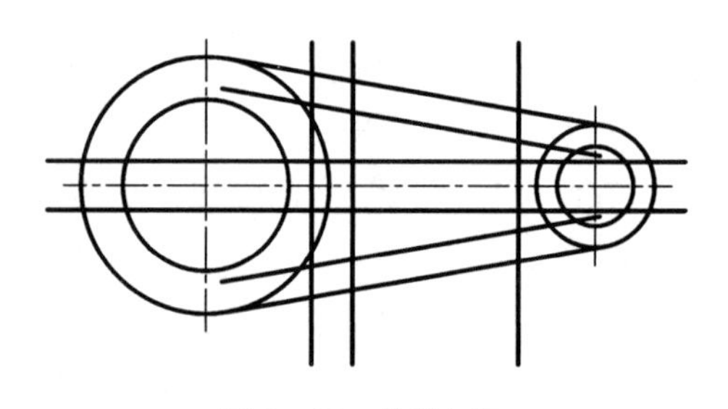

图 3－21 转换图层

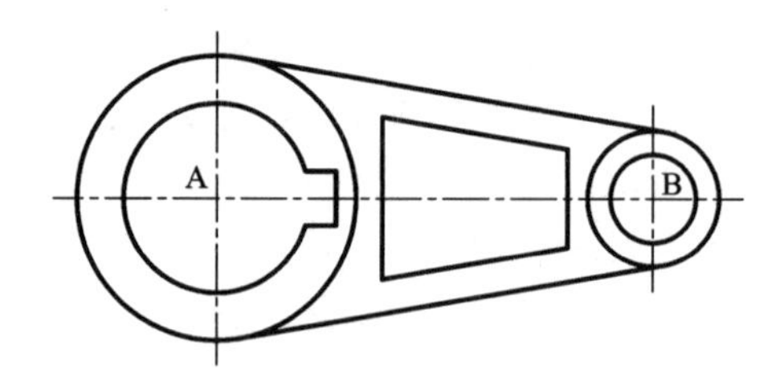

图 3－22 修剪图形

(12)选择菜单栏："绘图"→"圆"→"相切、相切、半径"命令，绘制与直线 CD、CE 相切，与直线 CD、DF 相切，半径为 4 的圆；绘制与直线 CE、EF 相切，与直线 EF、DF 相切，半径为 2 的圆，如图 3－23 所示。

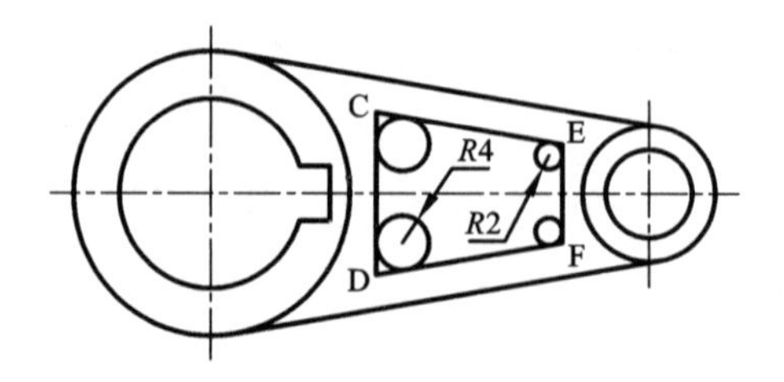

图 3－23 绘制相切圆

(13)单击"修剪"按钮，修剪成如图 3－24 所示图形。

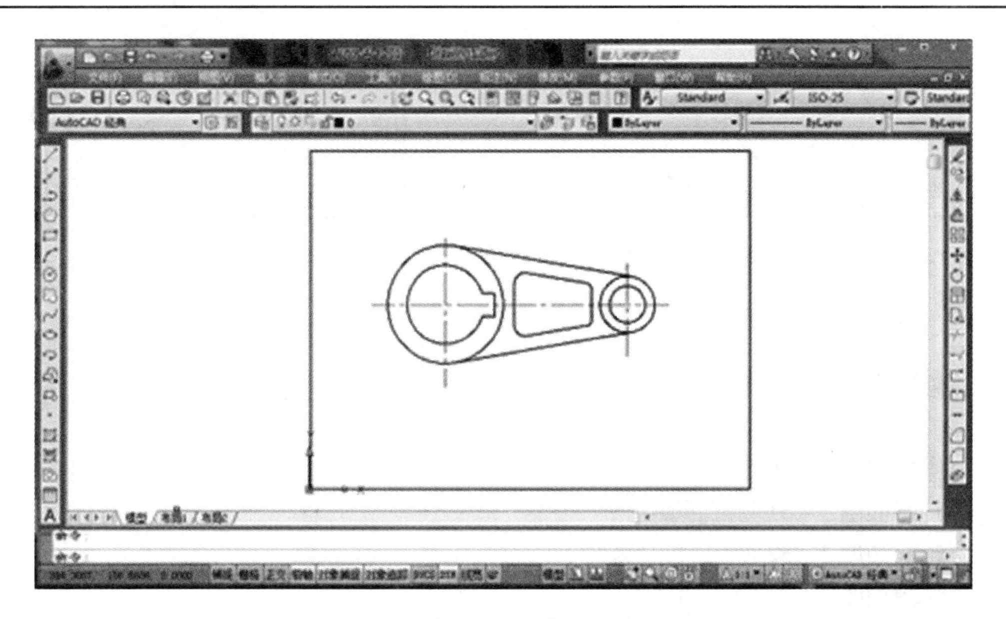

图3-24　修剪结果

知识要点提示：

(1)建议读者每绘一幅图之前，参照以上例题的步骤(1)～(4)，先创建绘图界限，使所绘图形最大限度地显示在绘图窗口内，可给绘图带来方便。本书为了使命令讲解简洁，以后举例不再重复步骤(1)～(4)。

(2)绘图应充分利用对象捕捉，应尽量放大图形去捕捉点击，可使捕捉更准确，从而使绘图精确。

(3)当绘制直线与两个圆相切的时候，见图3-25，初学者容易错画成直线与两个圆相交，如图3-26所示。正确的画法是：先全部清除所有对象捕捉点的设置，然后，只打开“切点”的对象捕捉，再绘直线与两个圆相切，如图3-27所示。

当捕捉某个对象点时，防止有其他对象捕捉点干扰，造成捕捉了另一个对象点，在“对象捕捉”设置中，最好先取消其他对象捕捉点的设置。

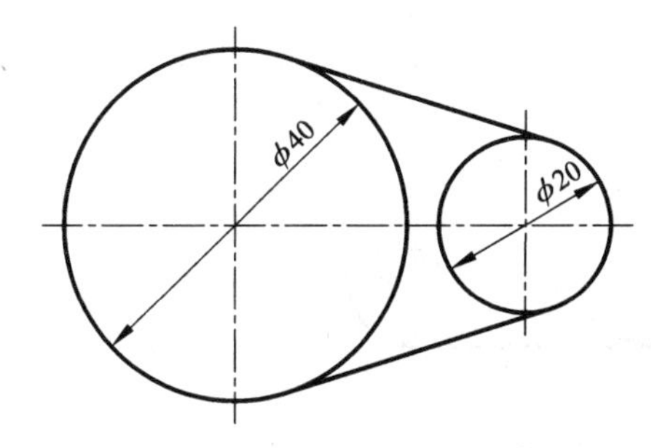

图3-25　绘制直线与两圆相切

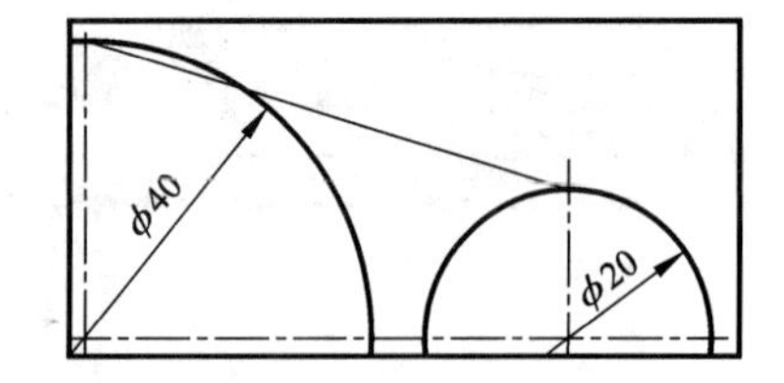

图 3 - 26 直线与两圆相切(错误画法)

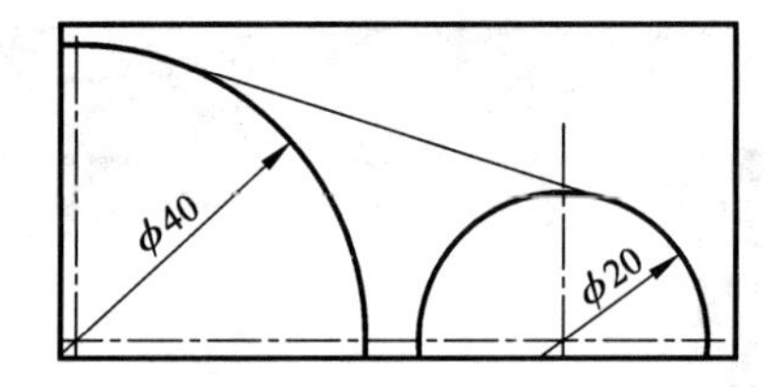

图 3 - 27 直线与两圆相切(正确画法)

3.2.6 上机操作

(1)绘制如图 3 - 28 所示的图形。

(2)绘制如图 3 - 29 所示的图形。

(3)绘制如图 3 - 30 所示的图形。

(4)绘制如图 3 - 31 所示的图形。

(5)绘制如图 3 - 32 所示的图形。

(6)绘制如图 3 - 33 所示的图形。

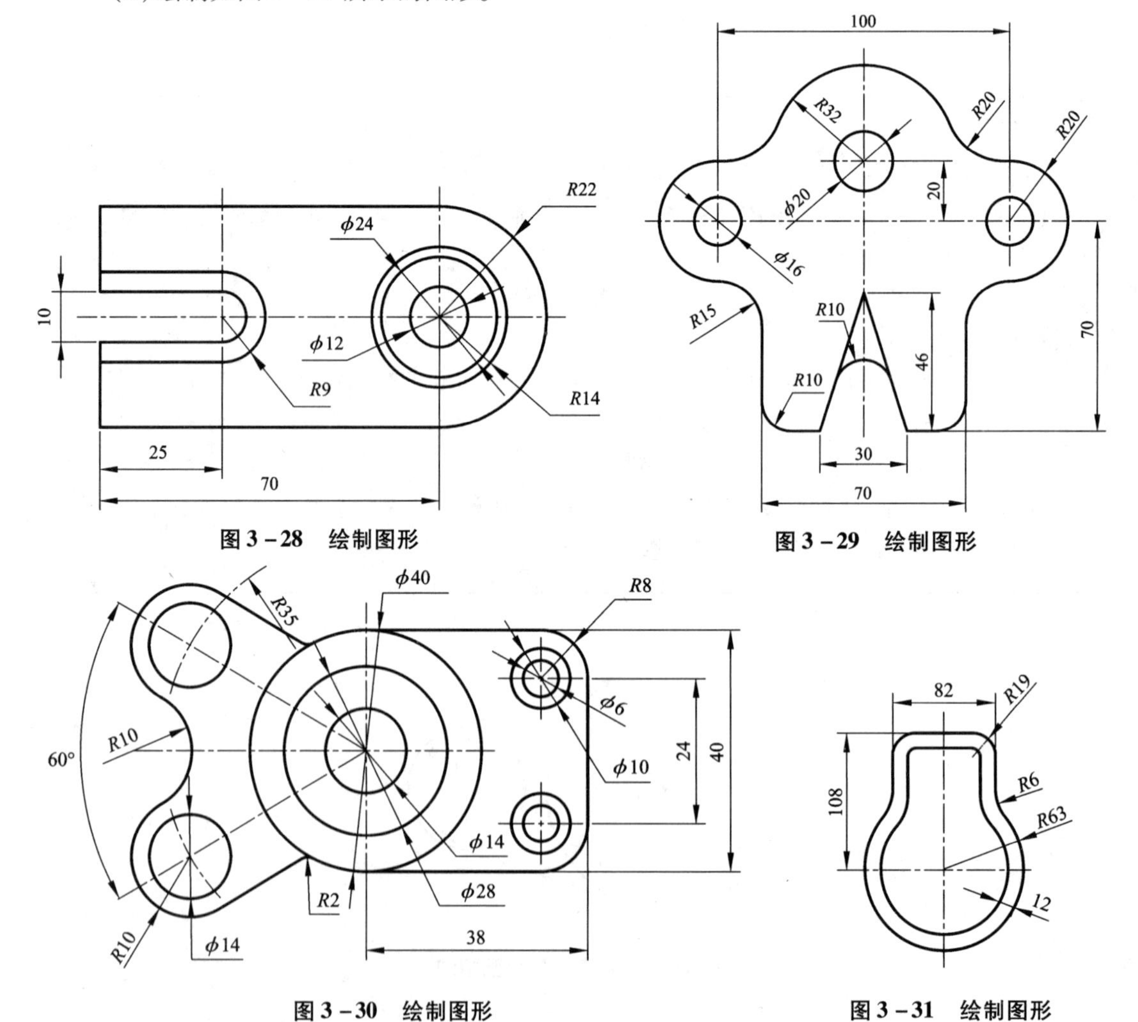

图 3 - 28 绘制图形

图 3 - 29 绘制图形

图 3 - 30 绘制图形

图 3 - 31 绘制图形

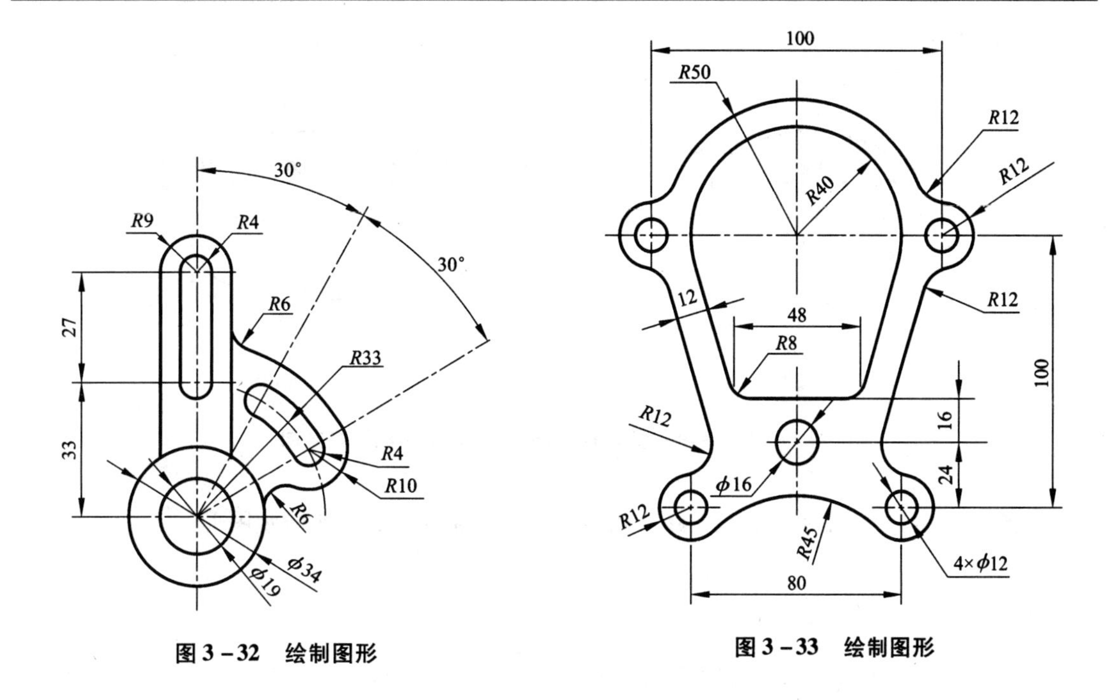

图3－32　绘制图形

图3－33　绘制图形

3.3　镜像、阵列、对齐、打断与打断于点、延伸

3.3.1　镜像

此命令可以将图形对象以镜像线对称复制。

1. 命令

(1)镜像命令：MIRROR(或 MI)

(2)工具栏：图标

(3)菜单栏：修改→镜像

2. 举例

【例题3－5】　绘图要求：将图3－34(a)的上半边图形以 AB 为镜像线镜像图形。

绘图步骤：

(1)命令：MI(或 MIRROR)↙

(2)选择对象：　　(框选 AB 线以上的图形)

(3)选择对象：↙

(4)指定镜像线的第一点：　　(点击 AB 线的端点 A)

(5)指定镜像线的第二点：　　(点击 AB 线的端点 B)

(6)是否删除源对象？[是(Y)/否(N)]：N↙

在 AutoCAD 中，使用系统变量 MIRRTEXT 可以控制文字对象的镜像方向。使用命令 MIRRTEXT，如果设置 MIRRTEXT＝0，则文字不镜像，图3－34(a)所示；如果 MIRRTEXT＝1，则文字完全镜像，如图3－34(b)所示。

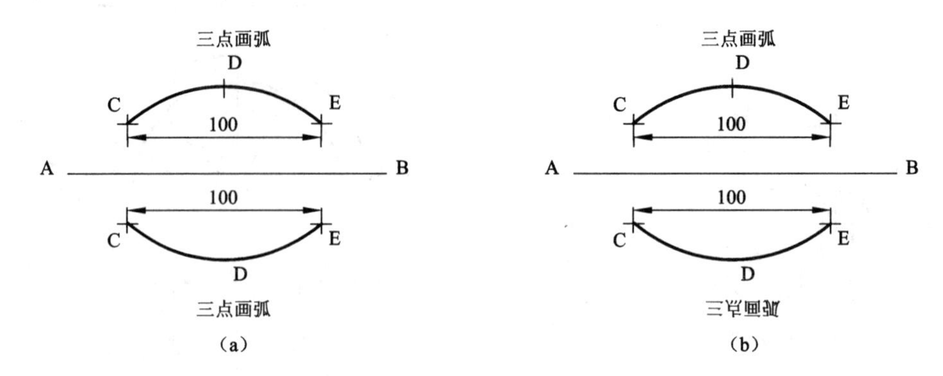

图 3－34 使用变量 MIRRTEXT 控制文字的镜像方向

【例题 3－6】 用偏移、绘圆、修剪和镜像命令绘制如图 3－35 所示图形。

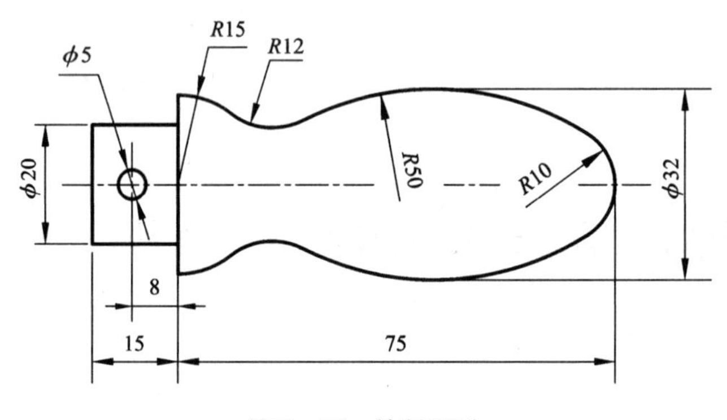

图 3－35 绘制图形

绘图步骤：

(1)建图层，设置各图层名称、颜色、线型和线宽。

(2)创建绘图界限，设置绘图的图幅为 150×100。

(3)绘定位线。单击“直线”按钮，绘制一条水平线和一条竖直线，单击“偏移”按钮，偏移绘出其他竖线，各个偏移距离见图 3－36 所示。

(4)单击“圆”按钮，以交点 A 为圆心，绘制 $\phi 5$ 的圆，单击“偏移”按钮，将水平线上下各偏移 10，见图 3－37 所示。

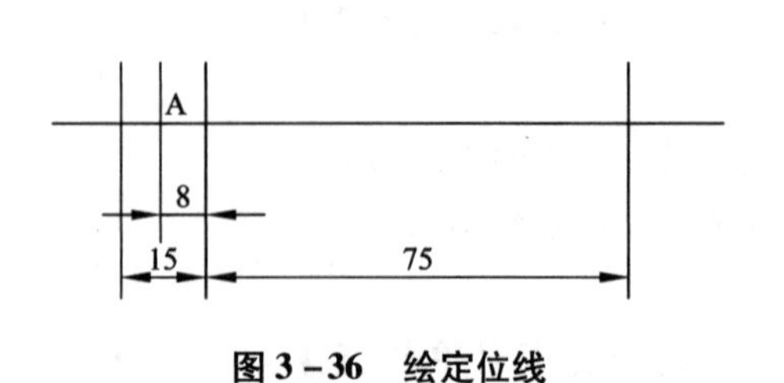

图 3－36 绘定位线

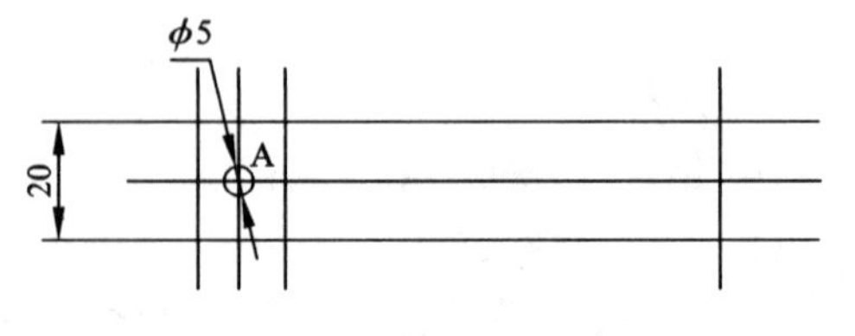

图 3－37 绘圆和偏移

(5)单击“偏移”按钮，将竖线 EF 向左偏移 10，得交点 C，再单击“修剪”按钮，将零件左侧修剪成如图 3 -38 所示。

(6)单击“圆”按钮，以交点 B 为圆心，绘制 R15 的圆，再单击“圆”按钮，以交点 C 为圆心，绘制 R10 的圆，见图 3 -39 所示。

图 3 -38　偏移和修剪

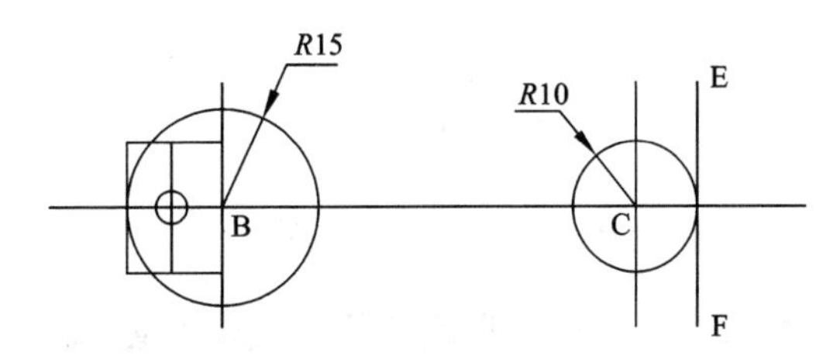

图 3 -39　绘制圆

(7)单击“删除”按钮，将线 EF 删除，然后，单击“修剪”按钮，将 R15 的圆剪去四分之三，再单击“偏移”按钮，将水平定位线向上偏移 16，得到直线 MN，如图 3 -40 所示。

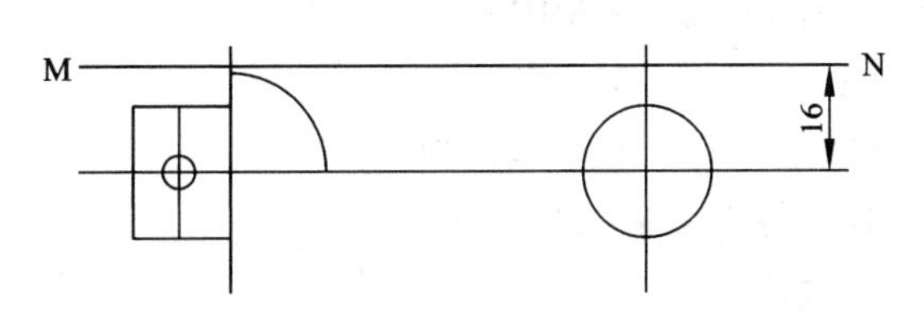

图 3 -40　偏移和修剪

(8)选择菜单栏“绘图”→“圆”→“相切、相切、半径”命令，绘制与直线 MN、圆 R10 相切，半径为 50 的圆，如图 3 -41 所示。

(9)单击“删除”按钮，将线 MN 删除，然后，选择菜单栏“绘图”→“圆”→“相切、相切、半径”命令，绘制与圆弧 R15、圆 R50 相切，半径为 12 的圆，如图 3 -42 所示。

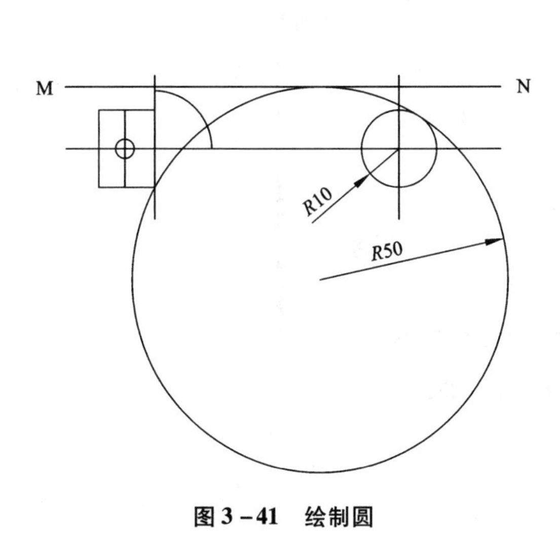

图 3 -41　绘制圆

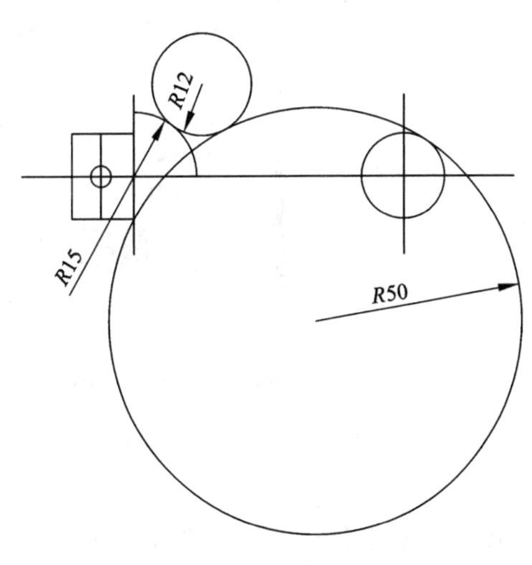

图 3 -42　删除直线和绘制圆

(10)单击“修剪”按钮，将手柄的上半边圆弧连接部分修剪成如图 3 -43 所示。

(11)单击“镜像”按钮，将手柄的上半边圆弧连接部分，以线 BC 为镜像轴进行镜像，再修剪和删除多余线条，结果如图 3－44 所示。

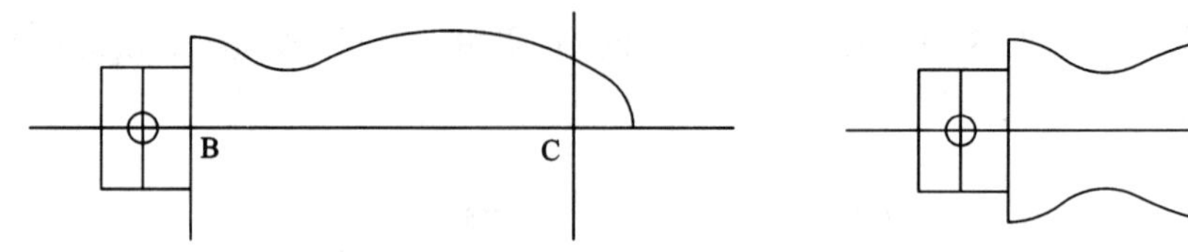

图 3－43　绘制圆

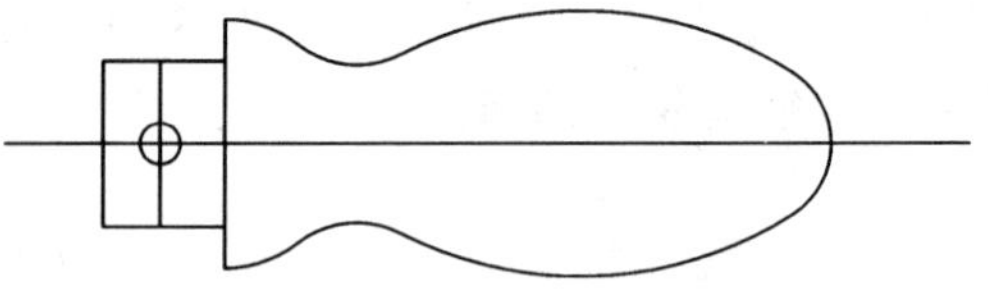

图 3－44　修剪和删除多余线条

3.3.2　阵列

此命令是以矩形或者环形方式多重复制对象。

1. 命令

(1)阵列命令：ARRAY(或 AR)

(2)工具栏：图标

(3)菜单栏：绘图→阵列

阵列分为矩形阵列和环形阵列。

2. 选项

(1)矩形阵列

在“阵列”对话框中，选择“矩形阵列”单选按钮，可以以矩形阵列方式复制对象，此时对话框如图 3－45 所示。

图 3－45　选择“矩形阵列”的对话框

该对话框中各选项的含义如下：

● “行”文本框：用于设置矩形阵列的行数。

● “列”文本框：用于设置矩形阵列的列数。

● “偏移距离和方向”选项区域：在“行偏离”“列偏离”“阵列角度”文本框中可以输入矩形阵列的行距、列距和阵列角度，也可以单击文本框右边的按钮，在绘图窗口中通过指定点来确定距离和方向。

知识要点提示：

行距、列距和阵列角度的值的正负性将影响将来阵列方向，行距、行距为正值将使阵列沿 Y 轴或 X 轴正方向布置，阵列角度为正值则沿逆时针方向阵列，负值则相反。如果是通过单击按钮在绘图窗口上设置偏移距离和方向，则给定点的前后顺序确定了偏移的方向。

- “选择对象”按钮：单击该按钮将切换到绘图窗口，在该窗口中可以选择进行阵列复制的对象。
- 预览窗口：显示当前的阵列模式、行距和列距以及阵列角度。
- “预览”按钮：单击该按钮将切换到绘图窗口，在该窗口中可预览阵列复制效果。

知识要点提示：

预览阵列复制效果时，如果单击“接受”按钮，则确认当前的设置，阵列复制对象，并结束命令；如果单击“修改”按钮，则返回到“阵列”对话框，可以重新修改阵列复制参数；如果单击“取消”按钮，则取消命令，不做任何编辑。

例如：见图 3－46(a)，矩形阵列作图要求：

阵列对象：圆；　2 行 3 列；　行偏移 25；　列偏移 30

例如：见图 3－46(b)，矩形阵列作图要求：

阵列对象：圆；　2 行 3 列；　行偏移　－25；　列偏移 30

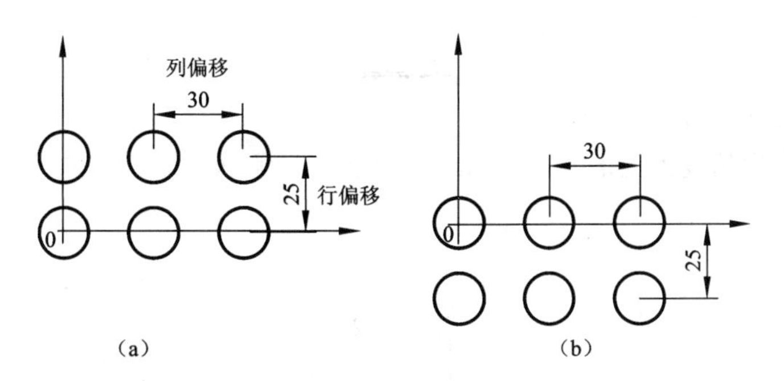

图 3－46　矩形阵列图形

(2) 环形阵列

在“阵列”对话框中，选择“环形阵列”单选按钮，可以以环形阵列方式复制图形，此时的对话框如图 3－47 所示。

该对话框中各选项的含义如下：

- “中心点”选项区域：在 X 和 Y 文本框中，输入环形阵列的中心点坐标。也可以单击右边的按钮，切换到绘图窗口中，直接指定一点作为阵列的中心点。
- “方法和值”选项区域：设置环形阵列复制的方法和值。其中，在“方法”下拉列表框中选择环形的方法，包括“项目总数和填充角度”“项目总数和项目间的角度”“填充角度和项目间的角度”3 种。选择的方法不同，设置的值也不同。用户可以直接在对应的文本框中输入值，也可以通过单击相应按钮，在绘图窗口中指定。

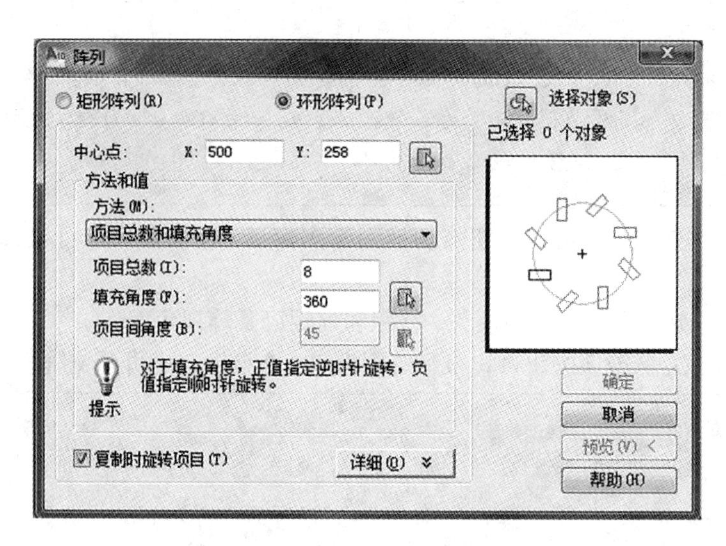

图 3-47 选择“环形阵列”的对话框

● “复制时旋转项目”复选框：用于设置在阵列时是否将复制出的对象旋转。

1)例如：见图 3-48(a)，环形阵列作图要求：

环形阵列对象：火柴　旋转中心：O 点　数目：4 个　环行阵列角度：90°

作图结果如图 3-48(b)所示。

2)例如：见图 3-48(a)，环形阵列作图要求：

环形阵列对象：火柴　旋转中心：O 点　数目：4 个　环行阵列角度：-90°

作图结果如图 3-48(c)所示。

注意：环行阵列角度为正值时，阵列对象将逆时针旋转；环行阵列角度为负值时，阵列对象将顺时针旋转。

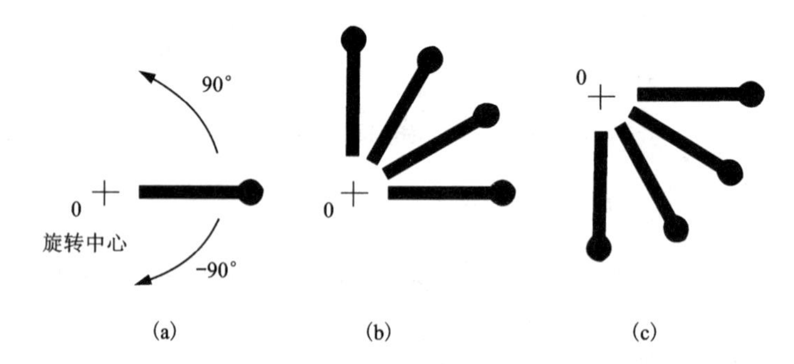

图 3-48 环形阵列图形

3.3.3 对齐

执行该命令，可以使选中的对象与其他对象对齐。该命令既适用于二维对象，也适用于三维对象，如图 3-49 所示。

1. 命令

(1)对齐命令：ALIGN(或 AL)

(2)菜单栏：修改→ 三维操作→ 对齐

2. 举例

【例题3-7】 见图3-50，要求运用对齐命令(ALIGN)将T形图形插入凹槽。

命令：ALIGN↙

选择对象：(选中右边的T形图形。)找到8个

指定第一个源点：　　　　　　(点击A点)

指定第一个目标点：　　　　　(点击a点)

指定第二个源点：　　　　　　(点击B点)

指定第二个目标点：　　　　　(点击b点)

指定第三个源点或<继续>:↙　　(如图3-50所示)

是否基于对齐点缩放对象？[是(Y)/ 否(N)] <否>：N↙　　(结果如图3-51所示)

如果在“是否基于对齐点缩放对象?：”输入Y，则T形图形比例将自动缩放，使T形图形的插入部分充满整个凹槽，效果见图3-52所示。

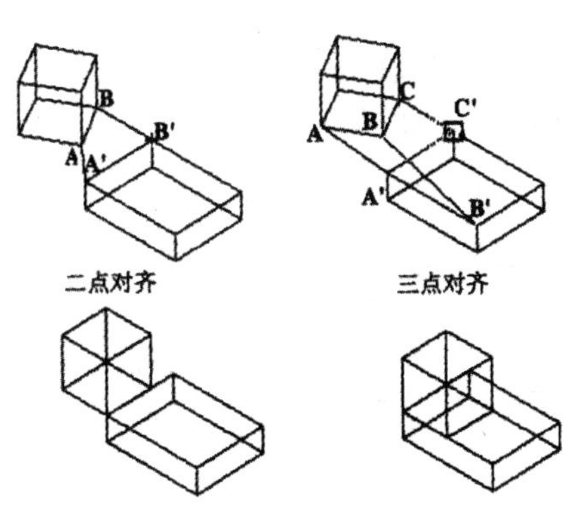

图3-49　对齐方式

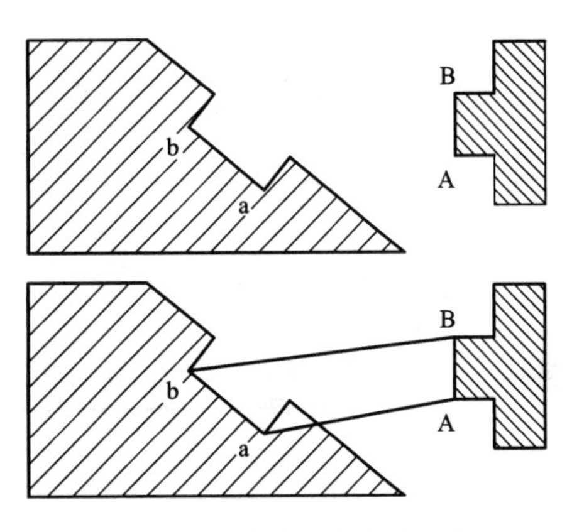

图3-50　指定源点和目标点

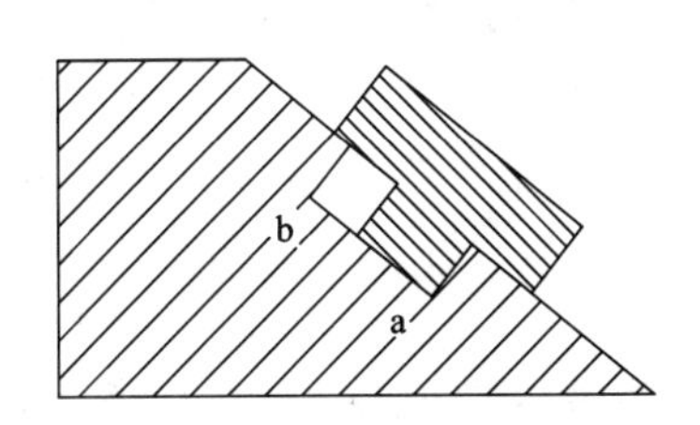

图3-51　基于对齐点不缩放对象

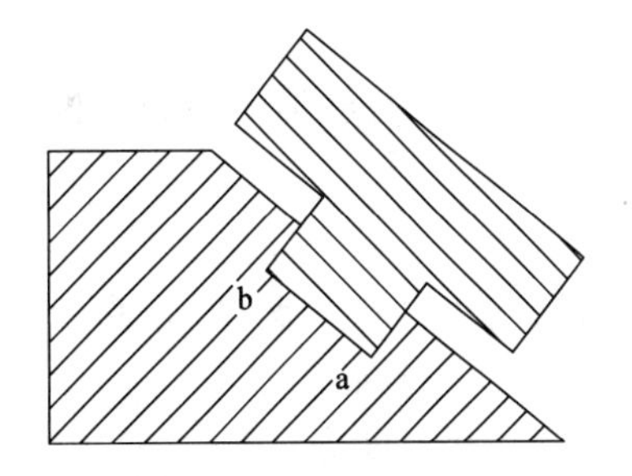

图3-52　基于对齐点缩放对象

3.3.4　打断与打断于点

1. 打断

执行该命令，可以切掉对象的一部分，或切断成两个对象。

(1)命令

1)打断命令：BREAK(或 BR)

2)工具栏：图标

3)菜单栏：修改→打断

(2)格式

命令：BREAK(或 BR)↙

选择对象： [点取 1，此时点 1 就是第一断开点，如图 3－53(a)]

选择第二个打断点或 [第一点(F)]： [点取 2，为第二断开点，结果如图 3－53(b)]

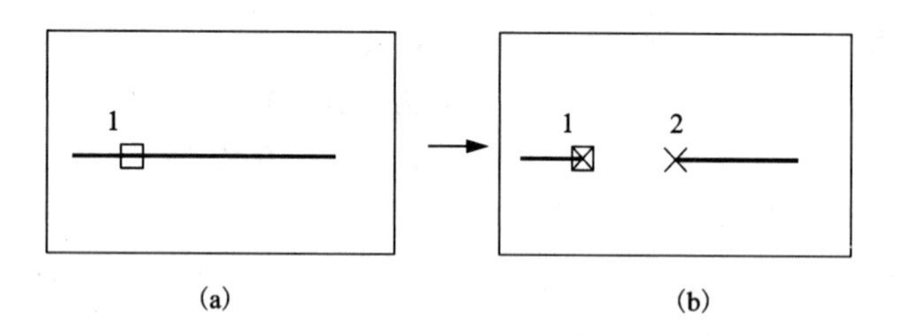

图 3－53 打断

(3)说明

● 拾取对象的 1 点为第一断开点，输入另一个点 2 确定第二断开点，如图 3－54(a)。此时，第二断开点 2 可以不在对象上，AutoCAD 将自动捕捉对象上的最近点 A 为第二断开点，如图 3－54(b)所示。

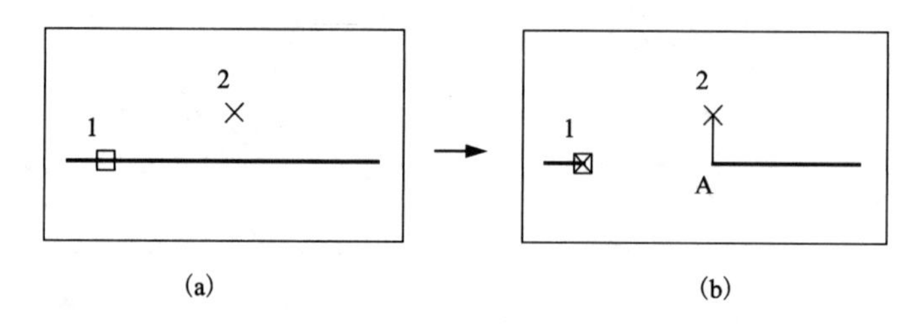

图 3－54 打断对象的第一种情况

● 拾取对象的点不作为第一断开点，另行确定第一断开点和第二断开点。此时提示如下：

选择对象： [点取 1，如图 3－55(a)所示]

选择第二个打断点或 [第一点(F)]：F↙

指定第一个打断点： (点取 2，为第一断开点)

指定第二个打断点： [点取 3，为第二断开点，如图 3－55(a)所示，AB 之间被切断，结果如图 3－55(b)所示]

● 如图 3－56(a)所示，第二断开点 2 选取在对象外部，对象的该端被切掉，结果如图 3－56(b)所示。

● 打断圆，从第一断开点 1 逆时针方向到第二断开点 2 的部分被切掉，转变为圆弧，如图 3－57 所示。

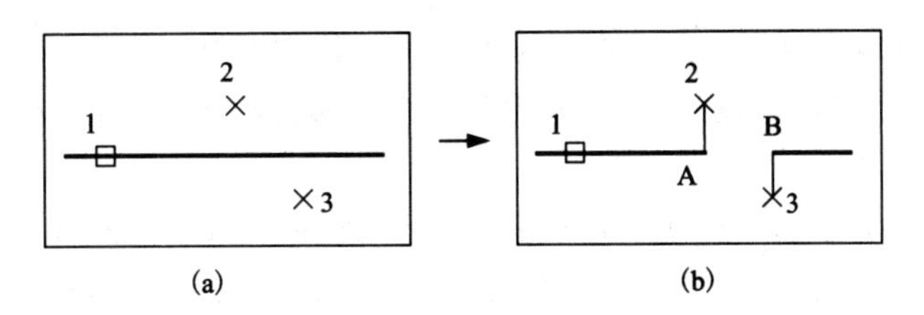

图3-55 打断对象的第二种情况

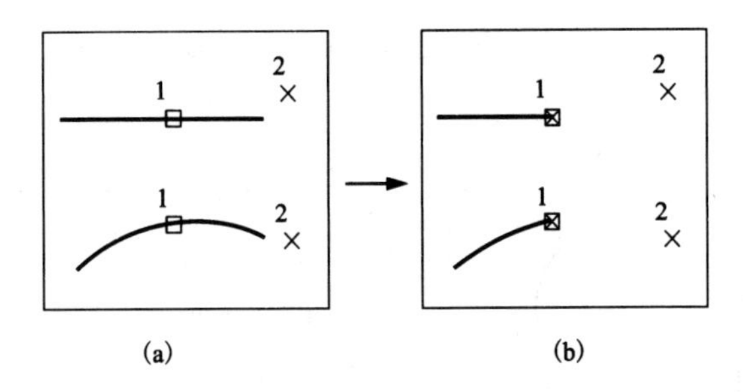

图3-56 切掉对象的端部

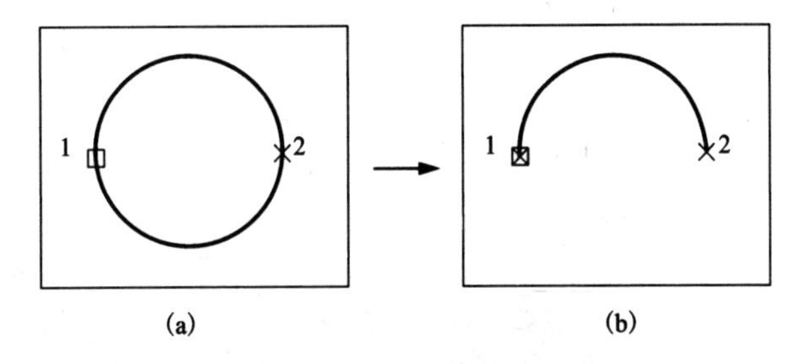

图3-57 圆的打断

2. 打断于点

通过点选工具栏的图标，执行该命令，只需选取需要被打断的对象，然后指定打断点，即可从该点打断对象。该命令是从“打断”命令派生出来的。

3.3.5 延伸

执行该命令，首先指定边界，然后连续选择延伸边，可延伸到与边界边相交。

1. 命令

(1)延伸命令：EXTEND(或 EX)

(2)工具栏：图标

(3)菜单栏：修改→ 延伸

2. 举例

【例题3-8】 绘图要求：用延伸命令将图3-58(a)绘制成图3-58(b)。

绘图步骤：

(1)命令：EXTEND(或 EX)↙

当前设置：投影 = UCS 边 = 无

选择边界的边...

(2)选择对象:(点取 A, 选择水平直线为边界。)找到 1 个

(3)选择对象:(点取 B, 选择垂直直线为边界。)找到 1 个, 总计 2 个

(4)选择对象:↙

(5)选择要延伸的对象, 或按住 Shift 键选择要修剪的对象, 或[投影(P)/边(E)/放弃(U)]: (点取 1 点, 因点取的 1 点靠近圆弧左侧, 所以圆弧左侧将向左延伸)

(6)选择要延伸的对象, 或按住 Shift 键选择要修剪的对象, 或[投影(P)/边(E)/放弃(U)]: (点取 2 点, 因点取的 2 点靠近水平直线左侧, 所以直线左侧将向左延伸)

(7)选择要延伸的对象, 或按住 Shift 键选择要修剪的对象, 或[投影(P)/边(E)/放弃(U)]:↙ [结果见图 3 -58(b)]

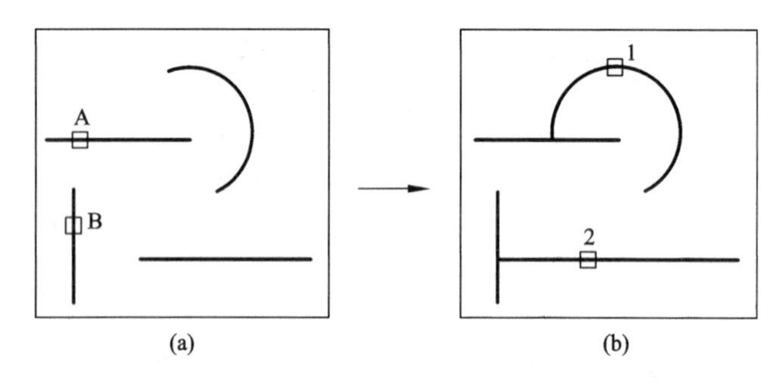

图 3 -58 延伸对象

> **知识要点提示:**
>
> (1) 同一命令,可以选一系列的边界,对一系列的对象进行延伸。
>
> (2) 在点取对象时,拾取点的位置决定延伸的方向,即拾取对象的哪一端,就从哪一端向外延伸,最后用回车退出命令。

【例题 3 -9】 用镜像、对齐和阵列命令绘制如图 3 -59 所示图形。

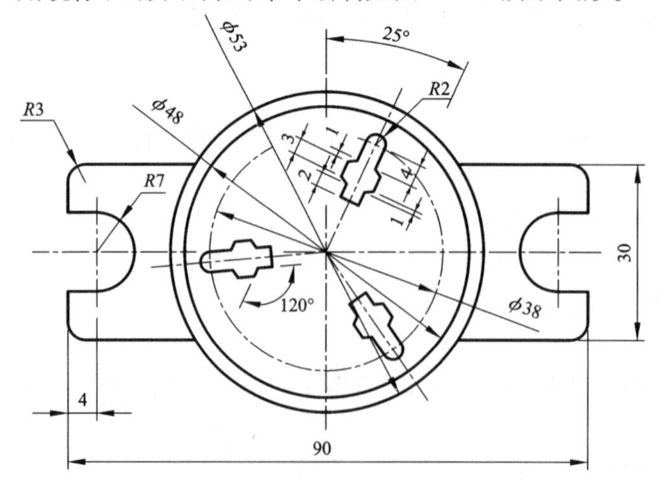

图 3 -59 绘制图形

绘图要点提示：

(1)建图层，设置各图层名称、颜色、线型和线宽。

(2)创建绘图界限，设置绘图的图幅为 150×100。

(3)用绘圆和镜像命令绘制图形的对称部分，再绘倾斜的定位线 A1B1。(A1 为圆心，B1 为定位线与 ϕ38 的交点)如图 3－60 所示。

(4)在水平位置绘制倾斜的小图形，如图 3－61 所示。

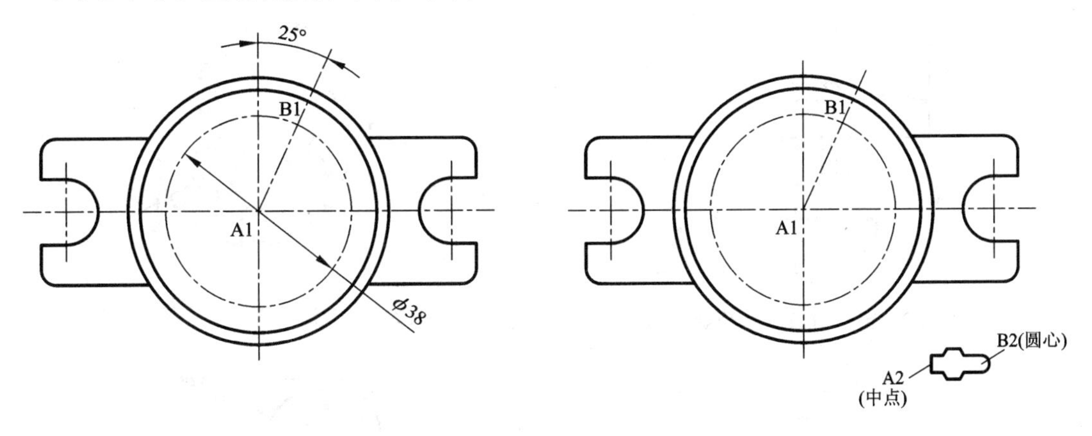

图 3－60　绘图形的对称部分　　**图 3－61　水平位置绘制倾斜的图形**

(5)用对齐命令(ALIGN)，点击圆心 B2 为第一个源点，点击交点 B1 为第一个目标点；点击中点 A2 为第二个源点，点击圆心 A1 为第二个目标点，将图形定位到指定的位置，如图 3－62 所示。

(6)创建环形阵列，结果如图 3－63 所示。

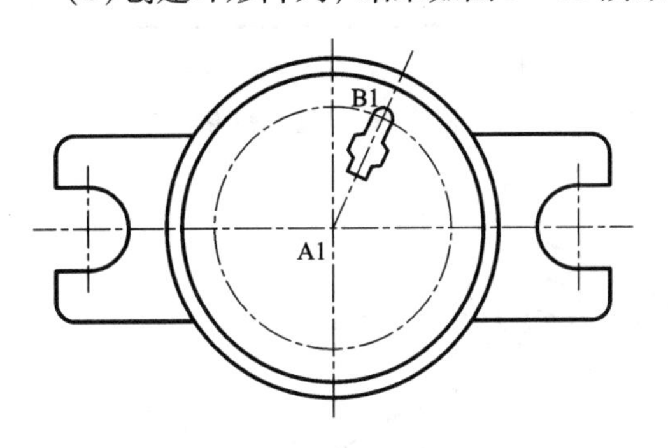

图 3－62　用对齐命令

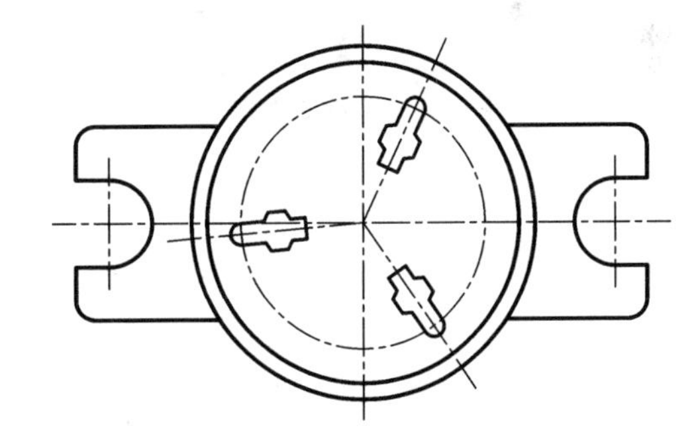

图 3－63　环形阵列

3.3.6　上机操作

(1)绘制如图 3－64 所示的图形。

(2)绘制如图 3－65 所示的图形。

(3)绘制如图 3－66 所示的图形。

(4)绘制如图 3－67 所示的图形。

(5)绘制如图 3－68 所示的图形。

(6)绘制如图 3－69 所示的图形。

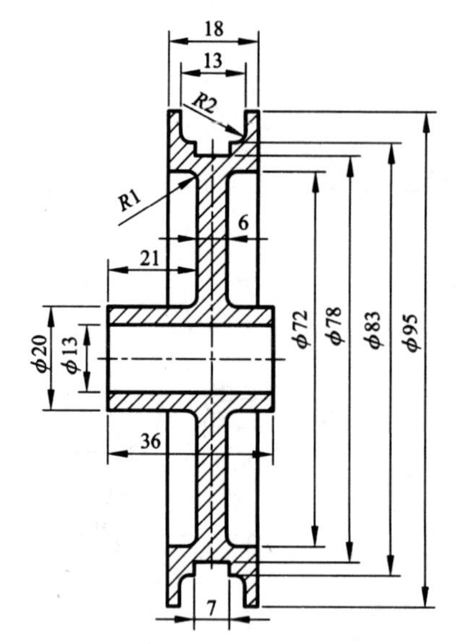

图 3－64　运用镜像命令绘制图形

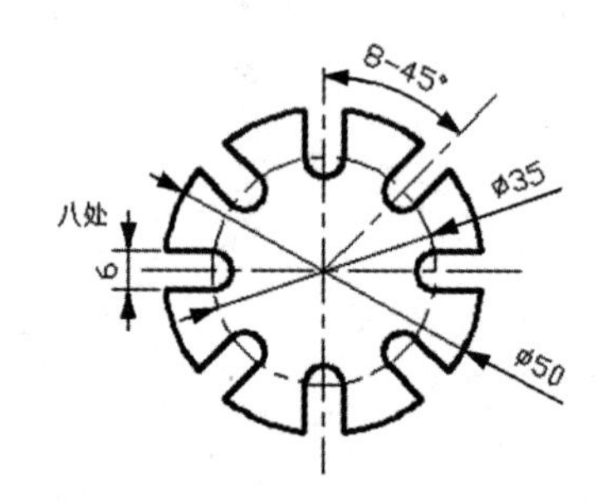

图 3－65　运用阵列命令绘制图形

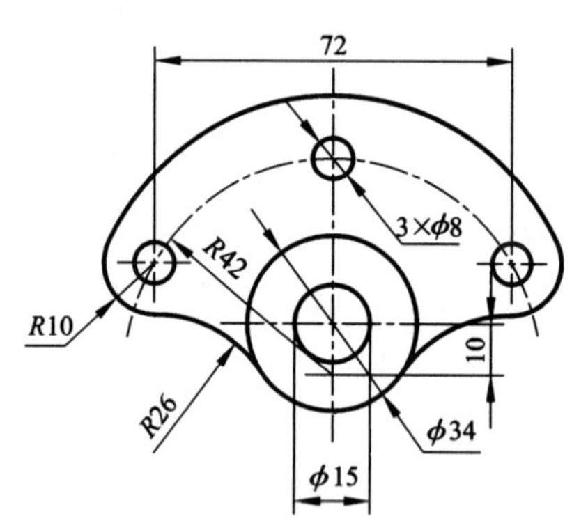

图 3－66　绘制图形

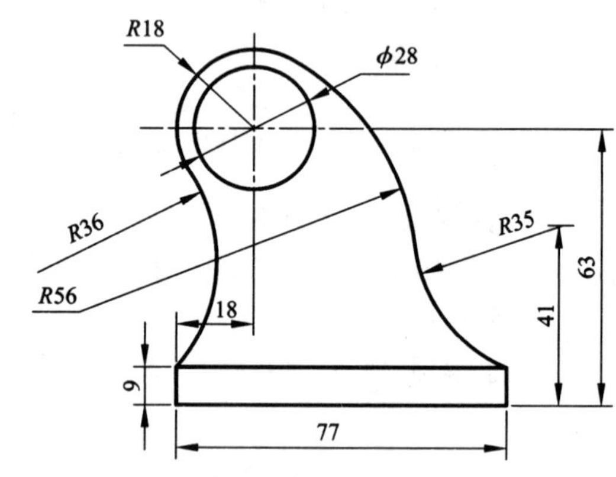

图 3－67　绘制图形

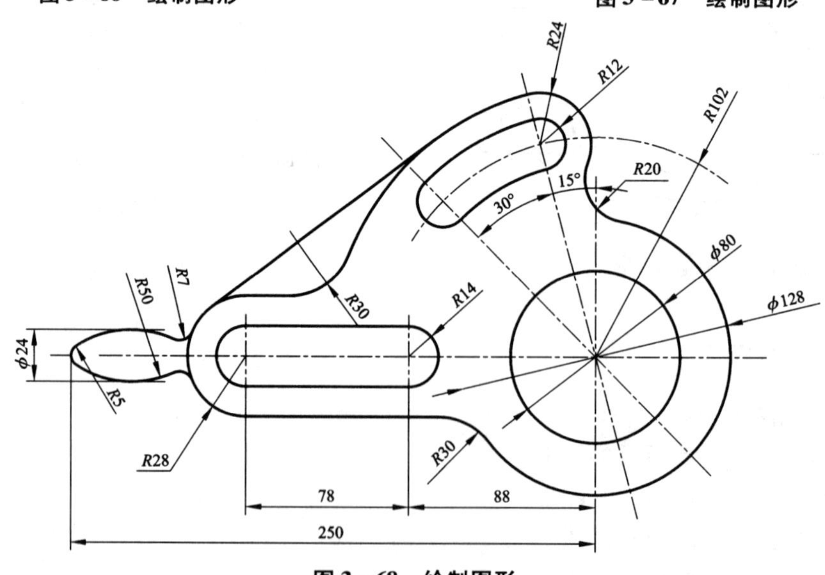

图 3－68　绘制图形

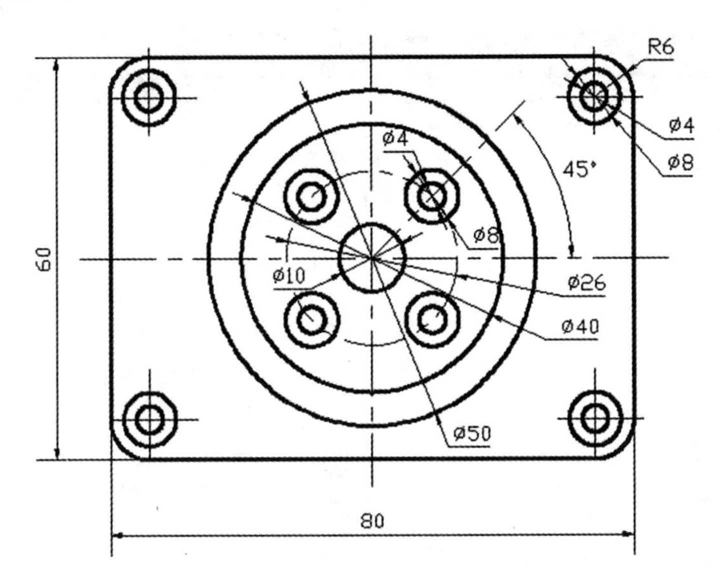

图3－69　运用阵列命令绘制图形

3.4　圆弧、椭圆、椭圆弧、圆环

3.4.1　圆弧

1. 命令

(1)圆弧命令：ARC(或A)

(2)工具栏：图标

(3)菜单栏：绘图→圆弧

选择菜单栏的“绘图”→“圆弧”的子命令，如图3－70所示，可以使用以下几种方法绘制圆弧：

- 三点：通过给定的三个点(起点、第二个点和端点)绘制一个圆弧。
- 起点、圆心、端点：通过指定圆弧的起点、圆心和端点绘制圆弧。
- 起点、圆心、角度：通过指定圆弧的起点、圆心和角度绘制圆弧。
- 起点、圆心、长度：通过指定圆弧的起点、圆心和弦长绘制圆弧。
- 起点、端点、角度：通过指定圆弧的起点、端点和角度绘制圆弧。
- 起点、端点、方向：通过指定圆弧的起点、端点和方向绘制圆弧。
- 起点、端点、半径：通过指定圆弧的起点、端点和半径绘制圆弧。
- 圆心、起点、端点：通过指定圆弧的圆心、起点和端点绘制圆弧。
- 圆心、起点、角度：通过指定圆弧的圆心、起点和角度绘制圆弧。
- 圆心、起点、长度：通过指定圆弧的圆心、起点和长度绘制圆弧。

其中，较为常用的选项是“三点”“起点、圆心、端点”“起点、圆心、角度”绘制圆弧。

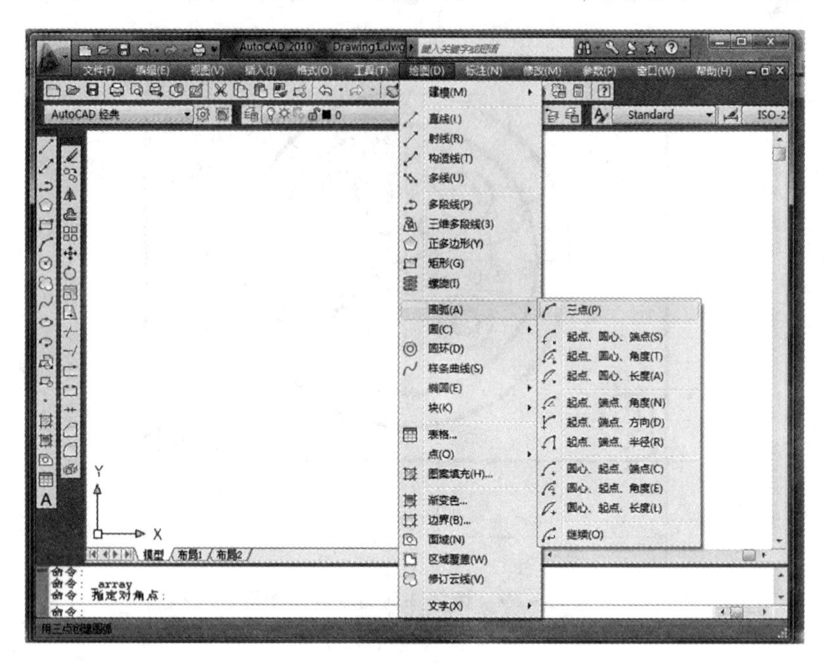

图 3－70 “圆弧”菜单及子命令

【例题 3－10】 绘图要求：根据图 3－71 绘成结果如图 3－72 所示的图形。

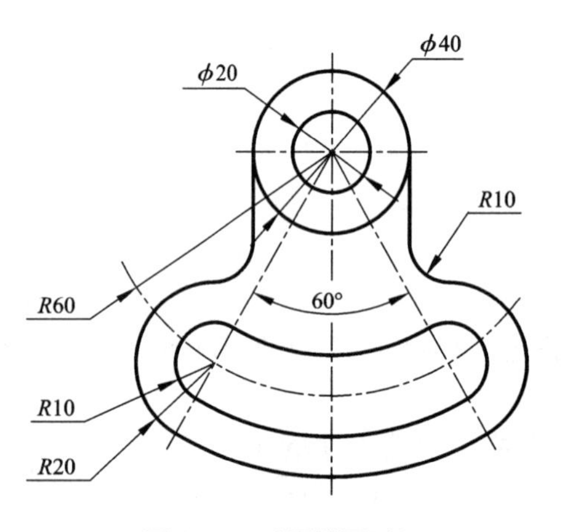

图 3－71 （原始图形）

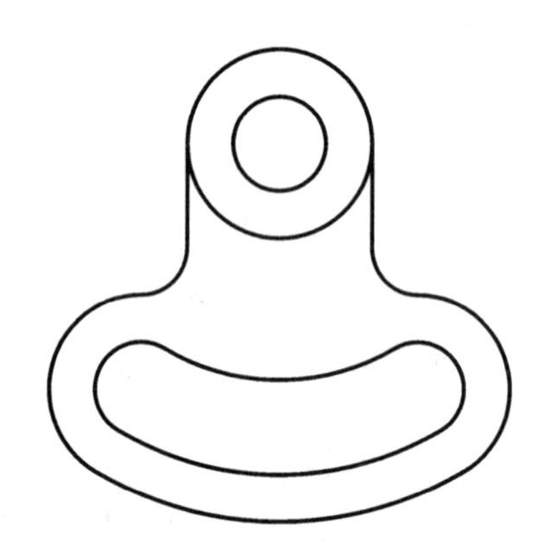

图 3－72 （最终结果）

绘图步骤如下：

（1）打开对象捕捉的正交，用直线命令 LINE（或 L）绘水平线和垂直线。再用点的极坐标@ 100 < －60 和@ 100 < －120绘直线 OA、OB。（OA、OB 为任意长度。）如图 3－73 所示。

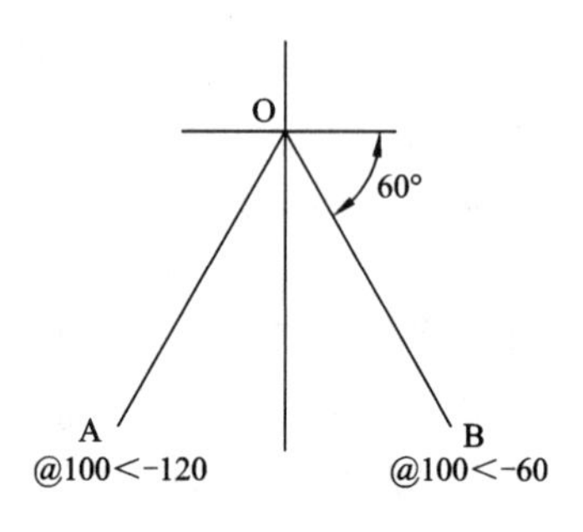

图 3－73 绘制直线

（2）打开对象捕捉的圆心和交点，捕捉 O 点为圆心，绘 ϕ20、ϕ40 和 R60 的圆，得交点 C、D 点。如图 3－74 所示。

(3)分别以 C、D 点为圆心，绘左右两小圆 ϕ20 和 ϕ40。如图 3-75 所示。

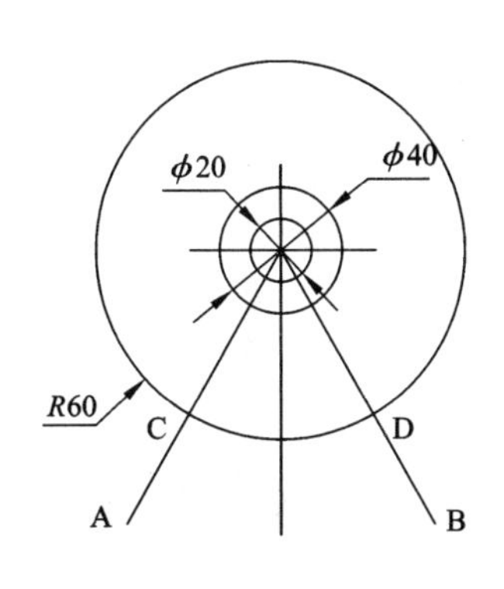

图 3-74　绘制圆

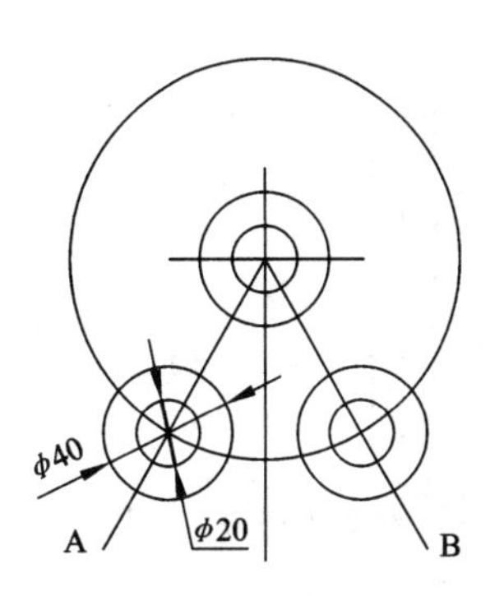

图 3-75　绘制圆

(4)选择菜单栏“绘图”→“圆弧”→“起点、圆心、端点”命令，依次点取 E 点、O 点、F 点，绘圆弧 EF；再用此命令选项，依次点取 G 点、O 点、H 点，绘圆弧$\overset{\frown}{GH}$；依次点取 I 点、O 点、J 点，绘圆弧$\overset{\frown}{IJ}$，如图 3-76 所示。

(5)用偏移命令 OFFSET(或 O)，设置偏移距离为 20，将垂直中心线左右各偏 20，如图 3-77所示。

(6)选择菜单栏：“绘图”→“圆”→“相切、相切、半径”命令，绘制与直线 KL、左侧圆 R20 相切，半径为 10 的圆；再用此菜单栏选项，绘制与直线 MN、右侧圆 R20 相切，半径为 10 的圆。如图 3-78 所示。

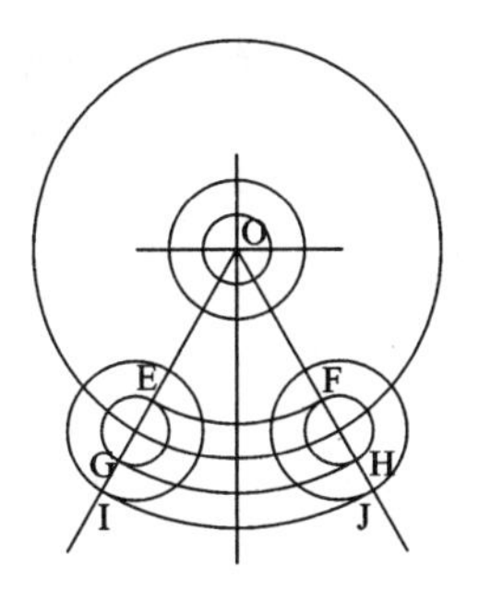

图 3-76　绘制圆弧

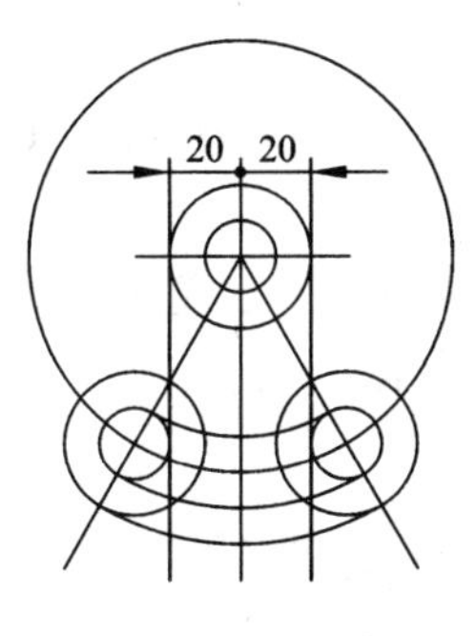

图 3-77　偏移直线

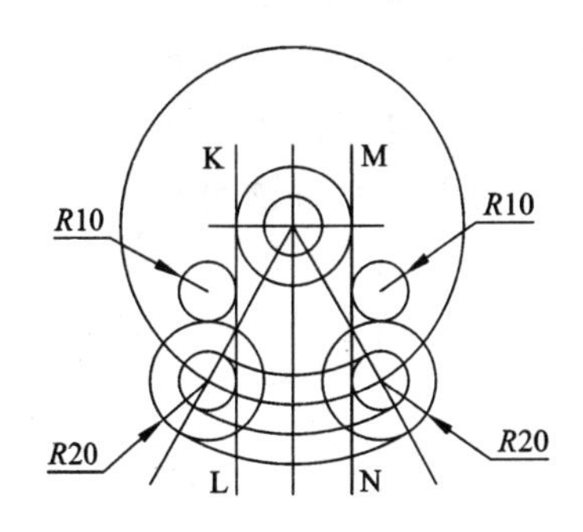

图 3-78　绘制相切圆

(7)用修剪命令 TRIM(或 TR)，选直线 KL、MN 和左右两侧圆 R20 为剪切边，单击刚绘制的两相切圆 R10 外侧为被剪切边，将其剪除，如图 3-79。继续使用修剪命令，将图形修剪成如图 3-80 所示。

(8)选择多余线条，按 Delete 键将其删除，结果如图 3-81 所示。

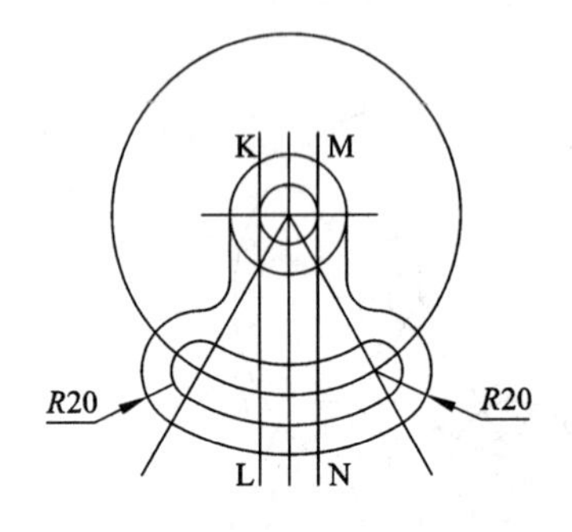

图 3－79 修剪相切圆

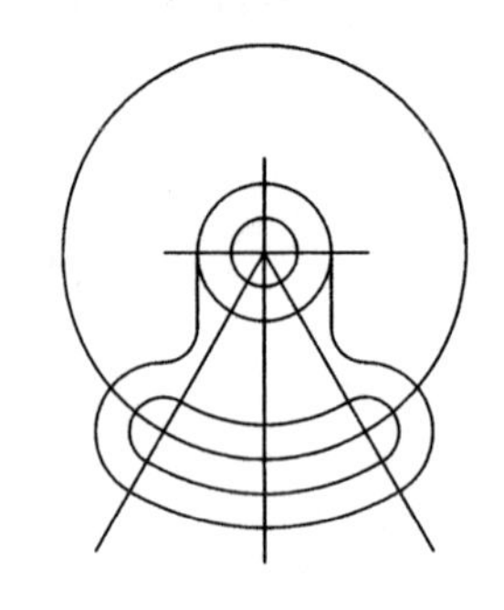

图 3－80 修剪多余线条

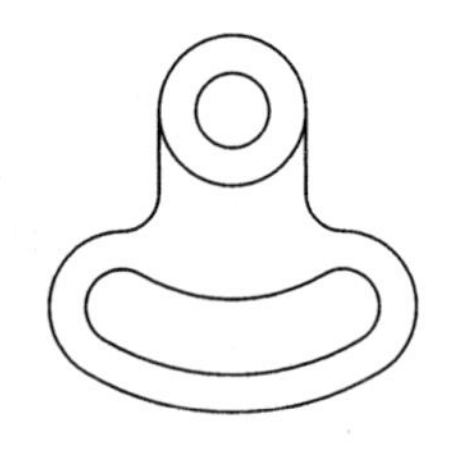

图 3－81 删除多余线条

3.4.2 椭圆

1. 命令

(1) 椭圆命令：ELLIPSE(或 EL)

(2) 工具栏：图标

(3) 菜单栏：绘图→椭圆

绘制椭圆的方法有两种：

(1) 中心点：通过指定椭圆中心、一个轴的端点(主轴)以及另一轴的半轴长度绘制椭圆。

(2) 轴、端点：通过指定一个轴的两个端点(主轴)和另一轴的半轴长度绘制椭圆。

2. 举例

【例题 3－11】 参照图 3－82(a)，在图 3－82(b)中绘制椭圆，绘图步骤如下：

(1) 命令：ELLIPSE ↙ (输入椭圆命令)

(2) 指定椭圆的轴端点或[圆弧(A)/中心点(C)]：C ↙ (用中心点绘椭圆)

(3) 指定椭圆的中心点： [点击 O 点，见图 3－82(b)]

(4) 指定轴的端点： (点击 B 点，或打开正交，将十字光标往右移，再输入 50)

(5) 指定另一条半轴长度或[旋转(R)]：25 ↙

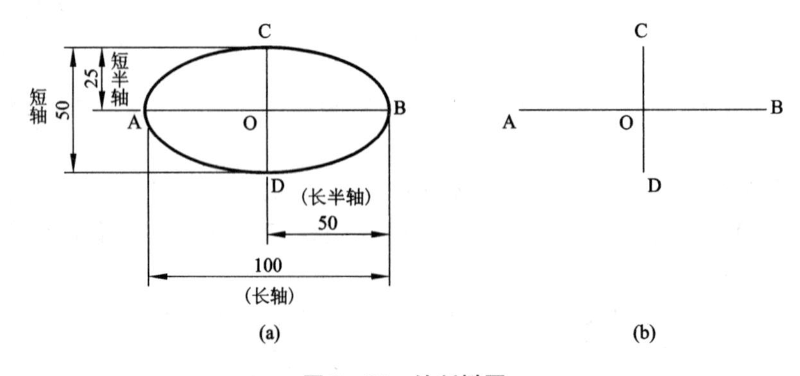

图 3－82 绘制椭圆

3.4.3　椭圆弧

1. 命令

(1) 椭圆弧命令：ELLIPSE(或 EL)

(2) 工具栏：图标

(3) 菜单栏：绘图→椭圆→圆弧

椭圆弧的绘图命令和椭圆的绘图命令相同，都是 ELLIPSE，但命令行的提示不同。

2. 举例

【例题 3－12】 绘制如图 3－83(b)所示的椭圆弧，绘图步骤如下：

(1) 在菜单栏中选择“绘图”→“椭圆”→“圆弧”，命令行显示：

指定椭圆的轴端点或[圆弧(A)/中心点(C)]：A↙

(2) 指定椭圆弧的轴端点或[中心点(C)]：

[点击 B 点，见图 3－83(b)。注：第 2～4 步骤与绘制椭圆过程相同]

(3) 指定轴的另一端点：　[点击 A 点，见图 3－83(b)。]

(4) 指定另一条半轴长度或[旋转(R)]：　[点击 C 点，见图 3－83(b)。]

(5) 指定起始角度或[参数(P)]：0↙

(6) 指定终止角度或[参数(P)]/ 包含角度(I)]：90↙

如果角度都为正值，是指从第一个轴端点(B 点)开始，按逆时针方向，由起始角度旋转至终止角度。反之，角度为负值，按顺时针方向旋转。如果将上题改为：轴端点为 A 点，另一端点为 B 点，起始角度和终止角度都不变，则效果改为图(c)。

如果选择“包含角度(I)”选项，系统根据椭圆弧的包含角来确定椭圆弧。

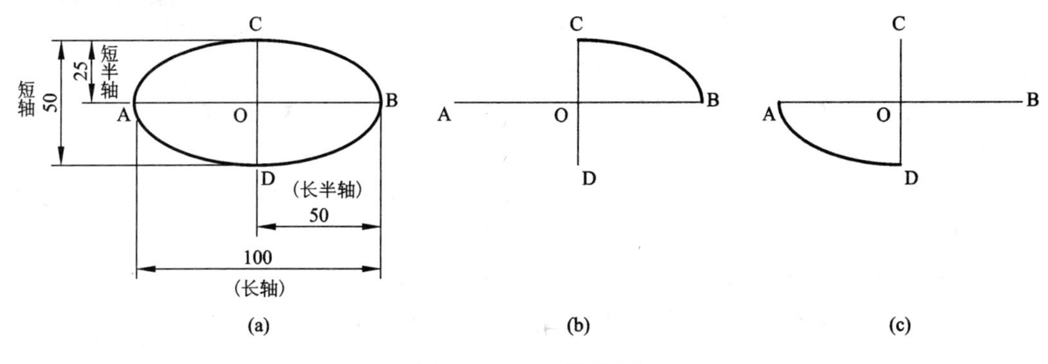

图 3－83　绘制椭圆弧

3.4.4　圆环

1. 命令

(1) 圆环命令：DONUT(或 DO)

(2) 工具栏：图标

(3) 菜单栏：绘图→ 圆环

2. 举例

【例题 3－13】 绘图要求：绘内径 $\phi15$、外径 $\phi20$ 的圆环。

绘图步骤如下：

(1)命令：DONUT(或 DO)↙

(2)指定圆环的内径：15↙

(3)指定圆环的外径：20↙

(4)指定圆环的中心点或 <退出>：［点击任意点，见图 3－84(a)。］

如果绘制内径为 0，外径为 $\phi20$ 的圆环，效果如图 3－84(b)所示。

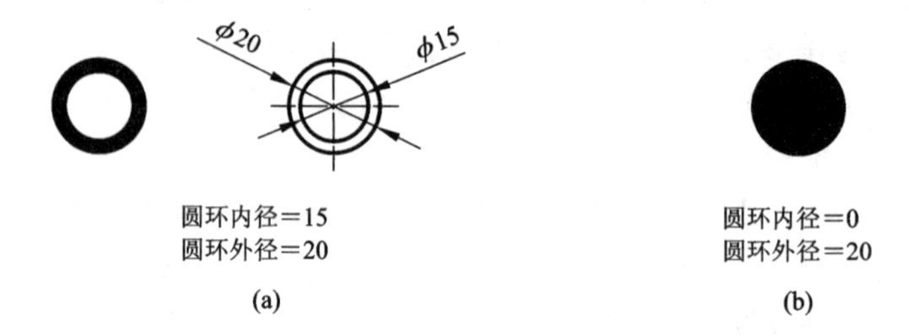

图 3－84 绘制图形

【例题 3－14】 用圆弧、镜像、阵列和椭圆命令绘制如图 3－85 所示图形。

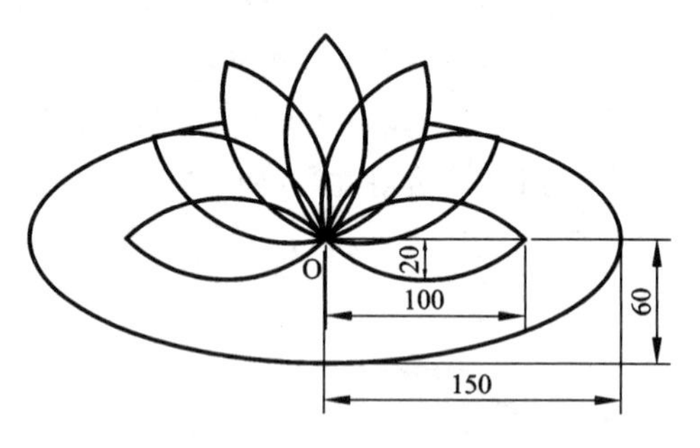

图 3－85 绘制图形

绘图步骤如下：

(1)先用直线命令 LINE 绘长为 100 的直线 OB，打开对象捕捉和正交，捕捉直线 OB 的中点，向上绘直线，长为 20，得直线的端点 A。再用圆弧命令 ARC(或 A)，点击圆弧起点 O、第二点 A 和端点 B，三点画弧。(见图 3－86)

(2)再用镜像命令 MIRROR(或 MI)，点击圆弧，以镜像线第一点 O 和第二点 B，镜像该圆弧。(见图 3－87)

(3)然后用阵列命令 ARRAY(或 AR)，环行阵列如图 3－87 的圆弧，旋转中心为 O 点，数目为 7 个，环行阵列角度为 180°，结果如图 3－88 所示。

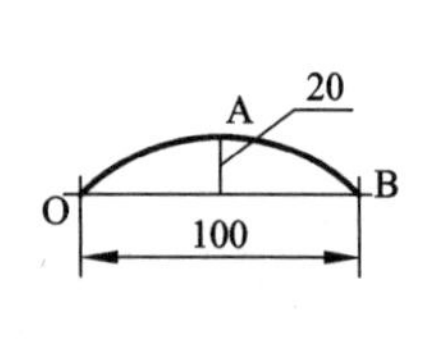

图 3－86 绘制圆弧

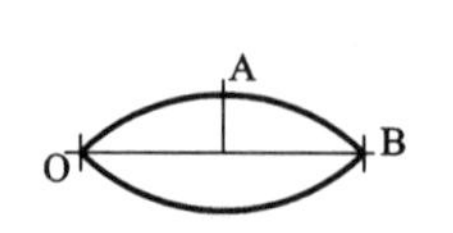

图 3－87 镜像圆弧

图 3－88 阵列图形

(4)接着用椭圆命令 ELLIPSE(或 EL)，利用中心点方式绘椭圆，长半轴为 150，短半轴为 60。

(5)最后用修剪命令 TRIM 将图形修剪成样图 3 - 89。

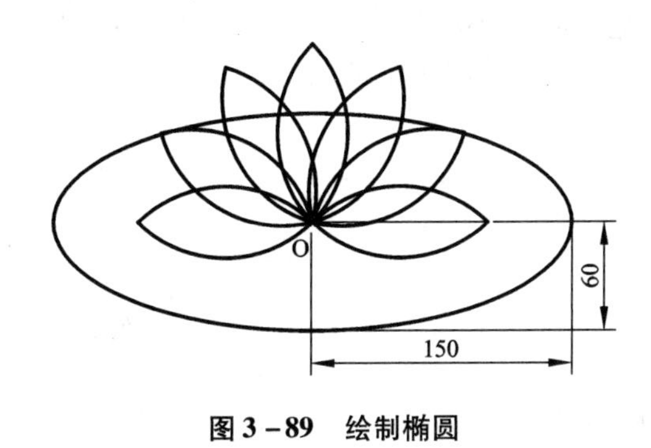

图 3 - 89　绘制椭圆

【例题 3 - 15】　用打断、椭圆、椭圆弧和阵列命令绘制如图 3 - 90 所示的图形。

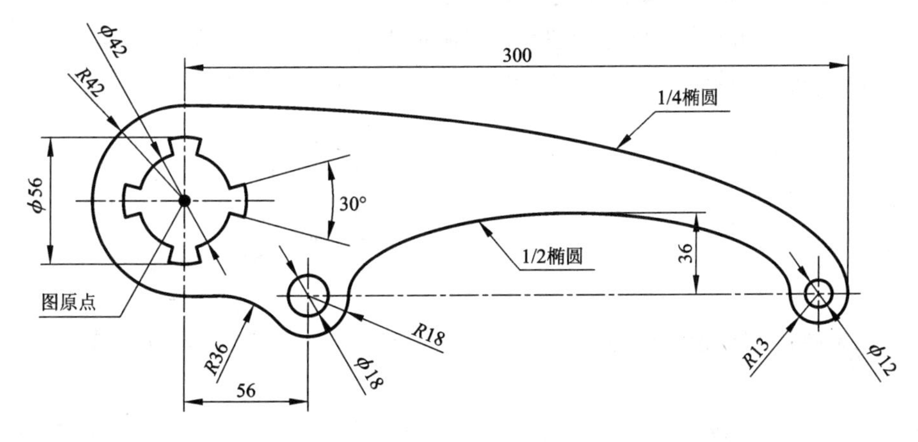

图 3 - 90　绘制图形

绘图步骤如下：

(1)新建一个图形文件，选择“格式”→“图层”命令，打开“图层特性管理器”对话框。

(2)单击“新建”按钮，创建“中心线层”，设置颜色为“红色”，线型为 CENTER，线宽为默认；创建“轮廓线层”，设置颜色为“绿色”，线型为 Continuous，线宽为 0.3。

(3)选中创建的“中心线层”，单击“当前”按钮，将其设置为当前层，然后单击“确定”按钮，关闭“图层特性管理器”对话框。

(4)创建绘图界限。

先计算以上图形的长为 342(即：42 + 300 = 342)，宽为 102(即：84 + 18 = 102)，估算绘图界限约为 450 × 240。用绘图界限命令 LIMITS，输入左下角点(0，0)，右上角点(450，240)。

接着用矩形命令绘出矩形，以显示绘图界限的绘图范围，指定第一角点为(0，0)，指定第二角点为(450，240)。再用窗口命令 ZOOM，输入选项 A，让所绘矩形在绘图窗口以最大图形显示。再次使用绘图界限命令 LIMITS，输入 ON，将绘图界限呈打开状态。

(5)单击“直线”按钮，绘制一条水平中心线和一条竖直中心线相交于 O 点，单击“偏移”按钮，向下偏移绘出另一水平中心线，得交点 A，使 OA 距离为 42，如图 3－91 所示。

(6)单击“偏移”按钮，向右偏移竖直中心线 OA，使 AB 距离为 56，AC 距离为 287(287＝300－R13)，得交点 B、C，如图 3－92 所示。

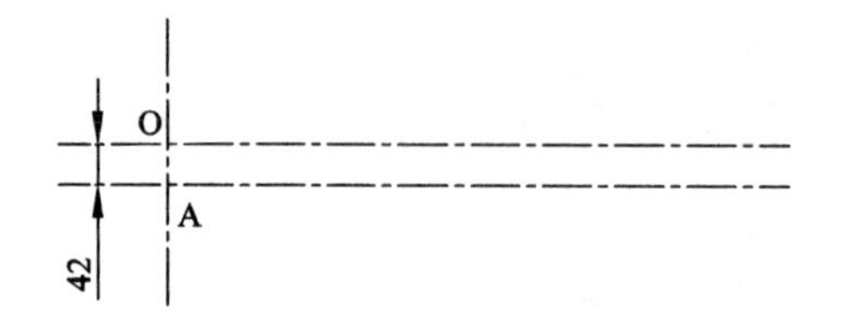

图 3－91 绘制中心线

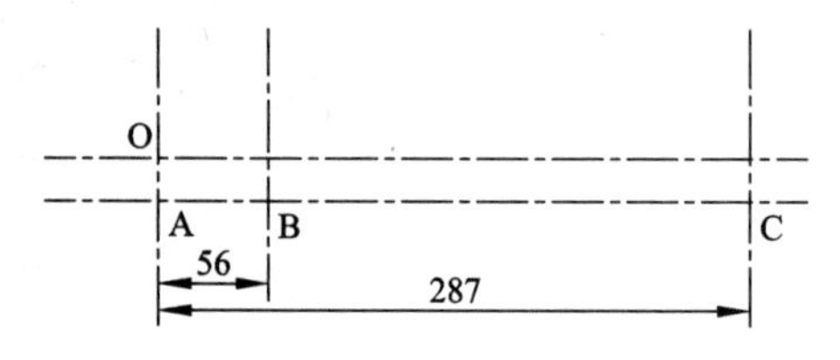

图 3－92 偏移竖直中心线

(7)单击“打断”按钮，将定位中心线打断成如图 3－93 所示。

(8)在“图层”工具栏中，单击图层下拉列表中的“轮廓线层”，将其设置为当前层。

(9)单击“圆”按钮，以 O 点为圆心，绘制 R42 的圆；以 B 点为圆心，绘制 ϕ18 和 R18 的圆；以 C 点为圆心，绘制 ϕ12 和 R13 的圆，如图 3－94 所示。

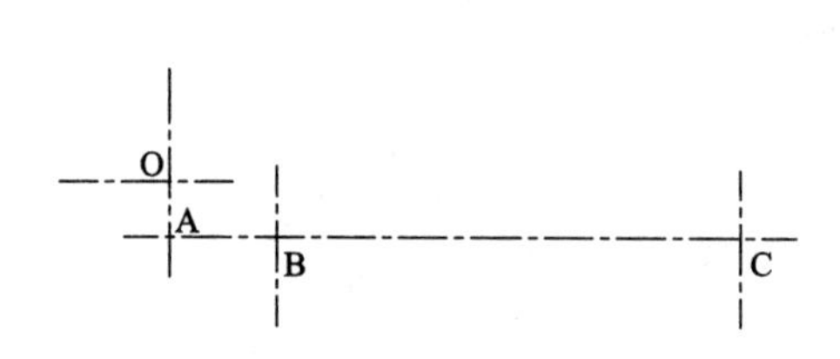

图 3－93 打断定位中心线

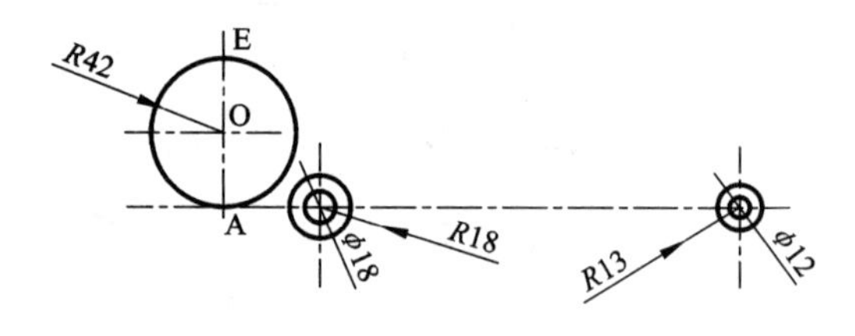

图 3－94 绘制圆

(10)单击“椭圆弧”按钮，输入“C”，按 Enter 键，以“中心点(C)”选项绘椭圆弧，点击 A 点为椭圆弧中心，再点击 D、E 点为轴端点，输入起始角度为 0°，终止角度为 90°，可绘出椭圆弧 DE。单击“椭圆”按钮，以轴、端点选项绘椭圆，点击 F、G 点为轴端点(F、G 点为圆 R18 和圆 R13 与水平中心线的交点)，输入另一半轴长度 36，可绘出椭圆，如图 3－95 所示。

(11)选择菜单栏：“绘图”→“圆”→“相切、相切、半径”命令，绘制与圆 R18 和圆 R13 相切、半径为 36 的圆，如图 3－95 所示。

(12)单击“修剪”按钮，修剪成如图 3－96 所示图形。

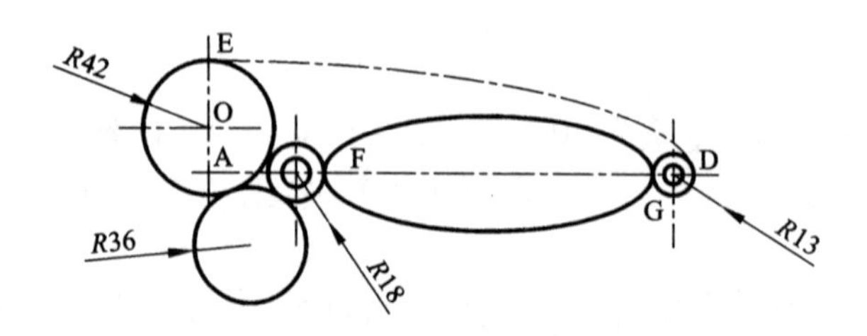

图 3－95 绘椭圆和椭圆弧

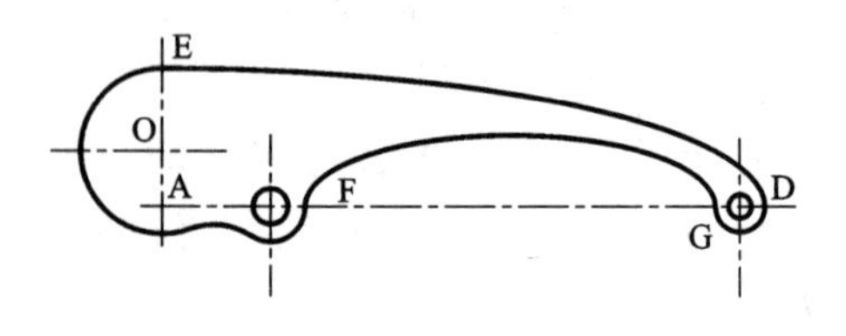

图 3－96 修剪图形

(13)单击“圆”按钮，以 O 点为圆心，绘制 $\phi42$ 和 $\phi56$ 的圆；单击“直线”按钮，输入点的极坐标@50 <15，绘直线 OI，再单击“镜像”按钮，以水平中心线 OH 为镜像线，绘直线 OJ，如图 3－97 所示。

(14)单击“修剪”按钮，修剪成如图 3－98 所示图形。

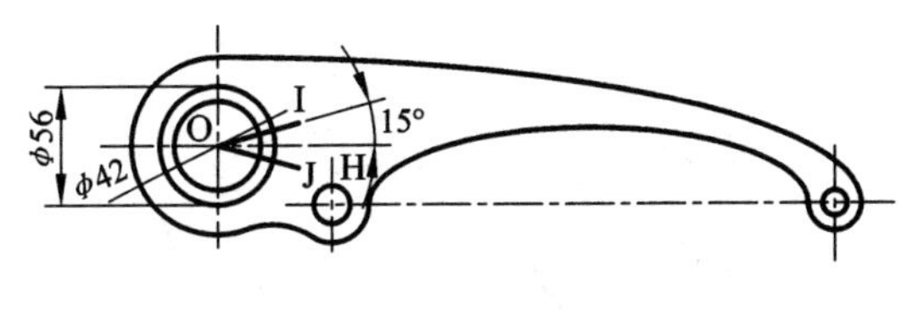

图 3－97　绘制圆和直线

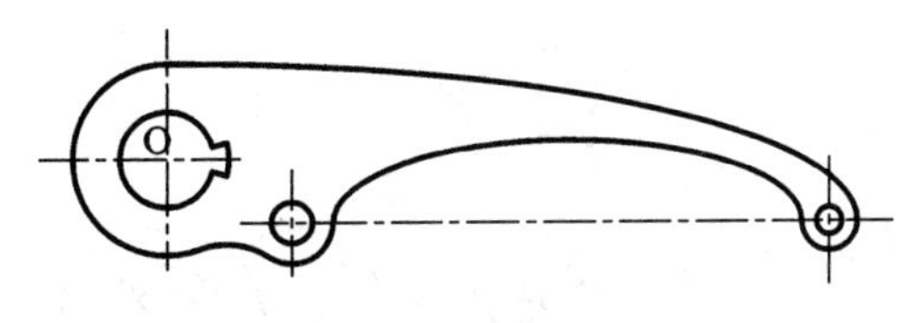

图 3－98　修剪图形

(15)单击“阵列”按钮，对刚修剪的图形以 O 点为圆心，作 360°的环形阵列，分布 4 个，如图 3－99 所示。

(16)最后单击“修剪”按钮，修剪成如图 3－100 所示图形。

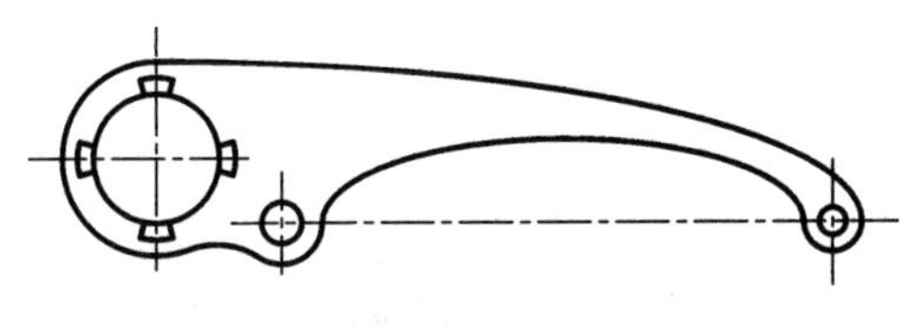

图 3－99　环形阵列

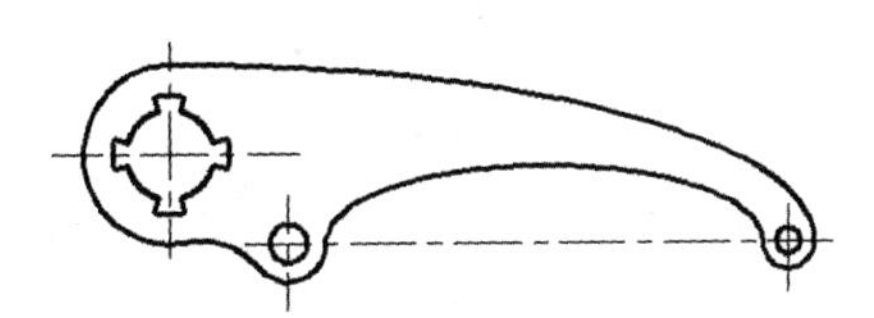

图 3－100　修剪图形

3.4.5　上机操作

(1)绘制如图 3－101 所示的图形。

(2)绘制如图 3－102 所示的图形。

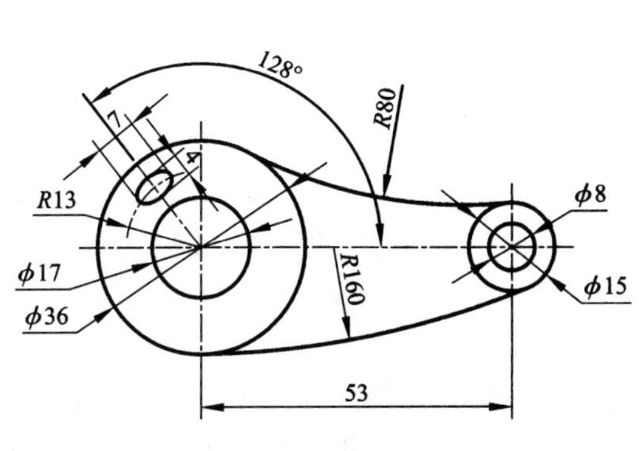

图 3－101　绘制图形

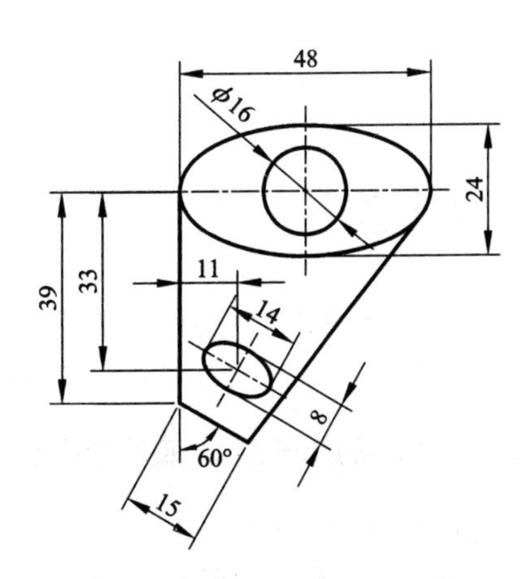

图 3－102　绘制图形

(3)绘制如图 3 – 103 所示的图形。

(4)绘制如图 3 – 104 所示的图形。

(5)绘制如图 3 – 105 所示的图形。

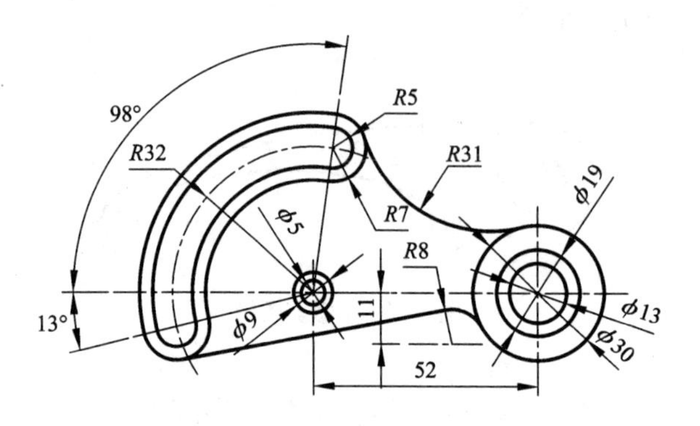

图 3 – 103　用绘圆和圆弧命令绘图

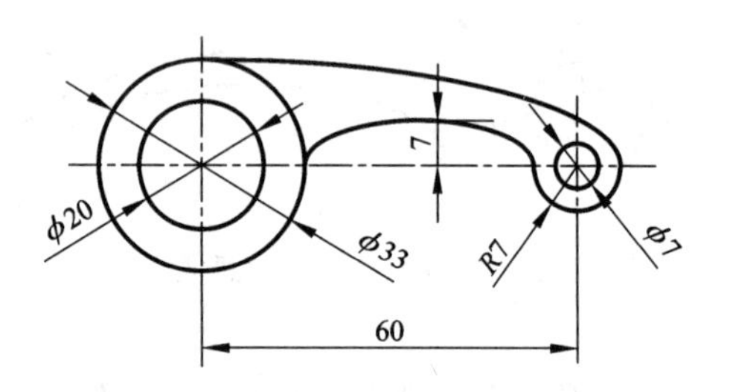

图 3 – 104　用绘圆和椭圆弧命令绘图

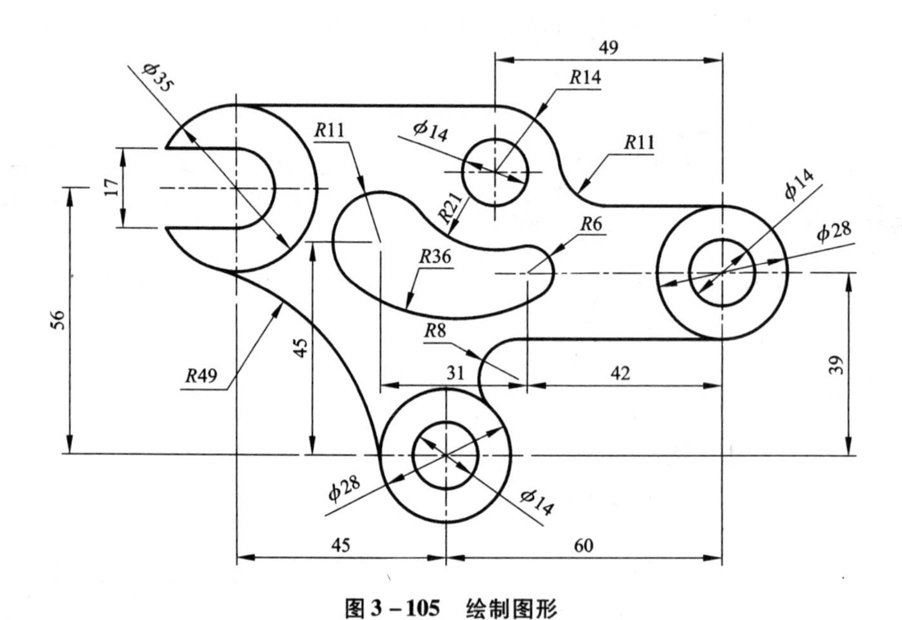

图 3 – 105　绘制图形

3.5　自动追踪

在 AutoCAD 中，自动追踪可按指定角度绘制对象，或者绘制与其他对象有特定关系的对象。自动追踪功能分极轴追踪和对象捕捉追踪两种，是非常有用的辅助绘图工具。

3.5.1　极轴追踪与对象捕捉追踪

极轴追踪是按事先给定的角度增量来追踪特征点。而对象捕捉追踪则按与对象的某种特定关系来追踪，这种特定的关系确定了一个未知角度。也就是说，如果事先知道要追踪的方向(角度)，则使用极轴追踪；如果事先不知道具体的追踪方向(角度)，但知道与其他对象的某种关系(如相交)，则用对象捕捉追踪。极轴追踪和对象捕捉追踪可以同时使用。

极轴追踪功能可以在系统要求指定一个点时，按预先实质的角度增量显示一条无限延伸的辅助线(这是一条虚线)，这时就可以沿辅助线追踪得到光标点，可在"草图设置"对话框的"极轴追踪"选项卡中对极轴追踪和对象捕捉追踪进行设置，如图 3－106 所示。

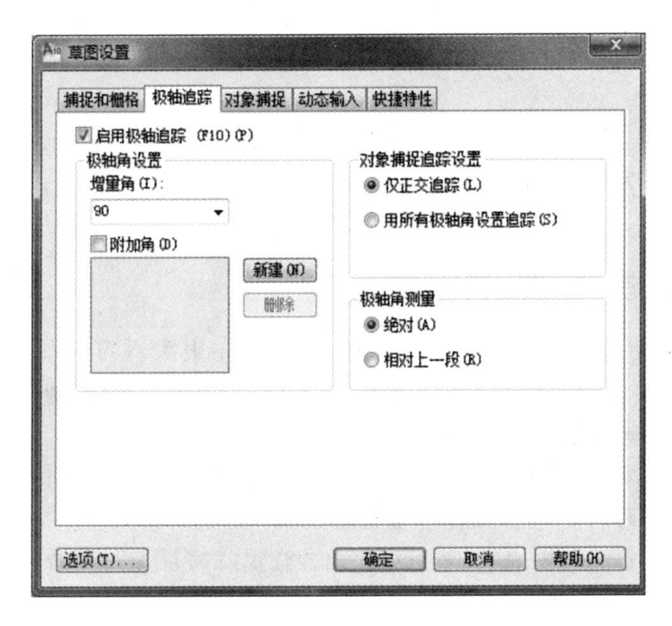

图 3－106　"极轴追踪"选项卡

"极轴追踪"选项卡中各选项的功能和含义如下。

● "启用极轴追踪"复选框：打开或关闭极轴追踪。也可以使用自动捕捉系统变量或按 F10 键来打开或关闭极轴追踪。

● "极轴角设置"选项区域：设置极轴角度。在"增量角"下拉列表框中可以选择系统预设的角度，如果该下拉列表框中的角度不能满足需要，可选中"附加角"复选框，然后单击"新建"按钮，在"附加角"列表中增加新角度。

● "对象捕捉追踪设置"选项区域：设置对象捕捉追踪。选中"仅正交追踪"单选按钮，可在启用对象捕捉追踪时，只显示获取的对象捕捉点的正交(水平/垂直)对象捕捉追踪路径；选中"用所有极轴角设置追踪"单选按钮，可以将极轴追踪设置应用到对象捕捉追踪。使用对象捕捉追踪时，光标将从获取的对象捕捉点起沿极轴对齐角度进行追踪。也可以使用系统变量 POLARMODE 对对象捕捉追踪进行设置。

知识要点提示：

打开正交模式，光标将被限制沿水平或垂直方向移动。因此，正交模式和极轴追踪模式不能同时打开，若一个打开，另一个将自动关闭。

● "极轴角测量"选项区域：设置极轴追踪对齐角度的测量基准。其中，选中"绝对"单选按钮，可以基于当前用户坐标系(UCS)确定极轴追踪角度；选中"相对上一段"单选按钮，可以基于最后绘制的线段确定极轴追踪角度。

3.5.2 使用临时追踪点和捕捉自功能

在“对象捕捉”工具栏中，还有两个非常有用的对象捕捉工具，即“临时追踪点”和“捕捉自”工具。

● “临时追踪点”工具：可在一次操作中创建多条追踪线，并根据这些追踪线确定所要定位的点。

● “捕捉自”工具：在使用相对坐标指定下一个应用点时，“捕捉自”工具可以提示输入基点，并将该点作为临时参照点，这与通过输入前缀@使用最后一个点作为参照点类似。它不是对象捕捉模式，但经常与对象捕捉一起使用。

3.5.3 使用自动追踪功能绘图

使用自动追踪功能可以快速而精确地定位点，在很大程度上提高了绘图效率。在AutoCAD 2010中，要设置自动追踪功能选项，可打开“选项”对话框，在“草图”选项卡的“自动追踪设置”选项区域中进行设置，其中各选项功能如下：

● “显示极轴追踪矢量”复选框：设置是否显示极轴追踪的矢量数据。

● “显示全屏追踪矢量”复选框：设置是否显示全屏追踪的矢量数据。

● “显示自动追踪工具栏提示”复选框：设置在追踪特征点时是否显示工具栏上的相应按钮的提示文字。

【例题3-16】 利用极轴追踪和极轴捕捉方法绘制如图3-107所示的图形。

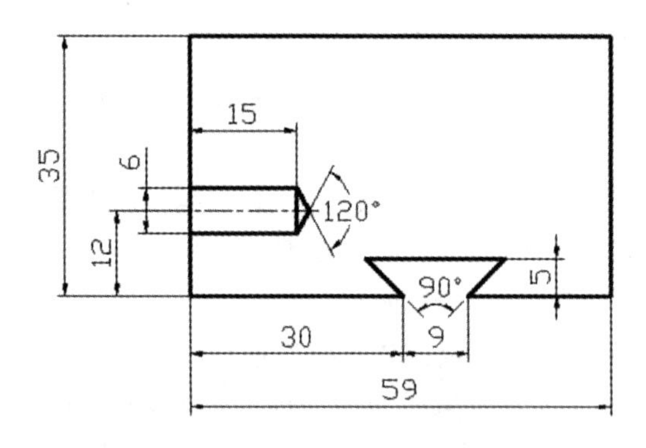

图3-107 利用极轴追踪绘图

操作提示：

(1)启动AutoCAD，新建一个图形文件，并创建中心线和粗实线两个图层。

(2)先将粗实线层置为当前层绘制轮廓线，右击状态栏中的捕捉按钮(或对象捕捉按钮)，从弹出的菜单中选择“设置”，打开“草图设置”对话框中的“捕捉和栅格”选项卡，选中其中的“启用捕捉”复选框，在“捕捉类型”设置区选中“◉ PolarSnap(O)”(即极轴捕捉)单选钮，在“极轴间距”设置区设置“极轴距离”为1，如图3-108所示。

(3)由于我们要设置的极轴角包括135°、45°、60°、120°等，都是15°的倍数，因此，可设置“增量角”为15，如图3-109所示。

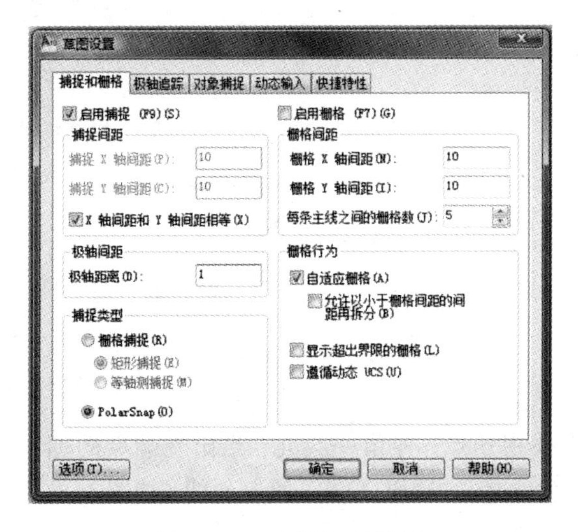

图 3－108　设置极轴捕捉

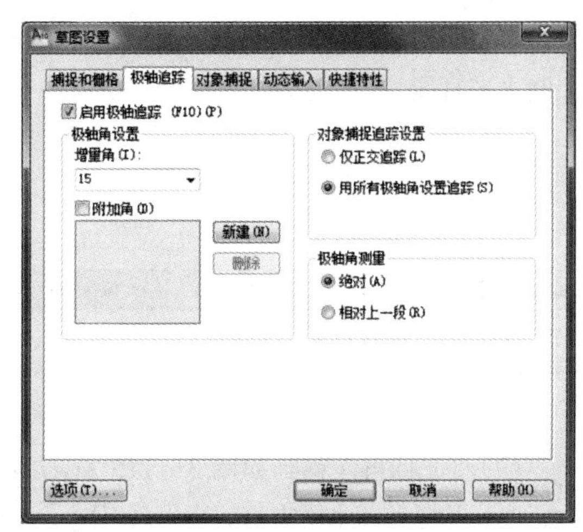

图 3－109　设置极轴角

(4) 单击“直线”工具，绘制直线起点，然后将光标向右水平方向移动，待出现“极轴: 30.0000 < 0°”提示时单击，确定直线的终点，如图 3－110 所示。

(5) 单击“临时追踪点”工具，将光标垂直向上移动，待出现“极轴: 5.0000 < 90°”提示时单击，确定直线的临时追踪点，此时，临时追踪点呈“十”字形显示，如图 3－111 所示。

图 3－110　绘制直线　　　　图 3－111　绘制临时追踪点

(6) 将光标向左移动，待出现“极轴: < 135°, 追踪点: < 180°”提示时单击，如图 3－112 所示，确定所绘斜线的另一端点。

(7) 单击“临时追踪点”工具，将光标移到如图 3－113 所示的直线拐角点，停留一会儿，当出现端点的标记“□”时，再将光标水平右移，待出现“端点: 9.0000 < 0°”提示时单击，确定直线的临时追踪点，如图 3－113 所示。

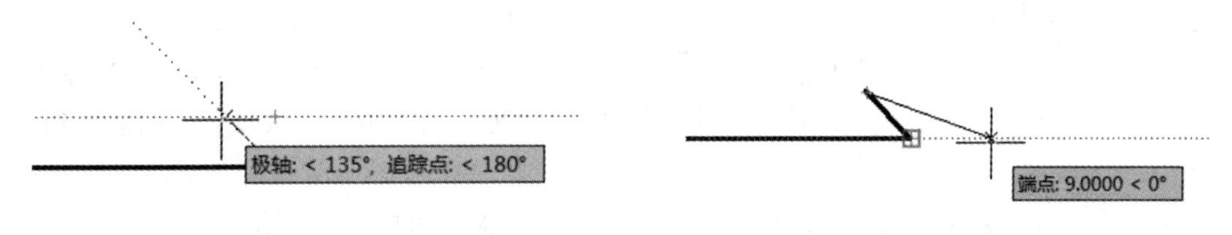

图 3－112　绘制斜线　　　　图 3－113　绘制临时追踪点

(8)将光标向右上方移动，待出现“极轴: < 0°, 追踪点: < 45°”提示时单击，如图 3 – 114 所示，绘制水平直线。

图 3 – 114　绘制直线

图 3 – 115　捕捉直线端点

(9)将光标再次移到如图 3 – 115 所示的直线拐角点，停留一会儿，当出现端点的标记“□”时，再将光标水平右移，待出现“端点: < 0°, 极轴: < 225°”提示时单击，绘制斜线，如图 3 – 116 所示。再按给定尺寸绘完其他直线，如图 3 – 117 所示。

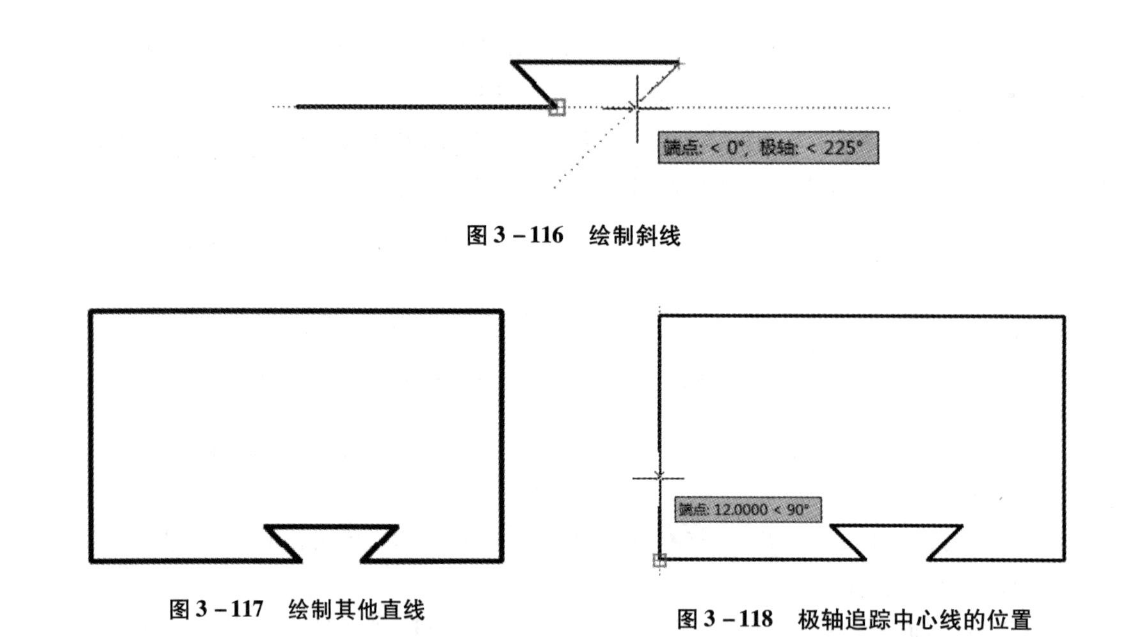

图 3 – 116　绘制斜线

图 3 – 117　绘制其他直线

图 3 – 118　极轴追踪中心线的位置

(10)将中心线层置为当前层，单击“直线”工具，先将光标移到如图 3 – 118 所示的直线端点，停留一会儿，当出现端点的标记“□”时，再将光标垂直上移，待出现“端点: 12.0000 < 90°”提示时单击，接着向右绘制长度约为 20 的直线，如图 3 – 119 所示。

(11)将粗实线层置为当前层，单击“直线”工具，按上述步骤(10)的方法，将光标垂直上移，待出现“端点: 9.0000 < 90°”提示时单击，如图 3 – 120 所示，接着向右绘制长度为 15 的直线。

(12)将光标向右上方移动，待出现“极轴: 4.0000 < 60°”提示时单击，如图 3 – 121 所示，再将光标移到如图 3 – 122 所示的直线端点，停留一会儿，当出现端点的标记“□”时，再将光标垂直上移，待出现“端点: < 90°, 极轴: < 120°”提示时单击，绘制 120°方向的直线，如图 3 – 122 所示。

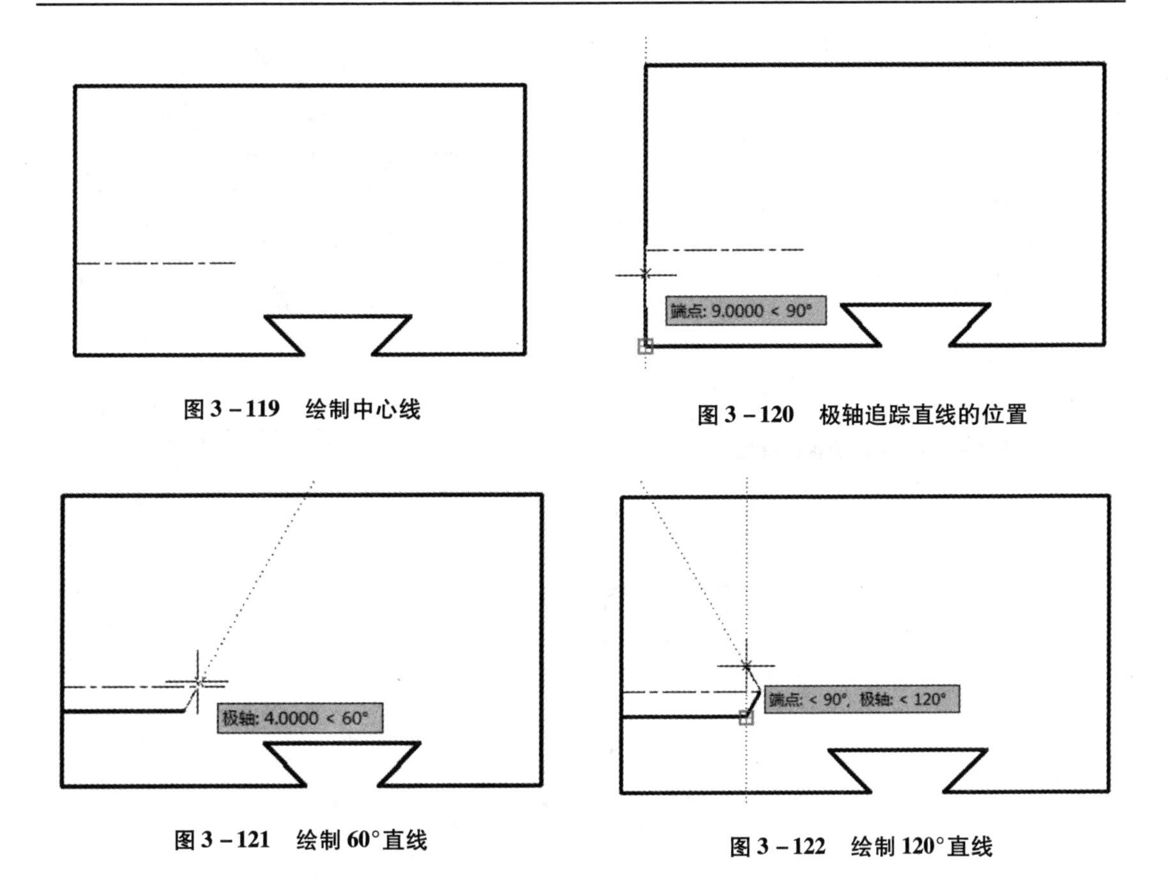

图 3 – 119　绘制中心线

图 3 – 120　极轴追踪直线的位置

图 3 – 121　绘制 60°直线

图 3 – 122　绘制 120°直线

(13)继续向左绘制长度为 15 的直线，如图 3 – 123 所示，最后绘制一条长度为 6 的垂直直线，结果如图 3 – 124 所示。

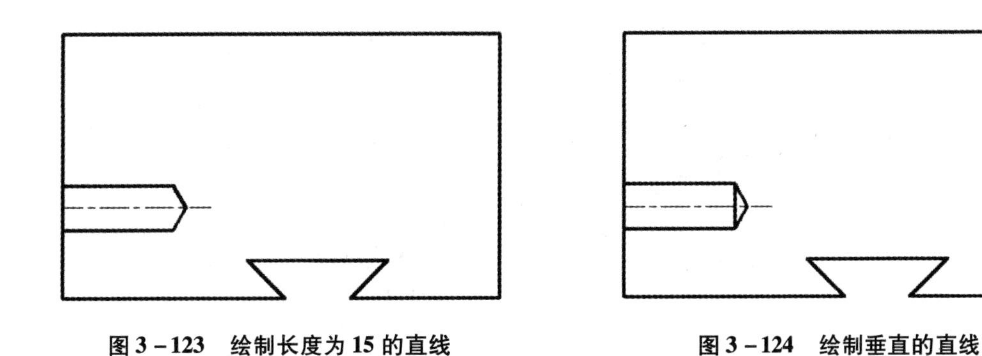

图 3 – 123　绘制长度为 15 的直线

图 3 – 124　绘制垂直的直线

3.5.4　上机操作

(1)绘制如图 3 – 125 所示的图形。

(2)绘制如图 3 – 126 所示的图形。

(3)绘制如图 3 – 127 所示的图形。

(4)绘制如图 3 – 128 所示的图形。

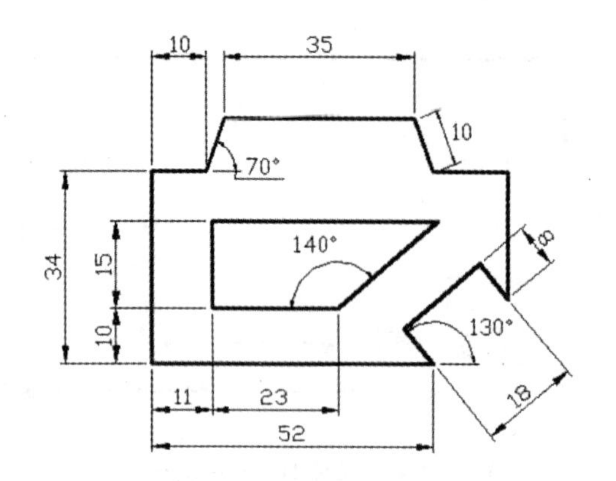

图 3 – 125　运用极轴追踪绘图

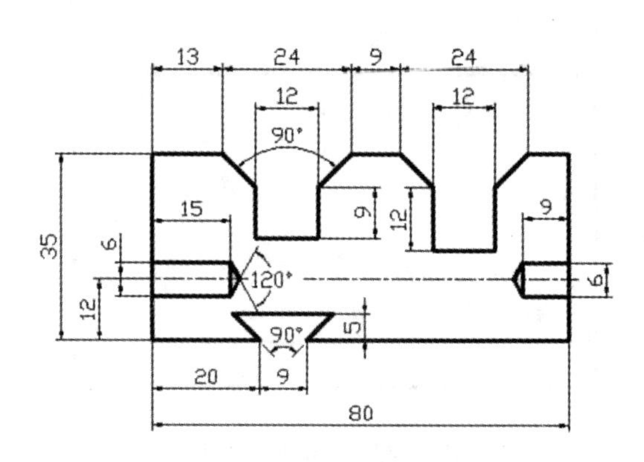

图 3 – 126　运用极轴追踪绘图

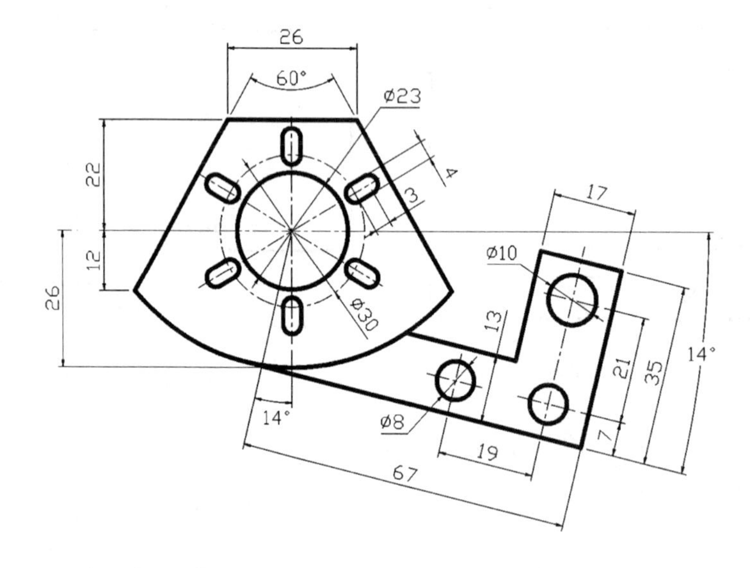

图 3 – 127　运用圆弧、阵列和极轴追踪绘图

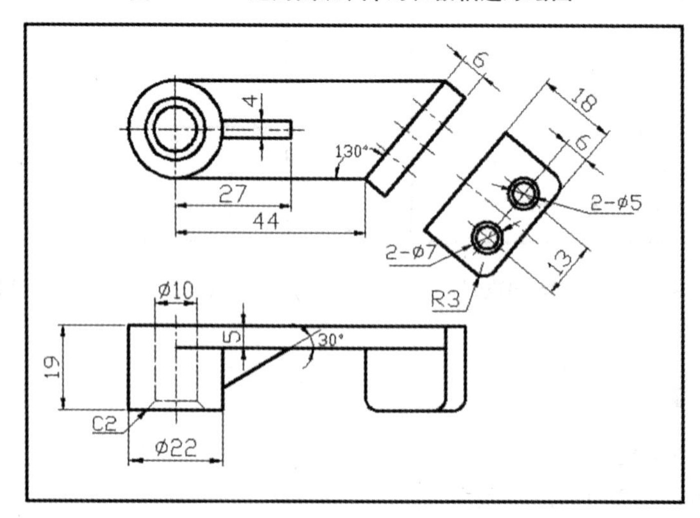

图 3 – 128　运用极轴追踪绘图

3.6　矩形、合并、分解、移动、倒角和圆角

3.6.1　矩 形

此命令可以绘矩形，矩形底边与X轴平行，可带倒角、圆角等。

1. 命令

(1)矩形命令：RECTANG(或REC)

(2)工具栏：图标▭

(3)菜单栏：绘图→矩形

2. 格式

(1)命令：RECTANG(或REC)↙

(2)指定第一个角点或[倒角(C)/标高(E)/圆角(F)/厚度(T)/宽度(W)]：　　(给出第一个角点，点击A点)

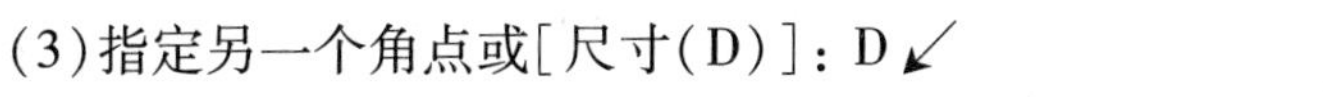

(3)指定另一个角点或[尺寸(D)]：D↙

(选择"尺寸"选项)

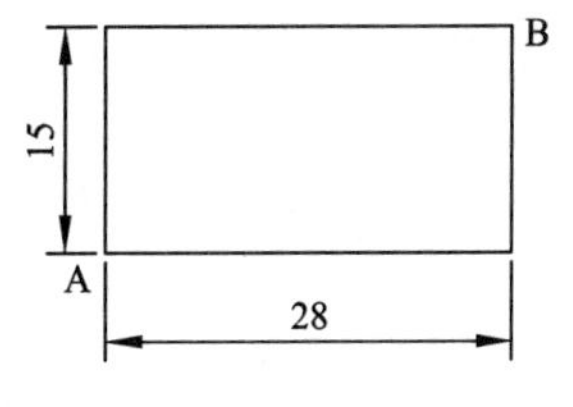

图3-129　矩形

(4)指定矩形的长度<0.0000>：28↙

(5)指定矩形的宽度<0.0000>：15↙(输完尺寸后，再点击另一个角点B，见图3-129)

3. 选项

● 默认情况下，通过指定两个点作为矩形的对角点来绘制矩形。当指定了矩形的第一个角点后，命令行显示"指定另一个角点或[尺寸(D)]："提示信息，这时可直接指定另一个角点来绘制矩形[见图3-130(a)]；也可选择"尺寸"选项，同时需要指定矩形的长度、宽度和矩形另一个角点的方向。(见图3-130)

● 倒角(C)：指定矩形的两个倒角距离，绘制带倒角的矩形。[见图3-130(b)]

● 标高(E)：可以指定矩形所在的平面高度(Z坐标)，默认情况下，矩形在XY平面内，该选项一般用于三维绘图。

● 圆角(F)：用于指定圆角半径，绘制带圆角的矩形。[见图3-130(c)]

● 厚度(T)：用于指定矩形的厚度，该选项一般用于三维绘图。[见图3-130(d)]

● 宽度(W)：用于指定矩形的线宽。[见图3-130(e)]

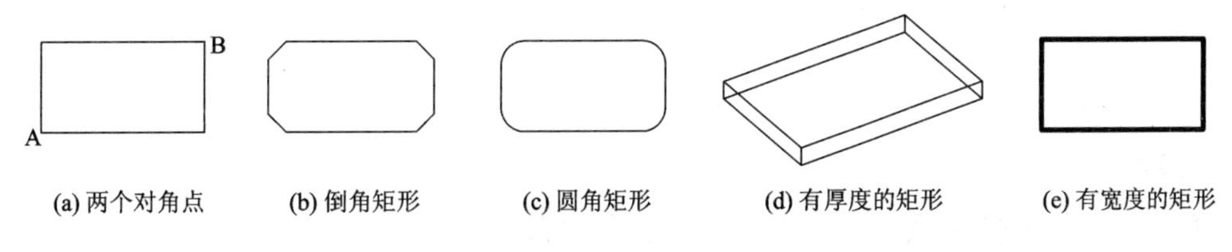

(a) 两个对角点　(b) 倒角矩形　(c) 圆角矩形　(d) 有厚度的矩形　(e) 有宽度的矩形

图3-130　矩形

3.6.2　合并

如果需要连接某一连续图形上的两个部分，或者将某段圆弧闭合为整圆，可以在快速访

问工具栏选择“显示菜单栏”命令。

1. 命令

(1)合并命令：JOIN

(2)工具栏：图标

(3)菜单栏：修改→合并

2. 格式

命令：JOIN

选择源对象：　(见图 3 - 131 左图，点选圆弧线 1)

选择圆弧，以合并到源或进行［闭合(L)］：　(点选圆弧线 2)

选择要合并到源的圆弧：找到 1 个↙

已将 1 个圆弧合并到源　(效果见图 3 - 131 右图所示。)

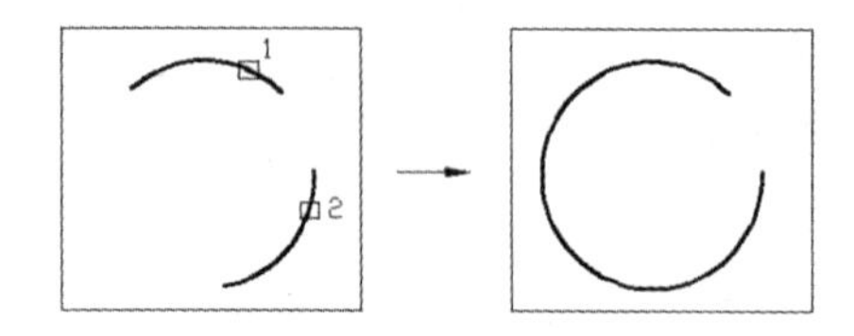

图 3 - 131　合并圆弧

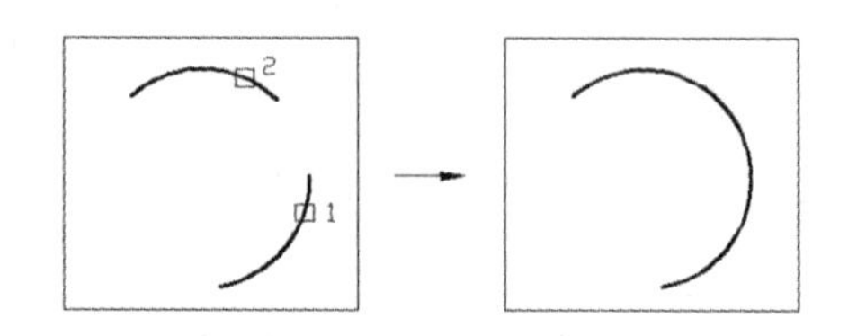

图 3 - 132　改变选择圆弧顺序合并圆弧

点选同一圆上的两段圆弧的先后顺序不同，合并后的圆弧效果也不同，如图 3 - 132 所示。如果选择“闭合(L)”选项，表示可以将选择的任意一段圆弧闭合为一个整圆。选择图 3 - 133 中的左图任一段圆弧，可得到一个完整的圆，效果如图 3 - 133 中的右图所示。

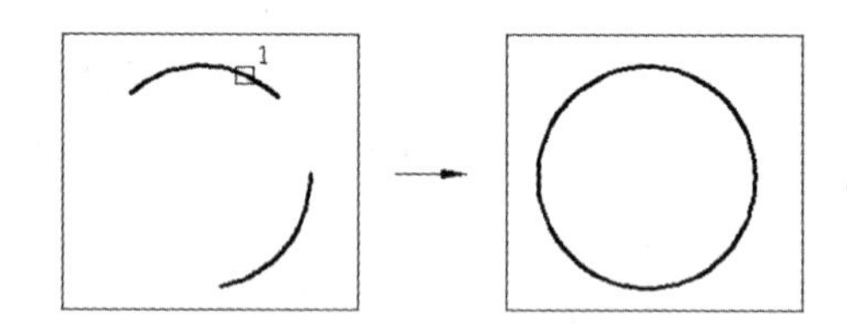

图 3 - 133　将圆弧闭合为整圆

3.6.3　分解

矩形、正多边形及块等对象是由多个对象组成的组合对象，执行该命令，可将其分解成单个成员。

1. 命令

(1)分解命令：EXPLODE(或 X)

(2)工具栏：图标

(3)菜单栏：修改→分解

2. 格式

命令：EXPLODE(或 X)↙

选择对象：　(选择要分解的对象)

选择对象：↙

3.6.4 移动

执行该命令，可在指定方向上按指定距离移动对象。对象的位置发生了改变，但方向和大小不改变。

1. 命令

(1)移动命令：MOVE(或 M)

(2)工具栏：图标

(3)菜单栏：修改→移动

2. 格式

命令：MOVE(或 M)↙

选择对象：　　　　　　　　　　　　(选取要移动的对象)

选择对象：↙

指定基点或位移：　　　　　　　　　(点取要移动的对象的基点)

指定位移的第二点或(用第一点作位移)：　(点取移动对象的目的点)

3.6.5 倒角

执行该命令，可以对两条直线边倒棱角。

1. 命令

(1)倒角命令：CHAMFER(或 CHA)

(2)工具栏：图标

(3)菜单栏：修改→倒角

2. 格式

命令：CHAMFER(或 CHA)↙

(“修剪”模式)当前倒角距离 1 = 10.0000，距离 2 = 10.0000

选择第一条直线或 [多段线(P)/距离(D)/角度(A)/修剪(T)/方法(M)/多个(U)]：D↙

● 默认情况下，要求选择进行倒角的两条直线，这两条直线必须相邻，然后按当前的倒角大小对这两条直线修倒角。

● 多段线(P)：可以以当前设置的倒角大小对多段线的各顶点(交角)修倒角。

● 距离(D)：设置倒角距离尺寸。

● 角度(A)：根据第一个倒角距离和角度来设置倒角尺寸。

● 修剪(T)：选择修剪模式，后续提示为：

输入修剪模式选项 [修剪(T)/不修剪(N)] < 不修剪 >：

如果选择不修剪(N)，则倒棱角时将保留原线段，既不修剪，也不延伸。

● 方法(M)：设置倒角的方法，即选距离或角度方法，后续提示为：

输入修剪方法 [距离(D)/角度(A)] <角度>：

● 多个(U)：可以对多个对象绘制倒角。

知识要点提示：

（1）修倒角时，倒角距离或倒角角度不能太大，否则无效。倒角为零时，倒角命令将延伸两条直线使之相交，不产生倒角。

（2）倒角命令也可以对三维实体的棱边倒棱角。

3. 举例

【例题 3－17】 绘图要求：用倒角命令将图 3－134(a)绘制成图 3－134(c)。

绘图步骤如下：

(1)命令：CHAMFER(或 CHA)↙

(“修剪”模式)当前倒角距离 1＝10.0000，距离 2＝10.0000

(2)选择第一条直线或［多段线(P)/距离(D)/角度(A)/修剪(T)/方法(M)/多个(U)］：D↙ （选择“距离”方式倒角）

(3)指定第一个倒角距离 <10.0000>：10↙

(4)指定第二个倒角距离 <10.0000>：20↙

(5)选择第一条直线或［多段线(P)/距离(D)/角度(A)/修剪(T)/方法(M)/多个(U)］：T↙ （选择“修剪”模式）

(6)输入修剪模式选项［修剪(T)/不修剪(N)］<不修剪>：N↙ （选择“不修剪”模式）

(7)选择第一条直线或［多段线(P)/距离(D)/角度(A)/修剪(T)/方法(M)/多个(U)］： ［点取 1，见图 3－134(a)］

(8)选择第二条直线： ［点取 2，结果如图 3－134(b)］

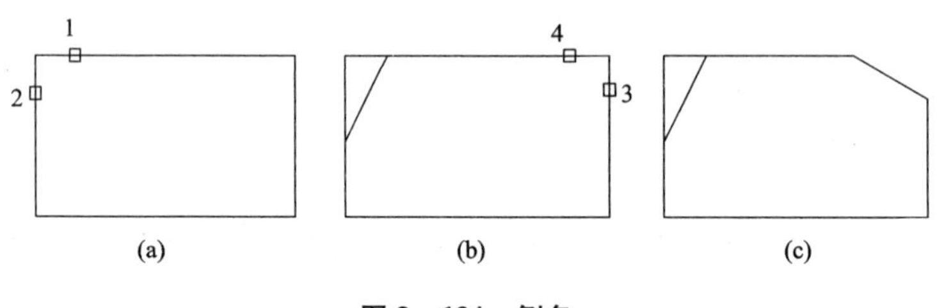

图 3－134 倒角

(9)命令：↙ （在空命令行直接回车，表示继续使用当前的修剪命令）

(“修剪”模式)当前倒角距离 1＝10.0000，距离 2＝20.0000

(10)选择第一条直线或［多段线(P)/距离(D)/角度(A)/修剪(T)/方法(M)/多个(U)］：A↙ （选择“角度”方式倒角）

(11)指定第一条直线的倒角长度 <10.0000>：10↙

(12)指定第一条直线的倒角角度 <30.0000>：60↙

(13)选择第一条直线或［多段线(P)/距离(D)/角度(A)/修剪(T)/方法(M)/多个(U)］：T↙ （设置修剪模式）

(14)输入修剪模式选项［ 修剪(T)/不修剪(N)］ < 不修剪 >：T↙

（选择“修剪”模式）

(15)选择第一条直线或［ 多段线(P)/距离(D)/角度(A)/修剪(T)/方法(M)/多个(U)］：　　［点取 3，图 3－134(b)］

(16)选择第二条直线：　　［点取 4，结果如图 3－134(c)］

知识要点提示：

(1) 用距离(D)的方式倒角，在点取的第一条直线上所截取的距离为所设置的第一个倒角距离，点取的第二条直线上所截取的距离为所设置的第二个倒角距离。

(2) 用角度(A)的方式倒角，在点取的第一条直线上所截取的距离为所设置的第一个倒角长度，设置的角度是指与点取的第一条直线所形成的夹角。

3.6.6　圆角

执行该命令，可以在直角、圆弧或圆之间按指定的半径作圆角，也可对多段线倒圆角。

1. 命令

(1)圆角命令：FILLET

(2)工具栏：图标

(3)菜单栏：修改→圆角

2. 格式

(1)命令：FILLET↙

当前设置：模式 = 不修剪，半径 = 10.0000

(2)选择第一个对象或［多段线(P)/半径(R)/修剪(T)/多个(U)］：R↙

(3)指定圆角半径：20↙

(4)选择第一个对象或［多段线(P)/半径(R)/修剪(T)/多个(U)］：T↙

（设置修剪模式选项）

(5)输入修剪模式选项［ 修剪(T)/不修剪(N)］ < 不修剪 >：N↙

（选择“不修剪”模式）

(6)选择第一个对象或［多段线(P)/半径(R)/修剪(T)/多个(U)］：

［点选 1，图 3－135(a)］

(7)选择第二个对象：　　［点选 2，结果如图 3－135(b)］

如果在“输入修剪模式选项［ 修剪(T)/不修剪(N)］ < 不修剪 >：” 提示下，输入“T”，选择“修剪”模式，则结果如图 3－135(c)。

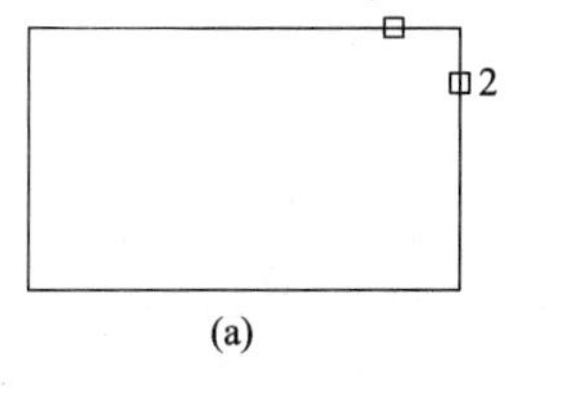

(a)

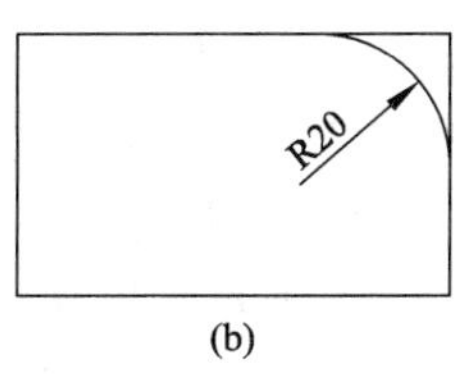

(b)

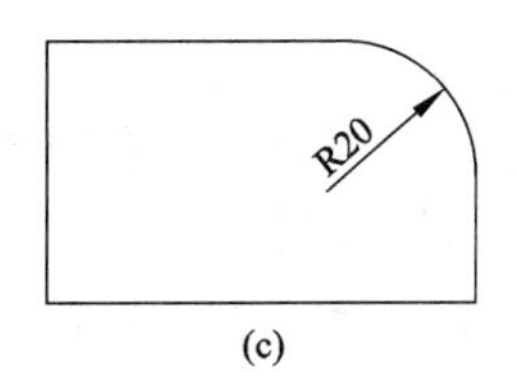

(c)

图 3－135　倒圆角

有关选项说明如下：

- 多段线(P)：选二维多段线倒圆角。
- 半径(R)：设置圆角半径。
- 修剪(T)：选择修剪模式，后续提示为：

输入修剪模式选项 [修剪(T)/不修剪(N)] < 不修剪 >：

如果选择“不修剪(N)”，则倒圆角时将保留原线段，既不修剪，也不延伸。

- 多个(U)：可以对多个对象绘制倒圆角。

> **知识要点提示：**
>
> (1)无论设置修剪(T)还是不修剪(N)模式，对圆都不修剪，见图 3－136。
>
> (2)对平行的直线、射线倒圆，它将忽略当前圆角半径的设置，自动计算两平行线的距离来确定圆角半径，并从第一线段的端点制作圆角(半圆)，见图 3－137。
>
> (3) 圆角命令也可以对三维实体的棱边倒圆角。

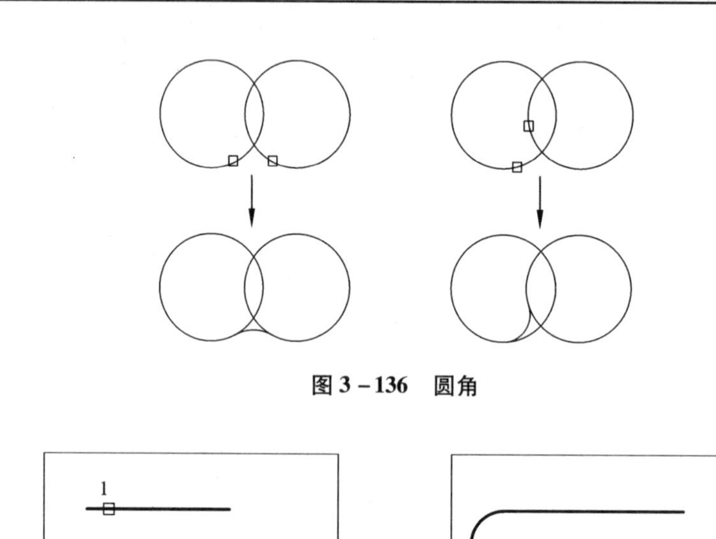

图 3－136　圆角

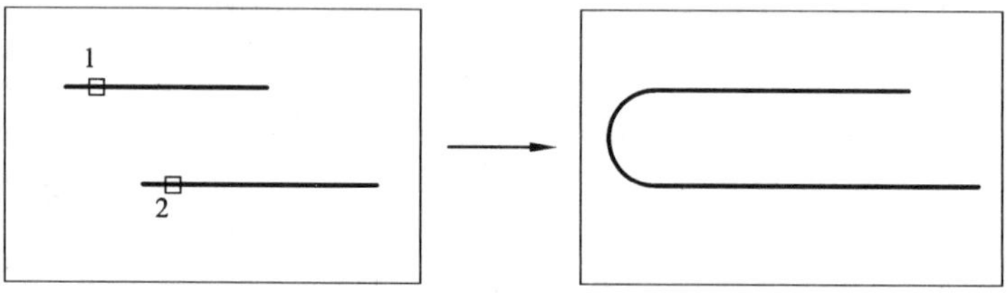

图 3－137　圆角

【例题 3－18】 用矩形、移动、分解、倒角和圆角命令绘制如图 3－138 所示图形。

绘图要点提示：

(1)建图层，设置各图层名称、颜色、线型和线宽。

(2)创建绘图界限，设置绘图的图幅为 120×60。

(3)在“图层”工具栏中选择图层下拉列表中的“中心线层”，将其设置为当前层。

(4)单击“直线”按钮，绘制一条水平中心线和一条竖直中心线相交于 O 点，如图 3－139所示。

(5)在“图层”工具栏中，单击图层下拉列表中的“轮廓线层”，将其设置为当前层。

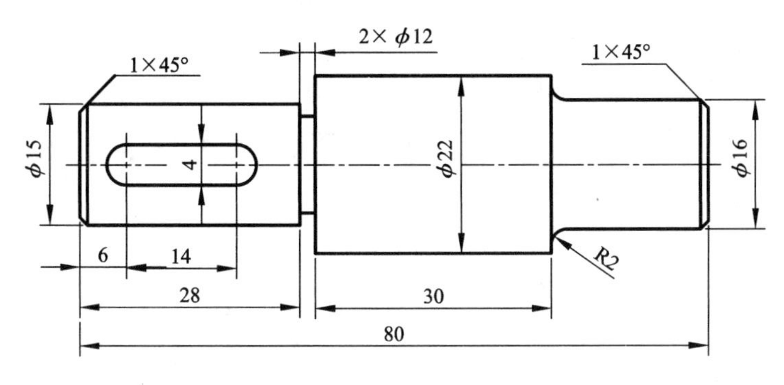

图3－138　绘制图形

(6)单击“矩形”按钮▭，选择尺寸(D)选项，绘制长×宽的矩形，从左至右依次绘制28×15、2×12、30×22、20×16的矩形，如图3－139所示。

(7)打开对象捕捉的交点和中点选项，单击“移动”按钮✥，点取第一个28×15矩形左侧宽边线的中点，将矩形移到交点O上，接着仍用移动命令，从左至右依次将2×12、30×22、20×16的矩形移到中心线上。如图3－140所示。

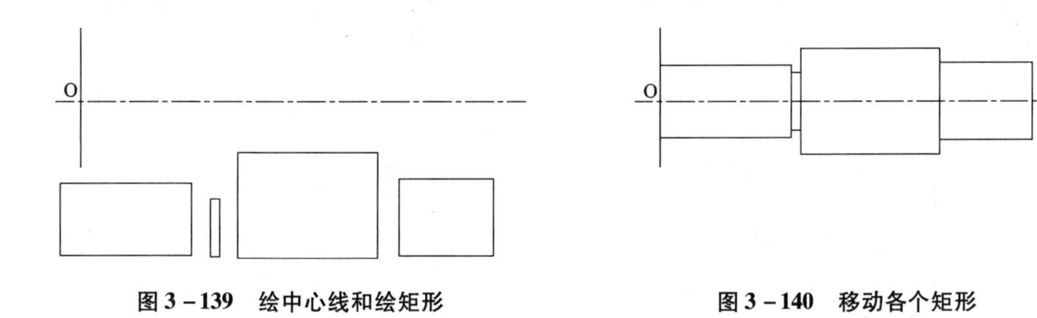

图3－139　绘中心线和绘矩形　　图3－140　移动各个矩形

(8)单击“偏移”按钮，使线AB向右偏移6，得到线CD；再使线CD向右偏移14，得到线EF，再单击“绘圆”按钮，绘制两个R2的圆，单击“直线”按钮，将两圆的上切点相连，再将两圆的下切点相连，如图3－141所示。

(9)单击“修剪”按钮修剪，绘制成键槽，如图3－142所示。

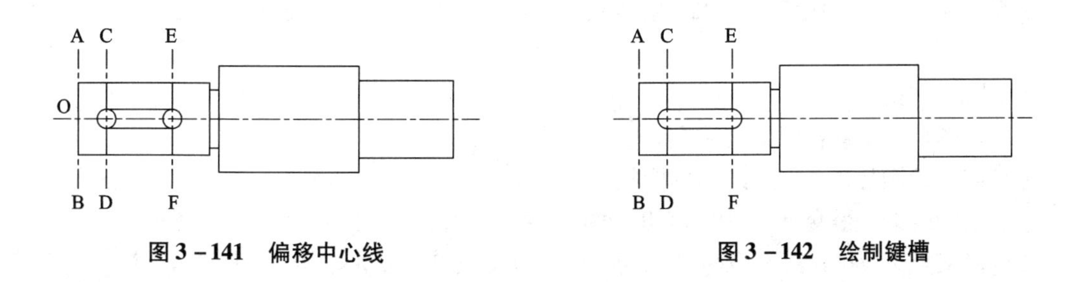

图3－141　偏移中心线　　图3－142　绘制键槽

(10)单击“倒角”按钮，设置第一和第二倒角距离都为1，且为“修剪”模式，对最左侧矩形和最右侧矩形进行倒角；单击“圆角”按钮，设置圆角半径为2，且为“不修剪”模式，对右侧图形倒圆，如图 3－143 所示图形。

(11)单击“直线”按钮，绘制直线 GH 和直线 IJ，单击“分解”按钮，将右侧矩形由一个整体图形分解成单个线段，单击“修剪”按钮，修剪倒圆部分多余线条，如图 3－144 所示图形。

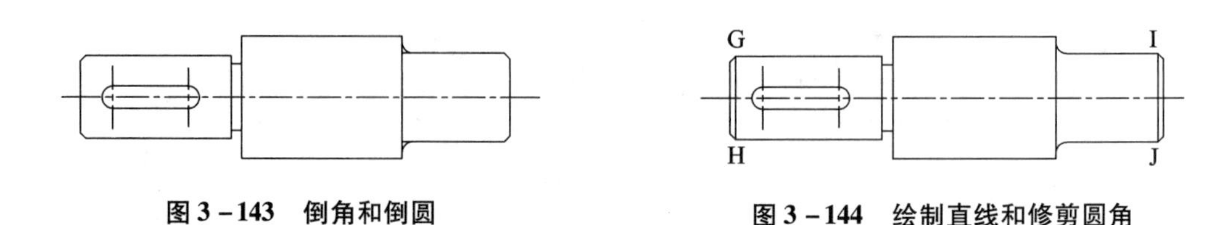

图 3－143 倒角和倒圆　　**图 3－144 绘制直线和修剪圆角**

> **知识要点提示：**
>
> 因倒角或圆角命令对图线有自动延伸和修剪的编辑功能，当遇到图线呈断开或相交状态，如图 3－145(a)所示，需要连接起来，可用倒角或圆角命令完成，先设定圆角半径或倒角距离为 0，并且设为“修剪”模式，就可使用该命令连接线段，效果如图 3－145(b)所示。

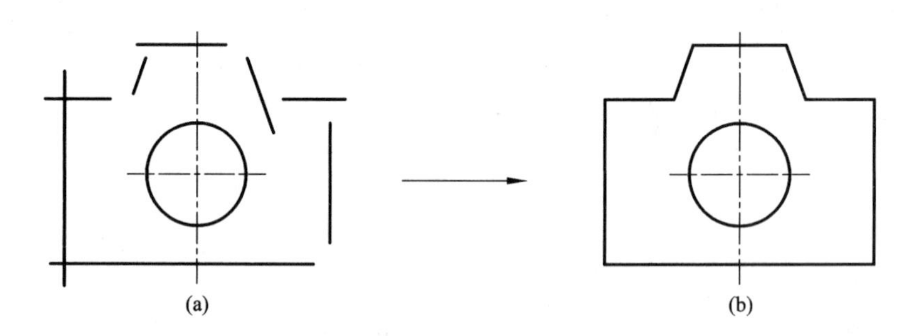

图 3－145 连接对象

3.6.7 复杂的圆弧连接

【例题 3－19】 用偏移、绘圆、修剪和圆角命令绘制如图 3－146 所示的复杂圆弧连接的图形。

绘图要点提示：

(1)建图层，设置各图层名称、颜色、线型和线宽。

(2)创建绘图界限，设置绘图的图幅为 180×150。

(3)绘定位线，得交点 A 和交点 B，如图 3－147 所示。

(4)以交点 A 为圆心，绘圆 ϕ20 和 ϕ34，再以交点 B 为圆心，绘圆 ϕ12 和 ϕ25，并绘一条向下偏移 12 的直线，且用打断命令将直线修短，如图 3－148 所示。

(5)以点 A 为圆心，绘 R86 和 R71 的圆，且 R71 的圆与所偏移的直线交于 C 点，如图 3－149所示。

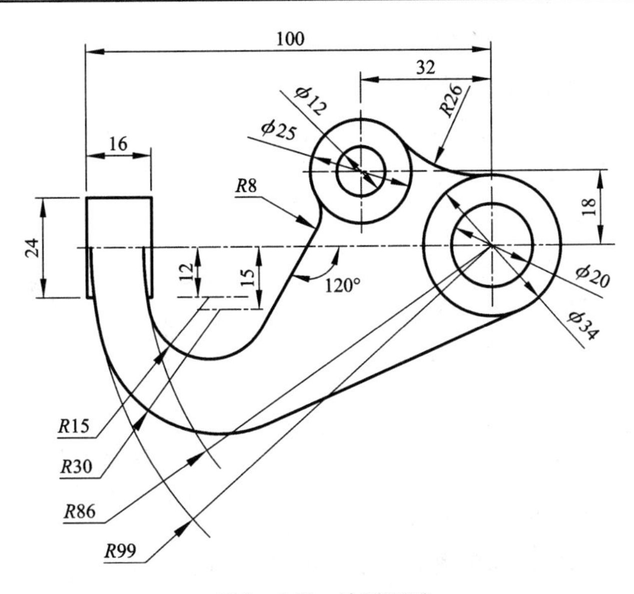

图 3-146　绘制图形

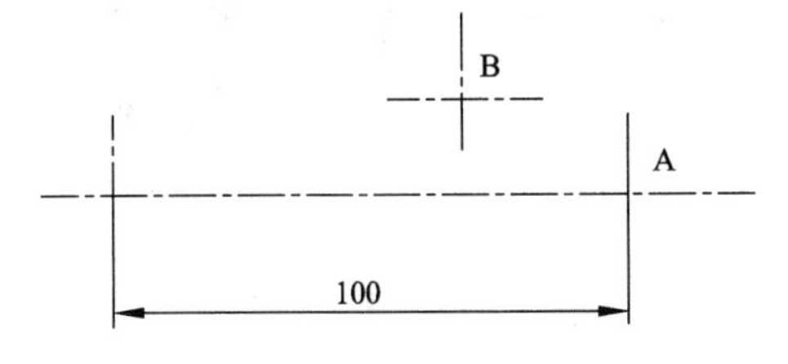

图 3-147　绘定位线

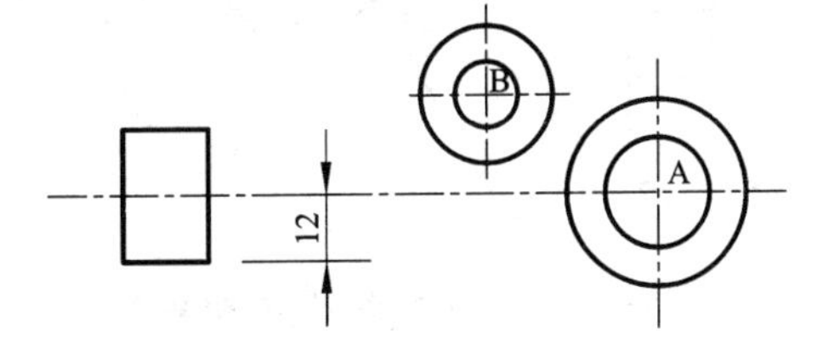

图 3-148　绘圆和偏移

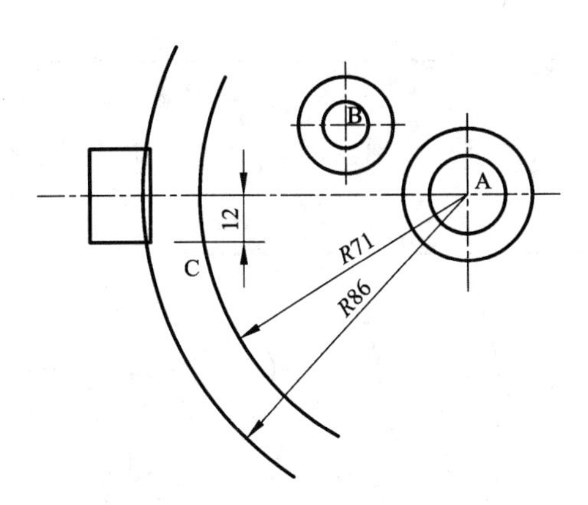

图 3-149　绘圆 R86 和 R71

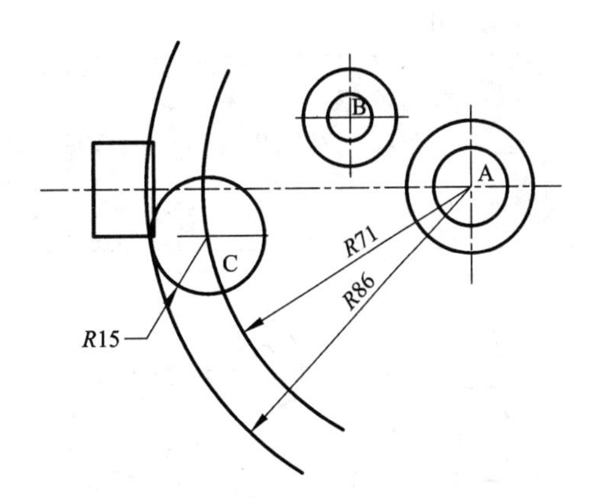

图 3-150　绘圆 R15

知识要点提示：

R71 = R86 - R15，因 R86 与 R15 是内切圆弧，绘 R71 的圆与向下偏移 12 的直线相交，是为了得到圆 R15 的圆心 C。

(6)以交点 C 为圆心，绘 R15 的圆，如图 3－150 所示。

(7)修剪和打断多余线条，如图 3－151 所示。

(8)打开对象捕捉的切点，以捕捉 R15 的圆的切点为起点，输入点的极坐标：@40 <60，绘直线 EF，如图 3－152 所示。

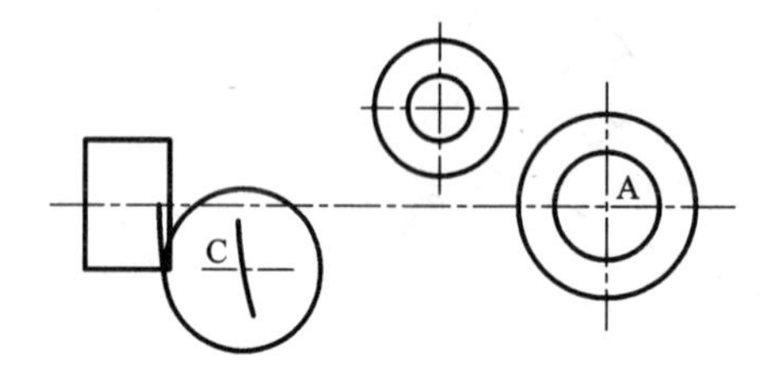

图 3－151 修剪和打断多余线条

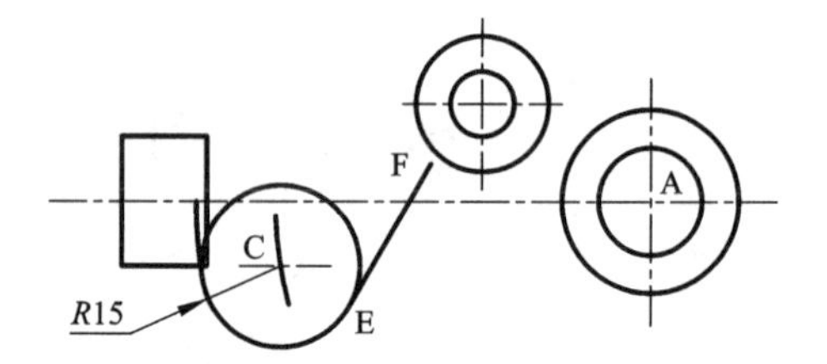

图 3－152 绘直线 EF

(9)修剪 R15 的圆弧，并倒圆 R8 和 R26，如图 3－153 所示。

(10)向下偏移中心线，偏移距离为 15，如图 3－154 所示。

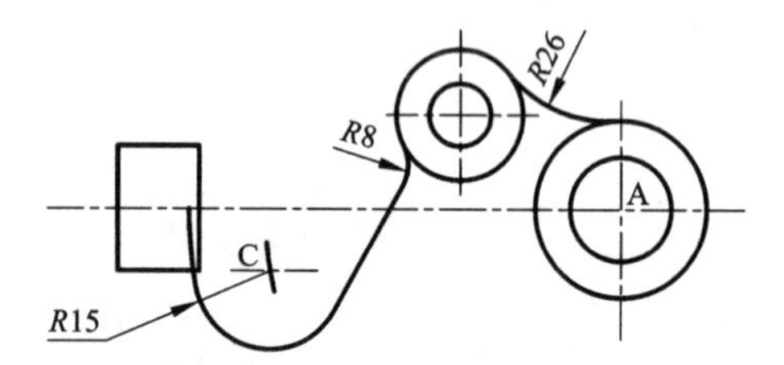

图 3－153 修剪和倒圆 R8 和 R26

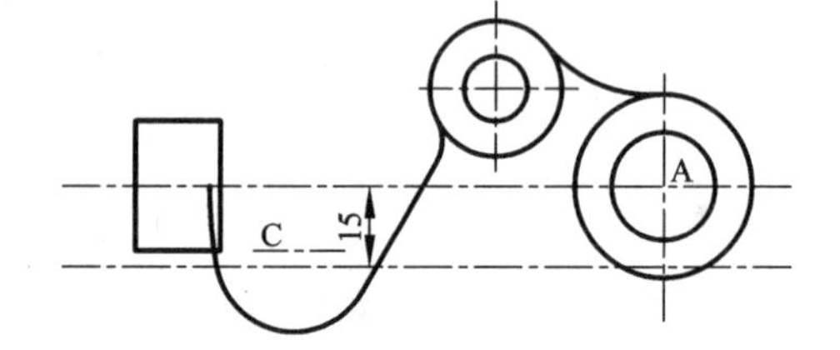

图 3－154 偏移中心线

(11)以点 A 为圆心，绘 R69 和 R99 的圆，且 R69 的圆与所偏移的直线交于 D 点，如图 3－155所示。

知识要点提示：

R69＝R99－R30，因 R99 与 R30 是内切圆弧，绘 R69 的圆是为了得到圆 R30 的圆心 D。

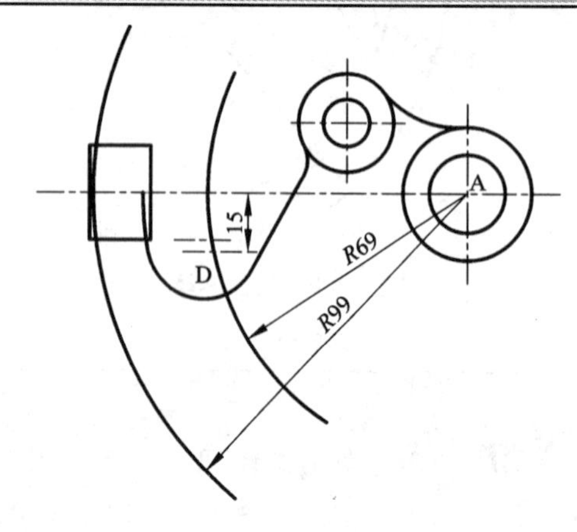

图 3－155 绘圆 R69 和 R99

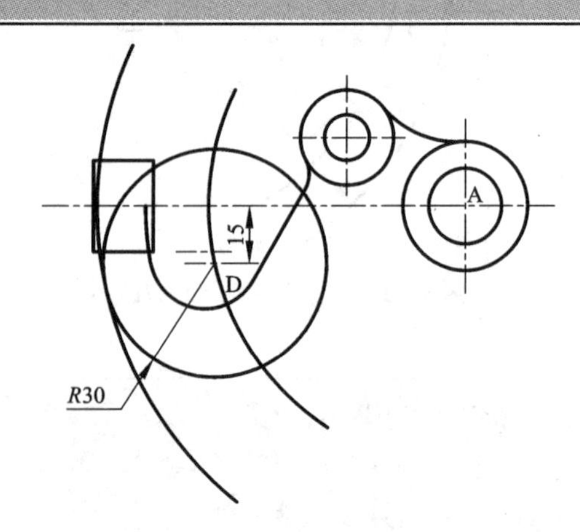

图 3－156 绘圆 R30

(12)以点D为圆心，绘R30的圆，如图3－156所示。

(13)修剪和删除多余线条，如图3－157所示。

(14)打开对象捕捉的切点，以捕捉R30和ϕ34的圆的切点为两端点，绘直线MN，如图3－158所示。

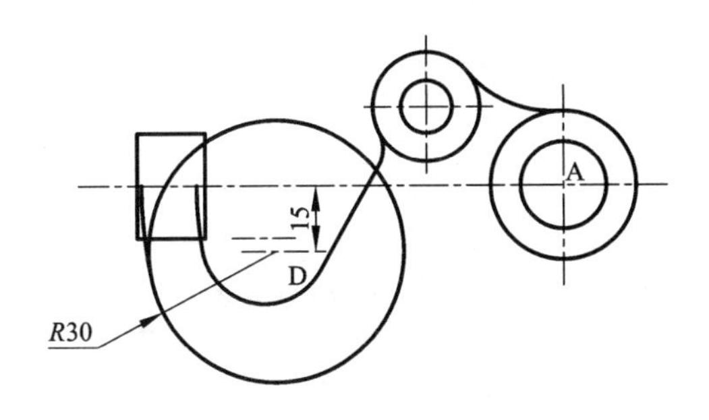

图3－157　修剪和删除多余线条

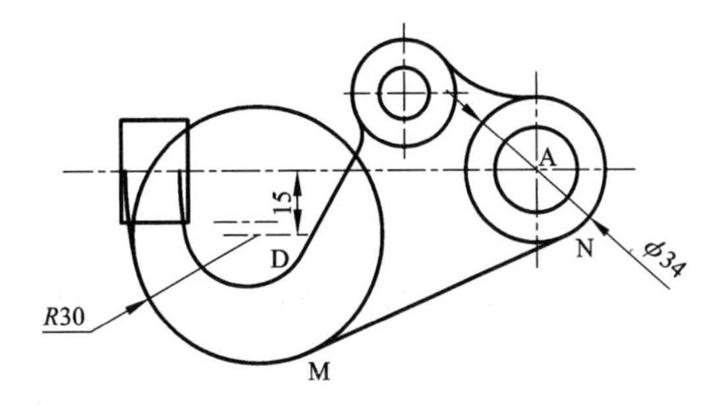

图3－158　绘直线MN

(15)修剪R30的圆弧，最后结果如图3－159所示。

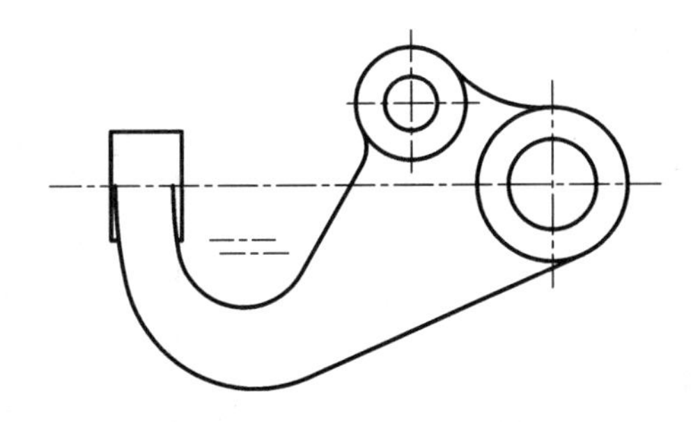

图3－159　修剪R30的圆弧

3.6.8　上机操作

(1)绘制如图3－160所示的图形。

(2)绘制如图3－161所示的图形。

(3)绘制如图3－162所示的图形。

(4)绘制如图3－163所示的图形。

(5)绘制如图3－164所示的图形。

(6)绘制如图3－165所示的图形。

(7)绘制如图3－166所示的图形。

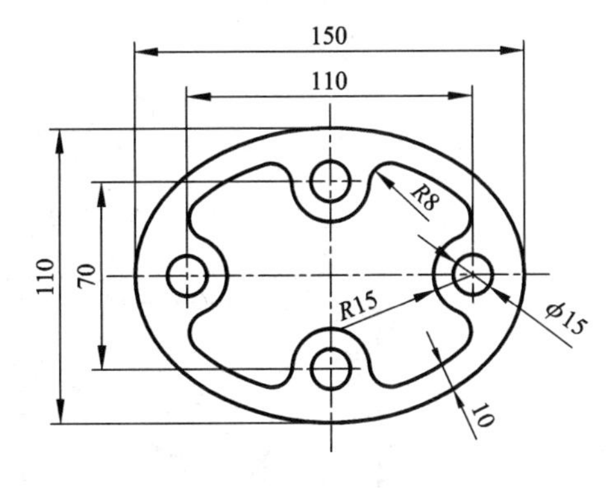

图3－160　绘制图形

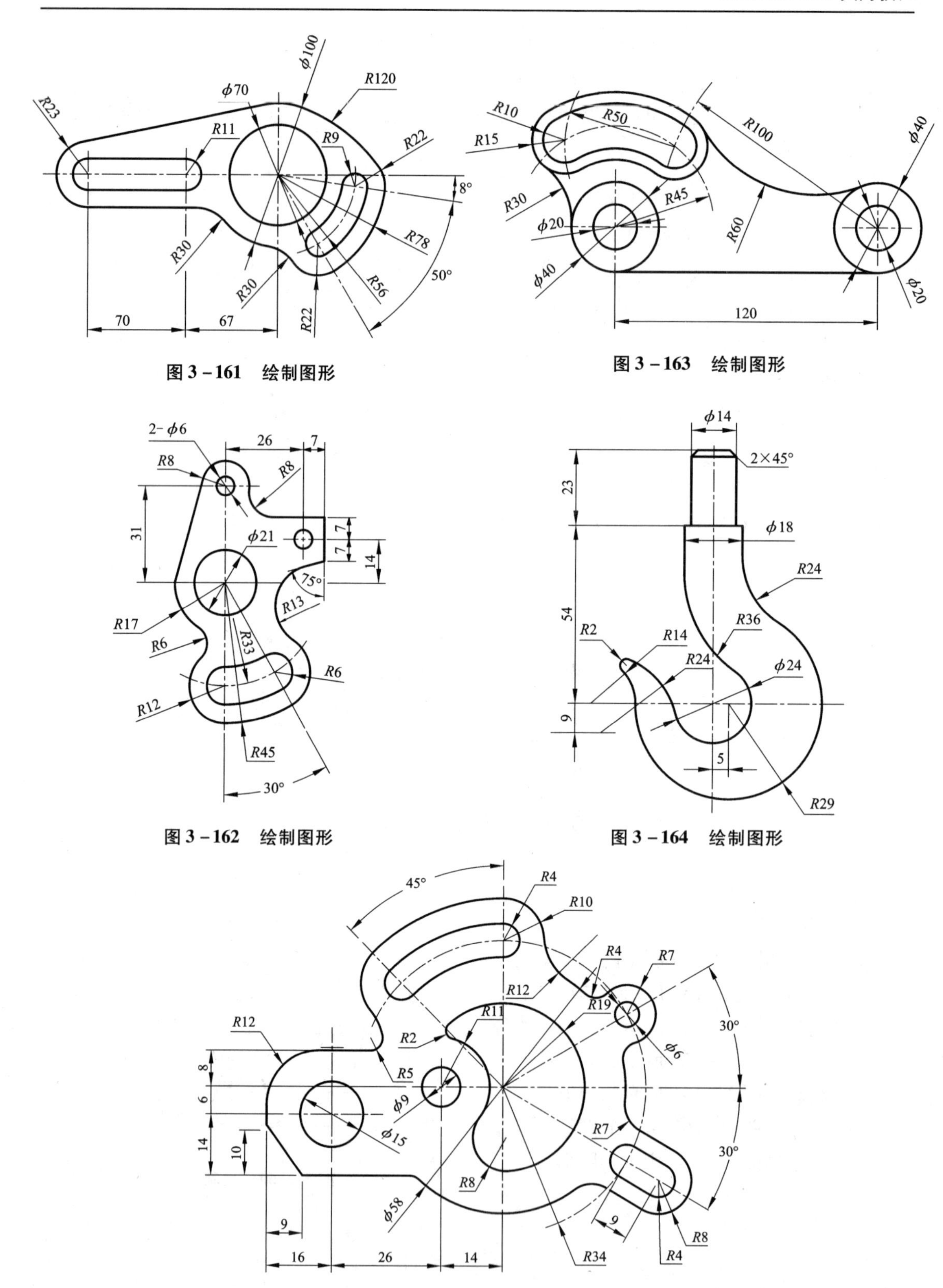

图 3 – 161 绘制图形

图 3 – 163 绘制图形

图 3 – 162 绘制图形

图 3 – 164 绘制图形

图 3 – 165 绘制图形

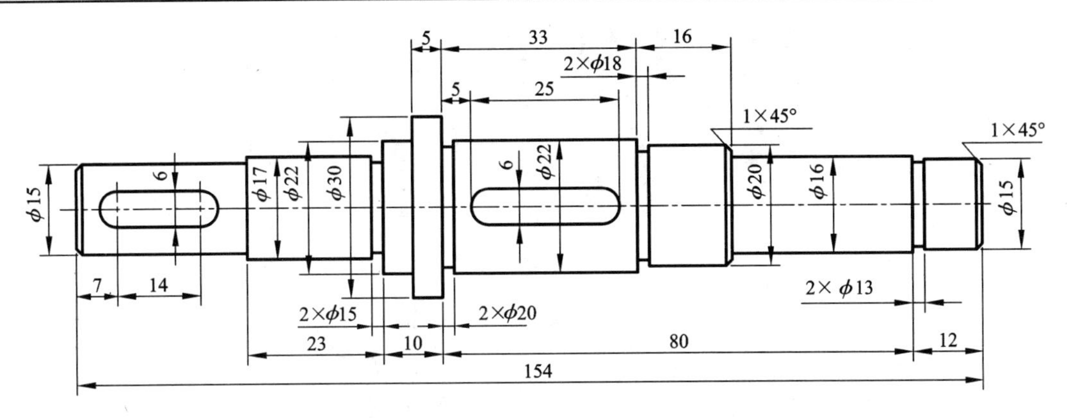

图 3－166　绘制图形

3.7　图案填充和夹点编辑

3.7.1 图案填充

用户经常要重复使用一些图案来填充图形中的某一个区域，从而表达该区域的特性，这样的填充操作称为图案填充。图案填充的应用非常广泛，例如在机械工程图中，区域填充是用于表达一个剖切的区域，而且不同的图案表达不同的零件或者材料。

1. 创建图案填充

(1)命令

1)图案填充命令：BHATCH

2)工具栏："功能区"选项板→"常用"选项卡→"绘图"面板→图标

3)菜单栏：绘图→ 图案填充...

激活图案填充命令，可打开"图案填充和渐变色"对话框。该对话框中可以设置图案填充的图案特性、填充边界以及填充方式等，如图 3－167 所示。

(2)"图案填充"选项卡

使用"图案填充和渐变色"对话框中的"图案填充"选项卡，可以快速设置图案填充，各选项的含义和功能如下：

1)类型和案例

● "类型"下拉列表框：用于设置填充的图案类型，包括"预定义""用户定义""自定义"三种。其中，选择"预定义"选项，可以利用 AutoCAD 提供的图案；选择"用户定义"则需要用户临时定义图案，该图案由一组平行线或者相互垂直的两组平行线组成；选择"自定义"选项，可以使用用户事先定义好的图案。

● "图案"下拉列表框：当在"类型"下拉列表框中选择"预定义"选项时，该下拉列表才可用，该下拉列表框主要用于设置填充图案。用户从该下拉列表框中根据图案名来选择图案，也可单击其后的按钮，再打开"填充图案选项板"对话框进行选择。该对话框有 4 个选项卡，分别对应 4 种类型的图案，如图 3－168 所示。

● "样例"预览窗口对话框：用于显示当前选中的图案样例。单击所选取的样例图案，

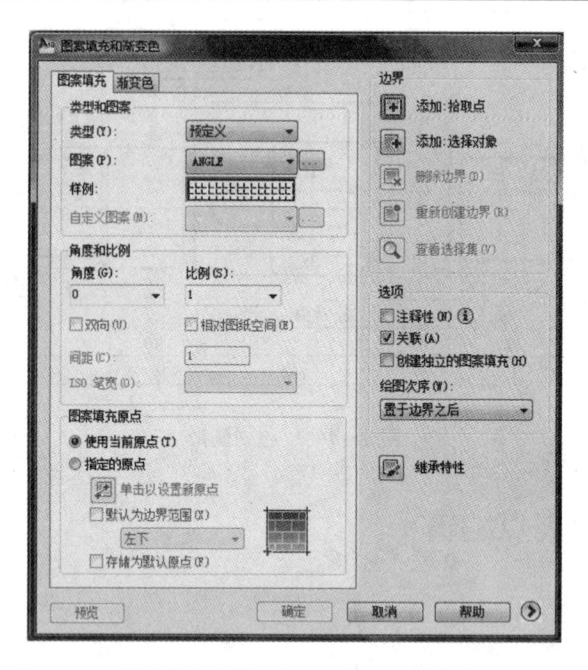

图 3-167 “边界图案填充”对话框的“图案填充”选项卡

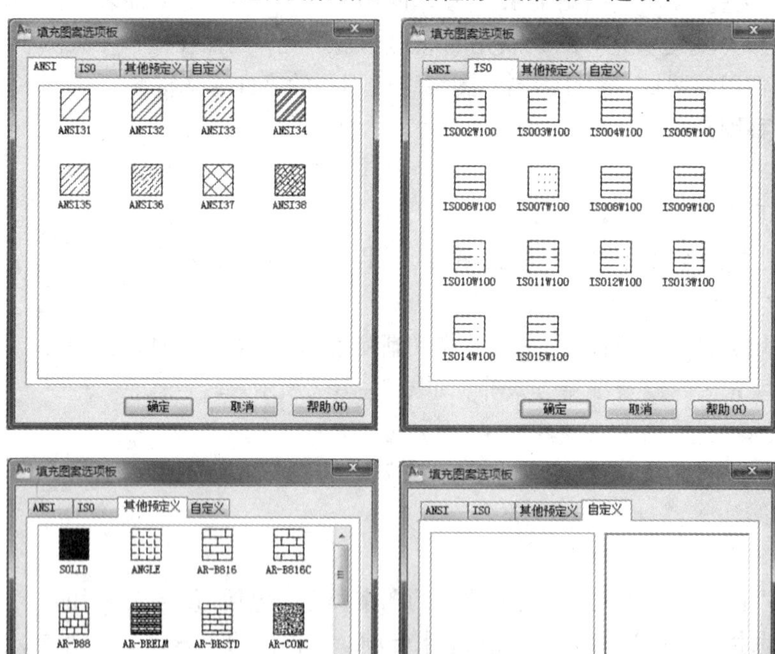

图 3-168 “填充图案选项板”对话框中的 4 个选项卡

也可以打开“填充图案选项板”对话框，供用户选择图案。

● “自定义图案”下拉菜单：当填充的图案类型采用“自定义”时该选项才可用。

2）角度和比例

● “角度”下拉对话框：用于设置填充的图案旋转角度，每种图案在定义时的旋转角度都为零。当设置角度为正值，则图案逆时针方向旋转；为负时，顺时针方向旋转。

● “比例”下拉对话框：用于设置图案填充时的比例值。每种图案在定义时的初始比例为 1∶1，用户可以根据需要放大或缩小。

● “双向”复选框：当在“图案填充”选项卡中的“类型”下拉列表框中选择“用户定义”选项时，选中该复选框，可以使用相互垂直的两组平行线填充图形；否则为一组平行线。

● “相对图纸空间”复选框：用于决定该比例因子是否为相对于图纸空间的比例。

● “间距”文本框：用于设置填充平行线之间的距离，当在“类型”下拉列表中选择“用户定义”选项时，该选项才可以用。

● “ISO 笔宽”下拉对话框：用于设置笔的宽度，当填充图案采用 ISO 图案时，该选项才可以用。

知识要点提示：

（1）当类型为“预定义”的图案填充的“角度”设为 0 时，系统本身定义的图案就为倾斜 45°方向的线型，见图 3－169（a）。当设置角度为 45°时，则图案逆时针方向旋转 45°如图 3－169（b）所示。当设置角度为－45°时（系统会自动将角度转换为正角 315°），则图案顺时针方向旋转 45°，如图 3－169（c）所示。

（2）当类型为“用户定义”的图案填充的“角度”设为 0 时，系统定义的图案为水平方向的线型，如图 3－170（a）所示。当设置角度为 60°时，则图案逆时针方向旋转 60°，如图 3－170（b）所示。当设置角度为－60°时（系统会自动将角度转换为正角 300°），则图案顺时针方向旋转 60°，如图 3－170（c）所示。

（3）用户定义设置为双向的图案填充，如图 3－171 所示，图（a）角度设为 0 度，图（b）角度设为 45 度。

（4）填充比例越小，填充线越密；填充间距越小，填充线越密，如图 3－172 所示。

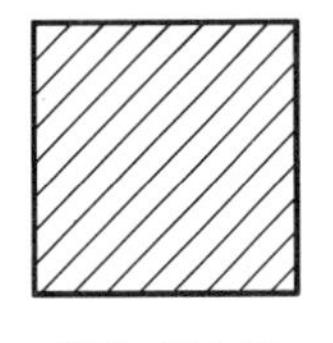

类型：预定义
图案：ANSI31
角度：0
比例：0.5
(a)

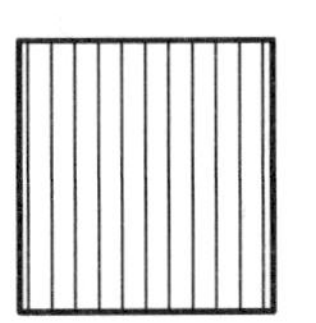

类型：预定义
图案：ANSI31
角度：45
比例：0.5
(b)

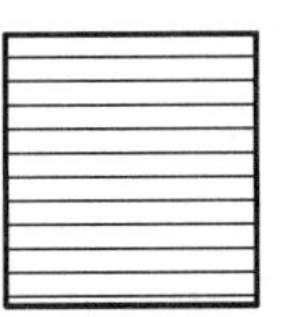

类型：预定义
图案：ANSI31
角度：-45
比例：0.5
(c)

图 3－169　预定义的不同角度设置的比较

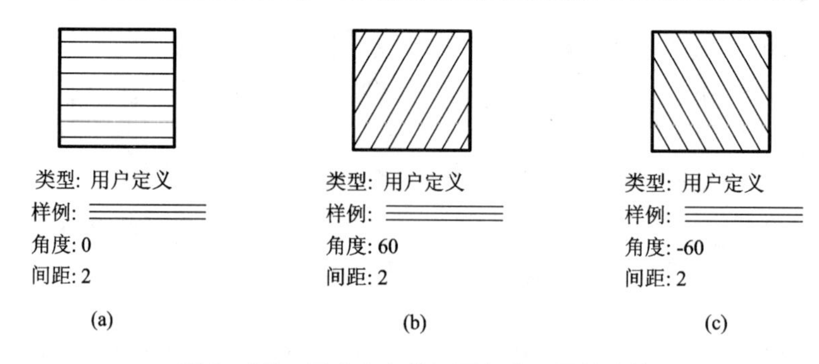

图 3－170　用户定义的不同角度设置的比较

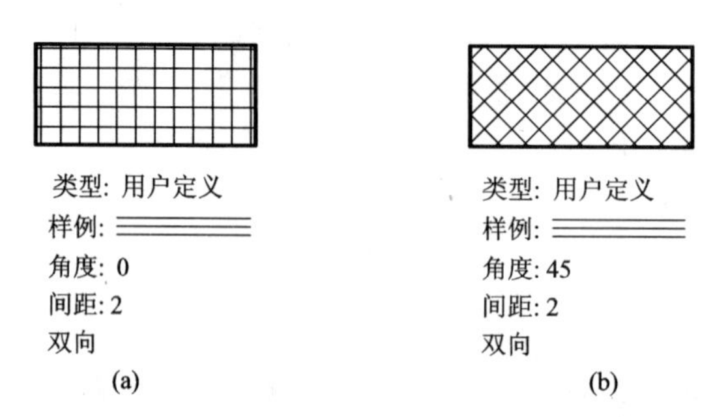

图 3－171　用户定义设置为双向的图案填充

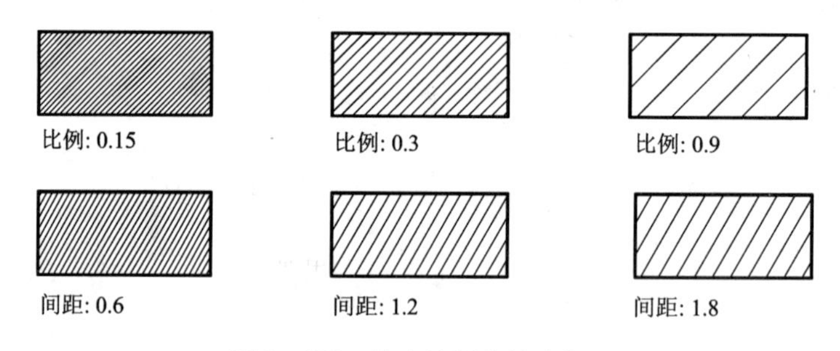

图 3－172　填充比例和填充间距

3)图案填充原点

在"图案填充原点"选项区域中，可以设置图案填充原点的位置，因为许多图案填充需要对齐填充边界上的某一点。主要选项的功能如下。

● "使用当前原点"单选按钮：可以使用当前 UCS 的原点(0，0)作为图案填充原点。

● "指定的原点"单选按钮：可以通过指定点作为图案填充原点。其中，单击"单击以设置新原点"按钮，可以从绘图窗口中选择某一点作为图案填充原点；选择"默认为边界范围"复选框，可以以填充边界的左下角、右下角、右上角、左上角或圆心作为图案填充原点；选择"存储为默认原点"复选框，可以将指定的点存储为默认的图案填充原点。

4)边界

● "添加：拾取点"按钮：单击该按钮可以以拾取点的形式来指定填充区域的边界。

> **知识要点提示：**
> 用户在要填充的区域内任意指定一点，系统会以包围该点的封闭边界填充，如果该边界未形成封闭边界，则不能填充，且系统作出如图 3－173 所示的信息提示。

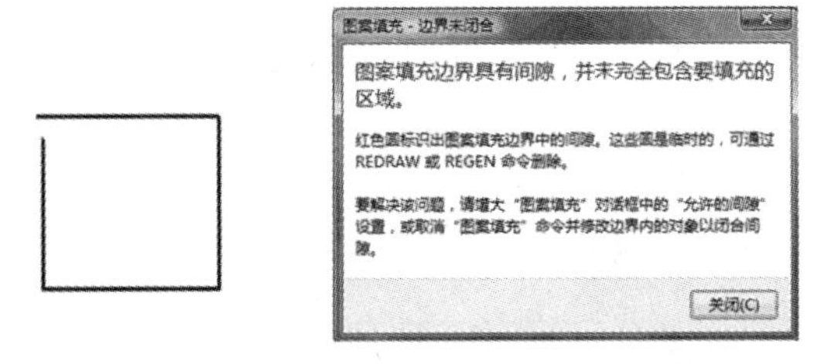

图 3－173　填充边界未封闭时的信息提示

● “添加：选择对象”按钮：单击该按钮切换到绘图窗口，可以通过选择对象的方式来定义填充区域的边界。

> **知识要点提示：**
> 用户点击“选择对象”按钮，点取要填充的边界线即可填充，与填充边界是否封闭无关，如图 3－174 所示，矩形线框未封闭，仍然可填充图线。

● “删除边界”按钮：单击该按钮可以取消系统自动计算或用户指定的边界。

当选取要填充的区域后，再点击按钮，系统会提示“选择对象或［添加边界(A)］：”点选要删除的边界图形 B，效果如图 3－175(b)所示。（图 3－175 为包含边界与删除边界时的效果对比图。）

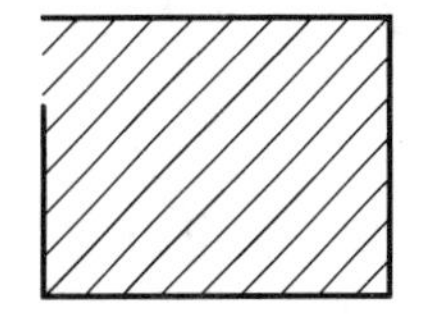

图 3－174　“选择对象”按钮的边界填充

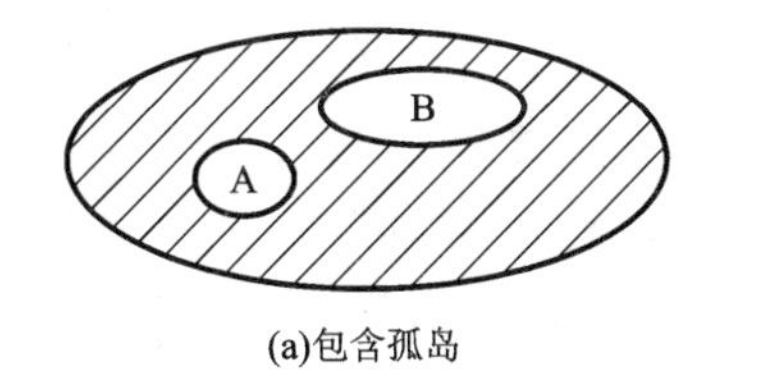

(a)包含孤岛

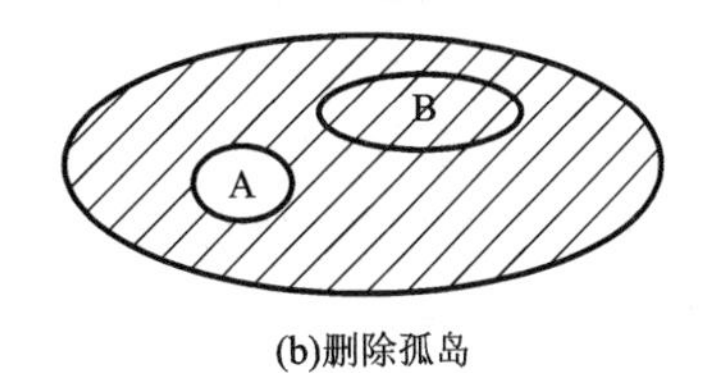

(b)删除孤岛

图 3－175　包含边界与删除边界时的效果对比图

2. 设置孤岛

在进行图案填充时，通常将位于一个已定义好的填充区域内的封闭区域称为孤岛。单击“图案填充和渐变色”对话框右下角的按钮，将显示更多选项，可以对孤岛和边界进行设置，如图 3－176 所示。

在“孤岛”选项区域中，选中“孤岛检测”复选框，可以指定在最外层边界内填充对象的方法，包括“普通”、“外部”、“忽略”三种填充样式。效果如图 3－177 所示。

(1)“普通”样式：从最外边界向里面填充线，遇到与之相交的内部边界时断开填充线，

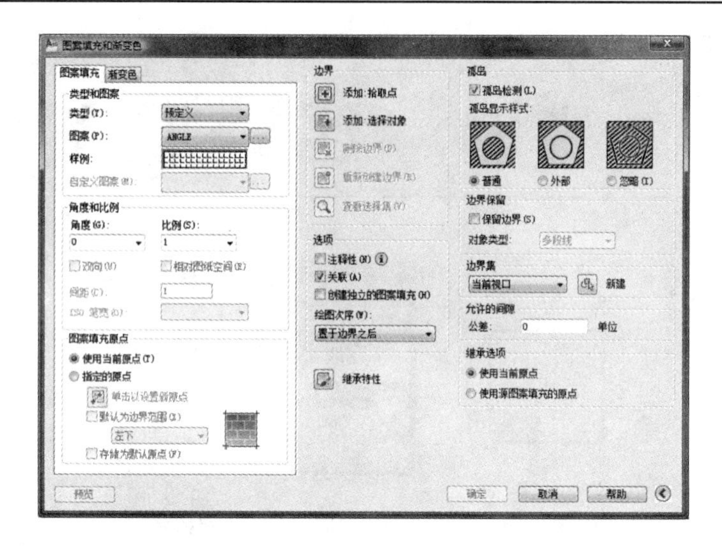

图 3－176　展开的"图案填充和渐变色"对话框

(a)"普通"样式

(b)"外部"样式

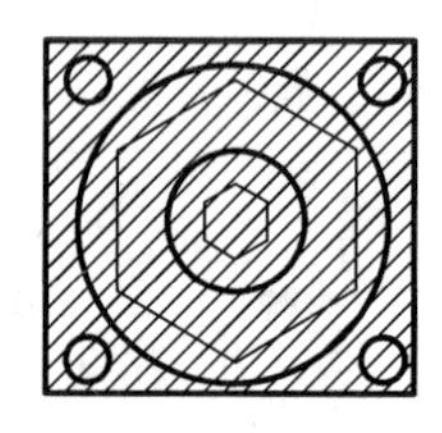

(c)"忽略"样式

图 3－177　孤岛的三种填充样式

在遇到下一个内部边界时再继续绘制填充线。

(2)"外部"样式：从最外边界向里面填充线，遇到与之相交的内部边界时断开填充线，不再继续往里面绘制填充线。

(3)"忽略"样式：忽略边界内的对象，所有内部结构都被填充线覆盖。

在"边界保留"选项区域中，选择"保留边界"复选框，可将填充边界以对象的形式保留，并可以从"对象类型"下拉列表框中选择填充边界的保留类型，如"多段线"和"面域"选项等。

在"边界集"选项区域中，可以定义填充边界的对象集，AutoCAD 将根据这些对象来确定填充边界。默认情况下，系统根据"当前视口"中的所有可见对象确定填充边界。也可以单击"新建"按钮，切换到绘图窗口。然后通过指定对象类定义边界集，此时"边界集"下拉列表框中将显示为"现有集合"选项。

在"允许的间隙"选项区域中，通过"公差"文本框设置允许的间隙大小。在该参数范围内，可以将一个几乎封闭的区域看作是一个闭合的填充边界。默认值为 0，这时对象是完全封闭的区域。

"继承选项"选项区域用于确定在使用继承属性创建图案填充时图案填充原点的位置，可以是当前原点或源图案填充的原点。

3. 设置渐变色填充

使用"图案填充和渐变色"对话框中的"渐变色"选项卡，可以使用单色或双色渐变色来填充图形，如图3－178所示。

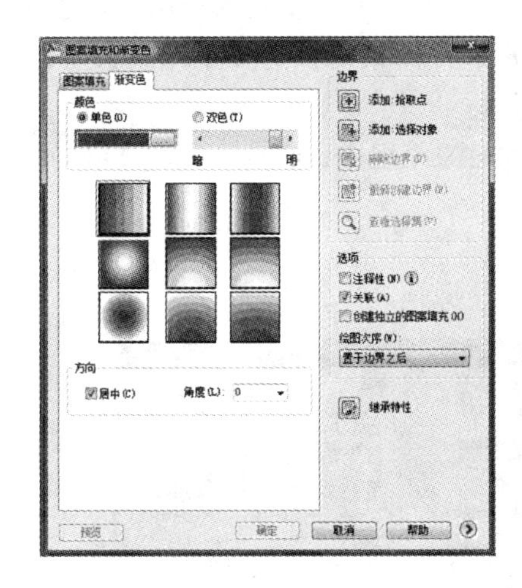

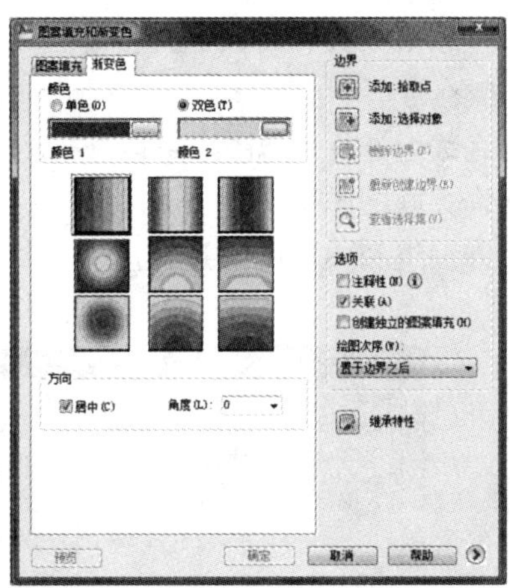

图3－178　“边界图案填充”对话框中的“渐变色”选项卡

● “单色”单选按钮：选择该单选按钮可以作用由一种颜色产生的渐变色来填充图形。此时双击其后的颜色框，将打开“选择颜色”对话框，在该对话框中可以选择需要的渐变色并能够通过“亮度”滑块来调整渐变色的渐变程度。

● “双色”单选按钮：选择该按钮，可以用两种颜色产生的渐变色来填充图形，如图3－179所示。

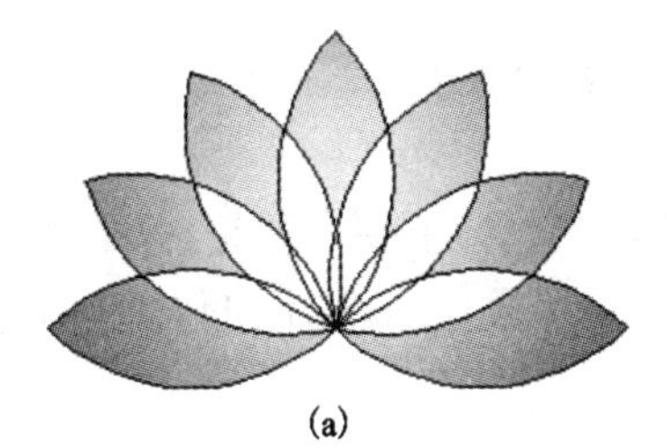

(a)

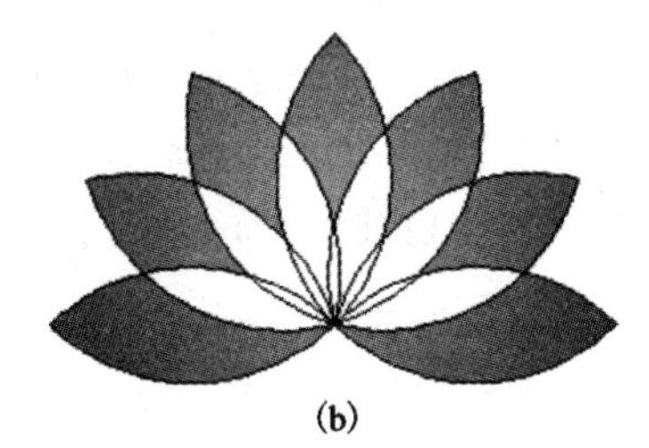

(b)

图3－179　使用单色和双色填充的渐变色效果图

● “渐变图案”预选窗口：显示了当前设置的渐变色效果，从“边界图案填充”对话框中的“渐变色”选项卡中可以看到有九种效果图。

● “居中”复选框：选中该复选框，所创建的渐变色为均匀渐变。

● “角度”下拉列表框：用于设置渐变色的角度。

4. 编辑图案填充

创建了图案填充后，如果需要修改填充图案或修改图案区域的边界，可在快速访问工具栏选择“显示菜单栏”命令，在弹出的菜单中选择“修改”→“对象”→“图案填充”命令，在“功能区”选项板中选择“常用”选项卡，在“修改”面板中单击“编辑图案填充”按钮，然后在绘图窗口中单击需要编辑的图案填充，这时将打开“图案填充编辑”对话框，如图3－180所示。

从图3－180所示的对话框可以看出，“图案填充编辑”对话框与“图案填充和渐变色”对话框的内容相同，只是定义填充边界和对孤岛操作的按钮不再可用，即图案填充操作只能修改图案、比例、旋转角度和关联性等，而不能修改它的边界。

在为编辑命令选择图案时，系统变量 PICKSTYLE 起着很重要的作用，其值有 4 种。

● 0：禁止编组或关联图案选择。即当用户选择图案时仅选择了图案自身，而不会选择与之关联的对象。

● 1：允许编组选择，即图案可以被加入到对象编组中，这是 PICKSTYLE 的默认设置。

● 2：允许关联的图案选择。

● 3：允许编组和关联图案选择。

图 3－180 “图案填充编辑”对话框

当用户将 PICKSTYLE 设置为 2 或 3 时，如果用户选择了一个图案，将同时把与之关联的边界对象选进来，有时会导致一些意想不到的结果。例如，如果用户仅想删除填充图案，但结果是将与之相关联的边界也删除了。

5. 分解图案

图案是一种特殊的块，无论形状多复杂，它都是一个单独的对象。在快速访问工具栏选择“显示菜单栏”命令，在弹出的菜单中选择“修改”→“分解”命令来分解一个已存在的关联图案。

图案被分解后，它将不再是一个单一对象，而是一组组成图案的线条。同时，分解后的图案也失去了与图形的关联，因此，在快速访问工具栏选择“显示菜单栏”命令，在弹出的菜单中选择“修改”→“对象”→“图案填充”命令无法进行编辑。

【例题 3－20】 用“图案填充”命令填充如图 3－181 所示的剖面，要求填充类型为预定义，填充图案为“ANSI31”，角度为 90°，比例为 2。

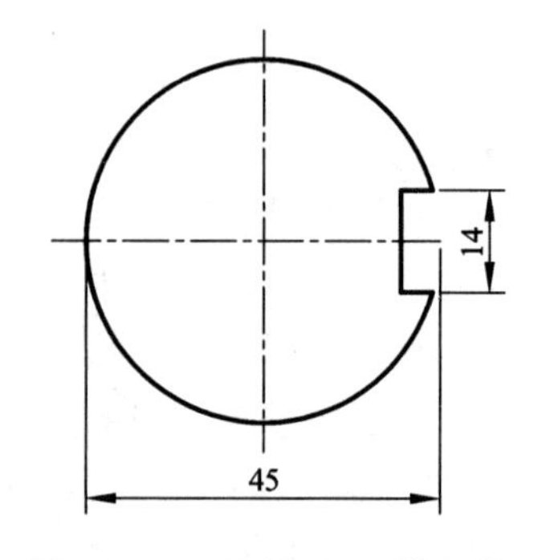

图 3－181 原始图形(填充前)

步骤提示：

(1)单击“图案填充”按钮(或输入 Bhatch 命令)，打开“图案填充”对话框，如图3－182所示。

(2)单击“图案”下拉列表右边的按钮，打开“填充图案选项板”对话框，再单击“ANSI”选项卡，然后选择剖面图案“ANSI31”，如图3－183所示，点击“确定”按钮。

(3)在“边界图案填充”对话框的“角度”框中输入“90”，在“比例”框中输入“2”。如图3－182所示。

(4)单击“拾取点”按钮，命令行提示“选择内部点”。在要填充的区域a、b、c、d之内任意各单击一次，如图3－184所示，然后按Enter键之后。系统立刻返回对话框。

图3－182　“边界图案填充”对话框

图3－183　“填充图案选项板”对话框

(5)单击“预览”按钮，检查填充的预览图，是否符合填充要求，以便及时修改。

(6)单击“确定”按钮，填充剖面图案的结果如图3－185所示。

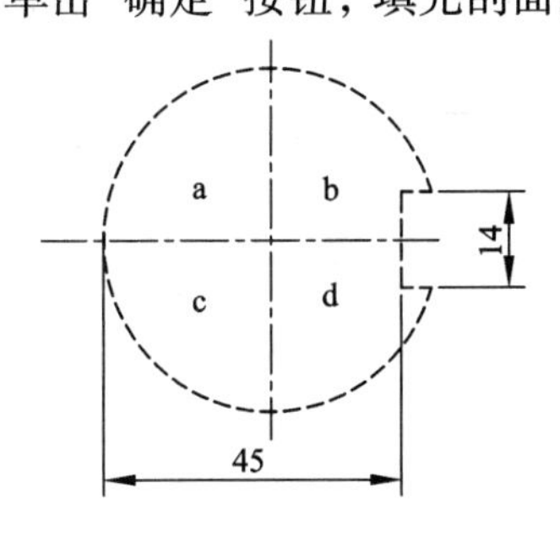

图3－184　拾取填充区域

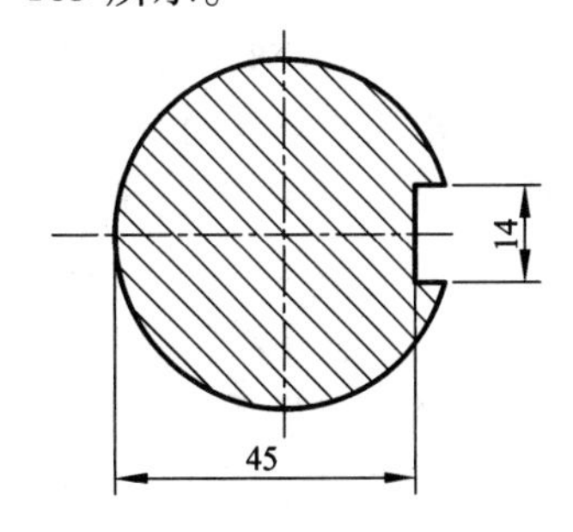

图3－185　填充结果

3.7.2　夹点编辑

夹点实际上就是对象上的控制点。选择对象时，在对象上将显示出若干个小方框，这些小方框就是用来标记被选中对象的夹点，如图3－186所示。

1. 控制夹点显示

在默认情况下，夹点始终是打开的。用户可以通过菜单“工具”→“选项...”对话框的“选择集”选项卡设置夹点的显示和大小，如图3－187所示。

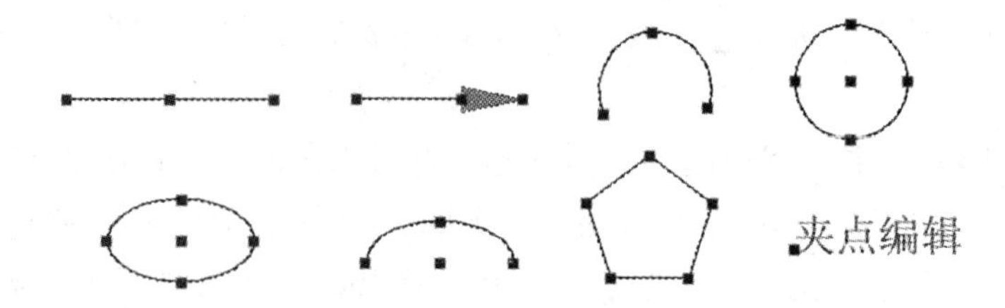

图 3－186 显示对象夹点

图 3－187 使用“选择”选项卡设置夹点模式

具有夹点特征的对象有直线、多段线、构造线、射线、多线、圆弧、圆、椭圆、椭圆弧、区域填充、文字、属性、三维网格以及线性、对齐、角度等各种标注，对不同的对象，控制其特征的夹点的位置和数目也不同。下面简要列举图 3－186 所示的几种常用对象的夹点特征。

- 直线的夹点显示特征：两个端点和中点
- 多段线的夹点显示特征：直线段的两个端点和中点；圆弧段的两个端点和中点
- 圆弧的夹点显示特征：两个端点和中点
- 圆的夹点显示特征：4 个象限点和圆心
- 椭圆的夹点显示特征：4 个顶点和中心心
- 椭圆弧的夹点显示特征：端点、中点和中心点
- 文字的夹点显示特征：插入点

2. 使用夹点编辑对象

在 AutoCAD 中，夹点是一种集成的编辑模式，具有非常实用的功能，它为用户提供了一种方便快捷的编辑操作途径。

在不执行任何命令的情况下，显示其夹点，然后单击其中一个夹点，该夹点将被作为拉伸的基点，此时，命令行将显示如下信息：

＊＊ 拉伸 ＊＊

指定拉伸点或 [基点(B)/复制(C)/放弃(U)/退出(X)]：

默认情况下，指定拉伸点后，AutoCAD 将把对象拉伸或移动到新的位置。（如：文字、

块、直线中点、圆心、椭圆中心，这些夹点只能移动对象而不能拉伸对象。)

在夹点编辑模式下，确定基点后，在命令行提示下输入 MO、RO、SC 及 MI 命令，使用夹点可以对对象分别进行移动、旋转、缩放及镜像的编辑模式操作，相应的提示顺序次序为：

* * 移动 * *

指定移动点或 [基点(B)/复制(C)/放弃(U)/退出(X)]：

* * 旋转 * *

指定旋转角度或 [基点(B)/复制(C)/放弃(U)/参照(R)/退出(X)]：

* * 缩放 * *

指定比例因子或 [基点(B)/复制(C)/放弃(U)/参照(R)/退出(X)]：

* * 镜像 * *

指定第二点或 [基点(B)/复制(C)/放弃(U)/退出(X)]：

【例题 3 - 21】 使用夹点编辑功能绘制如图 3 - 188所示的图形。

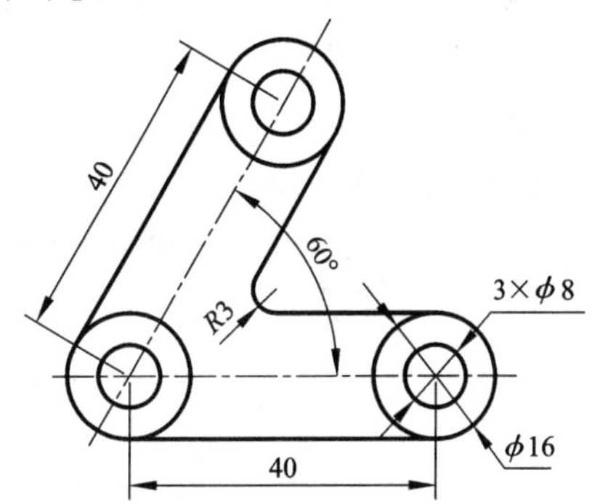

图 3 - 188　绘制图形

绘图要点提示：

(1)创建绘图界限，设置绘图的图幅为 100 ×70。

(2)先绘出一部分图形，见图 3 - 189。

(3)窗选所绘的图形，则图形呈夹点显示，见图 3 - 190。

(4)单击左圆的圆心夹点，将其作为基点，接着在命令行输入 RO，旋转所选对象，再输入 C，在旋转对象的同时复制对象，然后在命令行输入旋转角度 60°，即可得到如图 3 - 191 所示的图形。

(5)用圆角命令倒圆，倒圆半径为 R3。最后结果如图 3 - 192 所示。

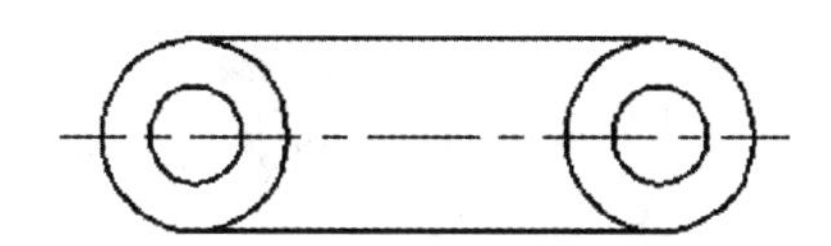

图 3 - 189　绘制图形

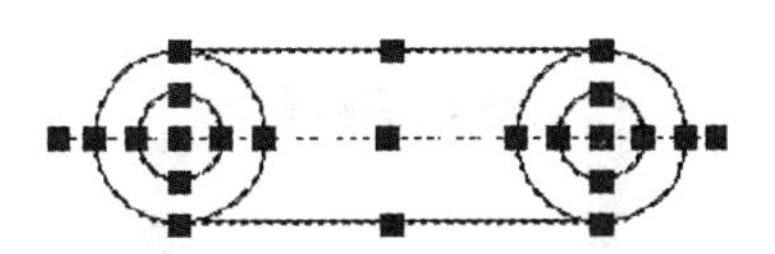

图 3 - 190　窗选所绘图形

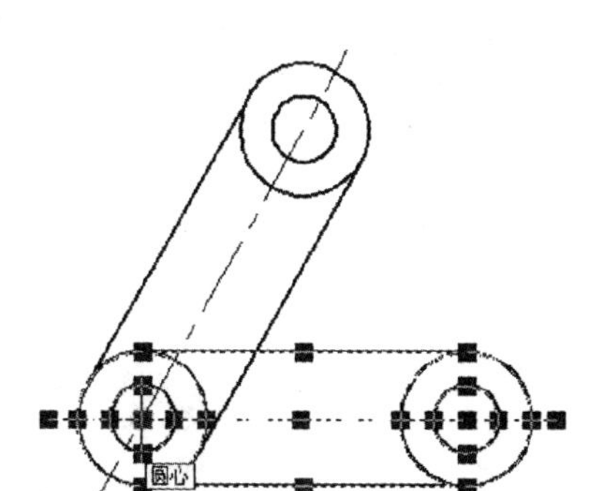

图 3 - 191　使用夹点的旋转功能绘图

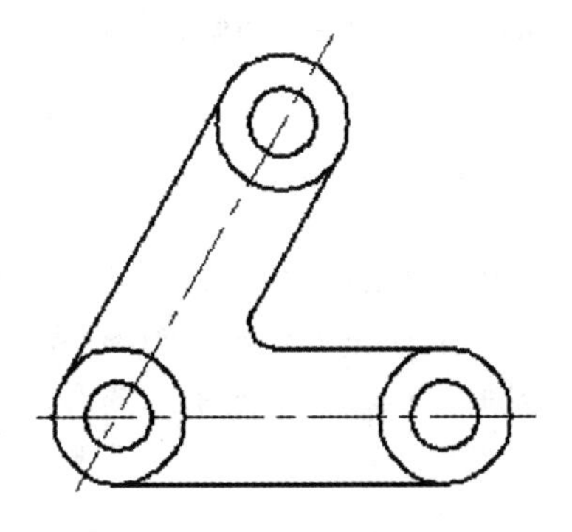

图 3 - 192　用圆角命令倒圆

知识要点提示：

使用夹点编辑的优点是在使用夹点移动、旋转及镜像对象时，如果在命令行输入 C(复制)，可以在进行编辑操作时复制图形。如例图 3－188，使用夹点编辑功能，可对图 3－189 所绘图形旋转 60°的同时复制该图形，即可得到结果图。

3.7.3 宽线

宽线命令：TRACE

绘制宽线的使用方法与“直线”命令相似，其宽线图形类似填充四边形。

【例题 3－22】 在坐标原点绘制一个线宽为 20、大小为 200×100 的矩形，如图 3－193 所示。

步骤提示：

(1)命令：TRACE↙ (输入宽线绘制命令)

(2)“指定宽线宽度 <50.0000>：” 20↙ (在命令行输入宽线的宽度)

(3)“指定起点：” 0，0↙ (在命令行输入宽线的起点为坐标原点)

(4)“指定下一点：”200，0↙

(5)“指定下一点：”200，100↙

(6)“指定下一点：” 0，100↙

(7)“指定下一点：” 0，0↙

(8)“指定下一点：”↙ (结束宽线绘制，结果如图 3－193 所示)

如果要改变宽线的宽度，可以先选择该宽线，然后拉伸其夹点即可，如图 3－194 所示。

图 3－193 使用宽线命令绘制矩形

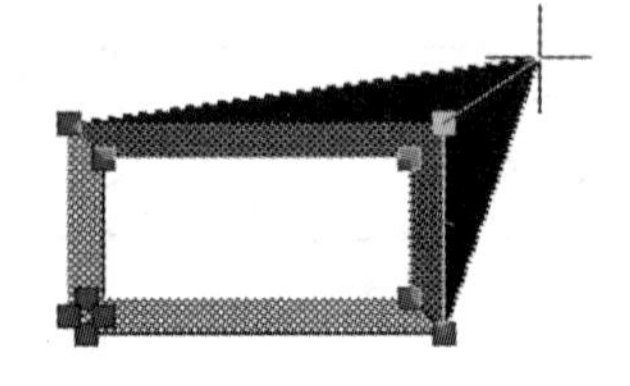

图 3－194 改变宽线宽度

3.7.4 上机操作

1. 使用夹点编辑功能绘制如图 3－195 所示的图形。
2. 绘制如图 3－196 所示的图形。
3. 绘制如图 3－197 所示的图形。
4. 绘制如图 3－198 所示的图形。

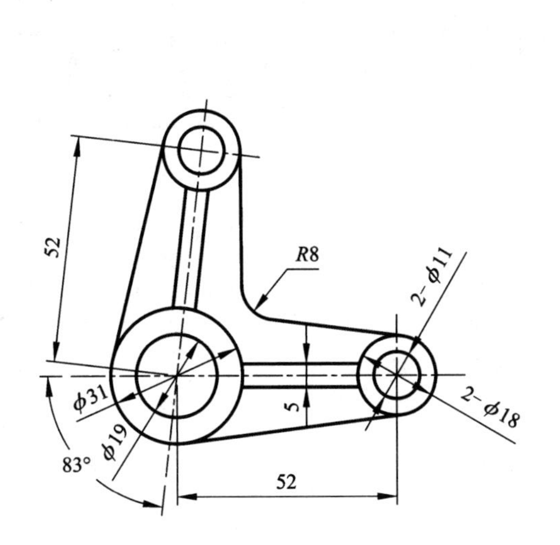

图 3－195　使用夹点编辑绘制图形

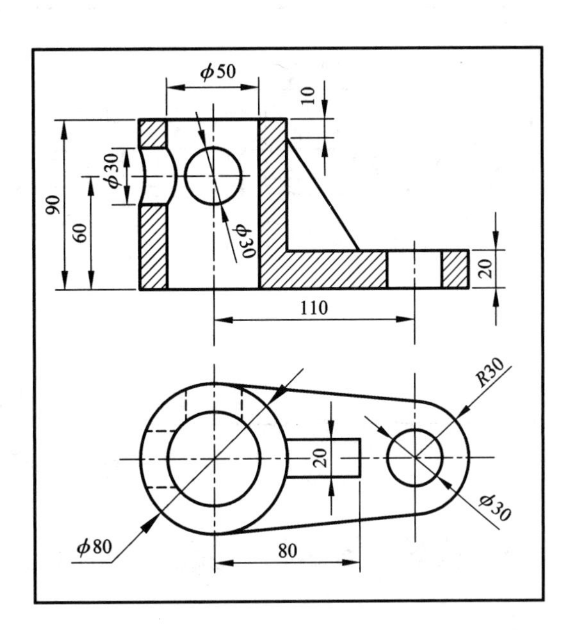

图 3－196　绘制图形

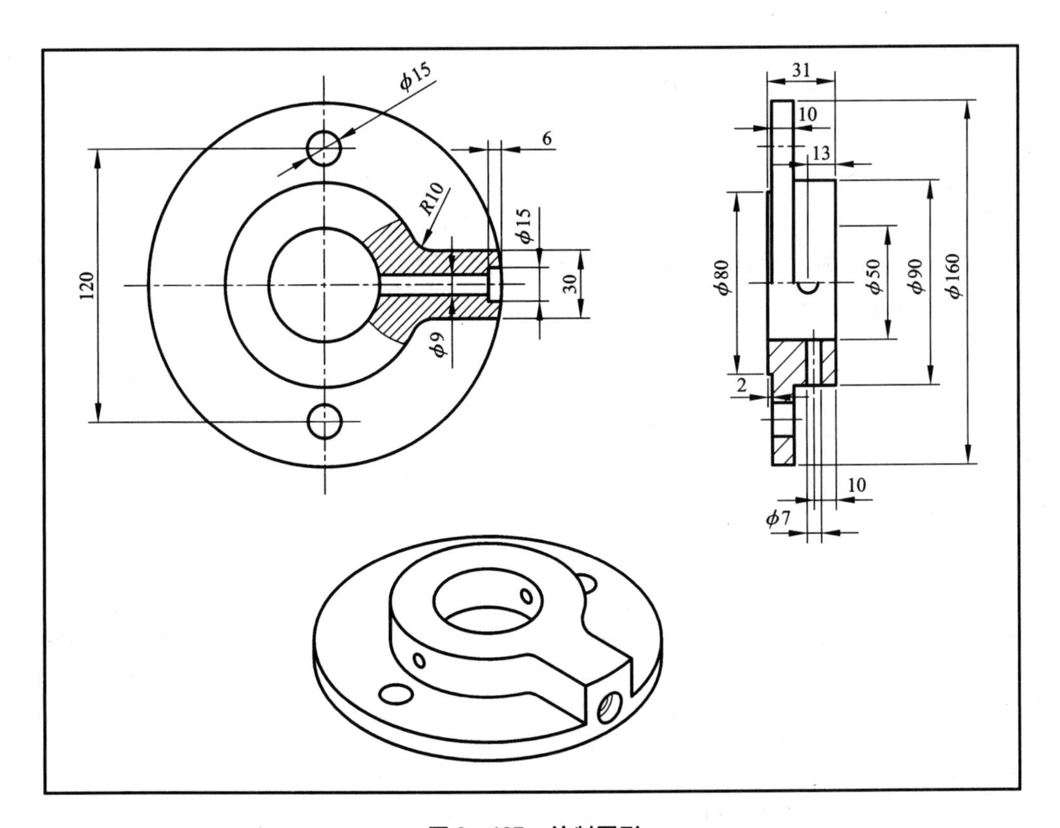

图 3－197　绘制图形

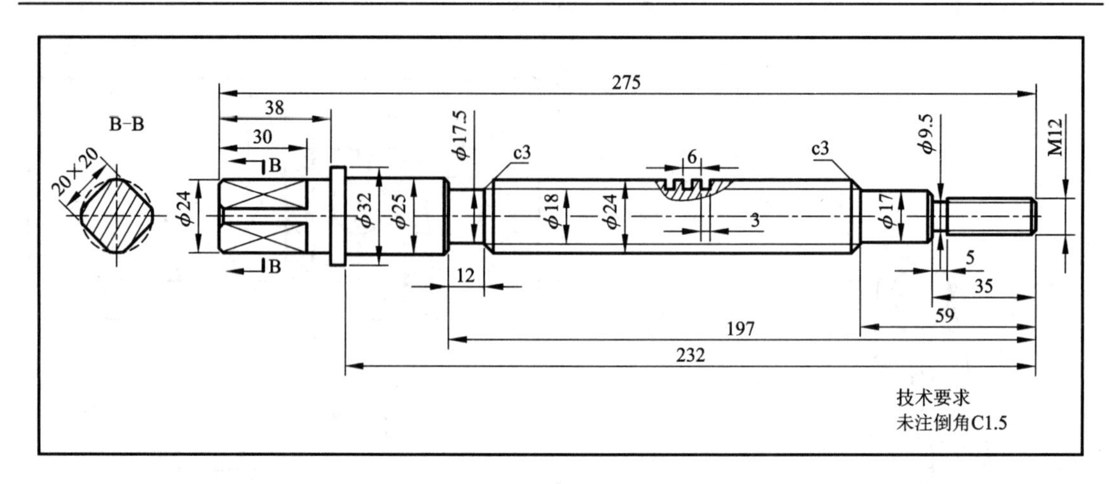

图 3－198 绘制图形

3.8 旋转、多边形、复制、缩放、样条曲线

3.8.1 旋转

此命令可以将对象绕基点旋转指定的角度。

1. 命令

(1)旋转命令：ROTATE(或 RO)

(2)工具栏：图标

(3)菜单栏：修改→旋转

2. 举例

【例题 3－23】 绘图要求：将图 3－199(a)的图形以 O 点为基点，旋转 30 度。

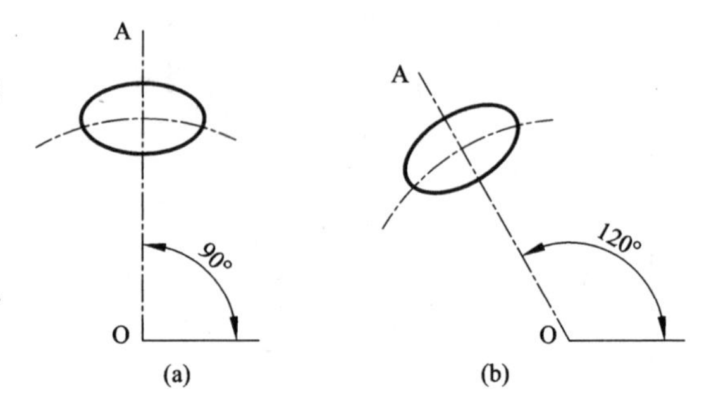

图 3－199 旋转图形

绘图步骤：

(1)命令：ROTATE ↙

UCS 当前的正角方向：ANGDIR = 逆时针 ANGBASE = 0

(2)选择对象：［选中图形 3－199(a)］

(3)选择对象：↙

(4)指定基点： (点击 O 点)

(5)指定旋转角度或［参照(R)］：30 ↙ ［效果见图 3－199(b)］

3.8.2 多边形

1. 命令

(1)多边形命令：POLYGON(或 POL)

(2)工具栏：图标

(3)菜单栏：绘图→多边形

2. 举例

【例题 3－24】 绘图要求：绘正五边形内接于 R50 的圆，如图 3－200(a)所示。

绘图步骤如下：

(1)命令：POLYGON(或 POL)↙

(2)输入边的数目：5↙

(3)指定正多边形的中心点或[边(E)]：　　(点击 O 点)

(4)输入选项 [内接于圆(I)/ 外切于圆(C)] <I>：I↙

[如果输入 C，最后效果见图 3－200(b)]

(5)指定圆的半径：50↙　　[最后效果见图 3－200(a)]

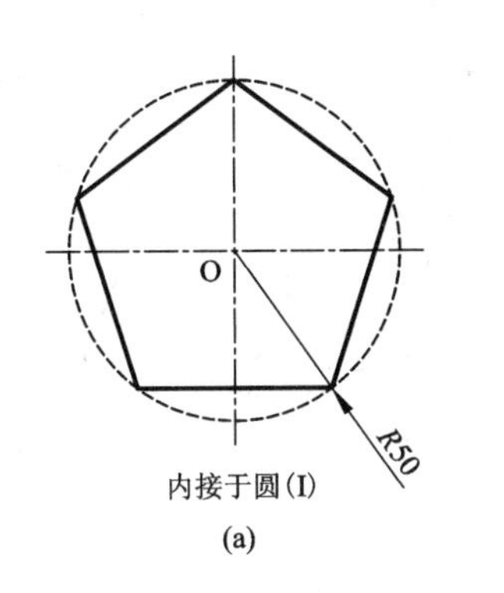

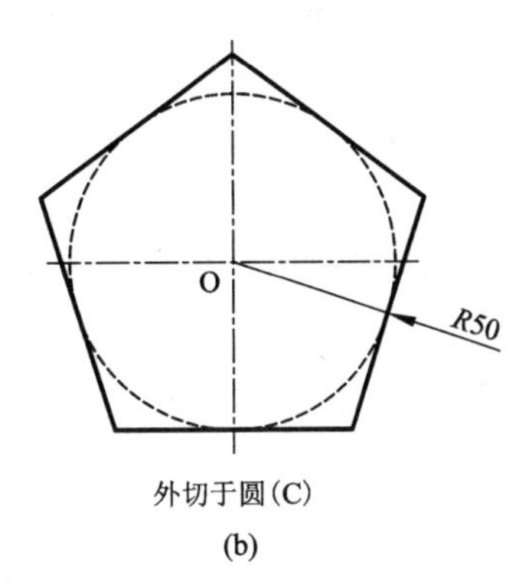

图 3－200　利用中心点和圆半径绘多边形

知识要点提示：

"内接于圆(I)"选项，表示绘制的多边形将内接于假想的圆；"外切于圆(C)"选项，表示绘制的多边形将外切于假想的圆。由图可见，同一 R50 的假想圆，外切于圆的多边形大于内接于圆的多边形。

【例题 3－25】 绘图要求：绘边长为 60mm 的正五边形，如图 3－201 所示。

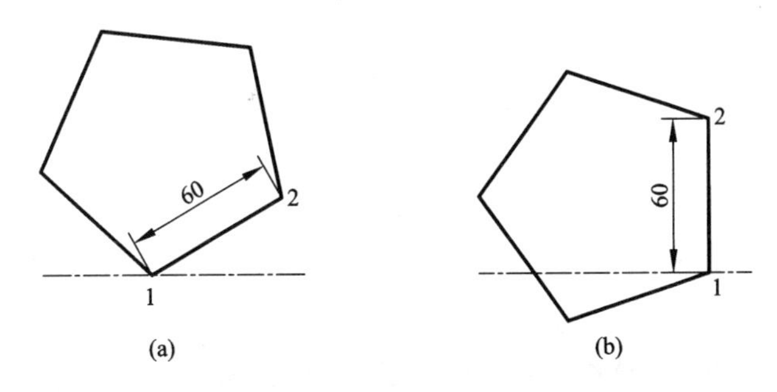

图 3－201　利用多边形的边长绘图

绘图步骤如下：

(1)命令：POLYGON(或 POL)↙

(2)输入边的数目：5↙

(3)指定正多边形的中心点或[边(E)]：E↙

(4)指定边的第一个端点： (点击1点)

(5)指定边的第二个端点： (点击2点)

知识要点提示：

选择“边(E)”选项，可以以指定的两个点作为多边形一条边的两个端点来绘制多边形。由图3-201可见，AutoCAD总是从第1个端点到第2个端点的逆时针绕向绘制出多边形。

【例题3-26】 用多边形、旋转和圆角命令绘制如图3-202所示图形。

绘图要点提示：

(1)建图层，设置各图层名称、颜色、线型和线宽。

(2)创建绘图界限，设置绘图的图幅为120×80。

(3)在“图层”工具栏中选择图层下拉列表中的“中心线层”，将其设置为当前层。

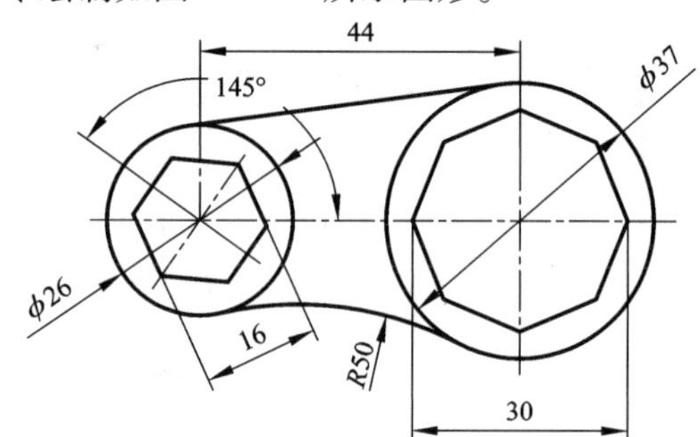

图3-202 绘制图形

(4)单击“直线”按钮，绘制一条水平中心线和一条竖直中心线相交于A点；单击“偏移”按钮，偏移绘制另一条竖直中心线相交于B点，A、B点距离为44，如图3-203所示。

(5)在“图层”工具栏中，单击图层下拉列表中的“轮廓线层”，将其设置为当前层。

(6)单击“多边形”按钮，以A点为中心点，选用外切于圆(C)的方式，绘制外切于圆ϕ16的正六边形；再单击“多边形”按钮，以B点为中心点，选用内接于圆(I)的方式，绘制内接于圆ϕ30的正八边形，如图3-204所示。

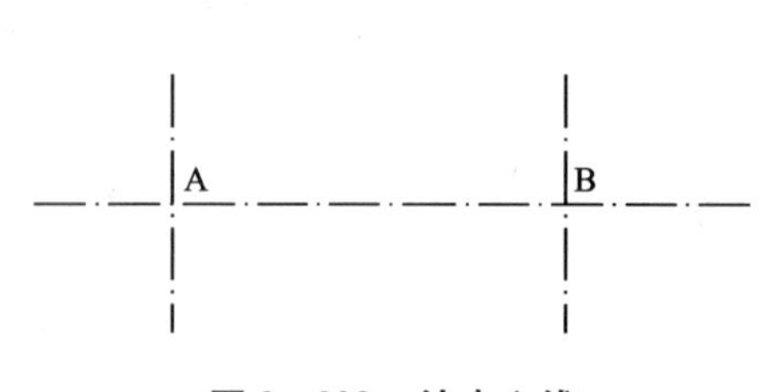

图3-203 绘中心线

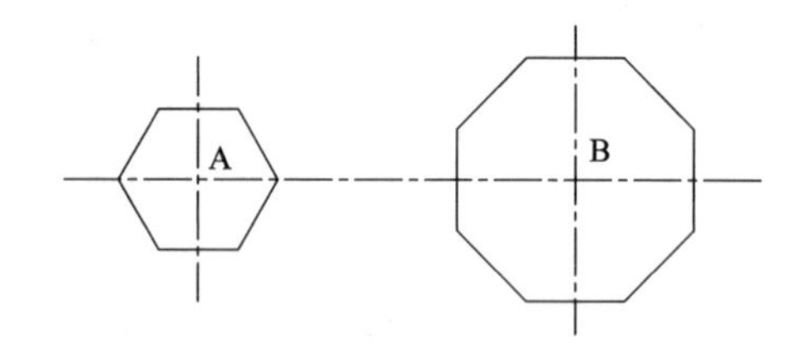

图3-204 绘多边形

(7)单击“旋转”按钮，选中正六边形，以A点为旋转基点，旋转55°(即145°-90°=55°)；再单击“旋转”按钮，如图3-205所示。选中正八边形，以B点为基点，用鼠标点取原正八边形上方水平线的右端点的C点，将正八边形旋转一定的角度，如图3-206所示。

(8)单击“绘圆”按钮，以A点为圆心，绘制ϕ26的圆；再单击“绘圆”按钮，以B点为圆心，绘制ϕ37的圆，如图3-207所示图形。

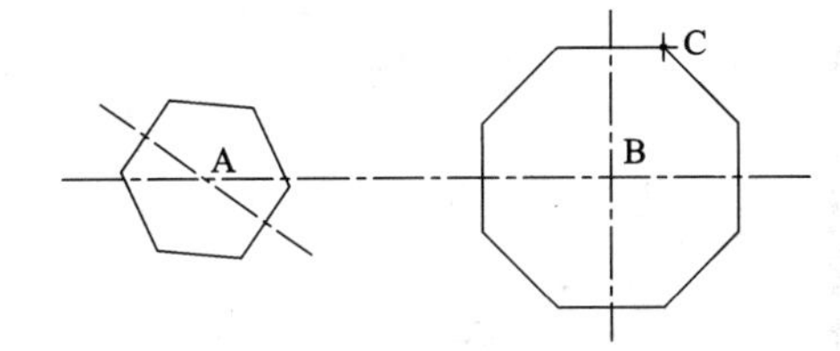

图3-205　旋转正六边形

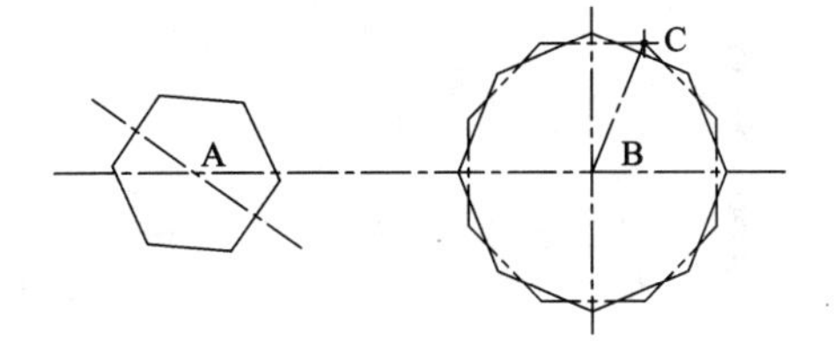

图3-206　旋转正八边形

(9)打开对象捕捉的切点，单击“直线”按钮，绘制直线分别与 $\phi26$ 和 $\phi37$ 的圆的上方相切，单击“圆角”按钮，设置圆角半径为50，对 $\phi26$ 和 $\phi37$ 的圆的下方进行倒圆，如图3-208所示图形。

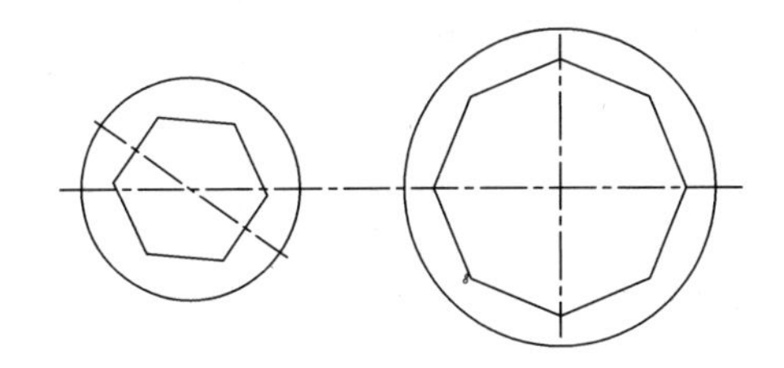

图3-207　绘制圆

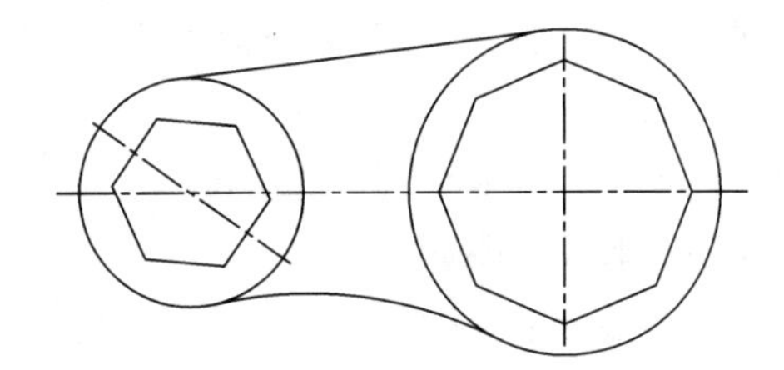

图3-208　绘制直线和圆角

3.8.3　复制

执行该命令，可以从已有的对象复制出副本，根据指定位移的基点和位移矢量，放置到指定位置。

1. 命令

(1)复制命令：COPY(或CO)

(2)工具栏：图标

(3)菜单栏：修改→复制

2. 举例

【例题3-27】　绘图要求：将图3-209(a)的小五角星B复制3个到位置C、D、E。

绘图步骤如下：

(1)命令：COPY(或CO)↙

(2)选择对象：　　(选中小五角星B)

(3)选择对象：↙

(4)指定基点或位移，或者[重复(M)]：M↙　　(选择多重复制方式)

(5)指定基点：　　(点击B点)

(6)指定位移的第二点或(用第一点作位移)：　　(点击C点)

(7)指定位移的第二点或(用第一点作位移)：　　(点击D点)

(8)指定位移的第二点或(用第一点作位移)：　　(点击E点)

(9)指定位移的第二点或(用第一点作位移)：↙　　[最后结果如图3-209(b)所示]

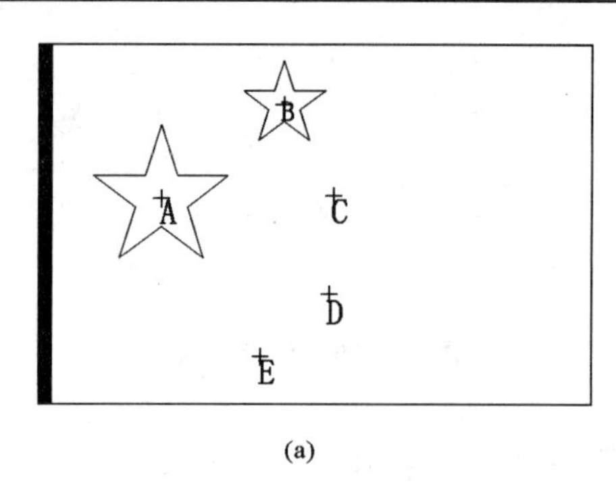

(a)

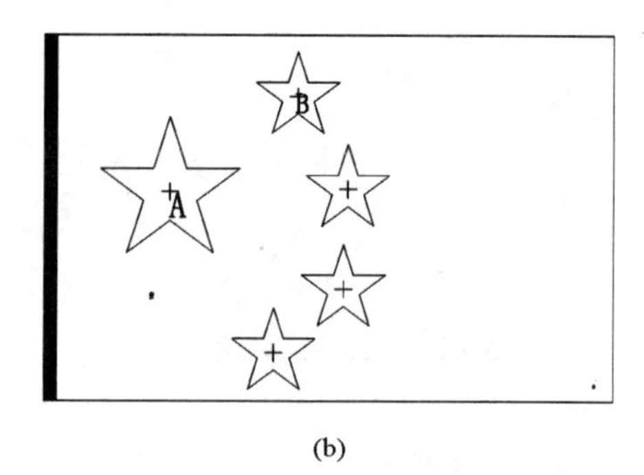

(b)

图 3－209 复制对象

3.8.4 缩放

此命令可以将图形对象按指定的比例因子相对于基点进行尺寸缩放。

1. 命令

(1)缩放命令：SCALE(或 SC)

(2)工具栏：图标

(3)菜单栏：修改→ 缩放

2. 举例

【例题 3－28】 绘图要求：将图 3－210(a)的原始图形缩小 0.5 倍。

绘图步骤如下：

(1)命令：SCALE(或 SC)↙

(2)选择对象： (选中五角星图形)

(3)选择对象：↙

(4)指定基点： (点击 O 点)

(5)指定比例因子或[参照(R)]：0.5 ↙

[见图 3－210(b)所示；如果输入 1.5，则效果如图 3－210(c)所示]

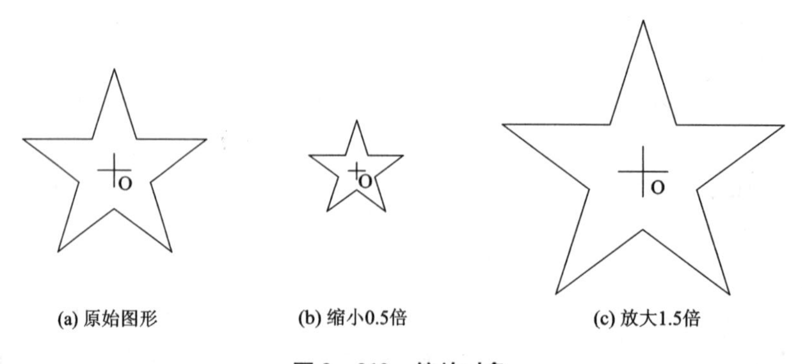

图 3－210 缩放对象

知识要点提示：

当 0 < 比例因子 <1 时缩小对象，当比例因子 >1 时放大对象。

3.8.5　样条曲线

“样条曲线”是一种通过或接近指定点的拟合曲线。这种曲线适合于表达具有不规则变化曲率半径的曲线，例如：机械图形的断切面、地形外貌轮廓线等。如图3－211所示。

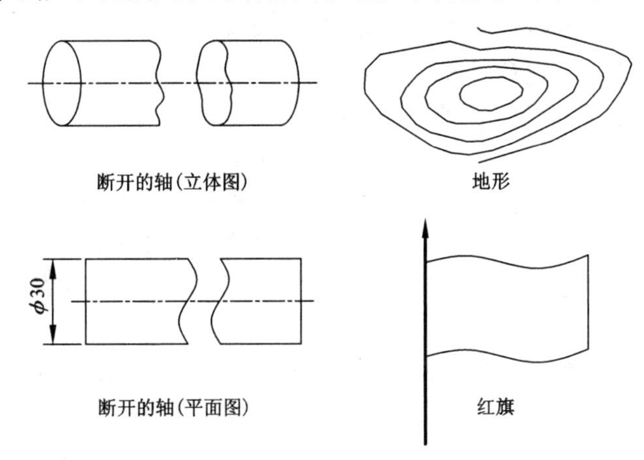

图3－211　样条曲线的应用

1. 命令

(1)命令：SPLINE

(2)工具栏：图标

(3)菜单栏：绘图→样条曲线

2. 举例

【例题3－29】　绘图要求：参照图3－212中的样图(a)，在(b)图形上绘制一断切面。

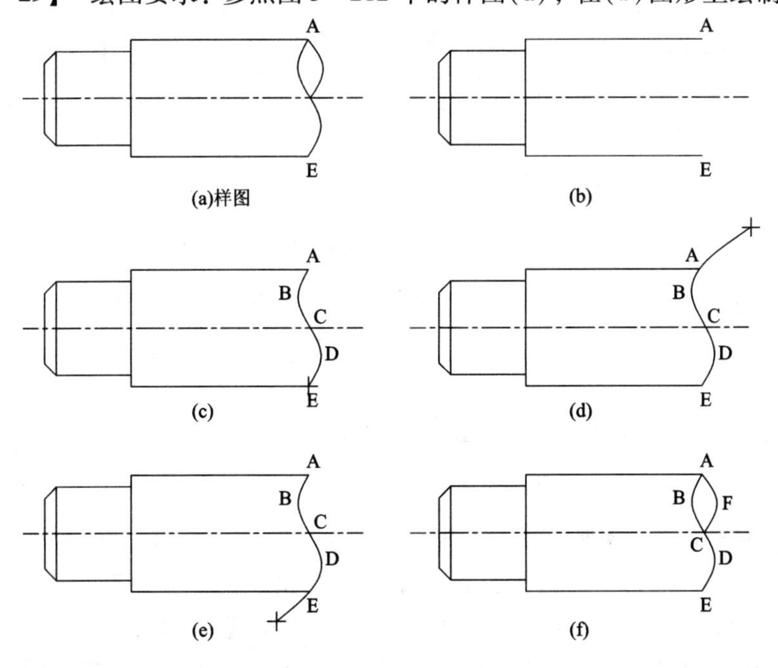

图3－212　绘制图形断切面的过程

绘图步骤如下：

(1)命令：SPLINE ↙

(2)指定第一个点或［对象(O)］： (点击端点 A)

(3)指定下一点： (点击 B 点)

(4)指定下一点或［闭合(C)/ 拟合公差(F)］ <起点切向>： (点击 C 点)

(5)指定下一点或［闭合(C)/ 拟合公差(F)］ <起点切向>： (点击 D 点)

(6)指定下一点或［闭合(C)/ 拟合公差(F)］ <起点切向>： ［点击端点 E，见图(c)］

(7)指定下一点或［闭合(C)/ 拟合公差(F)］ <起点切向>：↙

(8)指定起点切向： ［在图形上方的合适位置点击，见图(d)］

(9)指定端点切向： ［在图形下方的合适位置点击，见图(e)］

再次用样条曲线命令按以上操作步骤绘制样条曲线 AFC，最后效果如图 3－212 中的图(f)所示。

【例题 3－30】 用镜像、多重复制、样条曲线和缩放命令绘制如图 3－213 所示图形。

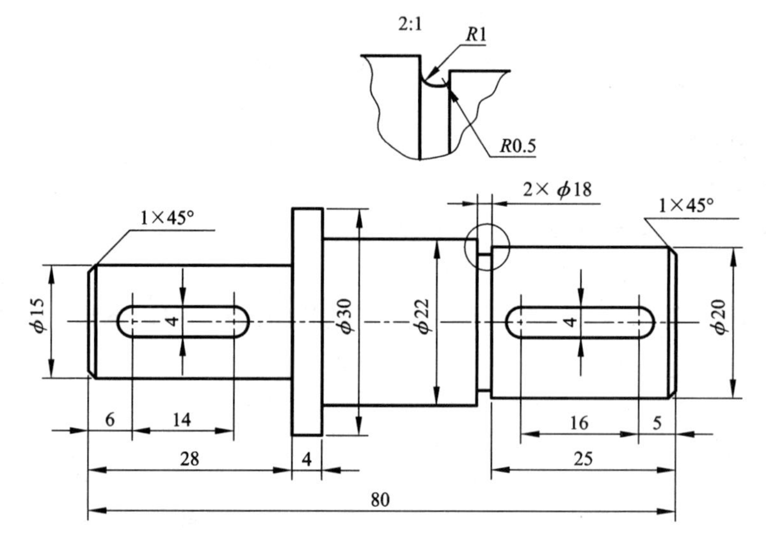

图 3－213 绘制图形

绘图操作步骤：

(1)建图层，设置各图层名称、颜色、线型和线宽。

(2)创建绘图界限，设置绘图的图幅为 150×130。

(3)在"图层"工具栏中选择图层下拉列表中的"中心线层"，将其设置为当前层。

(4)单击"直线"按钮，绘制一条水平中心线和一条竖直中心线相交于 A 点；单击"偏移"按钮，偏移绘制另一条竖直中心线相交于 B 点，A、B 点距离为 80。如图 3－214 所示。

(5)在"图层"工具栏中，单击图层下拉列表中的"轮廓线层"，将其设置为当前层。

(6)选择菜单栏"工具"→"新建"→"原点"，将坐标系移到交点 A。

(7)打开对象捕捉的正交，单击"直线"按钮，从 A 点开始，先将光标置于 A 点的上方，输入 7.5，绘出线段 AC，再将光标置于 C 点的水平右方，输入 28，绘出线段 CD，依此类推，绘制出整个轴上半边的轮廓线。如图 3－215 所示。

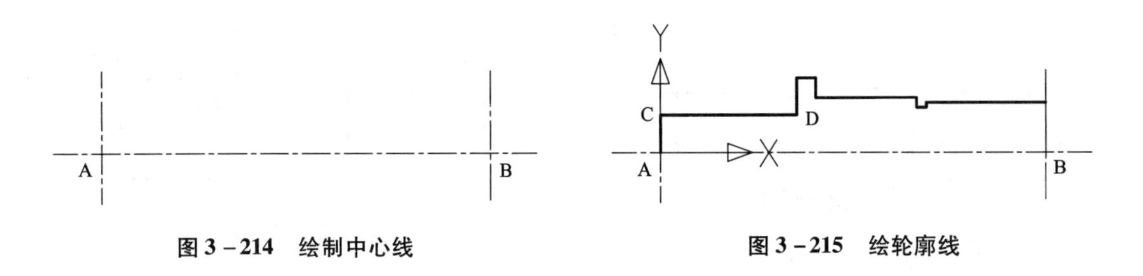

图 3－214　绘制中心线　　图 3－215　绘轮廓线

（8）单击“镜像”按钮，以 AB 为镜像线，将轴上半边的轮廓线进行镜像，如图 3－216 所示。

（9）单击“直线”按钮，补绘 4 条垂直直线，如图 3－217 所示。

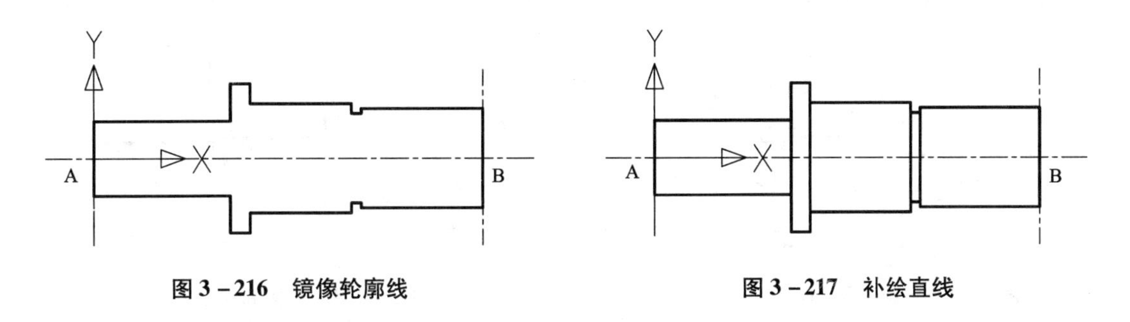

图 3－216　镜像轮廓线　　图 3－217　补绘直线

（10）单击“偏移”按钮，将直线 EF 向右偏移 6，再将所得偏移线向右偏移 14，得交点 O1、O2；将直线 GH 向左偏移 5，再将所得偏移线向左偏移 16，得交点 O3、O4；单击“绘圆”按钮，以 O1 为圆心，绘 $\phi4$ 的圆；单击“复制”按钮，选中 O1 的圆，输入重复（M）选项，分别以 O2、O3、O4 为圆心，复制 3 个 $\phi4$ 的圆，如图 3－218 所示。

（11）单击“直线”按钮，分别绘制圆 O1、O2 上方切线和下方切线，再分别绘制圆 O3、O4 上方切线和下方切线，单击“修剪”按钮，将图形修剪，如图 3－219 所示。

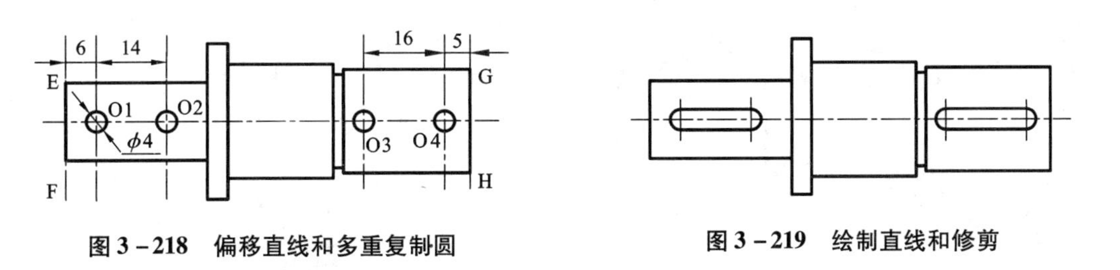

图 3－218　偏移直线和多重复制圆　　图 3－219　绘制直线和修剪

（12）单击“绘圆”按钮，在指定位置绘圆 K，再单击“复制”按钮，将圆 K 及与圆 K 相交的直线复制到位置 M，如图 3－220 所示。

（13）单击“修剪”按钮，将圆外的图形修剪，再单击“缩放”按钮，将圆内图形放大 2 倍，如图 3－221 所示。

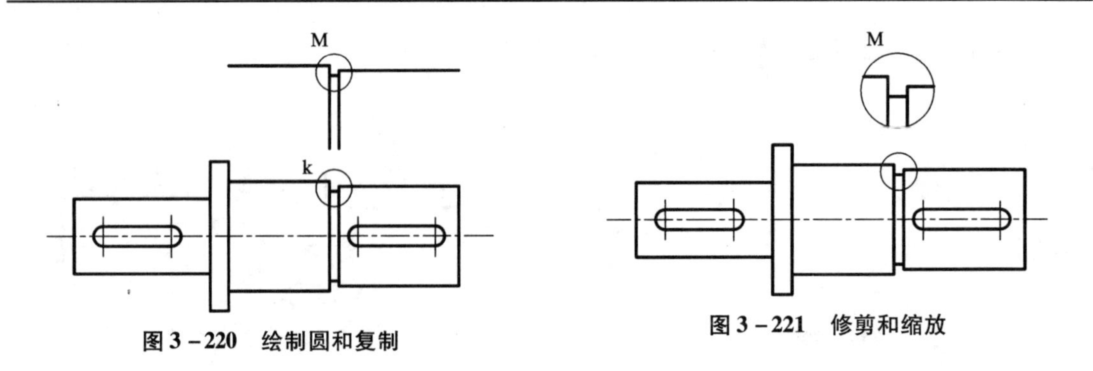

图 3－220　绘制圆和复制　　图 3－221　修剪和缩放

(14)单击“删除”按钮，将 M 位置的圆删除，单击“样条曲线”按钮，绘制样条曲线，如图 3－222 所示。

(15)单击“倒角”按钮，设置修剪(T)模式，对两端矩形倒角；最后单击“直线”按钮，绘制直线将倒角部分连接，如图 3－223 所示。

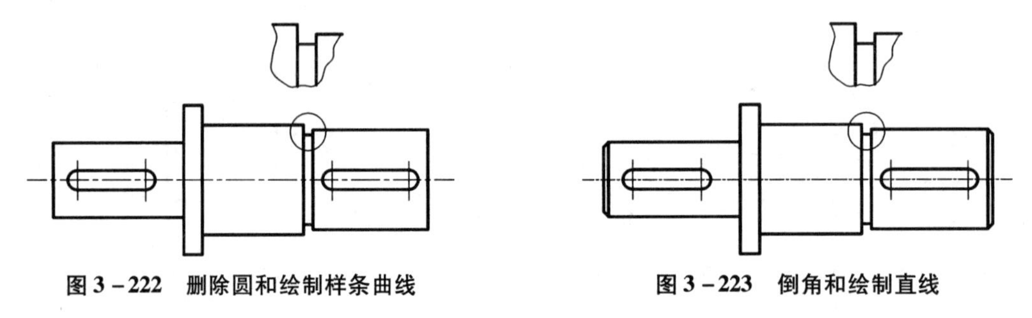

图 3－222　删除圆和绘制样条曲线　　图 3－223　倒角和绘制直线

3.8.6 上机操作

(1)用绘圆、正多边形命令绘制图 3－224 所示的图形。

(2)用绘圆、正多边形及旋转命令绘制图 3－225 所示的图形。

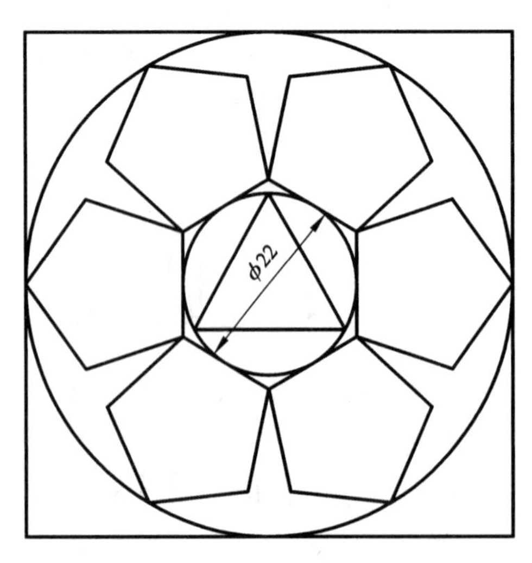

图 3－224　用正多边形命令绘图

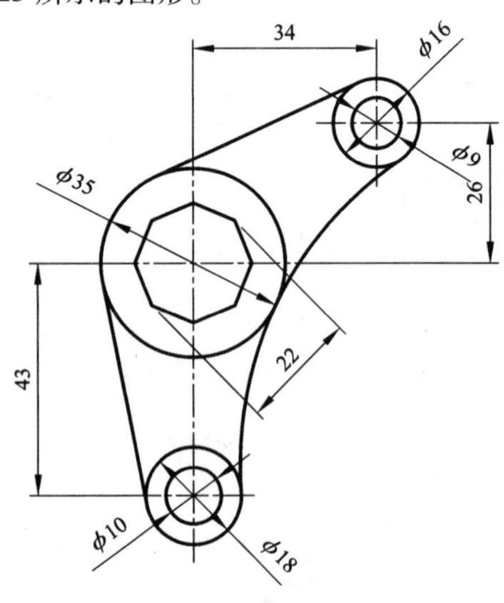

图 3－225　用正多边形命令绘图

（3）按要求绘制图3－226、图3－227所示的图形。

（4）按要求绘制图3－228、图3－229所示的图形。

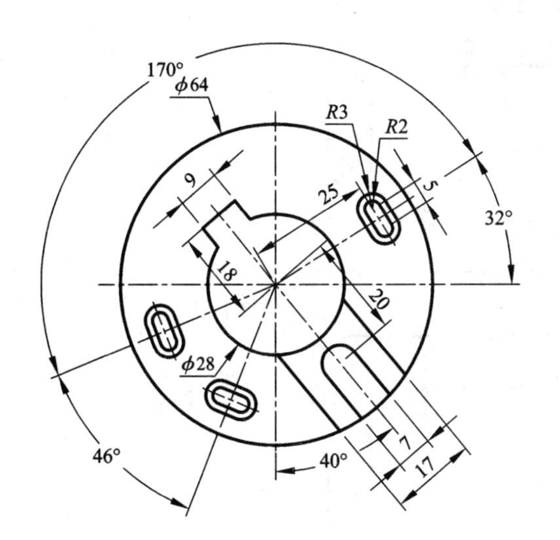

图3－226　运用旋转命令绘图

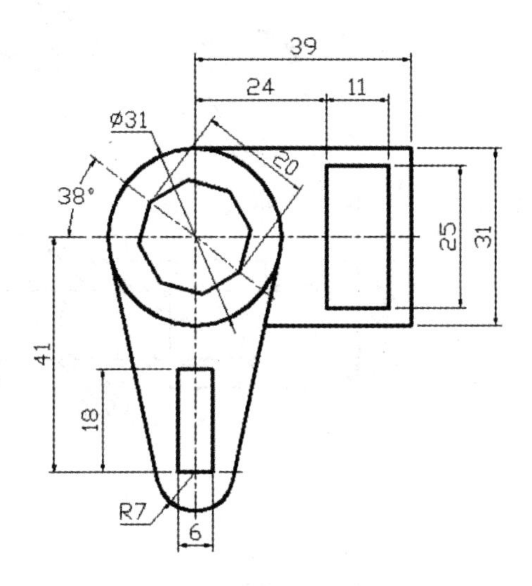

图3－227　用正多边形和旋转命令绘图

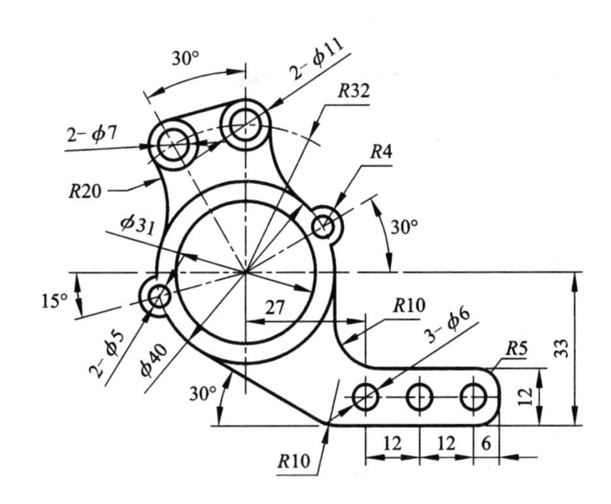

图3－228　绘制图形

3.9　拉伸、拉长、多段线、多线和修订云线

3.9.1　拉伸

执行该命令，可拉伸或移动选定的对象，本命令必须要用到交叉窗口方式或者交叉多边形方式选择对象，然后依次指定位移基点和位移矢量，完全位于窗内的对象将发生移动，与窗口边界相交的对象将产生拉伸或压缩变化。

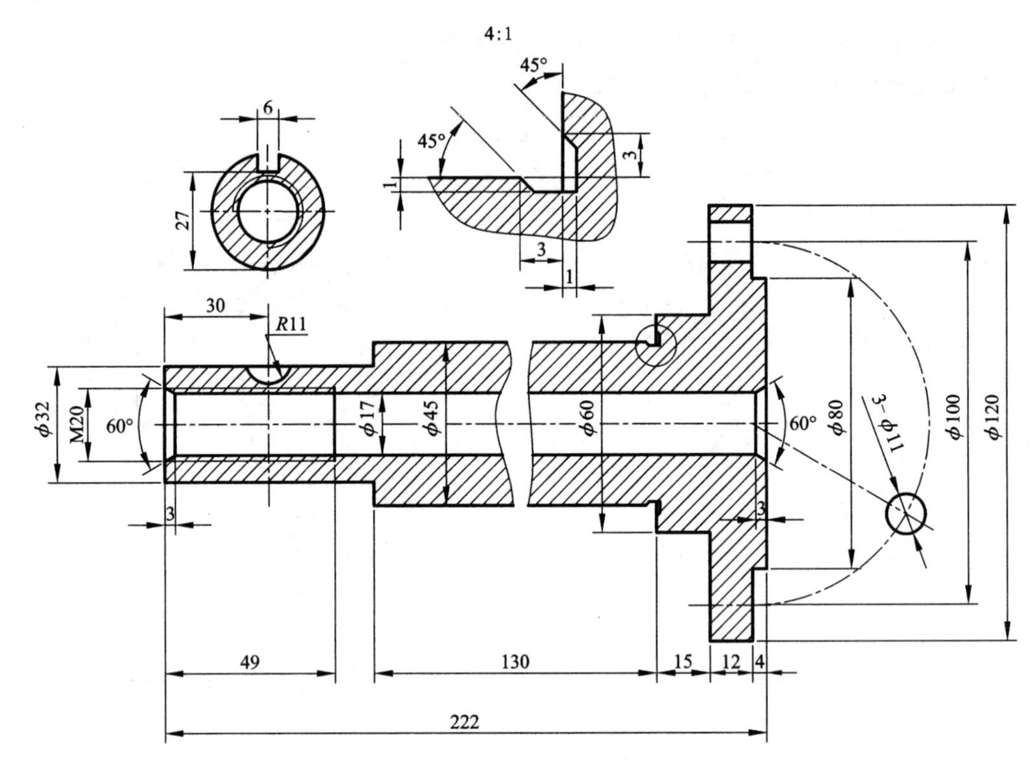

图 3－229　用样条曲线和图案填充命令绘制图形

1. 命令

(1)拉伸命令：STRETCH(或 S)

(2)工具栏：图标

(3)菜单栏：修改→ 拉伸

2. 举例

【例题 3－31】 绘图要求：将图 3－230(a)窗口内被选的图形从位置 A 拉伸到位置 B。

绘图步骤如下：

(1)命令：STRETCH↙

(2)以交叉窗口或交叉多边形选择要拉伸的对象：　　(点击 1 点和 2 点)

(3)选择对象：↙

(4)指定基点或位移：　　(点击 A 点)

(5)指定位移的第二个点或(用第一个点作位移)：

[点击 B 点，最后效果见图 3－230(b)]

拉伸窗口选择的位置不同，拉伸效果也不同，见图 3－231。由图可见，对于不同的拉伸对象应遵循以下的拉伸规则：

● 直线：直线两端点，位于窗口内的端点发生移动；位于窗口外的端点不动。

● 圆：圆心在窗口之内作移动；在窗口之外不移动。

● 文字：文字的基准点在窗口之内作移动；在窗口之外不移动。

● 圆弧：与直线类似，但在圆弧改变的过程中，圆弧的弦高保持不变，同时来调整圆心的位置和圆弧起始角及终止角的值。

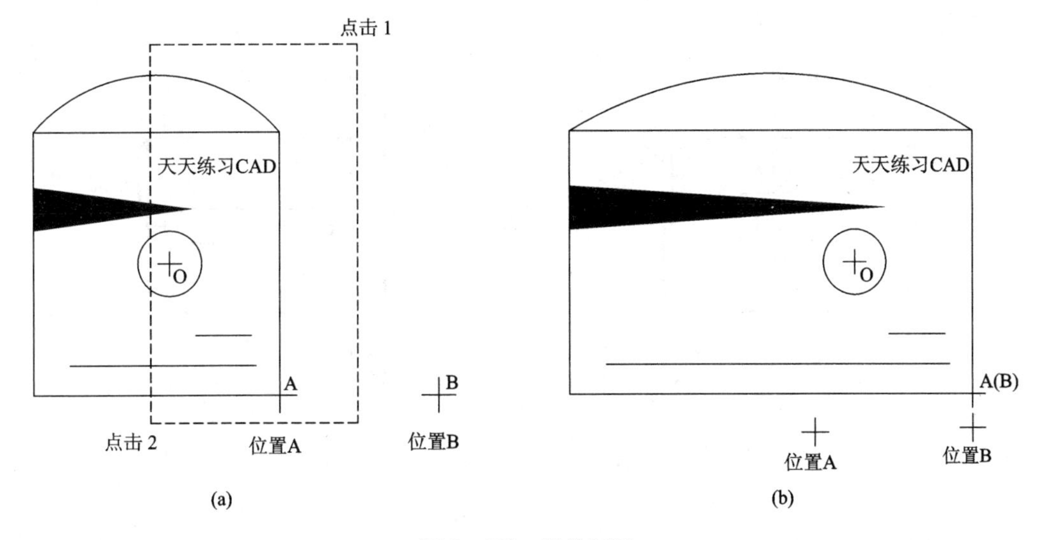

图3-230　拉伸图形

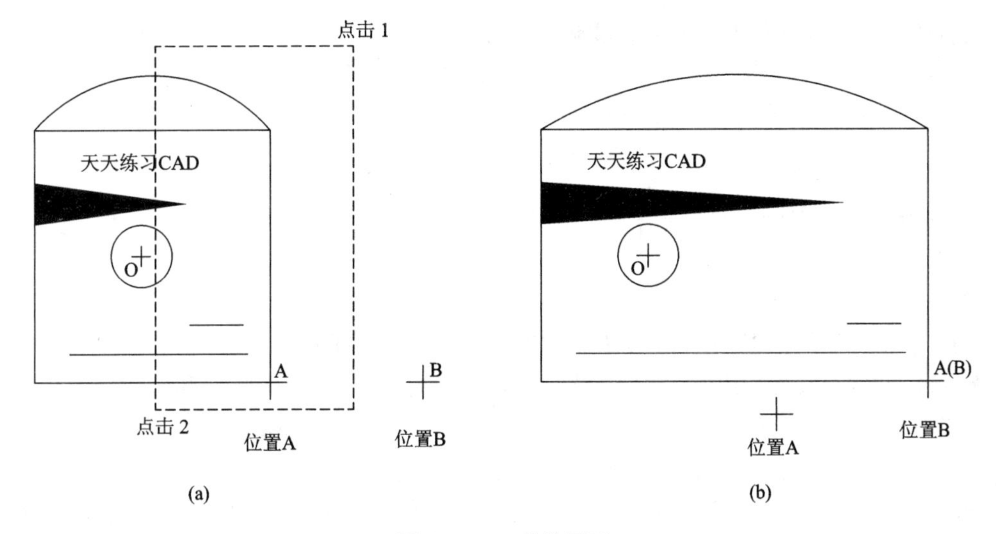

图3-231　拉伸图形

● 多段线：与直线或圆弧相似，但多段线两端的宽度、切线方向以及曲线拟合信息均不改变。

● 其他对象：块对象及区域填充，位于窗口外的端点不动，位于窗口内的端点移动。

知识要点提示：

拉伸命令常用于对图形长度的修改与编辑。如图3-232(a)所示，某同学不小心将键槽尺寸16错画成了8，如果删除重新画，会降低绘图效率，此时，用拉伸命令框选键槽的右部分图形，打开正交，以右半圆的圆心A为基点，拉长图形向右移，输入向右的拉伸距离8，即可改成如图3-232(b)所示的图形。

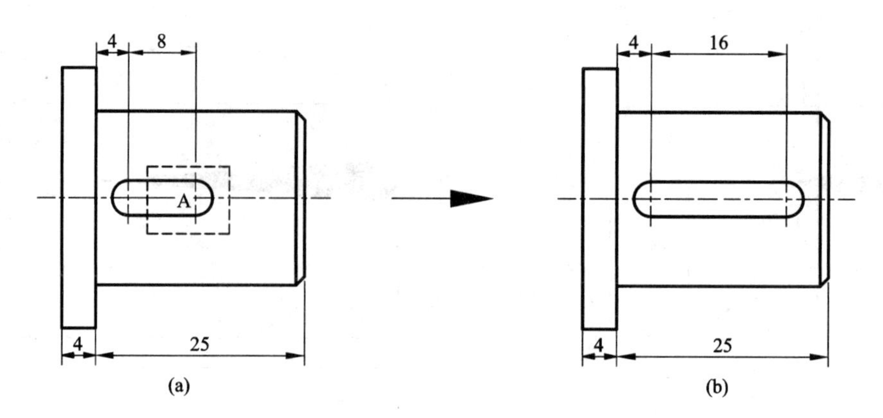

图 3－232　拉伸图形

3.9.2　拉长

执行该命令，可以修改线段或者圆弧的长度。

1. 命令

(1)缩放命令：LENGTHEN(或 LEN)

(2)工具栏：图标

(3)菜单栏：修改→拉长

2. 格式

命令：LENGTHEN(或 LEN)

选择对象或［增量(DE)/百分数(P)/全部(T)/动态(DY)］：

● 选择对象：选直线或圆弧后，分别显示直线的长度或圆弧的弧长和包含角等信息。

● “增量(DE)”：用增量控制直线和圆弧的拉长、缩短。正值为拉长量，负值为缩短量。对于圆弧段，可选角度(A)，指定圆弧的包含角增量来修改圆弧的长度。

● 百分比(P)：以相对于原长度的百分比来控制原直线或圆弧的伸缩。如：输入 75，则为 75%，即缩短 25%；输入 125，则为 125%，即伸长 25%，故必须用正数输入。

● 全部(T)：以给定直线新的总长度或圆弧的新包含角来改变长度。

● 动态(DY)：进入拖动模式，可拖动直线段、圆弧段、椭圆弧段一端进行拉长或缩短。

3.9.3　多段线

“多段线”是一种非常有用的线段对象，它是由多段直线段或圆弧段组成，是一个组合体，可以定义线宽，每段起点、端点宽度可变。可用于画粗实线、箭头。利用编辑命令 PEDITH 还可以将多段线拟合成曲线。

1. 命令

(1)命令：PLINE(或 PL)

(2)工具栏：图标

(3)菜单栏：绘图→多段线

2. 格式

命令：PLINE↙

指定起点：　　（给出起点）

当前线宽为0.0000

指定下一点或［圆弧(A)/闭合(C)/半宽(H/长度(L)/放弃(U)/宽度(W)］：

3. 选项

(1)绘制直线段的方式，命令行显示如下信息：

指定下一点或［圆弧(A)/闭合(C)/半宽(H/长度(L)/放弃(U)/宽度(W)］：

● 半宽(H)/ 宽度(W)：定义线宽，可分别指定多段线的起点半宽(线宽)和端点半宽(线宽)。

● 闭合(C)：用直线段闭合。用于封闭多段线并结束命令。

● 放弃(U)：放弃上一次操作。

● 长度(L)：确定直线段长度。

● 圆弧(A)：切换到绘制圆弧的方式。

(2)绘制多段线时，当在命令行输入A，切换到绘制圆弧的方式，命令行显示如下信息：

指定圆弧的端点或［角度(A)/ 圆心(CE)/闭合(CL)/方向(D)/半宽(H)/直线(L)半径(R)/第二个点(S)/放弃(U)/宽度(W)］：

● 角度(A)：输入圆弧的圆心角，根据圆弧对应的圆心角来绘制圆弧段。

● 圆心(CE)：根据圆弧的圆心位置来绘制圆弧段。确定圆心位置后，可再指定圆弧的端点、包含角或弦长三者之一来绘圆弧。

● 闭合(CL)：根据最后点和多段线的起点为圆弧的两个端点，绘制一个圆弧封闭多段线，并结束命令。

● 方向(D)：根据起始点的切线方向绘圆弧。在命令行提示下确定一点，系统将把圆弧的起点与该点的连线作为圆弧的起点切向，在确定圆弧的另一端点即可绘制圆弧。用户还可以通过输入起始点方向与水平方向的夹角来确定圆弧的起点切向

● 半宽(H)/ 宽度(W)：设置圆弧的起点半宽(线宽)和端点半宽(线宽)。

● 直线(L)：用于由绘制圆弧的方式切换到绘制直线的方式。

● 半径(R)：输入圆弧半径，并通过指定端点或包含角来绘圆弧。

● 第二个点(S)：根据3点来绘制圆弧。

● 放弃(U)：放弃上一次操作。

4. 举例

【例题3-32】 绘图要求：用多段线绘制图3-233所示线宽为1的长圆形。

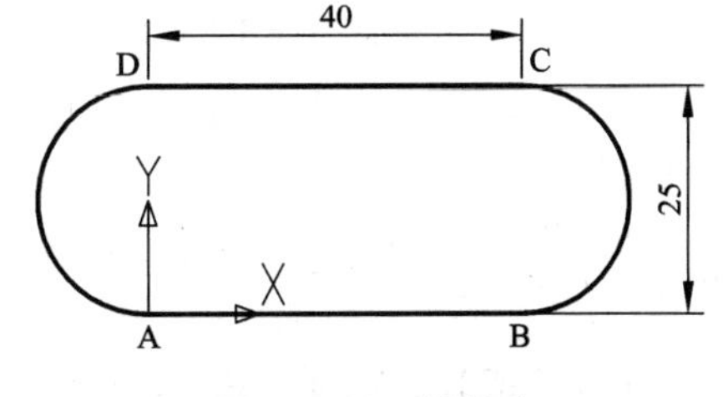

图3-233　长圆形

绘图步骤如下：

(1)命令：PLINE(或PL)↙

(2)指定起点：0，0↙

当前线宽为0.0000

(3)指定下一点或［圆弧(A)/ 闭合(C)/ 半宽(H)/长度(L)/放弃(U)/宽度(W)］：W↙

(4)指定起始宽度 <0.0000>：1↙

(5)指定终止宽度 <1.0000 >: 1 ↙

(6)指定下一点或 [圆弧(A)/ 闭合(C)/ 半宽(H)/长度(L)/放弃(U)/宽度(W)]: @40, 0 ↙　　(输入 B 点相对于 A 点的相对直角坐标，绘直线段 AB)

(7)指定下一点或 [圆弧(A)/ 闭合(C)/ 半宽(H)/长度(L)/放弃(U)/宽度(W)]: A ↙　　(转换成画圆弧段)

(8)指定圆弧的端点或 [角度(A)/圆心(CE)/闭合(CL)/方向(D)/半宽(H)/直线(L)/半径(R)/第二点(S)/放弃(U)/宽度(W)]: @0, 25 ↙　　(输入 C 点相对于 B 点的直角坐标，绘圆弧段 BC)

(9)指定圆弧的端点或 [角度(A)/圆心(CE)/闭合(CL)/方向(D)/半宽(H)/直线(L)/半径(R)/第二点(S)/放弃(U)/宽度(W)]: L ↙　　(转换成绘直线段)

(10)指定下一点或 [圆弧(A)/ 闭合(C)/ 半宽(H)/长度(L)/放弃(U)/宽度(W)]: @ -40, 0 ↙　　(输入 D 点相对于 C 点的相对直角坐标，绘直线段 CD)

(11)指定下一点或 [圆弧(A)/ 闭合(C)/ 半宽(H)/长度(L)/放弃(U)/宽度(W)]: A ↙

(12)指定圆弧的端点或 [角度(A)/圆心(CE)/闭合(CL)/方向(D)/半宽(H)/直线(L)/半径(R)/第二点(S)/放弃(U)/宽度(W)]: C L ↙　　(绘圆弧段 DA)

【例题 3 -33】 绘图要求：用多段线绘制 3 -234 所示二极管符号。

绘图步骤如下：

(1)命令：PLINE(或 PL)↙

(2)指定起点：0, 0 ↙

(3)指定下一点或 [圆弧(A)/ 闭合(C)/ 半宽(H)/长度(L)/放弃(U)/宽度(W)]: 20, 0 ↙

(4)指定下一点或 [圆弧(A)/ 闭合(C)/ 半宽(H)/长度(L)/放弃(U)/宽度(W)]: W ↙

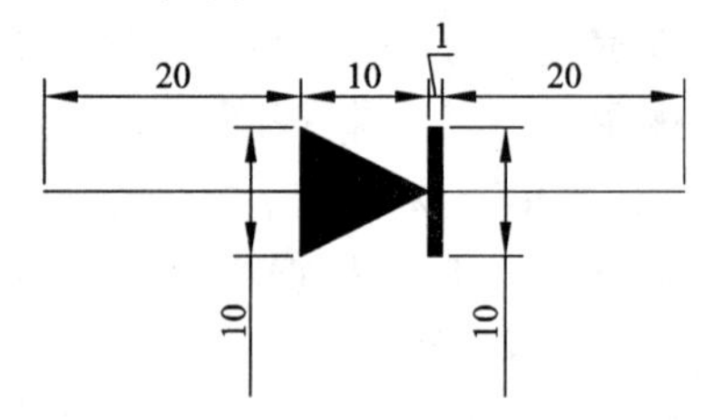

图 3 -234　二极管符号

(5)指定起始宽度 <0.0000 >: 10 ↙

(6)指定终止宽度 <10.0000 >: 0 ↙

(7)指定下一点或 [圆弧(A)/ 闭合(C)/ 半宽(H)/长度(L)/放弃(U)/宽度(W)]: 30, 0 ↙

(8)指定下一点或 [圆弧(A)/ 闭合(C)/ 半宽(H)/长度(L)/放弃(U)/宽度(W)]: W ↙

(9)指定起始宽度 <0.0000 >: 10 ↙

(10)指定终止宽度 <10.0000 >: 10 ↙

(11)指定下一点或 [圆弧(A)/ 闭合(C)/ 半宽(H)/长度(L)/放弃(U)/宽度(W)]: 31, 0 ↙

(12)指定下一点或 [圆弧(A)/ 闭合(C)/ 半宽(H)/长度(L)/放弃(U)/宽度(W)]: W ↙

(13)指定起始宽度 <10.0000 >: 0 ↙

(14)指定终止宽度 <0.0000 >: 0 ↙

(15)指定下一点或 [圆弧(A)/ 闭合(C)/ 半宽(H)/长度(L)/放弃(U)/宽度(W)]: 61, 0 ↙

(16)指定下一点或[圆弧(A)/闭合(C)/半宽(H)/长度(L)/放弃(U)/宽度(W)]:↙

3.9.4　多线

多线是一种由多条平行线组成的组合对象，平行线之间的间距和数目是可以调整的，多线常用于绘制建筑图中的墙体、电子线路图等平行线对象。

1. 命令

(1)多线命令：Multiline

(2)菜单栏：绘图→多线

2. 格式

选择菜单栏“绘图”→“多线”命令，可以绘多线，命令行将显示如下信息：

当前设置：对正 = 上，比例 = 1.00，样式 = STANDARD

指定起点或[对正(J)/比例(S)/样式(ST)]:

3. 选项

● 默认情况下，需要指定多线的起始点，以当前设置的格式绘制多线，绘制方法与绘直线相似。

● “对正(J)”选项：用于指定多线的对正方式。

● 命令行显示“输入对正类型[上(T)/无(Z)/下(B)]<上>：提示信息。其中，“无”表示绘制多线时，多线的中心线将随着光标点移动；“下”表示当从左至右绘制多线时，多线上最底端的线将随着光标移动；“上”表示当从左到右绘制多线时，多线上最顶端的线将随着光标移动。

● “比例(S)”选项：用于指定所绘制的多线的宽度相对于多线的定义宽度的比例因子，该比例不影响多线的线型比例。

● “样式(ST)”选项：用于指定绘制多线的样式，默认样式为STANDARD(标准)型。当命令行显示“输入多线样式名或[?]：”提示信息时，可以直接输入已有的多线样式名，也可以输入“?”来显示已有的多线样式。

【例题3－34】　绘制如图3－235所示的图形。

绘图步骤如下：

(1)选择菜单栏“绘图”→“多线”命令，准备绘制多线。

(2)在命令行输入“J”，并输入多线对正方式为“T”。

(3)在命令行输入“S”，并输入多线比例为“10”。

(4)在绘图窗口中单击，确定起点。

(5)输入B点的坐标“@60，0”。

(6)输入C点的坐标“@0，30”。

(7)输入D点的坐标“@－60，0”。

(8)输入“C”，然后按ENTER键，封闭图形。

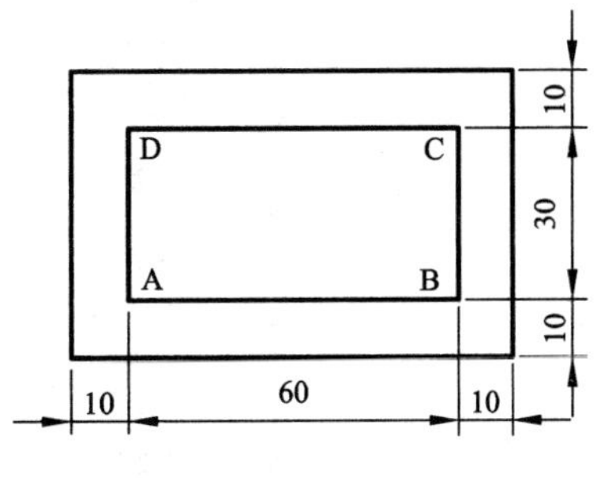

图3－235　绘制多线

4. 设置多线样式

在中文版AUTOCAD 2010中，用户根据需要定义多线样式，设置其线条数目和线的拐角方式，选择“样式”→“多线样式”命令打开“多线样式”对话框，如图3－236所示。

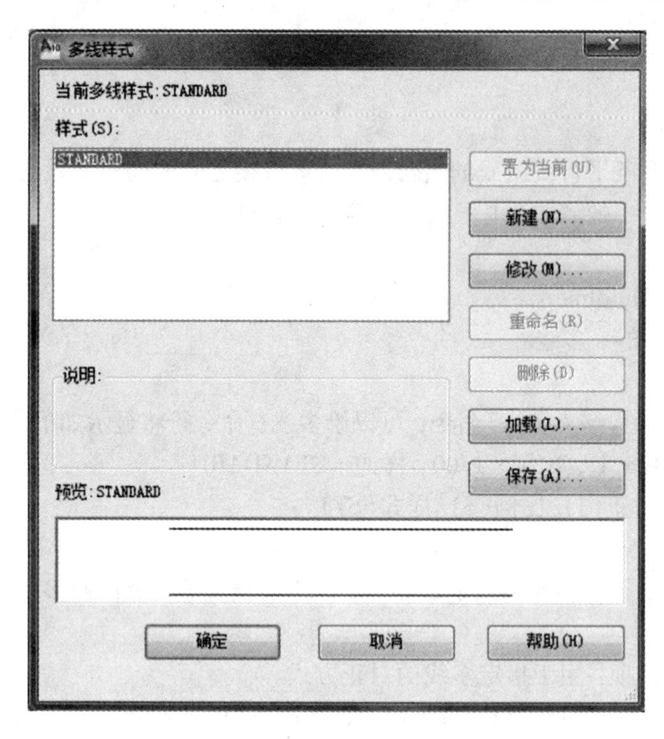

图 3-236 "多线样式"对话框

5. 编辑多线

多线编辑命令是一个专用于多线对象的编辑命令，选择"修改"→"对象"→"多线"命令，可打开"多线编辑工具"对话框。该对话框中的各个图像按钮形象地说明了编辑多线的方法，如图 3-237 所示。

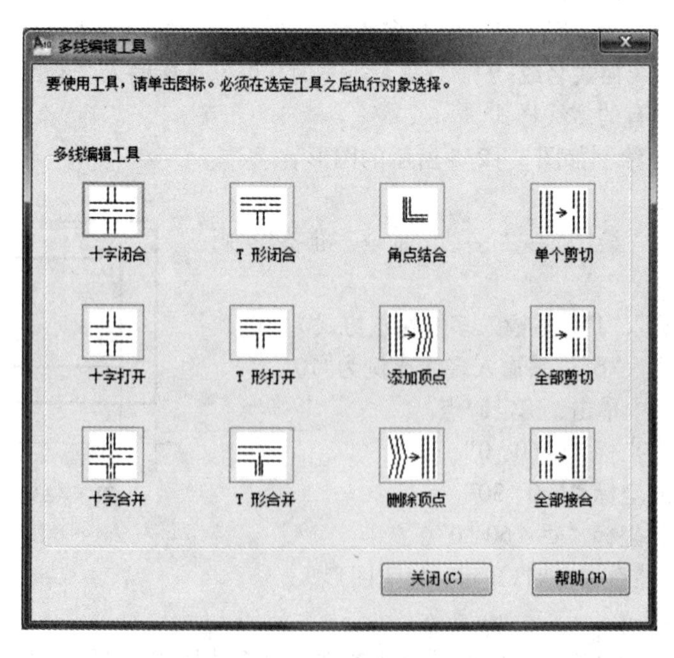

图 3-237 "多线编辑工具"对话框

【例题3－35】　绘制如图3－238所示的房屋平面图的墙体结构。

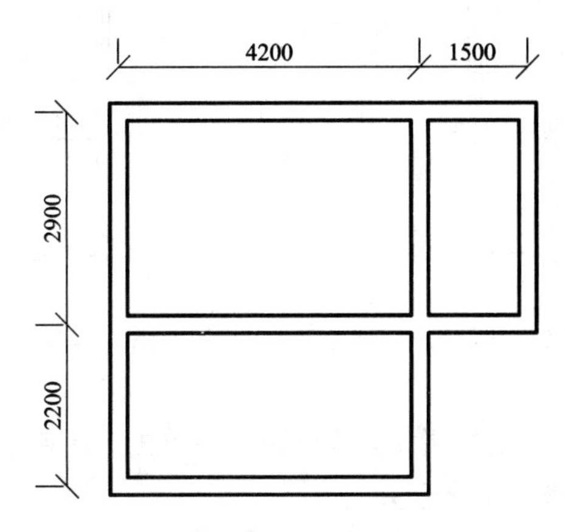

图3－238　房屋平面图的墙体结构

绘图步骤如下：

(1)在绘图工具栏中单击“直线”按钮，绘制水平直线a、b、c，其间距分别为2900、2200；绘制垂直直线d、e、f，其间距分别为4200、1500(绘制这些直线时，可通过偏移命令得到)，结果如图3－239所示。

(2)选择“绘图”→“多线”命令，并在命令行输入“J”，再输入“Z”，将对正方式设置为“无”。

(3)在命令行输入“S”，再输入“240”，将多线比例设置为“240”，然后单击直线的起点和端点，绘制多线，如图3－240所示。

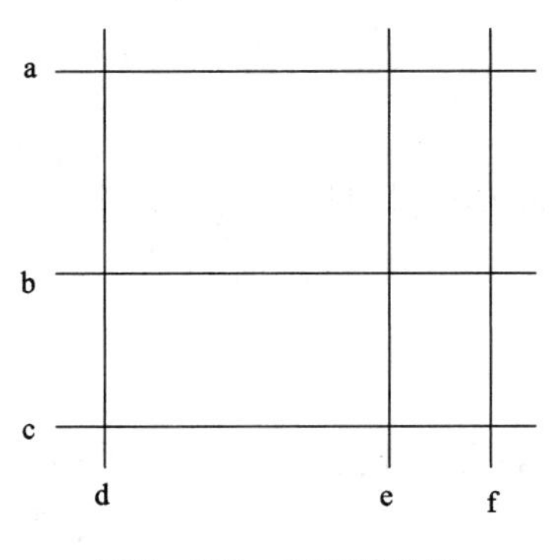

图3－239　绘制辅助线

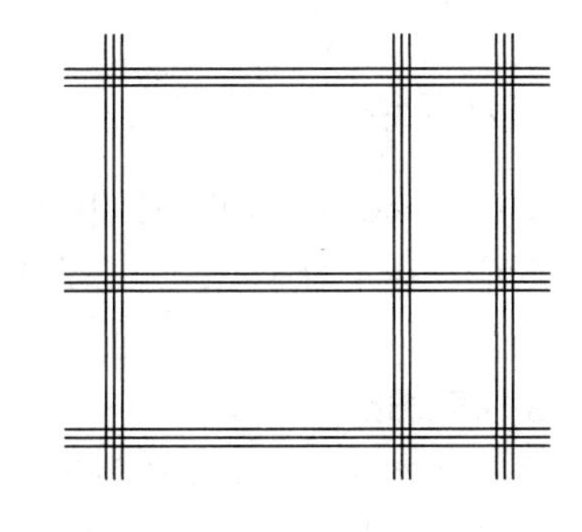

图3－240　绘制多线

(4)选择“修改”→“对象”→“多线”命令，打开“多线编辑工具”对话框，单击对话框中的“角点结合”工具，然后单击“确定”按钮。

(5)参照图3－241所示，对绘制的多线修直角。

(6)使用同样方法，在“多线编辑工具”对话框中单击“T形打开”的工具，参照图3－242所示对多线修T形。

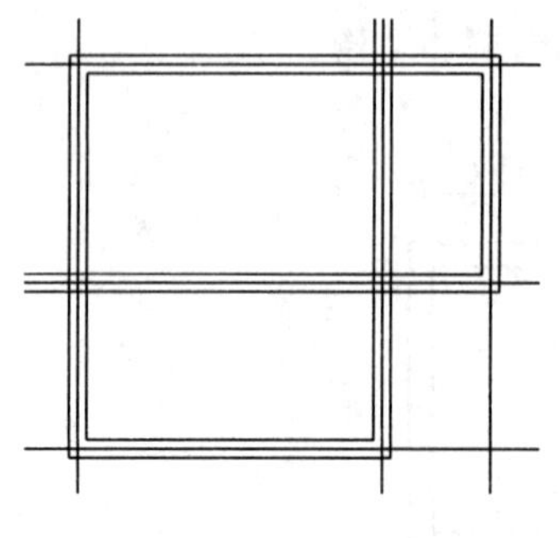

图 3－241 用“角点结合”修直角

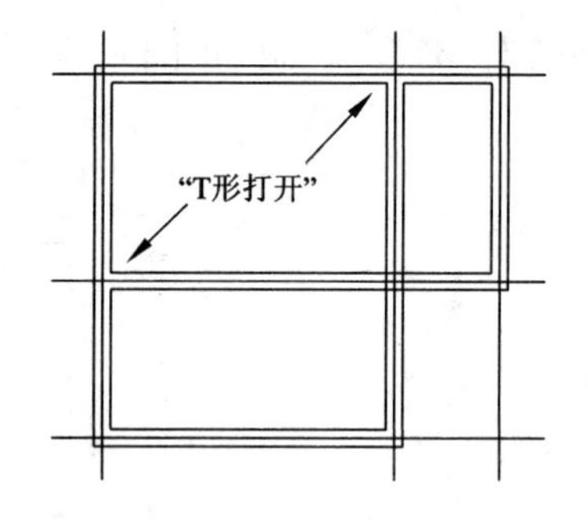

图 3－242 用“T 形打开”修 T 形

(7)使用同样方法，在“多线编辑工具”对话框中单击“十字合并”工具，参照图 3－243 所示，对指定处的多线进行十字合并。

(8)选择绘制的所有直线，按 Delete 键将其删除即可得到如图 3－244 所示的图形。

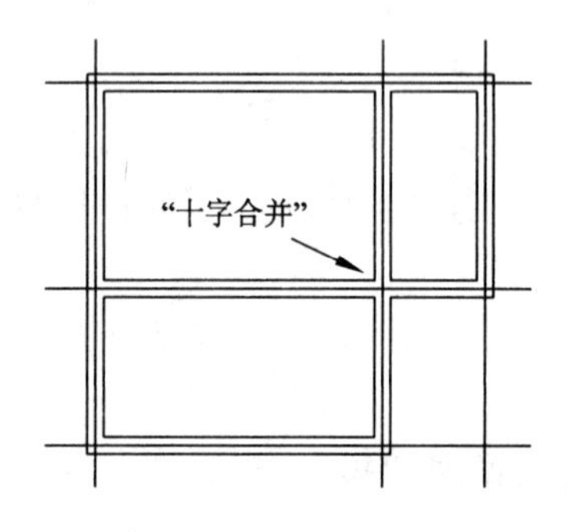

图 3－243 用“十字合并”修多线

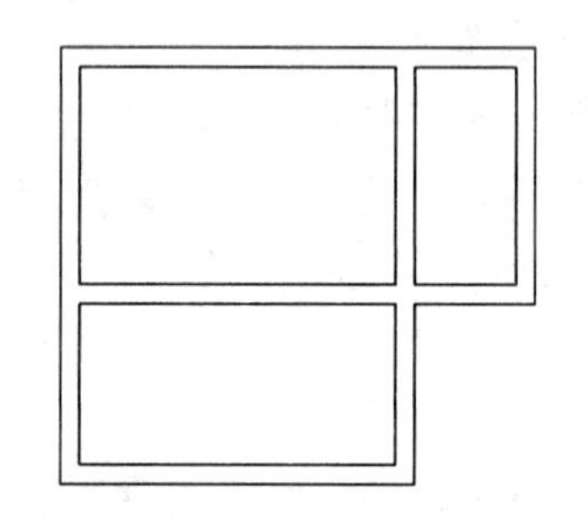

图 3－244 最后结果

3.9.5 修订云线

在中文版 AutoCAD 2010 中，用户通过拖动鼠标来徒手绘制图形有两种方式：一是可以使用 Sketch 命令徒手绘制图线，二是选择菜单栏“绘图”→“修订云线”命令绘制云彩形状的图形。

1. 徒手绘制图线

使用 Sketch 命令可以徒手绘制图线、轮廓线以及签名等，如图 3－245 所示的图形。此命令只能在命令行中输入，通过菜单和工具栏是不能实现的，且系统要求指定增量距离。

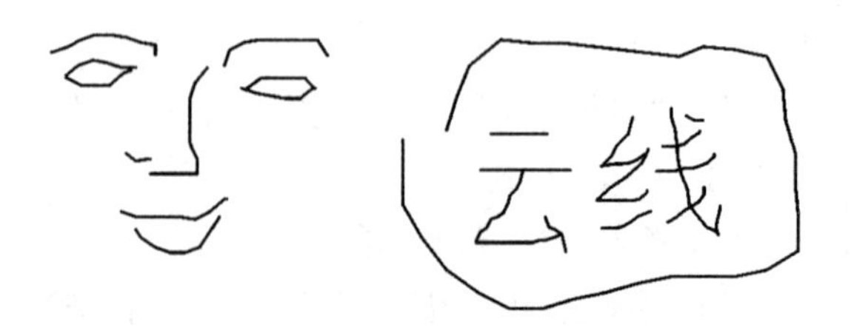

图 3－245 徒手绘制的图形

2. 绘制云彩对象

“修订云线”命令可以绘制一个云彩形状的图形，它是由一系列圆弧组成的多段线。

(1)命令

1)工具栏：

2)菜单栏：绘图→修订云线

(2)格式

当执行该命令时，命令行将显示如下提示信息：

指定起点或［弧长(A)/对象(O)］<对象>：

● 默认情况下，系统使用当前的弧长绘制云彩路径，这时可在绘图窗口中任意拖动光标。当起点和终点重合后，将绘制一个封闭的云彩路径。

● 弧长(A)：用于指定弧线的最小长度和最大长度。

● 对象(O)：可选择一个封闭的图形，如矩形及多边形等，并将其转换成云彩路径，命令行将显示“选择对象：反转方向［是(Y)/否(N)］<否>：”提示信息。此时，如果输入 Y，则圆弧方向向内；如果输入 N，则圆弧方向向外，如图 3-246 所示。

图 3-246　将对象转换成云彩路径

3.9.6　上机操作

(1)绘制如图 3-247 所示的一盆花，绘图尺寸自定。(绘图要求：绘花盆轮廓用多线命令，绘盆内花纹用云线命令，花叶和花茎用多段线命令，绘花用圆环命令再阵列。)

(2)绘制如图 3-248 所示的五星红旗，绘图尺寸自定。(要求用多段线、样条曲线、正多边形、缩放和复制命令绘图。)

图 3-247　绘制一盆花

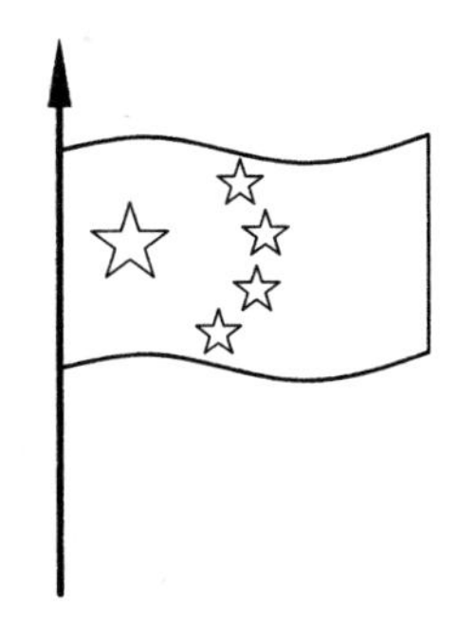

图 3-248　绘制五星红旗

(3)绘制如图 3－249 所示的房屋平面图。

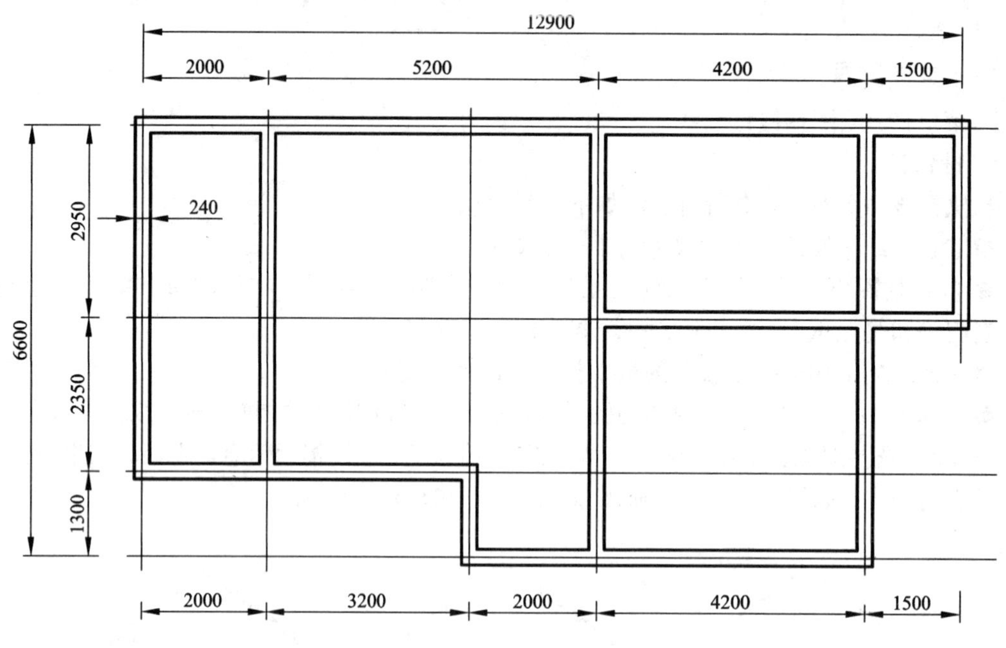

图 3－249 绘制房屋平面图

3.10 综合练习题

(1)绘制如图 3－250 所示的图形。

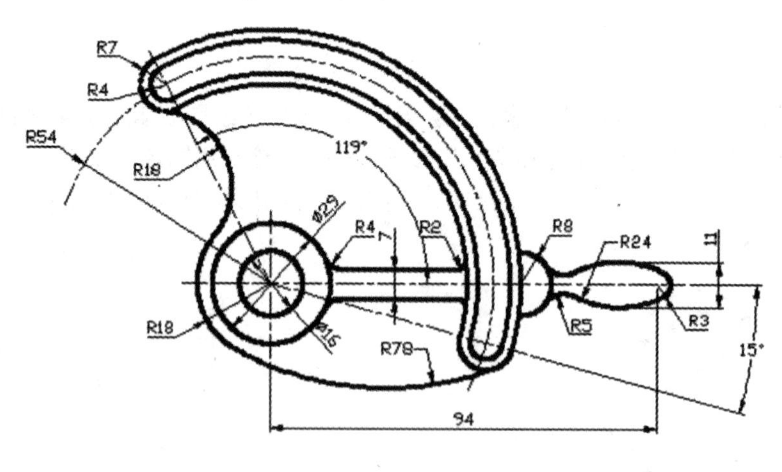

图 3－250 绘制图形

（2）绘制如图3－251和图3－252所示的图形。

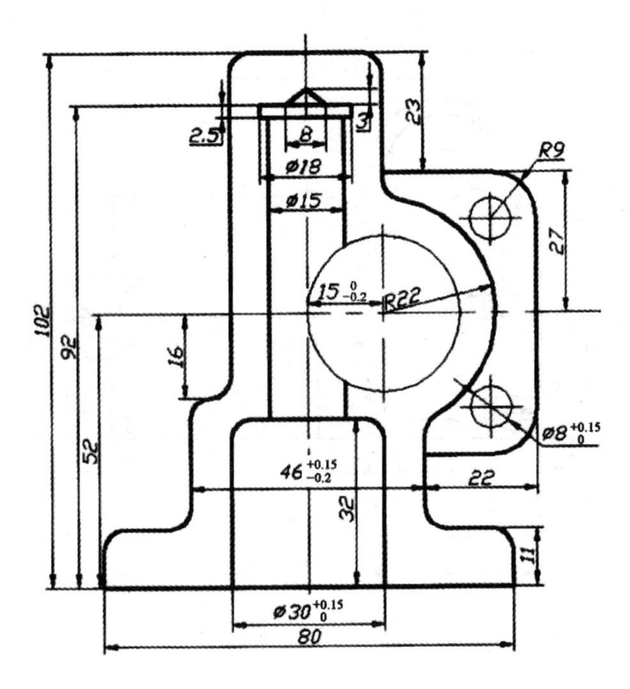

图3－251　绘制图形

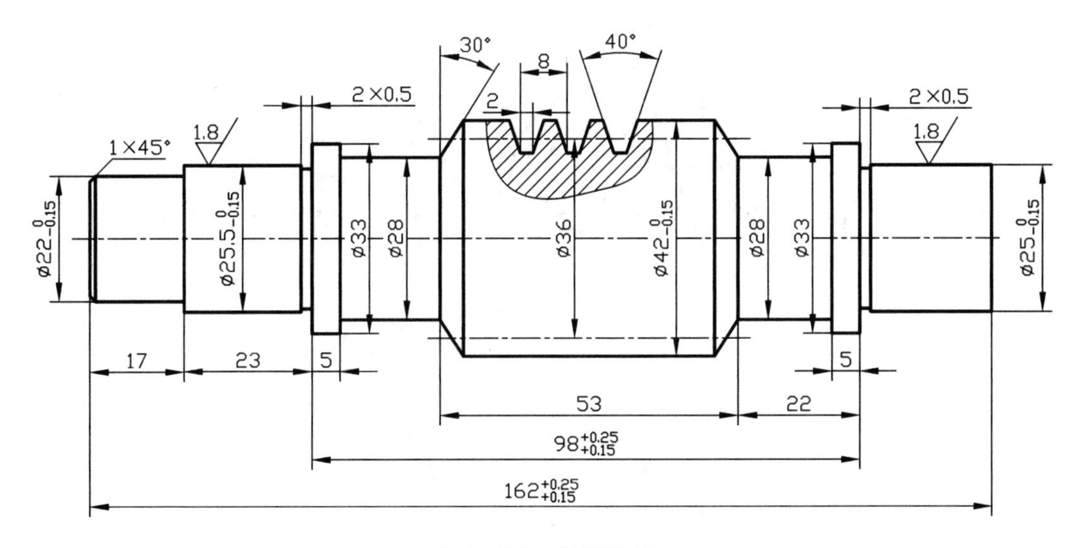

图3－252　绘制图形

(3)绘制图 3 - 253 和图 3 - 254 所示的图形。

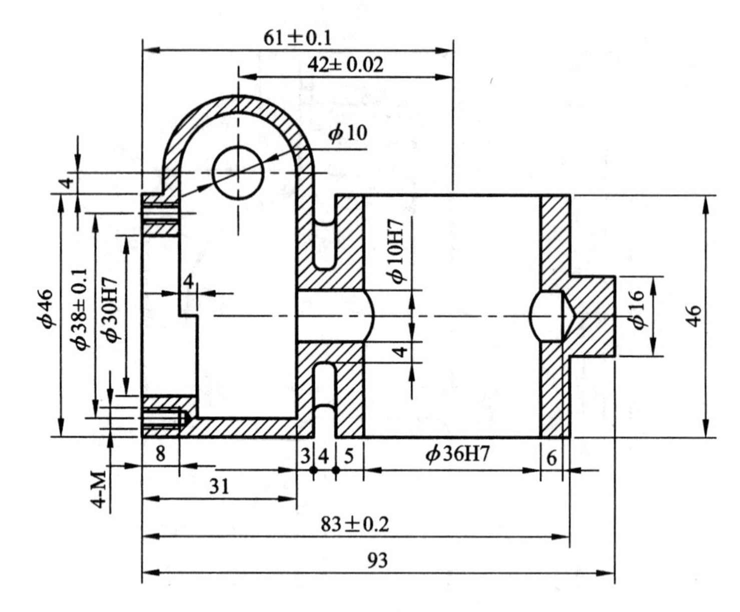

图 3 - 253 绘制图形

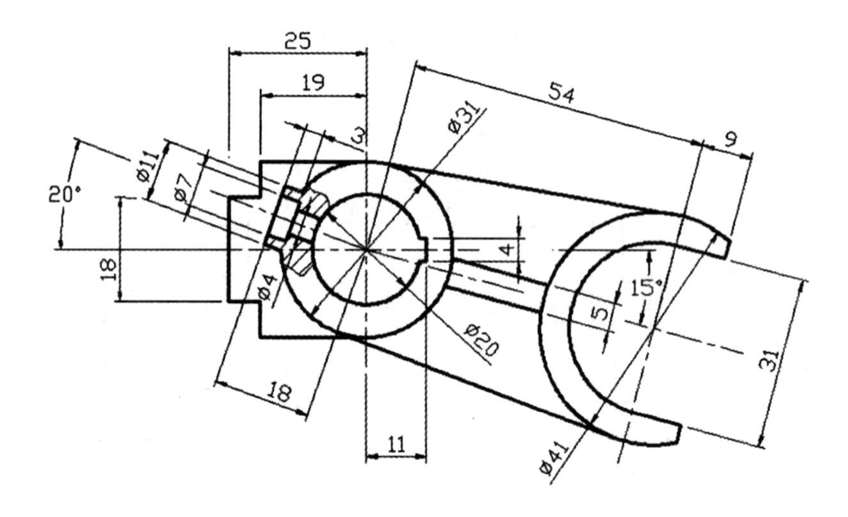

图 3 - 254 绘制图形(未注倒圆 R4)

(4)绘制图3－255和图3－256所示的图形。

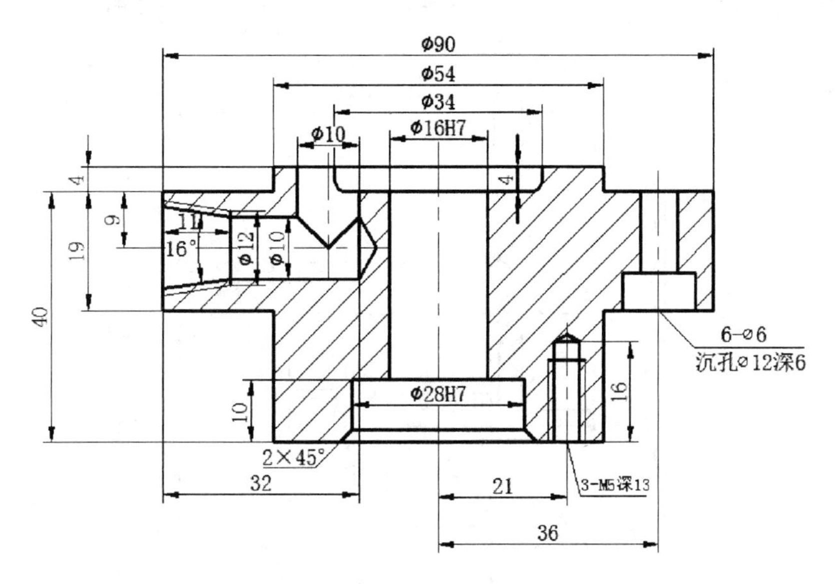

图3－255　绘制图形

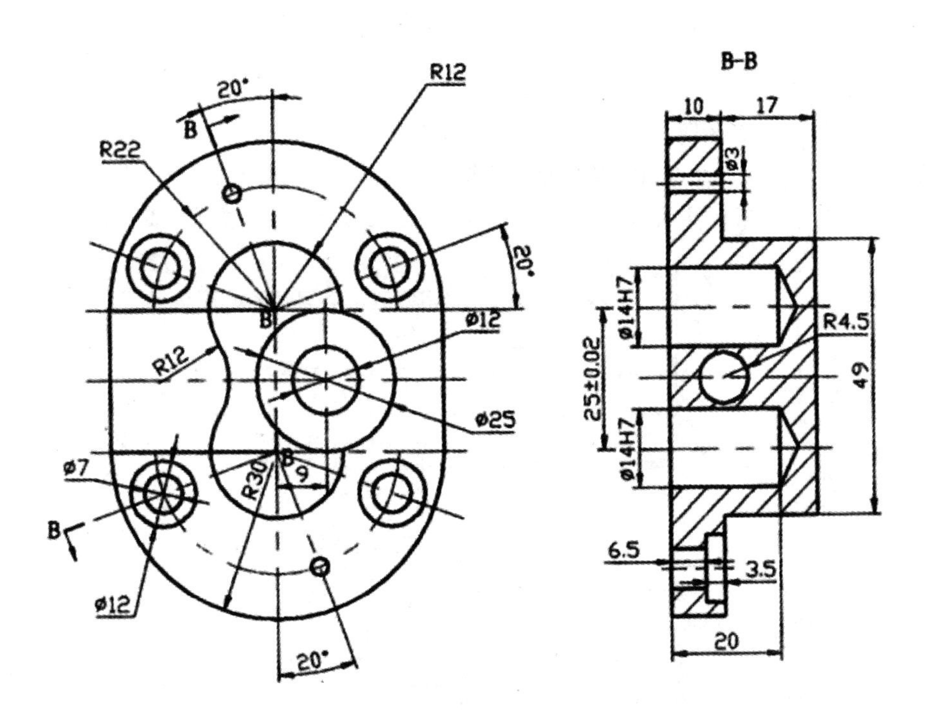

图3－256　绘制图形

(5＊)绘制图3－257所示的墙高窗立面图。

(绘图要求：建立合适的图限及栅格，根据试题注释的尺寸精确绘图，绘图方法和图形编辑方法不限。图中有未标注尺寸的地方自行定义尺寸，未标注线宽者，线宽为0。)

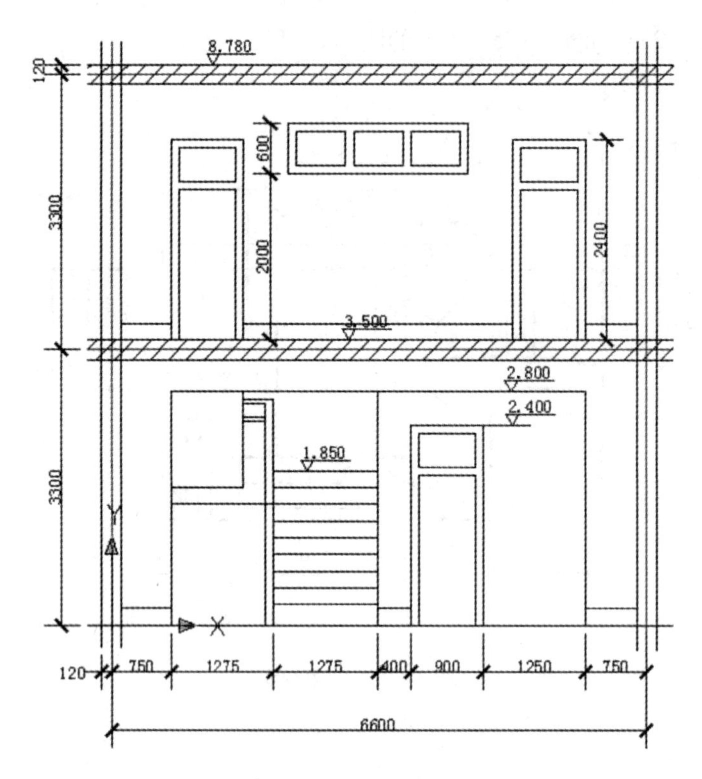

图 3－257 墙高窗立面图

(6＊)绘制图 3－258 所示的客厅墙装修立面图。

(绘图要求：建立合适的图限及栅格，根据试题注释的尺寸精确绘图，绘图方法和图形编辑方法不限。图中有未标注尺寸的地方自行定义尺寸，未标注线宽者，线宽为 0。)

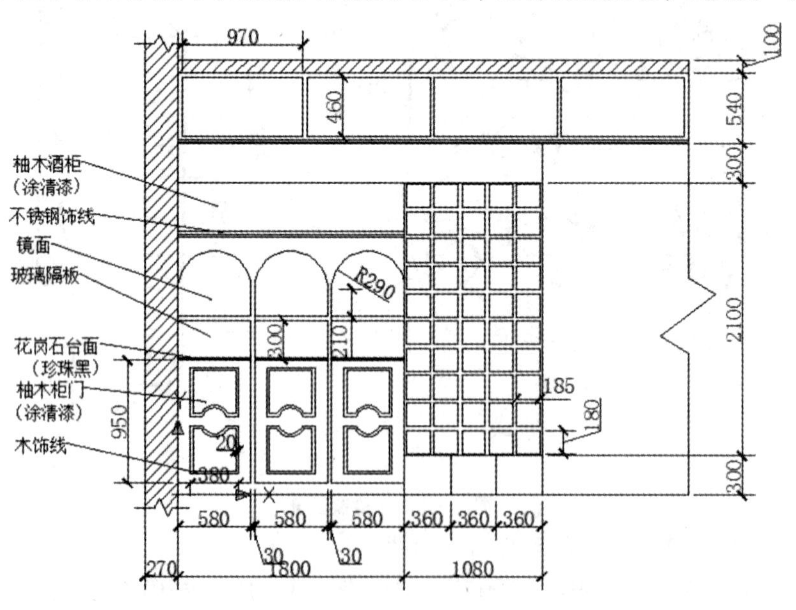

图 3－258 客厅墙装修立面图

第 4 章　文字标注与创建表格

【学习目标】

(1)掌握文字样式的创建。

(2)掌握单行文字和多行文字的创建与编辑。

(3)掌握表格的创建与编辑。

(4)了解注释性工具的使用。

在一个完整的图样中，通常包含一些注释性的文字说明，例如机械工程图形中的技术要求、装配说明，以及工程制图中的材料说明、施工要求等，这些说明文字使图样表达更清晰明了。文字标注是机械制图和工程制图中不可缺少的组成部分。

AutoCAD 2010 绘制表格的工具进一步增强，一改以往逐条绘制表格线的绘制方法，支持表格分段、序号自动生成及更强的表格公式等。新增的注释性工具很好地解决了文字在各种非 1∶1 比例图中比例缩放的问题，同时还可以应用在标注、块、图案填充等对象上，本章将对注释性工具作简单介绍。

4.1　创建文字样式

无论是进行文字标注还是进行尺寸标注，都要先创建文字样式，文字样式中包含了“字体”“高度”“倾斜角度”“宽度因子”及其他文字特征，创建文字样式的方法如下：

(1)命令行：STYLE(或 ST)

(2)文字工具栏：图标

(3)功能区：“注释”选项卡 →“文字”面板 →“文字样式”按钮

执行上述命令，系统打开如图 4 - 1 所示“文字样式”对话框，利用该对话框可以修改或创建文字样式，并设置文字的当前样式。

4.1.1　设置样式名

在“文字样式”对话框的“样式”选项区中，可以显示文字样式的名字、创建新的文字样式、为已设置的文字样式重命名或删除文字样式。

● “样式”列表框：列出了当前可以使用的文字样式，默认文字样式为 Standard。

● “新建”按钮：单击该按钮将打开“新建文件样式”对话框，如图 4 - 2 所示，在“样式名”文本框中输入新建文字样式名字后，单击“确定”按钮，所新建的文字样式名立即显示在“样式”列表框中。

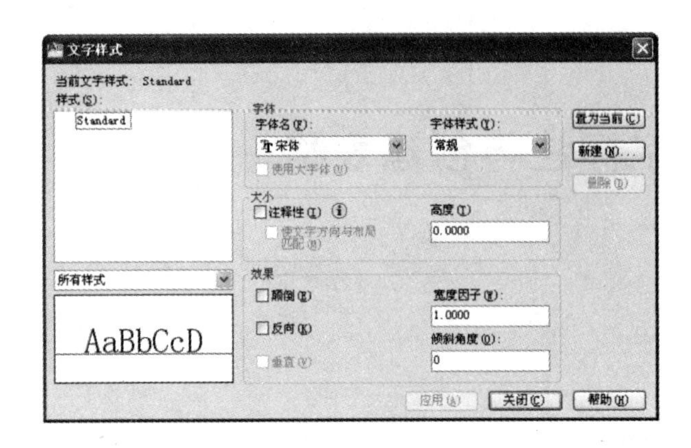

图 4-1 “文字样式”对话框

图 4-2 “新建文字样式”对话框

● “删除”按钮：单击该按钮可以删除某一已有的文字样式，但无法删除已经被使用了的文字样式和默认的 Standard 样式。

4.1.2 设置字体

在“字体”选项区中，可以设置文字样式使用的字体和字高等属性。其中，在“字体名”下拉列表框中可以选择字体，在“高度”文本框中可以设置文字的高度。如果将文字高度设为 0，在使用 TEXT 命令标注文字时，命令行将显示“指定高度：”提示，要求用户指定文字的高度；如果在“高度”文本框中输入了文字高度，AutoCAD 将按此高度标注文字，而不再提示指定高度。

4.1.3 设置文字效果

在“文字样式”对话框中，使用“效果”选项区可以设置文字的显示效果，如图 4-3 所示。

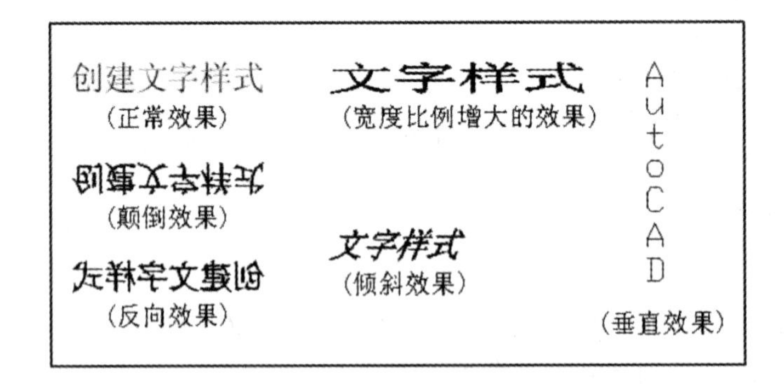

图 4-3 文字的各种效果

● “颠倒”复选框：用于设置是否将文字倒过来书写。
● “反向”复选框：用于设置是否将文字反向书写。
● “垂直”复选框：用于设置是否将文字垂直书写，但垂直效果对汉字字体无效。

● “宽度因子”文本框：用于设置文字字符的高度和宽度之比。当“宽度因子”值为1时，将按系统定义的高宽比书写文字；当“宽度因子”小于1时，字符会变窄；当“宽度比例”大于1时，字符则变宽。

● “倾斜角度”文本框：用于设置文字的倾斜角度。角度为0时不倾斜，角度为正值时向右倾斜，为负值时向左倾斜。

4.2　创建与编辑单行文字

对于单行文字工具，如果想要使用其他的字体来创建文字或者改变字体，并不像Word一类字处理软件那样简单，必须对每一种字体设置一个文字样式，然后通过改变这行文字的文字样式来达到改变字体的目的。多行文字工具可以随意地改变文字的字体，并不完全依赖于文字样式的设置，但实际上在使用多行文字工具来书写文字的时候，也会使用当前设置的文字样式进行书写，并且还可以通过文字样式来改变字体。

在AutoCAD中，使用如图4－4所示的“文字”工具栏可以创建和编辑单行文字及多行文字。

图4－4　“文字”工具栏

4.2.1　创建单行文字

对于单行文字来说，它的每一行都是一个文字对象，因此，可用来创建属性标签和标题栏这样比较简短的文字，并且可对它们单独编辑。

1. 命令

(1)命令行：TEXT

(2)文字工具栏：图标

(3)功能区：“注释”标签→“文字”面板→“多行文字”下拉式“单行文字”按钮

2. 选项

执行该命令时，命令行显示如下提示信息：

当前文字样式：Standard　文字高度：2.5000　注释性：否

指定文字的起点或[对正(J)/样式(S)]：

● “指定文字的起点”选项

该选项为默认选项，用于确定文本标注的起始点。执行该选项，命令行给出提示：

指定高度 <10.0000>：　（输入文字高度或按Enter键直接选用当前的文字高度）

指定文字的旋转角度 <0>：　（输入角度或按Enter键直接选用当前的文字角度）

（输入文字内容）

● “对正(J)”选项

在“指定文字的起点或[对正(J)/样式(S)]：”提示下，输入“J”，可以设置文字的对正方式。此时，命令行显示如下提示信息：

输入选项

[对齐(A)/布满(F)/居中(C)/中间(M)/右对齐(R)/左上(TL)/中上(TC)/右上(TR)/左中(ML)/正中(MC)/右中(MR)/左下(BL)/中下(BC)/右下(BR)]：

AutoCAD 提供了 14 种对正方式，这些对正方式都基于水平文本行定义的 4 条定位线：顶线(TL)、中线(ML)、基线(BS)和底线(BL)，这四条线的位置如图 4－5 所示。

图 4－5　文字的四条定位线

以这 4 条定位线为基准，系统为文字提供了 13 个对齐点，它们的显示效果如图 4－6 所示。

图 4－6　各选项的对正方式

> **知识要点提示：**
> 在输入文字的过程中，可以随时改变文字的位置。如果在输入文字的过程中想改变后面输入的文字位置，则将光标移到新的位置并按拾取键，原标注行结束，标注出现在新确定的位置，之后用户可以在此继续输入文字。

● “样式(S)”选项

在“指定文字的起点或[对正(J)/样式(S)]：”提示下，输入“S”，可以设置当前使用的文字样式。此时，命令行显示如下提示信息：

输入样式名或 [?] <Standard>：? ↙

输入要列出的文字样式 <＊>：↙

用户可以直接输入文字样式名，也可输入“?”，再按两次 Enter 键，在“AutoCAD 文本窗口”中显示当前图形已有的文字样式，如图 4－7 所示。

【例题 4－1】 创建一种文字样式，样式名为“仿宋”，字体采用“仿宋 GB2312”，字体样式为“常规”，字高为“10”，宽度比例为“0.707”，倾斜角度为 15°。再分别创建两行单行文字注释：“1. 设置文字样式”和“2. 创建单行文字 ”。

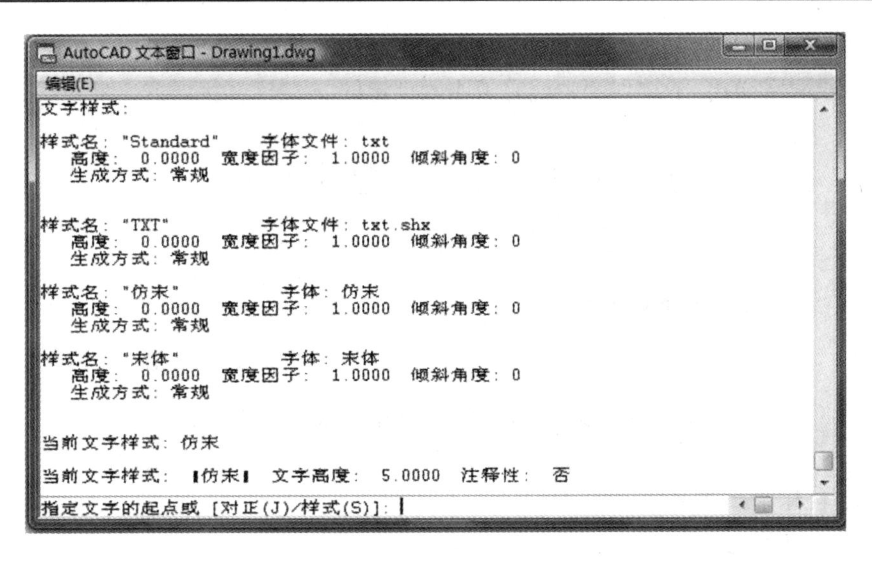

图 4－7　“AutoCAD 文本窗口”显示已设置的文字样式

步骤 1：设置文字样式

选择功能区：“注释”标签→“文字”面板→“文字样式”按钮 命令，打开“文字样式”对话框。

(2) 在“样式名”选项区中单击“新建”按钮，打开“新建文字样式”对话框，在“样式名”文本框中输入“仿宋”，单击“确定”按钮。

(3) 在 “字体”选项区的“字体名”下拉列表中选择“T 仿宋”，在“字体样式”下拉列表中选择“常规”，在“高度”编辑框中输入 10，见图 4－8。

(4) 在“效果”选项区，设置“宽度比例”为 0.707，“倾斜角度”为 15。各项设置如图 4－8 所示。

图 4－8　创建名为“仿宋”的文字样式

(5)依次单击“应用”和“关闭”按钮，建立此字样并关闭对话框。此时“注释”标签的“文字”面板中的“文字样式”下拉列表中就有了刚刚创建的“仿宋”文字样式，如图 4－9 所示。

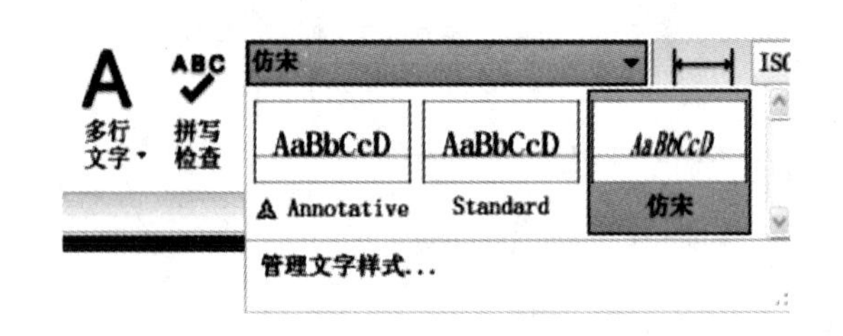

图 4－9　“文字样式”下拉列表中的“仿宋”文字样式

步骤 2：创建单行文字

(1)命令：TEXT↙

当前文字样式：Standard　当前文字高度：0.0000　注释性：否

(2)指定文字的起点或[对正(J)/样式(S)]：S↙　　(选择文字样式)

(3)输入样式名或[?] < Standard >：仿宋↙　　(输入文字样式名)

当前文字样式：仿宋　当前文字高度：10.0000　注释性：否

(4)指定文字的起点或[对正(J)/样式(S)]：　　(在绘图区用光标指定文字起点)

(5)指定文字的旋转角度 <0 >：↙

(6)输入文字：1. 设置文字样式.↙　　(输入第一行文字)

(7)输入文字：2. 创建单行文字.↙　　(再输入第二行文字)

(8)输入文字：↙　　(效果如图 4－10 所示)

1. 设置文字样式.
2. 创建单行文字.

图 4－10　创建单行文字

4.2.2　使用文字控制符

在实际设计绘图中，往往需要标注一些特殊的字符，例如，标注度(°)、±、ϕ 等符号。由于这些特殊字符不能从键盘上直接输入，因此，AutoCAD 提供了相应的控制符，以实现这些标注要求，常用的控制符如表 4－1 所示。

表 4－1　常用控制符

控制符	功能
%%D	标注度(°)符号
%%P	标注正负公差(±)符号
%%C	标注直径(ϕ)符号

4.2.3　编辑单行文字

编辑单行文字可以对文字的内容、对正方式以及缩放比例进行修改。

1. 命令

(1)命令行：DDEDIT

(2)文字工具栏：图标

(3)菜单栏：修改→对象→文字

2. 选项

选择菜单“修改”→“对象”→“文字”子菜单中的命令可以进行设置。

● 选择“修改”→“对象”→“文字”→“编辑” 命令，然后在绘图窗口中单击需要编辑的单行文字，“文字”被激活，在“文字”文本框中可以重新输入文本内容。

● 选择“修改”→“对象”→“比例”命令，然后在绘图窗口中单击需要编辑的单行文字，此时需要输入缩放的基点以及指定新高度，或匹配对象(M)，或缩放比例(S)，命令行提示如下：

输入缩放的基点选项[现有(E)/左(L)/中心(C)/中间(M)/右(R)/左上(TL)/中上(TC)/右上(TR)/左中(ML)/正中(MC)/右中(MR)/左下(BL)/中下(BC)/右下(BR)]<现有>：

指定新高度或[匹配对象(M)/缩放比例(S)]<17.5877>：

● 选择“修改”→“对象”→“对正”命令，然后在绘图窗口中单击需要编辑的单行文字，此时可以重新设置文字的对正方式，其命令行提示如下：

输入对正选项[左对齐(L)/对齐(A)/布满(F)/居中(C)/中间(M)/右对齐(R)/左上(TL)/中上(TC)/右上(TR)/左中(ML)/正中(MC)/右中(MR)/左下(BL)/中下(BC)/右下(BR)] <左对齐>：

> **知识要点提示：**
>
> 除了以上提到的三种方式编辑单行文字状态，用户还可以在绘图窗口中单击输入的单行文字，会出现如图4－11所示的编辑列表，可以对此进行多项编辑，亦可双击输入的单行文字，出现如图4－12所示的编辑框，编辑文字内容。或者单击单行文字后再右击，弹出快捷菜单，在菜单中选“特性”，在“特性”窗口中可进行多项编辑。

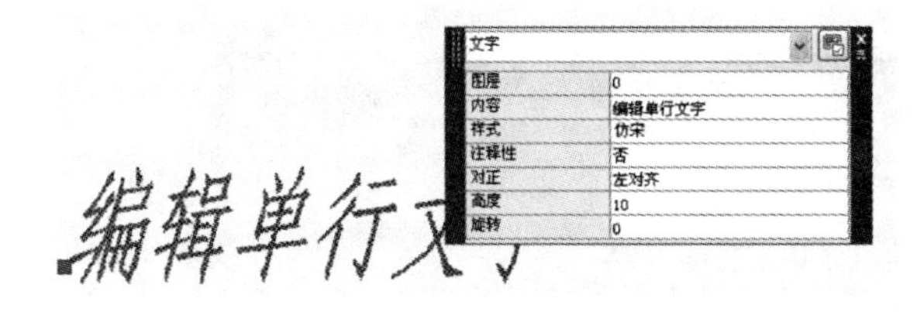

图4－11　单击单行文字出现的编辑窗口

图4－12　双击单行文字出现的编辑窗口

4.3　创建与编辑多行文字

“多行文字”又称为段落文字，它是一个类似于Word软件一样的编辑器，它是由任意数目的文字行或段落组成的，布满指定的宽度，并可以沿垂直方向无限延伸。多行文字的编辑选项比单行文字多。例如，可以将对下划线、字体、颜色和高度的修改应用到段落中的每个字符、词语或短语，用户可以通过控制文字的边界框来控制文字段落的宽度和位置。

多行文字与单行文字的主要区别在于，无论行数是多少，创建的段落集都被认为是单个对象。在机械制图中，常使用多行文字创建较为复杂的文字说明，如图样的技术要求等。

4.3.1 创建多行文字

1. 命令

(1)多行文字命令：MTEXT

(2)工具栏：图标 **A**

(3)菜单栏：绘图→文字→多行文字...

(4)功能区："注释"标签→"文字"面板→"多行文字"按钮 **A**

2. 功能

利用多行文字编辑器书写的多行段落文字，可以控制段落文字的宽度、对正方式，允许段落内文字采用不同的字样、不同字高、不同颜色和排列方式，整个多行文字是一个对象。

图 4－13 为一个多行文字对象，其中包括四行，各行采用不同的字体、字样或字高。

图 4－13 多行的段落文字

3. 格式

命令：MTEXT↙

当前文字样式："Standard" 文字高度：10 注释性：否

指定第一角点：

指定对角点或［高度(H)/对正(J)/行距(L)/旋转(R)/样式(S)/宽度(W)/栏(C)］：

在此提示下指定矩形框的另一个角点，则显示一个矩形框，文字按缺省的左上角对正方式排布，矩形框内有一箭头表示文字的扩展方向。当指定第二角点，AutoCAD 弹出图 4－14 所示"文字格式"工具栏和文字输入窗口，利用它们可以设置多行文字的样式、字体及大小等属性，如图 4－14 所示。

图 4－14 "文字格式"工具栏和文字输入窗口

(1)使用"文字格式"工具栏

在"文字格式"工具栏中，各主要选项的功能如下：

● “文字样式”下拉列表框：用于选择用户设置的文字样式。

● “字体”下拉列表框：用于选择文字使用的字体。

● “高度”下拉列表框：用于设置文字的高度。设置时可从下拉列表框中选择，也可以直接输入高度值。

● “加粗”“倾斜”“下划线”“上划线”按钮：单击它们，可以加粗、斜体字体，或为文字加上、下划线。

● “取消”按钮：单击该按钮可以取消前一次操作。

● “重做”按钮：单击该按钮可以重复前一次取消的操作。

● “堆叠/非堆叠”按钮：单击该按钮，可以创建堆叠文字（堆叠文字是一种垂直对齐的文字或分数）。

● “颜色”下拉列表框：用于设置文字的颜色。

例如，创建分数 ϕ45H7/f6，要求分子与分母成垂直地堆叠文字状态，则可首先输入“%%C45H7/f6”，然后选中要堆叠的文字“H7/f6”，如图 4－15（a）所示，并单击按钮，如图 4－15（b）所示，最后按“确定”按钮。

（a）堆叠之前

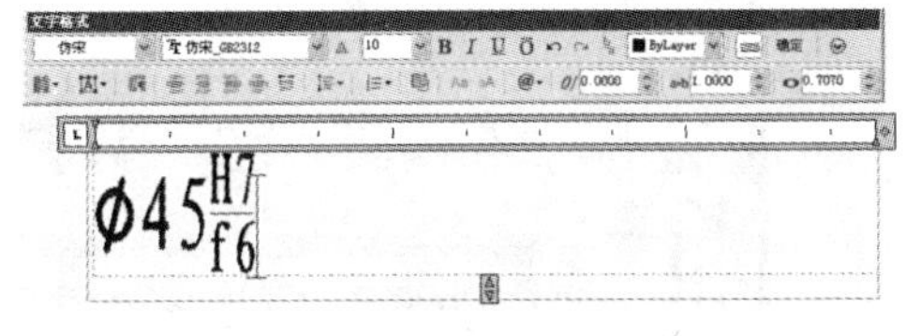

（b）堆叠之后

图 4－15　垂直堆叠文字

知识要点提示：

（1）如果输入要自动堆叠文字后，按 Enter 键，将弹出“自动堆叠特性”对话框，如图 4－16所示，在对话框指定堆叠形式，并单击“确定”按钮。

（2）堆叠文字用来标记公差或测量单位的文字或分数，在文字编辑对话框中输入要堆叠的文字，并用“/”或“#”或“^”字符分隔，使用堆叠字符可以指示选定文字的堆叠位置。

（3）分隔字符的作用说明如下：

● “/ ”：垂直地堆叠文字，由水平线分隔。例如，输入“12/5”，选中要垂直堆叠的“2/5”，单击按钮，效果如图 4－17（a）所示。

● “^”：创建公差堆叠，不用直线分隔。例如，输入“%%c45 +0.015^-0.008”，选中要堆叠的“ +0.015^-0.008”，单击按钮，效果如图 4－17（b）所示。

● “#”：对角地堆叠文字，由对角线分隔。例如，输入“11#4”，选中要堆叠的“1#4”，单击按钮，效果如图 4－17（c）所示。

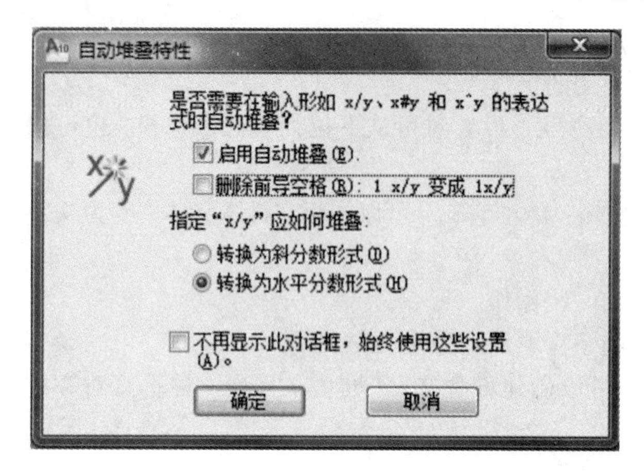

图 4－16 "自动堆叠特性"对话框

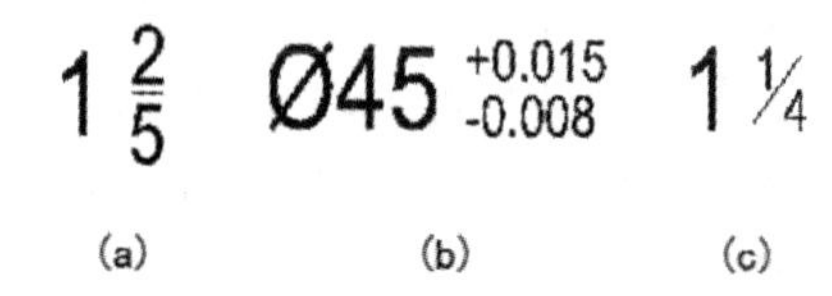

图 4－17 堆叠效果图

(2)使用快捷菜单

在文字输入窗口中右击鼠标，将弹出一个快捷菜单，利用其中的命令可以对多行文本进行更多的设置，如图 4－18 所示。

图 4－18 多行文字的快捷菜单

AutoCAD 软件的多行文字编辑器可以直接将在其他软件中录入好的含有大段文字的文本文件输入进来，AutoCAD 可以接受的文本格式有纯文本文件(文件后缀为"txt")和 RTF 格式文本文件(文件后缀为"rtf")。

在 AutoCAD 2010 中多行文字编辑器还有项目符号和透明背景功能，并可以自动为换行文本添加项目符号，透明背景让文字和图形的关系更加明了。总之，新的多行文字编辑器更接近于专业的字处理软件，使用起来更加顺手。

4. 举例

【例题 4－2】 创建如图 4－19 所示的技术要求。

（1）选择“绘图”→“文字”→“多行文字”命令，或在“绘图”工具栏中单击“多行文字”按钮 **A**，并在绘图窗口中单击鼠标并拖动，创建一个用来设置多行文字的矩形区域。

技术要求
1. 调质处理230～280HBS.
2. 锐边倒角2×45° .

图 4－19　创建技术要求

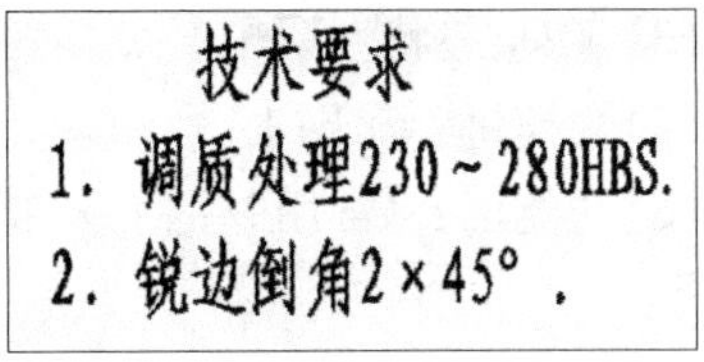

（2）在“样式”下拉列表框中选择前面创建的文字样式名为“仿宋”，在“高度”文本框中输入文字高度“10”。

（3）在文字输入窗口中输入需要创建的多行文字内容，如图 4－20 所示。

文字格式
仿宋
仿宋_GB2312
10
ByLayer
确定
0.0000
1.0000
0.7070
技术要求
1. 调质处理230～280HBS.
2. 锐边倒角2×45° .

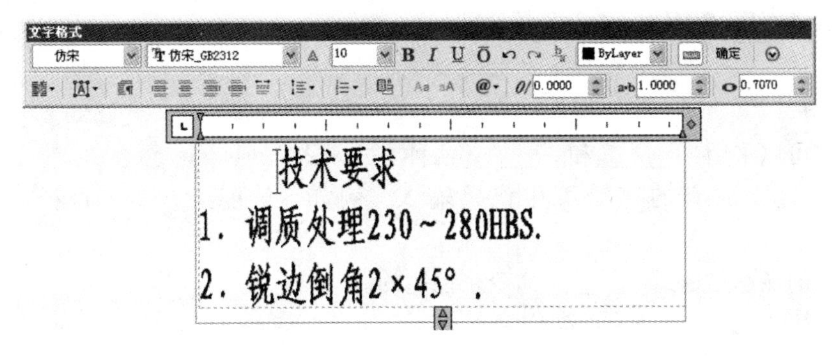

图 4－20　输入多行文字内容

（4）单击“确定”按钮，输入的文字将显示在绘制的矩形窗口中，其效果如图 4－19 所示。

> **知识要点提示：**
> 要输入直径控制符%%c 时，可单击鼠标右键，从弹出的快捷菜单中选择“符号”→“直径”命令。对于有些中文字体，不能正确识别文字中的特殊控制符，这时可选择英文字体。

4.3.2　编辑多行文字

1. 文字内容的修改

要编辑创建的多行文字，可选择“修改”→“对象”→“文字”→“编辑”命令，并单击创建的多行文字，打开多行文字编辑窗口，然后参照多行文字设置方法，修改并编辑文字。

用户也可以在绘图窗口中双击输入的多行文字，或在输入的多行文字上右击，从弹出的快捷菜单中选择“重复编辑多行文字”命令或“编辑多行文字”命令，来打开多行文字编辑窗口。

2. 属性的修改

所有图形对象的修改都可以使用“对象特性”管理器，此工具也适用于文字属性的修改。

弹出管理器的方法有 5 种：

(1)命令行：CH

(2)菜单栏：修改→ 特性

(3)工具："特性"

(4)快捷键：Ctrl + 1

(5)功能区："常用"标签→"特性"面板→"特性"按钮

对象特性管理器对话框如图 4 – 21 所示。在这个对话框中，可以对文字的内容、高度、位置、对正方式、正反向、颠倒、字体、倾斜、样式等进行修改，修改完成后关闭对话框并确定。

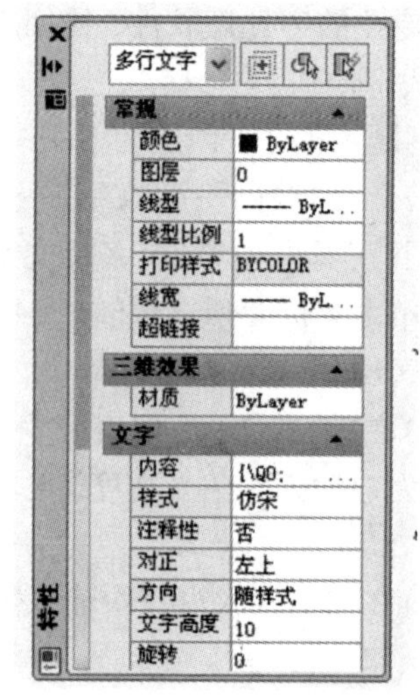

图 4 – 21 "特性"对象管理器对话框

4.4 习题与上机操作

1. 填空题

(1)文字可以采用________和________两种方式录入。

(2)文字输入时有的字符可用代码输入，例如：角度：____ 直径：____ ±：______等。

(3)文本的显示是通过________命令来控制的。

2. 上机操作

(1)创建如图 4 – 22 所示文件的文本样式并标注。

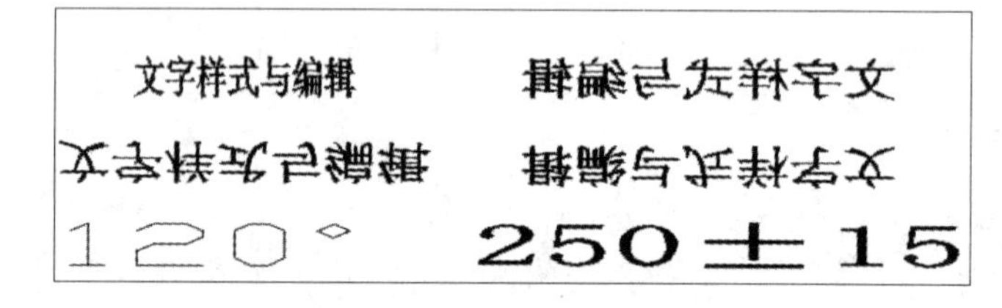

图 4 – 22 输入文字内容

(2)如图 4 – 23 所示，创建一种文字样式，样式名为"仿宋"，字体采用"仿宋_GB2312"，字体样式为"常规"，字高为"5"，宽度比例"0.707"，倾斜角度为 0°，绘标题栏并使用创建的文字样式创建单行文字。

(3)使用图 4 – 23 创建的文字样式创建如图 4 – 24 所示的多行文字。

4.5 创建与编辑表格

表格是在行和列中包含数据的对象。在工程上大量使用到表格，例如标题栏和明细栏都属于表格的应用。以前版本的 AutoCAD 没有提供专门的表格工具，所有的表格都需要先将表格线条绘制出来，然后在里面逐个地写入文字，文字与表格单元框的位置关系都要手工逐个

设计
XIAO
3.20
HT200
技师学院设计部
校核
DUAN
4.20
比例
1:1
轴
审核
XIAO
5.20
共　张第　张
A4
3×9=27
15
35
20
15
60
180

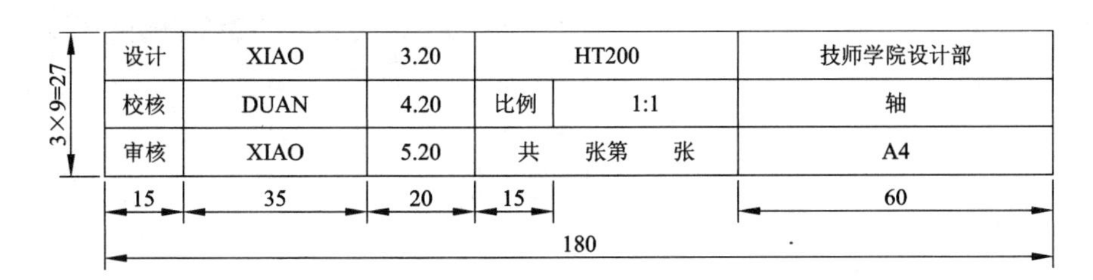

图 4－23　绘标题栏并创建单行文字

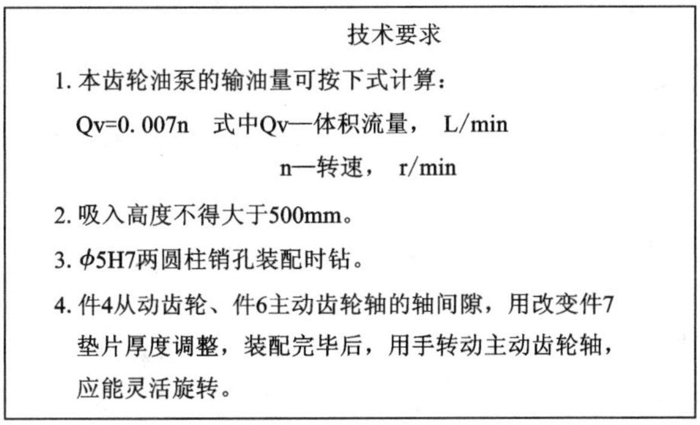

技术要求
1. 本齿轮油泵的输油量可按下式计算：
Qv=0. 007n　式中Qv—体积流量，　L/min
n—转速，　r/min
2. 吸入高度不得大于500mm。
3. φ5H7两圆柱销孔装配时钻。
4. 件4从动齿轮、件6主动齿轮轴的轴间隙，用改变件7
垫片厚度调整，装配完毕后，用手转动主动齿轮轴，
应能灵活旋转。

图 4－24　创建多行文字

对齐。AutoCAD 2010 新增了专门的表格工具，使创建表格变得容易，用户可以直接插入设置好的表格，而不用绘制由单独的图线组成的栅格。

4.5.1　创建表格样式

创建表格对象时，首先要创建一个空表格，然后在空表格的单元格中添加内容。在创建空表格之前先要进行表格样式的设置。

1. 命令

(1) 命令：TABLESTYLE

(2) 工具栏：图标

(3) 菜单栏："格式"→"表格样式"

(4) 功能区："常用"→"注释"→"表格样式"

2. 选项

执行上述命令，系统打开"表格样式"对话框，如图 4－25 所示。

表格样式
当前表格样式：Standard
样式(S)：
Standard
预览：Standard
标题
置为当前(U)
新建(N)...
修改(M)...
删除(D)
列出(L)：
所有样式
关闭
帮助(H)

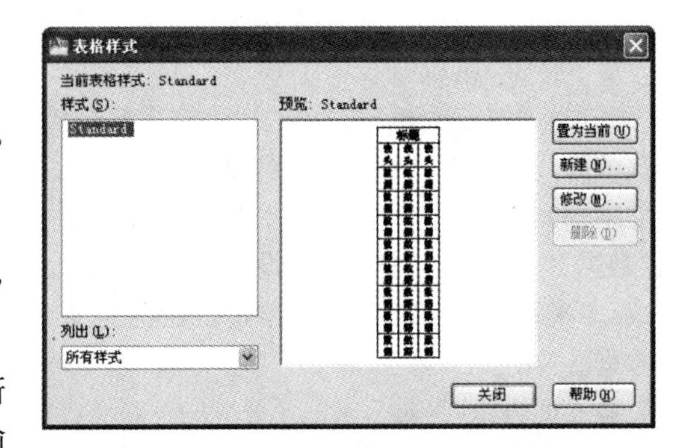

图 4－25　"表格样式"对话框

单击"新建"按钮，系统打开"创建新的表格样式"对话框，如图 4－26 所示。输入新的表格样式名后，单击"继续"按钮，系统打开"新建表格样式"对话框，如图 4－27 所示，从中可以定义新的表格样式。

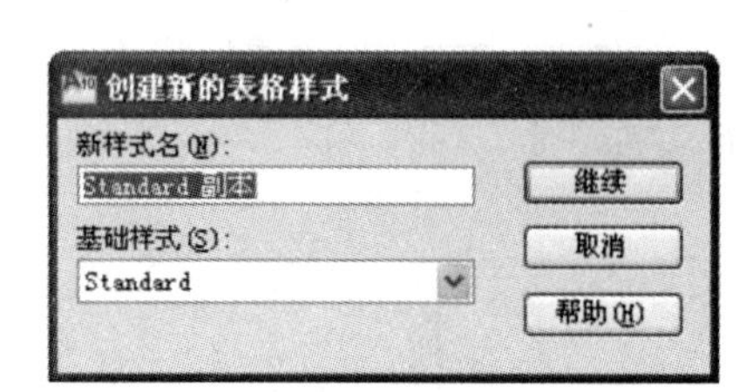

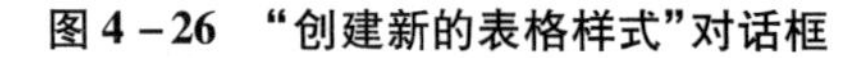

图4-26 “创建新的表格样式”对话框

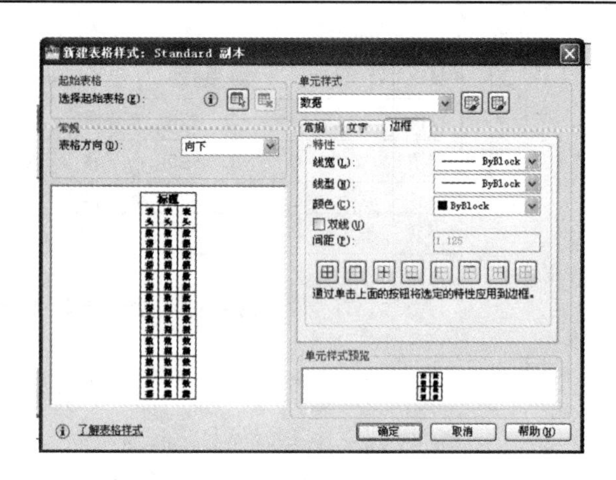

图4-27 “新建表格样式”对话框

“新建表格样式”对话框的主要选项功能如下：

(1)“起始表格”区域：使用“起始表格”图标，使用户可以在图形中指定一个表格用作样例来设置此表格样式的格式。选择表格后，可以指定要从该表格复制到表格样式的结构和内容。使用“删除表格”图标，可以将表格从当前指定的表格样式中删除。

(2)“常规”区域：设置表格方向。

向下：将创建由上而下读取的表格。标题行和列标题行位于表格的顶部。单击“插入行”并单击“下”时，将在当前行的下面插入新行。

向上：将创建由下而上读取的表格。标题行和列标题行位于表格的底部。单击“插入行”并单击“上”时，将在当前行的上面插入新行。

(3)“单元样式”区域：定义新的单元样式或修改现有单元样式。可以创建任意数量的单元样式。

“单元样式”选项卡是设置数据单元、单元文字和单元边界的外观，取决于处于活动状态的选项卡，分为“常规”选项卡、“文字”选项卡和“边框”选项卡。

1)“常规”选项卡(如图4-28所示)

● “特性”区域

其中，“填充颜色”是指定单元的背景色，默认值为“无”。“对齐”是用来设置表格单元中文字的对正和对齐方式。“格式”为表格中的“数据”“列标题”“标题行”设置数据类型和格式。“类型”是用来将单元样式指定为标签或数据。

● “页边距”区域

控制单元边界和单元内容之间的间距。单元边距设置应用于表格中的所有单元。

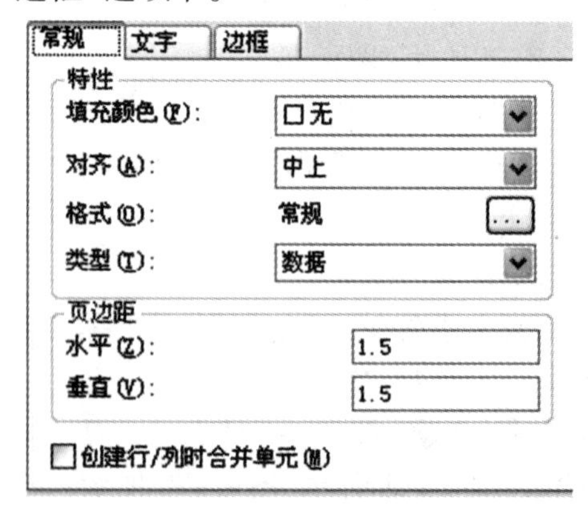

图4-28 “常规”选项卡

其中，“水平”用来设置单元中的文字或块与左右单元边界之间的距离。“垂直”用来设置单元中的文字或块与上下单元边界之间的距离。

● 创建行/列时合并单元

将使用当前单元样式创建的所有新行或新列合并为一个单元。可以使用此选项在表格的顶部创建标题行。

2)“文字”选项卡(如图 4－29 所示)

其中，“文字样式”可列出可用的文本样式。“文字高度”可设置文字高度。数据和列标题单元的默认文字高度为 0.1800。表标题的默认文字高度为 0.25。“文字颜色”可指定文字颜色。“文字角度”可设置文字角度。默认的文字角度为 0 度。

3)“边框”选项卡(如图 4－30 所示)

其中，“线宽”可设置将要应用于指定边界的线宽。如果使用粗线宽，可能必须增加单元边距。“线型”可设置将要应用于指定边界的线型。“颜色”通过单击边界按钮，设置将要应用于指定边界的颜色。选择“选择颜色”可显示 。“双线”可将表格边界显示为双线。“间距”可确定双线边界的间距。“边界按钮”可控制单元边界的外观。边框特性包括栅格线的线宽和颜色。

图 4－29　“文字”选项卡

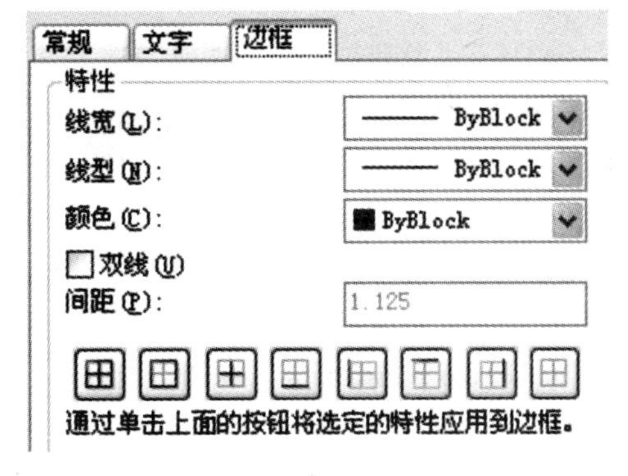

图 4－30　“边框”选项卡

【例题 4－3】　创建名称为“明细栏”的表格样式。

操作步骤如下：

(1)单击“表格样式”按钮 ，弹出“表格样式”对话框，如图 4－25 所示。在“表格样式”对话框的“样式”列表里有一个名为“Standard”的表格样式，不用改动它，单击【新建】按钮，弹出【创建新的表格样式】对话框，在“新样式名”文本框中输入“明细栏”，表示专门为明细栏新建一个名为“明细栏”的表格样式。如图 4－31 所示。

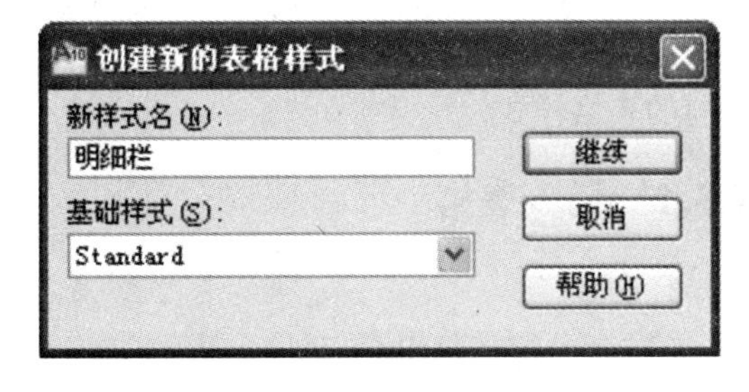

图 4－31　“创建新的表格样式”对话框

(2)单击“继续”按钮，弹出“新建表格样式：明细栏”对话框，如图 4－32 所示。

(3)将“基本”选项区域中“表格方向”下拉列表更改为“上”，这是明细表的形式，数据向上延伸。表格里面有三个基本要素，分别是“标题”“表头”“数据”，在“单元样式”下拉列表中控制，在预览图形里可以看见这三个要素分别代表的部位。

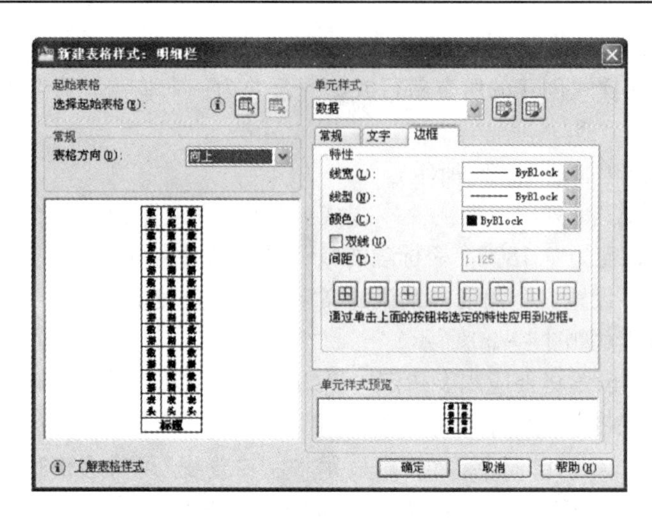

图 4-32　“新建表格样式”对话框

(4)确保“单元样式”下拉列表选择了“数据”，“基本”选项卡里“页边距”选项区域控制文字和边框的距离，对于水平距离不用做更改，垂直距离需要根据明细栏的行高来定，预期的行高为8，文字高度为5，但是文字的高度还要加上上下的余量，现在无法准确地估算，因此将垂直距离暂时设置为0.5。

(5)选择“文字”选项卡，将文字高度更改为5。

(6)选择“边框”选项卡，此选项卡控制表格边框线的特性，将外边框更改为0.4mm线宽，内边框更改为0.15mm线宽，注意此处的更改要先选择线宽，然后再单击需要更改的边框按钮。

(7)在“单元样式”下拉列表选择了“表头”，重复步骤(4)、(5)、(6)设置，同样将文字高度更改为5，将外边框更改为0.4mm线宽，内边框更改为0.15mm线宽。

(8)由于明细栏不需要标题，因此不必对“标题”单元样式进行设置，单击“确定”按钮，回到“表格样式”对话框，现在已经创建好了一个名为“明细栏”的表格样式。

(9)单击“关闭”按钮，结束表格样式的创建。

创建完表格样式后，可以在屏幕右上角的“表格样式”下拉列表中选择此“明细栏”作为当前的表格样式。

4.5.2　插入表格

1. 命令

(1)命令行：TABLE

(2)菜单栏：“绘图”→“表格”

(3)工具栏：“绘图”→“表格”图标

(4)功能区：“常用”→“注释”→“表格”

执行上述命令，系统打开“插入表格”对话框，如图4-33所示。

2. 选项

“插入表格”对话框中的主要选项功能如下：

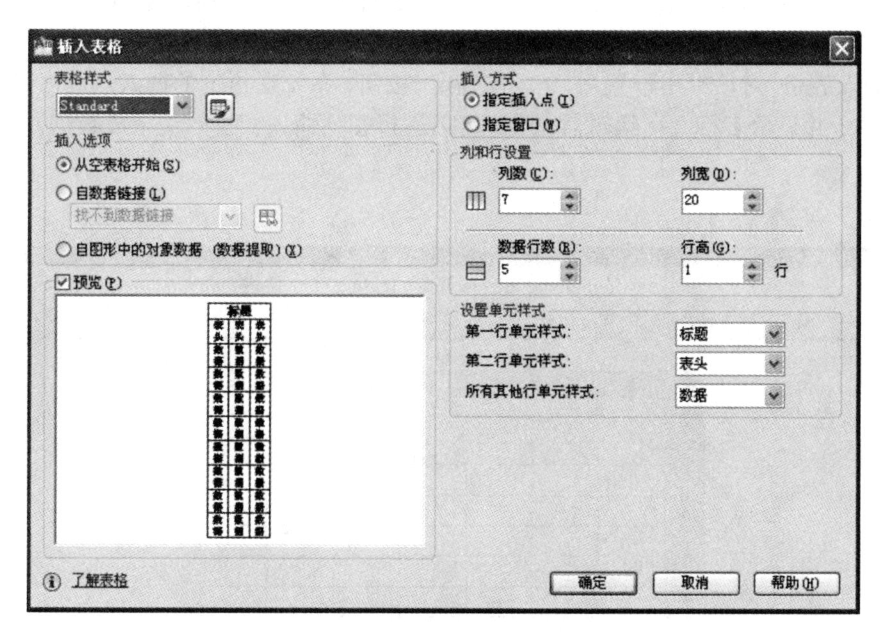

图 4－33　“插入表格”对话框

(1)表格样式：在要创建表格的当前图形中选择表格样式。

(2)插入选项：指定插入表格的方式。

● 从空表格开始：创建可以手动填充数据的空表格。

● 自数据链接：根据外部电子表格中的数据创建表格。

(3)插入方式：指定表格位置。

● 指定插入点：指定表格左上角的位置。可使用定点设备，也可在命令提示下输入坐标值。如果表格样式将表格的方向设置为由下而上读取，则插入点位于表格的左下角。

● 指定窗口：指定表格的大小和位置。可使用定点设备，也可在命令提示下输入坐标值。选定此选项时，行数、列数、列宽和行高取决于窗口的大小以及列和行的设置。

(4)列和行设置：设置列和行的数目和大小。

● 列数：选定“指定窗口”选项并指定列宽时，“自动”选项将被选定，且列数由表格的宽度控制。如果已指定包含起始表格的表格样式，则可以选择要添加到此起始表格的其他列的数量。

● 列宽：指定列的宽度。选定“指定窗口”选项并指定列数时，则选定了“自动”选项，且列宽由表格的宽度控制。最小列宽为一个字符。

● 数据行数：指定行数。选定“指定窗口”选项并指定行高时，则选定了“自动”选项，且行数由表格的高度控制。带有标题行和表头行的表样式最少应有三行。

● 行高：按照行数指定行高。文字行高基于文字高度和单元边距，这两项均在表格样式中设置。

(5)设置单元样式：对于那些不包含起始表格的表格样式，应指定新表格中行的单元格式。

在默认情况下，“第一行单元样式”使用“标题”单元样式。“ 第二行单元样式”使用“表头”单元样式。“所有其他行单元样式”使用“数据”单元样式。

在“插入表格”对话框中设置后，单击“确定”按钮，系统在指定的插入点或窗口自动插入一个空表格，并显示多行文字编辑器，用户可以逐行逐列输入相应的文字或数据，如图 4 - 34 所示。

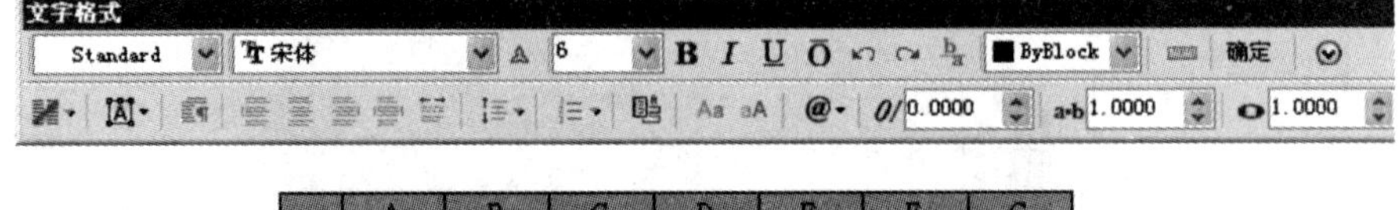

	A	B	C	D	E	F	G
1							
2							
3							
4							
5							
6							
7							

图 4 - 34　插入空表格

4.5.3　编辑表格

1. 命令

(1) 命令行：TABLEDIT

(2) 定点设备：在表格内双击

(3) 快捷菜单：编辑单元文字

执行上述命令，系统打开图 4 - 37 所示的多行文字编辑器，用户可以对指定表格单元的文字进行编辑。

2. 举例

【例题 4 - 3】 用粗实线绘制一个 180 × 35 的矩形线框作为标题栏，在标题栏的上方位置用刚刚创建好的表格样式插入一个表格，再进行编辑。

操作步骤如下：

(1) 单击“表格”图标，系统打开“插入表格”对话框，如图 4 - 35 所示，在此可以进行插入表格的设置。

(2) 在“表格样式”名称中，选择刚才创建的“明细栏”，将“插入方式”指定为“指定插入点”方式，在“列和行设置”选项区域中设置为 7 列 5 行，列宽为 40，行高为 1 行，由于明细栏不需要标题，因此需要在“设置单元样式”选项区域将“第一行单元样式”下拉列表选择为“表头”，然后将“第二行单元样式”下拉列表选择为“数据”，如图 4 - 35 所示，然后单击“确定”按钮。

(3) 指定标题栏的左上角点为表格插入点，然后在随后提示输入的列标题行中填入“序号”“代号”“名称”“数量”“材料”“重量”“备注”7 项，在“序号”一列向上填入 1 ~ 4，可以采用类似 Excel 电子表格里的方法，先填入 1 和 2，然后选择这两个单元格，其他数据采取按住

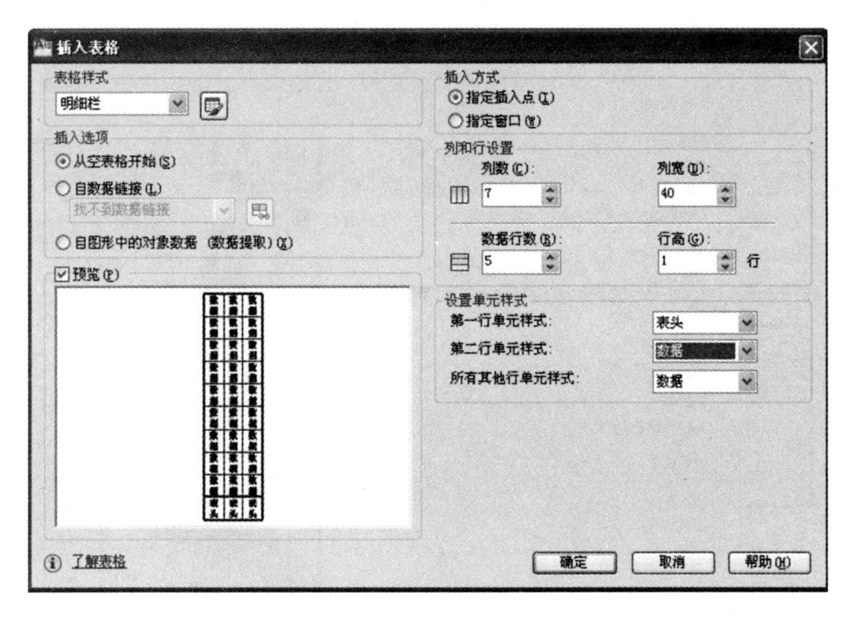

图 4－35　“插入表格”对话框

单元格边界右上角夹点拉动的方法完成，AutoCAD 可以自动填入数列。最后效果如图 4－36 所示。

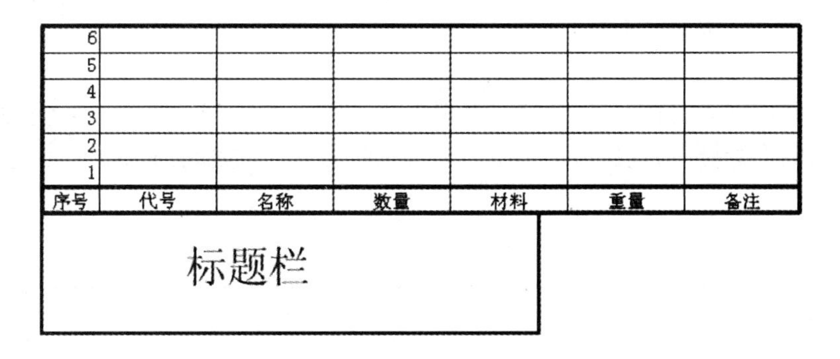

图 4－36　完成插入后的表格

此时已经完成了表格的插入，明细栏已经有了一个雏形，接下来进一步编辑此表格，使其更加完善。

(4) 编辑表格

表格的每一个单元格的高度和宽度都需要设定，对于复杂的表格，也可以像在 Excel 一类软件中一样合并和拆分单元格。接下来利用“特性”选项板对明细栏进行编辑，步骤如下：

① 按住鼠标左键并拖动，可以选择多个单元格，将“序号”一列全部选中，单击鼠标右键，弹出快捷菜单，如图 4－37 所示，在这个菜单里包括“单元样式”“边框”“行”“列”“合并”“数据链接”等编辑命令，如果选择单个的单元格，右键菜单里还会包括公式等选项。

② 选择“特性”菜单项，弹出“特性选项板，如图 4－38 所示。将“单元宽度”项更改为

25，将“单元高度”项更改为 9。

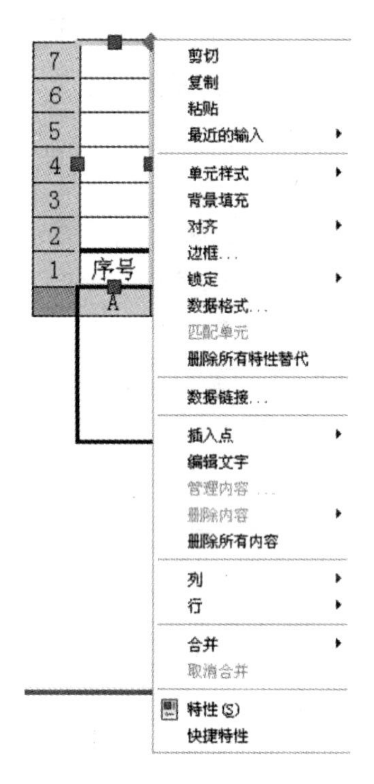

图 4－37　表格快捷编辑菜单图

图 4－38　“特性”选项板

③ 在绘图区域继续选择其他列，分别将“代号”列宽改为 35、“名称”列宽改为 35、“数量”列宽改为 15、“材料”列宽保持为 40、“重量”和“备注”列宽改为 15，最后完成的明细栏如图 4－39 所示。

6						
5						
4						
3						
2						
1						
序号	代号	名称	数量	材料	重量	备注
标题栏						

图 4－39　完成的明细栏

这样，我们就创建了一个很专业的表格，接下来的事情应该是如何在里面填写数据了，包括应用一些公式进行统计分析或者合并拆分单元格，以及添加或删除行和列等，在这里就不再赘述了，读者有兴趣可以将明细栏下面的标题栏也用表格的形式创建出来。

4.6　注释性特性的应用

在规范的工程图纸中，文字、标注、符号等对象在最终图纸上应该有统一的标准，在 AutoCAD 中对这些对象进行大小设置后，对于 1∶1 的出图比例，可以很方便地实现标准的字高、标注以及符号的大小，但是在非 1∶1 的出图比例中，就需要为每个出图比例进行单独的缩放调整，这是一个很烦琐的工作，而且有大量的重复劳动，大大降低了设计绘图的效率。

注释性特性是 AutoCAD 重要的新功能，注释性特性的目的是为了在非 1∶1 比例出图的时候不用费尽周折去调整文字、标注、符号的比例。

在前面的文字样式设置中，都进行了注释性的设置，注释性特性究竟如何使用，接下来用一个例子来说明，由于注释性特性必须和布局配合起来使用，因此本章的例子仅仅简单介绍注释性的概念及简单应用。

绘制长 100、宽 50 的矩形，再加两条由上中点到下对角点的线，然后将工作空间切换到“二维草图与注释”，如图 4－40 所示，此图中注写一个单行文字对象“简单图形”，这个对象的文字字高是 6，目前这个文字对象的注释性未被打开，这样的文字在非 1∶1 出图的视口中将会呈现不同的大小。

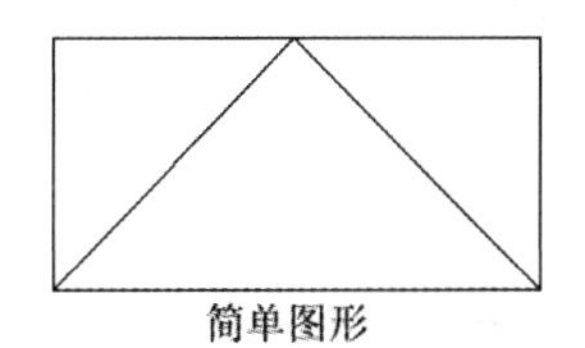

图 4－40　绘制的图形与文字

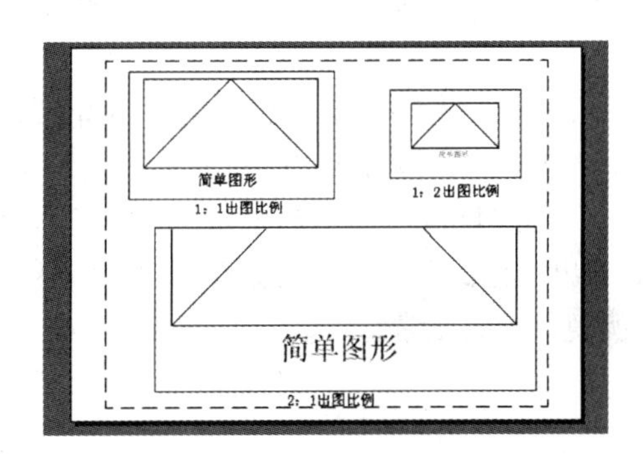

图 4－41　“布局 1”选项卡中的三个视口

点击绘图区域左下角的“布局 1”选项卡，切换到“布局 1”，在这个布局中有三个视口，如图 4－41 所示，显示比例分别是“1∶1”“1∶2”“2∶1”，可以看到在这三个视口中文字对象“简单图形”显示出的字高是不一致的，如果按照规范的出图标准，只有 1∶1 出图比例视口中的文字字高是正确的，按照往常的方法其他视口中的文字对象的字高都需要专门为这个视口重新注写并调整字高，还需要设定在其他视口中不显示，这样的方法显然比较烦琐，有时候也采取直接在布局中书写文字的方法，这样保证了出图的字高一致，但是这些文字在模型空间中又不可见。AutoCAD 的注释性工具提供了很方便的解决方法，步骤如下：

(1) 点击“模型”选项卡，切换到“模型”，点击选中文字对象“简单图形”，如果打开了状态栏上的“快捷特性”工具，就会自动打开“快捷特性”选项板，将鼠标在“快捷特性”选项板左右标题栏上停留，会展开为较多选项的选项板，将其中“注释性”下拉列表选择为“是”，如图 4－42 所示，这样就为文字对象打开了注释性，对于前面讲到的使用原本就打开了注释性的文字样式注写的文字对象，这一步可以略去。

(2)此时会发现“注释性”下拉列表下面增加了一项“注释比例”列表项，点击旁边的【…】按钮，打开“注释对象比例”对话框，此时，“对象比例列表”中只有“1:1”这个比例，点击“添加”按钮将“1:2”“2:1”的出图比例添加进去(需要进行什么样的出图比例就添加什么样的出图比例)如图4-43所示，单击“确定”按钮，关闭“注释对象”比例对话框，然后关闭“特性”选项板。

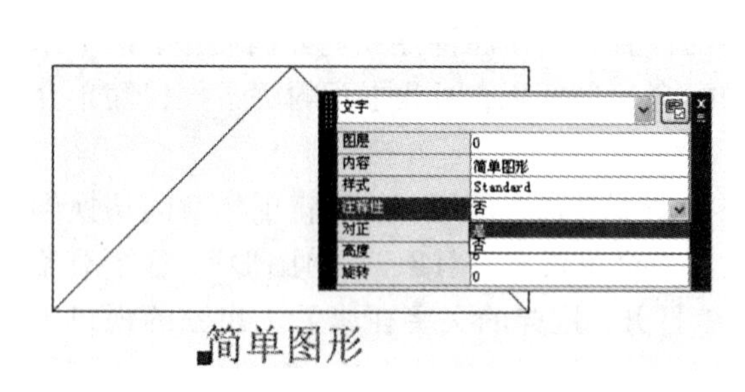

图4-42 用“快捷特性”选项板修改注释性

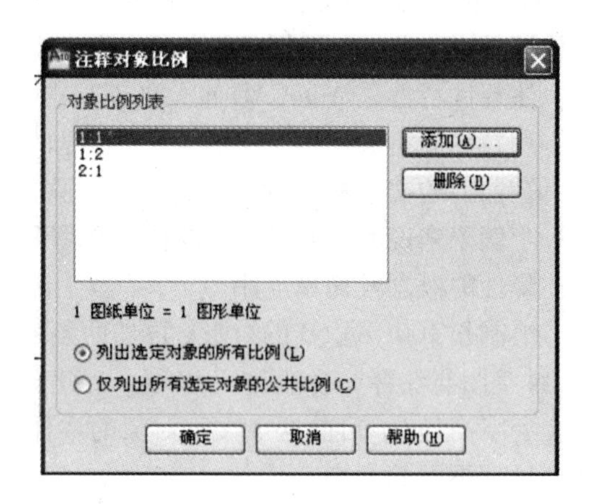

图4-43 “注释对象比例”对话框

(3)此时再点击选中文字对象“简单图形”，会发现文字对象变成了多个字高的显示，如图4-44所示，移动到文字对象上方的十字光标旁也多了注释性的三角比例尺符号。

(4)此时再点击“布局1”选项卡，切换到“布局1”会发现各个视口中的文字高度变得和“1:1 出图比例”视口中一致了。如图4-45所示，这样实现了一个文字对象在多个不同出图比例视口中的正常显示。

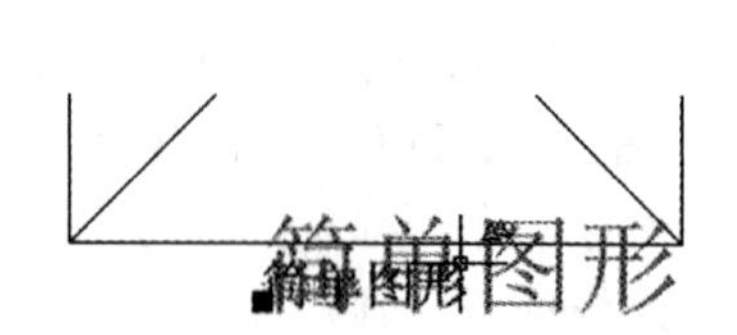

图4-44 附带注释性的文字对象

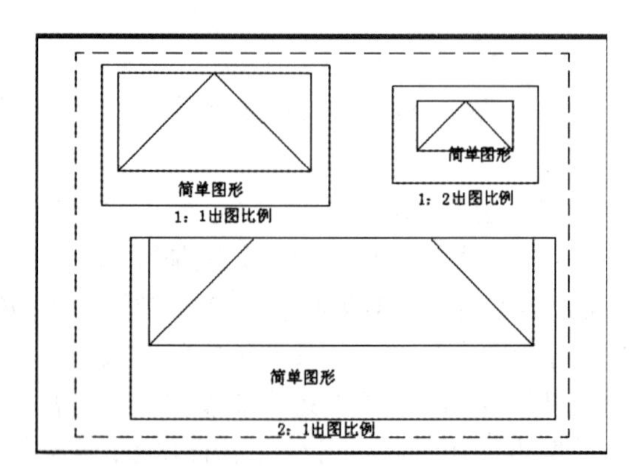

图4-45 完成的注释性对象多比例出图

在AutoCAD中还为注释性提供了工具面板和状态栏按钮，这些工具可以更方便地应用对象的注释性特性，说明如下：

- “添加当前比例”按钮：选择一个或多个注释性对象将当前注释比例添加到对象中。
- “删除当前比例”按钮：选择一个或多个注释性对象将当前注释比例从对象中删除。

● “添加/删除比例…”按钮：选择一个或多个注释性对象打开【注释对象比例】对话框进行添加删除注释比例的操作。

● “比例列表”按钮：控制布局视口、页面布局和打印可用的缩放比例列表。

● “同步比例位置”按钮：重置选定注释性对象的所有换算比例图示的位置。

● “视口比例”按钮：设置当前视口应用注释性时的视口比例，对于每个视口，视口比例和注释比例应该相同。

● “注释比例”按钮：设置当前视口应用注释性时的注释比例，对于每个视口，注释比例和视口比例应该相同。

● “注释可见性”按钮：注释可见性开关，对于模型空间或布局视口，用户可以显示所有的注释性对象，或仅显示那些支持当前注释比例的对象。

● “注释比例更改时自动将比例添加至注释性对象”按钮：打开此开关后，会在当前注释比例更改时自动将更改后的比例添加至图形中所有具有注释性特性的对象中。

对于文字、标注、块、图案填充等可以附加注释性特性的对象都可以方便地应用这些工具，此后章节不再赘述。

4.7　上机操作

用表格绘制如图 4 - 46 所示简化标题栏。

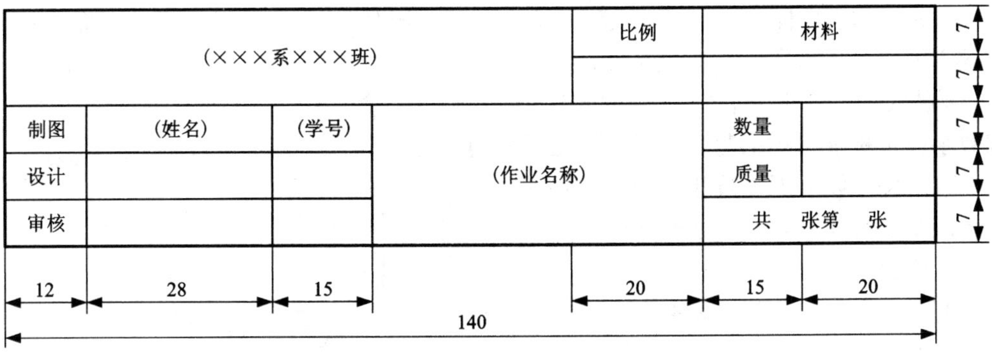
(×××系×××班)
比例
材料
制图
(姓名)
(学号)
(作业名称)
数量
设计
质量
审核
共　张第　张
7
7
7
7
7
12
28
15
20
15
20
140

图 4 - 46　简化标题栏

第 5 章　尺寸标注与编辑

【学习目标】

(1)掌握尺寸标注样式的设置。

(2)掌握尺寸标注的类型。

(3)掌握尺寸和形位公差的标注。

(4)掌握尺寸标注和形位公差标注的编辑。

由于绘制图形只能反映对象的形状，而图形中各个对象的真实大小和相互位置只有经过尺寸标注后才能确定。因此，尺寸标注是绘图设计工作中的一项重要内容。

5.1　设置尺寸标注样式

5.1.1　尺寸标注的组成

一个完整的尺寸标注应由尺寸数字、尺寸线、尺寸界线和箭头符号等组成，如图 5－1 所示。各个尺寸组成部分的主要特点如下：

(1)尺寸数字：用于表达机件的实际测量值。尺寸数字应按标准字体书写，在同一张图纸上的字高要一致。尺寸数字不可被任何图线所通过，否则必须将该图线断开。如图线断开影响表达时，需调整尺寸标注的位置。

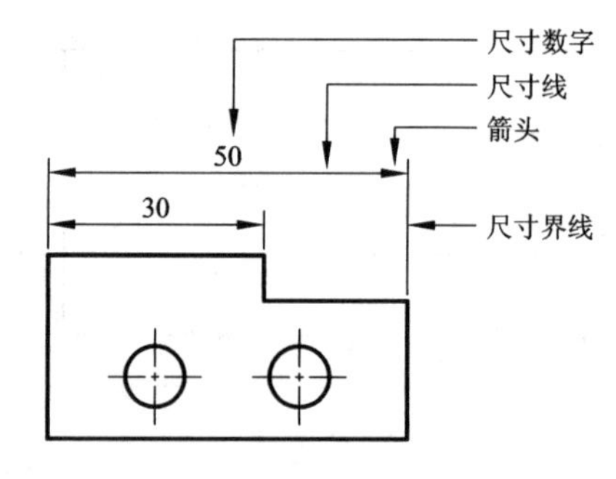

图 5－1　尺寸标注组成

(2)尺寸界线：应从图形的轮廓线、轴线和对称中心线引出。同时，轮廓线、轴线、对称中心线也可以作为尺寸界线。尺寸界线应使用细实线绘制。

(3)尺寸线：用于表示标注的范围。AutoCAD 通常将尺寸线放置在测量区域中。如果空间不足，则将尺寸线或文字转移到测量区域外部。对于角度标注，尺寸线是一段圆弧。尺寸线也应使用细实线绘制。

(4)箭头：箭头显示在尺寸线的末端，用于指出测量的开始和结束位置。AutoCAD 默认使用的符号为闭合的填充箭头。此外，系统还提供了多种箭头的符号。

5.1.2　标注样式管理器的概述

在 AutoCAD 中，通过“标注样式管理器”对尺寸标注样式进行设置，控制尺寸标注的格式，实现对尺寸标注样式的创建和修改。

1. 命令

(1)命令：DIMSTYLE

(2)工具栏：图标

(3)菜单栏：格式→标注样式(或者：标注→标注样式)

(4)功能区选项板：注释→标注样式

2. 选项

执行该命令时，弹出“标注样式管理器”对话框，见图5－2所示，该对话框的主要内容如下：

(1)当前标注样式：显示当前尺寸标注样式，在Acadiso. dwt的图形模板中，AutoCAD默认为ISO－25样式。

(2)“样式”区：该区中的“样式”列表框用于显示当前图中已设置的标注样式名称。

(3)“预览”区：“预览”区标题显示当前标注样式的名称，预览区中则对应显示当前标注样式的图形。

(4)“置为当前”按钮：将把选择的尺寸标注样式设置为当前标注样式。

(5)“新建”按钮：创建新的标注样式。

(6)“修改”按钮：修改当前尺寸标注样式中的设置。

5.1.3　新建标注样式

在图5－2中单击“新建”按钮，打开“创建新标注样式”对话框，如图5－3所示，在图中的“新样式名”编辑框中输入新的样式名称；在“基础样式”下拉表框中选择新样式的副本，在新样式中包含了副本的所有设置，默认的基础样式为ISO－25；在“用于”下拉表框中选择应用新样式的尺寸类型。

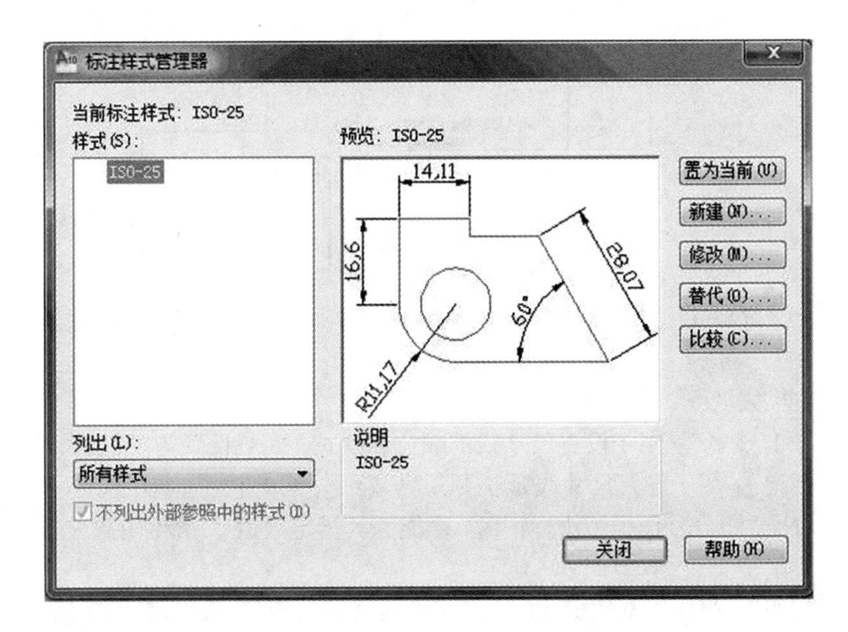

图5－2　“标注样式管理器”对话框

单击“继续”按钮，弹出“新建标注样式：副本 ISO－25”对话框。在该对话框中，利用“线”“符号和箭头”“文字”“调整”“主单位”“换算单位”“公差”7 个选项卡就可定义新标注样式的所有内容，如图 5－4 所示。

下面就这 7 个选项卡的功能予以说明。

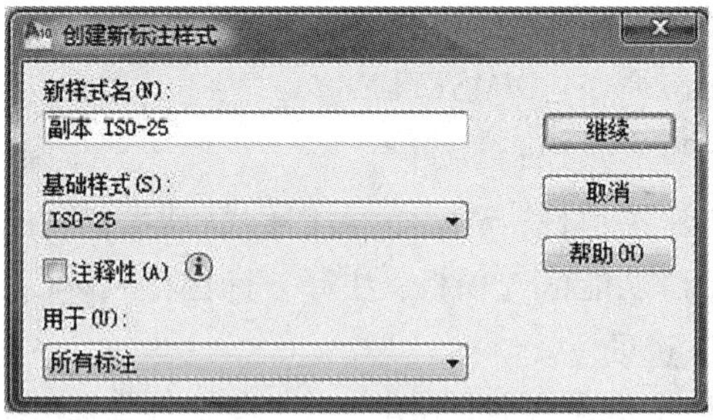

图 5－3　“创建新标注样式”对话框

1. “线”选项卡

该选项中分为“尺寸线”和“延伸线”2 个区域，其选项内容如图 5－4 所示。

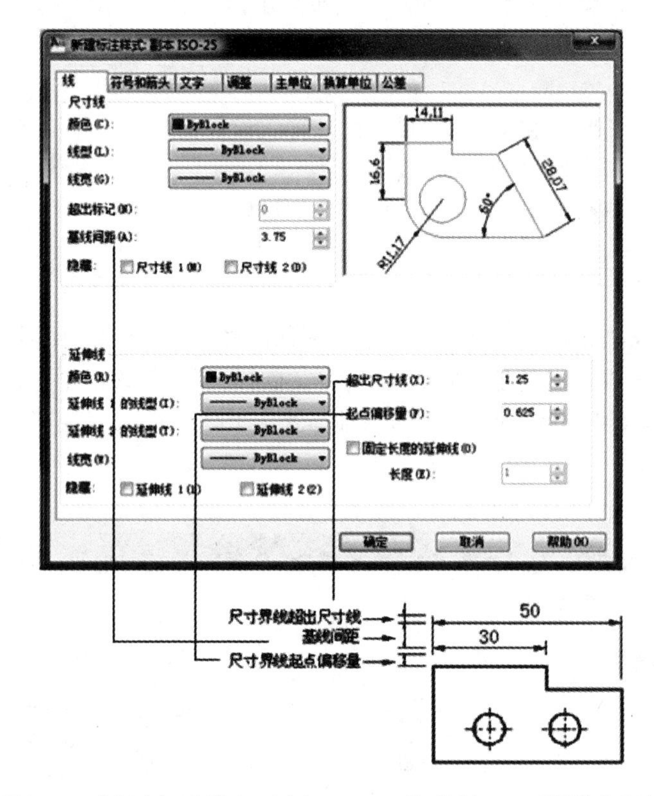

图 5－4　“新建标注样式：副本 ISO－25”对话框——“线”选项卡

(1)“尺寸线”区域

● “颜色”和“线宽”：用于设置尺寸线的颜色和线宽，一般设置为“随层”。

● “超出标记”：用于设置尺寸线延长到尺寸界线外面的长度。但是，只有当尺寸线两端使用斜线、勾号、积分号作为箭头标记时，才能为其指定数值(一般使用缺省值“0”)。如图 5－5 所示。

● “基线间距”：当使用基线标注时，各尺寸线之间的距离，如图 5－4 所示。

● “隐藏”：该选项是用来切换“尺寸线 1”和“尺寸线 2”的两个开关，其作用是分别消隐

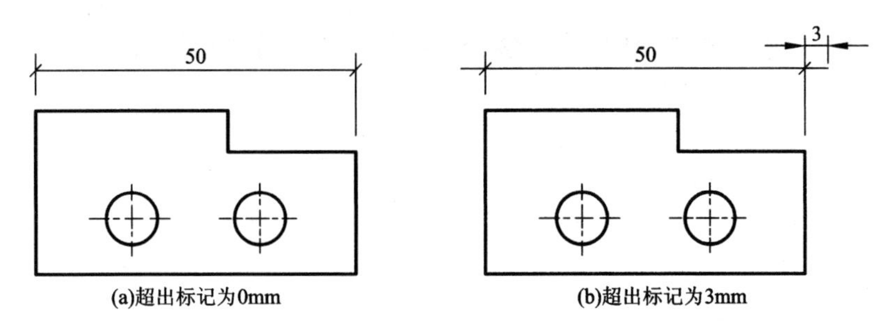

图5－5　超出标记示例

“尺寸线1”或者“尺寸线2”，效果可通过预览观察。如图5－6所示为隐藏“尺寸线1”的效果。

(2)“延伸线”区域

● “颜色”和“线宽”：用于设置延伸线(即尺寸界线)的颜色和线宽，一般设置为“随层”。

● “超出尺寸线”：用来设置延伸线(即尺寸界线)超出尺寸线的距离，如图5－4所示。按制图标准规定一般设为2～3毫米。

● “起点偏移量”：用来设置延伸线相对于延伸线起点的偏移距离，如图5－4所示。

● “隐藏”：该选项是用来切换“延伸线1”和“延伸线2”的两个开关，其作用是分别消隐“延伸线1”或“延伸线2”，即可以隐藏延伸线，效果可通过预览区观察。如图5－7所示为隐藏“延伸线1”的效果。

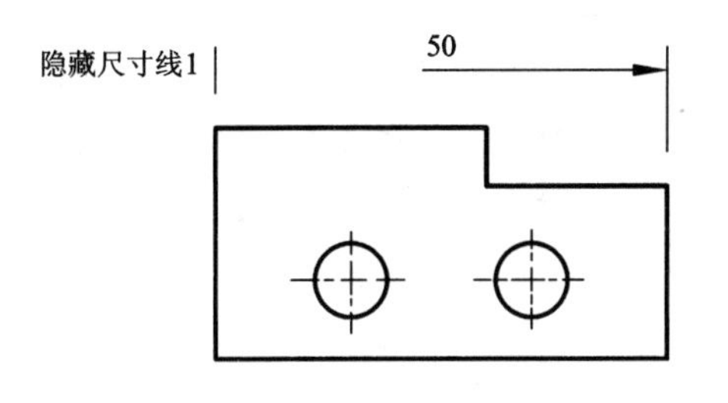

图5－6　隐藏尺寸线效果

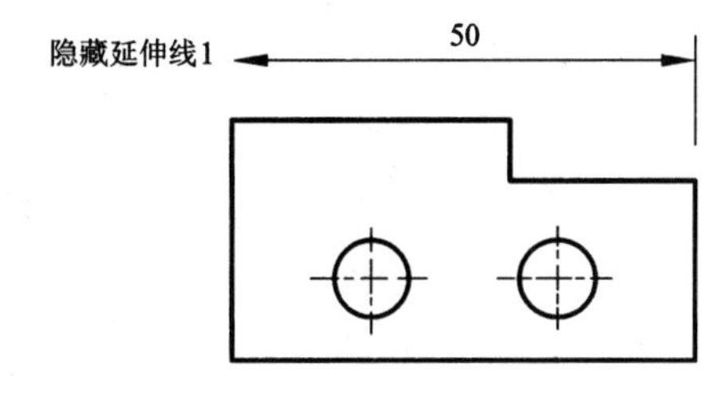

图5－7　隐藏延伸线效果

2.“符号和箭头”选项卡

在“新建标注样式”对话框中，使用“符号和箭头”选项卡可以设置箭头、圆心标记、弧长符号和半径折弯标注的格式与位置，如图5－8所示。

(1)“箭头”区域

用于设置尺寸线端点的箭头的种类及箭头的大小。箭头的类型包括无、空心闭合、点、实心闭合等。并在“箭头大小”文本框中设置其大小。

(2)“圆心标记”区域

用于设置圆或圆弧的圆心标记类型和大小，如“无”“标记”“直线”。

● “无”单选按钮：选择该按钮表示没有任何标记。

● “标记”单选按钮：选择该按钮可对圆或圆弧绘制圆心标记，如图5－9(a)所示。

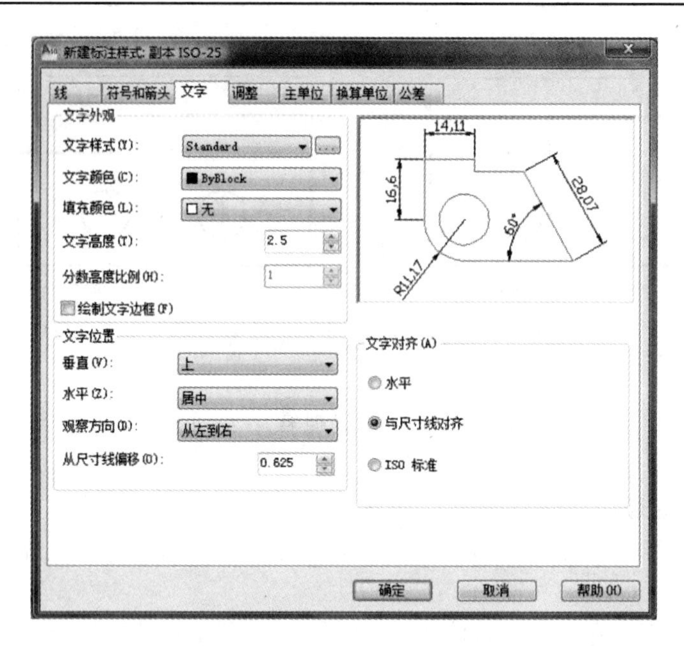

图 5－8 “符号和箭头”选项卡

● “直线”单选按钮：选择该按钮可绘制圆或圆弧的中心线，如图 5－9(b)所示。一般选择“直线”选项。

当选择“标记”或“直线”单选按钮时，可在“大小”文本框中设置圆心标记的大小。

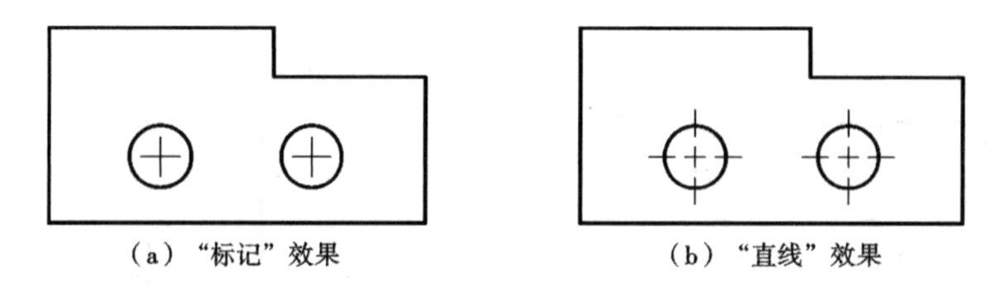

图 5－9 圆心标记类型

(3)“弧长符号”区域

在“弧长符号”选项区域中，可以设置弧长符号显示的位置，包括“标注文字的前缀”“标注文字的上方”“无”3 种方式，如图 5－10 所示。

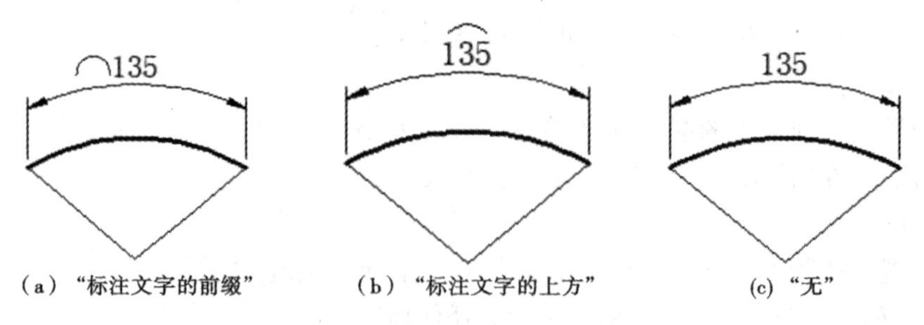

图 5－10 设置弧长符号的位置

(4)“ 半径折弯标注”区域

在“ 半径折弯标注”选项区域的“折弯角度”文本框中，可以设置标注圆弧半径时标注线的折弯角度大小。

(5)“折断标注”区域

在“折断标注”选项区域的“打断大小”文本框中，可以设置标注打断时标注线的长度大小。

(6)“线性折弯标注”区域

在“线性折弯标注”选项区域的“折弯高度因子”文本框中，可以设置折弯标注打断时折弯线的高度大小。

3.“文字”选项卡

该选项卡分为“文字外观”“文字位置”“文字对齐”3个区域，如图5－11所示。

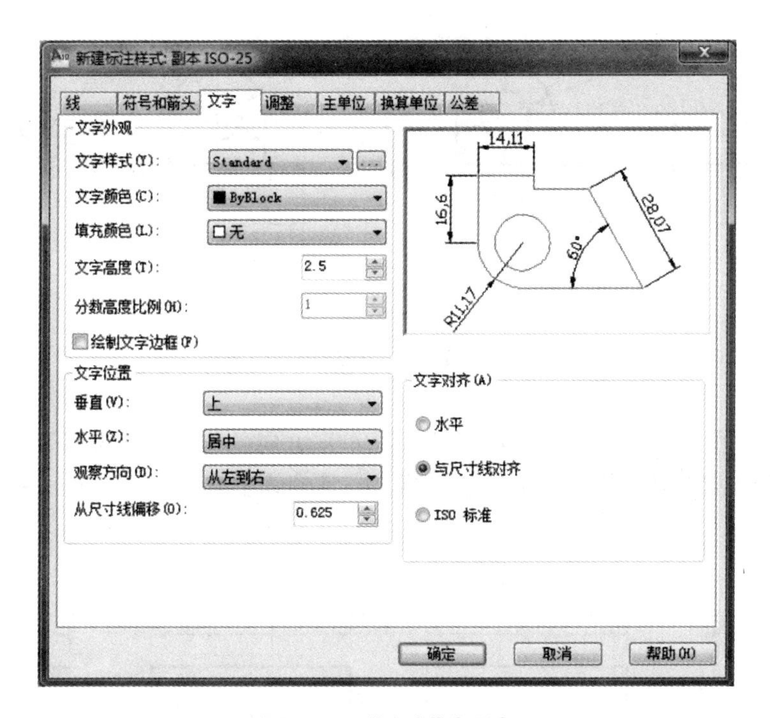

图5－11　“文字”选项卡

(1)“文字外观”区域

● “文字样式”：用于选择尺寸数字的文字样式，默认样式为Standard，也可单击其后按钮，打开“文字样式”对话框，创建新的文字样式。

● “文字颜色”：用于设置尺寸数字的颜色，一般设为“随层(ByBlock)”。

● “文字高度”：用于设置标注文字的高度。

● “绘制文字边框”：用于设置是否给标注文字添加一个矩形边框，如图5－12所示。

(2)“文字位置”区域

● “垂直”：用于设置标注文字相对于尺寸线在垂直方向的位置，如“置中”“上”“外部”“JIS”“下”。其中，选择“置中”选项可以把文字放在尺寸线的中间；选择“上”选项可以把文

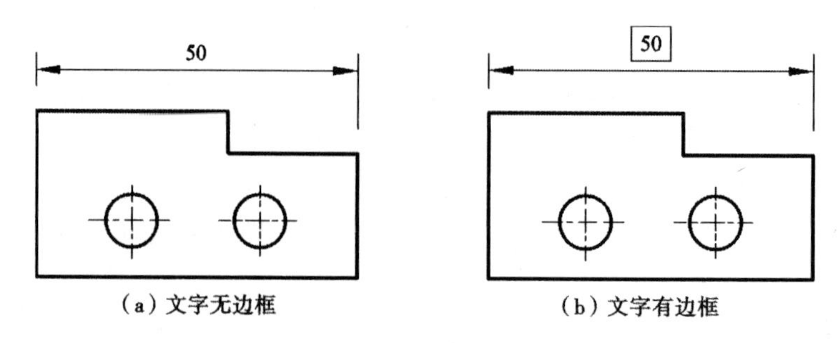

图 5-12 文字无边框与有边框效果对比

字放在尺寸线的上方；选择“外部”选项可以把标注文字放在远离第一定义点的尺寸线一侧；选择“JIS”选项，则按 JIS 规则放置标注文字，如图 5-13 所示。一般选择“上”。

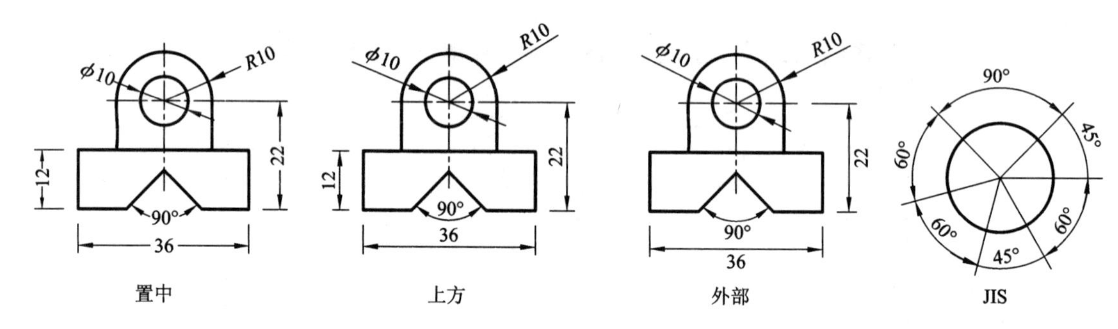

图 5-13 文字垂直位置的几种形式

● “水平”：用来控制尺寸数字沿尺寸界线水平方向的位置，分为“置中”“第一条延伸线”“第二条延伸线”“第一条延伸线上方”“第二条延伸线上方”5 种，如图 5-14 所示，一般选择“置中”。

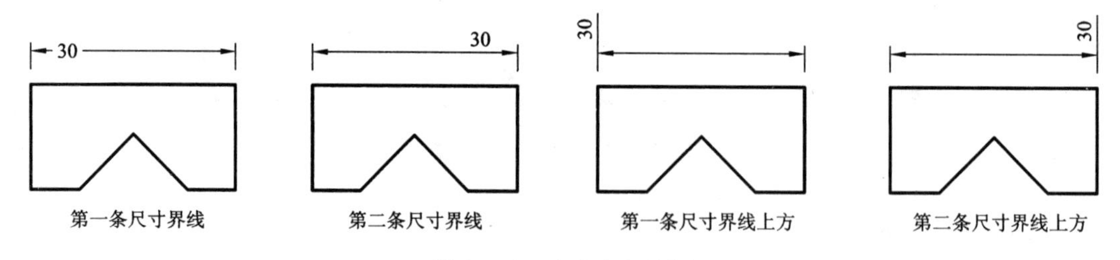

图 5-14 文字水平位置

● “从尺寸线偏移”：设置当前文字从尺寸线偏移的距离值。

(3)“文字对齐”区域

设置标注文字是保持水平还是与尺寸线平行，如图 5-15 所示。

● “水平”：标注文字沿水平线方向放置。

● “与尺寸线对齐”：标注文字沿尺寸线方向放置。

● “ISO 标准”：当标注文字在延伸线之间时，沿尺寸线方向放置；当标注文字在延伸线外侧时，则水平放置文字。

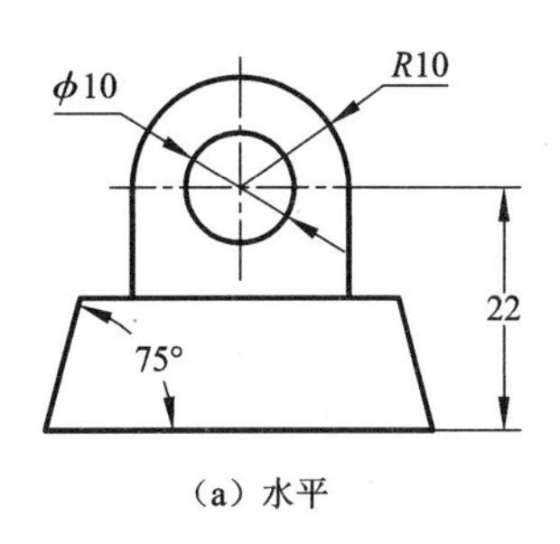

（a）水平

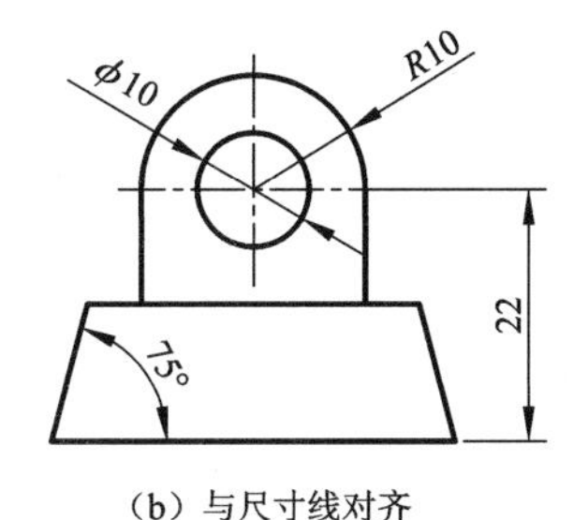

（b）与尺寸线对齐

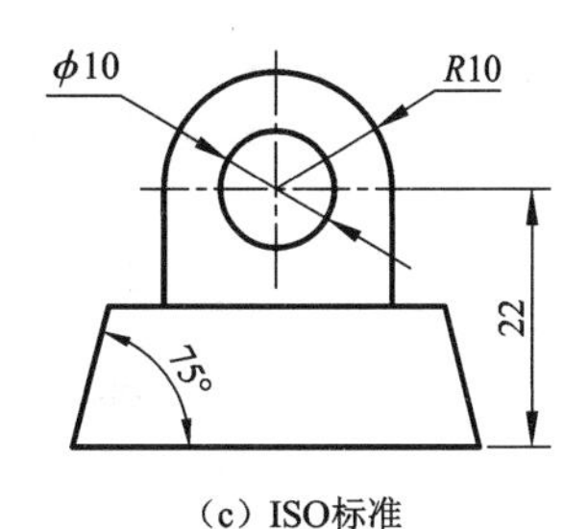

（c）ISO标准

图 5－15　文字对齐方式

知识要点提示：

根据标注文字相对于尺寸线在垂直方向的位置，“水平”标注样式又分为水平样式的置中、水平样式的上方和水平样式的外部等几种位置情况。

标注如图 5－16 所示尺寸，如果两者都按水平样式的上方位置标注，则 60°标注错误，如图 5－17(a)所示。如果两者都按水平样式的外部位置标注，则 80 标注错误，如图 5－17(b)所示。因此，不同的位置应设置不同的标注样式，该图应设置两种标注样式。其中，80 为水平样式的上方位置，60°为水平样式的外部位置。

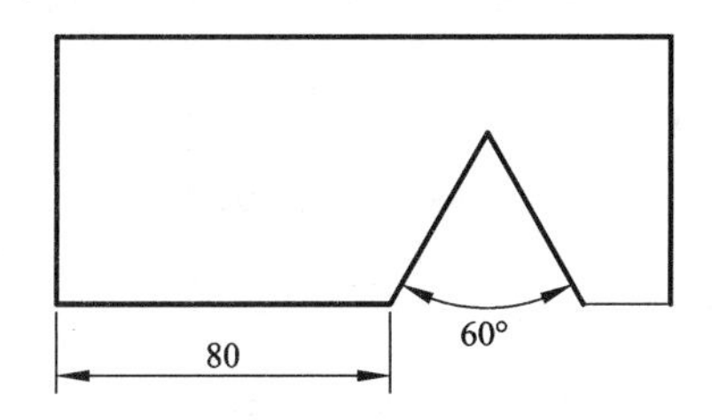

图 5－16　尺寸标注样式示例

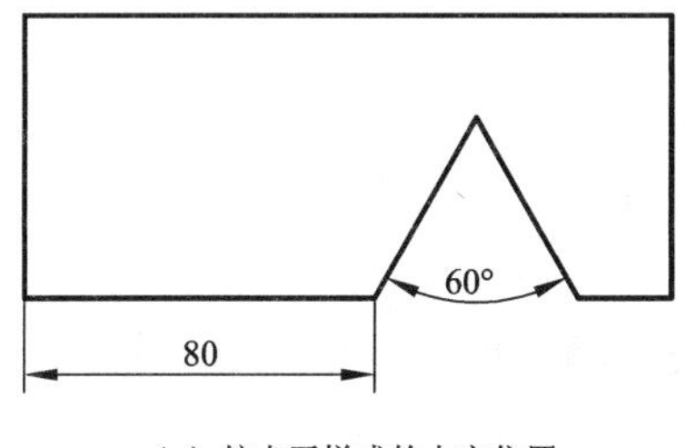

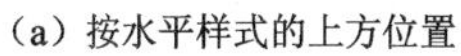

（a）按水平样式的上方位置

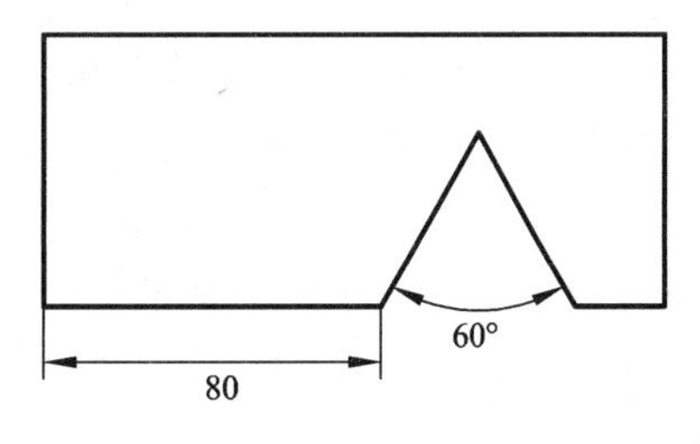

（b）按水平样式的外部位置

图 5－17　不同尺寸位置的标注样式比较

4.“调整”选项卡

“调整”选项卡如图 5－18 所示，可以设置标注文字、箭头、引线和尺寸线的位置，该对话框分为“调整选项”“文字位置”“标注特征比例”“优化”4 个区域。

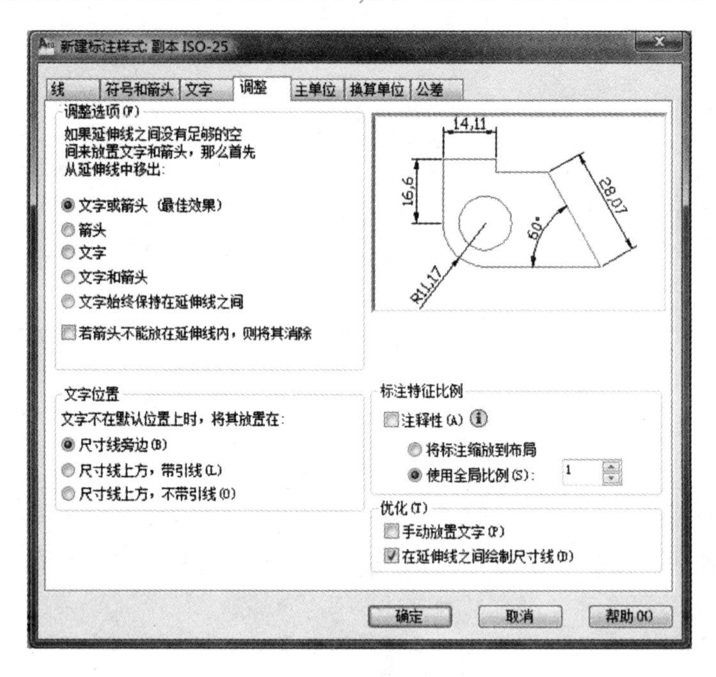

图 5-18 "调整"选项卡

(1)"调整选项"区域

在"调整选项"区域中，可以设置当延伸线(即尺寸界线)之间没有足够的空间同时放置标注文字和箭头时，首先从延伸线之间移出对象，如图 5-19 所示。

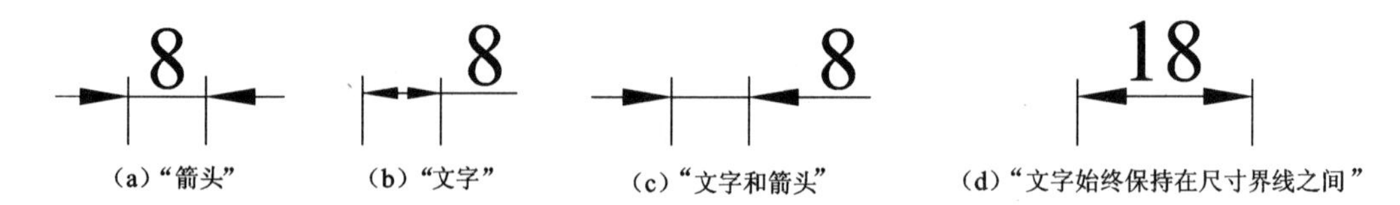

(a)"箭头"　(b)"文字"　(c)"文字和箭头"　(d)"文字始终保持在尺寸界线之间"

图 5-19 文字和箭头在尺寸界线之间的标注位置

- "文字或箭头(最佳效果)"单选按钮：按最佳效果自动移出文本或箭头。
- "箭头"单选按钮：首先将箭头移出。
- "文字"单选按钮：首先将文字移出。
- "文字和箭头"单选按钮：将文字和箭头都移出。
- "文字始终保持在延伸线之间"单选按钮：将文本始终保持在延伸线之内。
- "若箭头不能放在延伸线内，则将其消除"复选框：如果选中该复选框可以抑制箭头显示。

(2)"文字位置"区域

标注文字的默认位置是位于延伸线之间，无法放置时可设置标注文字的位置。共有 3 种位置："尺寸线旁边""尺寸线上方，带引线""尺寸线上方，不带引线"，效果如图 5-20 所示。

(3)"标注特征比例"区域

设置全局缩放值或图纸空间缩放。所谓"标注特征比例"是指标注大小的改变，而图形的

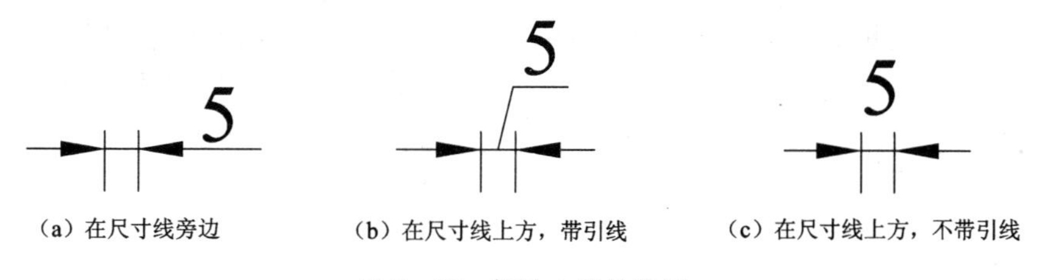

（a）在尺寸线旁边　（b）在尺寸线上方，带引线　（c）在尺寸线上方，不带引线

图 5－20　标注文字的位置

大小不变。如果图形尺寸较大，应适当增大“使用全局比例”的数值，否则标注的尺寸文字有可能看不见，如图 5－21 所示。

● “将标注缩放到布局”：系统自动根据当前模型空间视窗与图纸空间之间的缩放关系设置比例。

● “使用全局比例”：可以对全部尺寸标注设置缩放比例，该比例不改变尺寸的测量值。

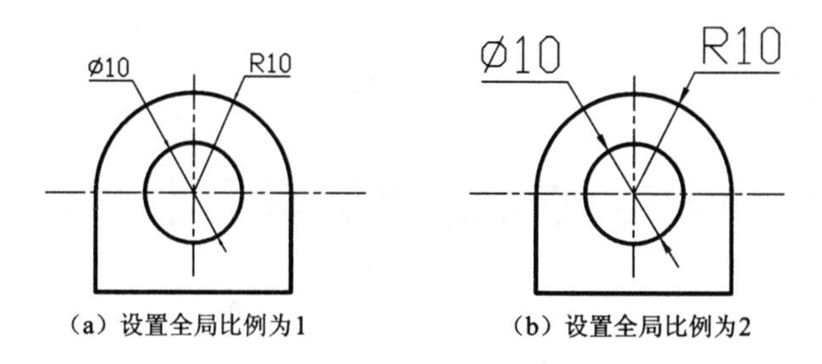

（a）设置全局比例为 1　（b）设置全局比例为 2

图 5－21　使用全局比例控制尺寸标注

（4）“优化”区域

● “手动放置文字”：手动将标注文字放置在指定位置，如图 5－22 所示。

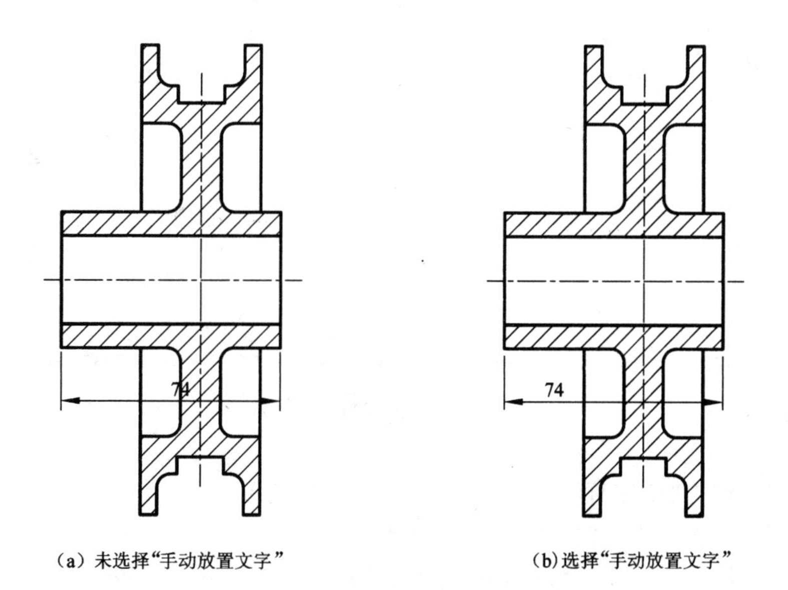

（a）未选择“手动放置文字”　（b）选择“手动放置文字”

图 5－22　“手动放置文字”选项的设置

● “在延伸线之间绘制尺寸线”：始终在延伸线(即尺寸界线)之间绘制尺寸线。除非当尺寸箭头移至尺寸界线之外时，不画出尺寸线。图 5－23 所示为选择该选项和关闭该选项所实现的不同的标注效果。

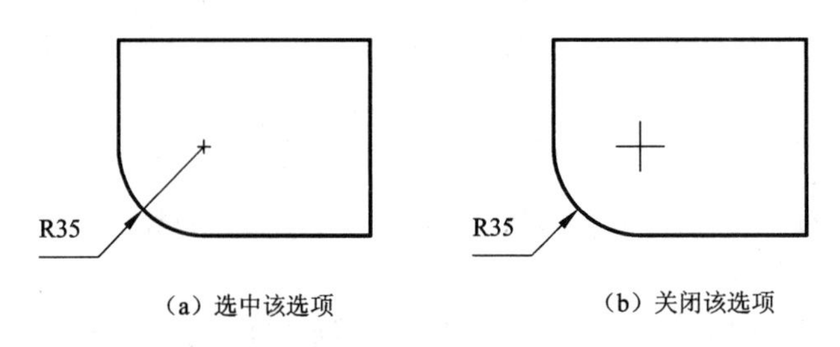

（a）选中该选项　　（b）关闭该选项

图 5－23　“始终在延伸线之间绘制尺寸线”选项的设置

5.“主单位”选项卡

“主单位”选项卡用于设置主单位尺寸标注的格式及精度，同时还可以设置标注文字的前缀和后缀，如图 5－24 所示。该对话框的主要内容如下：

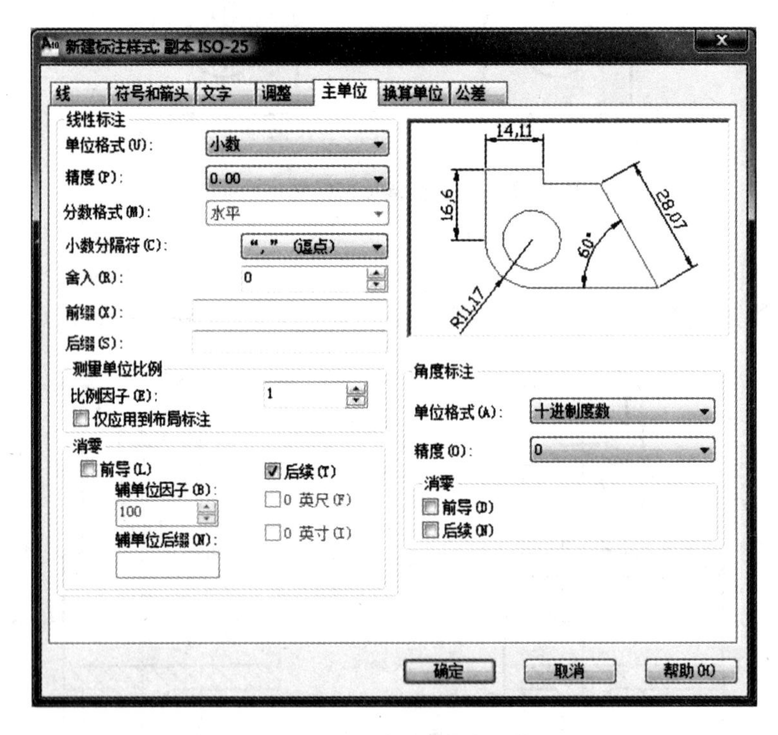

图 5－24　“主单位”选项卡

● “舍入”：根据“精度”的设置对测量值进行四舍五入。

● “前缀”：在标注文字之前加上一个前缀。

在其文本框中可以输入文字或特殊符号控制码。例如：输入“%%C”，则标注样式如图 5－25 所示。

● “后缀”：在标注文字之后加上一个后缀。

在其文本框中可以输入文字或特殊符号控制码。例如：输入“mm”，则标注样式如图 5 - 26 所示。

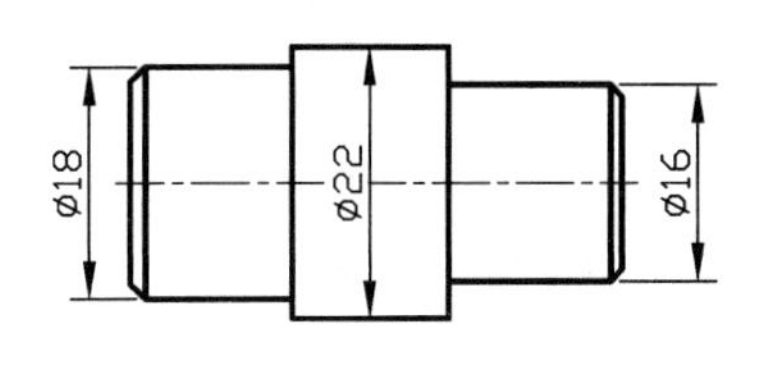

图 5 - 25　尺寸加前缀“%%C”

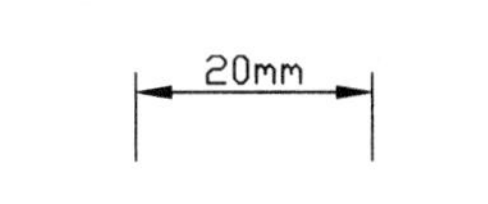

图 5 - 26　尺寸加后缀“mm”

“比例因子”：用来设置除角度之外的所有标注测量值的比例因子。缺省值为 1，如果此处输入“2”，系统将所有线性测量结果乘以 2。

“消零”：可以设置是否显示尺寸标注中的“前导”和“后续”零。

6.“换算单位”选项卡

该选项卡可以对换算单位标注的格式和精度进行设置，如图 5 - 27 所示。

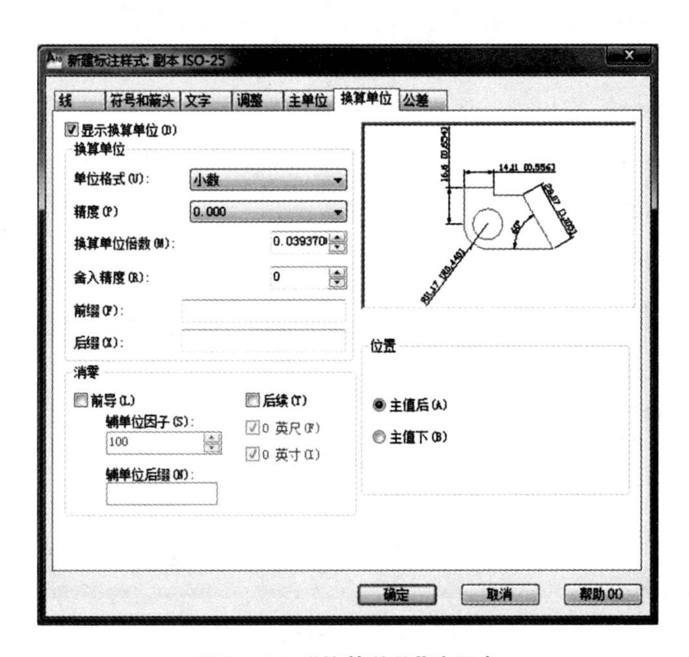

图 5 - 27　“换算单位”选项卡

在 AutoCAD 2010 中，通过换算标注单位，可以转换使用不同测量单位制的标注，通常是显示英制标注的等效公制标注，或公制标注的等效英制标注。

选中“☑ 显示换算单位 (D)”复选框后，对话框的其他选项才可用。

在标注文字中，换算标注单位显示在主单位旁边的方括号[ ]中，在“位置”选项区中，包括“主值后”和“主值下”两种设置换算单位的位置方式。如图 5 - 28 所示，公制标注为主值，英制标注为换算单位值。图(a)为“主值后”设置效果，图(b)为“主值下”设置效果。

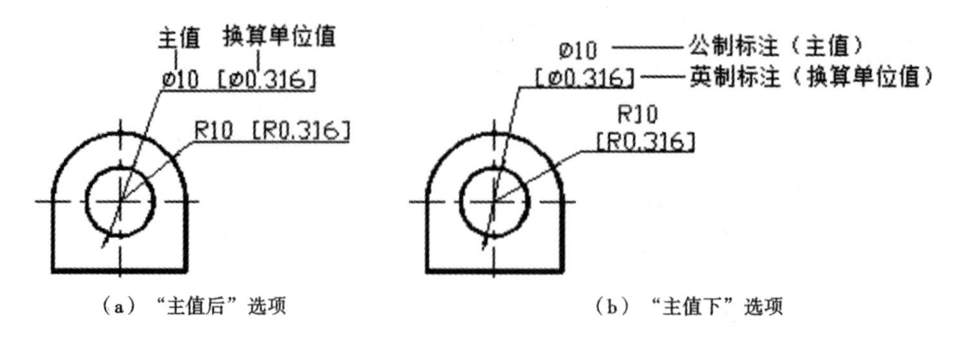

（a）“主值后”选项 （b）“主值下”选项

图 5－28 换算单位选项的设置——公制标注［英制标注］

6.“公差”选项卡

“公差”选项卡可以设置公差的显示及格式，如图 5－29 所示。

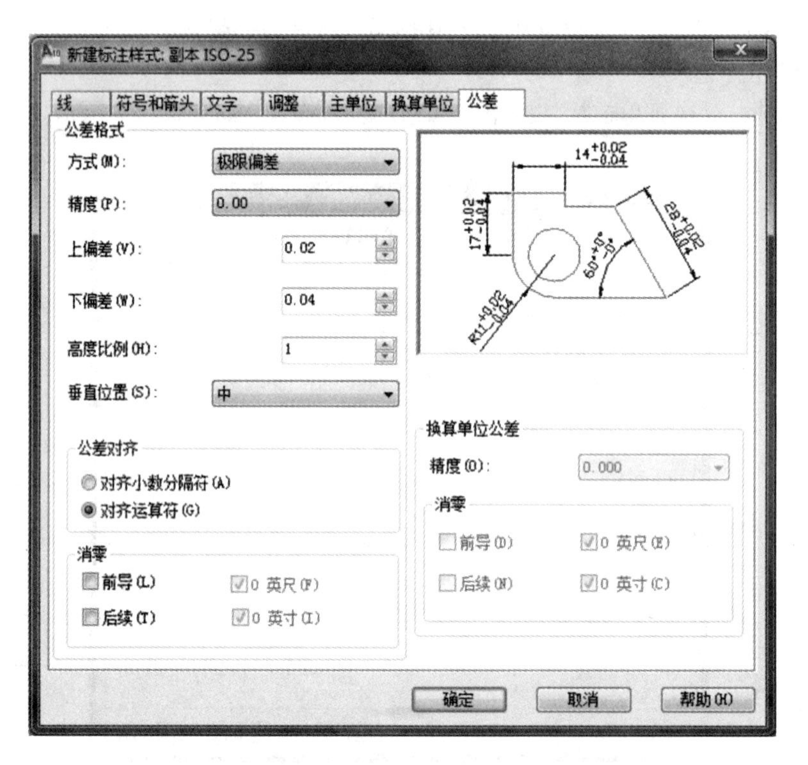

图 5－29 “公差”选项卡

● “方式”：设置公差的标注方式，如图 5－30 所示。其中包括五个选项：

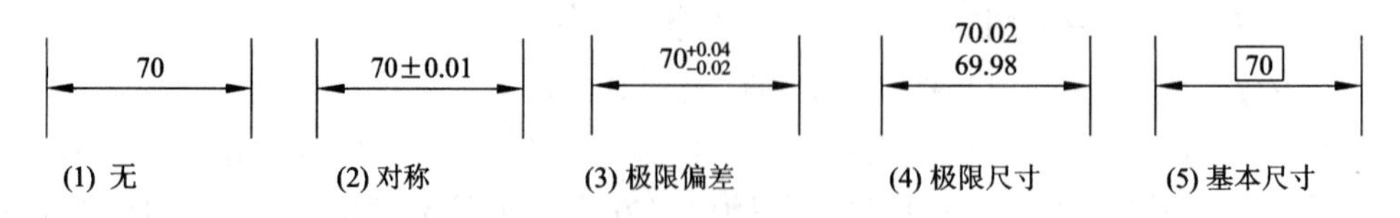

图 5－30 公差的标注方式

1)“无”：尺寸标注中不加公差。

2)“对称”：当公差中正负偏差相同时，选择此项。

3)“极限偏差”：当公差中正负偏差不同时，选择此项。

4)“极限尺寸”：尺寸标注中直接使用极限值。尺寸标注文字有两行。上一行等于主单位尺寸加上偏差值，下一行等于主单位尺寸加下偏差值。

5)“基本尺寸”：在基本尺寸数字上加一矩形框。

- “精度”：公差值小数点后保留的位数。
- “上偏差”和“下偏差”：设置尺寸的上、下偏差值。
- “高度比例”：显示和设置公差文字的高度。例如：0.5 代表公差文字的高度是主单位尺寸文字高度的一半。
- “垂直位置”：设置公差文字与主单位尺寸文字的位置关系。如图 5 – 31 所示，其中，“上”选项卡指公差和主单位尺寸文字的上部对齐，“中”选项卡指文字和主单位尺寸文字的中部对齐；“下”选项卡是公差文字和主单位尺寸文字的下部对齐。

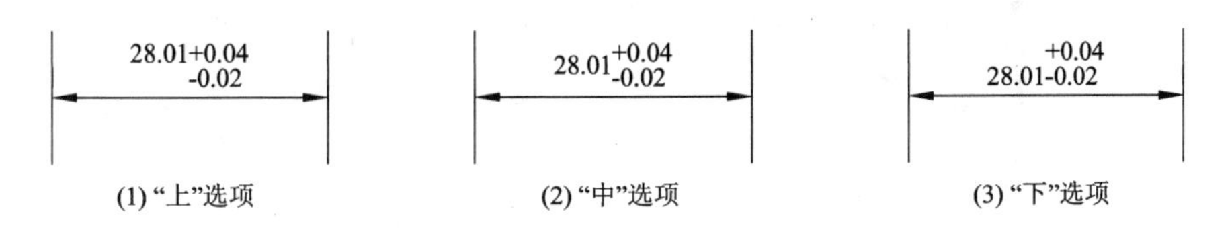

图 5 – 31　公差文字与主单位文字的位置关系

【例题 5 – 1】　根据图 5 – 32 的尺寸设置公差的标注方式。

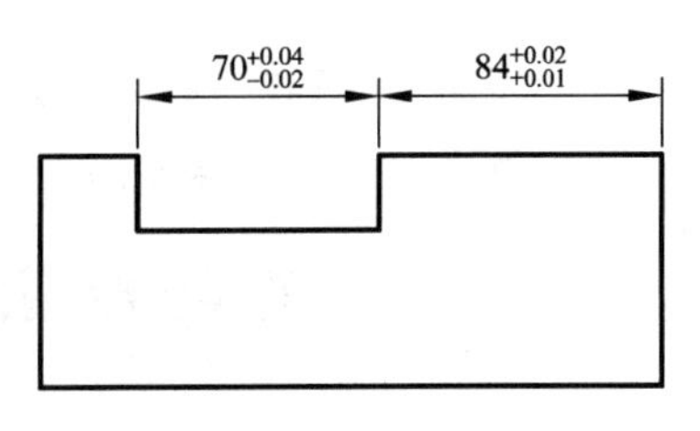

图 5 – 32　公差的标注方式示例

操作步骤：

(1)选择菜单“格式”→“标注样式”命令，打开“标注样式管理器”对话框，点击“新建”按钮，弹出“创建新标注样式” 对话框，输入“极限偏差 1”作为新样式名。如图 5 – 33 所示。再点“继续”按钮。

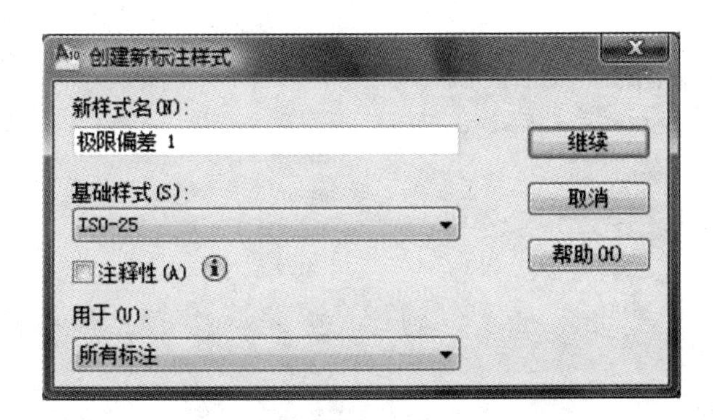

图 5 – 33　“创建新标注样式”对话框

(2)系统弹出“新建标注样式：极限偏差 1”对话框。在“主单位”选项卡中进行各项设置，如图5－34 所示，将“精度”设置为0，“小数分隔符”设置为“.”(句点)形式。这样，本题中的主单位尺寸 70 在标注时，将以整数形式显示。其上、下偏差的小数点将以“.”(句点)形式显示。

(3)在“公差”选项卡中进行各项设置，如图 5－35 所示，其中，在“上偏差”编辑框中输入0.04，在“下偏差”编辑框中输入0.02，再点“确定”按钮。

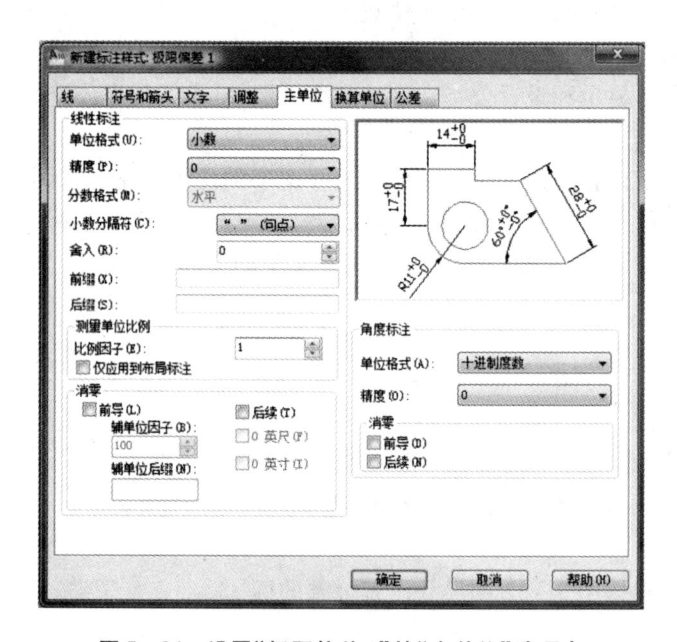

图 5－34　设置“极限偏差 1”的“主单位”选项卡

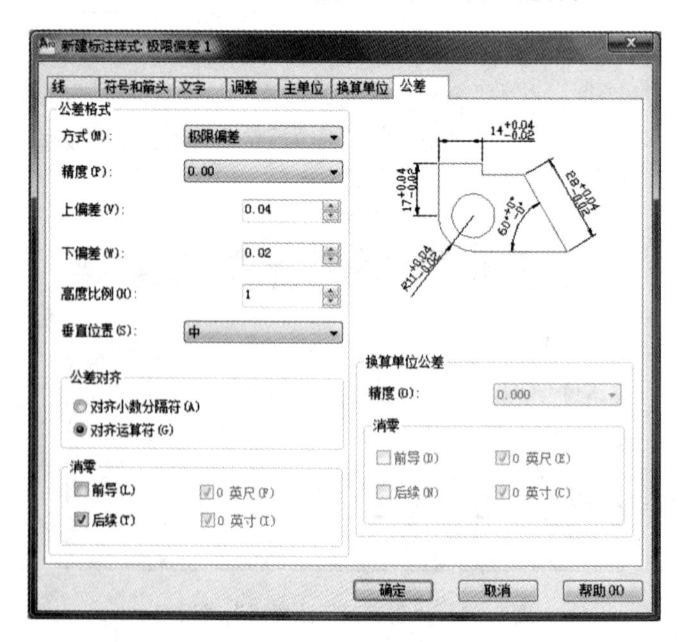

图 5－35　设置“极限偏差 1”的“公差”选项卡

(4)系统立即返回到“标注样式管理器”对话框，点击“置为当前”，再点击“关闭”按钮，即可在绘图区域以“极限偏差 1”的样式对当前图形进行标注。

(5)以同样的方法创建另一个标注样式，新样式名为“极限偏差 2”，在“公差”选项卡中进行各项设置，如图 5－36 所示，其中，在“上偏差”编辑框中输入“0.02”，在“下偏差”编辑框中输入“ －0.01”。

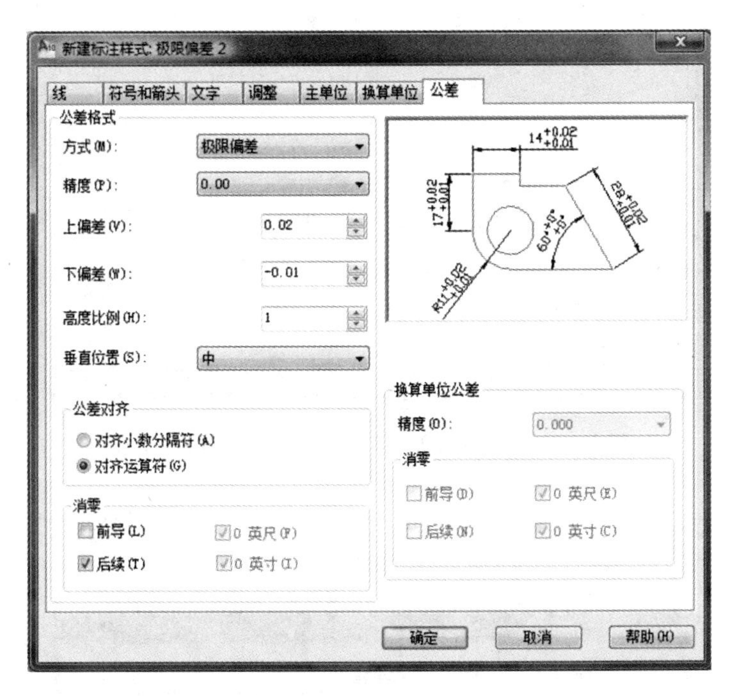

图 5－36　设置“极限偏差 2”的“公差”选项卡

> **知识要点提示：**
>
> (1)不同偏差值的尺寸标注应新建不同的标注样式，而不能共用同一个标注样式。
>
> (2)AutoCAD 设置的上偏差默认为正值，系统设置已包含“ + ”符号，下偏差默认为负值，系统设置已包含“ - ”符号。因此，如果上偏差为“ +0.02”，则在“上偏差”编辑框中只需输入“0.04”即可，如果下偏差为“ +0.01”，则在“下偏差”编辑框中应输入“ -0.01”。

【例题 5－2】　根据图 5－37 设置尺寸公差的标注样式并进行标注。

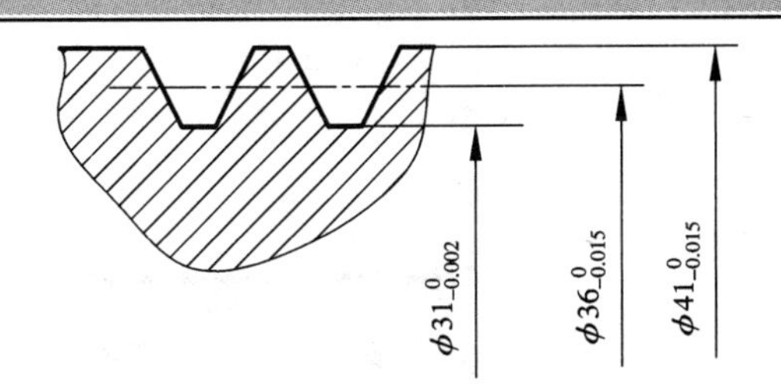

图 5－37　尺寸公差的标注

操作步骤：

(1)选择菜单“格式”→“标注样式”命令，打开“标注样式管理器”对话框，新建样式名为“尺寸公差 1”的标注样式，在“线”选项卡的“隐藏”选项中，在“尺寸线 2” 和“延伸线 2”前的小方框内分别打“☑”，如图 5－38 所示。

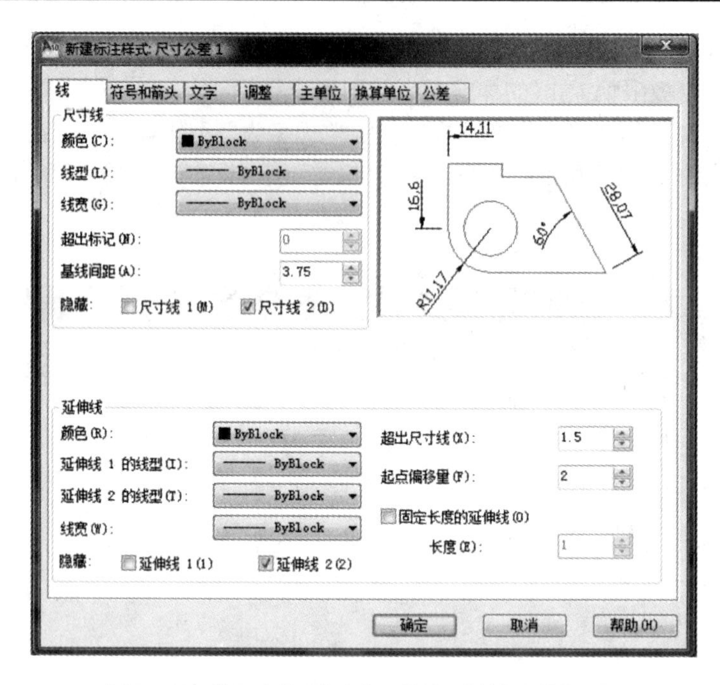

图 5－38 "尺寸线 2" 和"延伸线 2"的"隐藏"设置

在"主单位"选项卡中，设置前缀为"%%C"，即输入直径 ϕ 的特殊符号控制码，如图 5－39所示。

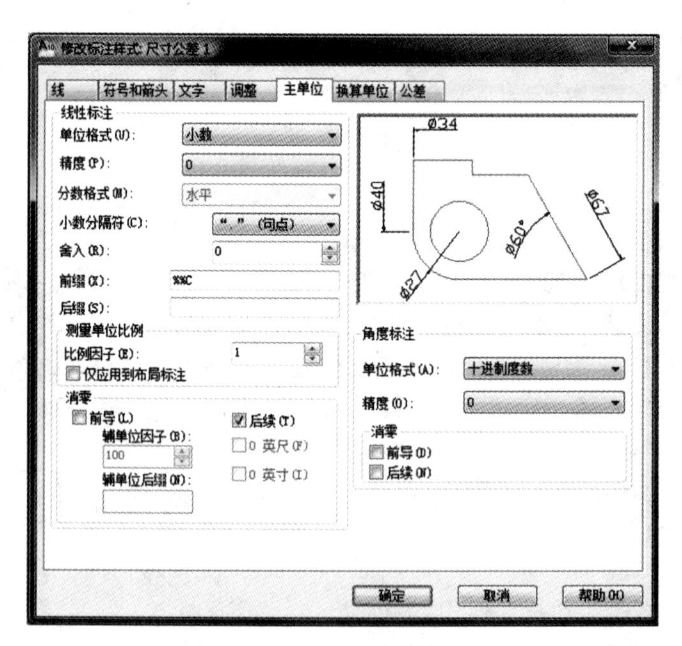

图 5－39 在"主单位"选项卡设置前缀为"%%C"

（2）依照 $\phi31$ 的偏差值在"公差"选项卡中进行各项设置后，将该标注样式置为当前，再关闭对话框，即可在绘图区域以"尺寸公差 1"的样式对当前图形进行标注。

(3)打开“正交”和对象捕捉的“最近点”，点击菜单“标注”→“线性”，先点击线A，将光标向下移，如图5－40(a)所示。在命令行输入31，按回车键，点取标注位置，标注效果如图5－40(b)所示。

(4)因尺寸$\phi36$和$\phi41$的偏差值相同，可共用同一设置，按以上步骤另建样式名为“尺寸公差2”的标注样式，标注方法同上，最后标注效果如图5－37所示。

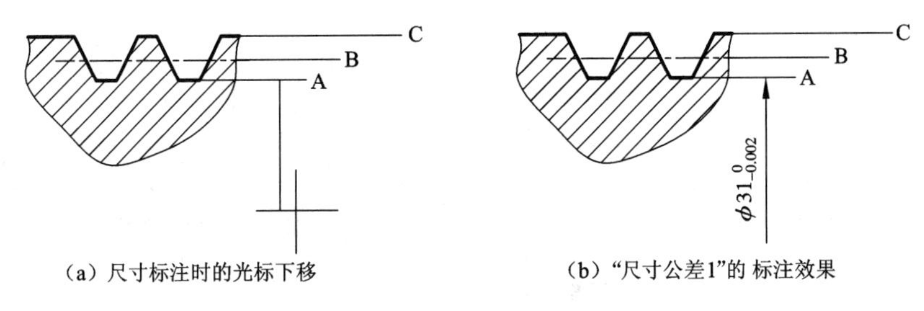

图5－40　“尺寸公差1”的标注过程

5.1.4　上机操作

1. 根据图5－41设置各种标注样式，绘图并标注(图中未标注的尺寸自定)。
2. 根据图5－42设置各种标注样式，绘图并标注(图中未标注的尺寸自定)。
3. 根据图5－43设置各种标注样式，绘图并标注。

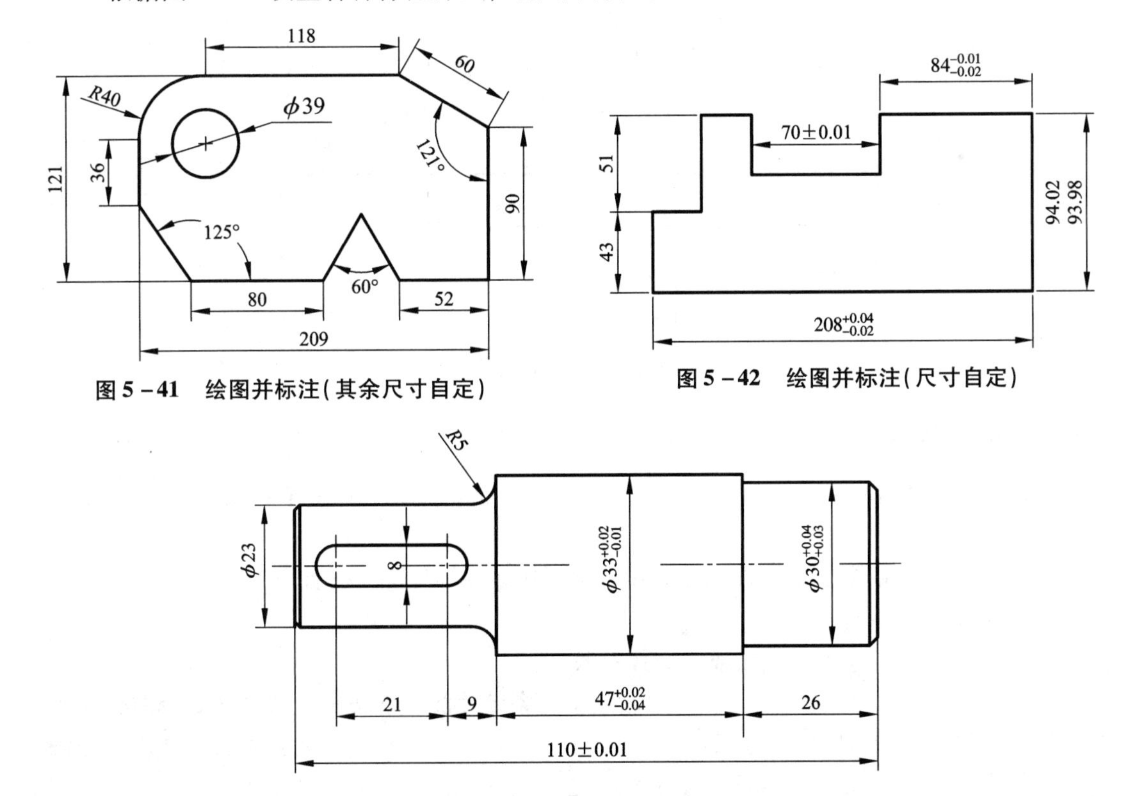

图5－41　绘图并标注(其余尺寸自定)

图5－42　绘图并标注(尺寸自定)

图5－43　绘图并标注

5.2 尺寸标注的类型与创建

Auto CAD 2010 提供了十余种标注工具用以标注图形对象，这十余种工具位于“标注”菜单与“标注”工具栏中，“标注”工具栏如图 5 - 44 所示，使用它们可以进行线性、对齐、半径、直径、角度、连续、圆心及基线等的标注，如图 5 - 45 所示。

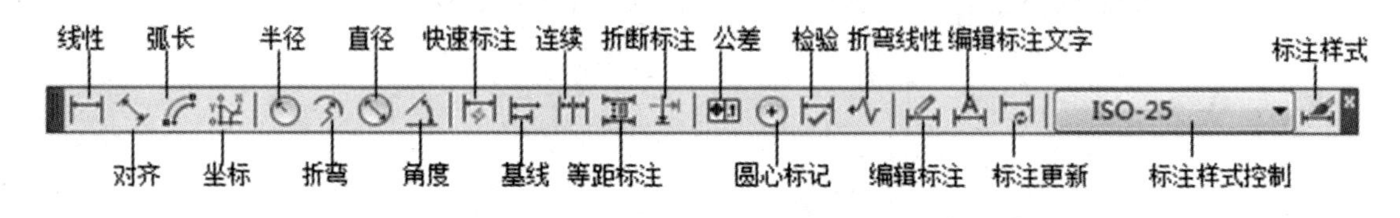

图 5 - 44 “标注”工具栏

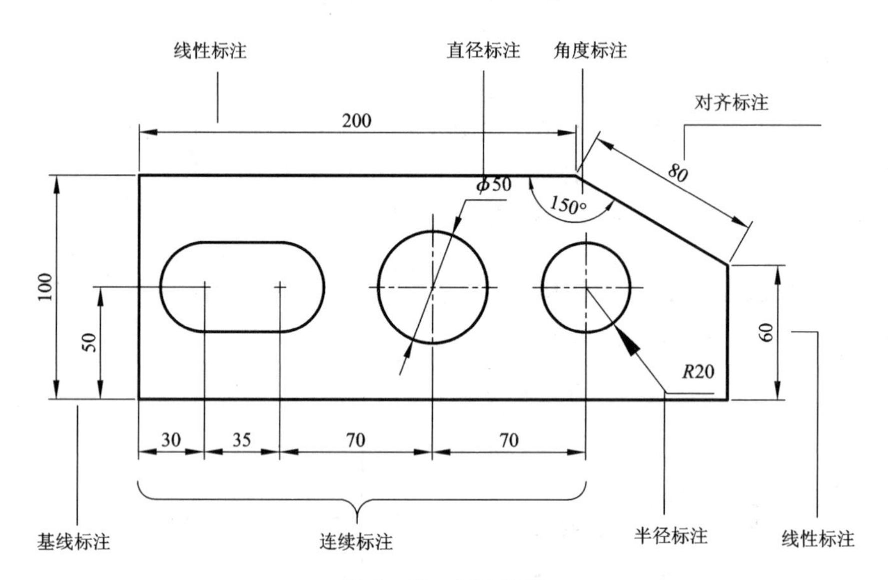

图 5 - 45 标注类型

5.2.1 线性标注

线性标注用于标注两点之间距离的测量值，可以指定点或选择一个对象。

(1)格式

在“标注”工具栏中单击线性标注按钮，创建线性标注的步骤如下：

1)命令：DIMLINEAR

2)指定第一条尺寸界线原点或 <选择对象>：

(指定第一条尺寸界线原点或直接回车选择标注对象)

3)指定第二条尺寸界线原点： (指定第二条尺寸界线原点)

4)指定尺寸线位置或[多行文字(M)/文字(T)/角度(A)/水平(H)/垂直(V)/旋转(R)]： (直接指定尺寸线位置或输入其他选项)

5)标注文字 =50： (显示两个点之间距离)

(2)选项

线性标注有3种方式:“水平(H)”“垂直(V)”“旋转(R)”。其中,“水平(H)”方式用于测量两个点之间平行于水平轴的距离;“垂直(V)”方式用于测量两个点之间垂直于垂直轴的距离;“旋转(R)”方式用于测量两个点之间的距离,此时需要输入线段与水平轴的角度。如图5-46所示。

● “多行文字(M)”选项:用多行文字编辑器确定尺寸文本。其中,文字输入窗口中的尖括号(< >)表示系统测量值。

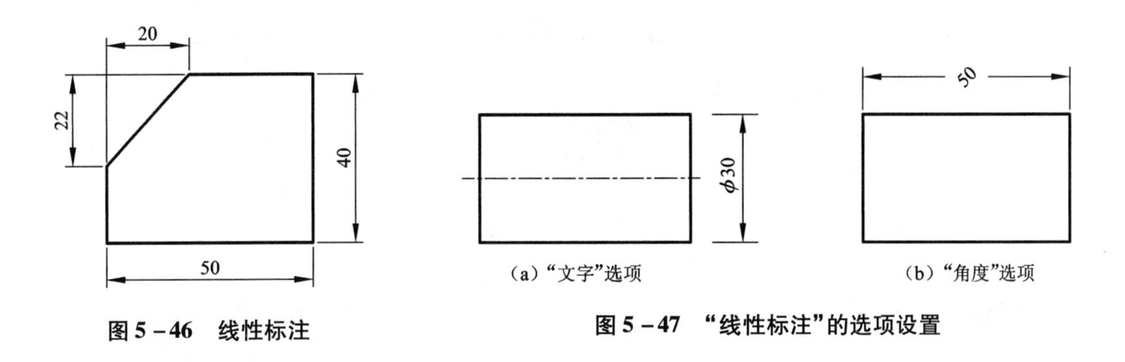

(a)“文字”选项　(b)“角度”选项

图5-46　线性标注　　图5-47　“线性标注”的选项设置

● “文字(T)”选项:在提示行中输入T,可输入新的标注文字。如输入“%%C30”,结果如图5-47(a)所示。

● “角度(A)”选项:在提示行中输入A,可指定标注文字的角度。如输入角度“30”,结果如图5-47(b)所示,表示该尺寸可呈倾斜30°方向标注。

【例题5-3】 运用“线性标注”的方式标注如图5-48所示的配合代号。

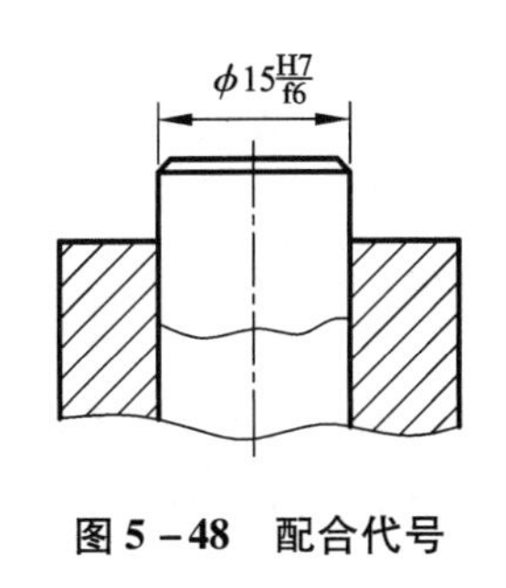

图5-48　配合代号

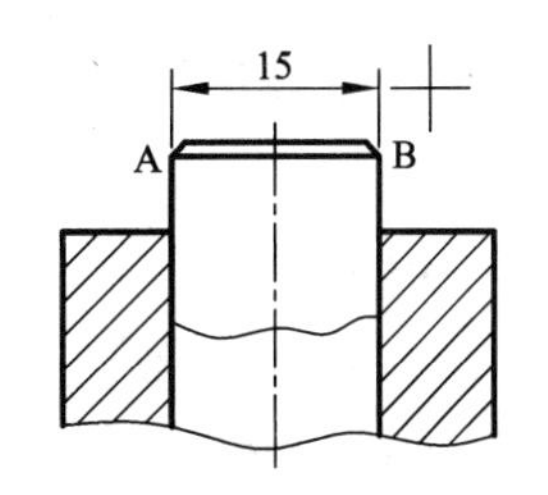

图5-49　配合代号的标注过程

(1)命令:DIMLINEAR　　(或单击“线性标注”工具按钮)

(2)指定第一条尺寸界线原点或<选择对象>:　　(点击A位置,见图5-49)

(3)指定第二条尺寸界线原点:　　(点击B点位置)

(4)指定尺寸线位置或[多行文字(M)/文字(T)/角度(A)/水平(H)/垂直(V)/旋转(R)]:M↙

此时,系统弹出多行文本编辑器,在文本窗口已有的尺寸“15”前面输入特殊符号“%%C”,系统立刻将其转换成符号“φ”,在尺寸“15”后面输入代号“H7/F6”,然后选中“H7/F6”,如图5-50所示,按下堆叠按钮,最后按“确定”按钮,效果如图5-51所示。

图 5-50 在“多行文本编辑器”中输入文本

图 5-51 标注结果

【例题 5-4】 运用“线性标注”的方式标注如图 5-52(b)所示的退刀槽尺寸标注。

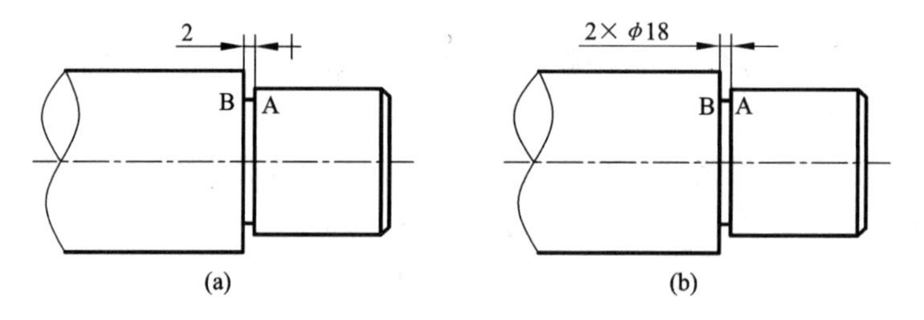

图 5-52 退刀槽的尺寸标注过程

操作步骤:

(1)命令: DIMLINEAR (或单击“线性标注”工具按钮)

(2)指定第一条尺寸界线原点或<选择对象>: (点击 A 点)

(3)指定第二条尺寸界线原点: [点击 B 点, 见图 5-52(a)]

(4)指定尺寸线位置或[多行文字(M)/文字(T)/角度(A)/水平(H)/垂直(V)/旋转(R)]: M↙

此时, 系统弹出多行文本编辑器, 在文本窗口已有的尺寸“2”的后面输入“×%%C18”, 见图 5-53, 最后按“确定”按钮, 效果如图 5-52(b)所示。

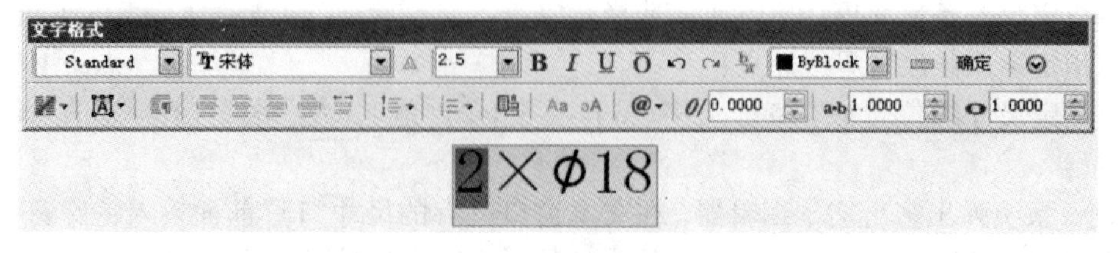

图 5-53 在“多行文本编辑器”中输入文本

知识要点提示：

当输入“2×φ18”时，其中乘号“×”的输入必须点击软键盘图标，按鼠标右键，点选“数学符号”选项，在弹出的软键盘中进行选择，见图5-54。

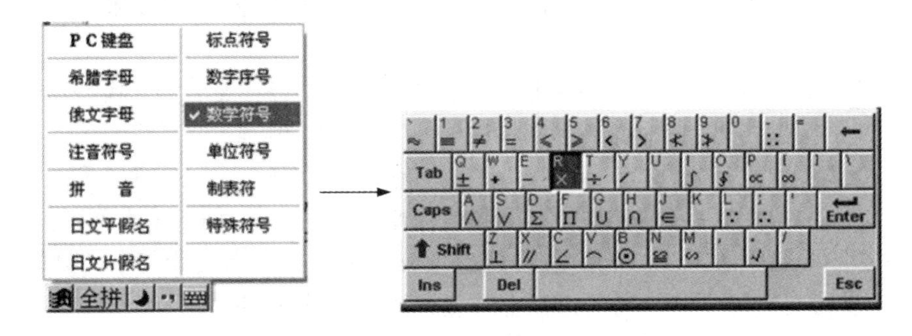

图5-54　数学符号“×”的选择途径

5.2.2　对齐标注

对齐标注是线性标注尺寸的一种特殊形式，在对直线段进行标注时，如果不知道该直线倾斜的角度，那么使用线性标注方法就无法得到准确的测量结果，这时就可以使用对齐标注了。与线性标注不同的是对齐标注的尺寸线与所标注的轮廓线平行。

在“标注”工具栏中单击对齐标注按钮，可创建对齐标注。它的步骤与线性标注基本相似。标注结果如图5-55所示。

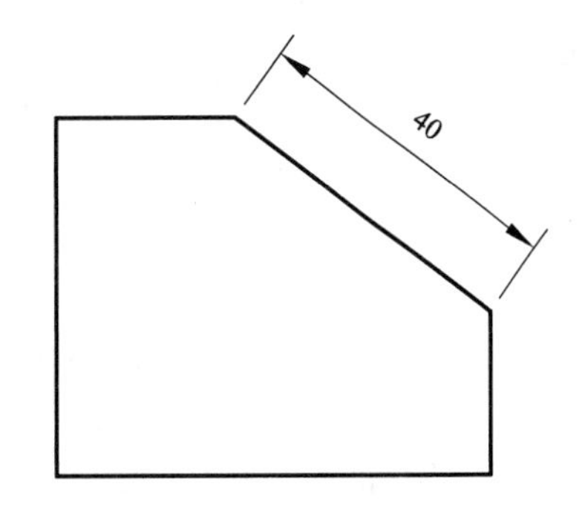

图5-55　对齐标注

知识要点提示：

如图5-56所示，对于两平行斜线或两等距曲线之间的距离的标注，应打开对象捕捉的“最近点”和“垂足”选项，使用“对齐标注”的类型进行标注。

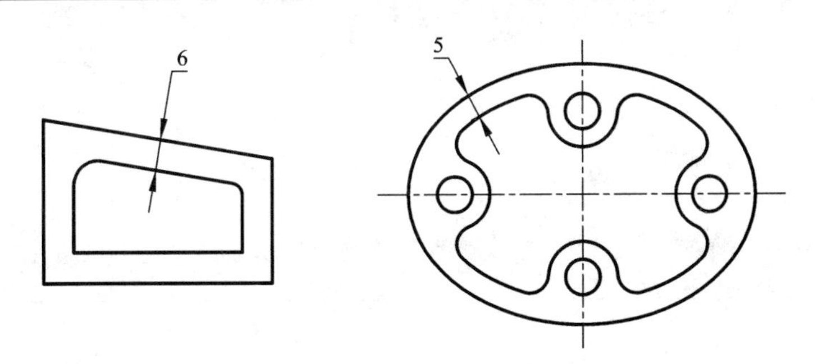

图5-56　两平行斜线或两等距曲线距离的标注

5.2.3 半径标注和直径标注

选择“标注”→“半径”命令，或在“标注”工具栏中单击“半径标注”按钮，可以标注圆和圆弧的半径。

选择“标注”→“直径”命令，或在“标注”工具栏中单击“直径标注”按钮，可以标注圆和圆弧的直径。

直径标注的方法与半径标注的方法相同。无论是标注半径还是直径，执行该命令时，首先选择要标注的圆弧或圆，此时命令行都将显示如下提示信息：

指定尺寸线位置或[多行文字(M)/文字(T)/角度(A)]：

指定尺寸线的位置后，系统将按实际测量值标注出圆或圆弧的半径(或直径)。用户也可利用“多行文字(M)”“文字(T)”“角度(A)”选项确定尺寸文字和尺寸文字的旋转角度。其中，当通过“多行文字(M)”或“文字(T)”选项重新确定尺寸文字时，只有给输入的尺寸文字加前缀“R”，才能使标出的半径尺寸有该符号，否则没有此符号。

5.2.4 角度标注

使用角度标注可以测量圆和圆弧上两点间、两条非平行直线间的角度或者 3 点间的角度，如图 5 - 57 所示。

在“标注”工具栏中单击角度标注按钮，创建角度标注的步骤如下：

(1)命令：DIMANGULAR

(2)选择圆弧、圆、直线或<指定顶点>：　　(选择标注对象或直接回车选择标注顶点)

(3)选择第二条直线：　　(第 2 步选择直线)

(4)指定标注弧线位置或[多行文字(M)/文字(T)/角度(A)]：

(直接指定标注弧线位置或输入其他选项)

(5)标注文字 =90：　　(显示标注对象的角度值)

知识要点提示：

(1)标注“圆弧”角度：系统将圆心作为角的顶点，选择圆上的点作为所测角度的一端点，选择第 2 点作为所测角度的另一端点即可标注角度。第 2 个端点可以在圆上，也可以不在圆上。如图 5 - 57(a)所示。

(2)标注“圆”角度：系统测量的就是圆弧的角度。标注时只需选择圆弧即可，如图 5 - 57(b)所示。

(3)标注两直线间的夹角：标注两条不平行直线之间的夹角。标注时只需选择两直线即可，如图 5 - 57(c)所示。

(4)指定顶点：首先确定第一点作为角的顶点，然后分别指定角的两个端点，最后指定标注弧线的位置，即可完成 3 个点形成的角度标注，如图 5 - 57(d)所示。

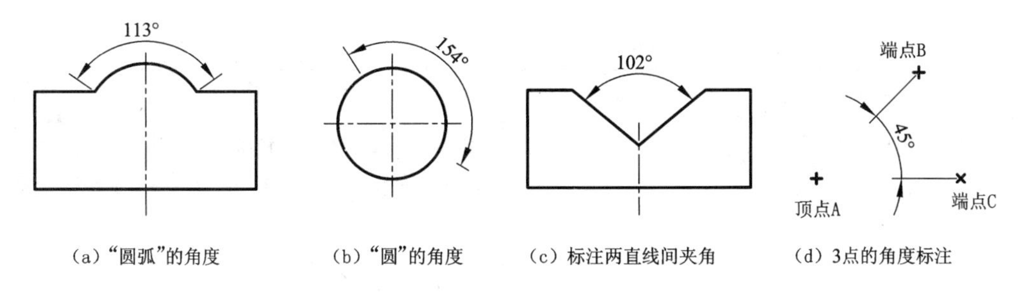

（a）“圆弧”的角度　（b）“圆”的角度　（c）标注两直线间夹角　（d）3点的角度标注

图 5－57　角度标注方式

5.2.5　基线标注

使用基线标注可创建一系列基于同一条尺寸界线的尺寸标注，适用于长度尺寸标注和角度标注等。在“标注”工具栏中单击基线标注按钮，创建基线标注的步骤如下：

(1)命令：DIMBASELINE

(2)选择第二条尺寸界线原点或[放弃(U)/选择(S)]<选择>：

(3)标注文字＝50：　　　　　(显示标注对象的测量值)

知识要点提示：

(1) 创建基线标注之前，必须先作一个线性标注或角度标注为基准标注之后，接着再作基线标注。基线标注将从基准标注的第一条尺寸界线处测量，如图 5－58 所示。

(2) 创建基线标注之前，应注意设置标注样式时，在“标注样式管理器”的“线”选项卡中设置合适的基线间距，如图 5－58(a)所示，否则，基线间距值太小，标注效果将如图 5－58(b)所示。

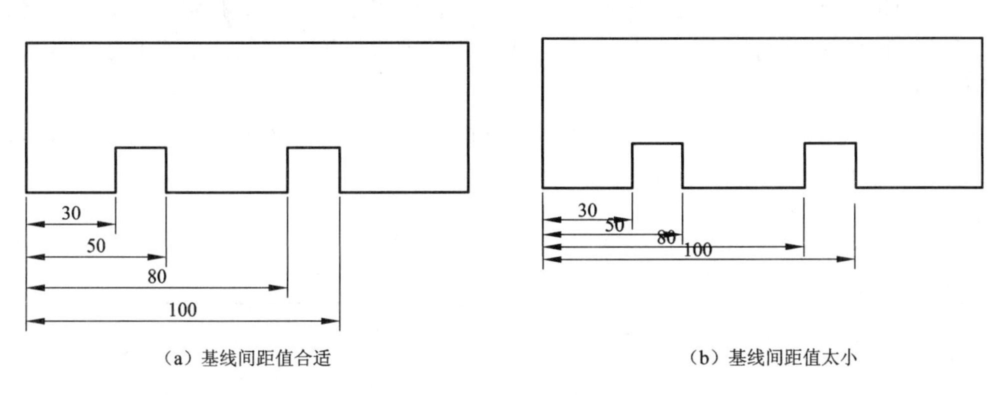

（a）基线间距值合适　（b）基线间距值太小

图 5－58　基线标注

5.2.6　连续标注

连续标注是从上一个或选定标注的第 2 条尺寸界线做连续的线性、角度或坐标标注。在“标注”工具栏中单击“连续标注”按钮，创建连续标注的步骤如下：

(1)命令：DIMCONTINUE

(2)选择第二条尺寸界线原点或[放弃(U)/选择(S)]<选择>：

(3)标注文字＝90：　　　　　(显示标注对象的测量值)

连续标注的各选项与基线标注完全相同。

> **知识要点提示：**
> 要创建连续标注，必须先作一个线性标注或角度标注为基准标注，接着再作连续标注。每个连续标注都是从前一个标注的第二条尺寸界线处开始。标注结果如图 5－59 所示。

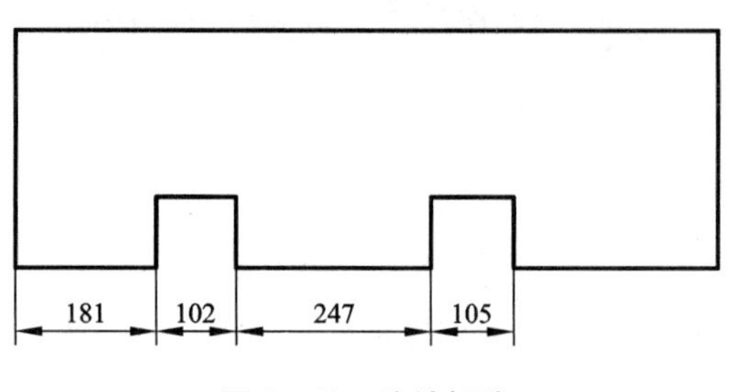

图 5－59 连续标注

5.2.7 圆心标注

选择“标注”→“圆心标记”命令，或在“标注”工具栏中单击“圆心标记”按钮，可标注圆心。在执行该命令时，只需要选择需要标注其圆心的圆弧或圆即可。

【例题 5－5】 标注图 5－60 中的线性标注、对齐标注、连续标注、基线标注、半径标注、直径标注和圆心标注尺寸。

1. 操作步骤：线性标注

(1) 选择菜单“标注”→“线性”命令（或单击“标注”工具栏中的“线性标注”按钮）。

(2) 单击“对象捕捉”按钮，选择“端点”捕捉。

(3) 在图中捕捉点 A，指定第一条尺寸界线的起点，再捕捉点 B，指定第二条尺寸界线的起点。然后向上拖动光标，在点 1 处单击，确定尺寸线的位置，即创建了水平线性标注，结果如图 5－60 所示。

(4) 重复上述步骤，捕捉点 C 和点 D，向右拖动光标，在点 2 处单击，确定尺寸线的位置，即创建了垂直线性标注，结果如图 5－61 所示。

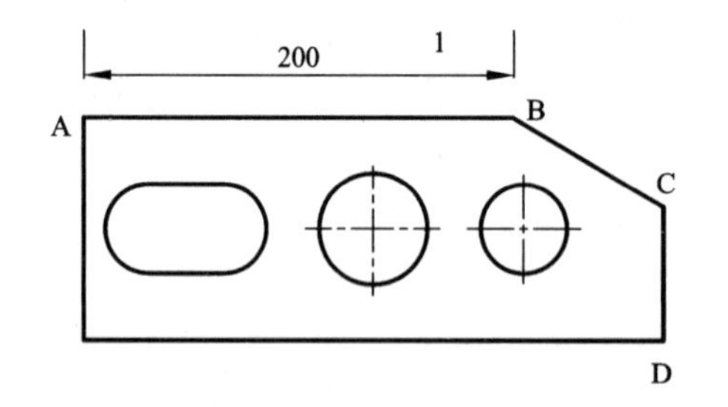

图 5－60 使用线性尺寸进行水平标注

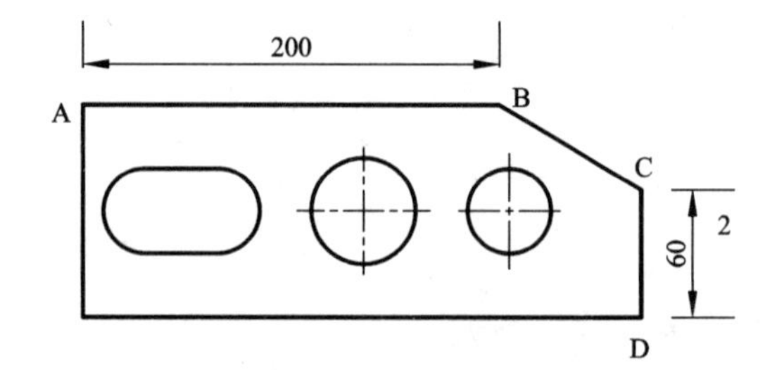

图 5－61 使用线性尺寸进行垂直标注

2. 操作步骤：对齐标注

(1) 选择菜单“标注”→“对齐”命令，或单击“标注”工具栏中的“对齐标注”按钮。

(2)捕捉点 B 和点 C，然后拖动光标，在点3处单击，确定尺寸线的位置，结果如图5-62所示。

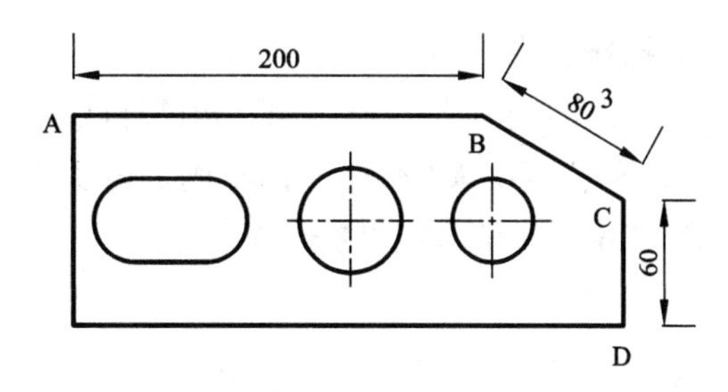

图5-62　创建对齐标注

3. 操作步骤：连续标注

(1)单击“标注”工具栏中的“线性标注”按钮，创建点 E 和圆心 F 之间的水平线性标注，如图5-63所示。

(2)选择菜单“标注”→“连续”命令(或单击“标注”工具栏中的“连续标注”按钮)。系统将以尺寸标注 EF 的点 F 作为基点。

(3)依次在图样中单击 G、H 和 I，指定连续标注尺寸界限的原点，最后按 Enter 键，此时标注效果如图5-64所示。

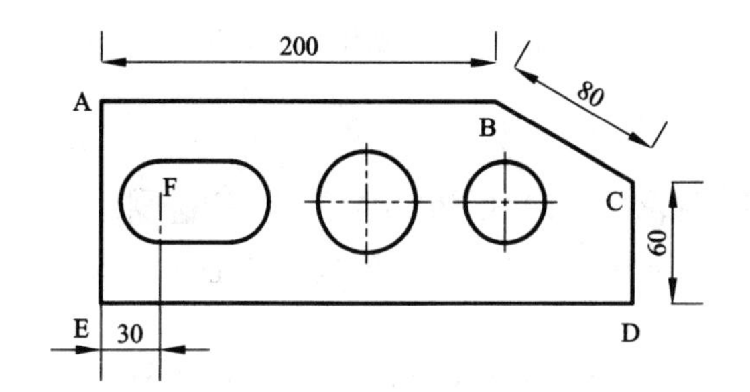

图5-63　创建水平线性标注

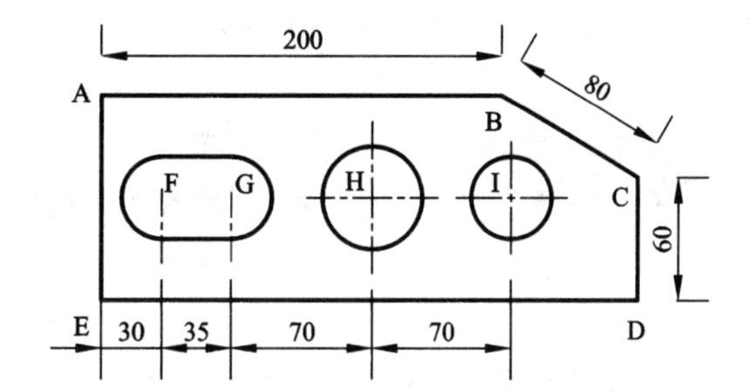

图5-64　创建连续标注

4. 操作步骤：基线标注

(1)单击“标注”工具栏中的“线性标注”按钮，创建点 E 和圆心 F 之间的垂直线性标注，如图5-65所示。

(2)选择菜单“标注”→“基线”命令(或单击“标注”工具栏中的“基线标注”按钮)。系统将以尺寸标注 EF 的原点 E 作为基点。

(3)在图样中单击点 A，指定第二条尺寸界线的原点，然后按 Enter 键结束标注，标注效果如图5-66所示。

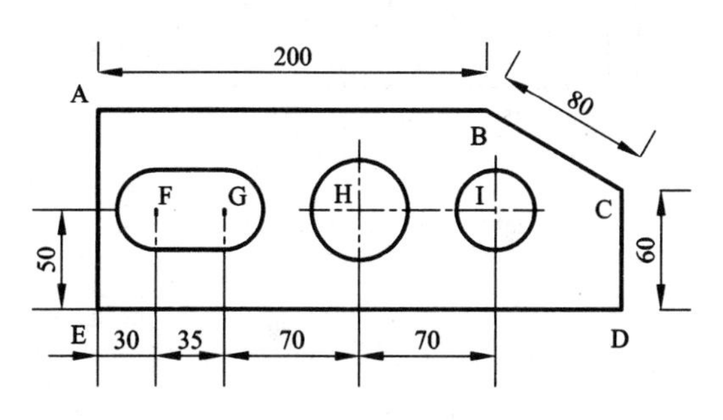

图5-65　创建垂直线性标注

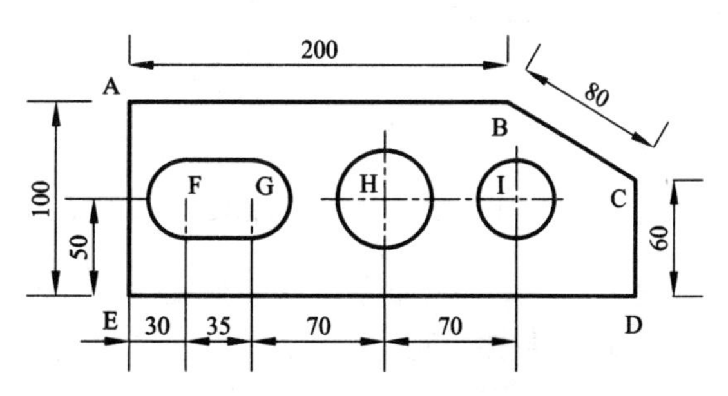

图5-66　创建基线标注

5. 操作步骤：角度标注

(1)单击“标注”工具栏中的“角度标注”按钮△。

(2)单击直线 AB 和直线 BC，确定角度的两条尺寸界线，然后拖动鼠标，在点 4 处单击，确定标注位置。结果如图 5－67 所示。

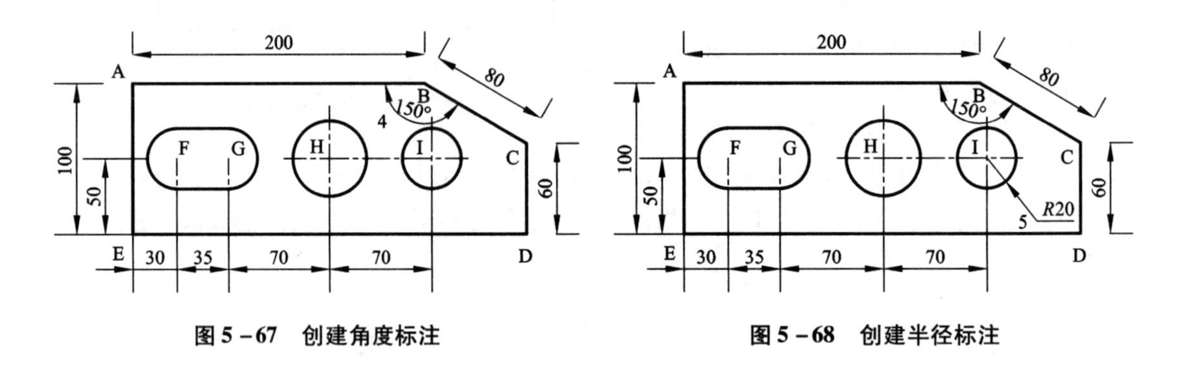

图 5－67 创建角度标注　　图 5－68 创建半径标注

6. 操作步骤：半径和直径标注

(1)选择菜单“标注”→“半径”命令(或单击“标注”工具栏中的“半径标注”按钮)。

(2)单击点 I 处的圆，然后拖动鼠标，在点 5 处单击，确定标注位置。结果如图 5－68 所示。

(3)选择菜单“标注”→“直径”命令(或单击“标注”工具栏中的“直径标注”按钮)。

(4)单击点 H 处的圆，然后拖动鼠标，在点 6 处单击，确定标注位置。结果如图 5－69 所示。

7. 操作步骤：圆心标注

选择菜单“标注”→“圆心标记”命令(或单击“标注”工具栏中的“圆心标记”按钮)，然后在图形中分别单击圆或圆弧，标注它们的圆心，结果如图 5－70 所示。

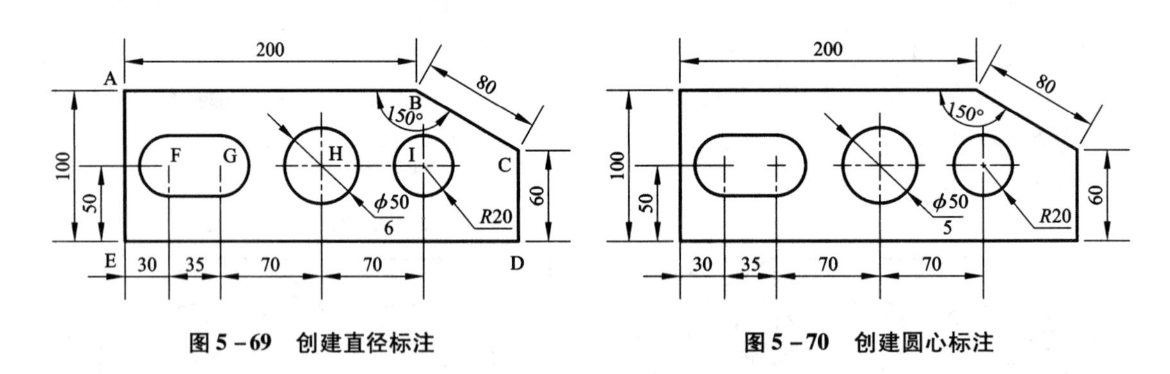

图 5－69 创建直径标注　　图 5－70 创建圆心标注

5.2.8 引线标注

引线标注不仅可创建引线，还可对特定尺寸进行标注及添加一些注释。

在命令行输入 qleader 命令，命令行显示如下信息：

(1)命令：QLEADER

(2)指定第一个引线点或[设置(S)] <设置>:

（输入指引线的起始点或对引线标注进行设置）

这时如果直接按 Enter 键，将打开“引线设置”对话框，在该对话框中可以设置引线的格式，该对话框包括“注释”“引线和箭头”“附着”3 个选项卡。

● “注释”选项卡：主要用来设置引线标注的注释类型、多行文字选项以及是否重复使用注释，如图 5－71 所示。

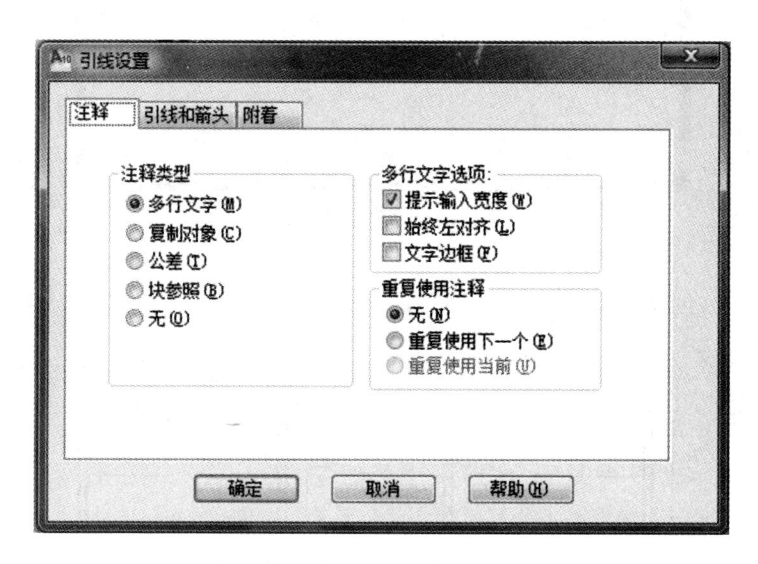

图 5－71　“注释”选项卡

● “引线和箭头”选项卡：用于设置引线和箭头的格式，如图 5－72 所示。

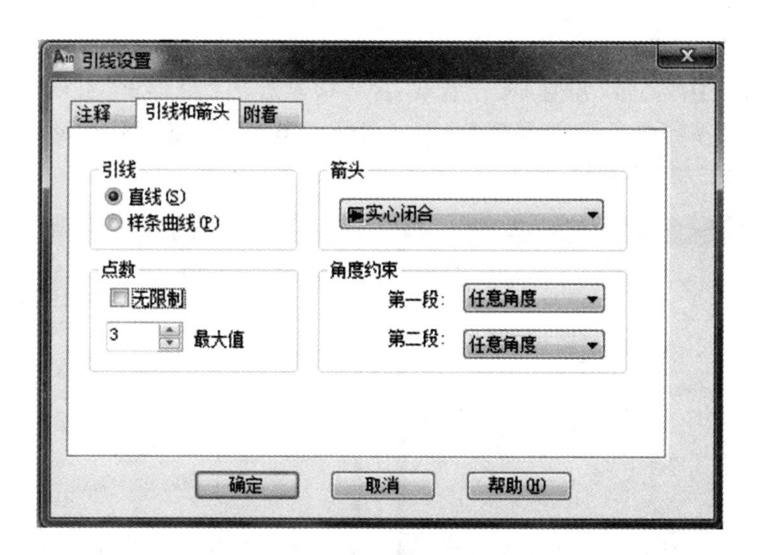

图 5－72　“引线和箭头”选项卡

● “附着”选项卡：用于设置多行文字注释相对于引线终点的位置，如图 5－73 所示。

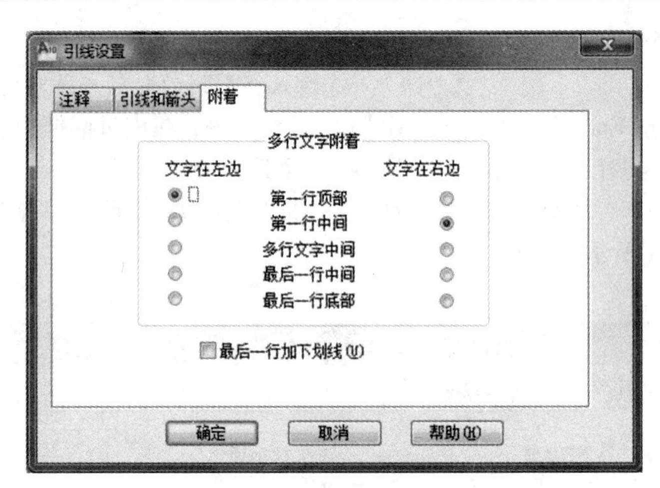

图 5－73 “附着”选项卡

【例题 5－6】 创建如图 5－74(b)所示的引线标注。

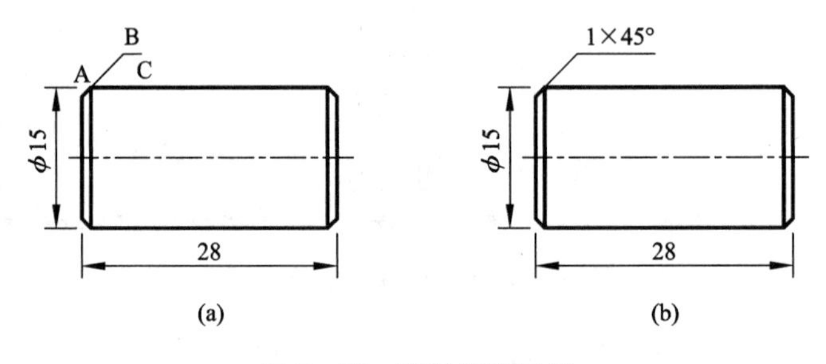

图 5－74 引线标注示例

操作步骤：

(1)命令：QLEADER

(2)指定第一引线点或[设置]<设置>:↙（回车后，系统弹出“引线设置”对话框，在“注释”卡中选择“多行文字”，按照图 5－75 和图 5－76 所示，在“引线和箭头”及“附着”选项卡中设置，再按“确定”按钮。）

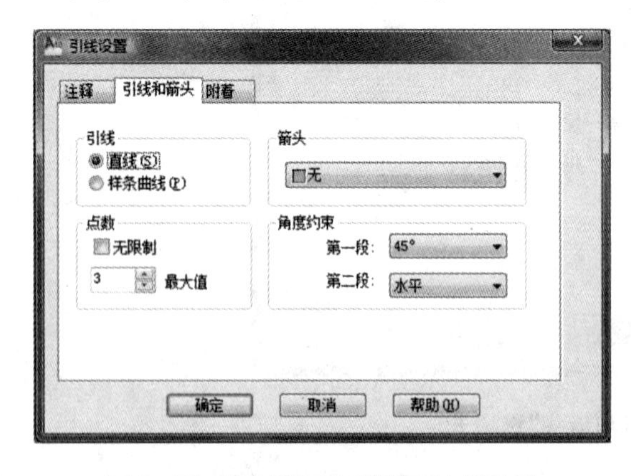

图 5－75 “引线和箭头”选项卡的设置

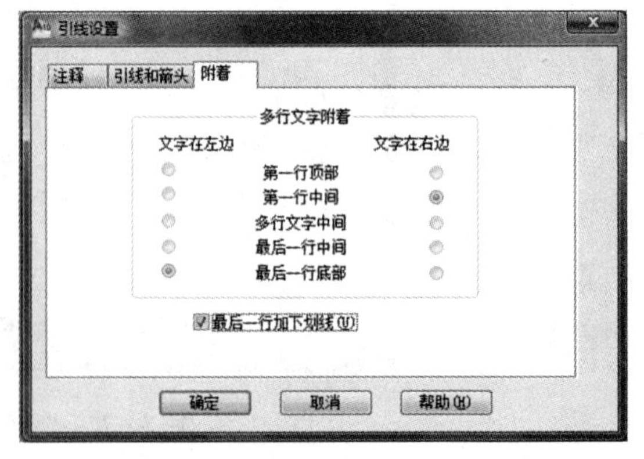

图 5－76 “附着”选项卡的设置

(3)指定引线起点或[设置(S)] <设置>:　　(点取起点 A)

(4)指定下一点:　　(点取 B 点)

(5)指定下一点:　　(点取 C 点)

(6)指定文字宽度 <0>: 10↙

(7)输入注释文字的第一行 <多行文字(M)>: 1×45%%D↙

(8)输入注释文字的下一行:↙　　(结束命令)

结果如图 5-74(b)所示。

> **知识要点提示:**
>
> (1) 以上例题,标注倒角尺寸时,在“引线和箭头”选项卡中需要设置“角度约束”,如图 5-75 所示。在“附着”选项卡中,选中“最后一行加下划线”复选框,如图 5-76 所示。最后一条引线尽可能短一些,即图 5-74(a)中的 BC 线段要短。
>
> (2)因 AutoCAD 系统默认的字体为“TxT”样式,它只能显示英文,不能显示中文,当注释文字中含有汉字时,要首先设置汉字的字体,并置为当前,再输入字。否则,输入汉字显示的效果是“???”字符。

5.2.9　坐标标注

标注相对于用户坐标原点的坐标。

选择“标注”→“坐标”命令,或在“标注”工具栏中单击“坐标标注”按钮,命令行显示如下信息:

(1)命令: DIMORDINATE

(2)指定点坐标:　　(选择要标注的点)

(3)指定引线端点或[X 基准(X)/Y 基准(Y)/多行文字(M)/文字(T)/角度(A)]:

(指定引线端点位置或输入其他选项)

(4)标注文字 =100:　　(显示标注点的 X 坐标或 Y 坐标值)

> **知识要点提示:**
>
> 在“指定点坐标:”提示下确定引线的端点位置之前,应首先确定标注点的什么坐标。如果在此提示下相对于标注点上下移动光标,将标注点的 X 坐标;若相对于标注点左右移动光标,则标注点的 Y 坐标。

5.2.10　快速标注

快速标注是通过一次选择多个对象,快速创建成组的基线、连续、阶梯和坐标标注,快速标注多个圆、圆弧以及编辑现有标注的布局。

选择菜单“标注”→“快速标注”命令,或单击“标注”工具栏中的“快速标注”按钮,即可进行快速标注。

【例题 5-7】　使用“快速标注”命令,标注如图 5-77 所示的各圆圆心的水平间距。

操作步骤：

(1)选择菜单“标注”→“快速标注”命令。 (或单击“标注”工具栏中的“快速标注”按钮)

(2)选择要标注的几何图形： (依次点击 5 个圆的圆周线，再按 Enter 键)

(3)指定尺寸线位置或[连续(C)/并列(S)基线(B)/坐标(O)/半径(R)/直径(D)/基准(P)/编辑(E)/设置(T)] <连续>： [向下垂直拖动鼠标，引出水平连续标注线，如图 5-77(a)所示，然后单击，确定尺寸线的位置]

结果如图 5-77(b)所示。

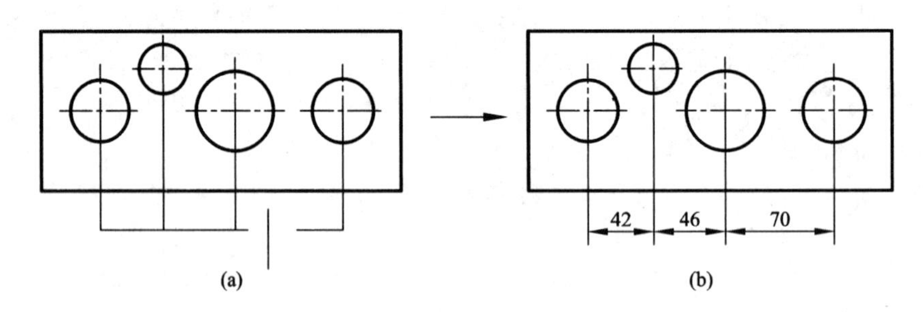

图 5-77 创建快速标注

5.2.11 等距标注

在快速访问工具栏选择“显示菜单栏”命令，在弹出的菜单中选择“标注”→“标注间距”命令(DIMJOGLINE)，或在工具栏选择“等距标注”按钮，可以修改已经标注的图形中标注线的位置间距大小。

执行“标注间距”命令，命令行将显示如下信息：

命令：DIMSPACE (执行“标注间距”命令)

选择基准标注： [在图形中选择第一个标注 1，如图 5-78(a)所示]

选择要产生间距的标注：找到 1 个 [点选标注 2，如图 5-78(a)所示]

选择要产生间距的标注：找到 1 个，总计 2 个 [点选标注 3，如图 5-78(a)所示]

选择要产生间距的标注：↙

输入值或 [自动(A)] <自动>：7↙ [输入相邻标注线之间的间距数值，最后效果见图 5-78(b)]

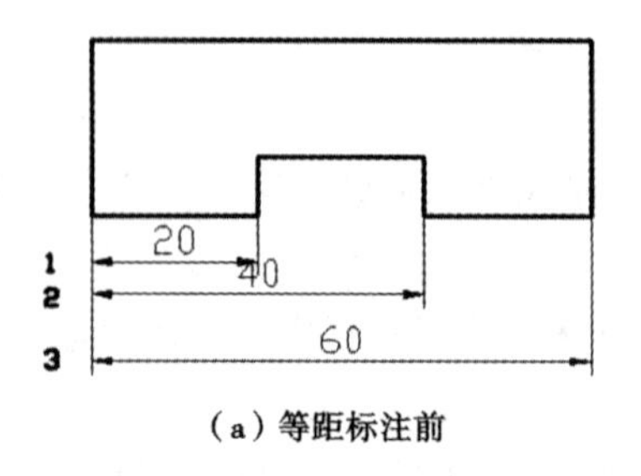

(a) 等距标注前

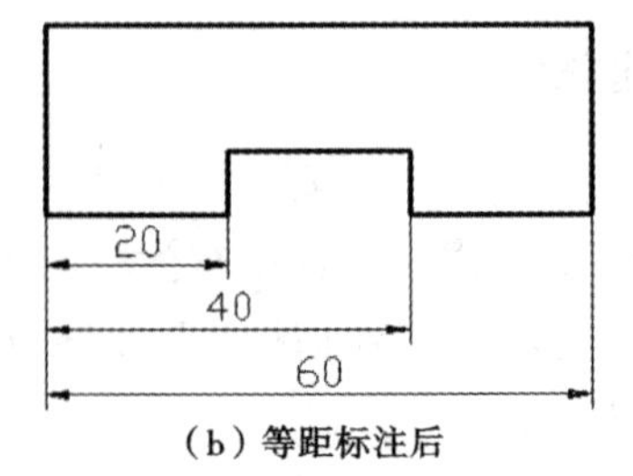

(b) 等距标注后

图 5-78 等距标注

5.2.12　折断标注

在快速访问工具栏选择“显示菜单栏”命令，在弹出的菜单中选择“标注”→“标注打断”命令(DIMJOGLINE)，或在工具栏选择“折断标注”按钮，可以在标注线和图形之间产生一个隔断。

执行“标注打断”命令，命令行将显示如下信息：

命令：DIMBREAK

选择要添加/删除折断的标注或［多个(M)］：　　［单击选择图 5 -79(a)的线性标注］

选择要折断标注的对象或［自动(A)/手动(M)/删除(R)］ <自动>：↙

1 个对象已修改　　［结果如图 5 -79(b)］

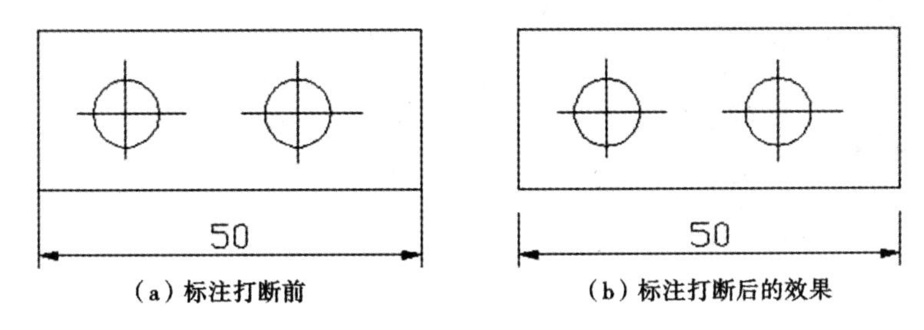

(a) 标注打断前　　(b) 标注打断后的效果

图 5 -79　标注打断

5.2.13　折弯线性标注

在快速访问工具栏选择“显示菜单栏”命令，在弹出的菜单中选择“标注”→“折弯线性”命令(DIMJOGLINE)，或在工具栏选择“折弯线性”按钮，都可以在线性或对齐标注上添加或删除折弯线。此时只需选择线性标注或对齐标注即可。执行此命令，命令行将显示如下信息：

命令：DIMJOGLINE

选择要添加折弯的标注或［删除(R)］：　　［单击选择图 5 -80(a)的线性标注］

指定折弯位置(或按 ENTER 键)：　　［在图 5 -80(a)光标处点击，指定折弯位置，结果如图 5 -80(b)］

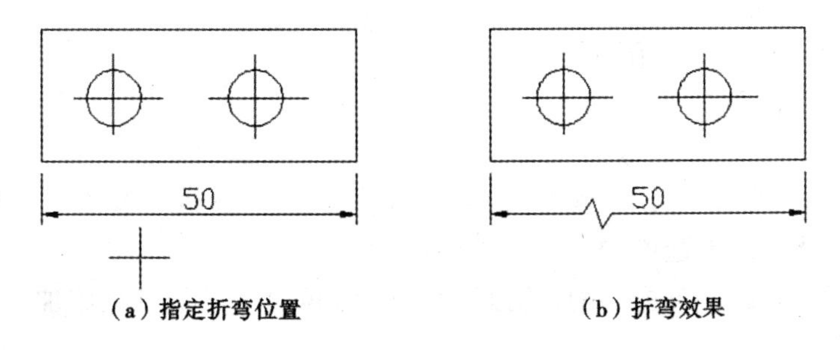

(a) 指定折弯位置　　(b) 折弯效果

图 5 -80　折弯线性标注

5.2.14 多重引线标注

多重引线命令可以从以下几种方式调用：

(1)命令：MLEADER

(2)多重引线工具栏：

(3)菜单栏：标注→多重引线

(4)“功能区”选项板→“注释”选项卡→“多重引线”按钮

“注释”选项卡的“多重引线”按钮如图5-81所示，“多重引线”工具栏如图5-82所示，运用此命令可以创建引线和注释，还可以设置引线和注释的样式。

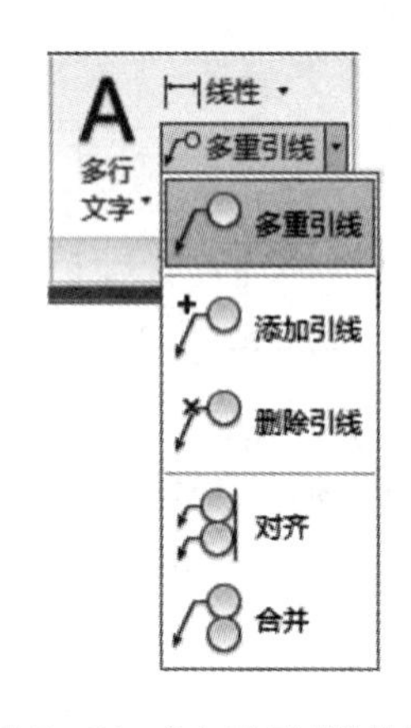

图5-81 “多重引线”按钮

图5-82 “多重引线”工具栏

1. 创建多重引线标注

执行“多重引线”命令，命令行将显示如下信息：

命令：MLEADER

指定引线箭头的位置或［引线基线优先(L)/内容优先(C)/选项(O)］<选项>：(在图形中单击确定引线箭头的位置，然后在打开的文字输入窗口输入注释内容即可。)

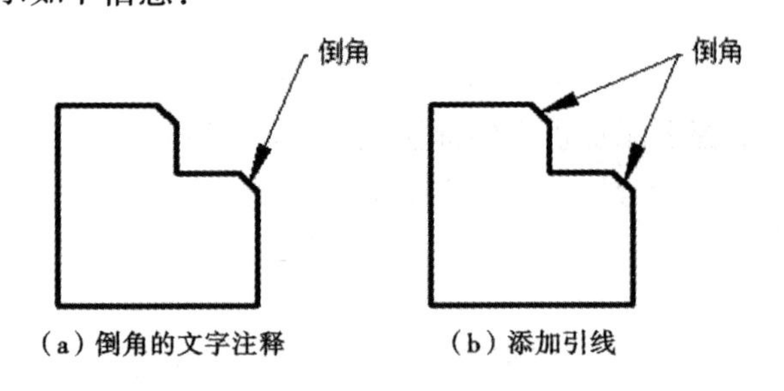

(a) 倒角的文字注释 (b) 添加引线

图5-83 多重引线

如图5-83(a)所示，在倒角位置添加倒角的文字注释。如果选择“选项(O)”，系统将显示以下信息：

输入选项［引线类型(L)/引线基线(A)/内容类型(C)/最大节点数(M)/第一个角度(F)/第二个角度(S)/退出选项(X)］<退出选项>：

在“多重引线”面板中单击“添加引线”按钮，可以为图形继续添加多个引线和注释。如图5-83(b)所示。

2. 管理多重引线样式

在“注释”面板中单击“多重引线样式” 按钮，将打开“多重引线样式管理器”对话框，如图 5－84 所示。单击“新建”按钮，在打开的“创建新多重引线样式”对话框中可以创建多重引线样式，如图 5－85 所示。

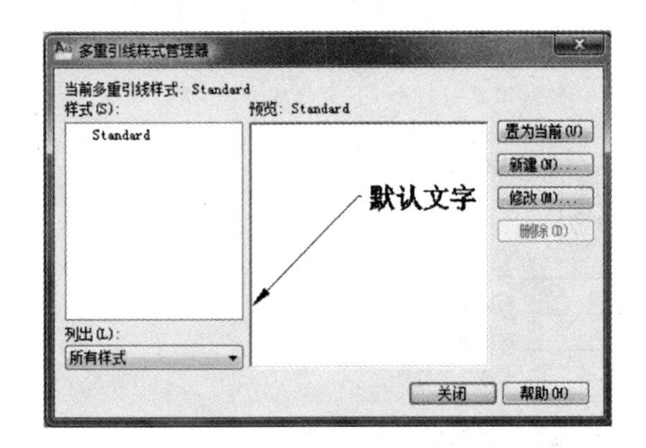

图 5－84　“多重引线样式管理器”对话框

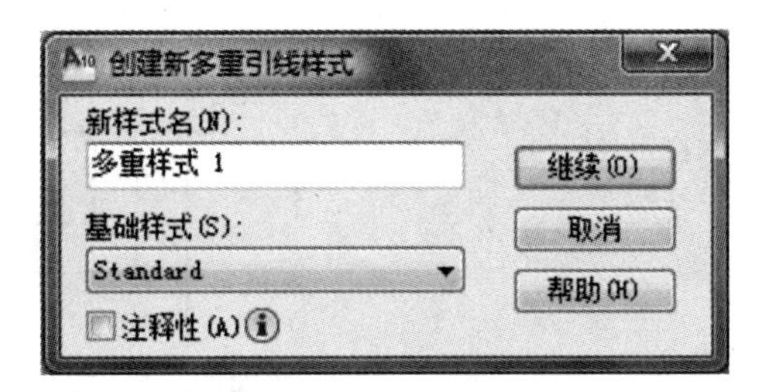

图 5－85　“创建新多重引线样式”对话框

设置了新样式的名称和基础样式后，单击该对话框中的“继续”按钮，将打开“修改多重引线样式”对话框，可以设置多重引线的格式、结构和内容，如图 5－86 所示。用户自定义多重引线样式后，单击“确定”按钮。然后在“多重引线样式管理器”对话框将新样式置为当前即可。

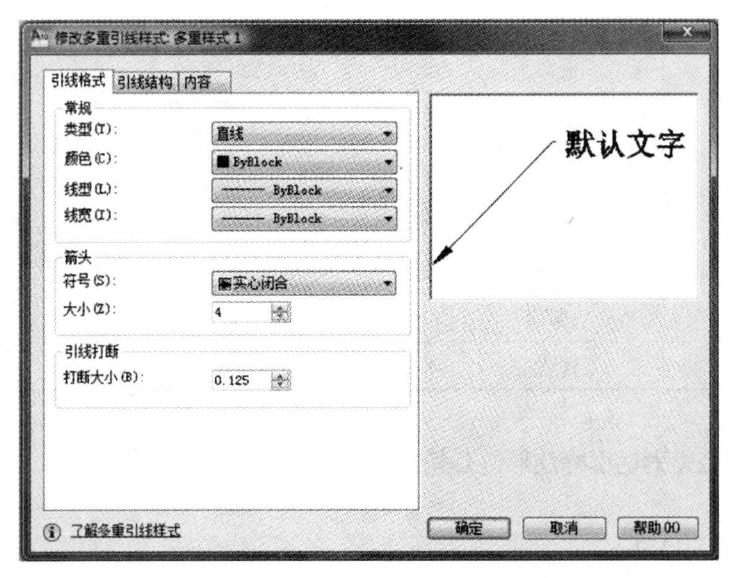

图 5－86　“修改多重引线样式”对话框

5.3　形位公差的标注

形位公差是定义图形中的形状和位置的最大允许误差。一方面，如果形位公差不能完全控制，装配件就不能正确装配；另一方面，精度过高的形位公差又会由于额外的制造费用而造成浪费。因此，形位公差在机械图形中极为重要。

1. 形位公差的符号表示

在 AutoCAD 中，形位公差是用一个特征控制框并根据形位公差的标注规范来描述标准公差，特征控制框包括一个几何特征符号和一个公差值框，如果需要还可增加基准框和材料条件框。形位公差常见的组成部分如图 5－87 所示。公差符号的意义如表 5－1 所示。

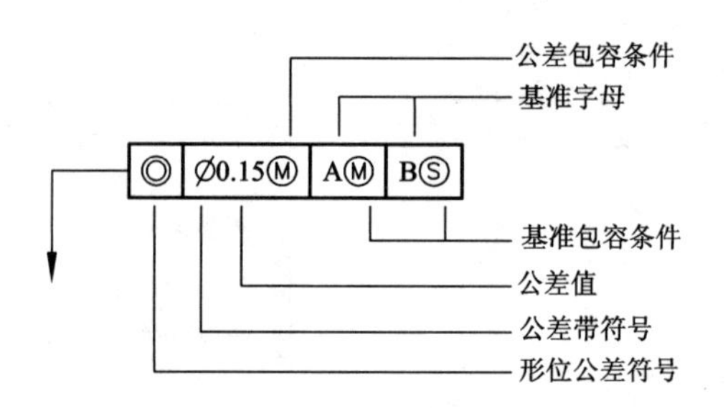

图 5－87　形位公差特征控制框的组成

表 5－1　公差符号

符号	名称	符号	名称
⌖	位置度	⌓	面轮廓度
◎	同心/同轴度	⌒	线轮廓度
⌯	对称度	↗	圆跳动
//	平行度	⌰	全跳动
⊥	垂直度	Ø	直径
∠	倾斜度	Ⓜ	最大包容条件(MMC)
⌭	圆柱度	Ⓛ	最小包容条件(LMC)
▱	平面度	Ⓢ	不考虑特征尺寸(RFS)
○	圆度	Ⓟ	投影公差
—	直线度		

2. 使用形位公差对话框标注形位公差

(1) 命令

命令行：TOLERANGE

菜单：标注→公差

图标："标注"工具栏中的

(2) 功能

创建形位公差标注。

(3) 选项

激活公差命令后，弹出如图 5－88 所示的对话框，主要内容如下：

● 符号区域：单击下方小黑方块■，弹出如图 5－89 所示的"特征符号"对话框，在此显示所有的公差特征符号，例如形状、方向或跳动等，用户可在此选择一个符号或拾取其中的白底框并关闭此对话框。

● 公差 1 区域：在此可输入公差值及指明对象特征。单击“公差 1”下方左侧的小黑方块■，将插入一个直径符号“ϕ”。单击“公差 1”下方右侧的小黑方块■，将弹出如图 5－90 所示的“附加符号”的包容条件对话框，用户可从中选择材料标记。

● 基准 1 区域：在此输入主基准参考字母。单击“基准 1”下方右侧的小黑方块■，将选择主基准参考材料标记。

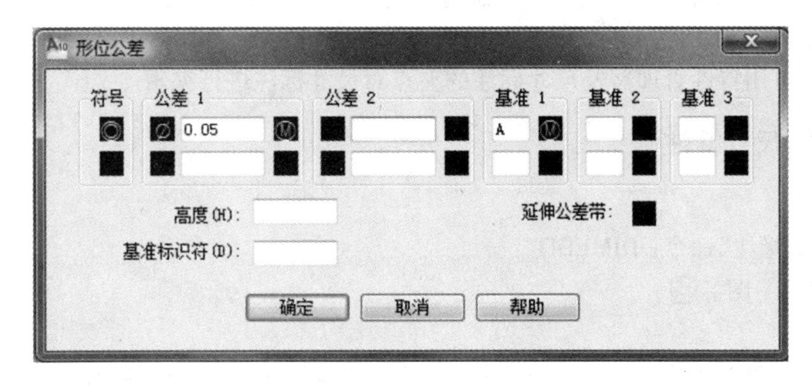

图 5－88　“形位公差”对话框

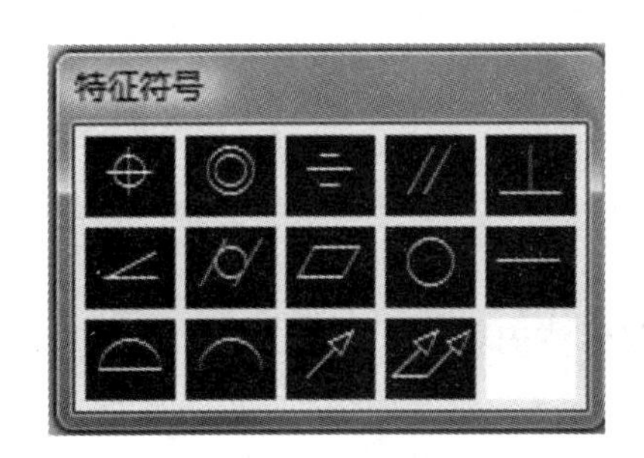

图 5－89　公差特征符号

图 5－90　选择包容条件

【例题 5－8】　标注如图 5－91 所示的形位公差。

操作步骤：

在命令行输入引线命令 qleader，命令行将显示如下信息：

（1）命令：QLEADER

（2）指定第一引线点或［设置］<设置>：↙（回车后，系统弹出“引线设置”对话框，在“注释”选项卡选中“公差”，再按“确定”按钮。）

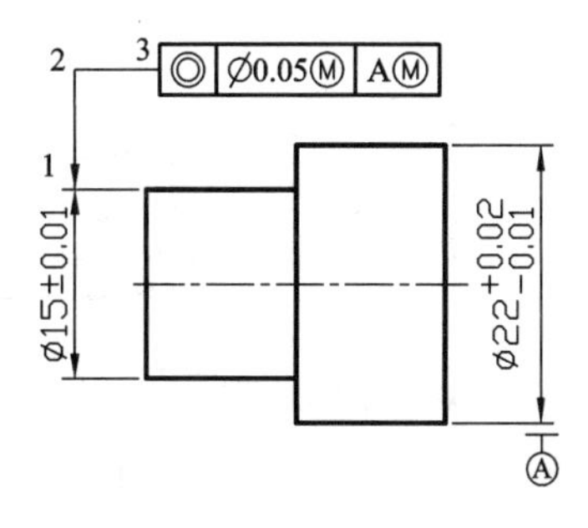

图 5－91　形位公差特征控制框的组成

(3)指定引线起点或[设置(S)]<设置>:　　(用鼠标点击引线的起点1)

(4)指定下一点:　　(点击引线点2)

(5)指定下一点:　(点击引线点3后，系统弹出如图5-88所示的“形位公差”对话框，并按此对话框进行设置，然后按“确定”按钮)

5.4　尺寸标注的编辑与修改

对已标注好的尺寸可以进行编辑，如编辑或修改各尺寸要素的颜色、线型、位置、方向和标注文字的样式等。在AutoCAD中，可用DIMEDIT和DIMTEDIT等编辑命令对尺寸标注进行编辑，还可用特性管理器及尺寸标注的夹点对尺寸标注进行编辑。

5.4.1　编辑尺寸标注

1. 命令

(1)“编辑标注”命令：DIMEDIT

(2)工具栏：图标

2. 功能

编辑尺寸标注的文字内容、旋转文本的方向、指定尺寸界线的倾斜角度。

3. 选项

执行该命令，命令行显示如下信息：

命令：DIMEDIT

输入标注编辑类型［默认(H)/新建(N)/旋转(R)/倾斜(O)］<默认>:

各选项的含义如下：

- 默认(H)：移动尺寸文本到默认位置。
- 新建(N)：打开“多行文字编辑器”对话框修改标注内容。
- 旋转(R)：对标注文本进行旋转。
- 倾斜(O)：调整线性标注尺寸界线的倾斜角度。

【例题5-9】 将图5-92(a)中的尺寸界线的倾斜角度调整为25°，如图(b)所示的标注样式。

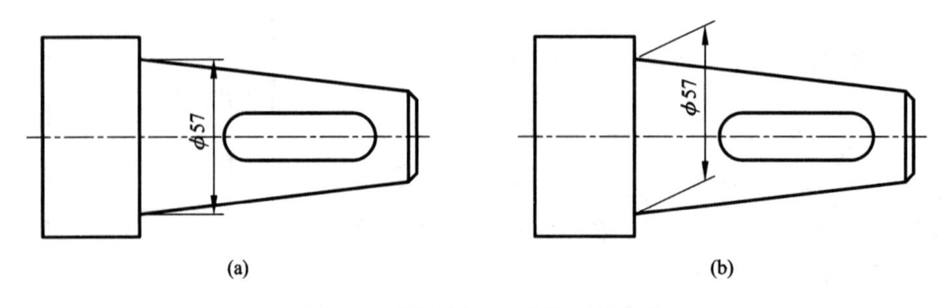

(a)　　(b)

图5-92　调整尺寸界线的倾斜角度

操作步骤：

(1)命令：DIMEDIT

(2)输入标注类型[默认(H)/ 新建(N)/ 旋转(R)/倾斜(O)] <默认>: O↙

(选择倾斜标注类型)

(3)选择对象:　　(选择要修改的尺寸)

(4)选择对象:↙

(5)输入倾斜角度(按 ENTER 表示无): 25 ↙

(输入尺寸标注与 X 轴形成的倾斜角度 25°)

5.4.2　编辑标注文字的位置

1. 命令

(1)“编辑标注文字”命令: DIMTEDIT

(2)工具栏: 图标

2. 功能

改变标注文字沿尺寸线的位置和角度。

3. 选项

执行该命令时, 命令行显示如下信息:

命令: DIMTEDIT

选择标注:　　(选择一个尺寸标注对象)

为标注文字指定新位置或 [左对齐(L)/右对齐(R)/居中(C)/默认(H)/角度(A)]:

各选项说明如下:

- 左对齐(L): 将文本沿尺寸线方向左对齐, 如图 5 - 93(a)所示。
- 右对齐(R): 将文本沿尺寸线方向右对齐, 如图 5 - 93(b)所示。
- 居中(C): 将文本置于尺寸线的中心, 如图 5 - 93(c)所示。
- 默认(H): 将文本移到默认位置。
- 角度(A): 将文本旋转至指定角度, 如图 5 - 93(d)所示。

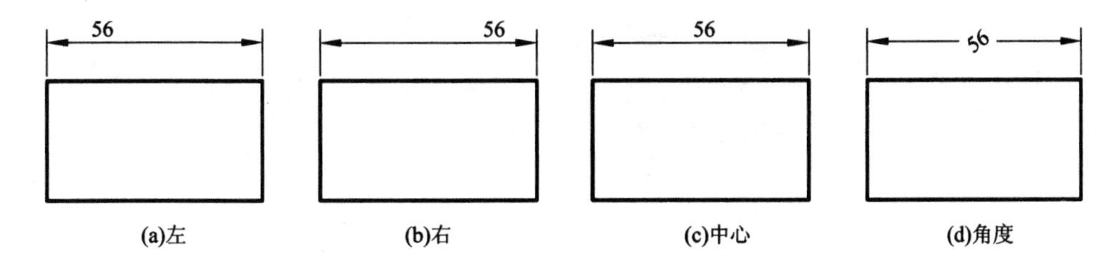

图 5 - 93　用 DIMTEDIT 命令改变标注文字位置的示例

5.4.3　特性管理器编辑标注

通过对要编辑的尺寸标注用鼠标进行双击, 或先点选尺寸标注, 再点击“特性”图标, 即可打开“特性”管理器, 可以对标注样式、标注文字等内容进行设置。

【例题 5 - 10】　将图 5 - 94(a)中的标注样式改为图(c)所示的标注样式。

操作步骤:

(1)在要编辑的尺寸标注上用鼠标进行双击。(或先点选尺寸标注，再点击“特性”图标▣。)立即弹出“特性”对话框，且该尺寸标注呈夹点显示，如图5－94(b)所示。

(2)在“特性”对话框中展开“文字”选项，在“文字替代”中输入“%%c15”，如图5－95所示，然后关闭“特性”对话框。绘图区域中图形的尺寸标注将动态地随着设置的变化而变化。

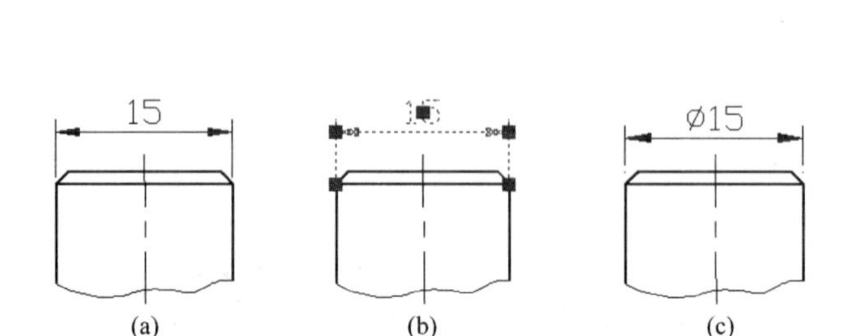

图5－94 调整尺寸界线的倾斜角度

图5－95 “特性”对话框

(3)用手按一下键盘左上角的Esc键，取消该尺寸标注的夹点显示，结果如图5－94(c)所示。

知识要点提示：

“标注样式管理器”中的“修改”选项对已设置的尺寸标注样式进行修改后，则在绘图区域中，使用该尺寸标注样式的所有标注将相应的全部更改。“特性”管理器只适用于对单个的标注进行编辑修改，其他标注不受任何影响。

5.5 图形信息查询

5.5.1 查询点的坐标

1. 命令

(1)命令：ID

(2)菜单栏：工具 → 查询→点坐标

(3)图标：“查询”工具栏→定位点▣(如图5－96所示)

(4)“实用工具”面板→点坐标▣(如图5－97所示)

图 5-96　“查询”工具栏

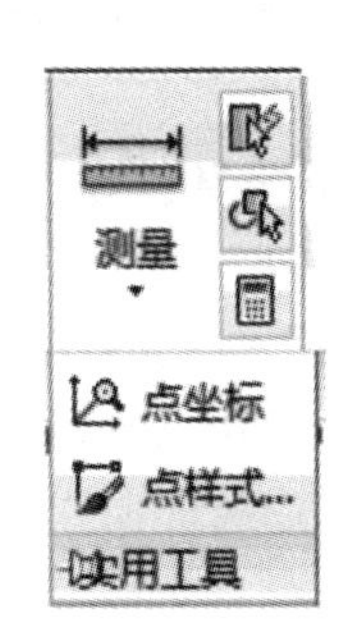

图 5-97　“实用工具”面板

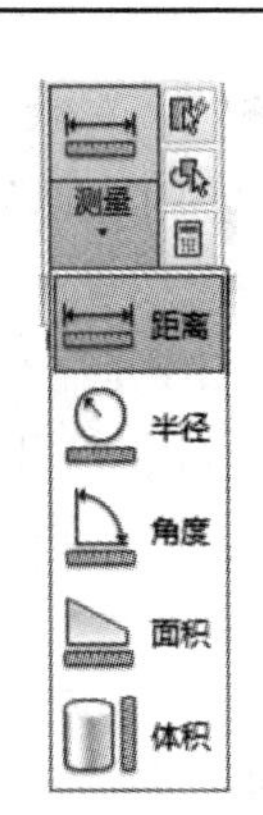

图 5-98　测量“距离”按钮

2. 格式

执行 ID 命令，命令行将显示如下信息：

命令：ID 指定点：　　　　（单击某点或捕捉某点，例如捕捉图 5-99 所示圆的圆心。）

X = 105.6884　Y = 646.3680　Z = 0.0000

5.5.2　查询距离

用于查询指定两点之间的距离以及对应的方位角。

1. 命令

(1)命令：DIST

(2)菜单栏：工具 → 查询→距离

(3)图标：“查询”工具栏→距离

(4)“实用工具”面板→测量→距离（如图 5-98 所示。）

2. 格式

执行 DIST 命令，命令行将显示如下信息：

命令：MEASUREGEOM

输入选项 [距离(D)/半径(R)/角度(A)/面积(AR)/体积(V)] <距离>: _distance

指定第一点：　　　　（捕捉如图 5-99 所示的点 2）

指定第二个点或 [多个点(M)]：　　　　（捕捉如图 5-99 所示的另一点 3）

距离 = 309.0976，XY 平面中的倾角 = 0，与 XY 平面的夹角 = 0

X 增量 = 309.0976，Y 增量 = 0.0000，Z 增量 = 0.0000

5.5.3　查询面积

用于查询由指定对象所围成区域或以若干点为顶点构成的多边形区域的面积与周长，同时还可以进行面积的加、减运算。

1. 命令

(1)命令：AREA

(2)菜单栏：工具 → 查询→面积

(3)图标："查询"工具栏→面积

(4)"实用工具"面板→测量→面积(如图 5 -98 所示。)

2. 格式

执行 AREA 命令，命令行将显示如下信息：

命令：MEASUREGEOM

输入选项［距离(D)/半径(R)/角度(A)/面积(AR)/体积(V)］<距离>：_area

指定第一个角点或［对象(O)/增加面积(A)/减少面积(S)/退出(X)］<对象(O)>：

指定下一个点或［圆弧(A)/长度(L)/放弃(U)］：

(1)指定第一个角点

计算以指定各顶点所构成多边形区域的面积与周长。指定第一点后，在"指定下一点"这样的提示下指定一系列点后，按 Enter 键，AutoCAD 会显示：

面积 =(计算出的对应面积)，周长 =(对应多边形的周长)

(2)对象(O)

计算由指定对象所围成区域的面积。执行该选项，AutoCAD 提示"选择对象："，在此提示下选择对象后，AutoCAD 显示对应的面积与周长。

(3)增加面积(A)

切换到加模式，即求多个对象的面积以及它们的面积总和。执行该选项，AutoCAD 提示"指定第一个角点或[对象(O)/减(S)]："。

● 指定第一个角点：通过指定点求面积。指定第一点后，在"指定下一个角点"这样的提示下指定一系列点后，按 Enter 键，AutoCAD 会显示：

面积 =(所确定点构成区域的面积)，周长 =(对应的长度值)

总面积 =(计算出的总面积)

● 对象(O)：求多个对象的面积以及它们的面积总和。执行该选项，AutoCAD 提示"("加"模式)选择对象："在该提示下选择对象后，AutoCAD 显示：

面积 =(所选对象的面积)，周长 =(所选对象的周长)

总面积 =(计算出的总面积)

(4)减少面积(S)

进入减模式，即把新计算的面积从总面积中减掉。执行该选项，AutoCAD 提示"指定第一个角点或[对象(O)/加(A)]："，此时若执行"指定第一个角点"或"对象(O)"选项并继续根据提示操作，AutoCAD 一方面会显示后续操作对应的面积，同时要把新计算的面积从总面积中减掉，并显示出相减后得到的总面积。

【例题 5 -11】 计算图 5 -99 所示剖面线区域的面积。

操作步骤：

(1)命令：MEASUREGEOM (执行测量面积命令)

输入选项［距离(D)/半径(R)/角度(A)/面积(AR)/体积(V)］<距离>：_area

指定第一个角点或［对象(O)/增加面积(A)/减少面积(S)/退出(X)］<对象(O)>：a↙

指定第一个角点或［对象(O)/减少面积(S)/退出(X)］：o↙

(2)("加"模式)选择对象： (选择大矩形)

面积 = 1248645.7146，周长 = 4610.4469

总面积 = 1248645.7146

(3)（"加"模式）选择对象：↙

面积 = 1248645.7146，周长 = 4610.4469

总面积 = 1248645.7146

指定第一个角点或［对象(O)/减少面积(S)/退出(X)］：s↙

(4)指定第一个角点或［对象(O)/增加面积(A)/退出(X)］：（捕捉图中三角形的顶点 1）

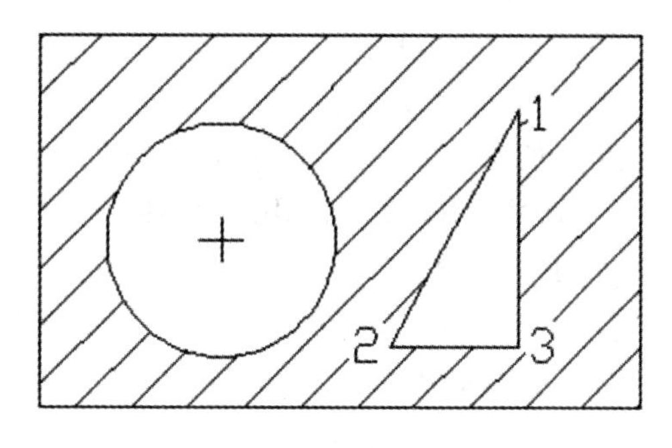

图 5－99　剖面线区域

（"减"模式）指定下一个点或［圆弧(A)/长度(L)/放弃(U)］：（捕捉图中三角形的顶点 2）

（"减"模式）指定下一个点或［圆弧(A)/长度(L)/放弃(U)］：（捕捉图中三角形的顶点 3）

（"减"模式）指定下一个点或［圆弧(A)/长度(L)/放弃(U)/总计(T)］<总计>：↙

面积 = 85670.8394，周长 = 1498.1086

总面积 = 1162974.8751

指定第一个角点或［对象(O)/增加面积(A)/退出(X)］：o↙

(5)（"减"模式）选择对象：（选择圆）

面积 = 233422.0147，圆周长 = 1712.6785

总面积 = 929552.8604

(6)（"减"模式）选择对象：↙

面积 = 233422.0147，圆周长 = 1712.6785

总面积 = 929552.8604

指定第一个角点或［对象(O)/增加面积(A)/退出(X)］：↙

总面积 = 929552.8604

输入选项［距离(D)/半径(R)/角度(A)/面积(AR)/体积(V)/退出(X)］<面积>：↙

可以看出，经过计算，图中剖面线区域的面积为 929552.8604。

5.6　习题与上机操作

1. 选择题

(1)在进行英文标注时，若要插入"度数"，则应该插入(　　)

A. d%%　　B. %D　　C. D%%　　D. %%D

(2)快速引线后不可以尾随的注释对象是(　　)

A. 多行文字　　B. 公差　　C. 单行文字　　D. 复制对象

(3)绘制一个线性尺寸标注，必须(　　)。

A. 确定尺寸线的位置　　B. 确定第二条尺寸界线的原点

C. 确定第一条尺寸界线的原点　　D. 以上都需要

(4)建立文字"6 孔 ¢20"，可以输入 (　　)。

A. 6 孔%%20　　　　B. 6 孔\U +00B20

C. 孔%%U20　　　　D. 6 孔%%C20

(5)如果要标注倾斜直线的长度，应该选用(　　)命令

A. DIMLINEAR　　B. DIMALIGNED　　C. DIMORDINATE　　D. QDIM

2. 上机操作

(1)绘制如图 5－100、5－101、5－102 所示图形，并标注尺寸。

(2)绘制如图 5－103、5－104、5－105 所示图形，并标注尺寸。

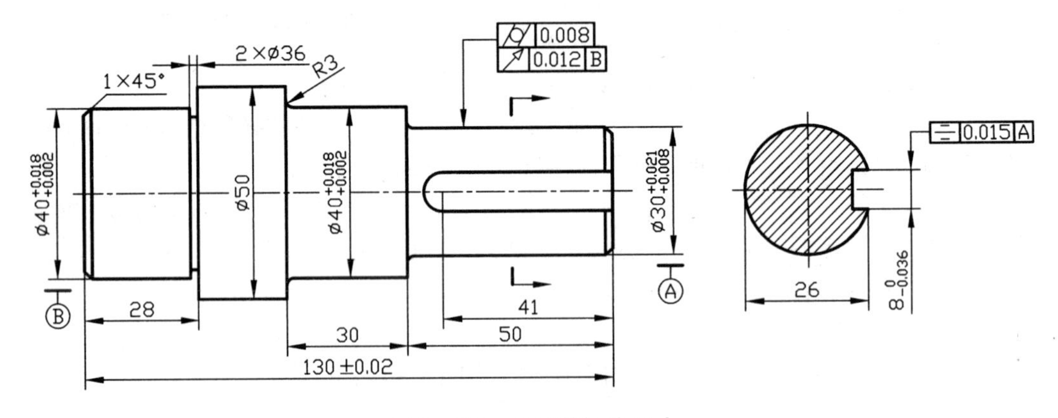

图 5－100　绘图并标注尺寸

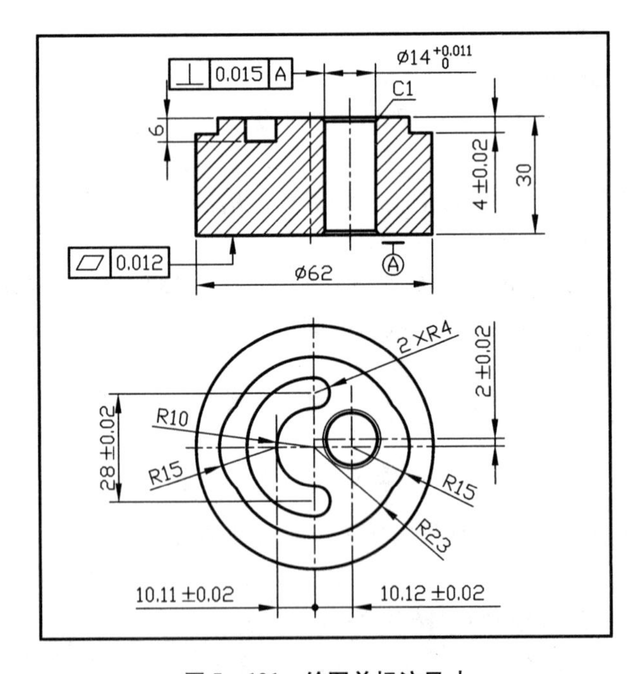

图 5－101　绘图并标注尺寸

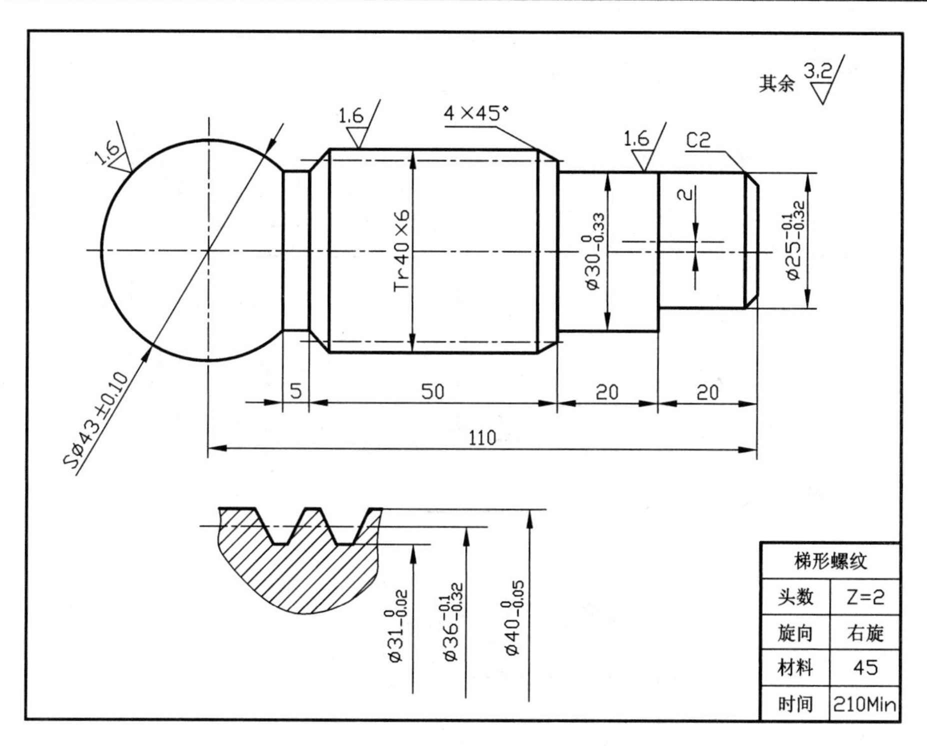

图 5－102　绘图并标注尺寸

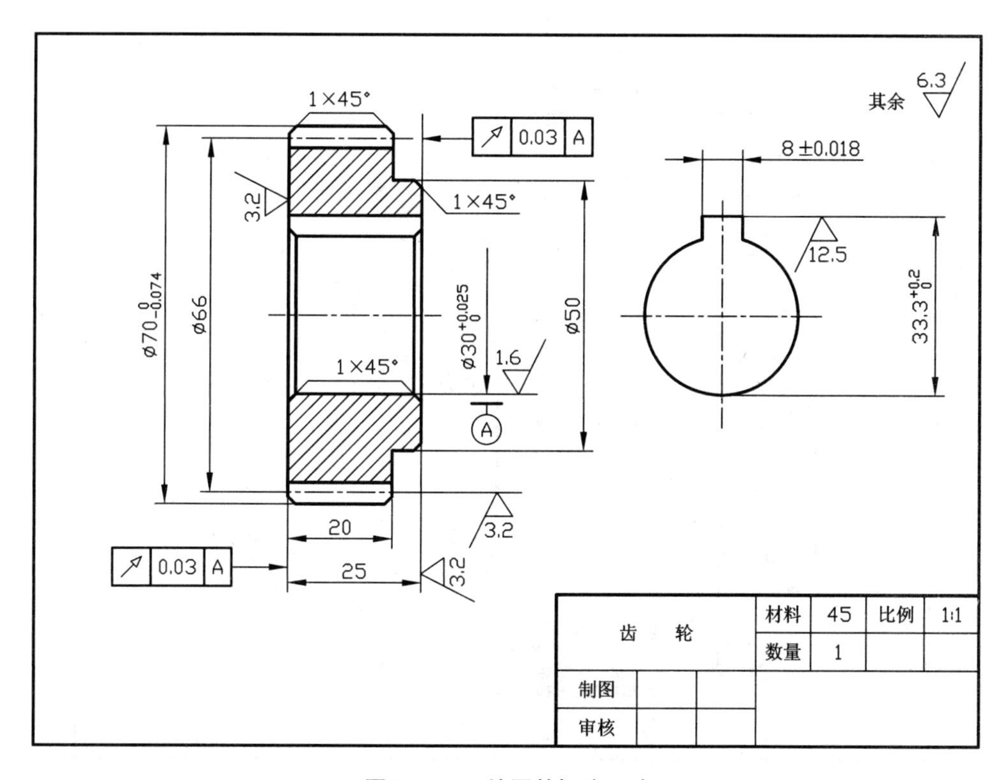

图 5－103　绘图并标注尺寸

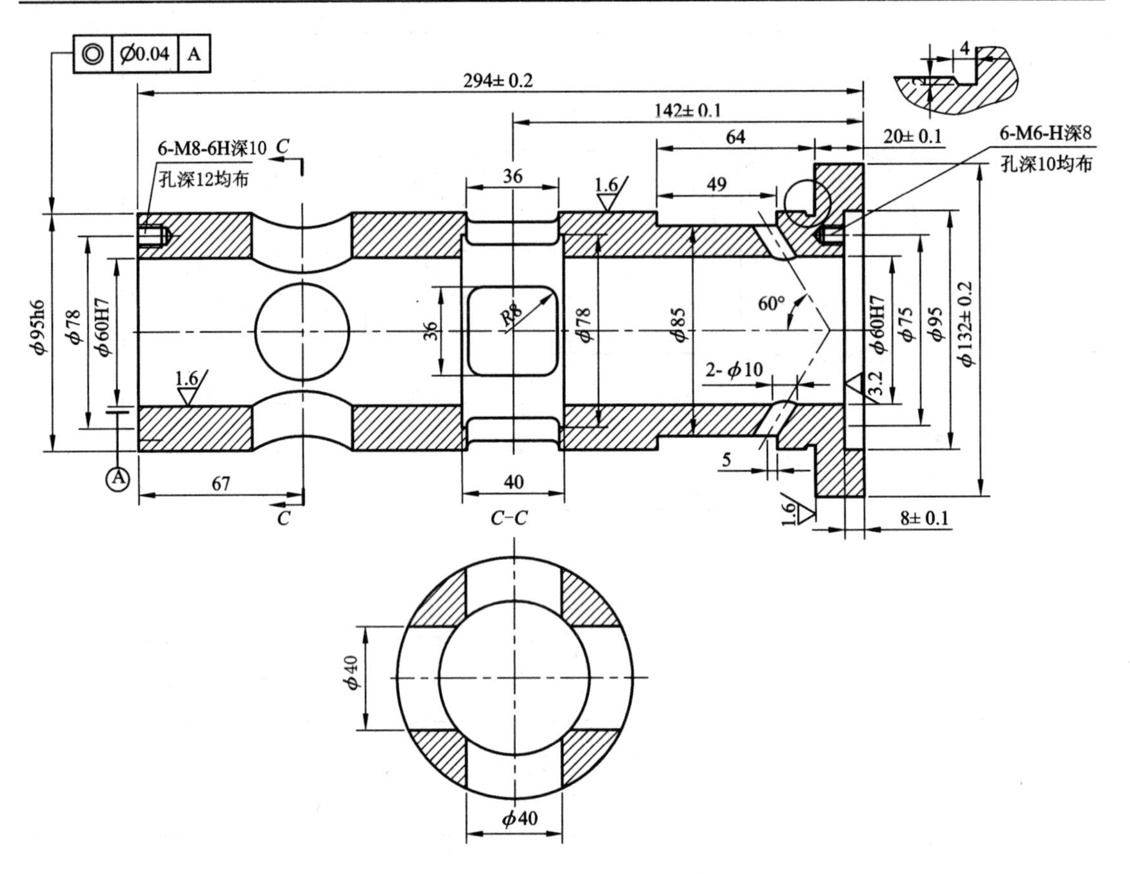

图 5-104　绘图并标注尺寸

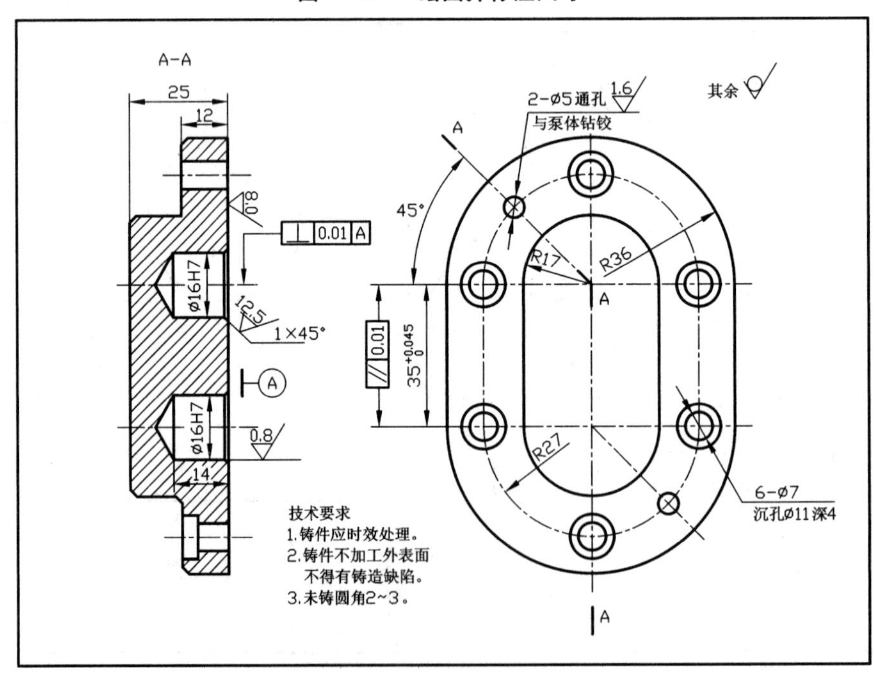

图 5-105　绘图并标注尺寸

第6章　块与属性

【学习目标】

(1)掌握块的创建与插入。

(2)掌握块属性的创建与编辑。

(3)了解在图形中插入外部参照。

(4)了解 AutoCAD 设计中心的应用。

在使用 AutoCAD 绘图时，如果图形中有大量相同或相似的内容，则可以把要重复绘制的图形创建成块，在需要时直接用块插入，还可以在插入块时通过块属性局部改变其数值或文字内容。如：在零件图中标注表面粗糙度时，它的基本符号是相同的，只是符号大小有变化，粗糙度数值不同。我们可以通过插入块时设置不同的长、宽比例得到不同大小的粗糙度符号，通过定义块属性得到不同的粗糙度值。

通过块与块属性的应用可大大提高绘制重复图形的效率，节省存储空间，便于修改图形。一般用于制作表面粗糙度符号、基准符号以及标题栏等一些常用的图样，也可用于制作螺栓、螺母、垫圈等标准件。

6.1　创建与插入块

6.1.1　创建块

AutoCAD 2010 可将已经绘制好的对象创建为块。每个块定义都包括块名、一个或多个对象、插入块的基点坐标和所有相关的属性数据。在 AutoCAD 2010 中可通过以下5种方式来创建块。

(1)命令行：BLOCK

(2)“绘图”工具栏：“创建块”图标

(3)菜单栏：“绘图”→“块”→“创建”命令。

(4)功能区：“常用”选项卡→“块”面板→“创建块”按钮

(5)功能区：“插入”选项卡→“块”面板→“创建块”按钮

执行创建块命令后，将弹出“块定义”对话框，如图6－1所示。

在“块定义”对话框中定义了块名、基点，并指定组成块的对象后，就可完成块的定义。“块定义”对话框各部分的功能如下所示：

(1)“名称”下拉列表框：用于输入块的名称。

(2)“基点”选项组：用于指定块的插入基点。基点的用途在于插入块时，将基点作为放置块的参照，此时块基点与指定的插入点对齐。基点可通过“拾取点”按钮指定基点，也可

图 6－1 “块定义”对话框

通过 X、Y 和 Z 三个文本框来输入坐标值。如选中“在屏幕上指定”复选框，那么在关闭对话框时，将提示用户指定基点。

（3）“对象”选项组：用于指定新块中要包含的对象，以及创建块之后如何处理这些对象：是保留、删除，或者是转换成块实例。

- “在屏幕上指定”复选框：选择该复选框后关闭对话框时，将提示用户指定对象。
- “选择对象”按钮：单击该按钮将回到绘图区，此时可用选择对象的方法选择组成块的对象。完成选择对象后，按 Enter 键返回。
- “快速选择”按钮：单击该按钮将弹出“快速选择”对话框，可通过快速选择来定义选择集指定对象。
- “保留”单选按钮：创建块以后，将选定对象保留在图形中作为区别对象。
- “转换为块”单选按钮：创建块以后，将选定对象转换成图形中的块实例。
- “删除”单选按钮：创建块以后，从图形中删除选定的对象。

（4）“方式”选项组：用于指定块的定义方式。

- “注释性”复选框：将块定义为注释性对象。
- “使块方向与布局匹配”复选框：选择该复选框表示在图纸空间视口中的块参照方向与布局的方向匹配。如果未选择“注释性”复选框，则该选项不可用。
- “按统一比例缩放”复选框：用于指定是否使块参照的 X、Y 和 Z 坐标按同一比例缩放。
- “允许分解”复选框：用于指定块参照是否可以被分解。如选中，则表示插入块后，可用 EXPLODE 命令将块分解为组成块的单个对象。

（5）“设置”选项组：用于设置块的其他设置。

● “块单位”下拉列表框：用于指定块参照插入单位。

● “超链接”按钮 超链接(L)... ：单击可打开“插入超链接”对话框，使用该对话框可将某个超链接与块定义相关联。

6.1.2　插入块

在创建了块之后，就可以使用插入块命令将创建的块插入到多个位置，达到重复绘图的目的。在 AutoCAD 2010 中可通过以下 5 种方式来插入块。

(1)命令行：INSERT

(2)“绘图”工具栏：“插入块”图标

(3)菜单栏：“插入”→“块”命令

(4)功能区：“常用”选项卡→“块”面板→“插入块”按钮

(5)功能区：“插入”选项卡→“块”面板→“插入块”按钮

执行插入块命令后，将弹出“插入”对话框，如图 6－2 所示。

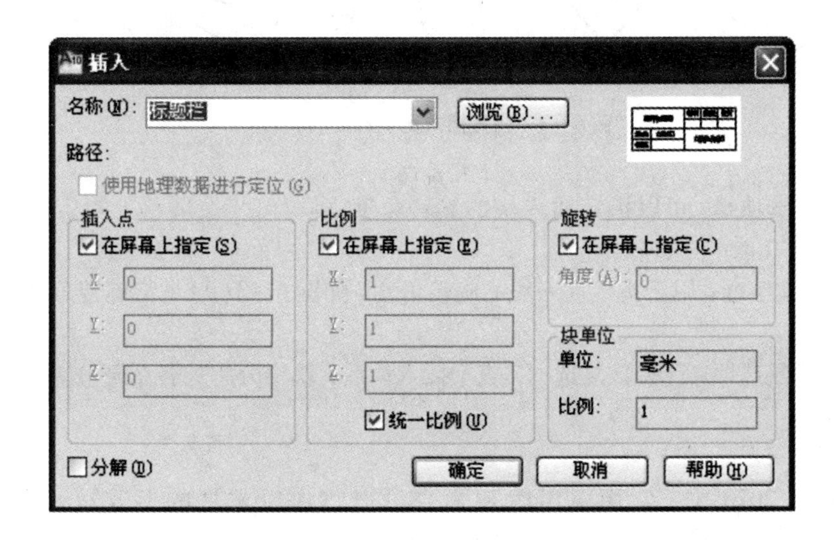

图 6－2　“插入”对话框

通过“插入”对话框，可以对插入块的位置、比例及旋转等特性进行设置。

(1)“名称”下拉列表框：通过该下拉列表框可以指定要插入块的名称，或指定要作为块插入的文件的名称。单击 浏览(B)... 按钮还可以通过“选择图形文件”对话框将外部图形文件插入图形中。

(2)“插入点”选项组：可指定插入块的位置。该点的位置与创建块时所定义的基点对齐。

● “在屏幕上指定”复选框：如选择该复选框，将在单击 确定 按钮关闭“插入”对话框后提示指定插入点，可在屏幕上用鼠标拾取或用键盘输入插入点的坐标。

● 如没选择“在屏幕上指定”复选框，可在 X、Y 和 Z 文本框中直接输入插入点的坐标值。

(3)“比例”选项组：可设置插入块时的缩放比例。同样，“在屏幕上指定”复选框意义同前。

● X、Y 和 Z 文本框：可分别指定三个坐标方向的缩放比例因子。如图 6－3(a)所示为创建的块。图 6－3(b)为将 X 方向比例设置为 1，Y 方向比例设置为 2 的显示效果，可见 Y 方向的长度放大了两倍，而 X 方向的长度仍然不变。

● “统一比例”复选框：为 X、Y 和 Z 坐标指定同一比例值，如图 6－3(c)所示为设置统一比例为 2 插入的块。

图 6－3 设置插入比例和旋转角度

(4)“旋转”选项组：可以指定插入块的旋转角度。同样，“在屏幕上指定”复选框意义同前。

● “角度”文本框：用于指定插入块的旋转角度，如图 6－3(d)是将旋转角度设置为 45°时的显示效果。

(5)“分解”复选框：选择该复选框，表示插入块后，块将分解为各个部分。

6.1.3 存储块

在 AutoCAD 2010 中，使用 WBLOCK 命令可以将块以文件的形式写入磁盘。执行 WBLOCK 命令将打开“写块”对话框，如图 6－4 所示。

在该对话框的“源”选项区域中，可以设置组成块的对象来源。各选项的功能说明如下：

● “块”单选按钮：用于将使用 BLOCK 命令创建的块写入磁盘，可在其后的下拉列表框中选择块名称。

● “整个图形”单选按钮：用于将全部图形写入磁盘。

● “对象”单选按钮：用于指定需要写入磁盘的块对象。选择该单选按钮时，用户可根据需要使用“基点”及“对象”选项区域设置块的插入基点位置及设置组成块的对象。

在该对话框的“目标”选项区域中可以设置块的保存名称和位置，各选项功能说明如下。

● “文件名和路径”文本框：用于输入块文件的名称和保存位置，用户也可单击其后的按钮，使用打开的“浏览文件夹”对话框设置文件的保存位置。

● “插入单位”下拉列表框：用于选择从 Auto CAD 设计中心中拖动块时的缩放单位。

【例题 6－1】 将图 6－5(a)所示图形创建成块，并将其写入磁盘中，然后将其插入到如图 6－8 所示的绘图文档中，最终效果如图 6－11 所示。

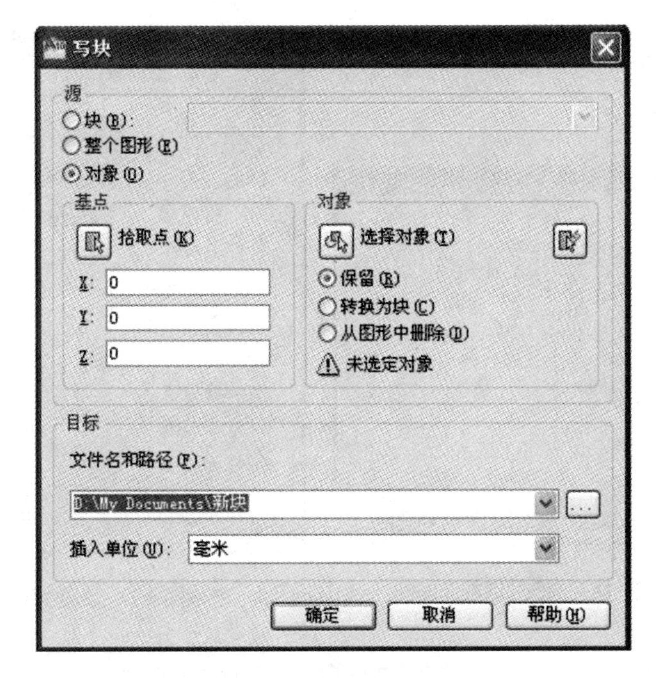

图 6－4　“写块”对话框

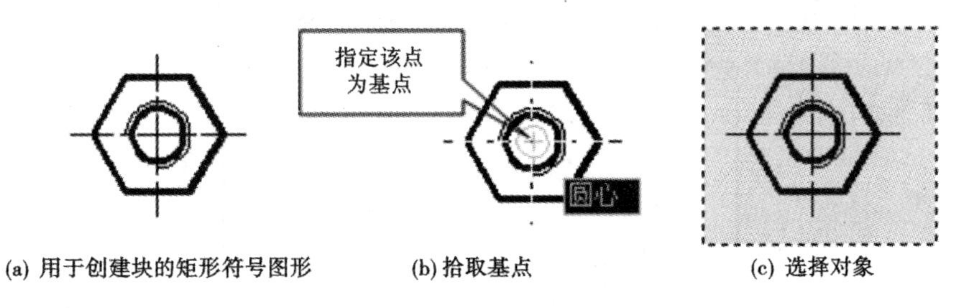

(a) 用于创建块的矩形符号图形　　(b) 拾取基点　　(c) 选择对象

图 6－5　创建块的过程

操作步骤：

(1)先绘制用于创建块的图形，如图 6－5(a)所示。

(2)在命令行中输入 BLOCK 或单击“绘图”工具栏的“创建块”按钮，弹出“块定义”对话框。

(3)设置“块定义”对话框。

在“名称”文本框内输入块的名称“螺纹”；将“基点”和“对象”选项组的“在屏幕上指定”框均取消时，“拾取点”按钮和“选择对象”按钮均变为可用；单击“拾取点”按钮，回到绘图区，单击螺纹的圆心如图 6－5(b)所示；单击“选择对象”按钮，回到绘图区，用窗口选择的方法选择整个螺纹，如图 6－5(c)所示。然后按 Enter 键再返回到“块定义”对话框，其他选项保持默认，然后单击 确定 按钮，即完成块的定义，如图 6－6 所示。

(4)在命令行中输入 WBLOCK，系统将打开“写块”对话框，在该对话框的“源”选项区域中选择择“块”单选按钮，然后在其后的下拉列表中选择创建的块“螺纹”，如图 6－7 所示，然后单击 确定 按钮。

图 6－6　设置“块定义”对话框

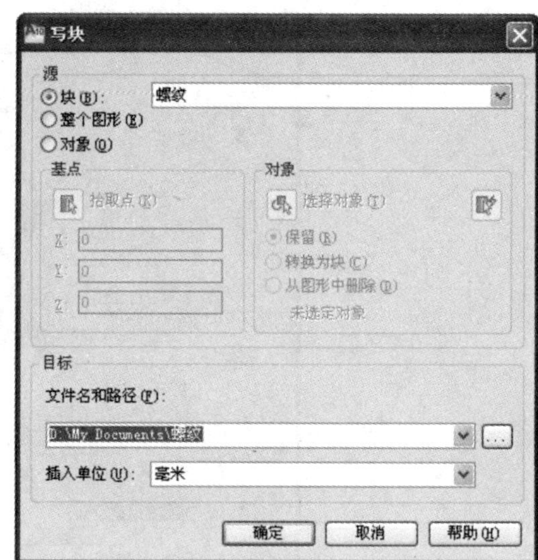

图 6－7　设置“写块”对话框

(5)在快速访问工具栏中单击“打开”按钮，打开如图 6－8 所示文档。

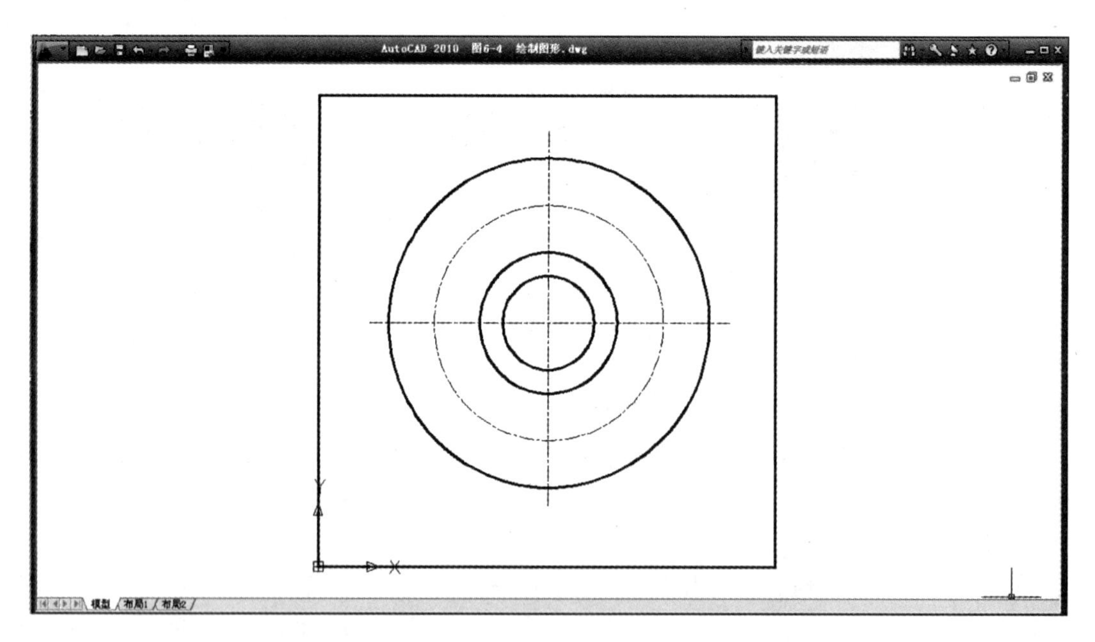

图 6－8　“打开文档”

(6)单击“绘图”工具栏的“插入块”按钮，弹出“插入”对话框。

(7)设置“插入”对话框。

单击“名称”右边的“浏览”按钮浏览(B)...，在打开的“选择图形文件”对话框中选择创建的块 D：\My Documents\螺纹. dwg，并单击“打开”按钮，返回“插入”对话框，其他选项如图 6－9所示，然后单击确定按钮。

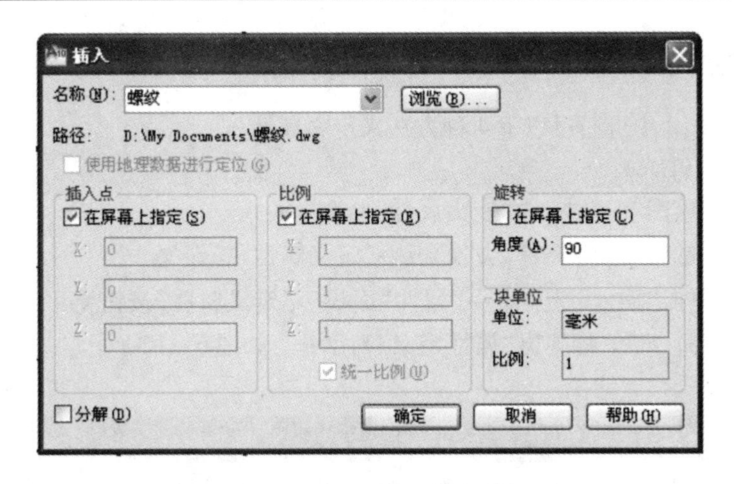

图6－9　设置“插入”对话框

(8)在图6－8所示的文档中单击即可插入块，如图6－10所示。

(9)单击“修改”工具栏的“阵列”按钮，对图块进行环形阵列，最终效果如图6－11所示。

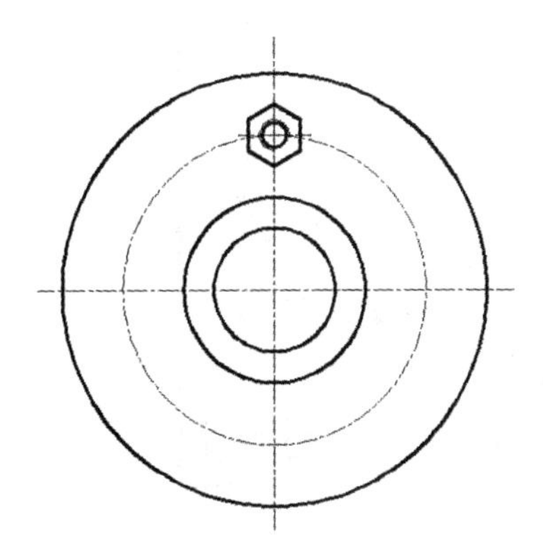

图6－10　指定第1个块的基点

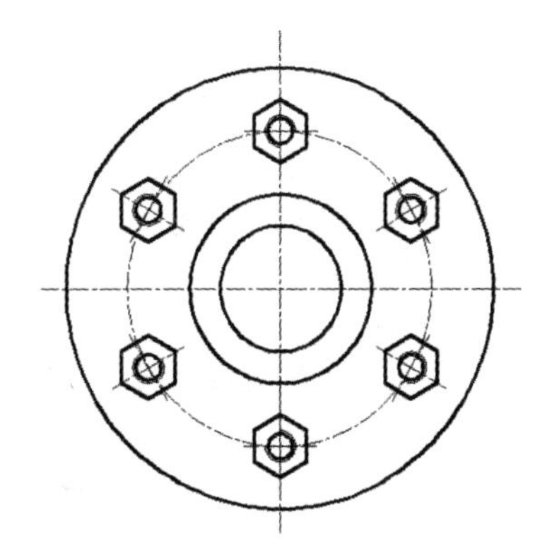

图6－11　最终效果

知识要点提示：

BLOCK创建的块仅用于在本图形中插入该块；

WBLOCK是将块作为文件保存，不但可以用于在本图形中插入块，还可用于在其他图形中插入该块。

6.2　块属性

块属性是附属于块的非图形信息，例如零件名称、材料、数值等，是块的组成部分，是特定的可包含在块定义中的文字对象。属性必须预先定义而后被选定，通常属性用于在块的插入过程中注释不同的值。

6.2.1 创建块属性

在 AutoCAD 2010 中可通过以下 4 种方法来定义属性：

(1)命令行：ATTDEF

(2)菜单栏："绘图"→"块"→"定义属性"命令

(3)功能区："常用"选项卡→"块"面板→"定义属性"按钮

(4)功能区：单击"插入"选项卡→"属性"面板→"定义属性"按钮

执行定义属性命令后，将弹出"属性定义"对话框，如图 6－12 所示。

图 6－12 "属性定义"对话框

通过"属性定义"对话框，可完成对属性的定义。该对话框包括"模式""插入点""属性""文字设置"4 个选项组，各个选项的功能如下：

(1)"模式"选项组：可设置与块关联的属性值选项。

● "不可见"复选框：用于设置插入块时是否显示或打印其属性值。

● "固定"复选框：用于设置属性是否为定值。

● "验证"复选框：该选项的作用是插入块时将提示验证属性值是否正确。一般情况不选。

● "预设"复选框：插入包含预置属性值的块时，将属性设置为默认值。一般情况不选。

● "锁定位置"复选框：用于锁定块参照中属性的相对位置。解锁后，属性可以相对于使用夹点编辑的块的其他部分移动，并且可以调整多行属性的大小。

● "多行"复选框：该选项表示属性值可以包含多行文字。

注意：在动态块中，由于属性的位置包括在动作的选择集中，因此必须将其锁定。

(2)“属性”选项组：可设置属性数据。

● “标记”文本框：用于输入属性的标记。

● “提示”文本框：用于输入插入块时系统显示的提示信息。如不输入提示，属性标记将用作提示。

● “默认”文本框：用于输入属性的默认值。

● “插入字段”按钮：显示“字段”对话框。可以插入一个字段作为属性的全部或部分值。如果在“模式”选项组，选择属性为“多行”，那么该按钮将变为“多行编辑器”按钮，单击将弹出文字编辑器。

(3)“插入点”选项组：用于设置属性值的插入点，即属性文字排列的参照点。用户可直接在 X、Y、Z 文本框中输入插入点的坐标，也可单击“在屏幕上指定”，切换到绘图窗口上拾取一点作为插入点。

(4)“文字设置”选项组：用于设置文字的对正、样式、高度和旋转角度。

文字高度、旋转角度、边界宽度也可以通过对应文本框后的拾取按钮在绘图区拾取。

(5)“在上一个属性定义下对齐”复选框：将属性标记直接置于定义的上一个属性下面。如果之前没有创建属性定义，则此选项不可用。

【例题 6-2】 创建粗糙度块属性。

操作步骤：

(1)先用绘图工具绘制粗糙度符号，如图 6-13 所示。

(2)定义属性。

单击“常用”选项卡→“块”面板→“定义属性”按钮，弹出“属性定义”对话框。按图 6-14设置完“属性定义”对话框中的各项内容后，单击对话框中的“确定”按钮。在退出“属性定义”对话框时命令行将提示“指定起点”，此时指定 A 点为属性的插入点，如图 6-15 所示。完成属性的定义。

图 6-13　绘制粗糙度符号图形

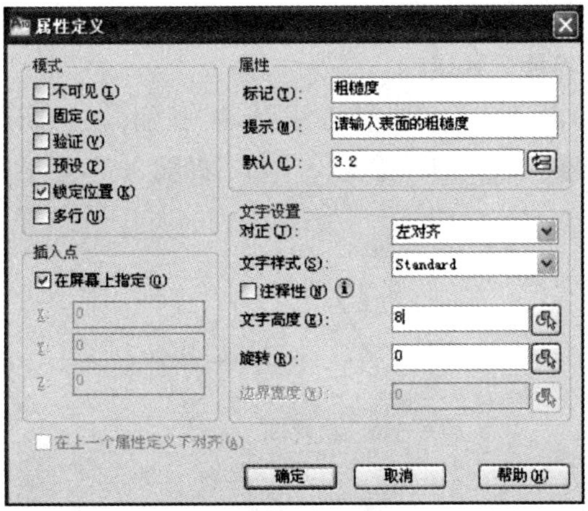

图 6-14　定义属性

(3)创建带属性的块。

单击“绘图”工具栏的“创建块”按钮，弹出“块定义”对话框。在“名称”文本框内输入块的名称“粗糙度”；单击“选择对象”按钮，然后将步骤(1)中绘制的图形和步骤(2)中定义的属性选择为组成块的对象；单击“拾取点”按钮，回到绘图区，指定粗糙度符号的顶点B为块的基点，如图6-16所示，然后按Enter键回到“块定义”对话框，其他选项保持默认，最后单击 确定 按钮，将弹出“编辑属性”对话框，如图6-17所示，可见在“编辑属性”对话框内显示了“提示”文本框和“默认”文本框中所输入的文字，单击“编辑属性”对话框的 确定 按钮，即可完成块属性的定义，其结果如图6-18所示。

图6-15 指定A点为插入点

图6-16 块定义时指定对象和基点

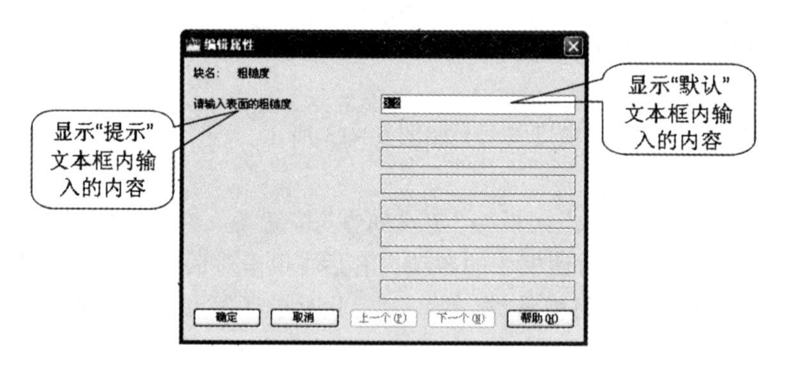

图6-17 “编辑属性”对话框

(4)插入块属性。

单击“绘图”工具栏的“插入块”按钮，选择插入名称为“粗糙度”的块时，命令行将提示“请输入表面的粗糙度〈3.2〉：”如输入“1.6”，那么所插入的块如图6-19所示。

图6-18 块属性

图6-19 插入块属性

本实例介绍了如何定义属性、创建块属性以及如何插入块属性。就本例所介绍的粗糙度符号的块属性来说，可以通过它来对不同表面标注不同的粗糙度值，应用起来很方便。同理，也可把标题栏定义成块属性。

6.2.2　修改属性定义

1. 在 AutoCAD 2010 中可通过以下 2 种方法来修改属性值。

(1)命令行：DDEDIT

(2)菜单栏："修改"→"对象"→"文字"→"编辑"命令

单击块属性，或直接双击块属性，打开"增强属性编辑器"对话框。在"属性"选项卡的列表中选择文字属性，然后在下面的"值"文本框中可以编辑块中值的属性，如图 6 -20所示。

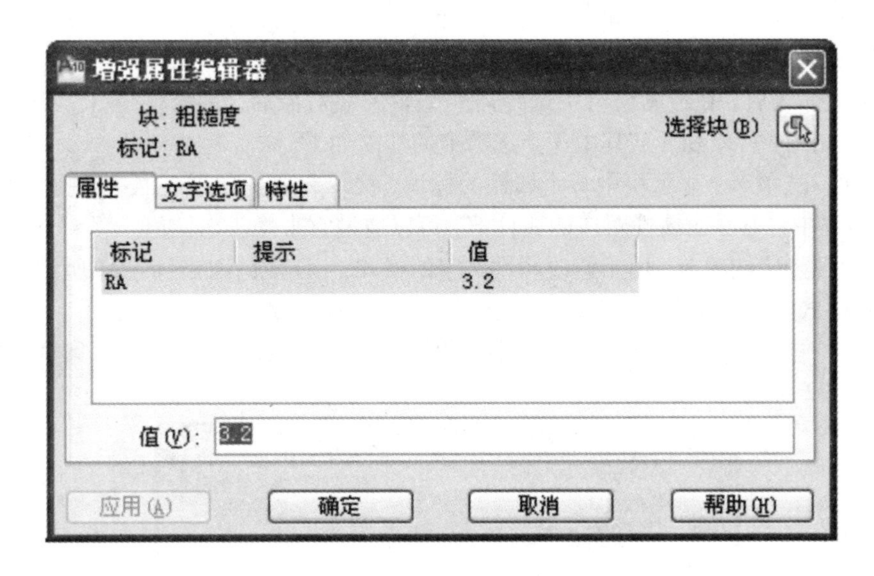

图 6 -20　"增强属性编辑器"对话框

2. 在 AutoCAD 2010 中可通过以下 3 种方法按同一缩放比例因子同时修改多个属性定义的比例。

(1)命令行：SCALETEXT

(2)菜单栏："修改"→"对象"→"文字"→"比例"命令

(3)功能区：单击"注释"选项卡→"文字"面板→"缩放文字"按钮 缩放

执行上述命令后，命令行提示如下：

输入缩放的基点选项[现有(E)/左对齐(L)/居中(C)/中间(M)/右对齐(R)/左上(TL)/中上(TC)/右上(TR)/左中(ML)/正中(MC)/右中(MR)/左下(BL)/中下(BC)/右下(BR)] <现有>：

3. 在 AutoCAD 2010 中可通过以下 3 种方法在不改变属性定义的前提下重新定义文字的插入基点。

(1)命令行：JUSTIFYTEXT

(2)菜单栏："修改"→"对象"→"文字"→"对正"命令

(3)功能区：单击"注释"选项卡→"文字"面板→"对正文字"按钮 对正

执行上述命令后，命令行提示如下：

输入对正选项[左对齐(L)/对齐(A)/布满(F)/居中(C)/中间(M)/右对齐(R)/左上(TL)/中上(TC)/右上(TR)/左中(ML)/正中(MC)/右中(MR)/左下(BL)/中下(BC)/右下(BR)] <左对齐>:

6.2.3 编辑块属性

在 AutoCAD 2010 中可通过以下 3 种方法来编辑块对象的属性。

(1)命令行:EATTEDIT

(2)菜单栏:"修改"→"对象"→" 属性"→" 单个"命令

(3)功能区:单击"插入"选项卡→"属性"面板→"编辑属性"按钮

执行上述命令后,在绘图窗口中选择需要编辑的块对象后,系统将打开"增强属性编辑器"对话框,如图 6-20 所示,其中 3 个选项卡的功能如下。

● "属性"选项卡:显示块中每个属性的标识、提示和值。在列表框中选择某一属性后,在"值"文本框中将显示出属性对应的属性值,可以通过它来修改属性值。

● "文字选项"选项卡:用于修改属性文字的格式,该选项卡如图 6-21 所示。在其中可以设置文字样式、对齐方式、高度、旋转角度、宽度比例、倾斜角度等内容。

● "特性"选项卡:用于修改属性文字的图层以及线宽、线型、颜色及打印样式等,该选项卡如图 6-22 所示。

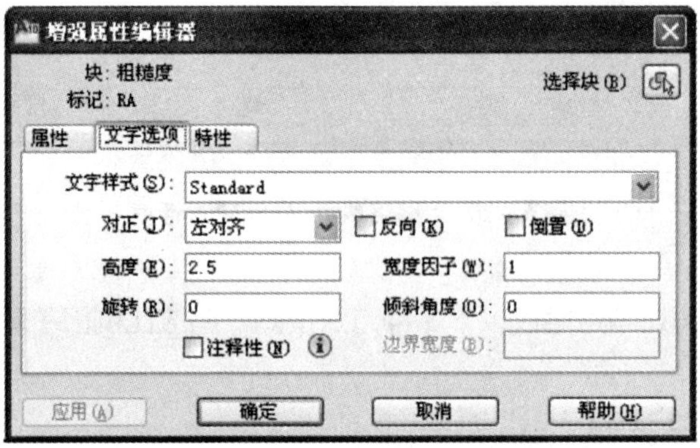

图 6-21 "文字选项"选项卡

图 6-22 "特性"选项卡

6.2.4　块属性编辑器

在 AutoCAD 2010 中可通过以下 3 种方法来管理块中的属性。

(1)命令行：BATTMAN

(2)菜单栏："修改"→"对象"→" 属性"→"块属性管理器"命令

(3)功能区：单击"插入"选项卡→"属性"面板→"管理"按钮

执行上述命令后，系统将打开"块管理编辑器"对话框，可在其中管理块中的属性，如图 6－23 所示。

在"块管理编辑器"对话框中，单击"编辑"按钮，将打开"编辑属性"对话框，可以重新设置属性定义的构成、文字特性和图形特性等，如图 6－24 所示。

图 6－23　"块属性管理器"对话框

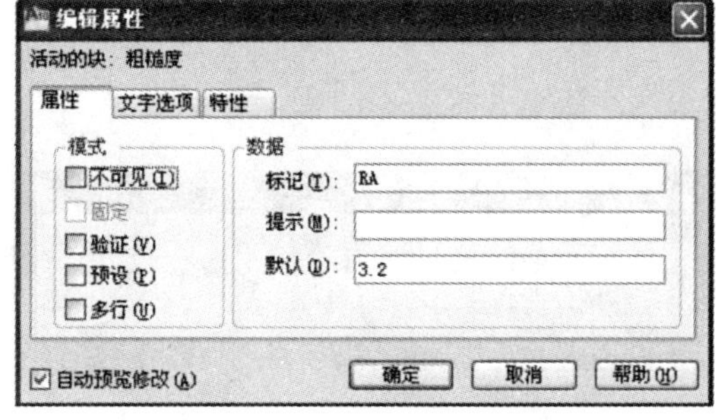

图 6－24　"编辑属性"对话框

在"块属性管理器"对话框中，单击"设置"按钮，将打开"块属性设置"对话框，可以设置在"块属性管理器"对话框的属性列表框中能够显示的内容，如图 6－25 所示。

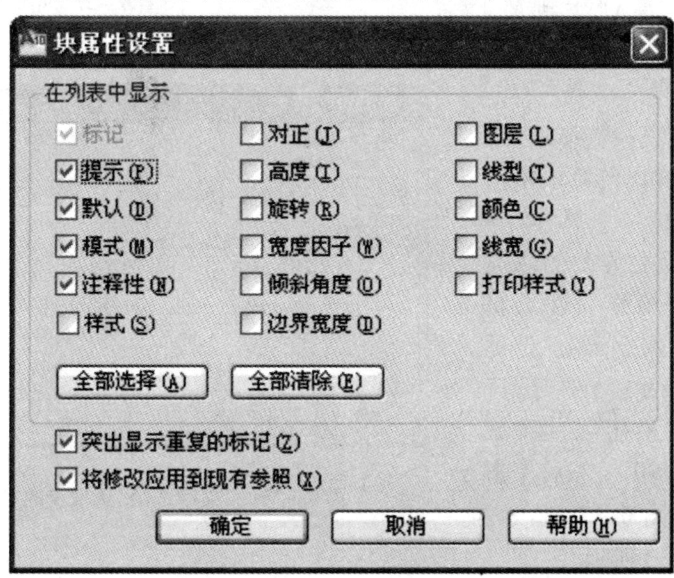

图 6－25　"块属性设置"对话框

【例题 6－3】 接上述【例题 6－2】，插入并编辑粗糙度块属性

操作步骤：

(1)插入块属性。

单击“绘图”工具栏的“插入块”按钮，打开“插入”对话框，在“名称”下拉列表框中选择“粗糙度”，并在“插入点”“比例”“旋转”选项组中都选择“在屏幕上指定”复选框，然后单击确定按钮，如图 6－26 所示。命令行将提示：

指定插入点或［基点(B)/比例(S)/旋转(R)］：指定比例因子 <1>：0.5↙

(输入比例 0.5)

指定旋转角度 <0>：－90↙ (输入旋转角度－90°)

输入属性值

请输入表面的粗糙度 <3.2>：1.6↙ (输入粗糙度值 1.6)

绘图结果如图 6－27 所示。

图 6－26 “插入”对话框的设置

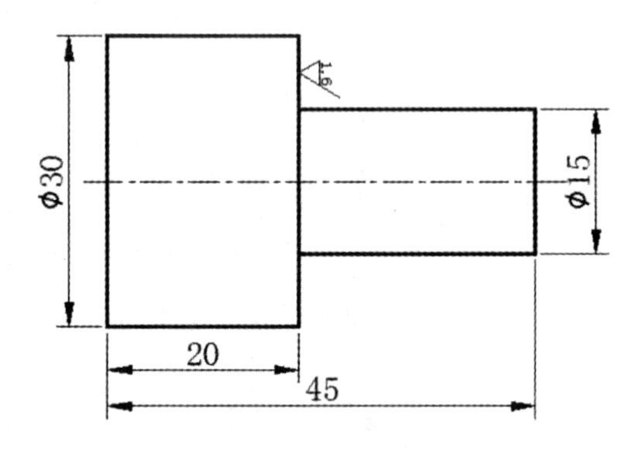

图 6－27 绘制图形

(2)编辑块属性。

在快速访问工具栏选择“显示菜单栏”命令，在弹出的菜单中选择“修改”→“对象”→“属性”→“单个”命令，选择要修改的块属性，系统将打开“增强属性编辑器”对话框，单击“文字选项”选项卡，如图 6－28 所示。在“对正”下拉列表中选择“右上”，在“旋转”文本框中输入“90”，然后单击确定按钮，如图 6－29 所示。绘图结果如图 6－30 所示。

图 6－28 “文字选项”选项卡的默认设置

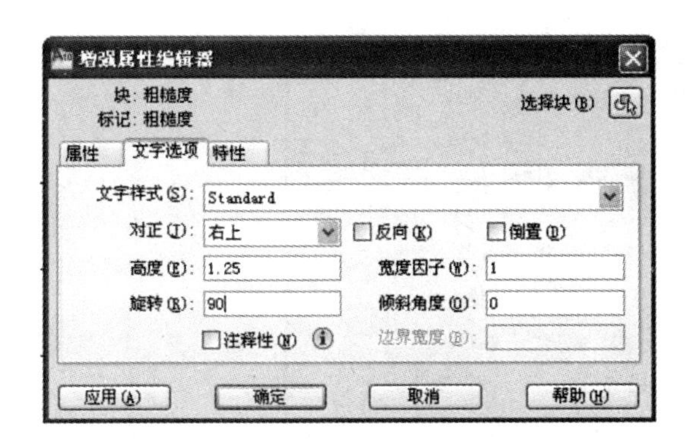

图6-29　“文字选项”选项卡的修改

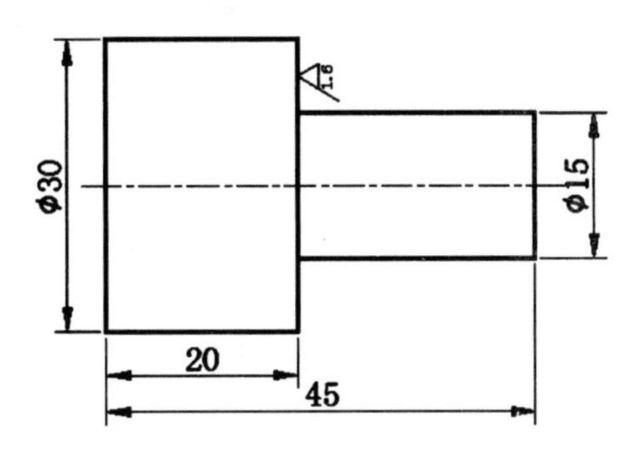

图6-30　修改后的图形

6.3　外部参照

外部参照与块有相似的地方，但它们的主要区别是：一旦插入了块，该块就永久性地插入到当前图形中，成为当前图形的一部分。而以外部参照方式将图形插入到某一图形（称之为主图形）后，被插入图形文件的信息并不直接加入到主图形中，主图形只是记录参照的关系，例如，参照图形文件的路径等信息。另外，对主图形的操作不会改变外部参照图形文件的内容。当打开具有外部参照的图形时，系统会自动把各外部参照图形文件重新调入内存并在当前图形中显示出来。

6.3.1　附着外部参照

附着外部参照又称为插入外部参照，是将参照图形附着到当前图形中。AutoCAD 2010 通过“外部参照”选项板管理外部参照，如图6-31所示。要打开“外部参照”选项板，可通过以下5种方法。

（1）命令行：EXTERNALREFERENCES。

（2）“参照”工具栏：“外部参照”按钮。

（3）菜单栏：“插入”→“外部参照”命令。

（4）菜单栏：“工具”→“选项板”→“外部参照”命令。

系统将打开如图6-31所示的“外部参照”选项板。在选项板上方单击“附着DWG”按钮，可以打开“选择参照文件”对话框。选择参照文件后，将打开“附着外部参照”对话框，利用该对话框可以将图形文件以外部参照的形式插入到当前图形中，如图6-32所示。

从图6-32可以看出，在图形中插入外部参照的方法与插入块的方法相同，只是在“外部参照”对话框

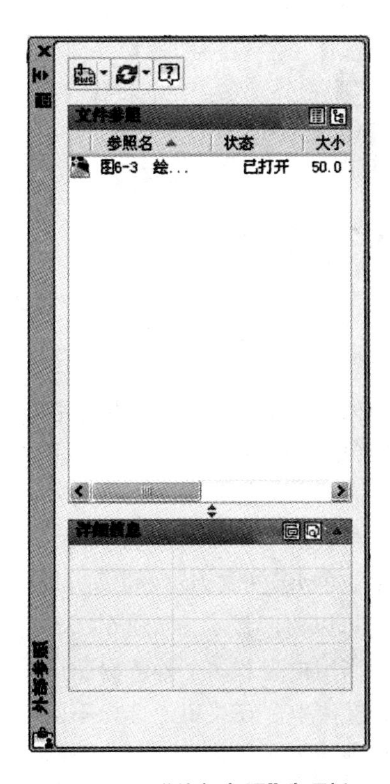

图6-31　“外部参照”选项板

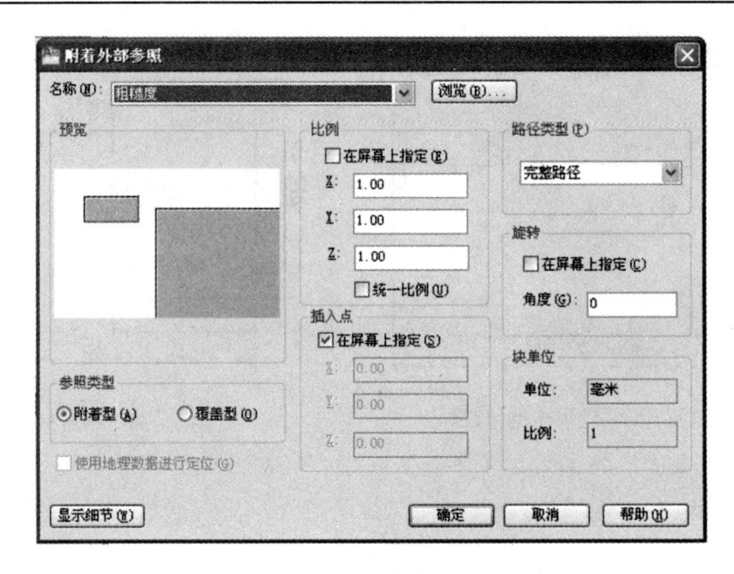

图 6-32 “外部参照”对话框

中多了几个特殊选项。

● “参照类型”选项组：可以确定外部参照的类型，包括“附着型”和“覆盖型”两种类型。

选择“附着型”单选按钮，将显示出嵌套参照中的嵌套内容。选择“覆盖型”单选按钮，则不显示嵌套参照中和嵌套内容。

● “路径类型”下拉列表框：用于指定外部参照的保存路径是“完整路径”“相对路径”“无路径”。

选择“完整路径”附着外部参照时，外部参照的精确位置将保存到主图形中。选择“相对路径”附着外部参照时，将保存外部参照相对于主图形的位置。选择“无路径”附着外部参照时，AutoCAD 首先在主图形的文件夹中查找外部参照。当外部参照文件与主图形位于同一个文件夹时，此选项非常有用。

6.3.2 管理外部参照

在 AutoCAD 2010 中，用户可以在“外部参照”选项板中对外部参照进行编辑和管理。单击选项板上方的“附着”按钮，可以添加不同格式的外部参照文件；在选项板下方的外部参照列表框中显示当前图形中各个外部参照文件名称；选择任意一个外部参照文件后，在下方“详细信息”选项区域中显示该外部参照的名称、加载状态、文件大小、参照类型、参照日期及参照文件的存储路径等内容。

单击选项板右上方的“列表图”或“树状图”按钮，可以设置外部参照列表框以何种形式显示。单击“列表图”按钮可以以列表形式显示，如图 6-33 左图所示；单击“树状图”按钮可以以树形显示，如图 6-33 右图所示。

当用户附着多个外部参照后，在外部参照列表框中的文件上右击将弹出如图 6-34 所示的快捷菜单。在菜单上选择不同的命令可以对外部参照进行相关操作，下面详细介绍每个命令选项的意义。

● “打开”命令：可在新建窗口中打开选定的外部参照进行编辑。

图 6-33　以列表形式和树状图形显示外部参照列表框

图 6-34　管理外部参照文件

● “附着”命令：可打开“选择参照文件”对话框，在该对话框中可以选择需要插入到当前图形中的外部参照文件。

● “卸载”命令：可从当前图形中移走不需要的外部参照文件，但移走后仍保留该参照文件的路径，当希望再次参照该图形时，单击对话框中的“重载”按钮即可。

● “重载”命令：可在不退出当前图形的情况下，更新外部参照文件。

● “拆离”命令：可从当前图形中移去不再需要的外部参照文件。

6.4　AutoCAD 设计中心

AutoCAD 的设计中心提供一种工具，使得用户可以组织对图形、块、图案填充和其他图形内容的访问，可以将源图形中的任何内容拖动到当前图形中。源图形可以位于用户的计算机上、网络位置或网站上。另外，如果打开了多个图形，则可以通过设计中心在图形之间复制和粘贴其他内容(如图层定义、布局和文字样式)来简化绘图过程。

6.4.1　打开“设计中心”

在 AutoCAD 2010 中，打开设计中心的方法如下。

(1)命令栏：ADCENTER

(2)“标准”工具栏：“设计中心”按钮

(3)菜单栏：“工具” →“选项板”→“设计中心”

执行设计中心命令后，将弹出“设计中心”窗口，如图 6－35 所示。

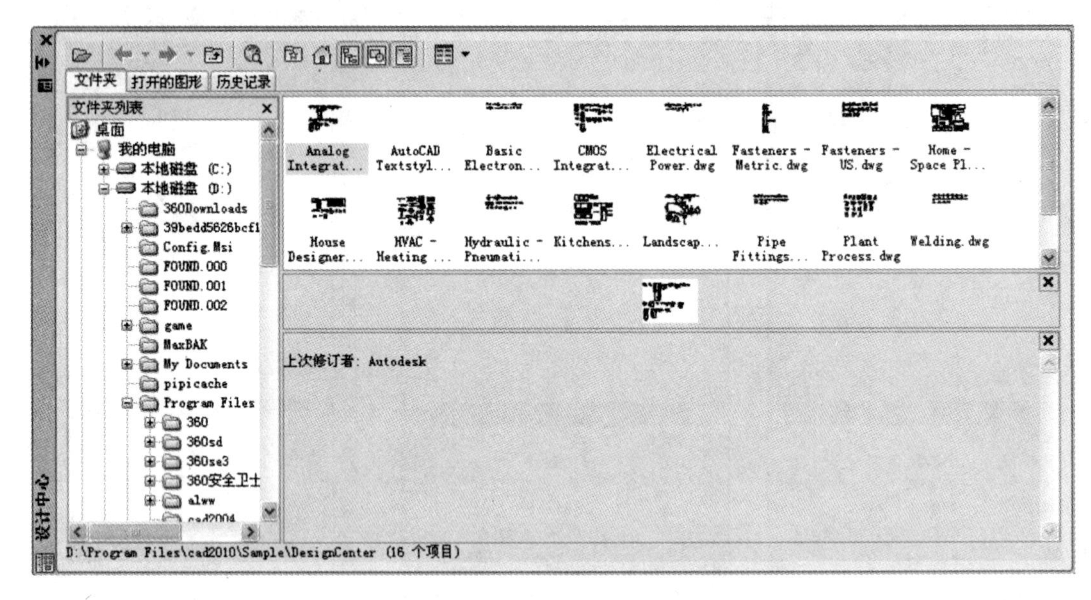

图 6－35 “设计中心”窗口

AutoCAD 设计中心窗口包含一组工具按钮和选项卡，各按钮和选项卡的含义如下。

● “文件夹”选项卡：显示设计中心的资源，可以将设计中心的内容设置为本计算机的桌面，或是本地计算机的资源信息，也可以是网上邻居的信息，如图 6－35 所示。

● “打开的图形”选项卡：显示在当前 AutoCAD 环境中打开的所有图形，其中包括最小化的图形。此时单击某个文件图标，就可以看到该图形的有关设置，如图层、线型、文字样式、块及尺寸样式等，如图 6－36 所示。

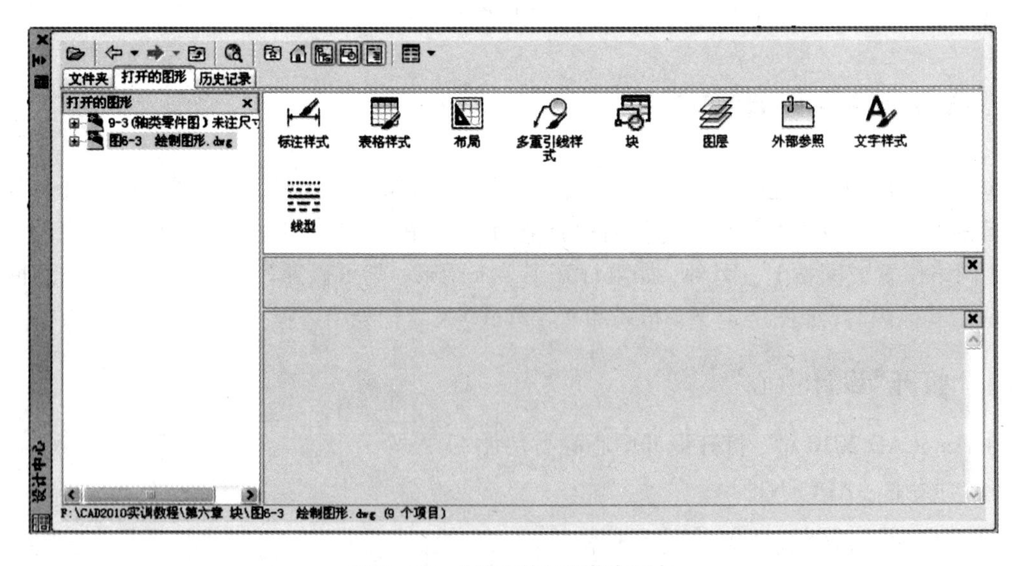

图 6－36 “打开的图形”选项卡

● “历史记录”选项卡：显示最近访问过的文件，包括这些文件的完整路径，如图6－37所示。

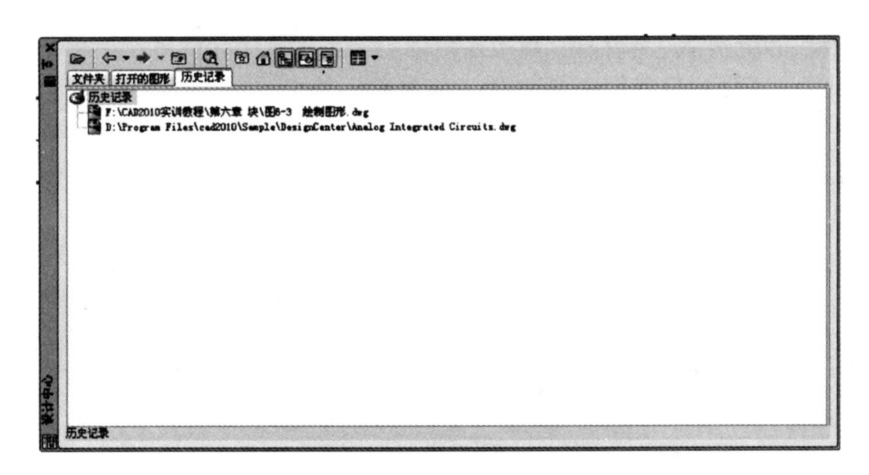

图6－37　“历史记录”选项卡

● “树状图切换”按钮：单击该按钮，可以显示或隐藏树状视图。

● “收藏夹”按钮：单击该按钮，可以在“文件夹列表”中显示收藏夹中的内容，同时在树状视图中反向显示该文件夹。

● “加载”按钮：单击该按钮，将打开“加载”对话框，使用该对话框可以从 Windows 的桌面、收藏夹或通过 Internet 加载图形文件。

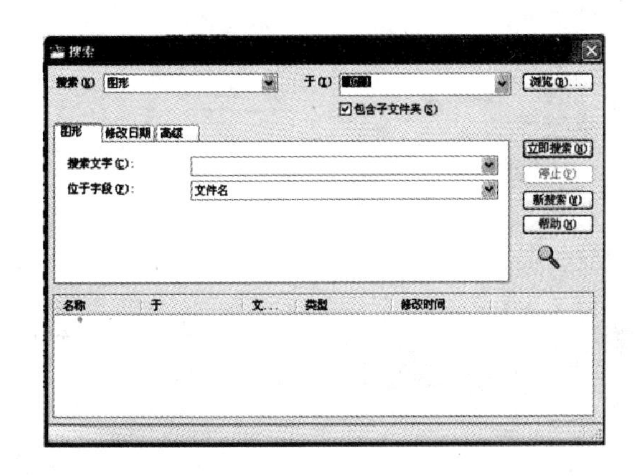

图6－38　“搜索”对话框

● “预览”按钮：单击该按钮，可以打开或关闭预览窗格，以确定是否显示预览图像。打开预览窗格后，单击控制板中的图形文件，如果该图形文件包含预览图像，则在预览窗格中显示该图像。如果该图形文件不包含预览图像，则预览窗格为空。

● “说明”按钮：打开或关闭说明窗格，以确定是否显示说明内容。打开说明窗格后，单击控制板中的图形文件，如果该图形文件包含有文字描述信息，则在说明窗格中显示出图形文件的文字描述信息。如果该图形文件没有文字描述信息，则说明窗格为空。

● “视图”按钮：用于确定控制板所显示内容的显示格式。单击该按钮将弹出快捷菜单，可以从中选择显示内容的显示格式。

● “搜索”按钮：用于快速查找对象。单击该按钮，将打开“搜索”对话框，如图6－38所示。可使用该对话框，快速查找诸如图形、块、图层及尺寸样式等图形内容或设置。

6.4.2　利用设计中心画图

使用 AutoCAD 设计中心，可以方便地在当前图形中插入块或外部参照，在图形之间复制块、图层、线型、文字样式、标注样式以及用户定义的内容等。

利用设计中心画图的典型步骤如下。

(1)打开“设计中心”窗口。

(2)在左侧的树状图中找到源图形。

(3)选择要插入的内容。

(4)在要应用或插入的元素上右击，从弹出的快捷菜单中选择“添加 × ×”或者“插入 × ×”命令，如图 6 – 39 所示。这一步骤也可以用将该元素拖动到绘图区代替。

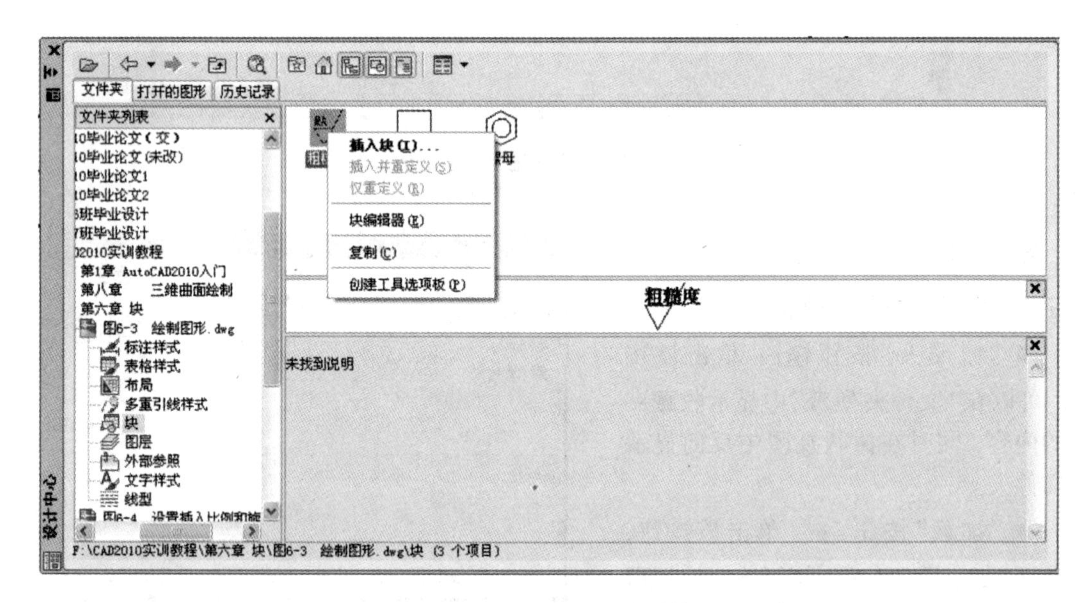

图 6 – 39　添加源图形中的块

6.4.3　利用设计中心添加工具选项板

设计中心还有个重要的作用是可以将图形、块和图案填充添加到当前的工具选项板中，以便以后快速访问。操作方法如下。

(1)同时打开“设计中心”窗口和工具选项板。

(2)将设计中心中的图形、块和图案填充拖曳到工具选项板上。

例如，要将 F：\CAD 2010 实训教程\第六章 块\图 6 – 3 绘制图形. dwg 里的名称为“粗糙度”的块添加到工具选项板，可先打开“设计中心”窗口和“工具选项板”，然后在“设计中心”窗口左侧树状图中定位到 F：\CAD 2010 实训教程\第六章 块\图 6 – 3 绘制图形. dwg 文件，选择“块”，然后将“粗糙度”块拖曳到工具选项板，如图 6 – 40 所示。以后只需单击工具选项板上的“粗糙度”按钮即可插入该块。

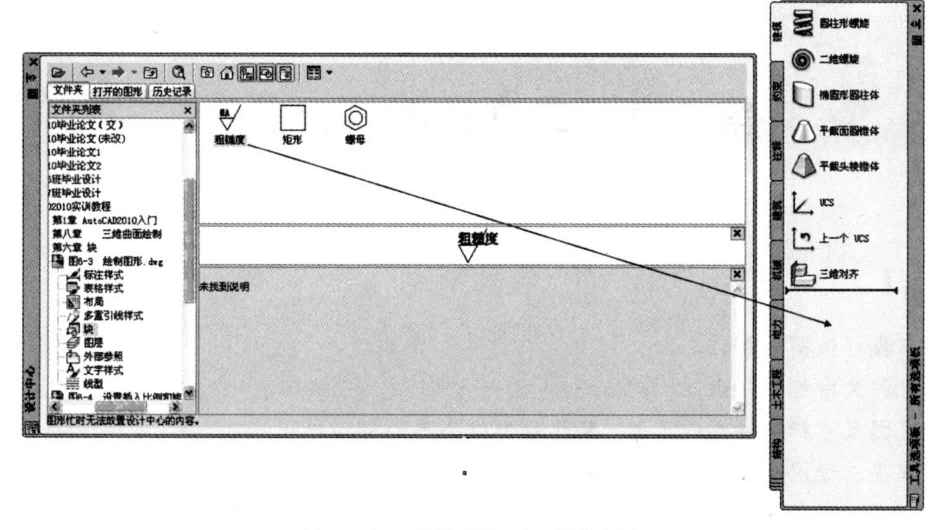

图6－40　将块添加到工具选项卡

6.5　上机操作

(1)制作粗糙度块“RA”，并定义属性。

(2)制作基准块“A”，并定义属性。

(3)制作图6－41中标题栏块，并将“(零件名称)”“(单位名称)”“(姓名)”分别定义属性。

(4)运用块插入标注图6－42中各粗糙度符号、基准符号、标题栏。

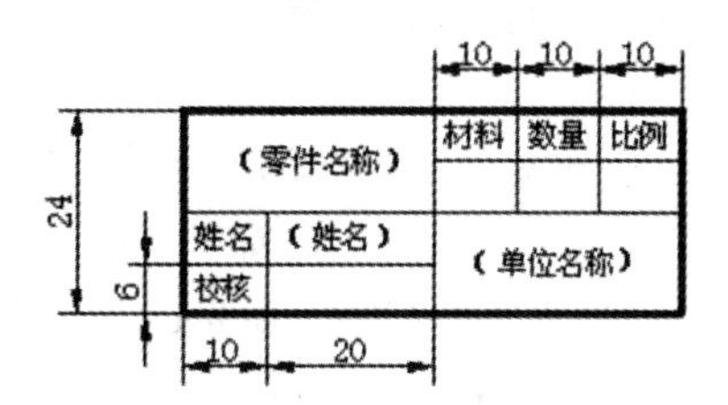

图6－41　标题栏

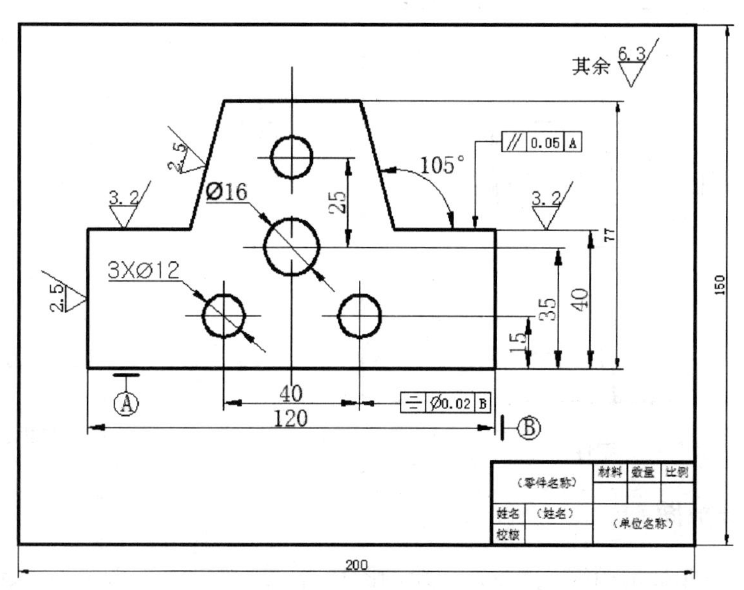

图6－42　块插入练习

第7章 二维绘图综合实例

【学习目标】

(1)掌握样板图的制作。

(2)巩固文字标注知识。

(3)巩固尺寸标注样式的设置、尺寸和形位公差的标注知识。

(4)掌握三视图绘制的方法和技巧。

由于前面各章节知识相对独立，各有侧重，因此，看起来比较零散。本章将通过一些综合实例，详细介绍使用 AutoCAD 绘制样板图、零件图、三视图的方法和技巧，以帮助读者建立 AutoCAD 绘图的整体概念，并巩固前面所学的知识，从而提高综合绘图技能。

7.1 绘制零件图

表达零件的图样称为零件工作图，简称零件图。零件图是设计部门提交给生产部门的重要技术条件，是制造、加工和检验零件的依据。

要绘制如图7－1所示的零件图，先制作如图7－2所示的样板图，再使用样板文件建立新图。

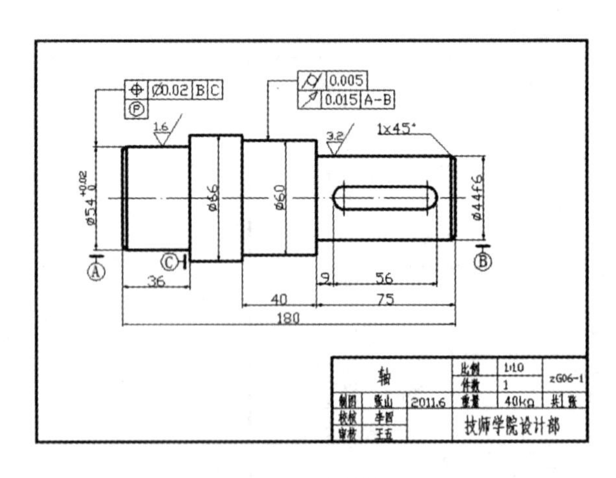

图7－1 零件图

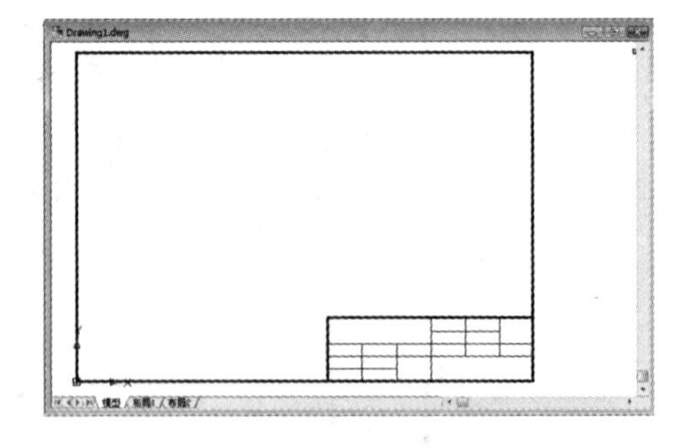

图7－2 样板图

7.1.1 制作样板图

样板图作为一张标准图纸，除了需要绘制图形外，还要设置图纸大小、绘制图框线和标题栏，为方便绘图，提高绘图效率，往往将这些绘制图形的基本作图和通用设置绘制成一张基础图形，进行初步或标准的设置，这种基础图形称为样板图。

下面，以图7－2所示的样板图为例，介绍样板图的绘制方法及步骤。

1. 设置绘图单位和精度

绘图时，单位都采用十进制，在快速访问工具栏选择“显示菜单栏”命令，在弹出的菜单中选择“格式”→“单位”命令，打开“图形单位”对话框，按照图7－3设置好各选项，设置完毕后，单击“确定”按钮。

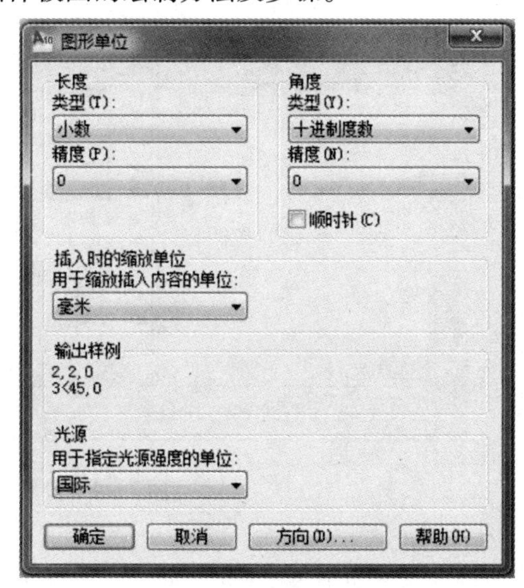

图7－3　“图形单位”对话框

2. 设置图形界限

国家标准对图纸的幅面大小作了严格规定，每一种图纸幅面都有唯一的尺寸。在绘制图形时，设计者应根据图形大小和复杂程度，选择图纸幅面。

【例题7－1】 选择国标A4图纸幅面设置图形边界，A4图纸的幅面为210×297mm。

(1)在快速访问工具栏选择“显示菜单栏”命令，在弹出的菜单中选择“格式”→“图形界限”命令，或在命令行输入LIMITS命令。

(2)在“定左下角点或［开(ON)/关(OFF)］<0，0>：”提示信息下，输入图纸左下角坐标“0，0”，并按Enter键。

(3)在“指定右上角点 <420，297>：”提示信息下，输入图纸右上角点坐标“297，210”，并按Enter键。

(4)单击状态栏上的“栅格”按钮，可以在绘图窗口中显示图纸的图限范围。

3. 设置图层

【例题7－2】 为图7－2所示的样板图创建辅助线、轮廓线、标注等图层。

(1)在快速访问工具栏选择“显示菜单栏”命令，在弹出的菜单中选择“格式”→“图层”命令，打开“图层特性管理器”选项板。

(2)单击“新建图层”按钮，创建“辅助线层”，设置颜色为“洋红”，线型为ACAD_ISO04W100，

线宽为“默认”；创建“标注层”，图层颜色为“蓝色”，线型为Continuous，线宽为“默认”；

创建“文字注释层”，图层颜色为“蓝色”，线型为Continuous，线宽为“默认”。然后按照同样的方法，创建其他图层，其中“轮廓层”和“图框层”的线宽为0.3mm，如图7－4所示。

(3)设置完毕，单击“确定”按钮，关闭“图层特性管理器”选项板。

4. 设置文字样式

在绘制图形时，通常要设置4种文字样式，分别用于一般注释、标题块中的零件名、标题块注释和尺寸标注。我国国标的汉字标注字体文件为：长仿宋大字体形文件gbcbig.shx。而文字高度对于不同的对象，要求也不同。例如，一般注释为7mm，零件名称为10 mm，标题栏中其他文字为5mm，尺寸文字为5mm。

在快速访问工具栏选择“显示菜单栏”命令，在弹出的菜单中选择“格式”→“文字样式”

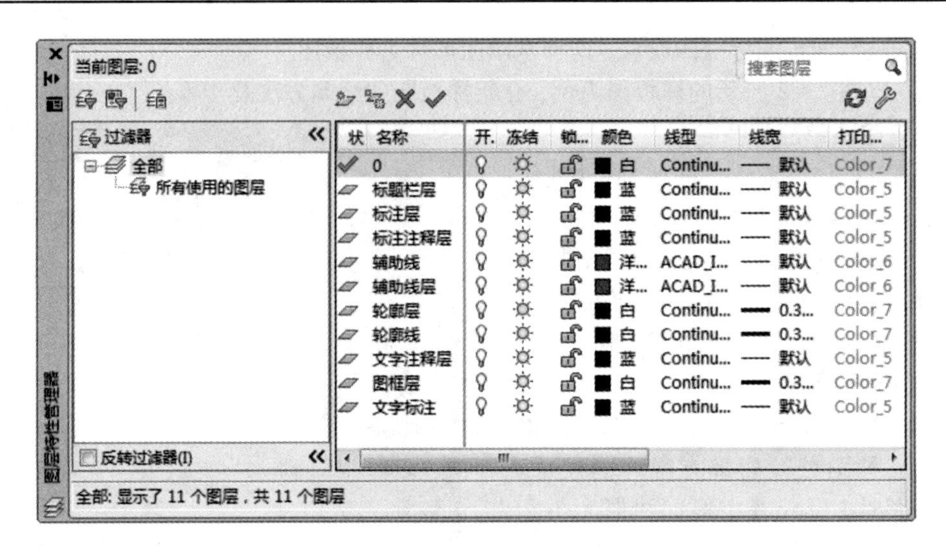

图 7－4 设置绘图文件的图层

命令，打开“文字样式”对话框，如图 7－5 所示。单击“新建”按钮，创建文字样式如下。

- 注释：大字体 gbcbig. shx，高度 7 mm。
- 零件名称：大字体 gbcbig. shx，高度 10 mm。
- 标题栏：大字体 gbcbig. shx，高度 5 mm。
- 尺寸标注：大字体 gbcbig. shx，高度 5 mm。

图 7－5 设置文字样式

5. 设置尺寸标注样式

尺寸标注样式主要用来标注图形中的尺寸，对于不同种类的图形，尺寸标注的要求也不尽相同。通常采用 ISO 标准，并设置标注文字为前面创建的“尺寸标注”。

【例题7-3】　为图7-2所示的样板图形设置尺寸标注样式。

(1)在快速访问工具栏选择“显示菜单栏”命令，在弹出的菜单中选择“格式”→“标注样式”命令，打开“标注样式管理器”对话框。

(2)在“标注样式管理器”对话框中单击“修改”按钮，打开“修改标注样式”对话框，如图7-6所示。

(3)在该对话框中打开“文字”选项卡，设置“文字样式”为“尺寸标注”，并在“文字对齐”选项区域中选择“ISO标准”单选按钮。

(4)设置完毕后连续单击“确定”按钮，关闭对话框。

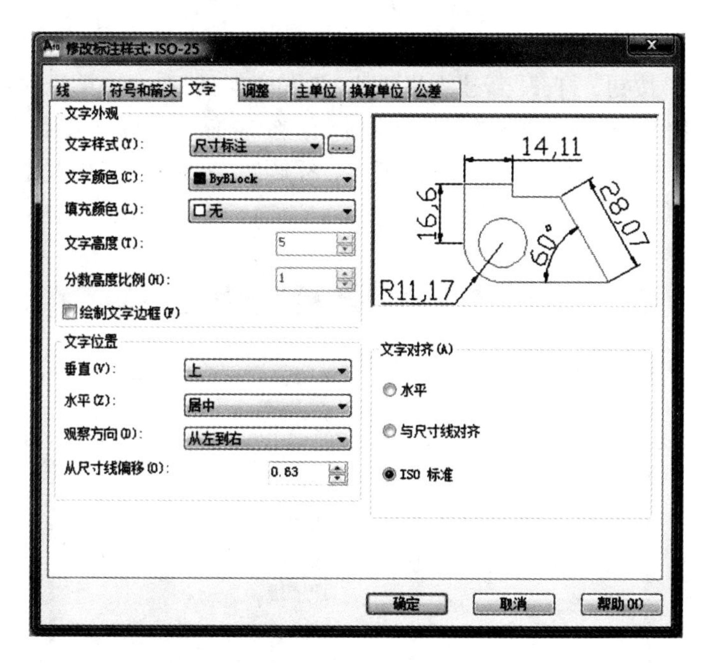

图7-6　修改标注样式

6. 绘制图框线

在使用AutoCAD绘图时，绘图图限不能直观地显示出来，所以在绘图时还需要通过图框来确定绘图的范围，使所有的图形绘制在图框线之内。图框通常要小于图限，到图限边界要留一定的单位，在此可使用“直线”工具绘制图框线。

【例题7-4】　使用直线命令绘制如图7-2所示的图框线。

(1)将“图框线”层设为当前图层，在快速访问工具栏选择“显示菜单栏”命令，在弹出的菜单中选择“绘图”→“直线”命令，使用line命令。

(2)在“指定第一点：”提示行中输入点坐标(25，5)，按Enter键确定。

(3)依次在“指定下一点或[放弃(U)]：”提示行中输入其他点坐标：(25，5)、(292，5)和(292，205)。

(4)在“指定下一点或[闭合(C)/放弃(U)]：”提示行中输入字母C，然后按Enter键确定，即可得到封闭的图形。

7. 绘制标题栏

标题栏一般位于图框的右下角，在 AutoCAD 2010 中，可以使用“表格”命令来绘制标题栏。

【例题 7－5】 绘制如图 7－2 所示的标题栏。

(1)将“标题栏层”置为当前层。在快速访问工具栏选择“显示菜单栏”命令，在弹出的菜单中选择“格式”→“表格样式”命令，打开“表格样式”对话框。单击“新建”按钮，在打开的“创建新的表格样式”对话框中创建新表格样式 Table，如图 7－7 所示。

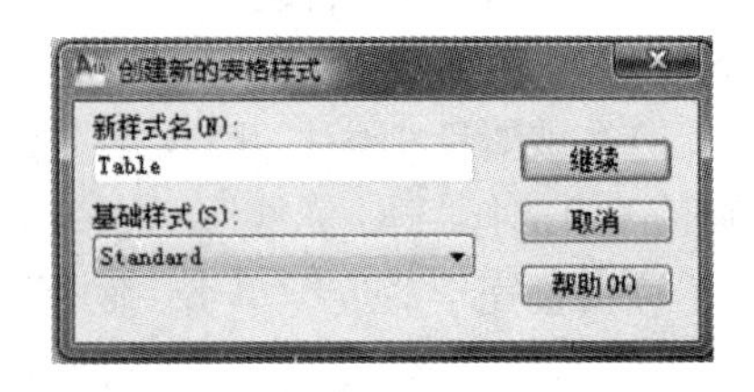

图 7－7 “创建新的表格样式”对话框

(2)单击“继续”按钮，打开“新建表格样式：Table”对话框，在“单元样式”选项区域的下拉列表框中选择“数据”选项，选择“常规”选项卡，在“对齐”下拉列表中选择“正中”；选择“文字”选项卡，在“文字样式”下拉列表中选择“标题栏”；选择“边框”选项卡，单击“外边框”按钮，并在“线宽”下拉列表中选择 0.3 mm。

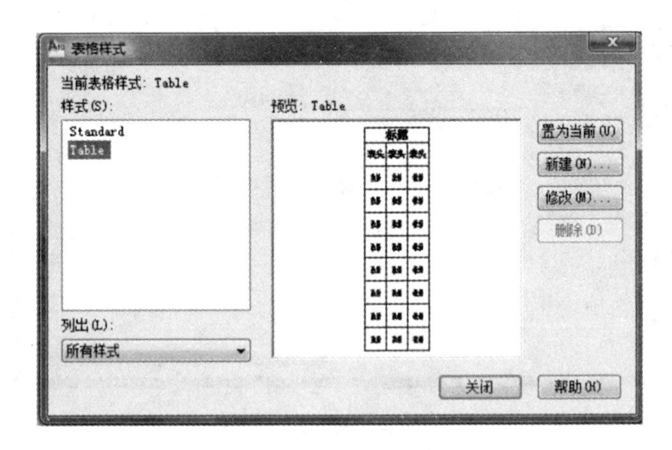

图 7－8 “表格样式”对话框

(3)单击“确定”按钮，返回到“表格样式”对话框，在“样式”列表框中选中创建的新样式，单击“置为当前”按钮，如图 7－8 所示。

(4)设置完毕后，单击“关闭”按钮，关闭“表格样式”对话框。

(5)在快速访问工具栏选择“显示菜单栏”命令，在弹出的菜单中选择“绘图”→“表格”命令，打开“插入表格”对话框，在“插入方式”选项区域中选择“指定插入点”单选按钮；在“列和行设置”选项区域中分别设置“列”和“数据行”文本框中的数值为 6 和 3，如图 7－9 所示。

(6)单击“确定”按钮，在绘图文档中插入一个 5 行 6 列的表格，如图 7－10 所示。

(7)使用表格快捷菜单编辑绘制好的表格。拖动鼠标选中表格中的前 2 行和前 3 列表格单元，如图 7－11 所示。

(8)右击选中的表格单元，在弹出的快捷菜单中选择“合并”→“全部”命令，将选中的表格单元合并为一个表格单元，如图 7－12 所示。

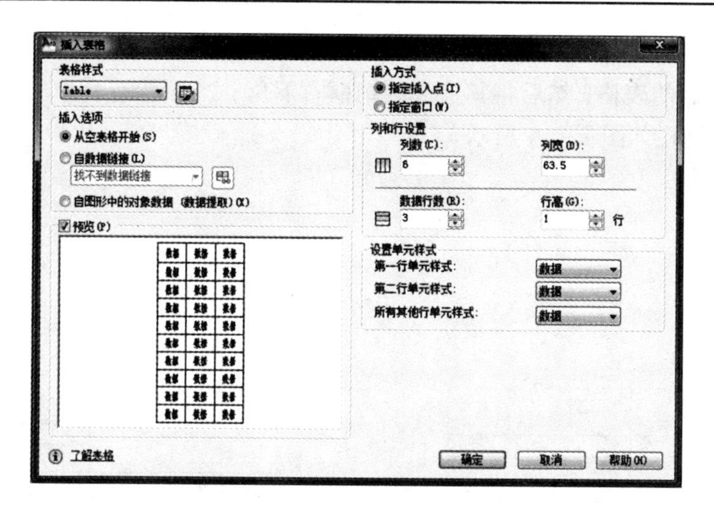

图 7－9　“插入表格”对话框

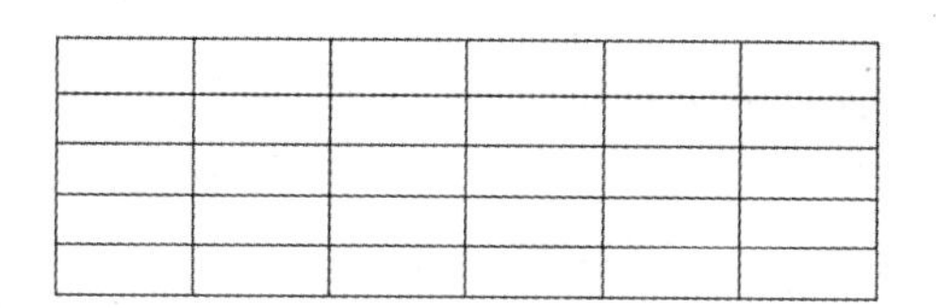

图 7－10　插入表格

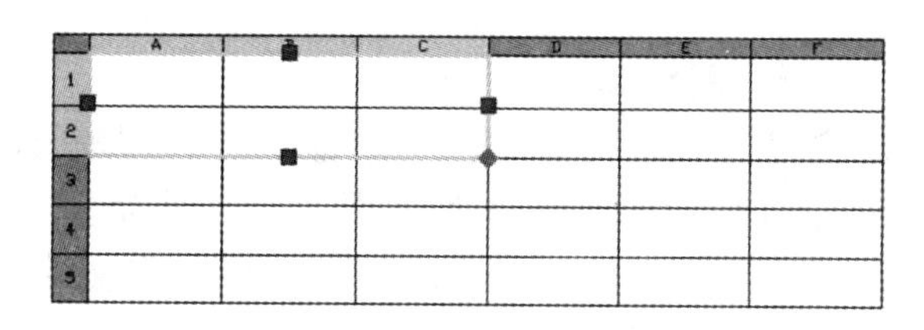

图 7－11　选中表格

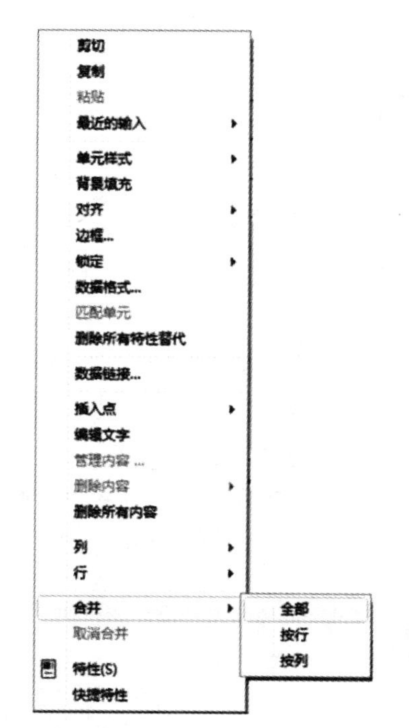

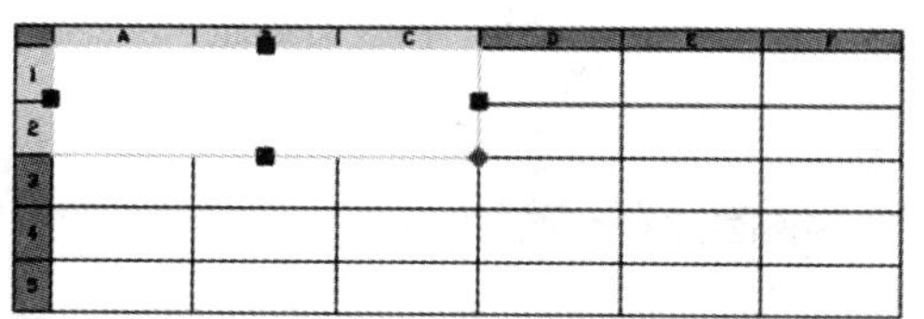

图 7－12　合并表格单元

(9)使用同样的方法，按照图 7 - 13 所示编辑表格。

(10)选中绘制的表格，然后将其拖放到图框右下角。当在状态栏中单击“线宽”按钮时，绘制的图框和标题栏如图 7 - 14 所示。

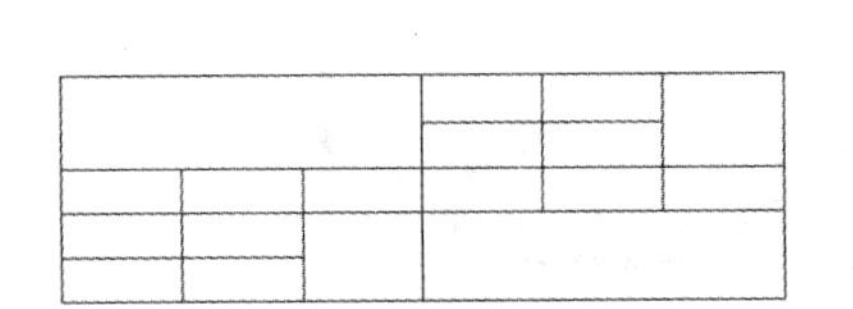

图 7 - 13 编辑表格

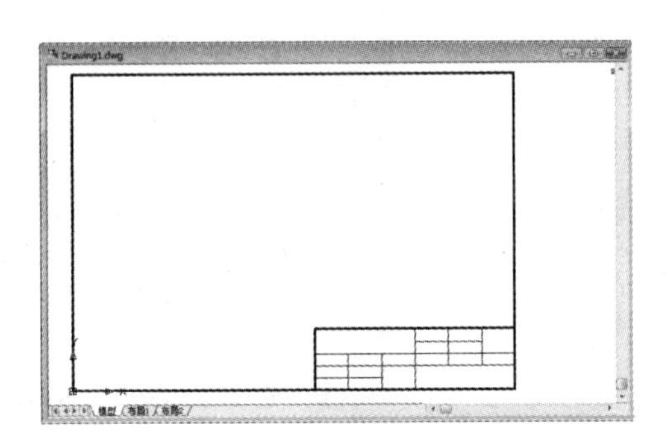

图 7 - 14 绘制标题栏

8. 保存样板图

在快速访问工具栏选择“显示菜单栏”命令，在弹出的菜单中选择“文件”→“另存为”命令，打开如图 7 - 15 所示的“图形另存为”对话框，在“文件类型”下拉列表框中选择“AutoCAD 图形样板(*. dwt)”选项，在“文件名”文本框中输入文件名称“A4”。单击“保存”按钮，将打开“样板说明”对话框，在“说明”选项区域中输入对样板图形的描述和说明，如图 7 - 16 所示。此时就创建好一个标准的 A4 幅面的样板文件，下面的绘图工作都将在此样板的基础上进行。

图 7 - 15 “图形另存为”对话框

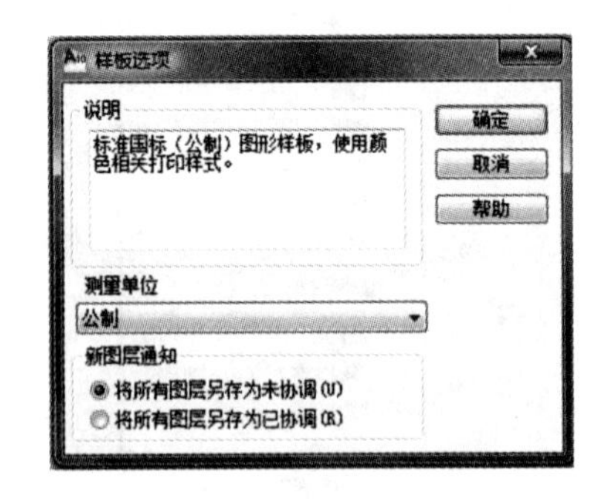

图 7 - 16 “样板说明”对话框

7.1.2 零件的绘制与编辑

本节绘制如图 7 - 17 所示的轴零件图，先使用样板文件建立新图，在绘制时，首先绘制辅助线，然后绘制图形的轮廓，最后根据需要添加尺寸标注、文字注释等内容。

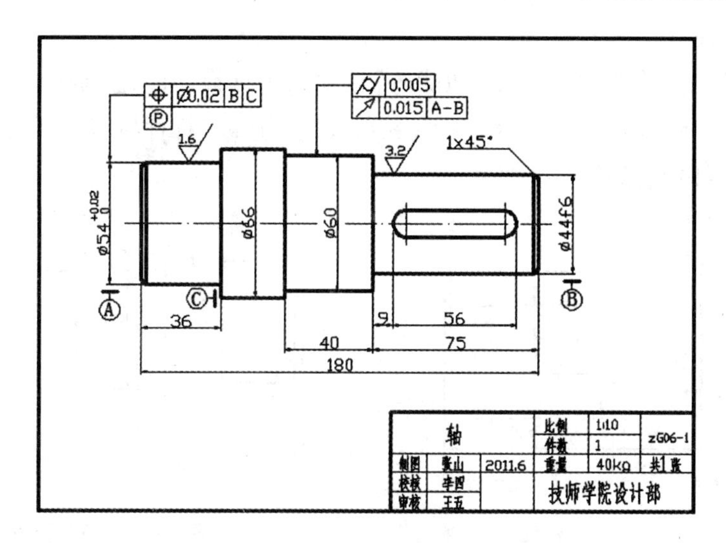

图 7－17　轴零件图

1. 使用样板文件建立新图

要使用样板文件建立新图，在快速访问工具栏选择“显示菜单栏”命令，在弹出的菜单中选择“文件”→“新建”命令，打开如图 7－18 所示的“选择样板”对话框，在文件列表框中选择前面创建的样板文件“A4”，然后单击“打开”按钮，创建一个新的图形文档。此时绘图窗口中将显示图框和标题栏，并包含了样板图中的所有设置。

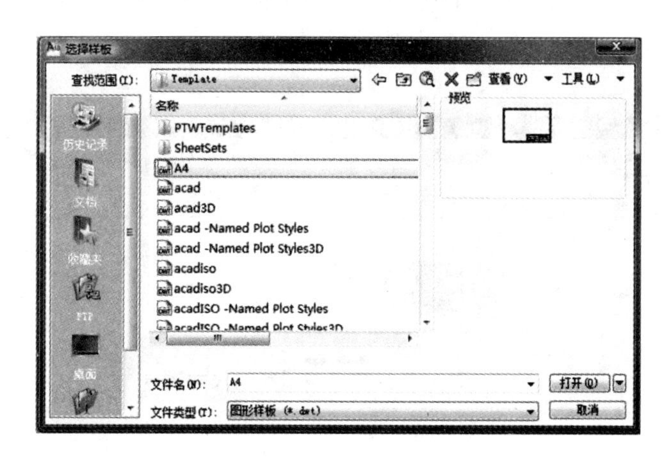

图 7－18　打开样板文件

2. 绘制与编辑图形

按照图 7－17 所示绘制图形。

7.1.3　标注图形尺寸

创建标注样式，将“调整”选项卡中“使用全局比例”的数值设置为 2，“主单位”选项卡中的“小数分隔符”设置为“句点”，其他保持默认设置。

1. 标注水平尺寸

将“标注层”设置为当前层。在“功能区”选项板中选择“注释”选项卡，在“标注”面板中，单击“线性”标注图标、“基线”标注图标、“连续”标注图标的方法进行水平尺寸标注，如图 7－19 所示。

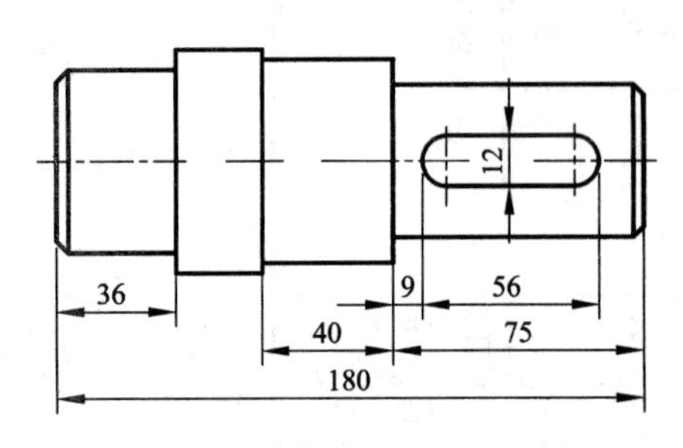

图 7－19　水平尺寸标注

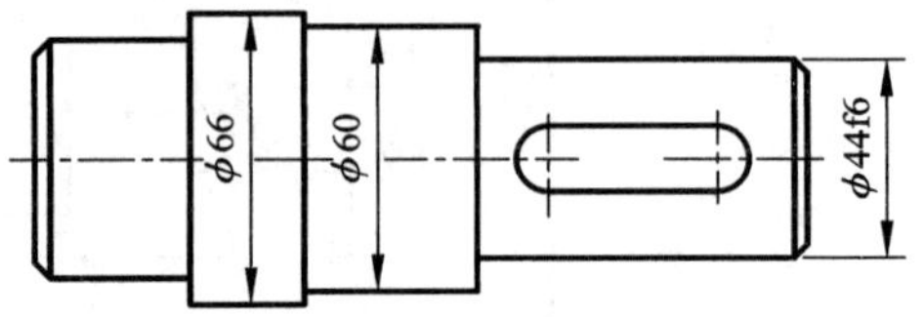

图 7－20　直径尺寸标注

2. 标注直径尺寸

单击“线性”标注图标，进行线性标注时，输入“M”选项，即用“多行文字(M)”选项输入文字，在多行文本编辑器中的尺寸 66、60 前面加特殊符号“%%C”，分别标注 ϕ66、ϕ60 尺寸。

当标注 ϕ44f6 时，在编辑器中已有的 44 的前面输入“%%C”，在其后面输入“f6”，如图 7－21 所示。标注结果如图 7－20 所示。(为了使标注表达清晰，对已讲解过的尺寸标注不再显示，以下类同)

图 7－21　多行文本编辑器的尺寸输入

3. 标注尺寸公差

创建标注样式，打开“公差”选项卡，按照图 7－22 设置“主单位”选项，按照图 7－23 设置“公差”选项。再进行标注，标注结果如图 7－24 所示。

4. 标注形位公差

● 在命令行输入“QLEADER”(快速引线)命令，在“指定第一个引线点或［设置(S)］<设置>：”提示行中输入“S”，并按 Enter 键，在打开的“引线设置”对话框中“注释”选项卡中，选中“公差”单选按钮，如图 7－26 所示，单击“确定”按钮。

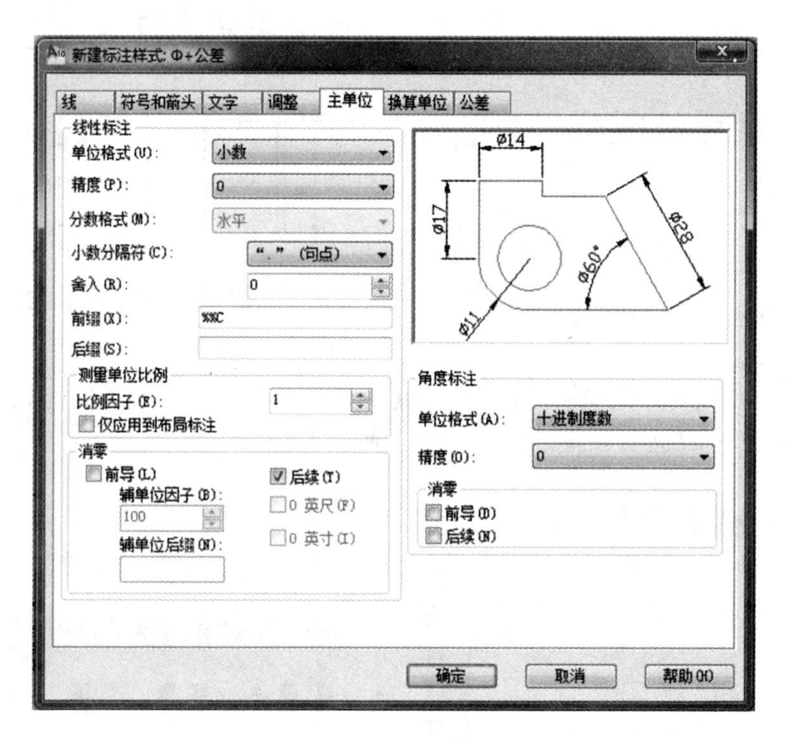

图 7－22　设置“主单位”选项卡

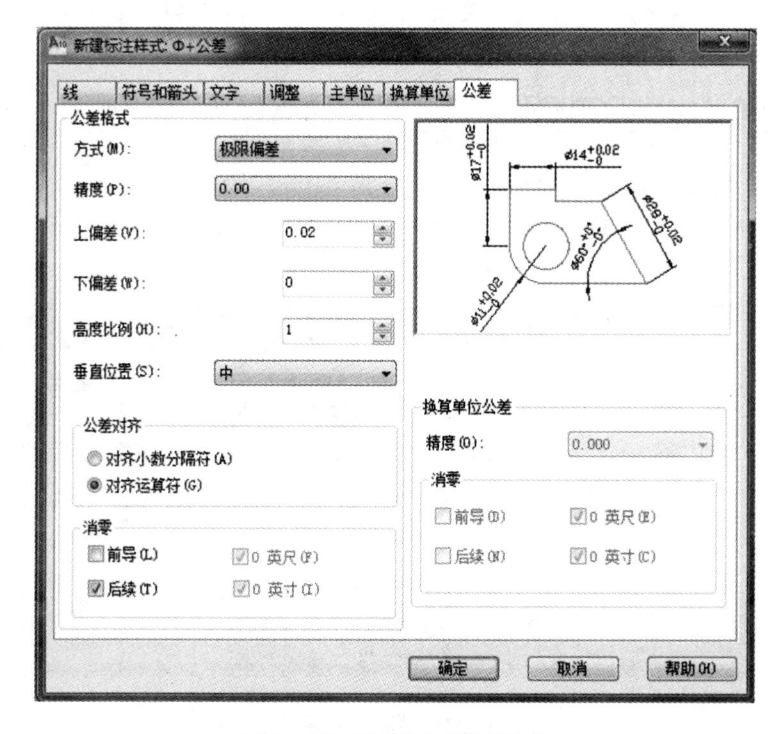

图 7－23　设置“公差”选项卡

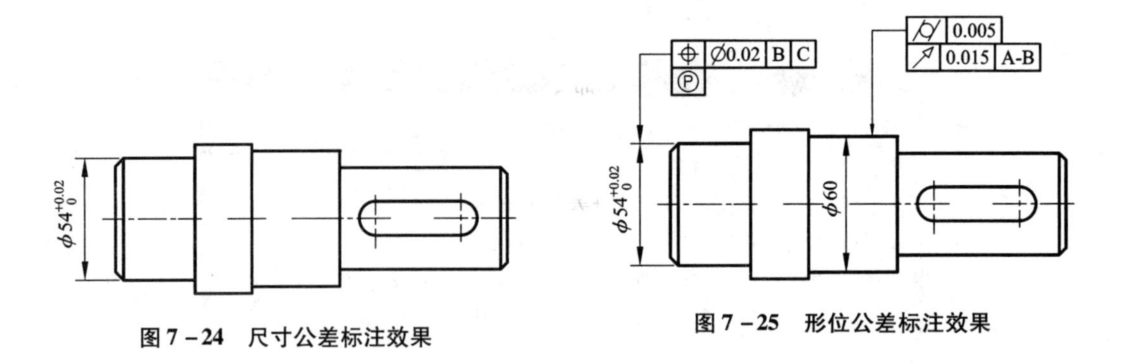

图 7-24　尺寸公差标注效果

图 7-25　形位公差标注效果

在 ϕ54 轴的尺寸标注的箭头位置指定引线的起点、下一点、末端点后，弹出“形位公差”对话框，并按图 7-27 进行设置，然后，单击“确定”按钮。

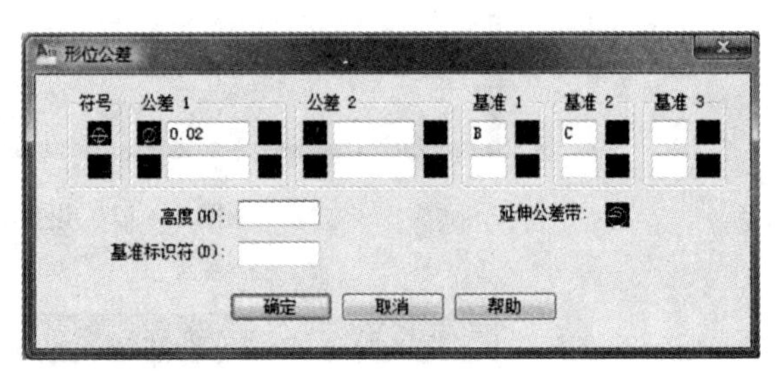

图 7-26　“引线设置”对话框

图 7-27　ϕ54 轴的形位公差的设置

● 重复上述步骤，在 ϕ60 轴尺寸线右端位置单击指定引线，并按图 7-28 进行公差设置，然后单击“确定”。标注结果如图 7-25 所示。

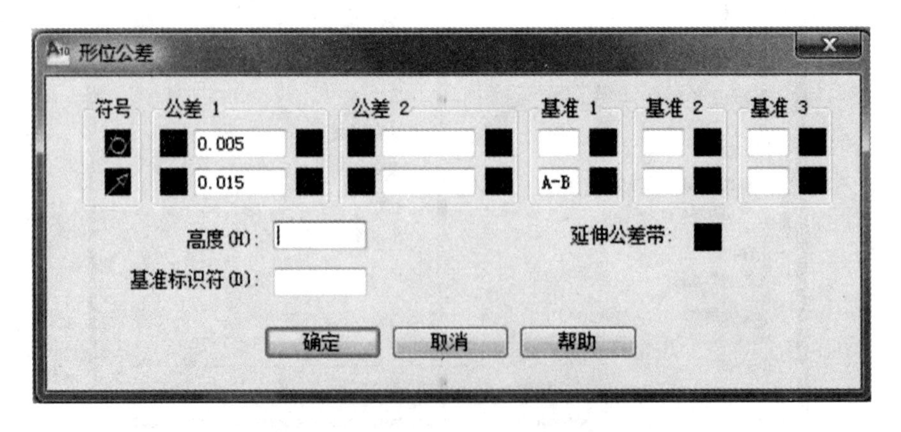

图 7-28　ϕ60 轴的形位公差的设置

5. 标注倒角尺寸

在命令行输入“QLEADER”(快速引线)命令，在“指定第一个引线点或［设置(S)］<设置>：”提示行中输入“S”，并按 Enter 键，在打开的“引线设置”对话框中“注释”选项卡中，选中“多行文字”单选按钮，再在“引线和箭头”选项卡中设置箭头为“无”，设置“角度约束”的第一段为“45°”，第二段为“水平”，在“附着”选项卡中，选中“最后一行加下划线”复选框，如图7－29所示，最后单击“确定”。

在¢44轴倒角处位置指定引线的起点、下一点、末端点后，在命令行中输入“1×45%%D”，回车结束命令，效果如图7－30所示。

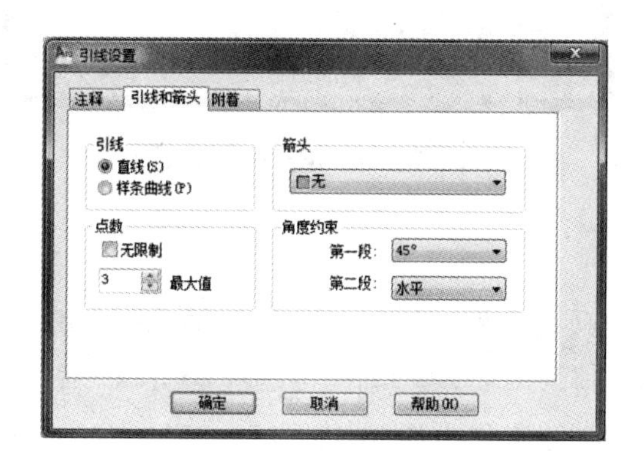

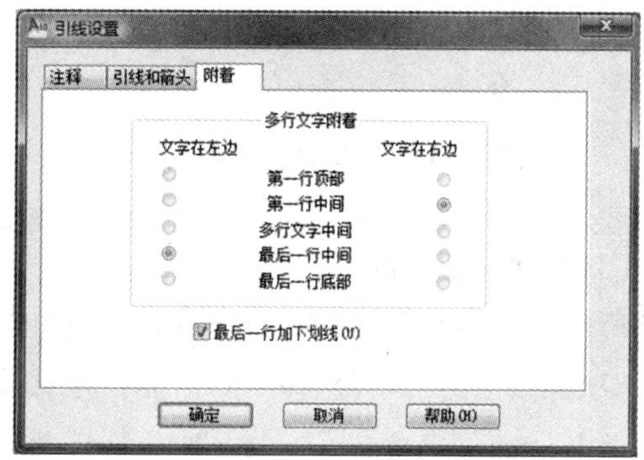

图7－29 “引线和箭头”和“附着”选项卡的设置

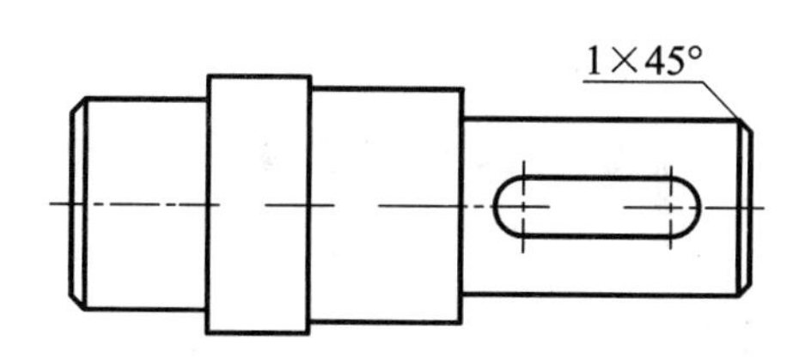

图7－30 倒角尺寸标注

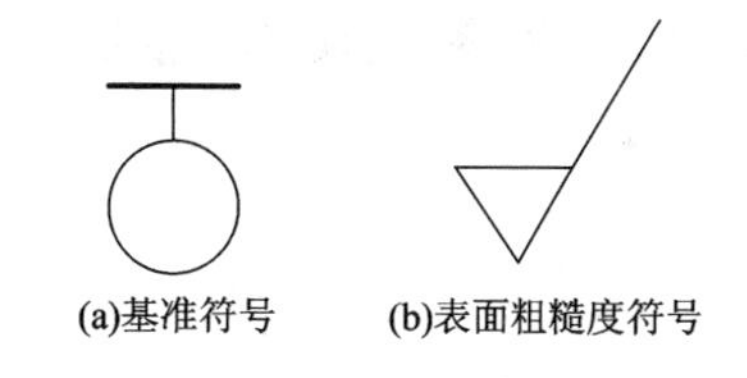

图7－31 表面粗糙度和基准符号

6. 标注表面粗糙度、基准

在 AutoCAD 中，没有直接定义粗糙度的标注功能。可以将粗糙度符号制作成块，然后在需要的地方插入块即可。

(1)分别绘制表面粗糙度符号与基准符号，如图7－31所示。

(2)为基准符号定义属性。

在命令行输入“att”命令，打开如图7－32所示的“属性定义”对话框，按此图设置各项，效果如图7－33所示。

图7－32 定义属性

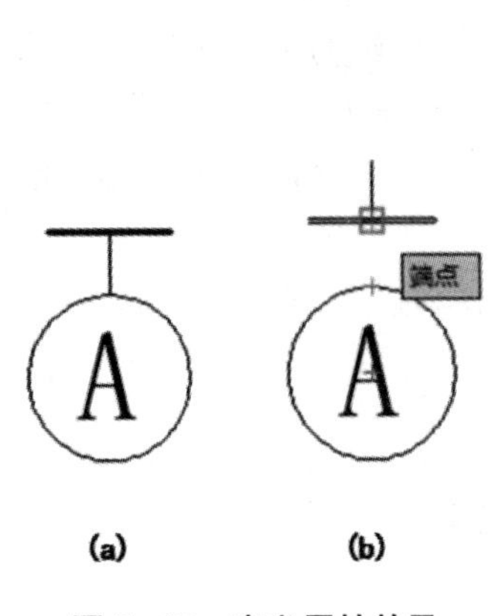

图 7－33　定义属性效果

图 7－34　定义属性设置

(3)创建有属性的块。

在命令行输入“WBLOCK”命令，将打开如图 7－35 所示的“块定义”对话框。单击“对象”选项区域中的“选择对象”按钮，选中图 7－33(a)图，按 Enter 键返回“块定义”对话框中。单击“拾取点”按钮，单击基准符号图形的中心点作为基点，如图 7－33(b)所示，按 Enter 键返回“块定义”对话框中，如图 7－35 所示，单击“确定”按钮。

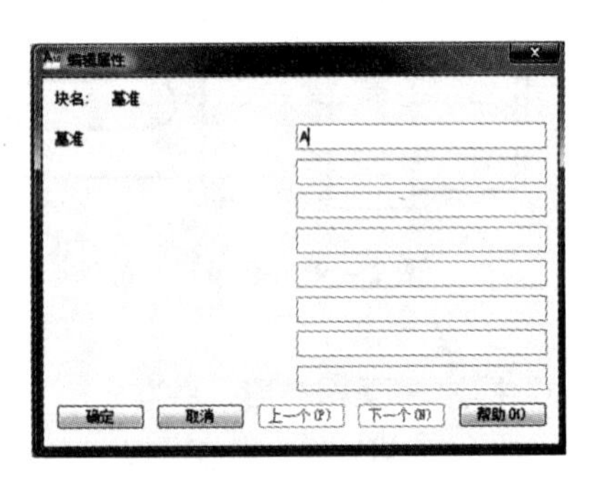

图 7－35　给表面粗糙度符号创建块

(4)插入有属性的块。

在快速访问工具栏选择“显示菜单栏”命令，在弹出的菜单中选择“插入”→“块”命令，打开“插入”对话框，如图 7－36 所示，选择刚才新建的名称为“基准”的块文件，单击“确定”按钮，命令行出现“指定插入点或 [基点(B)/比例(S)/X/Y/Z/旋转(R)]：输入属性值 基准：”的提示，根据图样要求，例如输入“B”，回车，即可插入一个基准为 B 的图块。(与表面粗糙度符号创建块的方法类同)最后效果如图 7－37 所示。

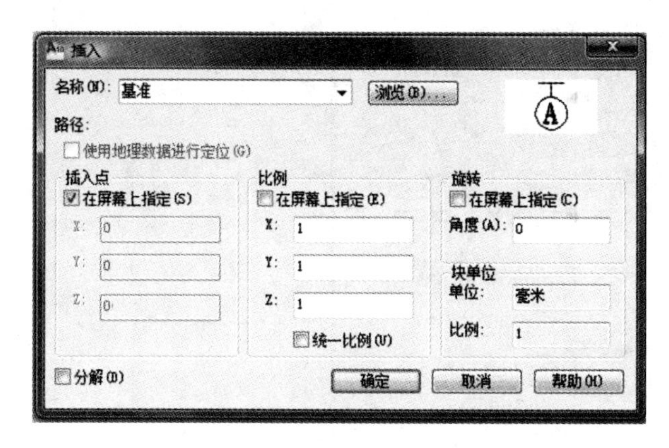

图7-36 “插入”对话框

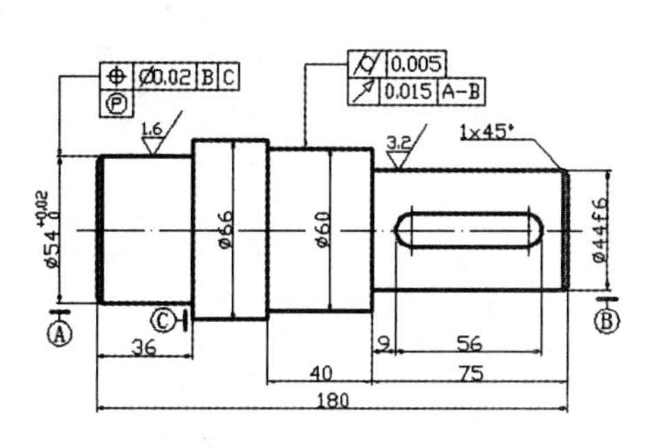

图7-37 最后标注效果

7.1.4 创建标题栏

将插入点置于标题栏的第一个表格单元中，双击打开“多行文字”选项卡，在“样式”面板的“文字样式”下拉列表框中，单击选择“零件名称”，如图7-38，然后输入文字“轴”，如图7-39所示。然后使用同样方法，创建标题栏中的其他内容，结果如图7-40所示，此时，整个图形绘制完毕，效果如图7-17所示。

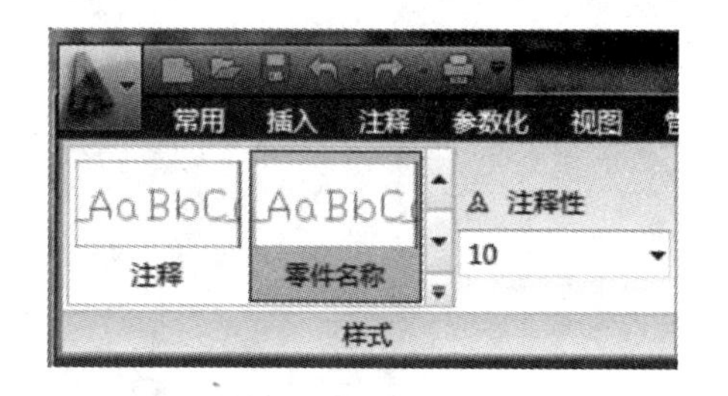

图7-38 选择“零件名称”

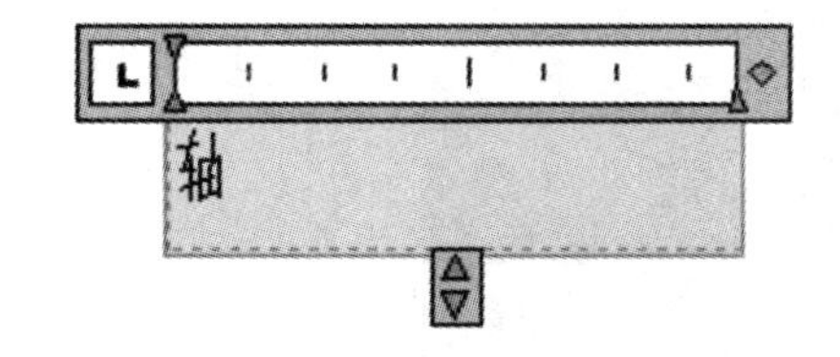

图7-39 在表格中输入文字

轴			比例	1:10	zG06-1
			件数	1	
制图	张山	2011.6	重量	40kg	共1张
校核	李四	技师学院设计部			
审核	王五				

图7-40 输入文字的效果

7.1.5 打印图形

在绘完图形后，可使用AutoCAD打印功能输出该零件图，在快速访问工具栏选择“显示菜单栏”命令，在弹出的菜单中选择“文件”→“打印”命令，打开“打印”对话框，对打印的各个选项进行设置，如图7-41所示。

设置完打印选项后，单击对话框中的“预览”按钮，对所要输出的图形进行完全预览，如图7-42所示，若已连接并配置好绘图仪或打印机，在“打印”对话框中单击“确定”按钮可将该图形直接输出到图纸上。

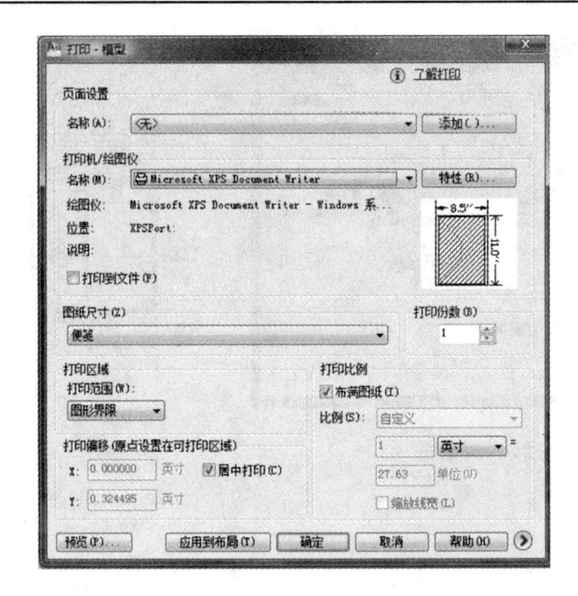

图 7－41 “打印”对话框

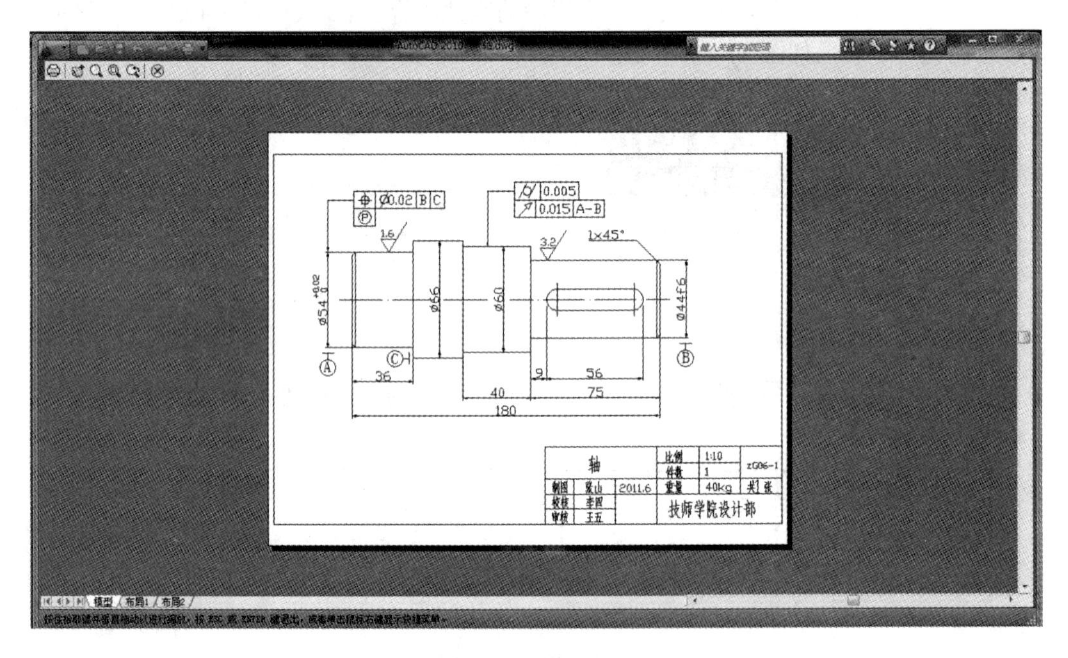

图 7－42 预览图形

7.2 绘制三视图

7.2.1 三视图概述

将物体放在三投影面体系中，按正投影法分别向三个投影面投射，得到正面投影、水平投影和侧面投影。三投影面体系中用正投影方法得到的三面投影图称为三视图。

主视图——由前向后投射，在正面上得到的视图；

俯视图——由上向下投射，在水平面上得到的视图；

左视图——由左向右投射，在侧面上得到的视图。

主视图反映物体的长和高；俯视图反映物体的长和宽；左视图反映物体的宽和高。从三视图的位置、尺寸关系可归纳出三视图的投影关系：

主、俯视图反映物体左右方向的同样长度，其投影在长度方向上等长，且对正；

主、左视图反映物体上下方向的同样高度，其投影在高度方向上等高，且平齐；俯、左视图反映物体前后方向的同样宽度，其投影在宽度方向上等宽，且相等。

因此，三视图之间的投影规律可概括为：主、俯视图“长对正”，主、左视图“高平齐”，俯、左视图“宽相等”，即“长对正，高平齐，宽相等”的投影规律是三视图的重要特性，也是看图和画图的依据。

7.2.2　轴承座三视图的绘制

【例题 7－6】　参考图 7－44 所示的轴承座轴测图，绘制如图 7－43 所示的轴承座三视图。

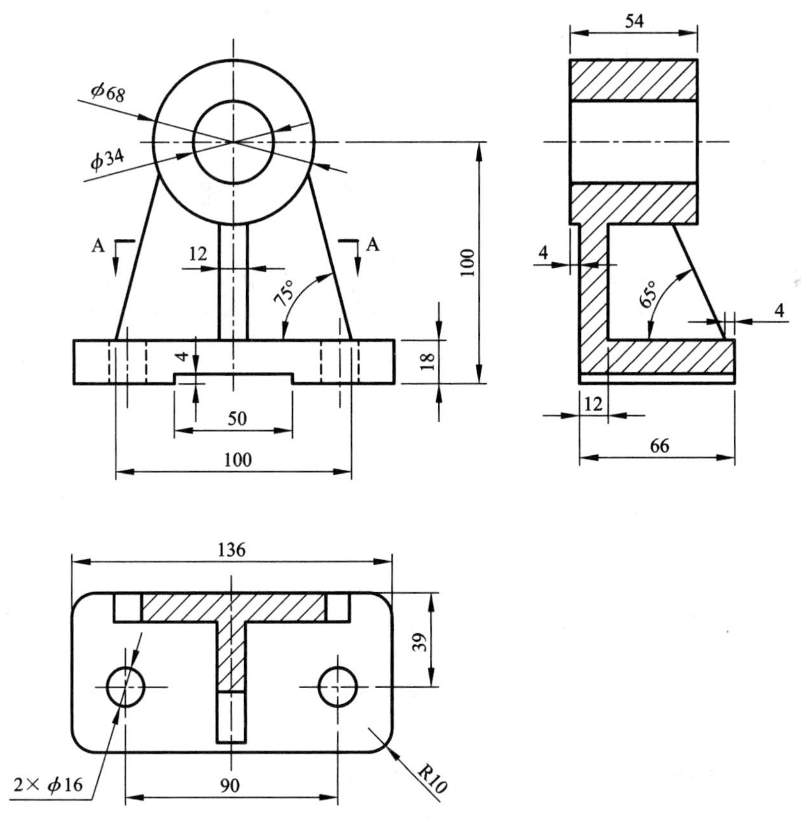

图 7－43　轴承座三视图

绘图要点提示：

(1)创建绘图界限，设置绘图的图幅为 400×350。

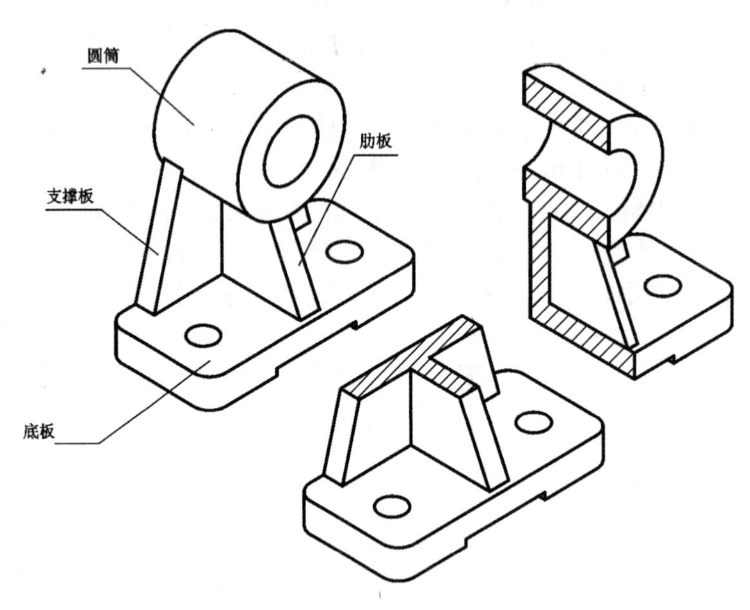

图 7-44　轴承座轴测图

(2)建立中心线层、轮廓线层、剖面线层、虚线层和细实线层，并设置各图层名称、颜色、线型和线宽。

(3)先设定细实线层为当前层，作为绘图草稿层。作图过程中，根据绘图时改变线型的需要，随时可将其他图层切换成当前层。

(4)绘制主视图。对照图 7-45 主视图，绘零件的对称中心线和底座线，通过偏移 100、25 和 68，绘出定位线，见图 7-46。再通过向上偏移 4 和 18，绘出底板轮廓线及绘圆 ϕ34 和 ϕ68，见图 7-47。

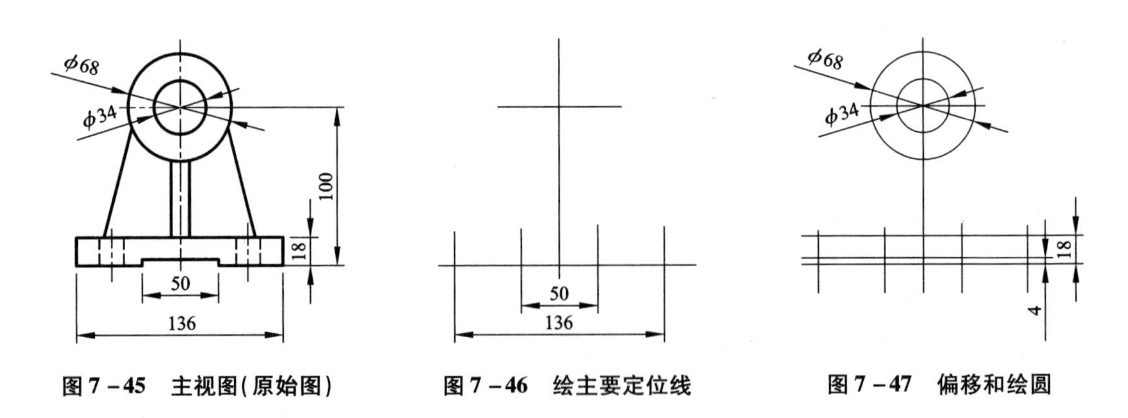

图 7-45　主视图(原始图)　　图 7-46　绘主要定位线　　图 7-47　偏移和绘圆

(5)绘主视图细节。对照图 7-48 主视图，修剪底板轮廓线，通过偏移绘出底板孔 ϕ16 的轴线，见图 7-49。再通过偏移绘出孔 ϕ16 的视图，见图 7-50。

(6)对照图 7-51 主视图，将底板孔的图线修剪和切换线型，再通过偏移绘支承板的定位线和绘制肋板，见图 7-52。再绘倾斜 75°的两斜线，见图 7-53。

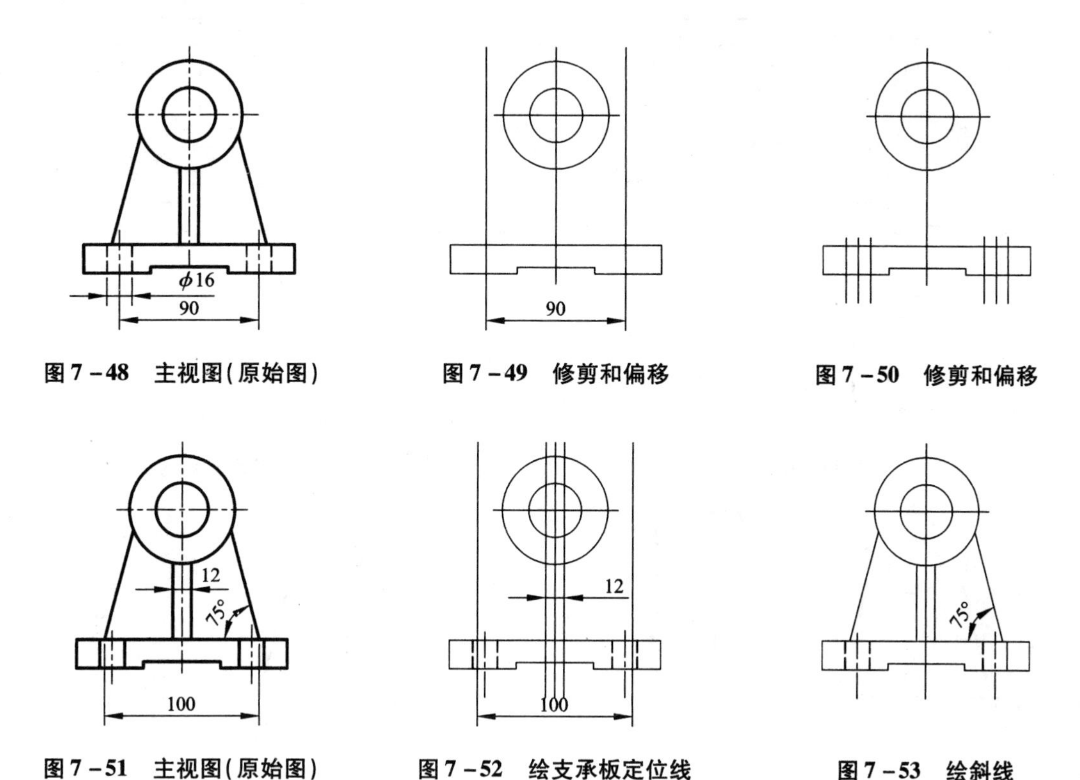

图 7－48　主视图(原始图)　　图 7－49　修剪和偏移　　图 7－50　修剪和偏移

图 7－51　主视图(原始图)　　图 7－52　绘支承板定位线　　图 7－53　绘斜线

(7)绘制左视图。从主视图向左视图绘水平投影线，对照图 7－54 左视图所给尺寸，通过偏移绘制各垂直直线，见图 7－55。再修剪成如图 7－56 所示。

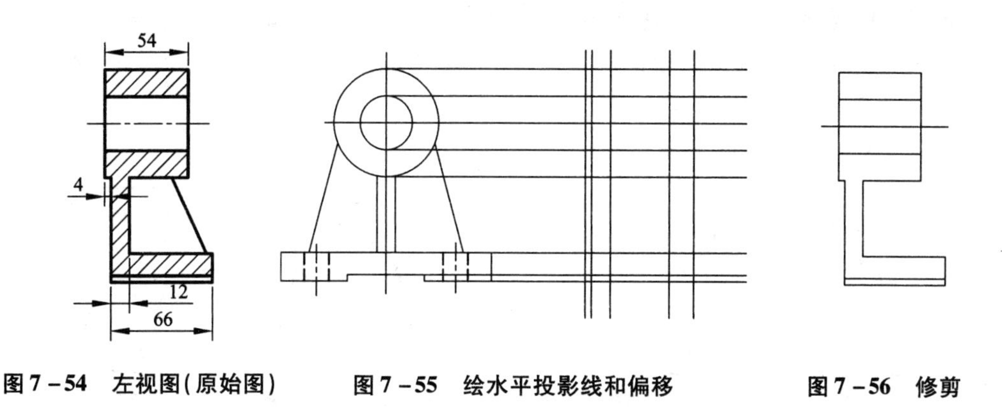

图 7－54　左视图(原始图)　　图 7－55　绘水平投影线和偏移　　图 7－56　修剪

(8)对照图 7－57 左视图所给尺寸，偏移 4 绘直线，接着绘倾斜 65°的斜线，如图 7－58 所示。修剪所绘图形，再将主、左视图的图线根据各种线型特点切换到不同的图层，如图 7－59所示。

(9)绘俯视图。从主视图向俯视图绘竖直投影线，通过偏移 66 和 39 绘直线，得到底板的长度和宽度以及底板孔的定位线，如图 7－59 所示。

(10)对底板倒圆 R10。绘制两个底板孔 $\phi16$，如图 7－60 所示。

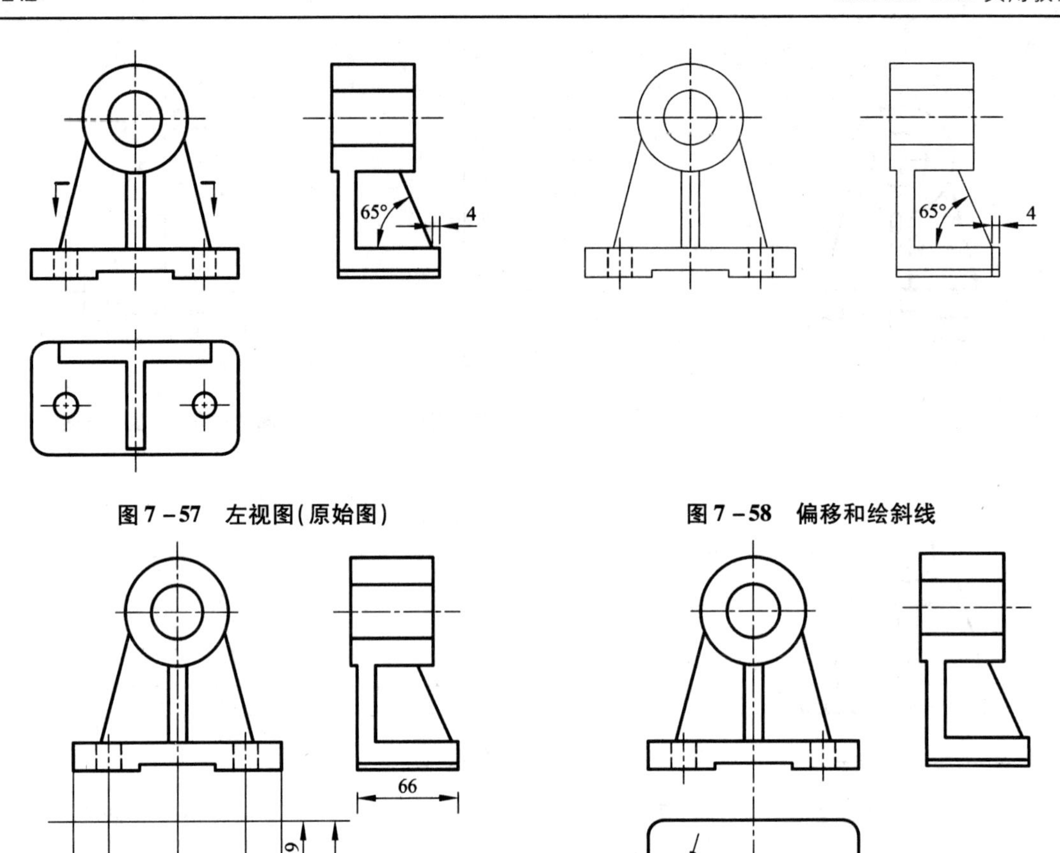

图 7-57 左视图(原始图)

图 7-58 偏移和绘斜线

图 7-59 绘竖直投影线和偏移

图 7-60 圆角和绘圆

(11)将主视图中支承板的长度向俯视图绘竖直投影线，再作偏移 12 的直线，绘制支承板的厚度，如图 7-61 所示。

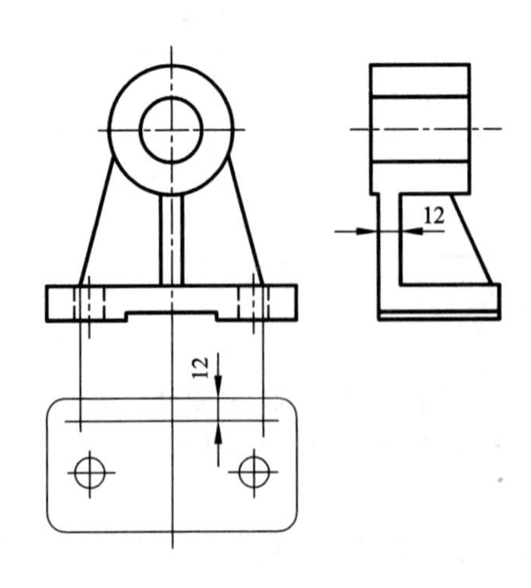

图 7-61 绘竖直投影线和偏移

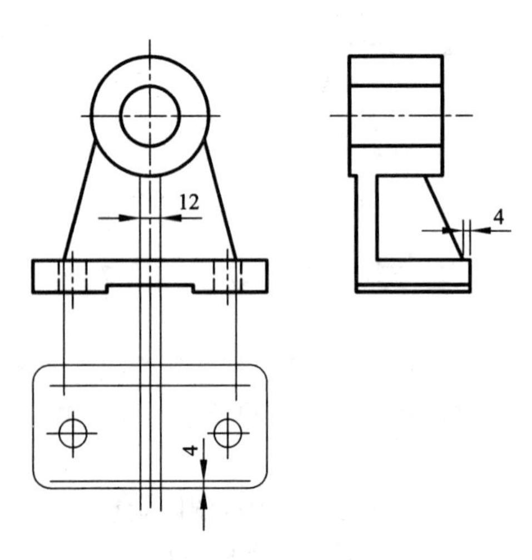

图 7-62 绘竖直投影线和偏移

(12)将主视图中肋板的长度向俯视图绘竖直投影线，再作偏移4的直线，绘制肋板的前端在俯视图的投影，如图7－62所示。

(13)在主视图的合适位置用多段线绘制一侧的剖切符号，再镜像绘另一符号，如图7－63所示。

(14)在主视图通过两侧剖切符号，绘一条水平线至左视图(假想从该位置将零件上下切断，移去上半部分)，分别交于主、左视图轮廓线的A、B、C、D点，从A、B点向俯视图绘竖直投影线，再作偏移43的直线(C、D点之间的距离)，绘制被切断的支承板和肋板在俯视图的断切面投影，如图7－64所示。(参考如图7－44所示的轴承座轴测图。)

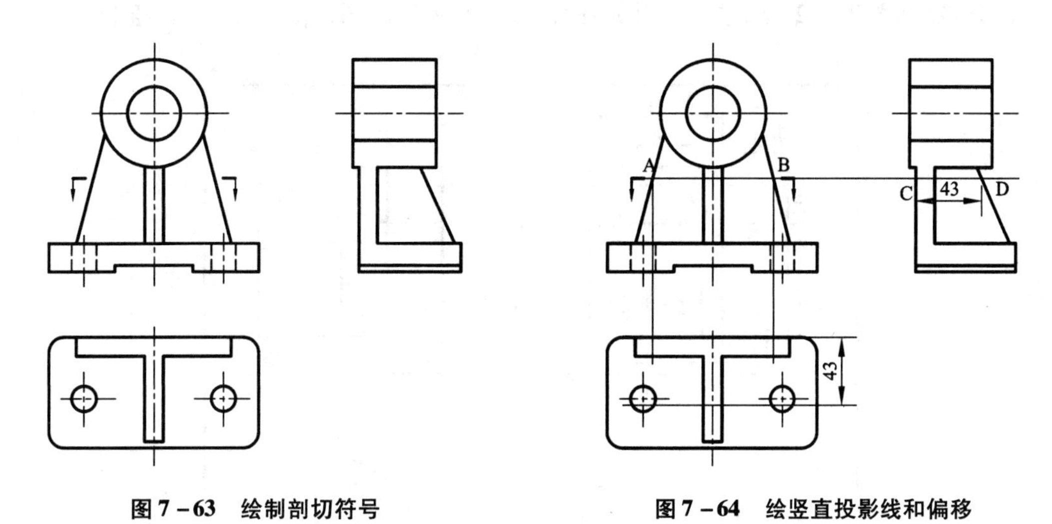

图7－63　绘制剖切符号　　　　图7－64　绘竖直投影线和偏移

(15)修剪和删除多余图线，如图7－65所示。

(16)单击“图案填充”工具栏，在左视图和俯视图的剖切截断面内填充剖面线，再根据各种图线的线型特点切换到不同的图层，结果如图7－66所示。

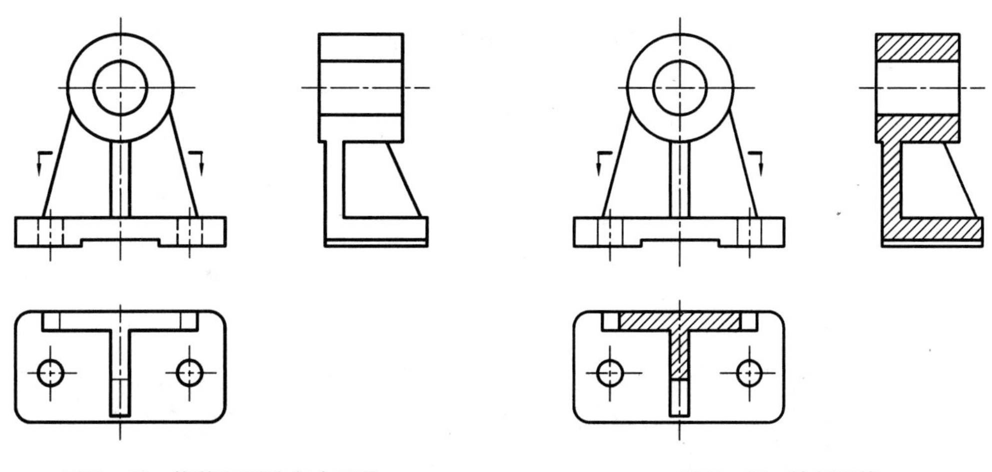

图7－65　修剪和删除多余图线　　　　图7－66　绘剖面线

7.3 上机操作

(1)绘制如图 7-67 所示图形，并标注尺寸(其中的轴测图仅供参考，不作绘制)。

(2)绘制如图 7-68 所示图形，并标注尺寸(其中的轴测图仅供参考，不作绘制)。

(3)绘制如图 7-69 所示图形，并标注尺寸。

(4)绘制如图 7-70 所示图形，并标注尺寸。

(5)绘制如图 7-71 所示图形，并标注尺寸。

(6)绘制如图 7-72 所示图形，并标注尺寸(其中的轴测图仅供参考，不作绘制)。

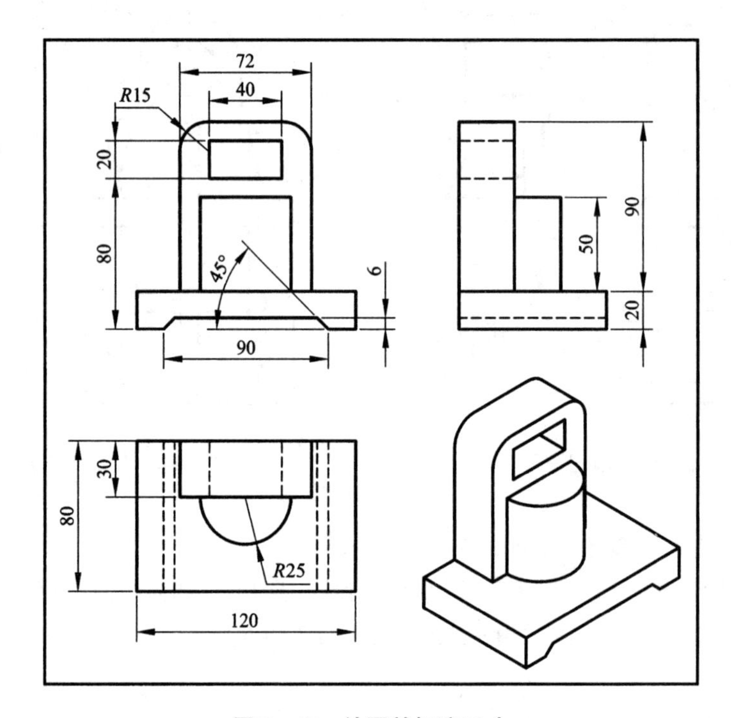

图 7-67 绘图并标注尺寸

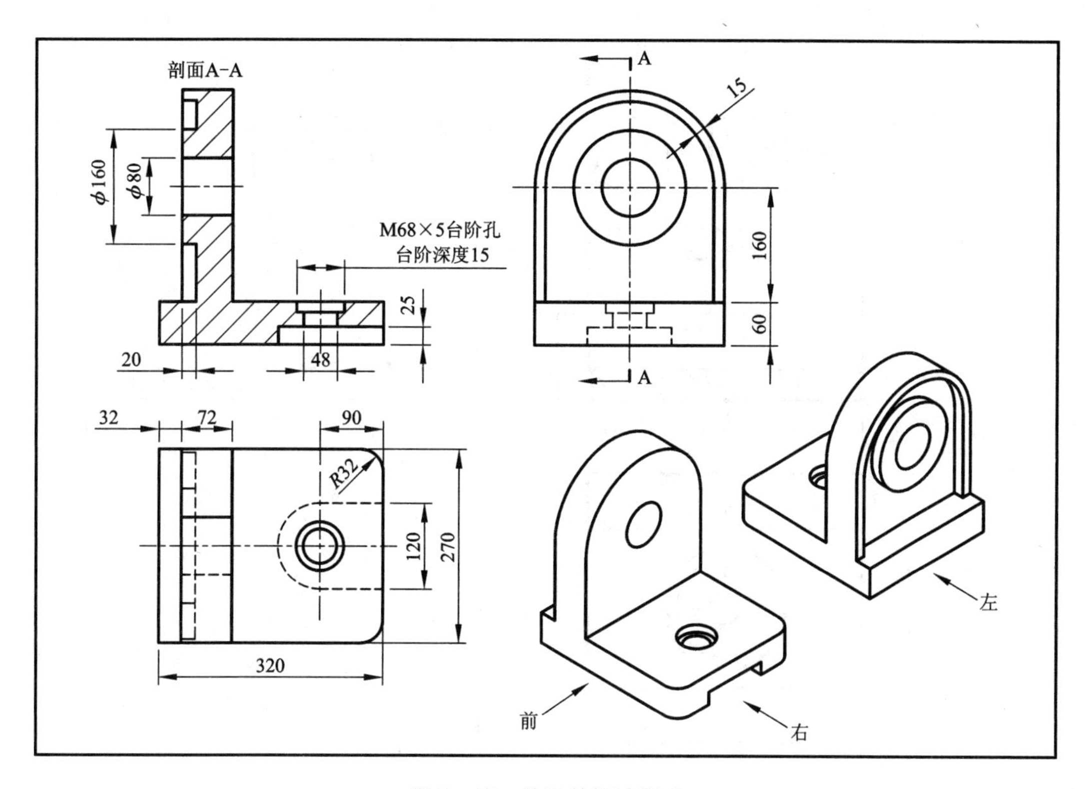

图7-68　绘图并标注尺寸

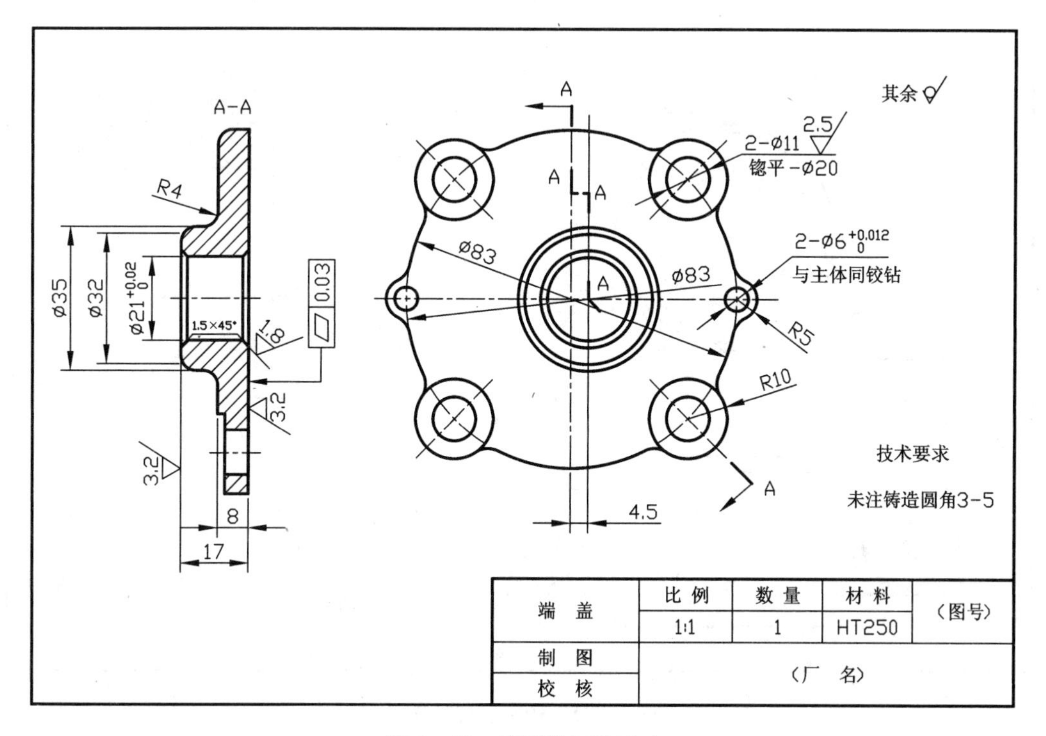

端　盖	比 例	数 量	材 料	(图号)
	1:1	1	HT250	
制　图	(厂　名)			
校　核				

图7-69　绘图并标注尺寸

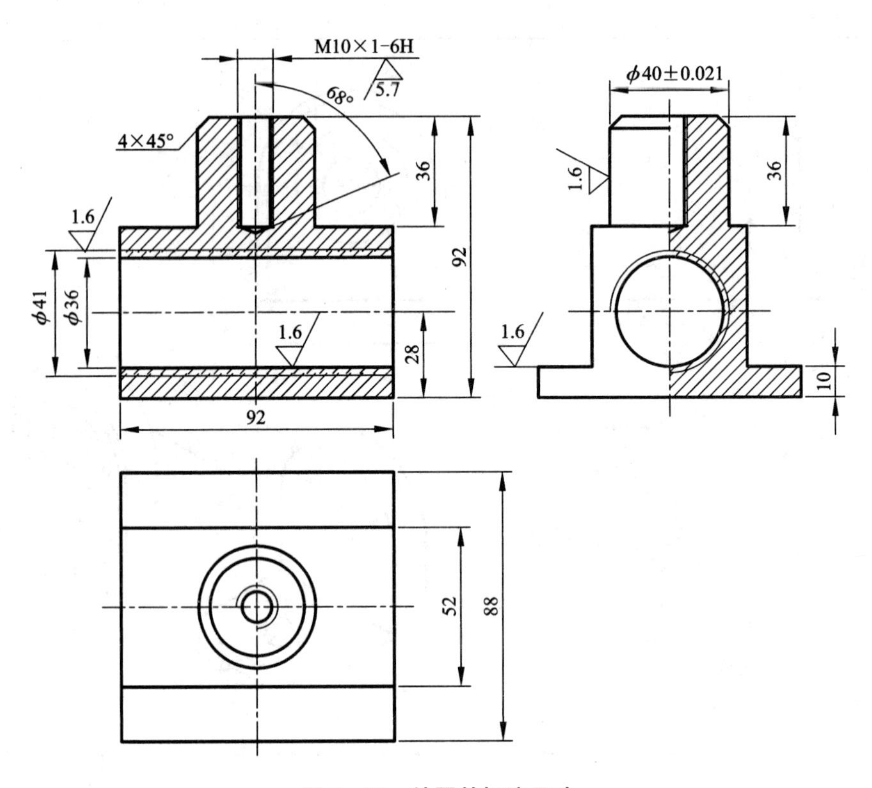

图 7-70 绘图并标注尺寸

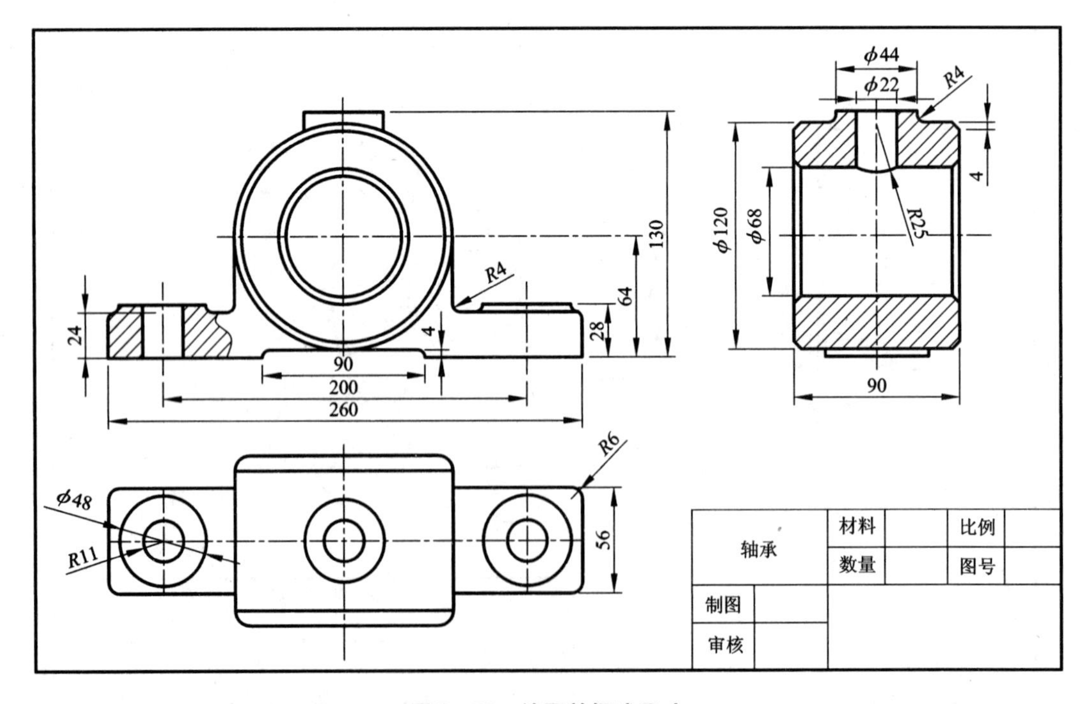

图 7-71 绘图并标注尺寸

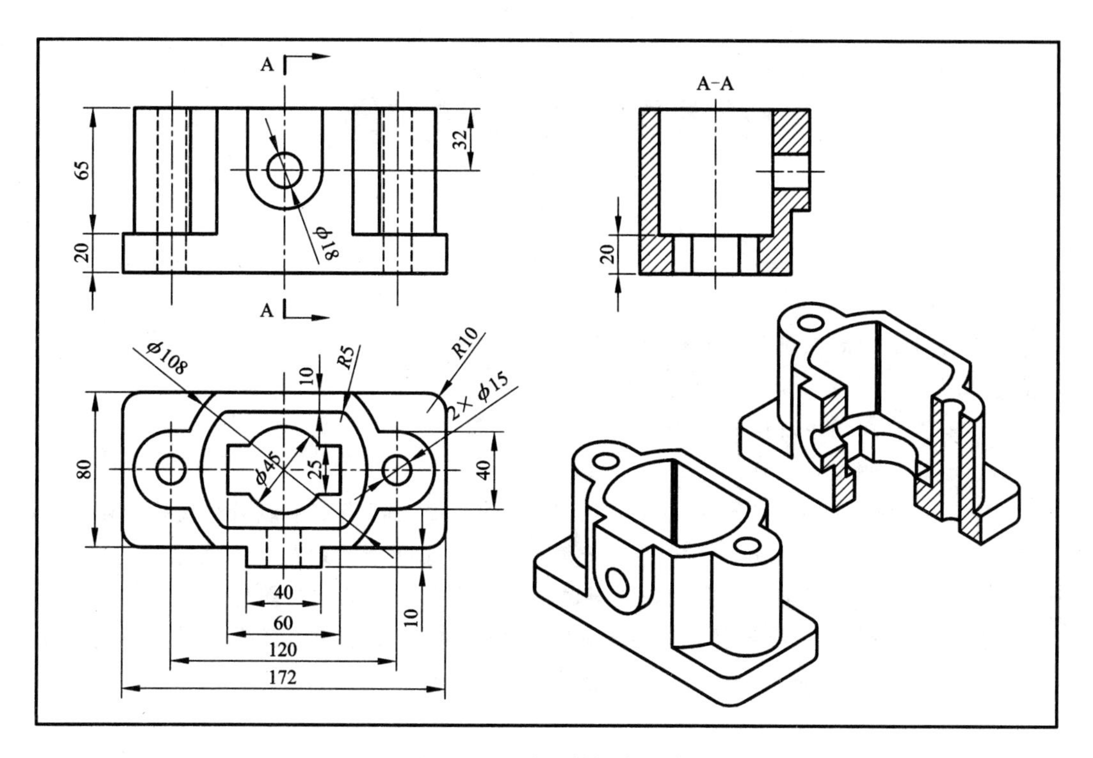

图 7－72　绘图并标注尺寸

第8章　绘制轴测图

【学习目标】

(1)掌握轴测图的基础知识和编辑模式。

(2)掌握在轴测投影模式下绘图。

(3)了解在轴测图中标注文字。

(4)了解在轴测图中标注尺寸。

在二维绘图中，无论是零件图还是装配图，其中的每个视图都不能同时反映物体长、宽、高3个方向的尺度和形状，缺乏立体感，必须具备一定看图能力的技术人员才能想象出物体的形状。因此，在工程设计中，经常使用轴测图作为帮助看图的辅助图样。

轴测投影是一种二维绘图技术，用于模拟三维对象沿特定视点产生的三维平行投影视图。本章将介绍轴测图的基本知识，并结合具体示例介绍轴测图的绘制方法及步骤。

8.1　轴测图概述

如图8-1所示，改变物体相对于投影面位置后，用正投影法在P面上作出四棱柱及其参考直角坐标系的平行投影，得到了一个能同时反映四棱柱长、宽、高3个方向的具有立体感的轴测图。其中P平面称为轴测投影面；坐标轴OX、OY、OZ在轴测投影面P上的投影 O_1X_1、O_1Y_1、O_1Z_1 称为轴测投影轴，简称轴测轴；每两根轴测轴之间的夹角 $\angle X_1O_1Y_1$、$\angle X_1O_1Z_1$、$\angle Y_1O_1Z_1$ 称为轴间角。空间点A在轴测投影面P上的投影 A_1 称为轴测投影。

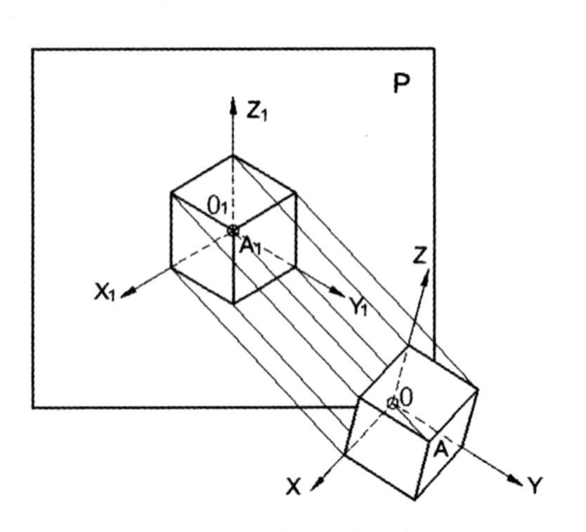

图8-1　轴测图的概念

8.1.1　轴测面概述

在轴测投影视图中，正方体仅有3个面是可见的，如图8-2所示，因此，在绘图过程中，将以这3个面作为图形的轴测投影面，分别被称为左轴测面(平行YOZ平面)、右轴测面(平行XOZ平面)和上轴测面(平行XOY平面)。使用ISOPLANE命令、按【F5】键或按【Ctrl+E】快捷键，可以在轴测面之间进行切换。当切换到轴测面时，AutoCAD会自动改变光标的十字线，如图8-3所示，使其看起来是位于当前轴测面内。

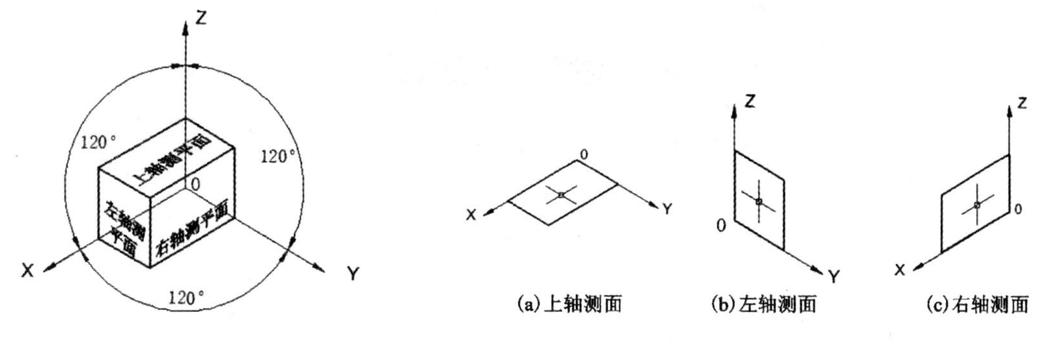

图8－2　轴测图的轴测面　　　图8－3　正等测轴测图中的光标样式

8.1.2　轴测投影图的特点

轴测投影图的优点是创建简单，只需学习一个命令，即ISOPLANE(指定当前等轴测平面)就可以了。其缺点也不少，主要有以下几点：

● 当投影方向改变时，就必须重新绘制轴测图，如果形体结构是很复杂的，那么绘制过程就非常烦琐。

● 由于二维轴测投影图不是三维模型，所以无法旋转模型以获得其他三维视图。

● 测量仅能沿X、Y、Z轴方向进行，沿其他方向的测量均会被歪曲。

8.2　设置轴测投影模式

使用AutoCAD的轴测投影模式是绘制轴测投影视图的最容易的方法。当轴测投影模式被激活时，捕捉和网格被调整到轴测投影视图的X、Y、Z轴方向。用户可以用多个命令激活轴测投影模式。

8.2.1　使用“草图设置”对话框设置轴测投影模式

要激活轴测投影模式，可选择“工具”→“草图设置(F)…”菜单，打开“草图设置”对话框。打开“捕捉和栅格”选择卡，在“捕捉类型”设置区中选择“栅格捕捉”与“等轴测捕捉”单选按钮，如图8－4所示。

8.2.2　使用SNAP命令设置轴测投影模式

使用SNAP(规定光标按指定的间距移动)命令中的“样式(S)”选项，可以在轴测投影模式和标准模式之间进行切换。当执行SNAP命令后，系统将出现如下提示信息：

(1)命令：SNAP↙　　(输入“捕捉”命令)

(2)指定捕捉间距或[开(ON)/关(OFF)/旋转(R)/样式(S)/类型(T)] <10.0000>：s↙　　(选择“样式”)

(3)输入捕捉栅格类型 [标准(S)/等轴测(I)] <S>：i↙　(选择“等轴测”绘图模式I)

(4)指定垂直间距 <10.0000 >：　　(指定栅格间距)

图 8－4　使用“草图设置”对话框设置轴测投影模式

8.3　在轴测投影模式下绘图

轴测投影是对 3D 空间的模拟，其图形实际上仍是在 XY 坐标系中绘制的二维图形。在轴测投影模式下，长方体的可见边是按相对于水平线 30°、90°和 150°的角度排列的。这些可见边被称为轴测线，任何平行于可见边的线也都是轴测线，如图 8－5 所示。

将捕捉样式设置为“等轴测”后，可以在 3 个平面中的任一个平面上工作，每个平面都有一对关联轴。

- 上轴测面：捕捉和栅格沿 30°和 150°轴对齐。
- 左轴测面：捕捉和栅格沿 90°和 150°轴对齐。
- 右轴测面：捕捉和栅格沿 30°和 90°轴对齐。

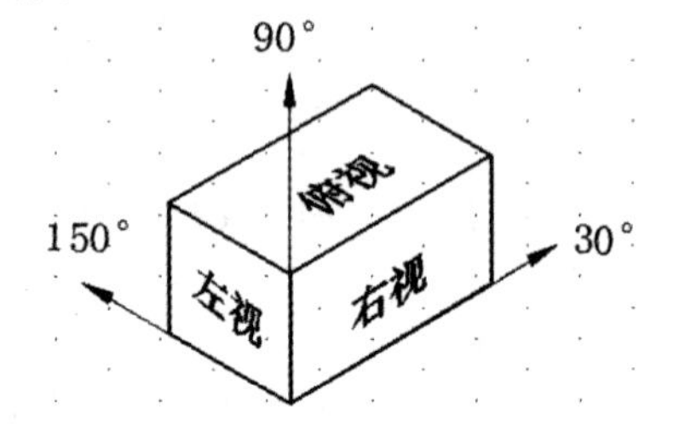

图 8－5　长方体轴测投影视图

在轴测投影模式下，为了产生三维工作环境效果，视口中的光标十字线、捕捉及网格点都将做相应的调整，以匹配当前的轴测面。但是，由于坐标系并未改变，所以捕捉点在原来坐标系中由原来位置旋转了 30°或 150°。这就使得使用绝对坐标拾取点变得相当困难，而使用相对极坐标来拾取点则很方便。

在轴测投影模式下，可以非常方便地绘制直线、圆、圆弧、文字和尺寸线，然而螺旋线或椭圆则必须用辅助的构造线才能画出，下面主要介绍直线、圆、圆弧的绘制方法。

【例题 8—1】　绘制如图 8－6(a)所示的支架轴测图。

对支架轴测图的绘制按绘制直线、绘制圆、绘制圆弧三大步骤逐个讲述如下。

1. 绘制直线

首先，利用 LINE 命令绘制如图 8－6(b)所示的长方体轴测图，具体操作步骤如下。

(1)选择“工具”→“草图设置”菜单，在“草图设置”对话框中打开“捕捉和栅格”选项卡。

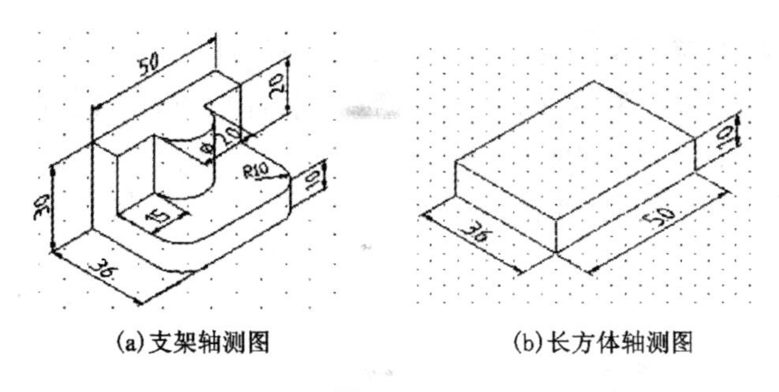

(a)支架轴测图　　(b)长方体轴测图

图 8－6

选中"启用捕捉"和"启用栅格"复选框，并在"捕捉"设置区中将 X 和 Y 轴捕捉间距设为 1，在"捕捉类型和样式"设置区中选择"栅格捕捉"和"等轴测捕捉"单选钮，如图 8－7 所示。

图 8－7　"草图设置"对话框

(2)打开正交模式，连续按 F5 键，将当前面设置为右轴测面。

(3)执行 LINE 命令，在视图中拾取点 1 作为直线的起点，将光标置于点 2 方向的任意位置，输入距离 50，系统将自动从点 1 向点 2 方向延伸 50 长，如图 8－8(a)所示，再将光标向上置于点 3 方向的任意位置，输入距离 10，系统将从点 2 向点 3 方向延伸 10，如图 8－8(b)所示，继续使用此方法，绘制出长方体右轴测面，如图 8－8(c)所示。

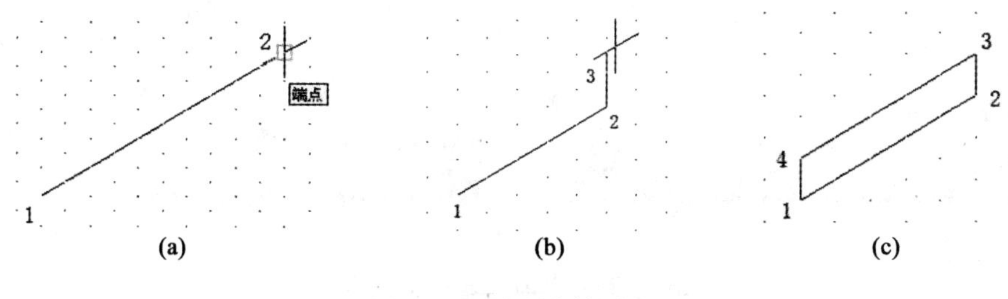

(a)　　(b)　　(c)

图 8－8　绘制右轴测面

(4)连续按 F5 键，切换到上轴测面，再次执行 LINE 命令，拾取点 4 作为直线的起点，将光标置于点 5 方向位置，输入距离 36，系统将自动从点 4 向点 5 方向延伸 36 长，连续使用此方法，绘制出长方体上轴测面，如图 8 -9 所示。

(5)连续按 F5 键，切换到左轴测面，参考以上操作方法，绘制出长方体左轴测面，如图 8 -10 所示。

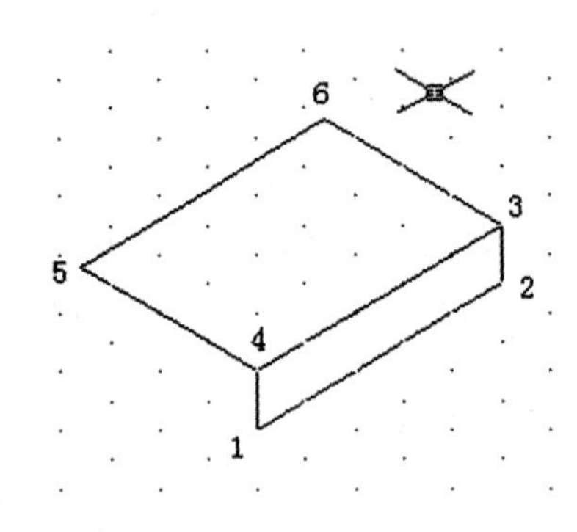

图 8 -9 绘制上轴测面

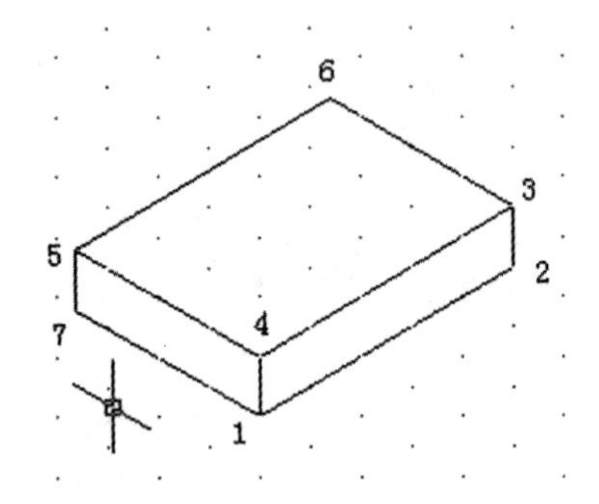

图 8 -10 绘制左轴测面

2. 绘制圆

在正交视图中绘制的圆在轴测图中将变为椭圆，因此，若要在一个轴测面内画圆，必须画一个椭圆，并且，椭圆的轴在此等轴测面内。

例如，利用 ELLIPSE 命令在前面绘制的长方体轴测图上绘制圆，具体操作步骤如下。

(1)选择“工具”→“草图设置”菜单，在“草图设置”对话框中打开“捕捉和栅格”选项卡。选中“启用捕捉”和“启用栅格”复选框，将极轴距离设置为 1，栅格 Y 轴间距设为 10，在“捕捉类型”设置区中选择“◉ PolarSnap (O)”(极轴捕捉)单选钮，如图 8 -11(a)所示。

再打开“极轴追踪”选项卡。选中“启用极轴追踪”复选框，设置极轴增量角为 30°，选中“用所有极轴角设置追踪”和极轴角测量的“绝对”单选钮，如图 8 -11(b)所示。

(a)

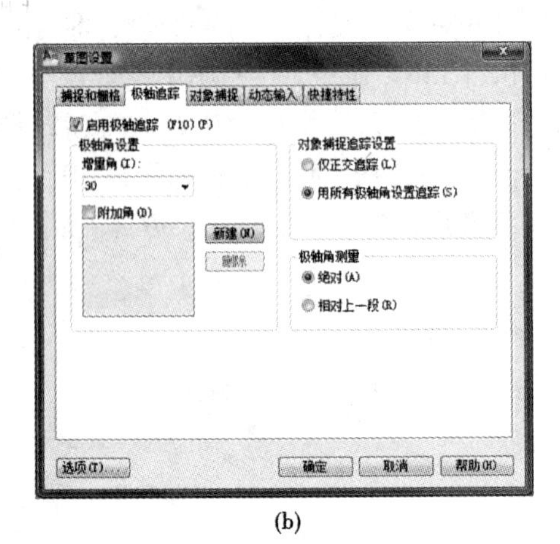

(b)

图 8 -11 “草图设置”对话框

(2)在命令行中输入“ISOPLANE”命令，并在“输入等轴测平面设置[左(L)/上(T)/右(R)]〈右〉；”提示下输入“T”，将当前等轴测面设置为上平面(或连续按 F5 键，切换到上轴测面)。单击“绘图”工具栏中的“椭圆”工具，并在命令行中输入 I(表示绘制等轴测圆)，按 Enter 键。

(3)单击“对象捕捉”工具栏中的“临时追踪点”工具，然后从点 1 开始沿 30°方向追踪 10 个单位，点击鼠标左键，得到点 2，如图 8 - 12(a)所示，继续将光标从点 2 沿 150°方向放置，输入 10，即追踪 10 个单位(注意：此时只能显示一条追踪线)，确定圆心位置，如图 8 - 12(b)所示。

(4)指定等轴测圆的半径为 10，结果如图 8 - 12(c)所示。

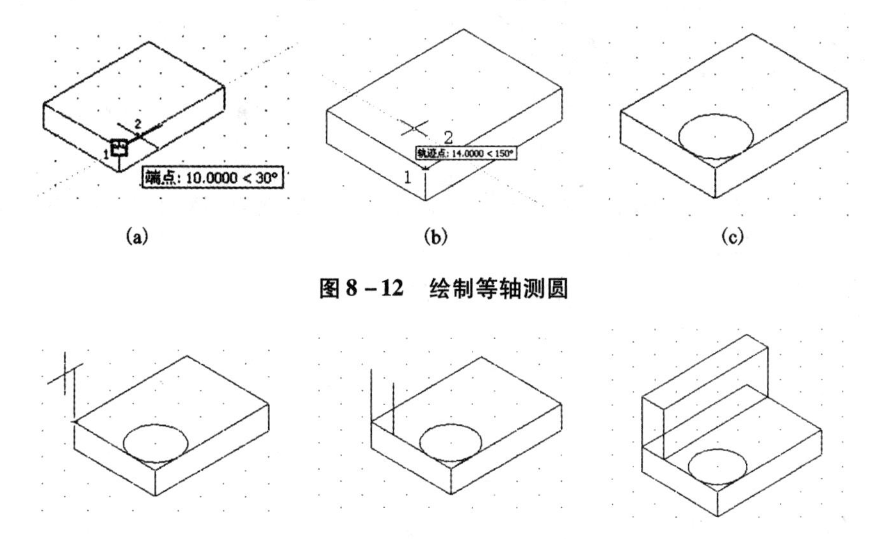

图 8 - 12　绘制等轴测圆

图 8 - 13　绘制长方体轴测图

(5)打开正交模式，再次执行 LINE 命令，根据绘图需要，连续按 F5 键切换到不同的轴测面，并 COPY 线段绘制一个等轴测矩形，过程及结果如图 8 - 13 所示。

3. 绘制圆弧

圆弧在轴测图中以椭圆弧的形式出现，绘制圆弧时，可首先绘制一个整圆，然后利用修剪命令 TRIM 或打断命令 BREAK，去掉不需要的部分。

例如，利用修剪命令 TRIM，通过修剪绘制的等轴测圆得到圆弧，具体操作步骤如下：

(1)执行复制命令 COPY，复制等轴测圆，结果如图 8 - 14 所示。

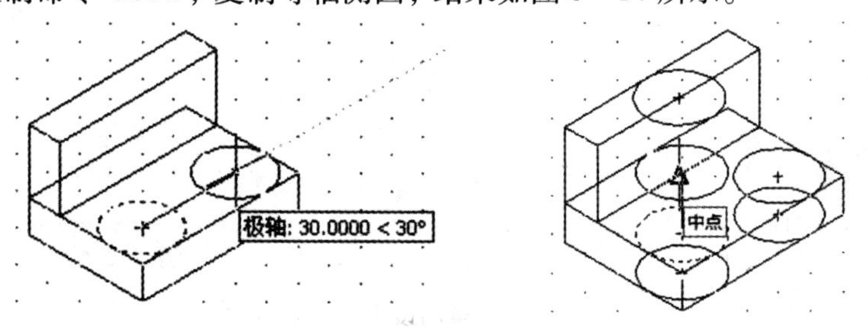

图 8 - 14　复制等轴测圆

(2)执行修剪命令 TRIM，选择图 8 - 15 左图中的虚线作为剪切边界，参照图 8 - 14 右图所示修剪图形。

(3)再次执行修剪命令 TRIM，选择图 8 - 15 中的与圆相切的直线作为剪切边界，修剪椭圆，删除多余线段，并绘制一条直线 AB，如图 8 - 16 所示。

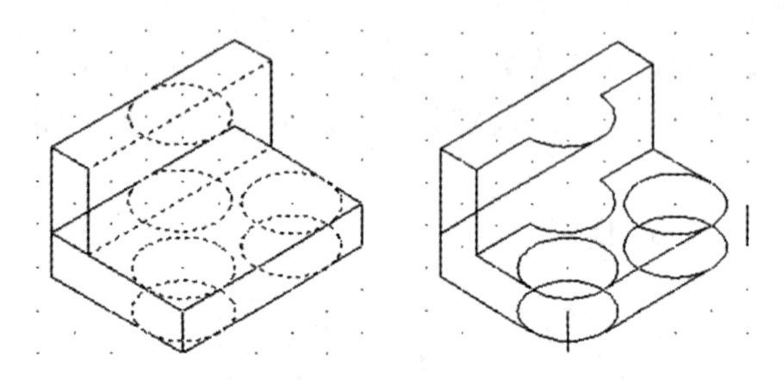

图 8 - 15　修剪等轴测圆

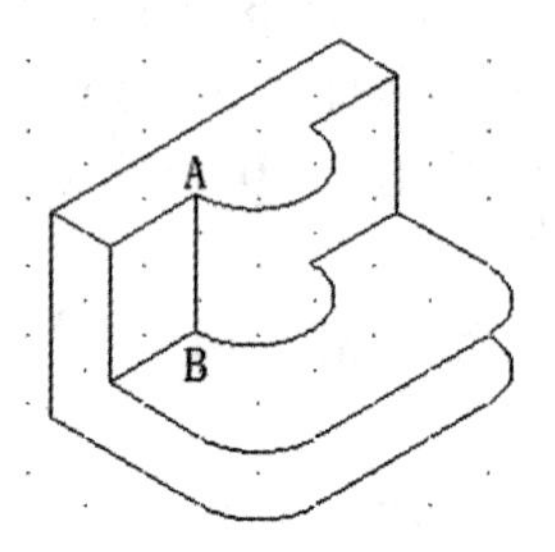

图 8 - 16　绘直线 AB

(4)单击“绘图”工具栏中的“直线”工具，启动对象捕捉中的象限点，并拾取到象限点，绘制两条直线，结果如图 8 - 17 所示。

(5)根据轴测图中的投影关系，对图形进行最后修剪，结果如图 8 - 18 所示。

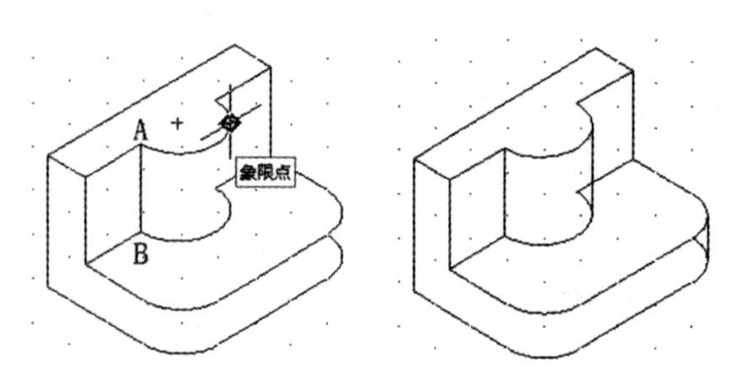

图 8 - 17　绘制外公切线

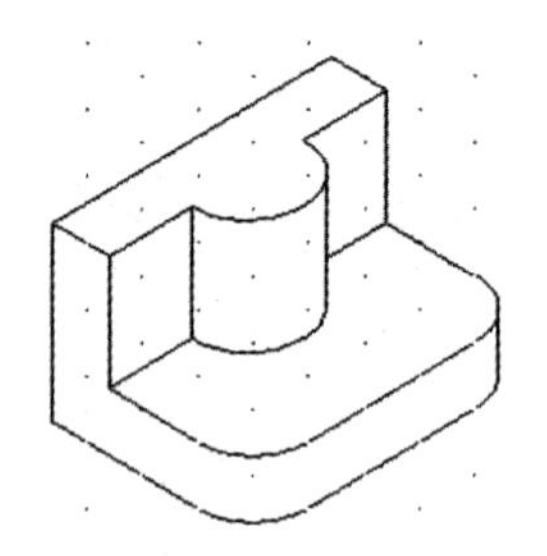

图 8 - 18　支架轴测图

8.4　在轴测图中书写文字

为了使文字看起来像在当前轴测面中，必须使用倾斜角和旋转角来设置文字，且字符倾斜角和文字基线旋转角为 30°或 - 30°。当文字倾斜角为 30°或 - 30°时，设置不同旋转角的显示效果，分别见图 8 - 19 和图 8 - 20 所示。

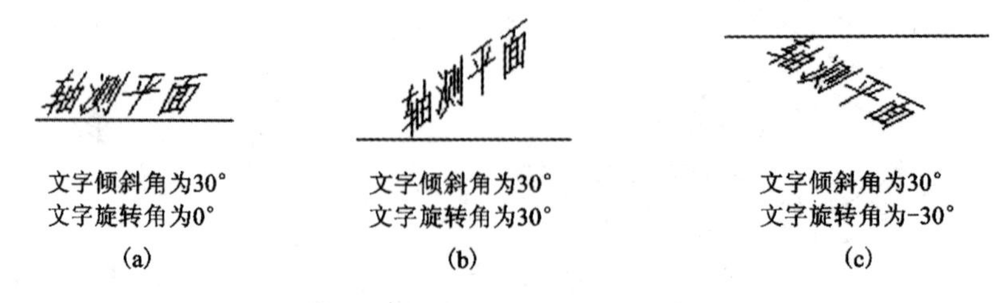

图 8 - 19　文字倾斜角为 30°时，设置不同旋转角的显示效果

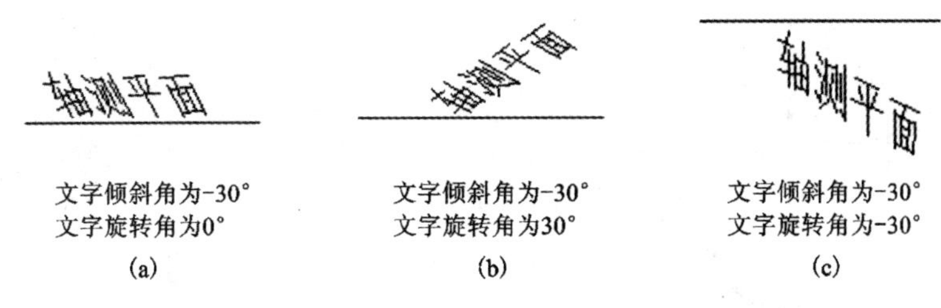

图 8－20　文字倾斜角为－30°时，设置不同旋转角的显示效果

【例题 8－2】 在前面绘制的支架轴测图上标注如图 8－21 所示的文字。

具体操作步骤如下。

(1)选择“格式”→“文字样式”菜单，在“文字样式”对话框中单击“新建”按钮，创建样式名为“轴测图标注 1”的文字样式。在“字体”设置区中设置“字体名”为 gbenor. shx、高度为 6，在“效果”设置区中设置“宽度比例”为 1.2，“倾斜角度”为 30°，如图 8－22(a)所示。

(2)使用上述同样的方法，创建样式名为“轴测图标注 2”的文字样式，设置字体的“倾斜角度”为－30°，如图 8－22(b)所示。

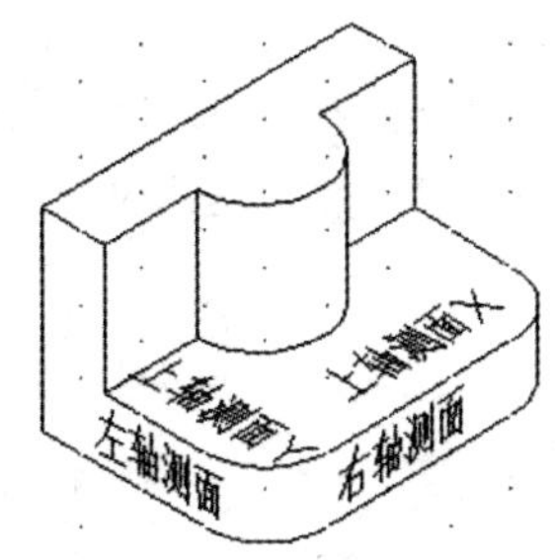

图 8－21　标注文字

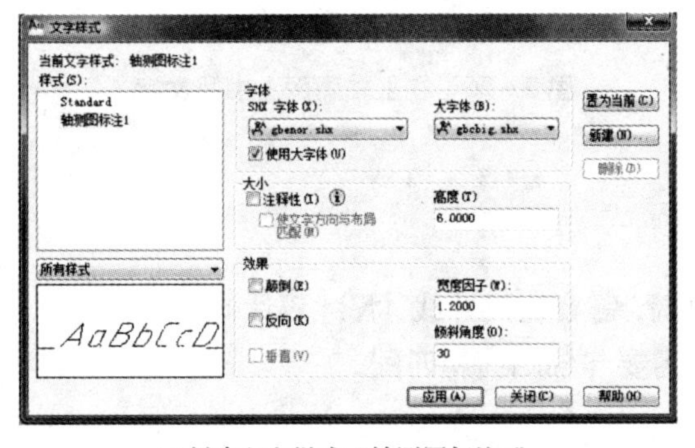

(a) 创建文字样式“轴测图标注1”

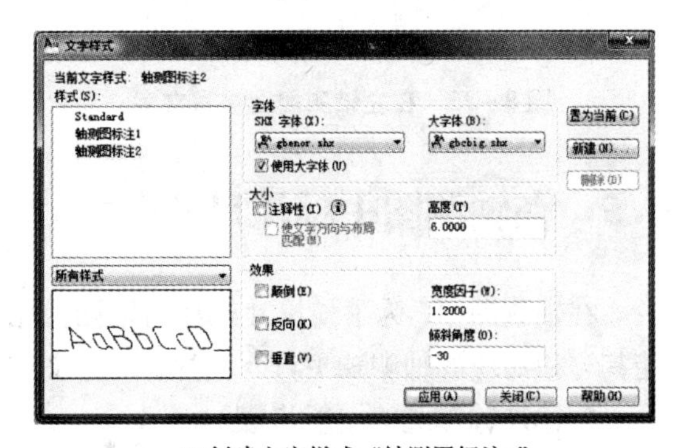

(b)创建文字样式“轴测图标注2”

图 8－22　在“文字样式”对话框创建轴测图文字样式

(3)新建“文字”图层，设置其颜色为绿色，并将该层设置为当前层。

(4)选择“绘图”→“文字”→“单行文字”菜单[参照图 8－19(b)的设置]，选择文字样式为“轴测图标注 1”并指定文字起点，设置旋转角度为 30°，然后输入文字“右轴测面”，如图 8－23所示。

(5)再次执行 TEXT 命令，指定文字起点，设置旋转角度为－30°，然后输入文字“上轴测面 Y”[参照图 8－19(c)的设置]，结果如图 8－24 所示。

(6)再次执行 TEXT 命令，将文字样式设置为“轴测图标注 2”，指定文字起点，设置旋转角度为－30°，然后输入文字“左轴测面”[参照图 8－20(c)的设置]，结果如图 8－25 所示。

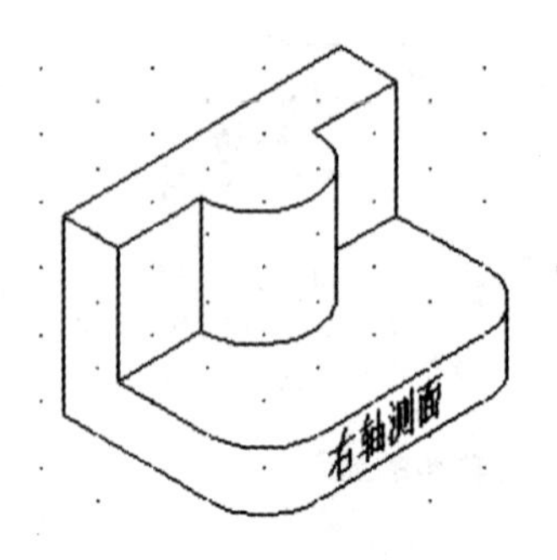

图 8－23　在右轴测面书写文字

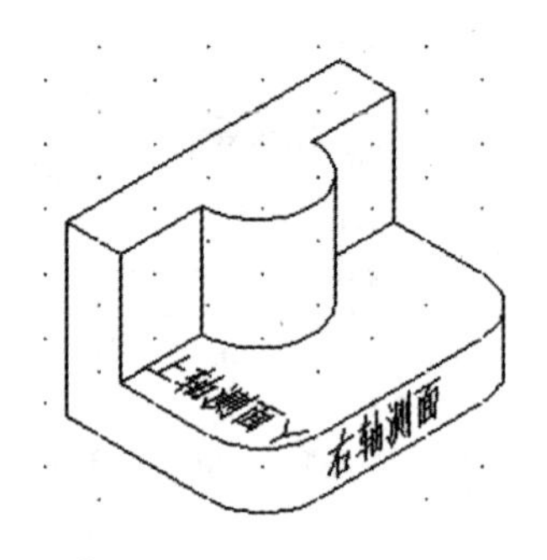

图 8－24　在上轴测面上书写文字

(7)再次执行 TEXT 命令，将文字样式设置为“轴测图标注 2”，指定文字起点，设置旋转角度为 30°，然后输入文字“上轴测面 X”[参照图 8－20(b)的设置]，结果如图 8－26 所示。

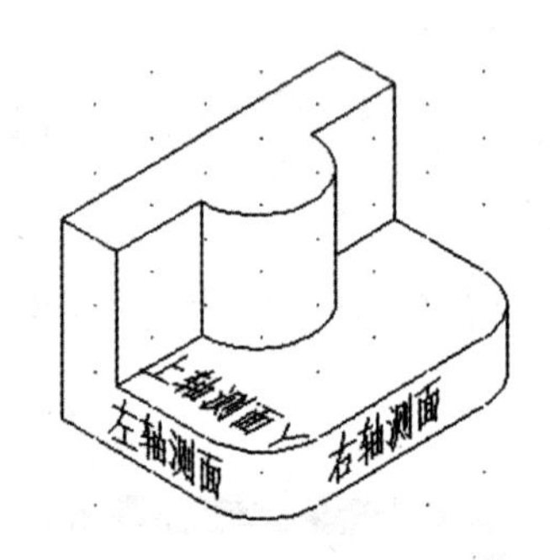

图 8－25　在左轴测面上书写文字

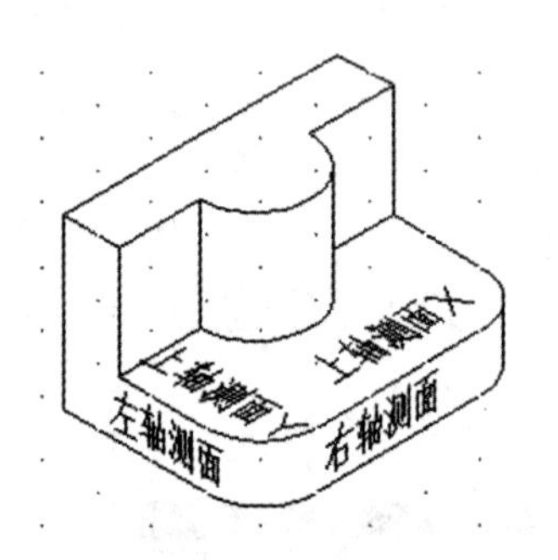

图 8－26　在上轴测面上书写文字

8.5　在轴测图中标注尺寸

在轴测图中，为了使尺寸标注与轴测面相协调，需要将尺寸线、尺寸界线倾斜一定角度，使其与相对应的轴测轴平行。同样，尺寸文字也需要与轴测面相匹配。

1. 标注轴测图的一般步骤

标注轴测图尺寸的一般步骤如下：

(1)创建两种文字类型，其倾斜角分别为 30°和－30°。

(2)如果沿 X 或 Y 轴测投影轴画尺寸线，则可用“对齐标注”命令画出最初的尺寸标注。如果用户沿 Z 投影轴画尺寸线，这时既可以用“对齐标注”又可以用“线性标注”命令进行最初的标注。

(3)标注完成后，可使用“编辑标注”命令(DIMEDIT)的“倾斜(O)”选项改变尺寸标注的倾斜角度。为了绘制位于左轴测面的尺寸线，可以把尺寸界线设置为 150°或－30°；为了绘制位于右轴测面的尺寸线，可以设置尺寸界线为 30°或 210°；为了绘制上轴测面的尺寸标注，需设尺寸界线为 30°、－30°、150°或 210°。

(4)如果标注文字是水平方面(而且文字是平行尺寸线的)，使用“编辑标注”的“旋转(R)”选项，旋转标注文字到 30°、－30°、90°、－90°、150°或 210°，以使文字垂直或平行于尺寸线。

(5)使用“编辑标注文字”命令(DIMTEDIT)或“编辑标注”命令的“旋转(R)”选项，旋转标注文字的基线，使之与对应的轴测线平行。

2. 标注支架轴测图

了解了轴测图中标注尺寸的方法后，下面对绘制的支架进行标注。

【例题 8－3】　对前面绘制的支架进行如图 8－27 所示的标注。

步骤如下：

(1)选择“格式”→“标注样式”菜单，新建“轴测图尺寸标注 1”样式，在“新建标注样式：轴测图尺寸标注 1”对话框中设置标注样式，将“文字样式”设置为“轴测图标注 1”，如图 8－28 左图所示。新建“轴测图尺寸标注 2”，并将“文字样式”设置为“轴测图标注 2”，如图 8－28右图所示。将“轴测图尺寸标注 1”设置为当前标注样式。

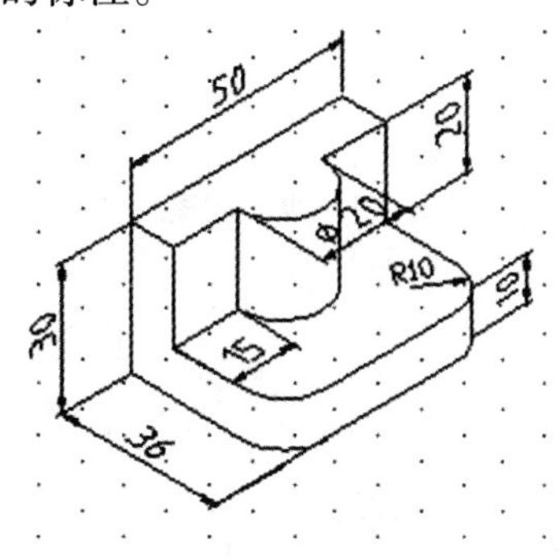

图 8－27　标注尺寸

(2)新建“标注”图层，设置其颜色为黄色，并将该层设置为当前层。

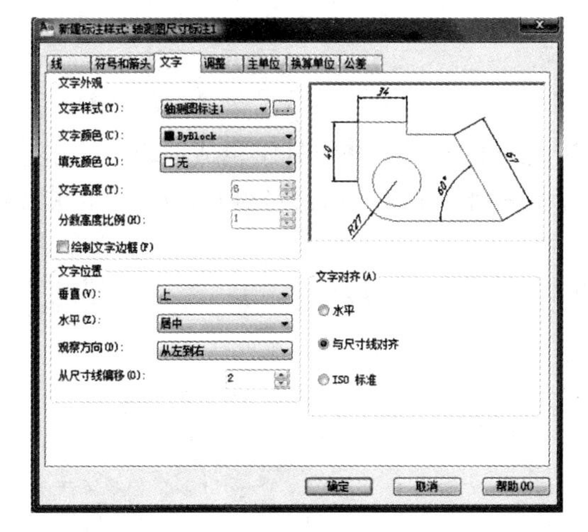

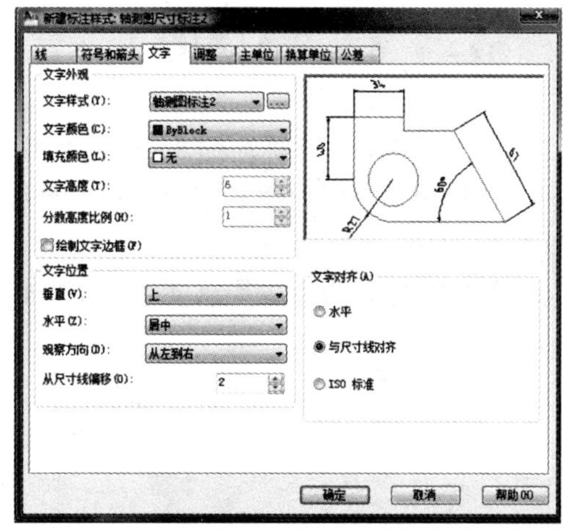

图 8－28　在“标注样式管理器”对话框中设置标注样式

(3)单击“标注”工具栏中的“对齐”工具，捕捉直线 AB 的两个端点创建对齐标注，如图 8－29 所示。

(4)单击“标注”工具栏中的“编辑标注”工具，输入“O”选项，并按 Enter 键，选择如图 8－29 所示的尺寸标注 50，并将其倾斜 90°(这里的倾斜角度 90°是指尺寸界线与水平轴 X 正方向的夹角为 90°)，倾斜后的标注如图 8－30 所示。

(5)将“轴测图尺寸标注 2”设置为当前标注样式，再次执行 DIMALIGNED 命令，标注图 8－31 中直线 CD 之间的距离，如图 8－31 所示。执行 DIMEDIT 命令，将尺寸标注倾斜 30°(这里的倾斜角度 30°是指尺寸界线与水平轴 X 正方向的夹角为 30°)，如图 8－32 所示。

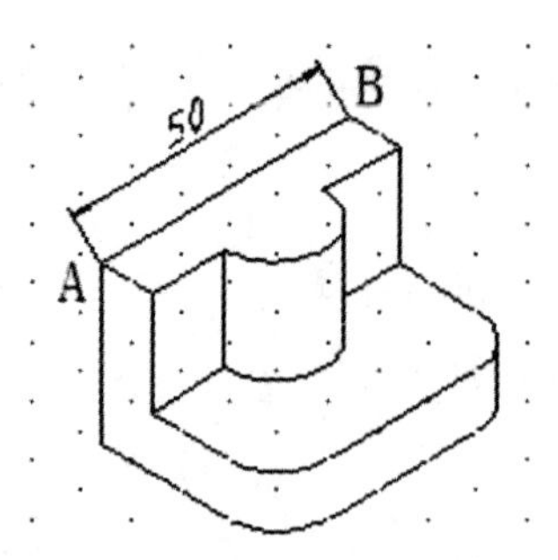

图 8－29 创建对齐标注

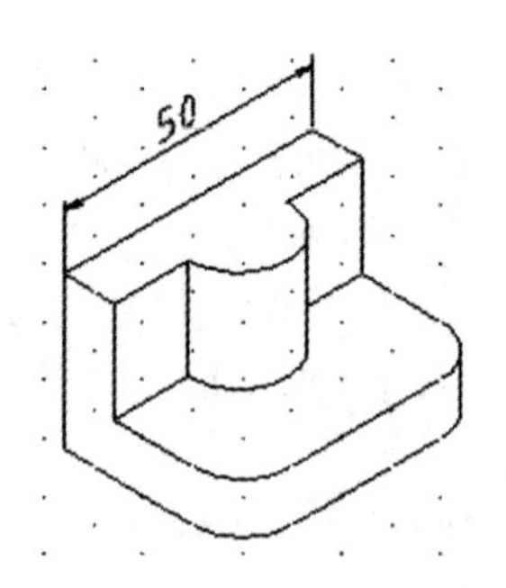

图 8－30 倾斜尺寸标注

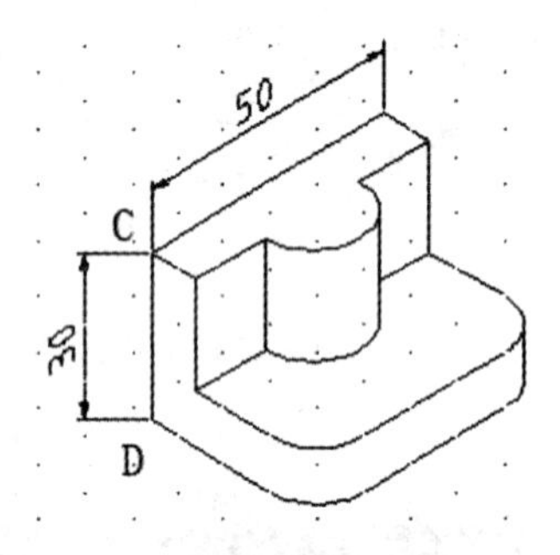

图 8－31 在左轴测面中标注尺寸

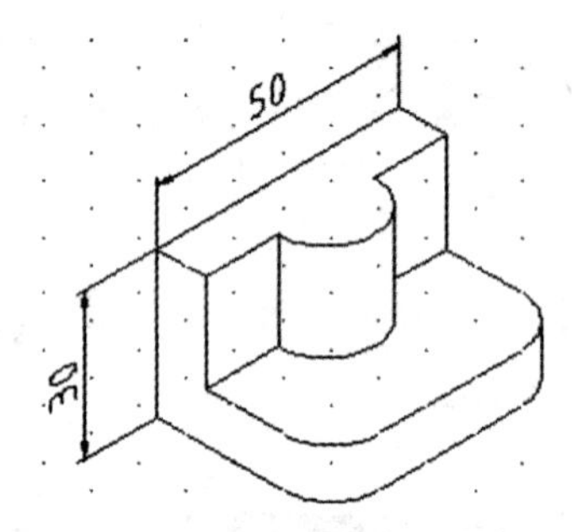

图 8－32 倾斜尺寸标注

（6）使用同样的方法标注图 8－33 左图中 EF 之间的尺寸，并将其编辑成 ϕ20，尺寸标注倾斜 150°（这里的倾斜角度 150°是指尺寸界线与水平轴 X 正方向的夹角为 150°），结果如图 8－33 右图所示。

（7）使用同样方法标注其他尺寸，结果如图 8－34 所示（过程略）。

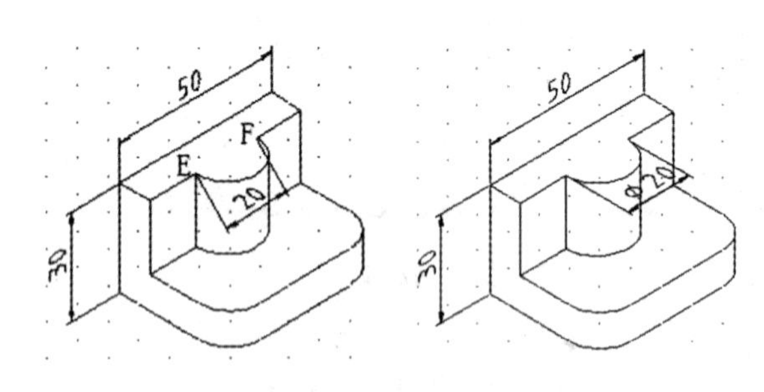

图 8－33 在轴测图中标注尺寸

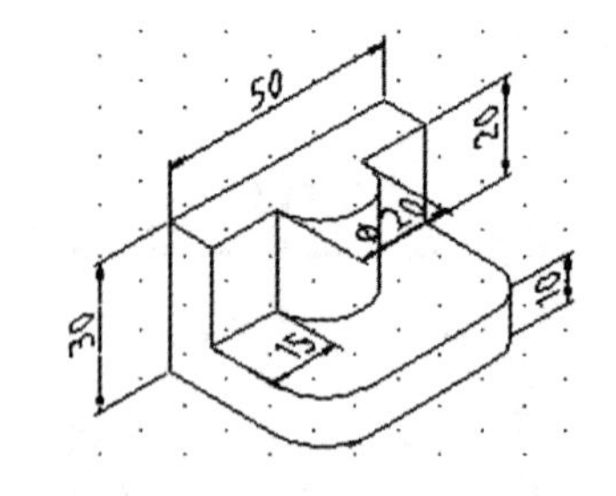

图 8－34 在轴测图中标注尺寸

（8）打开正交，在上轴测面内绘制直线 GH 和 I J，如图 8－35 左图所示。将"轴测图尺寸标注 1"设置为当前标注样式。单击"标注"工具栏中的"对齐"工具，捕捉点 G 和直线 GH 与直线 I J 的交点，创建对齐标注，如图 8－35 右图所示。执行 DIMEDIT 命令，将尺寸标注倾斜 30°（倾斜角度 30°是指尺寸界线与水平轴 X 正方向的夹角为 30°），删除直线 GH，结果如图 8－36 所示。

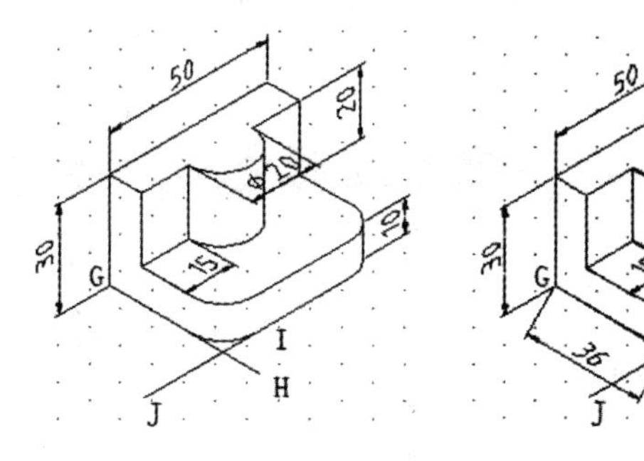

图8-35 在轴测图中标注尺寸

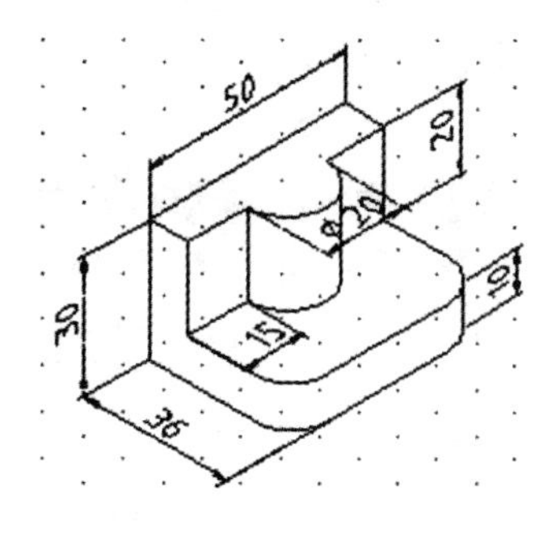

图8-36 在轴测图中标注尺寸

(9)如图8-37所示，使用“快速引线”命令QLEADER手工标注圆弧半径R10，并用“分解”命令EXPLODE分解该标注，删除多余的尺寸线，最后标注结果如图8-38所示。

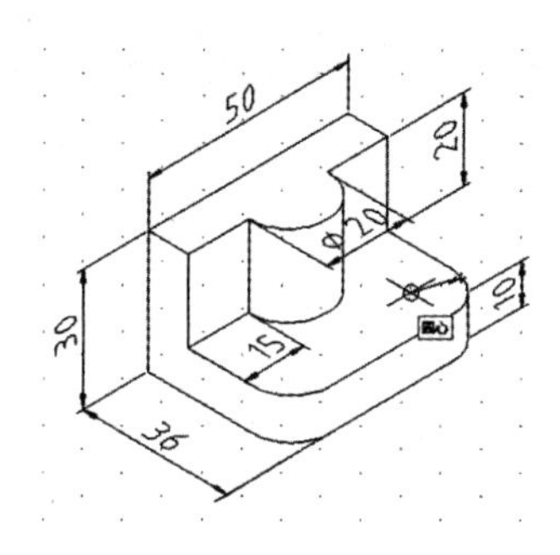

图8-37 标注尺寸R10

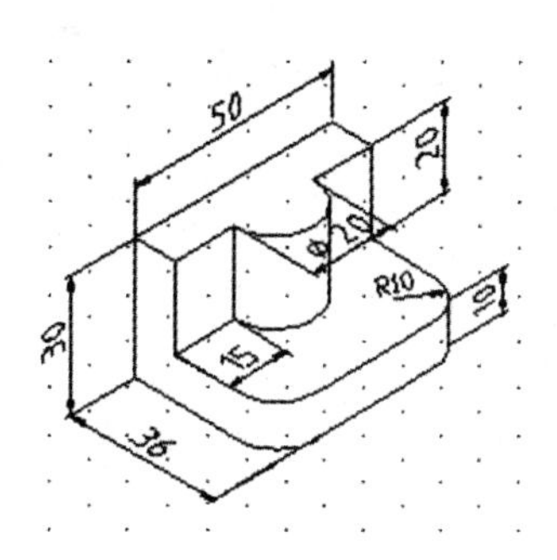

图8-38 尺寸标注结果

在轴测投影模式下，通过输入点的相对极坐标来绘制直线是另一种较为方便的方法。在绘制直线时要注意以下几点。

● 绘制X轴平行的直线时，极坐标角度应为30°或-150°。

● 绘制Y轴平行的直线时，极坐标角度应为150°或-30°。

● 绘制Z轴平行的直线时，极坐标角度应为90°或-90°。

【例题8-4】 绘制如图8-39所示的支架轴测图。

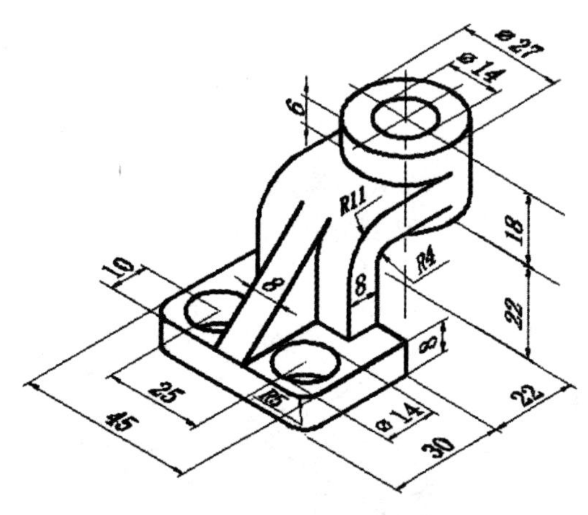

图8-39 绘制轴测图

具体操作步骤如下：

(1)选择“工具”→“草图设置(F)…”命令，在如图8-40所示的“草图设置”对话框中打开“极轴追踪”，设置如左图所示，再打开“捕捉和删格”选项卡，如右图所示。

(2)选中“启用捕捉”复选框，并在“捕捉间距”选项组中将X和Y捕捉间距设为1，在

“捕捉类型”选项组中选中“删格捕捉”和“等轴测捕捉”单选按钮，然后单击“确定”按扭，关闭“草图设置”对话框。

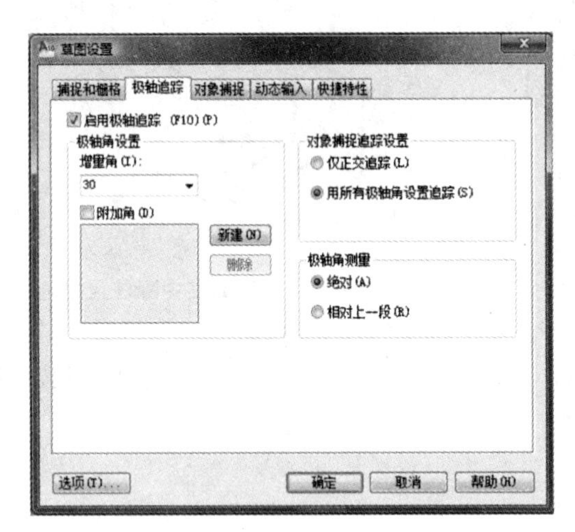

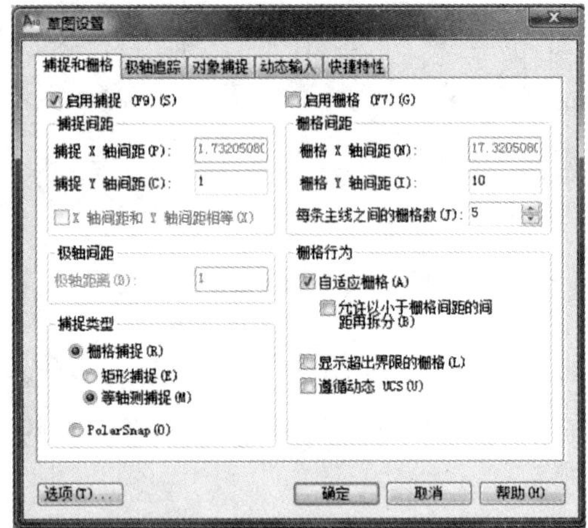

图 8-40 “草图设置”对话框

(3)连续按 F5 键(或 Ctrl + E 组合键)，直至命令行显示“〈等轴测平面 上〉”，将上轴测面切换为当前面。

(4)在“绘图”工具栏中单击“直线”按钮，并在绘图窗口中任意位置单击，确定直线的起点 A。

(5)使用相对极坐标，依次指定点 B(@30 <30)、点 C(@45 <150)、点 D(@30 < -150)和点 A(@45 < -30)，在等轴测模式下绘制一个封闭的平行四边形，如图 8-41 所示。

(6)在“绘图”工具栏中单击“椭圆”按钮，并在命令行中输入 I，切换到等轴测圆绘制模式。

(7)按 F3、F9、F10 和 F11 键，分别打开“对象捕捉”“捕捉”“极轴追踪”“对象追踪”功能。

(8)在“对象捕捉”工具栏中单击“临时追踪点”按钮，然后从点 A 开始沿着 30°方向追踪 5 个单位，再从点 E 开始沿着 150°方向追踪 5 个单位，单击确定圆心位置。

(9)指定等轴测圆的半径为 5，绘制结果如图 8-42 所示。

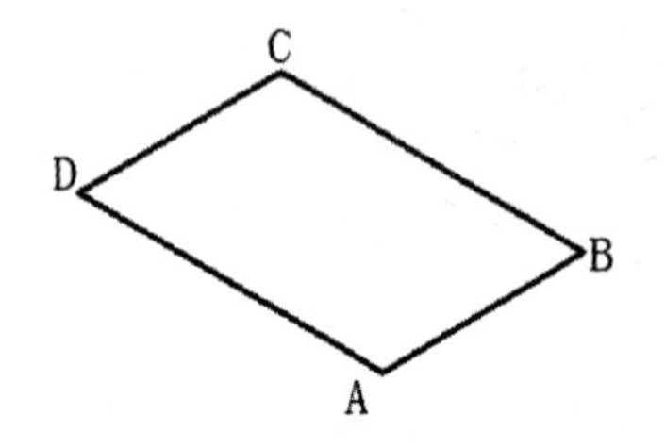

图 8-41 绘制平行四边形

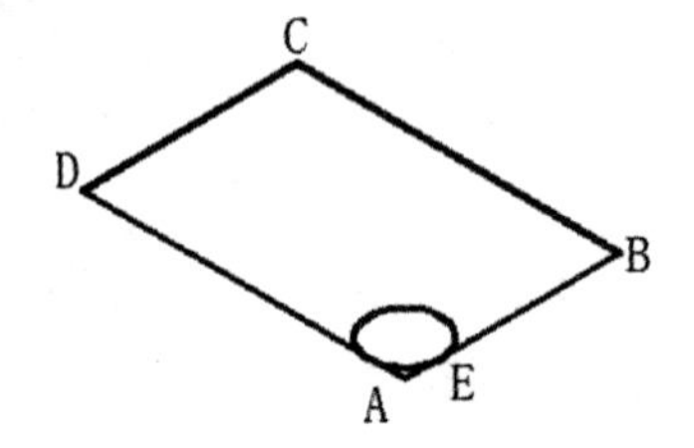

图 8-42 绘制等轴测圆(R5)

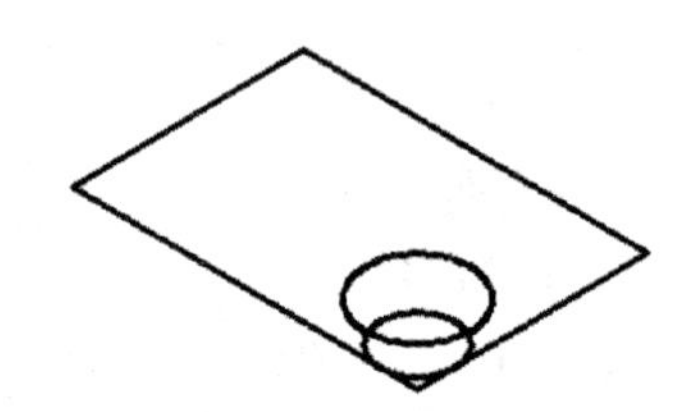

图 8-43 绘制 R7 的圆

(10)参照步骤(6) ~ 步骤(9)的方法，从点 A 开始沿着 30°方向追踪 10 个单位确定一个临时点，再从该点开始沿着 150°方向追踪 10 个单位，单击确定圆心点位置，绘制一个半径为 7 的等轴测圆，如图 8 - 43 所示。

(11)在“修改”工具栏中单击“复制”按扭，选择半径为 5 的圆，以该圆的圆心为基点，将其复制到点(@35 <150)处。

(12)参照步骤(11)，选择半径为 7 的圆，以该圆的圆心为基点，将其复制到点(@25 <150)处，结果如图 8 - 44 所示。

(13)在“修改”工具栏中单击“复制”按扭，选择绘制的所有图形，然后以半径为 5 的圆的圆心为基点，将其复制到点(@8 < -90)处，结果如图 8 - 45 所示。

(14)在“修改”工具栏中单击“修剪”按扭，参照图 8 - 46 所示进行修剪图形。

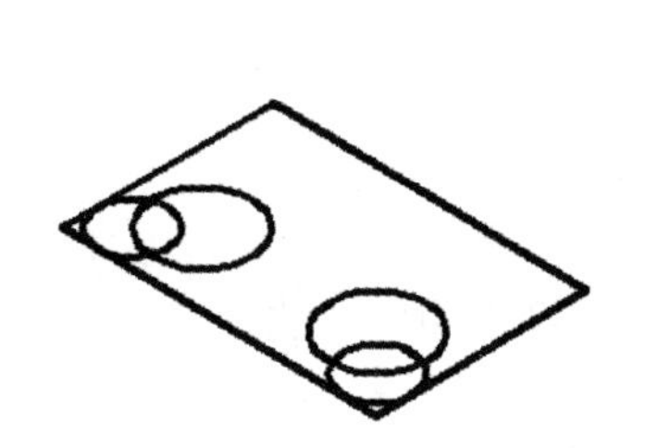

图 8 - 44　复制已绘制的圆

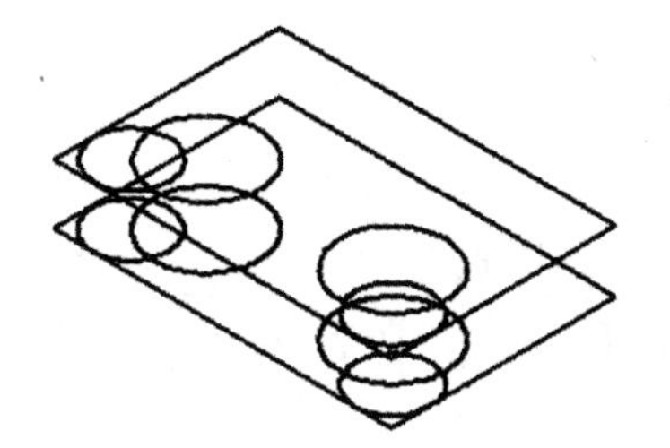

图 8 - 45　复制图形

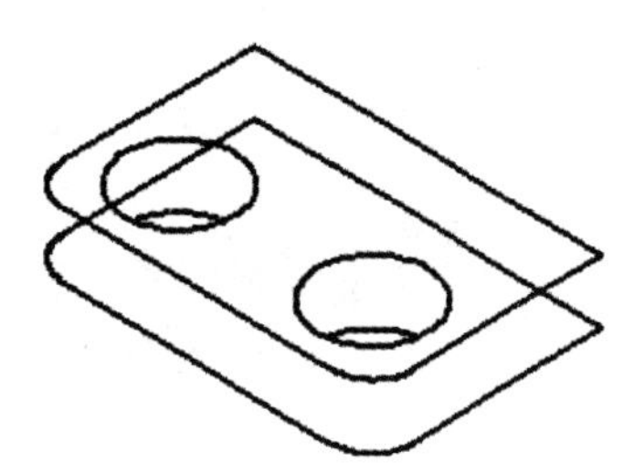

图 8 - 46　修剪后的图形

(15)在“绘图”工具栏中单击“直线”按钮，在“对象捕捉”工具栏中单击“捕捉到象限点”按钮，在轴测图中捕捉第一个象限点作为直线的起点，再在“对象捕捉”工具栏中单击“捕捉到象限点”按钮，然后在轴测图中捕捉第二个象限点作为直线的终点，绘制一条外公切线 MN。再绘直线 PB，如图 8 - 47 所示。

(16)在“修改”工具栏中单击“修剪”按钮或“删除”按钮，修剪成结果如图 8 - 48 所示图形。至此，支架底部就完成了。

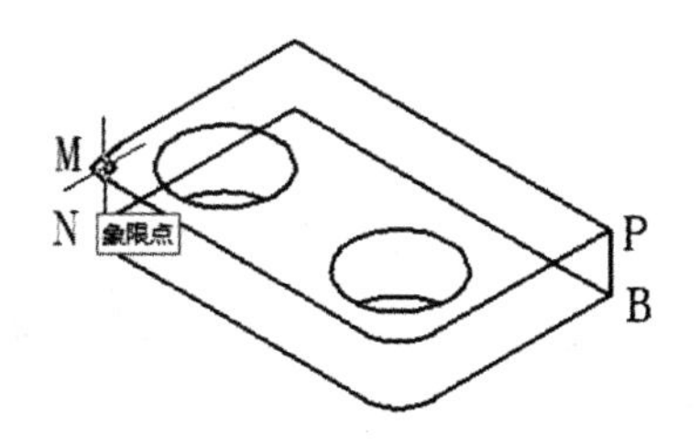

图 8 - 47　绘制直线 M N 和 PB

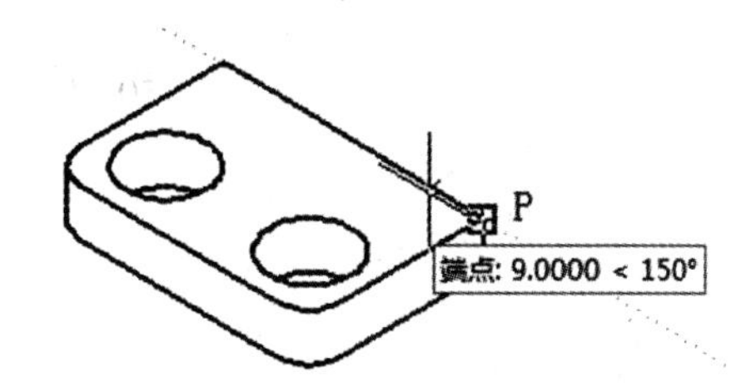

图 8 - 48　修剪后的图形

(17)连续按 F5 键(或 Ctrl + E 组合键)，直至命令行显示“〈等轴测平面 右〉”，将右轴测面切换为当前面。

(18)在“绘图”工具栏中单击“直线”按钮，在“对象捕捉”工具栏中单击“捕捉自”按钮，捕捉点 P，再指定点(@9 <150)，如图 8 - 49 左图所示，继续依次指定点(@18 <90)、

(@22 <30)、(@8 <90)、(@30 < -150)、(@26 < -90)和(@8 <30)，绘制一个 L 形，如图 8-49 右图所示。

(19)在“绘图”工具栏中单击“椭圆”按钮，并在命令行中输入 I，切换到等轴测圆绘制模式。并在如图 8-50 所示位置，参照步骤(8)的方法绘制半径为 4 和半径为 11 的等轴测圆。再修剪成如图 8-51 所示图形。

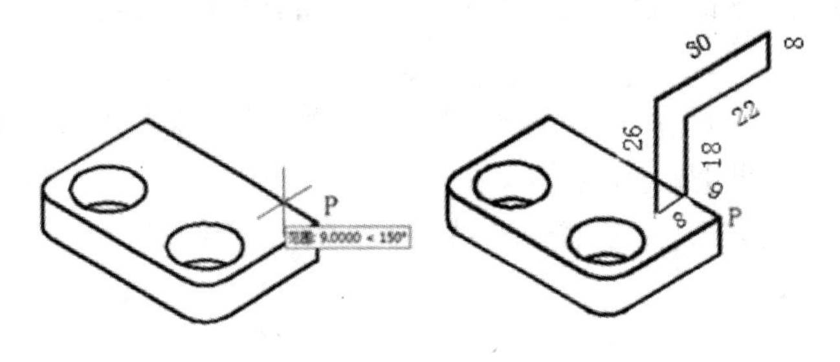

图 8-49　绘制 L 形

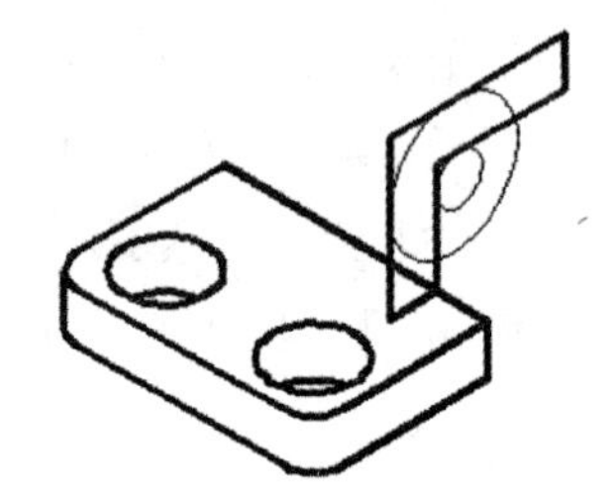

图 8-50　绘制等轴测圆

(20)单击“直线”按钮，分别以点 R 和点 S 为起点，输入“@27 <150”，绘制两直线，如图 8-52 左图所示。再选择图 8-52 左图所示的部分线段，复制到右图所示位置。

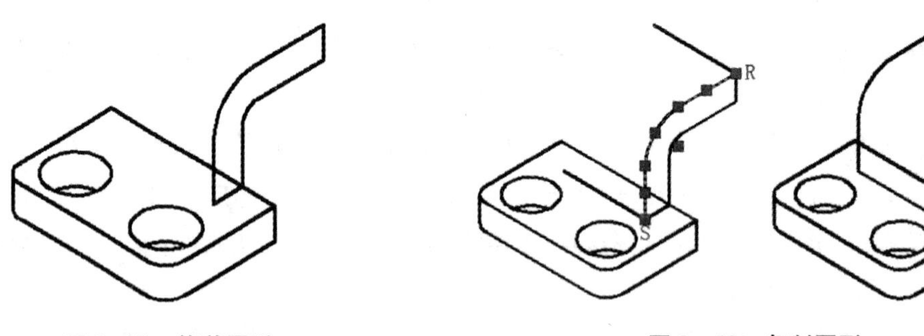

图 8-51　修剪图形

图 8-52　复制图形

(21)连续按 F5 键，切换到上轴测面。以图 8-53 所示，以直线中点为圆心，绘制一个半径为 13.5 的等轴测圆，如图 8-53 所示。

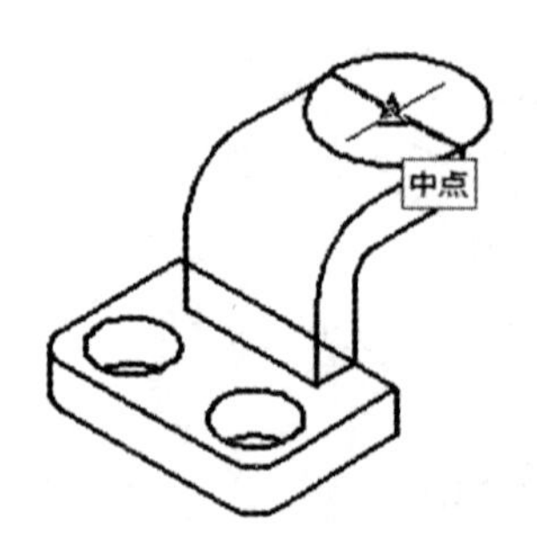

图 8-53　绘制等轴测圆

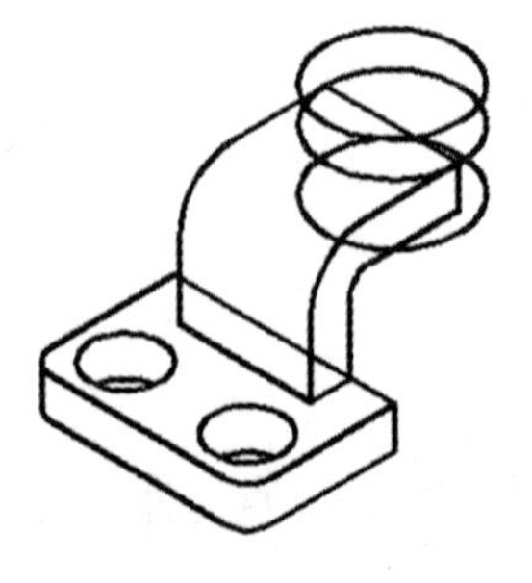

图 8-54　复制等轴测圆

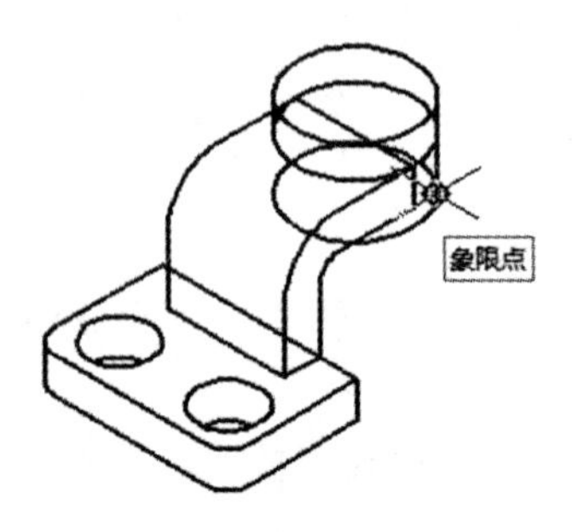

图 8-55　绘制直线

(22)单击“复制”按钮，以等轴测圆的圆心为基点，将半径为 13.5 的圆向上(90°)6 个单位和向下(-90°)12 个单位分别复制一个，结果如图 8 -54 所示。

(23)在“绘图”工具栏中单击“直线”按钮，参照步骤(15)的方法，绘制等轴测圆的两条外公切线，如图 8 -55 所示。

(24)单击“修剪”按钮或“删除”按钮，参照图 8 -56 所示进行修剪图形。

(25)单击“椭圆”按钮，并在命令行中输入 I，切换到等轴测圆绘制模式，并以半径为 13.5 的等轴测圆的圆心为圆心，绘制一个半径为 7 的等轴测圆，如图 8 -56 所示。

(26)单击“复制”按钮，选择如图 8 -57 所示的直线和直线相连的圆弧，以图示的端点为基点，在 150°方向 9.5 个单位处复制一份。

(27)单击“直线”按钮，以端点 T 为直线起点，依次指定点(@22 < -150)和圆的切点，绘制直线如图 8 -58 所示。

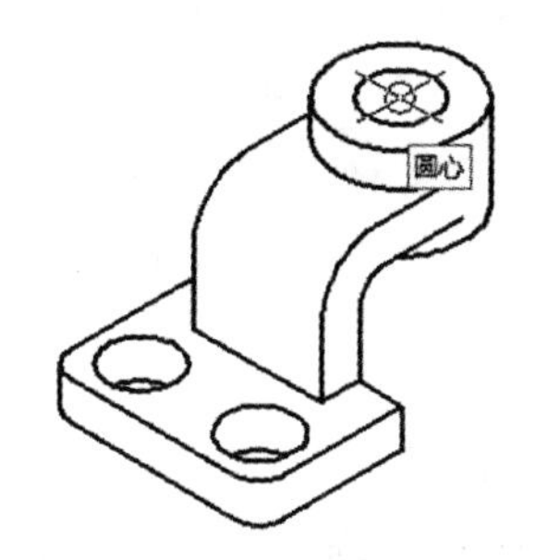

图 8 -56　修剪图形和绘等轴测圆

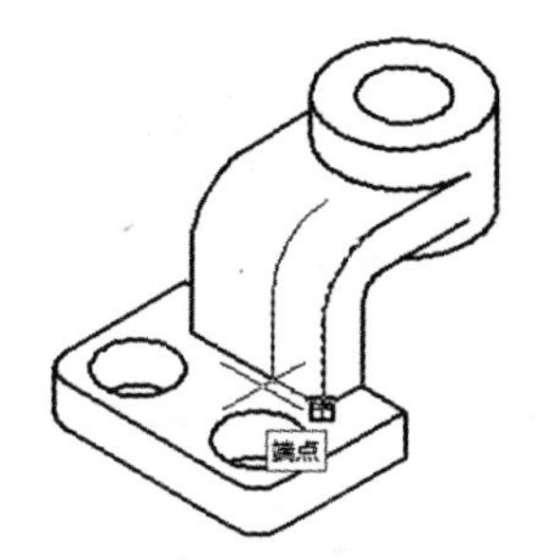

图 8 -57　复制图形

图 8 -58　绘制直线

(28)单击“复制”按钮，以端点 T 为基点，将绘制的切线部分在 150°方向 8 个单位处复制一份，结果如图 8 -59 所示。

(29)单击“修剪”按钮或“删除”按钮，参照图 8 -60 所示进行修剪图形。

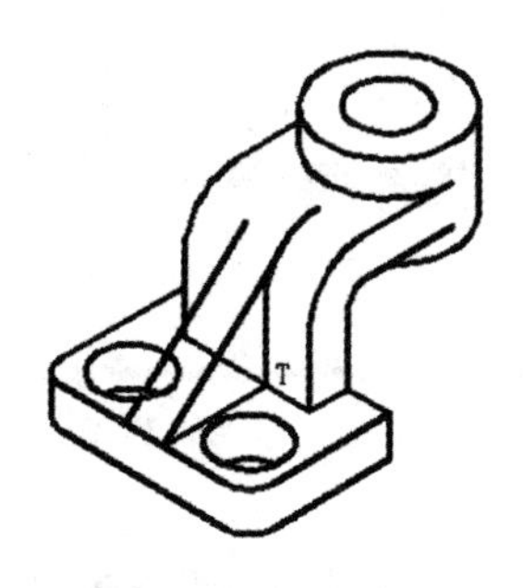

图 8 -59　复制直线

图 8 -60　修剪图形

【例题 8 -5】　如图 8 -61 所示，根据螺栓的二维视图绘出它的轴测投影。

绘图要点提示：

(1)以交点 A 为圆心，绘出 ϕ12 的螺纹牙顶圆和直径近似等于 10 的牙底圆的轴测投影，如图 8 -62(a)所示。

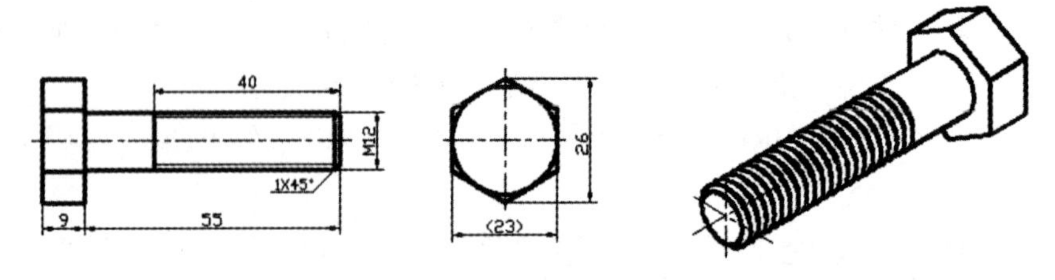

图 8 -61　绘制螺栓的轴测投影

(2)将牙底圆沿 30°方向移动 1，如图 8 -62(b)所示。并修剪多余线条，如图 8 -62(c)。再将此图沿 30°的方向距离 2 复制，并修剪，如图 8 -63(a)。

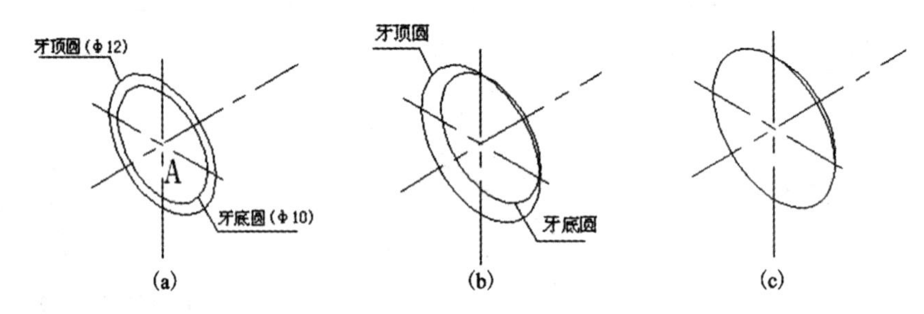

图 8 -62　绘牙顶圆和牙底圆的轴测投影

(3)选中如图 8 -63(b)所示的部分图形(呈虚线所示)，进行矩形阵列，设置为 1 行 20 列，行偏移为 0，列偏移为 2，阵列角度为 30°，如图 8 -64 所示。阵列结果如图 8 -65 所示，此时，螺纹部分 AB 长度为 40。

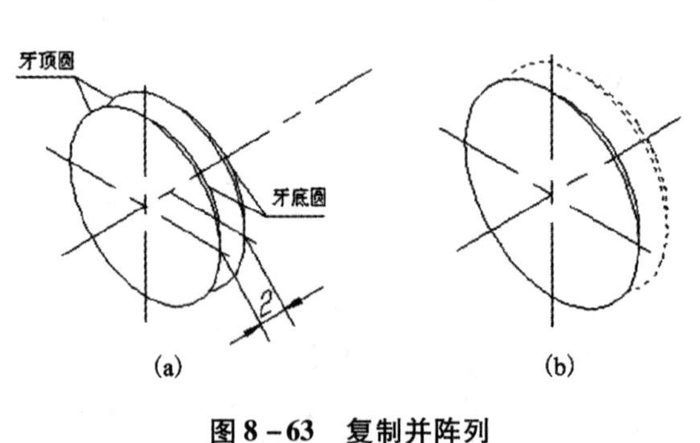

图 8 -63　复制并阵列

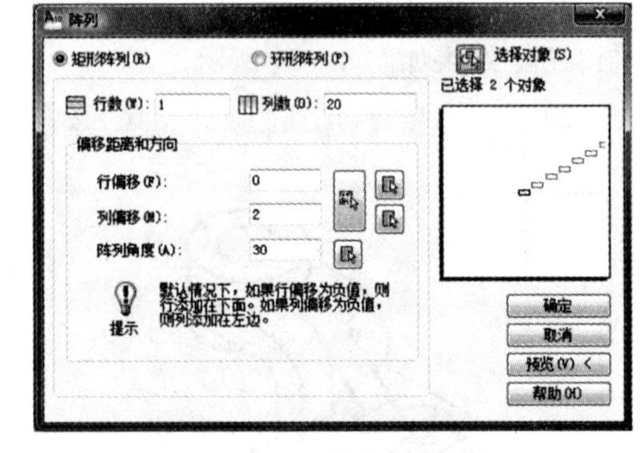

图 8 -64　矩形阵列设置

(4)再以交点 A 为圆心，绘直径近似等于 10 的牙底圆的轴测投影，如图 8 -65 所示。

(5)将牙底圆沿 30°的负方向移动 1，绘制倒角部分，如图 8 -66 所示。并修剪多余线条，效果如图 8 -67 所示。

(6)延长中心线 BC 长为 15，以交点 C 为圆心，绘 $\phi 26$ 圆的轴测投影，再分别以此圆与垂直中心线的交点 b、e 为圆心，复制 $\phi 26$ 圆的轴测投影，得交点 a、c、d、f，如图 8 -67 所示。

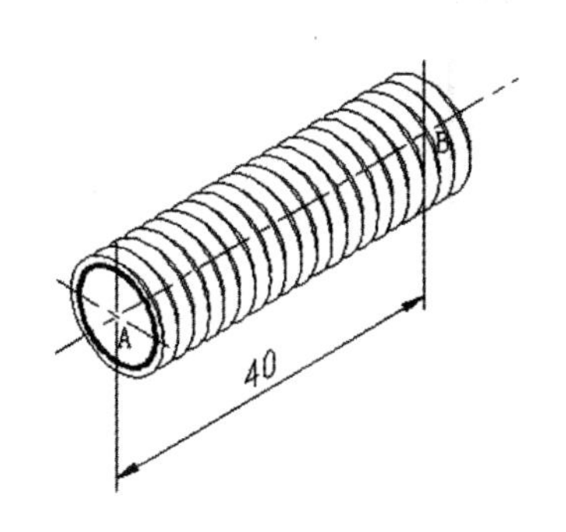

图8-65　矩形阵列效果

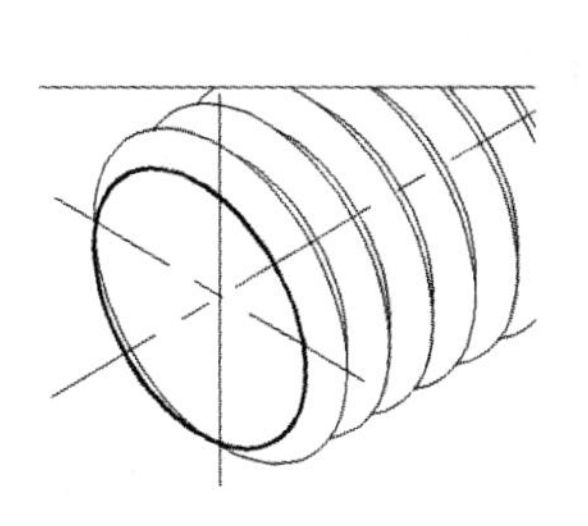

图8-66　绘制倒角部分

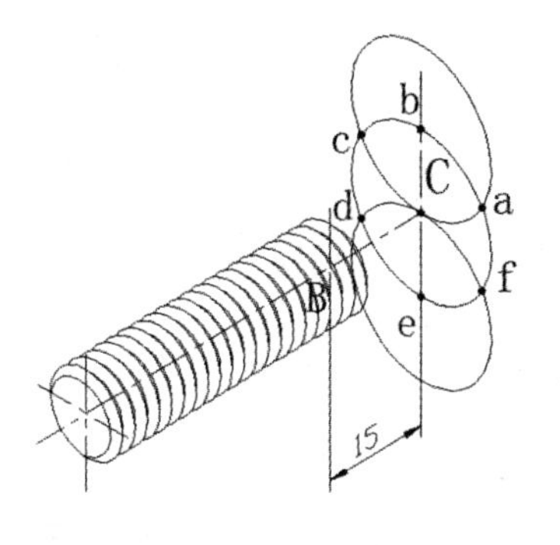

图8-67　绘 ϕ26 圆的轴测投影

(7)绘制直线连接 a、b、c、d、e、f，如图8-68所示。

(8)以交点C为圆心，绘 ϕ12 的圆的轴测投影，完成其余部分的绘制，如图8-69所示，最后结果见图8-61的右图所示。

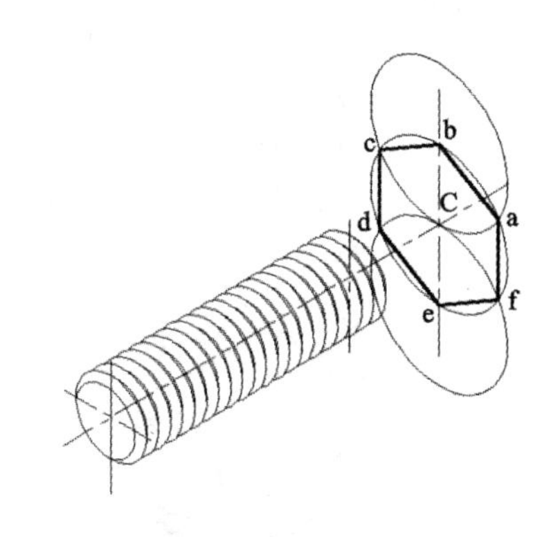

图8-68　绘制直线

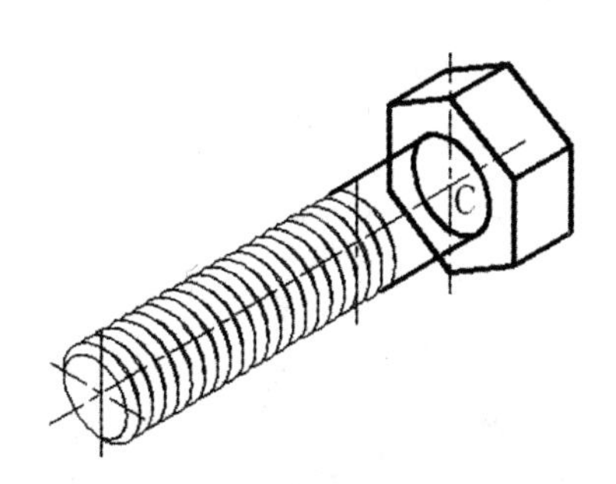

图8-69　绘螺栓头部的轴测投影

通过本章的学习，读者应掌握轴测图的基础知识、绘制方法，以及在轴测图中输入文字和对轴测图进行尺寸标注的方法。总的来说，在AutoCAD中绘制轴测图比较麻烦，因此，在实际工作中还是建议读者尽可能直接绘制三维图形，这样既方便又快捷。

8.6　上机操作

(1)绘制如图8-70所示的轴测图，并标注尺寸。

(2)根据三维视图，绘制如图8-71所示的轴测图。

(3)根据二维视图，绘制如图8-72右图所示的轴测图。

(4)绘制如图8-73所示的轴测图。

(5)绘制如图8-74所示的轴测图。

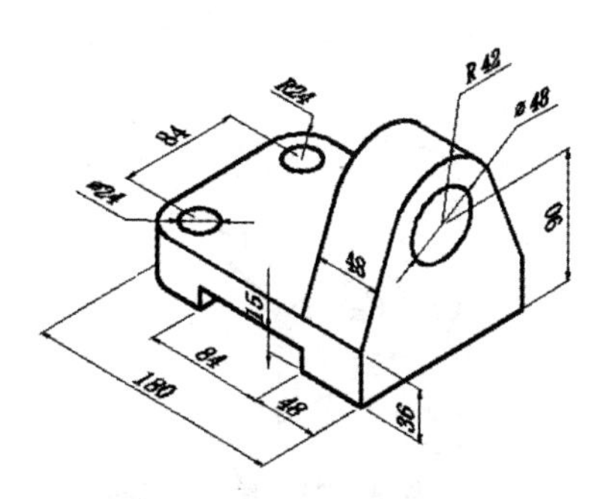

图8-70　绘制轴测图并标注尺寸

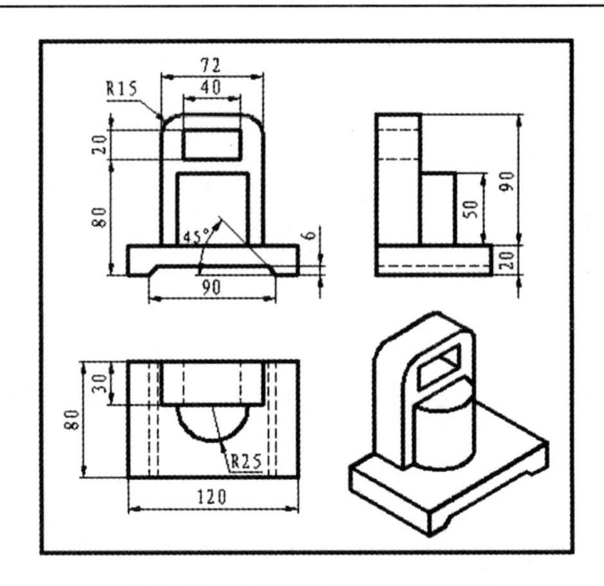

图 8－71 根据三维视图绘制轴测图

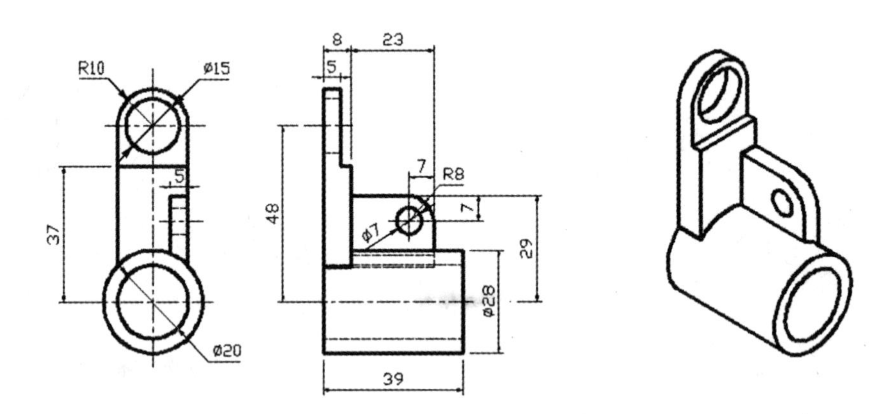

图 8－72 根据二维视图绘制轴测图

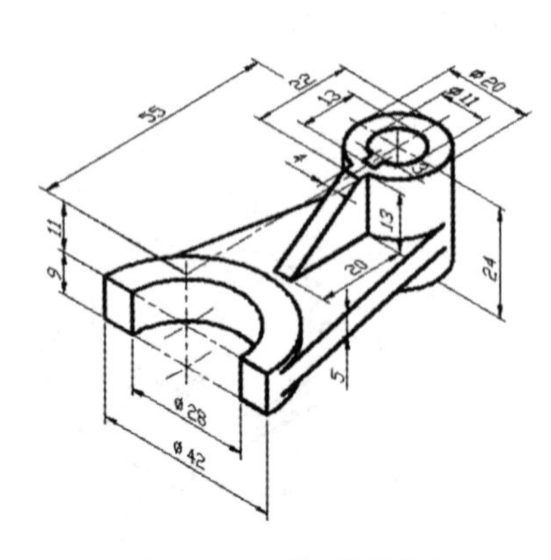

图 8－73 绘制轴测图

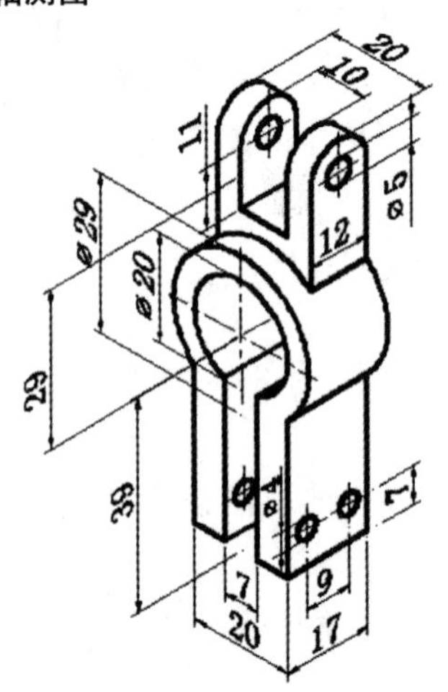

图 8－74 绘制轴测图

第 9 章　三维绘图概述

【学习目标】

(1) 了解“三维建模”工作空间、“建模”子菜单及工具栏。

(2) 了解“三维视图”的应用。

(3) 掌握三维坐标及用户坐标系的应用。

在进行三维绘图时，常常需要从不同的角度、以不同的模式观察模型，并且在绘制三维模型或进行三维标注时还需要经常变换坐标系。本章主要介绍“三维建模”工作空间、“建模”子菜单和“建模”工具栏、三维视图、三维观察以及用户坐标系的变换方法。

9.1　三维建模概述

9.1.1　“三维建模”工作空间

AutoCAD 2010 的三维绘图操作一般在“三维建模”工作空间进行，如图 9－1 所示，其中

图 9－1　“三维建模”工作空间

仅包含与三维相关的工具栏、菜单和选项板。三维建模不需要的界面项会被隐藏，使得用户的工作屏幕区域最大化。“三维建模”工作空间的功能区包括“常用”“网格建模”“渲染”“插入”“注释”“视图”“管理”和“输出”8 个选项卡。

9.1.2 “建模”子菜单和“建模”工具栏

AutoCAD 2010 为绘制三维图形，在“绘图”菜单中专门提供了“建模”子菜单，如图 9－2 所示；并配置了 1 个“建模”工具栏，如图 9－3 所示。通过“建模”子菜单和“建模”工具栏及相对应的命令，可完成三维图形对象的绘制、编辑等操作。

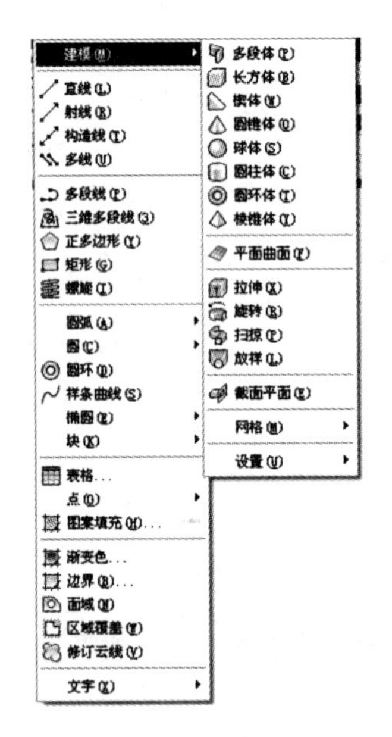

图 9－2 “建模”子菜单

图 9－3 “建模”工具栏

9.2 视图的应用

9.2.1 三维视图

要查看三维图形每个部分的细节，常常需要从不同的角度、以不同的模式观察模型，这可通过设立不同的视图观察点（即视点）来实现。

要查看对象的不同视图，可使用以下的方法。

（1）使用“三维视图”菜单设置视点。

（2）使用“视点预设”对话框设置视点。

（3）使用罗盘确定视点。

1. 使用“三维视图”菜单设置视点

(1)命令

1)命令行：VIEW

2)工具栏：“视图”工具栏(如图 9 -4 所示)

3)菜单栏：“视图”→“三维视图”子菜单(如图 9 -5 所示)

4)功能区：“视图”选项卡→“视图”面板(如图 9 -5 所示)

通过选择上述子菜单中的“俯视”“仰视”“左视”“右视”“主视”“后视”“西南等轴测”“东南等轴测”“东北等轴测”和“西北等轴测”命令，可以从多个方向来观察图形。

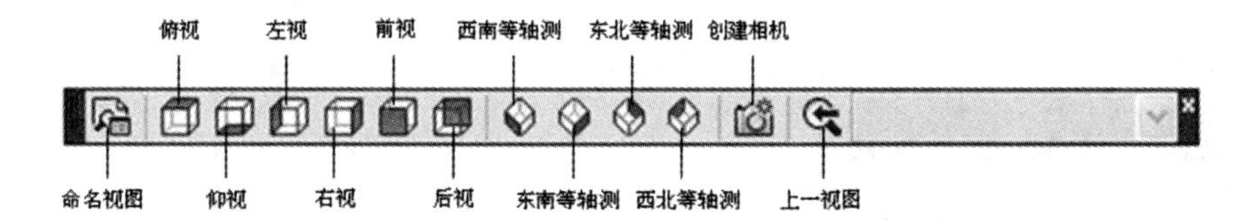

图 9 -4　“视图”工具栏

图 9 -5　“视图”面板和“三维视图”子菜单

(2)举例

将图 9 -6(a)图的“俯视图”改为“东南等轴测视图”。

命令：单击“视图”→“三维视图”→“东南等轴测”命令。

得到的视图效果如图 9 -6(b)图所示。

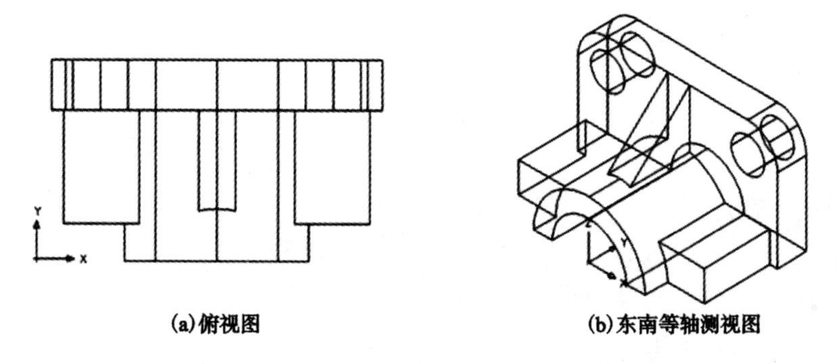

(a)俯视图　　(b)东南等轴测视图

图 9 -6　用三维视图改变图形的显示效果

2. 使用“视点预设”对话框设置视点

(1)命令行：DDVPOINT

(2)菜单栏：“视图”→“三维视图”→“视点预设”命令

输入上述命令，系统将打开“视点预设”对话框，如图 9－7 所示。

对话框的左图用于设置原点和视点之间的连线在 XY 平面的投影与 X 轴正向的夹角；右面的半圆形图用于设置该连线与投影线之间的夹角，在图上直接拾取即可。也可以在“X 轴”“XY 平面”两个文本框内输入相应角度。如按图 9－7 输入 315.0 和 35.3，可得到东南等轴测视图。

图 9－7“视点预设”对话框中两个角度之间的关系，如图 9－8 所示。

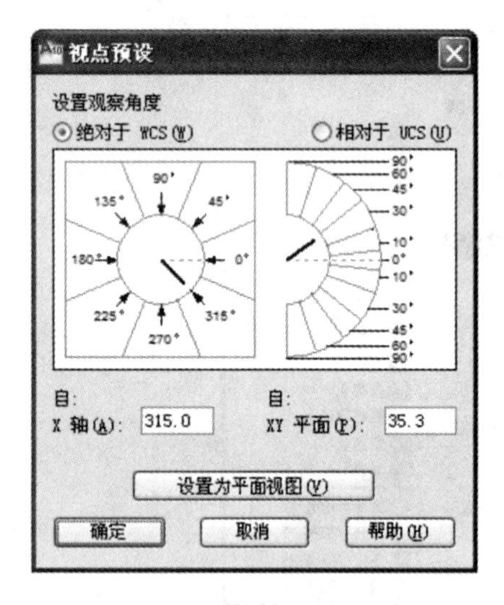

图 9－7 “视点预设”对话框

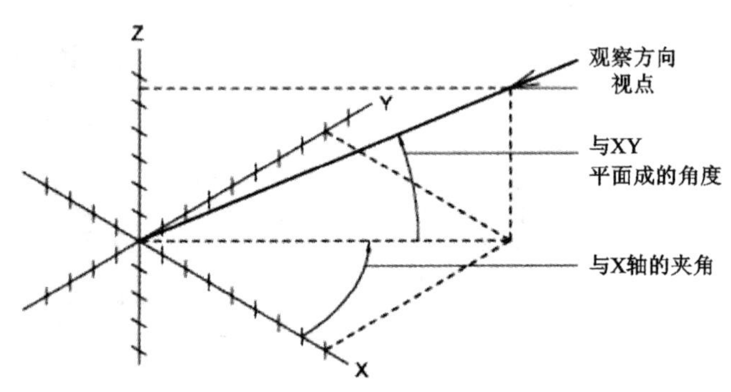

图 9－8 “视点预设”对话框中两个角度之间的关系

3. 使用罗盘确定视点

(1)命令行：VPOINT。

(2)菜单栏：“视图”→“三维视图”→“视点”命令

输入上述命令，可以为当前视口设置视点。该视点均是相对于 WCS 坐标系的。其执行过程如下。

命令：VPOINT

当前视图方向：VIEWDIR = －5.8714，－8.5991，－6.1102

指定视点或［旋转(R)］<显示指南针和三轴架>：

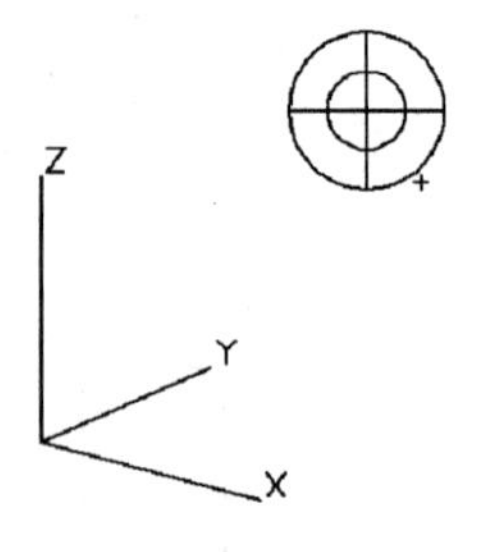

图 9－9 使用罗盘定义视点

● 默认情况下，可通过输入视点的坐标来定义观察方向。如输入“1，1，1”或得到等轴测视图。

● 直接按回车将显示坐标球和三轴架，如图 9－9 所示。

三轴架的 3 个轴分别代表 X、Y 和 Z 轴的正方向。当光标在坐标球范围内移动时，三维坐标系通过绕 Z 轴旋转可调整 X、Y 轴的方向。坐标球中心及两个同心圆可定义视点和目标点连线与 X、Y、Z 平面的角度。

● 若输入“R”并回车，将通过输入两个旋转角度来定义观察方向，其具体含义见图 9－8。

9.2.2　三维观察

在二维绘图过程中，只需平移和缩放即可查看图形的各个部分。但是对三维图形，仅仅平移和缩放不能查看各个部分，还需要其他的三维观察工具。如图 9－10 和图 9－11 所示为 AutoCAD 2010 功能区“视图”选项卡的“导航”面板和“三维导航”工具栏，另外，AutoCAD 还单独提供了“动态观察”工具栏、“相机调整”工具栏及“漫游和飞行”工具栏，分别如图 9－12、图 9－13 和图 9－14 所示。这 3 个工具栏分别与“视图”菜单下的 3 个同名子菜单相对应。通过这些工具，用户可方便快捷地在三维视图中进行动态观察、回旋、调整距离、缩放和平移，进而从不同的角度、高度和距离查看图形中的对象。

图 9－10　功能区的“导航”面板

图 9－11　“三维导航”工具栏

图 9－12　“动态观察”工具栏

图 9－13　“相机调整”工具栏

图 9－14　“漫游和飞行”工具栏

下面详细介绍各种三维导航工具的功能和用法。

● “三维平移”按钮：与在二维绘图时使用的平移相似。“平移”是指在水平和垂直方向拖动视图。

● “三维缩放”按钮：与在二维绘图时使用的缩放工具相似。“缩放”是指模拟移动相机靠近或远离对象。

● 三维动态观察工具：定义一个视点围绕目标移动。视点移动时，视图的目标保持静止。三维动态观察工具包括“受约束的动态观察”“自由动态观察”“连续动态观察”，这 3 个观察工具集成在“三维导航”工具栏的一个可扩展的按钮内。

（1）“受约束的动态观察”扫钮：只能沿 XY 平面或 Z 轴约束三维动态观察。

（2）“自由动态观察”按钮：视点不受约束，在任意方向上进行动态观察。

（3）“连续动态观察”按钮：连续地进行动态观察。在要连续动态观察移动的方向上单击并拖动，然后释放鼠标，轨道沿该方向继续移动。

● 相机工具：相机位置相当于一个视点。在模型空间中放置相机，就可以根据需要调整相机设置来定义三维视图。“三维导航”工具栏提供的相机工具包括“回旋”和“调整距离”。

(1)“回旋”按钮：单击“回旋”按钮后，可在任意方向上拖动光标，系统将在拖动方向上模拟平移相机，平移过程中所看到的对象将更改。可以沿 XY 平面或 Z 轴回旋视图。

(2)“调整距离”按钮：垂直移动光标时，将更改相机与对象间的距离，显示效果为对象的放大和缩小。

● 三维漫游和飞行：使用漫游和飞行，可使用户看起来像“飞”过模型中的区域。在图形中漫游和飞行，需要键盘和鼠标交互使用：使用 4 个方向键或 W 键、A 键、S 键和 D 键来向上、向下、向左或向右移动，拖动鼠标即可指定该方向为运行方向。要在漫游模式和飞行模式之间切换，按 F 键。漫游和飞行的区别在于：漫游模式时，将沿 XY 平面行进；而飞行模式时，将不受 XY 平面的约束，所以看起来像“飞”过模型中的区域。

9.2.3 消隐

在绘制三维曲面、实体时，为了更好地观察效果，可以使用消隐功能，暂时隐藏位于实体背后而被遮挡的部分，在 AutoCAD 2010 中可通过以下几种方式调用命令。

(1)命令行：HIDE

(2)“渲染”工具栏：“消隐”图标

(3)菜单栏：“视图”→“消隐”

HIDE 将下列对象视为隐藏对象的不透明曲面：圆、实体、宽线、文字、面域、宽多段线线段、三维面、多边形网格以及厚度非零的对象拉伸边。

如果圆、实体、宽线和宽多段线线段被拉伸，它们将被视为具有顶面和底面的实体对象。不能在其图层被冻结的对象上用 HIDE，但是，可以在其图层被关闭的对象上使用 HIDE。

要隐藏使用 DTEXT、MTEXT 或 TEXT 创建的文字，必须将 HIDETEXT 系统变量设置为 1，或为文字指定厚度值。

9.2.4 视觉样式

虽然消隐功能可以增强图形的效果并使设计更简洁，但视觉样式可以为模型生成更逼真的图像。

根据不同的显示需求可以设置不同的视觉样式，在 AutoCAD 2010 中，视觉样式可通过以下 4 种方式切换。

(1)命令行：VSCURRENT

(2)“视觉样式”工具栏(如图 9－15 所示)

(3)菜单栏：“视图”→“视觉样式”子菜单(如图 9－16 所示)

(4)功能区：单击“渲染”选项卡→“视觉样式”面板(如图 9－17 所示)

在 AutoCAD 2010 中，默认有 5 种视觉样式，分别为二维线框、三维线框、三维隐藏、真实和概念。

图 9－15　“视觉样式”工具栏

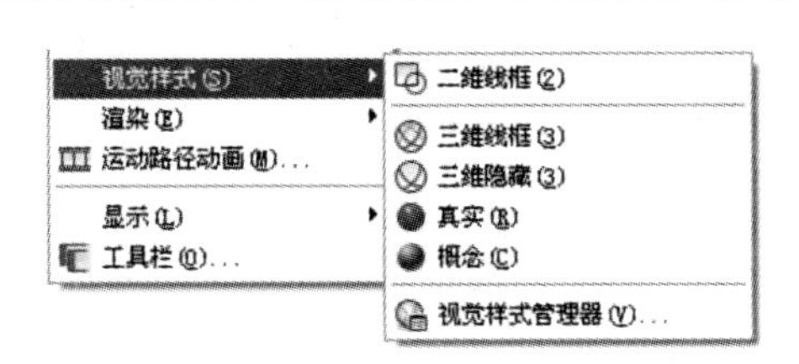

图 9－16　“视觉样式”子菜单

图 9－17　“视觉样式”面板

● 二维线框：显示用直线和曲线表示边界的对象。光栅和 OLE 对象、线型和线宽都是可见的。

● 三维线框：显示用直线和曲线表示边界的对象，并显示一个已着色的三维 UCS 图标。

● 三维隐藏：显示用三维线框表示的对象并隐藏表示后向面的直线。

● 真实：着色多边形平面间的对象，并使对象的边平滑。将显示已附着到对象的材质。

● 概念：着色多边形平面间的对象，并使对象的边平滑。着色使用冷色和暖色之间的过渡，效果缺乏真实感，但是可以更方便地查看模型的细节。

如图 9－18 所示为同一模型在这 5 种视觉样式下的显示效果。

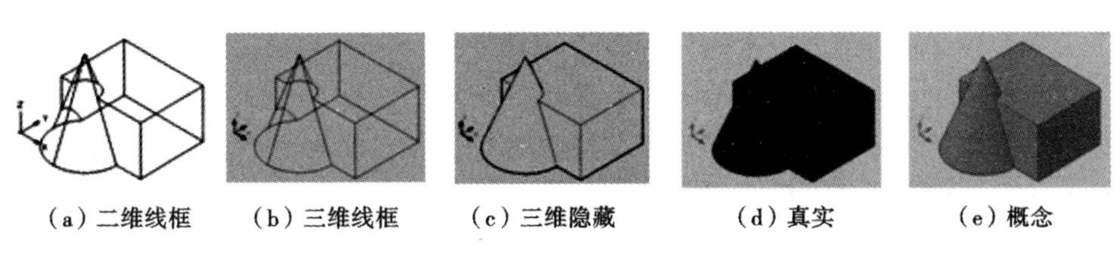

（a）二维线框　（b）三维线框　（c）三维隐藏　（d）真实　（e）概念

图 9－18　5 种视觉样式

9.3　视窗、视口的应用

要同时查看多个视图，可将“模型”选项卡的绘图区域拆分成多个单独的查看区域，这些区域称为模型空间视口。可以将模型空间视口的排列保存起来以便随时重复使用。

9.3.1　设置模型空间视口

1. 命令输入方式

（1）命令行：VPORTS

（2）菜单栏：“视图”→“视口”中的相应菜单

2. 举例

以图 9－19 为例题说明拆分与合并视口的步骤。

（1）在“模型”选项卡上拆分视口的步骤

单击“视图”菜单 →“视口”→ “三个视口”；

在“输入配置选项”中选择选项“右”并回车；

单击左上视口，单击“视图”菜单 →“三维视图”→ “前视”；

单击左下视口，单击“视图”菜单 →“三维视图”→ “俯视”；

单击右视口，单击“视图”菜单 →“三维视图”→ “东南等轴测”；

结果如图 9 – 19 所示。

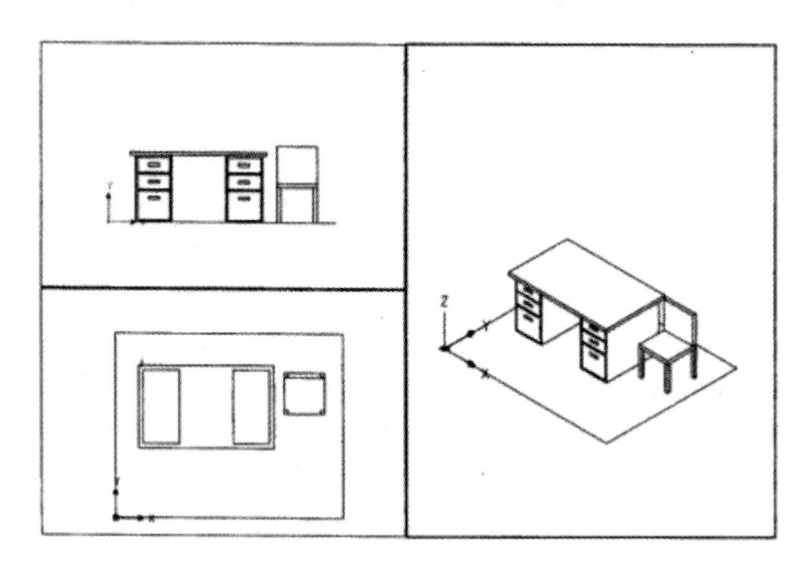

图 9 – 19 拆分视口

(2)在“模型”选项卡上合并两个视口的步骤

单击“视图”菜单 →“视口”→“合并”。

单击包含要保留的视图的模型空间视口。

单击相邻视口，将其与第一个视口合并。

9.3.2 保存和恢复“模型”选项卡视口排列

使用 VPORTS 可以保存视口排列并在以后按名称将其恢复，不必在每次需要视口和视图时都设置它们。

1. 保存和命名视口排列的步骤：

(1)单击“视图”菜单 → “视口” → “新建视口”。

(2)在“视口”对话框的“新建视口”选项卡中，在“新名称”框中输入视口配置的名称。

名称最多可以包含 255 个字符，包括字母、数字和特殊字符，如美元符号($)、连字符(-)和下划线(_)。

(3)单击“确定”，如图 9 – 20 所示。

2. 恢复保存的视口排列的步骤

(1)单击“视图”菜单 → “视口” → “命名视口”。

(2)在“视口”对话框的“命名视口”选项卡中，从列表中选择视口配置的名称。

(3)单击“确定”。

3. 删除保存的视口排列的步骤

(1)单击“视图”菜单 → “视口” → “命名视口”。图形中所有保存的视口排列都列出在“命名视口”下的“命名视口”选项卡上。

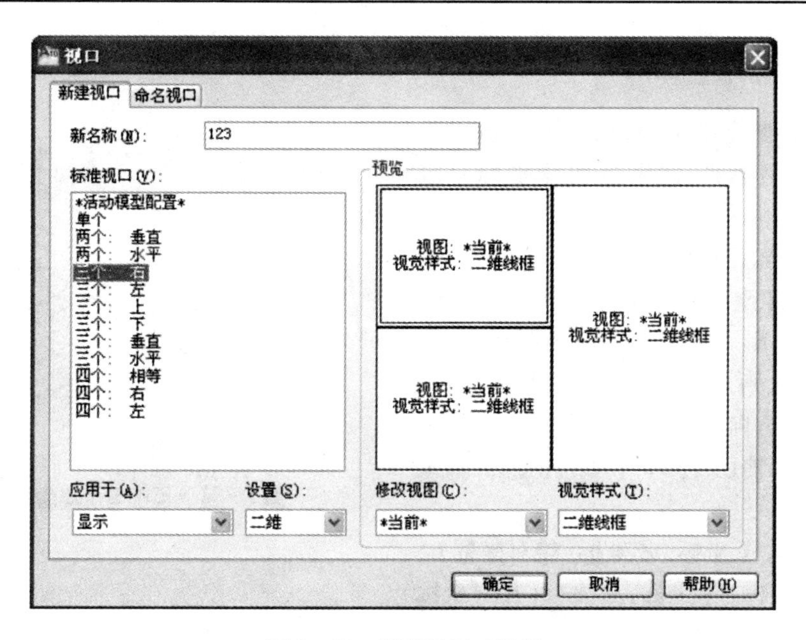

图9－20　新建视口对话框

（2）在“视口”对话框的“命名视口”选项卡中选择要删除的视口配置的名称，单击右键选择“删除”选项即可，如图9－21所示。

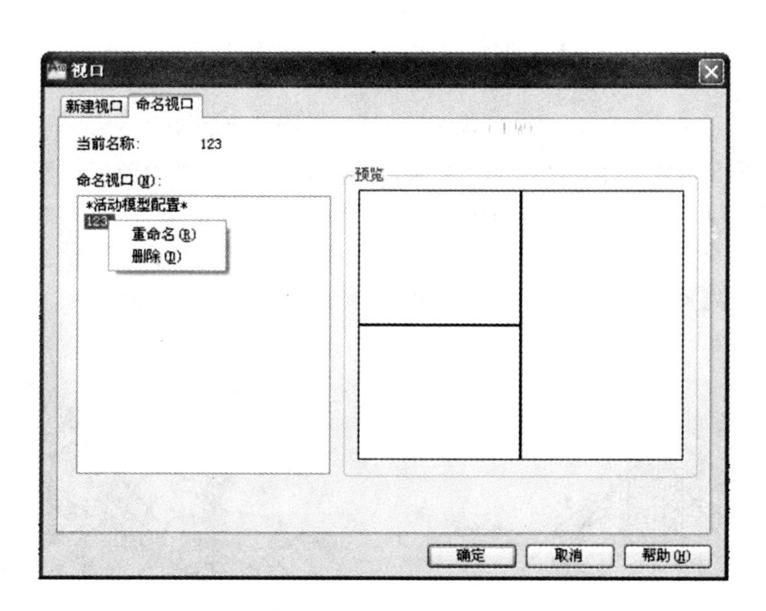

图9－21　删除视口

9.4　三维坐标的应用

要精确地输入坐标，可以使用几种坐标系输入方法。还可以使用一种可移动的坐标系，即用户坐标系，以便于输入坐标和建立绘图平面。

9.4.1 输入三维坐标

在绘制三维图形时，可使用三维笛卡尔坐标（即直角坐标）、柱坐标和球坐标来定义点。

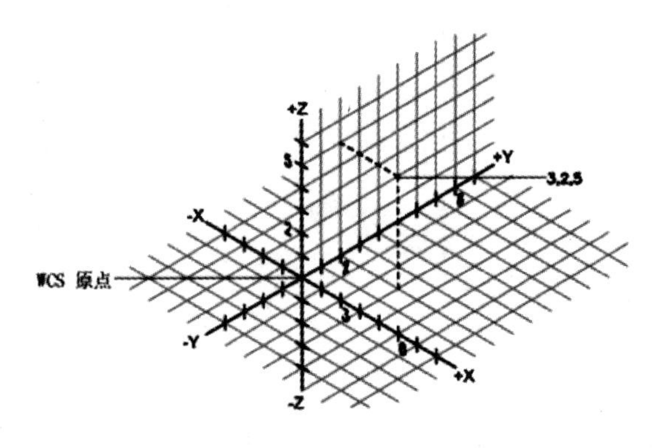

图 9－22　三维笛卡尔坐标系

1. 三维笛卡尔坐标

三维笛卡尔坐标通过使用三个坐标值 X、Y 和 Z（即点沿 X、Y 和 Z 三个轴的距离）来表示，如图 9－22 所示，坐标值（3，2，5）表示一个沿 X 轴正方向 3 个单位，沿 Y 轴正方向 2 个单位，沿 Z 轴正方向 5 个单位的点。其格式如下：

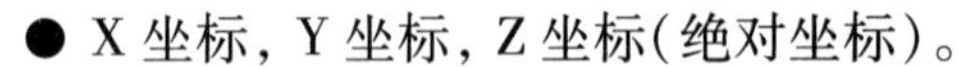

● X 坐标，Y 坐标，Z 坐标（绝对坐标）。

● @ X 坐标，Y 坐标，Z 坐标（相对坐标）。

2. 柱坐标

柱坐标使用 XY 平面的角和沿 Z 轴的距离来表示，如图 9－23 所示，坐标“5 <30，6”表示在 XY 平面中的投影距当前 UCS 的原点 5 个单位、在 XY 平面中的投影与 X 轴成 30°角、沿 Z 轴正方向 6 个单位的点。其格式如下：

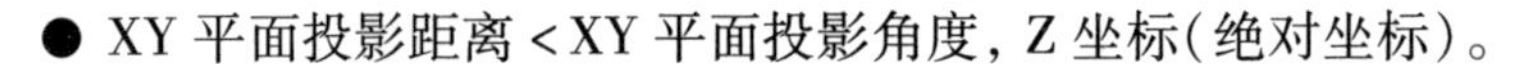

● XY 平面投影距离 <XY 平面投影角度，Z 坐标（绝对坐标）。

● @XY 平面投影距离 <XY 平面投影角度，Z 坐标（相对坐标）。

3. 球坐标

球坐标具有 3 个参数：点到原点的距离、在 XY 平面中的投影与 X 轴所成的角度、和 XY 平面的夹角，如图 9－24 所示，坐标“5 <45 <15”表示距原点 5 个单位、在 XY 平面中的投影与 X 轴成 45°角、与 XY 平面成 15°角的点。其格式如下：

● XYZ 距离 <XY 平面投影角度 < 和 XY 平面的夹角（绝对坐标）。

● @ XYZ 距离 <XY 平面投影角度 < 和 XY 平面的夹角（相对坐标）。

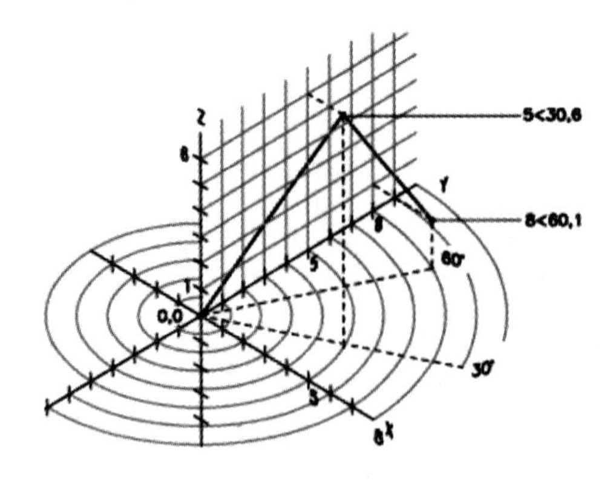

图 9－23　柱坐标系

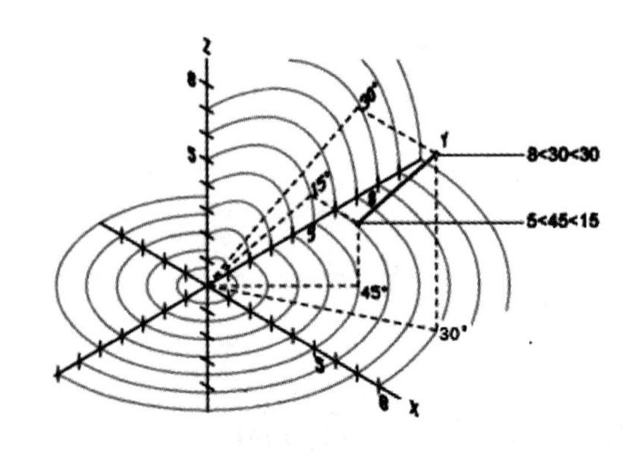

图 9－24　球坐标系

9.4.2　使用 UCS 命令

要有效地进行三维建模，必须控制用户坐标系。有两个坐标系统：一个称为世界坐标系(WCS)的固定坐标系和一个称为用户坐标系(UCS)的可移动坐标系。WCS 是唯一的，UCS 是由用户定义的。UCS 对于输入坐标、定义绘图平面和绘制三维模型或进行三维标注非常有用。

1. 命令输入方式

(1)命令行：UCS

(2)工具栏："UCS"工具栏(如图 9－25 所示)

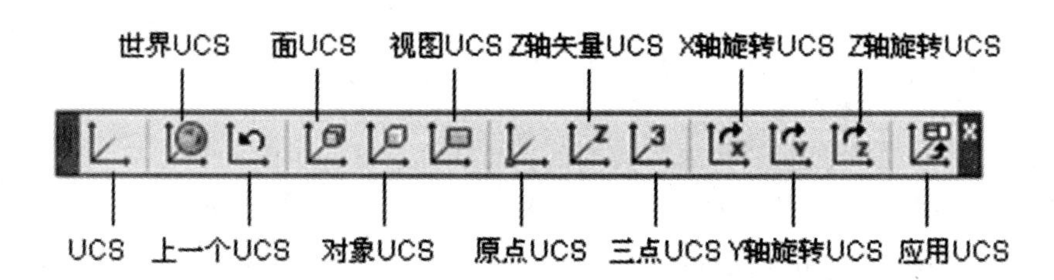

图 9－25　UCS 工具栏

(3)菜单栏："工具"→"新建 UCS"

(4)功能区："视图"选项卡→"坐标"面板(如图 9－26 所示)

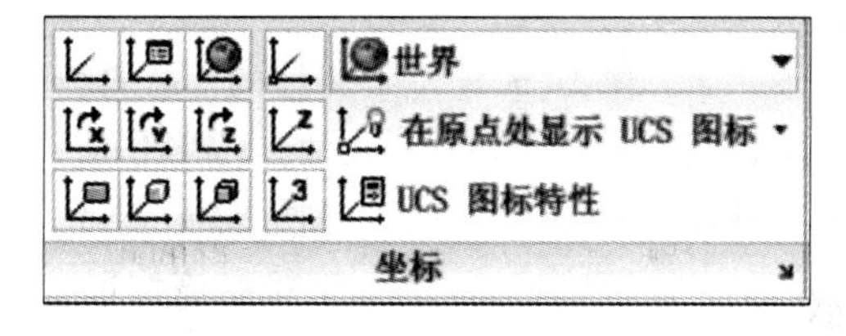

图 9－26　"坐标"面板

2. 命令的操作

命令：UCS

当前 UCS 名称：* 世界 *

指定 UCS 的原点或 [面(F)/命名(NA)/对象(OB)/上一个(P)/视图(V)/世界(W)/X/Y/Z/Z 轴(ZA)] <世界>：

选项说明：

可以用下列六种方法之一定义新坐标系。

● 原点

通过移动当前 UCS 的原点，保持其 X、Y 和 Z 轴方向不变，从而定义新的 UCS。

● 面

将 UCS 与实体对象的选定面对齐。

例如在图 9－27 中长 80、宽 60、高 100 的楔体的斜面上画圆的操作过程如下。

命令：UCS

当前 UCS 名称：* 没有名称 *

指定 UCS 的原点或 [面(F)/命名(NA)/对象(OB)/上一个(P)/视图(V)/世界(W)/X/Y/Z/Z 轴(ZA)] <世界>：_fa

选择实体对象的面：　(点击楔体的斜面)

输入选项 [下一个(N)/X 轴反向(X)/Y 轴反向(Y)] <接受>：

命令：circle 指定圆的圆心或 [三点(3P)/两点(2P)/切点、切点、半径(T)]：60，30

指定圆的半径或 [直径(D)] <20.0000>：20

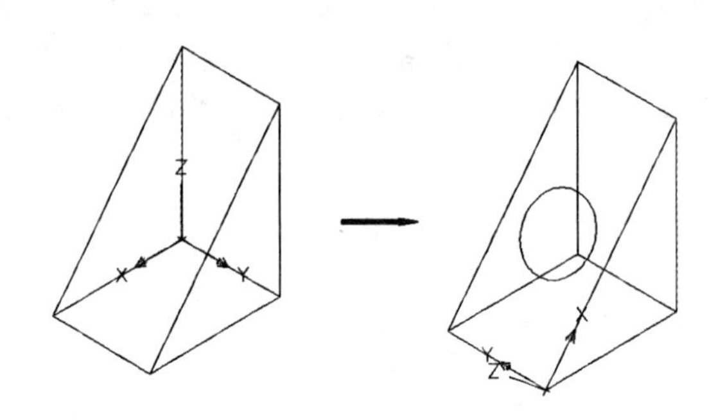

图 9－27 在斜面上画圆

要选择一个面，请在此面的边界内或面的边上单击，被选中的面将亮显，UCS 的 X 轴将与找到的第一个面上的最近的边对齐。

选择"面"选项后出现如下提示：

选择实体对象的面：

输入选项 [下一个(N)/X 轴反向(X)/Y 轴反向(Y)] <接受>：

选项说明：

下一个：将 UCS 定位于邻接的面或选定边的后向面。

X 轴反向：将 UCS 绕 X 轴旋转 180 度。

Y 轴反向：将 UCS 绕 Y 轴旋转 180 度。

接受：如果按 Enter 键，则接受该位置。否则将重复出现提示，直到接受位置为止。

● 命名

按名称保存并恢复通常使用的 UCS 方向。

输入选项 [恢复(R)/保存(S)/删除(D)/?]：

选项说明：

恢复：恢复已保存的 UCS，使它成为当前 UCS。

保存：把当前 UCS 按指定名称保存。

删除：从已保存的用户坐标系列表中删除指定的 UCS。

?：列出当前已定义的 UCS 的名称。

● 对象

根据选定三维对象定义新的坐标系。新建 UCS 的拉伸方向(Z 轴正方向)与选定对象的拉伸方向相同。

此选项不能用于以下对象：三维实体、三维多段线、三维网格、视口、多线、面域、样条曲线、椭圆、射线、构造线、引线和多行文字。

对于非三维面的对象，新 UCS 的 XY 平面与绘制该对象时生效的 XY 平面平行。但 X 和 Y 轴可作不同的旋转。

表 9－1 列出根据不同对象建立 UCS 的方法。

表 9－1　新建对象 UCS 表

对象	确定 UCS 的方法
圆弧	圆弧的圆心成为新 UCS 的原点。X 轴通过距离选择点最近的圆弧端点。
圆	圆的圆心成为新 UCS 的原点。X 轴通过选择点。
标注	标注文字的中点成为新 UCS 的原点。新 X 轴的方向平行于当绘制该标注时生效的 UCS 的 X 轴。
直线	离选择点最近的端点成为新 UCS 的原点。将设置新的 X 轴,使该直线位于新 UCS 的 XZ 平面上。在新 UCS 中,该直线的第二个端点的 Y 坐标为零。
点	该点成为新 UCS 的原点。
二维多段线	多段线的起点成为新 UCS 的原点。X 轴沿从起点到下一顶点的线段延伸。
实体	二维实体的第一点确定新 UCS 的原点。新 X 轴沿前两点之间的连线方向。
宽线	宽线的“起点”成为新 UCS 的原点,X 轴沿宽线的中心线方向。
三维面	取第一点作为新 UCS 的原点,X 轴沿前两点的连线方向,Y 的正方向取自第一点和第四点。Z 轴由右手定则确定。
形、文字、块参照、属性定义	该对象的插入点成为新 UCS 的原点,新 X 轴由对象绕其拉伸方向旋转定义。用于建立新 UCS 的对象在新 UCS 中的旋转角度为零。

● 上一个

恢复上一个 UCS。程序会保留在图纸空间中创建的最后 10 个坐标系和在模型空间中创建的最后 10 个坐标系。

● 视图

以垂直于观察方向(平行于屏幕)的平面为 XY 平面，建立新的坐标系。UCS 原点保持不变。

● 世界

将当前用户坐标系设置为世界坐标系。WCS 是所有用户坐标系的基准，不能被重新定义。

● X、Y、Z

绕指定轴按右手定则旋转当前 UCS。即右手大拇指指向指定轴的正向，弯曲四指的方向为旋转正方向。

● Z 轴

指定新原点和位于新建 Z 轴正半轴上的点。“Z 轴”选项使 XY 平面倾斜。

● 三点

通过指定三点来定义 UCS 原点及其 X 和 Y 轴的正方向。Z 轴由右手定则确定。

第一点指定新 UCS 的原点。第二点定义了 X 轴的正方向。第三点定义了 Y 轴的正方向。第三点可以位于新建 UCS 的 XY 平面的正 Y 轴上的任何位置。

3. UCS 操作实例

利用 UCS 命令绘制图 9－28 所示图形。

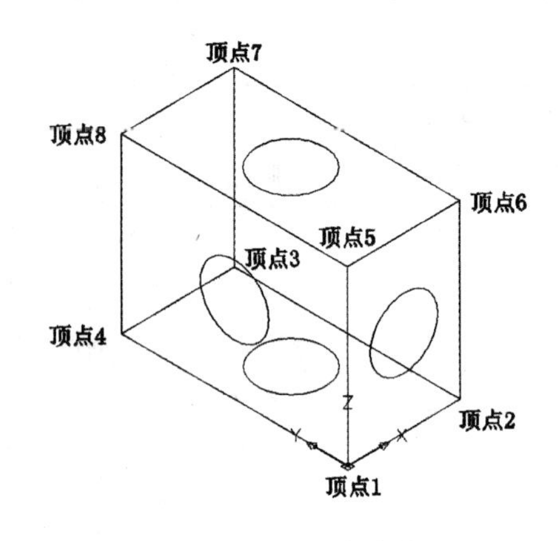

图 9－28　UCS 命令应用

如图 9－29 所示，绘图步骤：

(1)新建一空白文件。

(2)绘制一矩形，角点在(0，0)和(100，200)。

(3)选择菜单“视图”→“三维视图”→“西南等轴测”，显示轴测图。

(4)选择“复制”命令→选择刚才复制的矩形→任意选择一点作为基点→输入“@0，0，150”作为第二点，完成矩形的复制。

(5)利用直线功能绘制四条垂直边。

(6)选择菜单“工具”→“新建 UCS” →“视图”，或选择“UCS 工具栏”中图标，设定屏幕坐标系，然后书写顶点旁边文字。

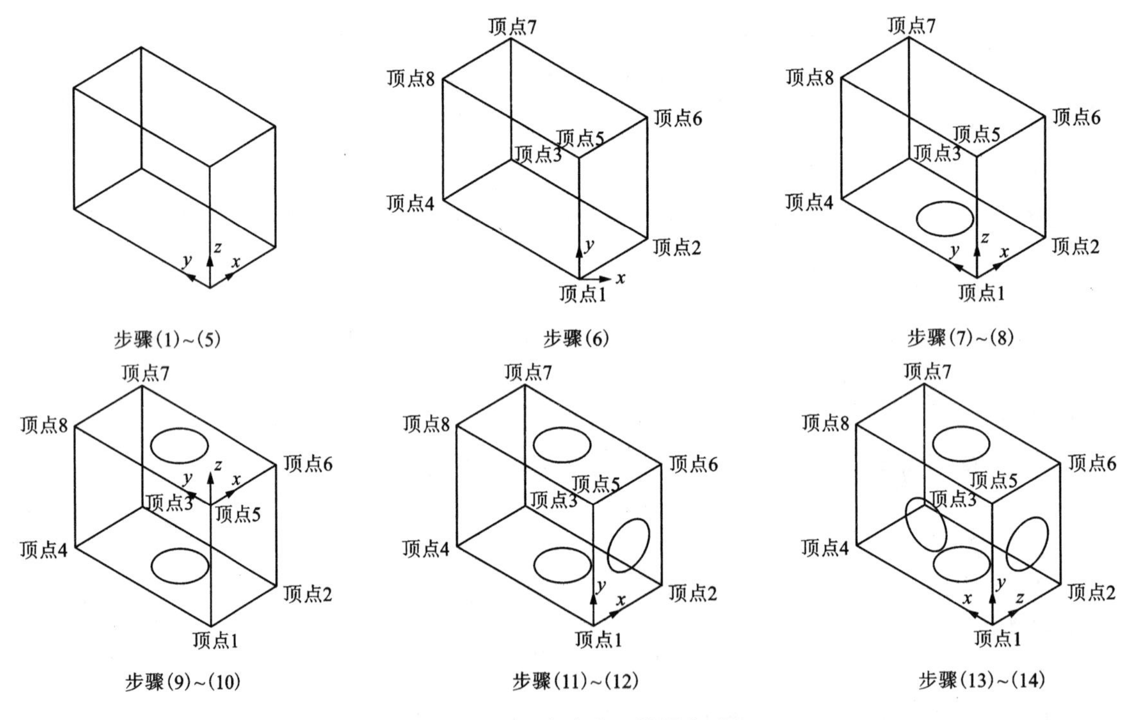

图 9－29　UCS 命令应用的操作过程

(7)选择“UCS 工具栏”中图标，恢复上一坐标系。

(8)利用绘圆功能绘制底面圆，圆心坐标为(50，100)，半径为 30。

(9)选择菜单“工具”→“新建 UCS” →“原点”，或选择“UCS 工具栏”中图标，点击顶点 5，将坐标系原点设置在顶面的顶点 5。

(10)利用绘圆功能绘制顶面圆，圆心坐标为(50，100)，半径为 30。

(11)选择菜单“工具”→“新建 UCS” →“三点”，或选择“UCS 工具栏”中图标，依次选择顶点1，顶点2，顶点5，设定右侧面坐标系。

(12)利用绘圆功能绘制右侧面圆，圆心坐标为(50，75)，半径为30；

(13)选择菜单“工具”→“新建 UCS” →“Y”，或选择“UCS 工具栏”中图标，输入旋转角度90°，设定左侧面坐标系。

(14)利用绘圆功能绘制左侧面圆，圆心坐标为(100，75)，半径为30。

(15)选择菜单“工具”→“新建 UCS” →“世界”，或选择“UCS 工具栏”中图标，绘图结果如图9－28所示。

9.5　习题

(1) AutoCAD 提供了 ________、________、________、________、________ 五种视觉样式。

(2)常用的坐标方式有 ________、________ 和 ________ 三种。

(3)柱面坐标的表示方式为 ________，球面坐标的表示方式为 ________。

(4)常用的定义新坐标的方法有 ________、________、________、________、________、________、________、________、________。

第 10 章　三维曲面的绘制

【学习目标】

(1)掌握基本曲面的绘制。

(2)掌握旋转曲面、平移曲面、直纹曲面、边界曲面以及三维网格的绘制方法。

利用曲面绘制功能建立曲面模型。三维曲面使用多边形网格来创建曲面，所创建的曲面能进行消隐、着色和渲染，但不能提供质量、体积、重心、惯性矩等物理特性。本章主要介绍三维曲面的绘制方法。

10.1　曲面模型的概述

曲面建模使用多边形网格创建面。由于网格面是平面的，因此网格只能近似于曲面。

10.1.1　曲面的类型

● 预定义的三维曲面：命令沿常见几何体(包括长方体、圆锥体、球体、圆环体、楔体和棱锥体)的外表面创建三维多边形网格。

● 三维面(3DFACE)：创建具有三边或四边的平面。

● 旋转曲面(REVSURF)：通过将轮廓曲线或轮廓(直线、圆、圆弧、椭圆、椭圆弧、闭合多段线、多边形、闭合样条曲线或圆环)绕指定的轴旋转创建一个近似于旋转曲面的多边形网格。

● 平移曲面(TABSURF)：创建多边形网格，该网格表示通过指定的方向和距离(称为方向矢量)拉伸直线或曲线(称为轮廓曲线)定义的常规平移曲面。

● 直纹曲面(RULESURF)：在两条直线或曲线之间创建一个表示直纹曲面的多边形网格。

● 边界定义的曲面(EDGESURF)：创建一个多边形网格，此多边形网格近似于一个由四条邻接边定义的孔斯曲面片网格。孔斯曲面片网格是一个在四条邻接边(这些边可以是普通的空间曲线)之间插入的双三次曲面。

10.1.2　网格构造

网格密度控制曲面上镶嵌面的数目，它由包含 M 乘 N 个顶点的矩阵定义，类似于由行和列组成的栅格。M 和 N 分别指定给定顶点的列和行的位置。

网格可以是开放的也可以是闭合的。如果在某个方向上网格的起始边和终止边没有接触，则网格就是开放的，如图 10－1 所示。

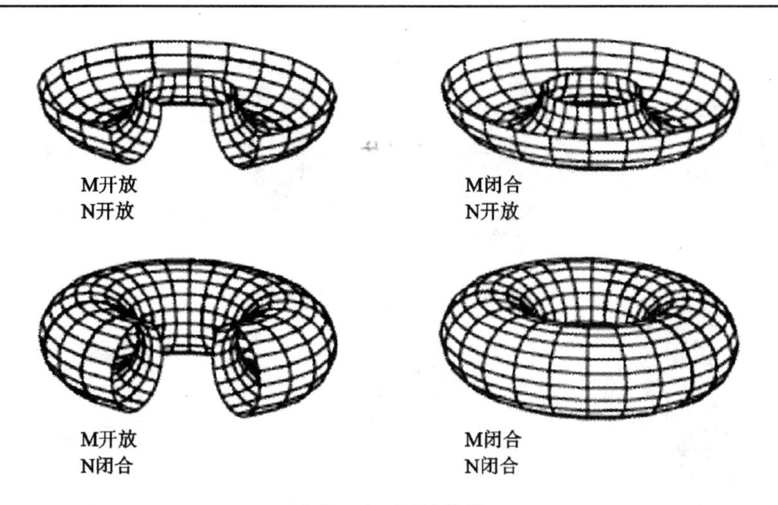

图10－1　网格构造

10.1.3　“网格”菜单栏与“平滑网格图元”工具栏

AutoCAD 2010为绘制三维曲面，在“绘图”菜单的“建模”子菜单中专门提供了“网格”子菜单，如图10－2所示，并配置了1个“平滑网格图元”工具栏，如图10－3所示。通过“网格”子菜单和“平滑网格图元”工具栏及相对应的命令可以绘制三维网格。

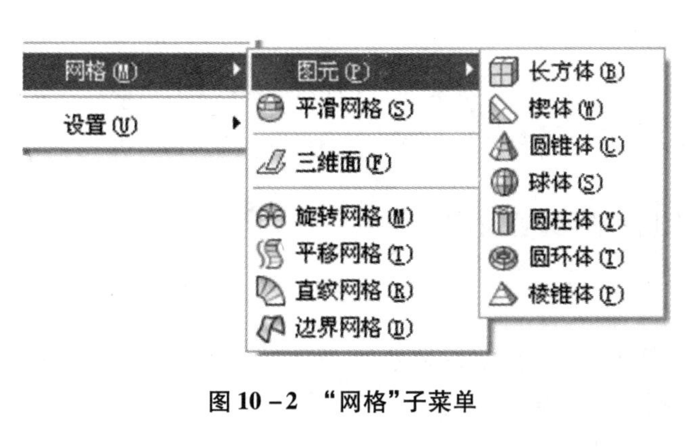

图10－2　“网格”子菜单

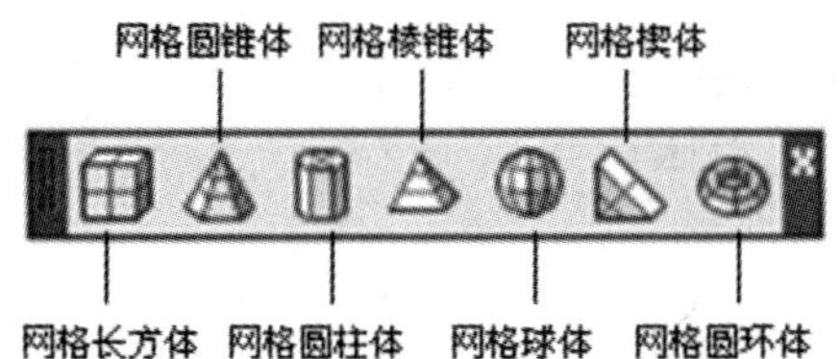

图10－3　“平滑网格图元”工具栏

10.2　基本曲面的构建

预定义的三维曲面命令可以绘制以下三维曲面：网格长方体、网格圆锥体、网格圆柱体、网格棱锥体、网格球体、网格楔体和网格圆环体，如图10－4所示。

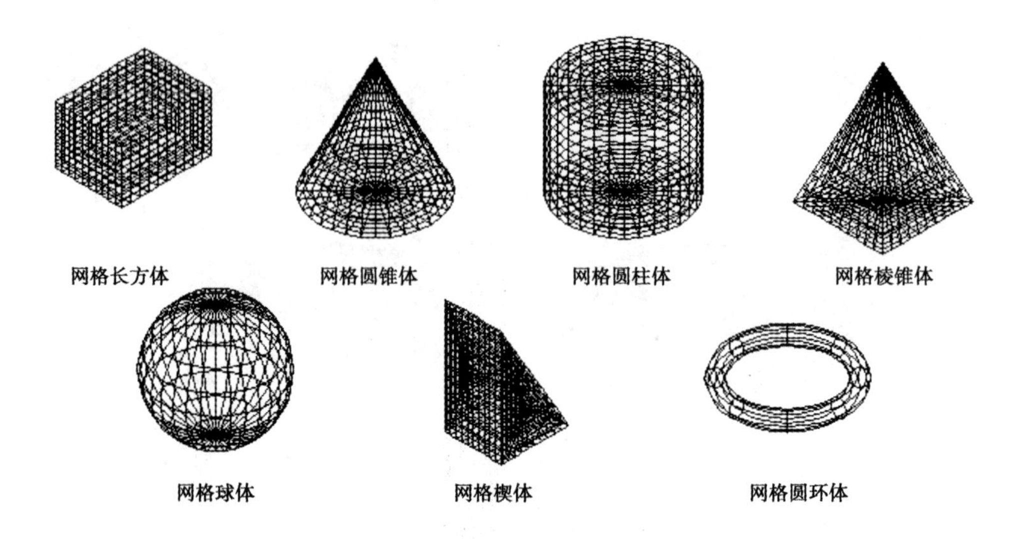

图 10－4 预定义三维曲面形状

10.2.1 绘制长方体面

执行该命令，可以绘制三维网格长方体。

1. 命令

(1)命令行：MESH

(2)工具栏："平滑网格图元"工具栏的"网格长方体"图标

(3)菜单栏："绘图"→"建模"→"网格"→"图元"→"长方体"

2. 举例

绘制如图 10－5 所示图形的过程如下：

(1)命令：MESH↙

当前平滑度设置为：0

(2)输入选项［长方体(B)/圆锥体(C)/圆柱体(CY)/棱锥体(P)/球体(S)/楔体(W)/圆环体(T)/设置(SE)］<长方体>：_BOX↙

(3)指定第一个角点或［中心(C)］：0，0，0↙

(4)指定其他角点或［立方体(C)/长度(L)］：L↙

(5)指定长度 <100.0000>：80↙

(6)指定宽度 <80.0000>：60↙

(7)指定高度或［两点(2P)］<29.4680>：40↙

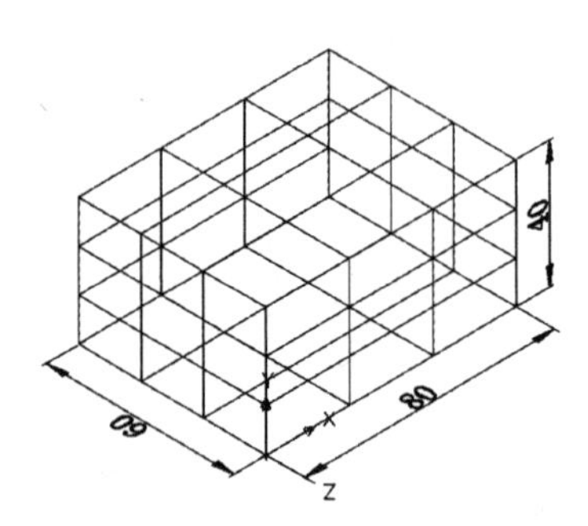

图 10－5 网格长方体

10.2.2 绘制圆锥面

执行该命令，可以通过指定圆锥底面的圆或椭圆及圆锥的高绘制三维网格圆锥体。

1. 命令

(1)命令行：MESH

(2)工具栏:“平滑网格图元”工具栏的“网格圆锥体”图标

(3)菜单栏:“绘图”→“建模”→“网格”→“图元”→“圆锥体”

2. 举例

(1)绘制如图 10 - 6 所示的图形的过程如下:

1)命令:MESH↙

当前平滑度设置为:级别 4

2)输入选项[长方体(B)/圆锥体(C)/圆柱体(CY)/棱锥体(P)/球体(S)/楔体(W)/圆环体(T)/设置(SE)] <圆锥体>:_CONE↙

3)指定底面的中心点或[三点(3P)/两点(2P)/切点、切点、半径(T)/椭圆(E)]:0,0,0↙

4)指定底面半径或[直径(D)] <50.0000>:50↙

5)指定高度或[两点(2P)/轴端点(A)/顶面半径(T)] <40.0000>:100↙

> **知识要点提示:**
> 三维网格圆锥体的底面可以是圆,也可以是椭圆,其圆与椭圆的画法与二维平面圆与椭圆的画法相同。三维网格圆锥体还可用于绘制圆台面,如图 10 - 7 所示。

(2)绘制如图 10 - 7 所示的图形的过程如下:

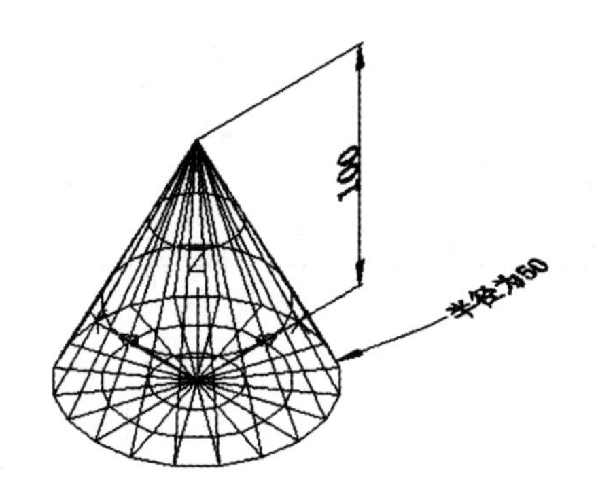

图 10 - 6　网格圆锥体

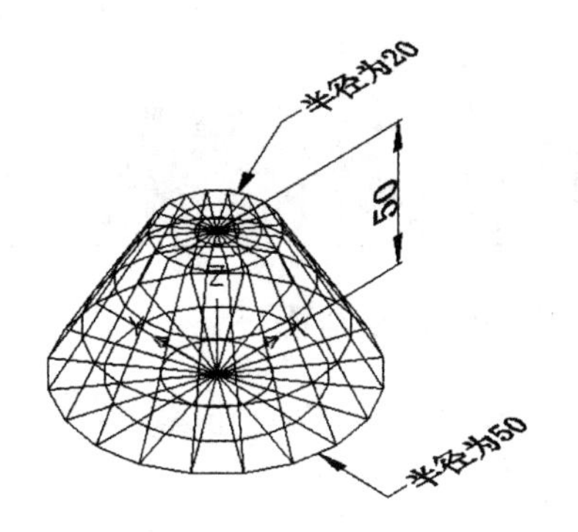

图 10 - 7　绘制圆台面

1)命令:MESH↙

当前平滑度设置为:0

2)输入选项[长方体(B)/圆锥体(C)/圆柱体(CY)/棱锥体(P)/球体(S)/楔体(W)/圆环体(T)/设置(SE)] <圆锥体>:_CONE↙

3)指定底面的中心点或[三点(3P)/两点(2P)/切点、切点、半径(T)/椭圆(E)]:0,0,0↙

4)指定底面半径或[直径(D)] <50.0000>:50↙

5)指定高度或[两点(2P)/轴端点(A)/顶面半径(T)] <30.0000>:t↙

6)指定顶面半径 <20.0000>:20↙

7)指定高度或[两点(2P)/轴端点(A)] <30.0000>:50↙

10.2.3 绘制圆柱面

执行该命令，可以通过指定圆柱底面的圆或椭圆及圆柱高度绘制三维网格圆柱体。

1. 命令

(1)命令行：MESH

(2)工具栏："平滑网格图元"工具栏的"网格圆柱体"图标

(3)菜单栏："绘图"→"建模"→"网格"→"图元"→"圆柱体"

2. 举例

绘制如图 10－8 所示图形的过程如下：

(1)命令：MESH↙

当前平滑度设置为：0

(2)输入选项［长方体(B)/圆锥体(C)/圆柱体(CY)/棱锥体(P)/球体(S)/楔体(W)/圆环体(T)/设置(SE)］<圆柱体>：_CYLINDER↙

(3)指定底面的中心点或［三点(3P)/两点(2P)/切点、切点、半径(T)/椭圆(E)］：0，0，0↙

(4)指定底面半径或［直径(D)］<50.0000>：30↙

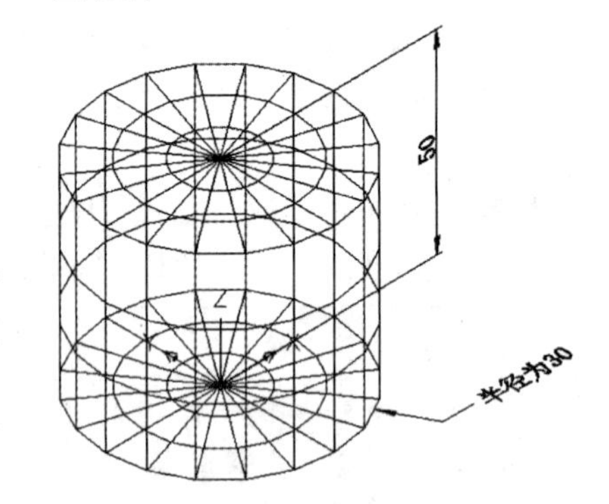

图 10－8 网格圆柱体

(5)指定高度或［两点(2P)/轴端点(A)］<30.0000>：50↙

> **知识要点提示：**
> 三维网格圆柱体的底面可以是圆，也可以是椭圆，其圆与椭圆的画法与二维平面圆与椭圆的画法相同。

10.2.4 绘制棱锥面

执行该命令，可以通过指定棱锥底面的正多边形及棱锥的高绘制三维网格圆柱体。

1. 命令

(1)命令行：MESH

(2)工具栏："平滑网格图元"工具栏的"网格棱锥体"图标

(3)菜单栏："绘图"→"建模"→"网格"→"图元"→"棱锥体"

2. 举例

绘制如图 10－9 所示图形的过程如下：

(1)命令：MESH↙

当前平滑度设置为：0

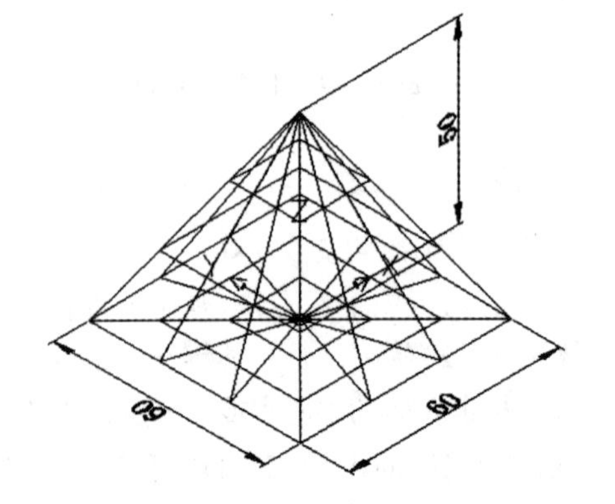

图 10－9 网格棱锥体

(2)输入选项［长方体(B)/圆锥体(C)/圆柱体(CY)/棱锥体(P)/球体(S)/楔体(W)/圆环体(T)/设置(SE)］<棱锥体>：_PYRAMID↙

4个侧面外切

(3)指定底面的中心点或［边(E)/侧面(S)］：0，0↙

(4)指定底面半径或［内接(I)］<50.0000>：30↙

(5)指定高度或［两点(2P)/轴端点(A)/顶面半径(T)］<50.0000>：50↙

> **知识要点提示：**
>
> (1)三维网格棱锥体的底面多边形画法与二维多边形的画法相同，既可以通过指定多边形中心与外切或内接于圆的半径来画，也可以通过指定多边形的一条边来画。
>
> (2)三维网格棱锥体也可以用于画棱台面，画法与圆台的画法相同。

10.2.5　绘制球面

执行该命令，可以通过指定球的中心与半径或直径绘制三维网格球体。

1. 命令

(1)命令行：MESH

(2)工具栏："平滑网格图元"工具栏的"网格球体"图标

(3)菜单栏："绘图"→"建模"→"网格"→"图元"→"球体"

2. 举例

绘制如图10－10所示图形过程如下：

(1)命令：MESH↙

当前平滑度设置为：0

(2)输入选项［长方体(B)/圆锥体(C)/圆柱体(CY)/棱锥体(P)/球体(S)/楔体(W)/圆环体(T)/设置(SE)］<球体>：_SPHERE↙

(3)指定中心点或［三点(3P)/两点(2P)/切点、切点、半径(T)］：0，0，0↙

(4)指定半径或［直径(D)］<50.0000>：50↙

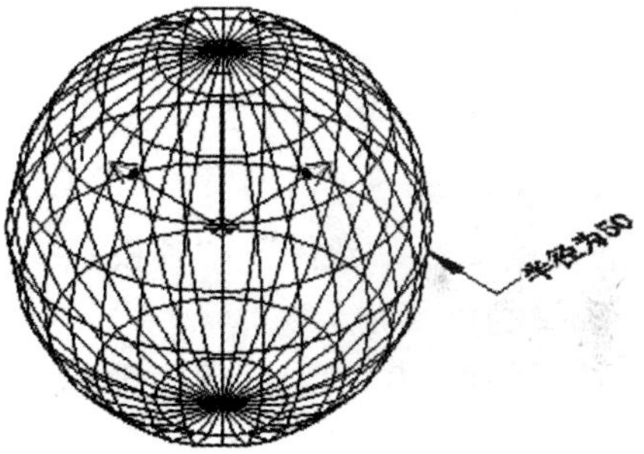

图10－10　网格球体

10.2.6　绘制楔体表面

执行该命令，可以通过指定楔体的长、宽、高绘制三维网格楔体。

1. 命令

(1)命令行：MESH

(2)工具栏："平滑网格图元"工具栏的"网格楔体"图标

(3)菜单栏："绘图"→"建模"→"网格"→"图元"→"楔体"

2. 举例

绘制如图10－11所示图形的过程如下：

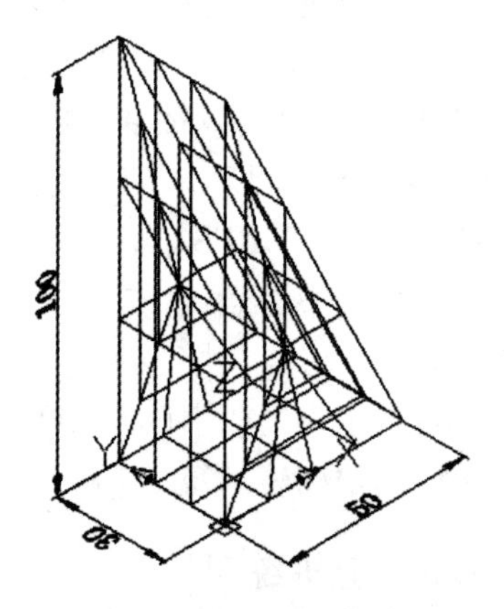

图10－11　网格楔体

(1)命令: MESH↙

当前平滑度设置为: 0

(2)输入选项[长方体(B)/圆锥体(C)/圆柱体(CY)/棱锥体(P)/球体(S)/楔体(W)/圆环体(T)/设置(SE)] <楔体>: _WEDGE↙

(3)指定第一个角点或[中心(C)]: 0, 0↙

(4)指定其他角点或[立方体(C)/长度(L)]: L↙

(5)指定长度 <50.0000>: 50↙

(6)指定宽度 <24.9976>: 30↙

(7)指定高度或[两点(2P)] <0.0001>: 100↙

> **知识要点提示:**
>
> 网格楔体的画法与网格长方体的画法一致。网格楔体其实是网格长方体沿正面对角线切割而成,即楔体的三角形端面在 ZOX 平面内或平行于 ZOX 的平面内。

10.2.7 绘制圆环体表面

执行该命令,可以通过指定圆环体的中心、圆环体半径或直径及圆管半径或直径绘制三维网格圆环体。

1. 命令

(1)命令行: MESH

(2)工具栏: "平滑网格图元"工具栏的"网格圆环体"图标

(3)菜单栏: "绘图"→"建模"→"网格"→"图元"→"圆环体"

2. 举例

绘制如图 10-12 所示图形的过程如下:

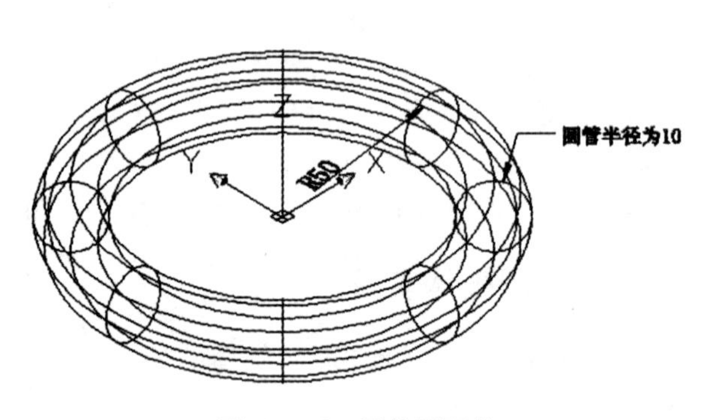

图 10-12 网格圆环体

(1)命令: MESH↙

当前平滑度设置为: 级别 4

(2)输入选项[长方体(B)/圆锥体(C)/圆柱体(CY)/棱锥体(P)/球体(S)/楔体(W)/圆环体(T)/设置(SE)] <圆环体>: _TORUS↙

(3)指定中心点或[三点(3P)/两点(2P)/切点、切点、半径(T)]: 0, 0, 0↙

(4)指定半径或[直径(D)] <50.0000>: 50↙

(5)指定圆管半径或[两点(2P)/直径(D)]: 10↙

10.2.8 上机练习

利用预定义三维曲面绘制图 10-13 所示的曲面。

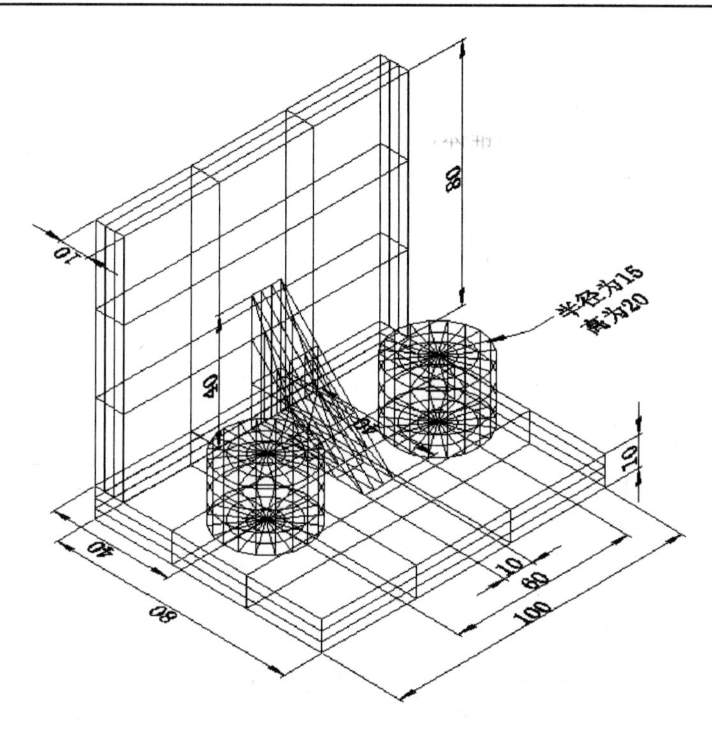

图 10－13　预定义曲面练习

10.3　组合曲面的构建

10.3.1　绘制旋转曲面

上述命令可以将直线、圆、圆弧、椭圆、椭圆弧、多段线、样条曲线、闭合多段线、多边形、闭合样条曲线或圆环绕转轴旋转一定的角度，形成旋转曲面。注意旋转对象必须是一个整体。

1. 命令

(1)命令行：REVSURF

(2)菜单栏：“绘图”→“建模”→“网格”→“旋转网格”

2. 举例

绘制如图 10－14 所示图形的过程如下：

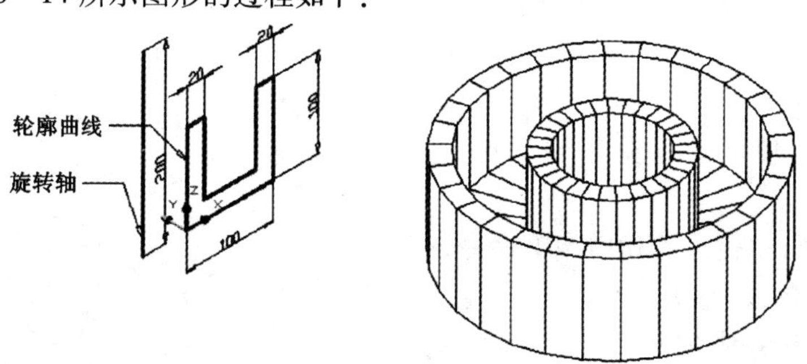

图 10－14　旋转网格

(1)点击▣，选择“西南等轴测”视图。

(2)点击▣，使坐标系绕 X 轴旋转 90°。

(3)在 XY 平面内按图 10－14 中的尺寸用多段线绘制轮廓曲线和旋转轴线。

(4)点击▣，使坐标系绕 X 轴旋转 －90°。

(5)在命令行中输入 SURFTAB1 命令，更改 SURFTAB1 的值为 30。

(6)执行 REVSURF 命令。

执行过程如下：

1)命令：REVSURF ↙

当前线框密度：SURFTAB1 ＝30 SURFTAB2 ＝30

2)选择要旋转的对象： (选择轮廓曲线)

3)选择定义旋转轴的对象： (选择旋转轴)

4)指定起点角度 <0>：0 ↙

5)指定包含角(＋＝逆时针，－＝顺时针)<360>：360 ↙

知识要点提示：

SURFTAB1 命令设置旋转方向的分段数(即 M 方向的网格数量)，SURFTAB2 命令设置旋转轴方向的分段数(即 N 方向的网格数量)。若数量太少，会产生多边形效果。

10.3.2 创建平移曲面

上述命令可以将轮廓曲线沿方向矢量进行平移后构成平移曲面。轮廓曲线可以是直线、圆弧、圆、椭圆、椭圆弧、多段线或样条曲线。方向矢量可以是直线，也可以是开放的多段线。但轮廓曲线必须是一个整体。

1. 命令

(1)命令行：TABSURF

(2)菜单栏：“绘图”→“建模”→“网格”→“平移网格”

2. 举例

绘制如图 10－15 所示图形的过程如下：

(1)点击▣，选择“西南等轴测”视图。

(2)点击▣，使坐标系绕 X 轴旋转 90°。

(3)在 XY 平面内按图 10－14 中的尺寸用多段线绘制轮廓曲线。

(4)点击▣，使坐标系绕 X 轴旋转 －90°，绘制方向矢量。

(5)在命令行中输入 SURFTAB1 命令，更改 SURFTAB1 的值为 40。

(6)执行 TABSURF 命令。

执行过程如下：

1)命令：TABSURF ↙

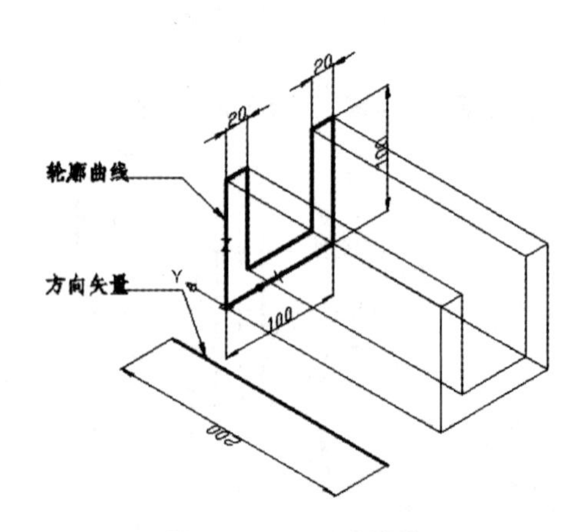

图 10－15 平移网格

当前线框密度：SURFTAB1 =40

2)选择用作轮廓曲线的对象：　（选择轮廓曲线）

3)选择用作方向矢量的对象：　（选择方向矢量）

知识要点提示：

绘制平移曲面时选择方向矢量的位置不同，平移曲面移动的方向也不同。

10.3.3 创建直纹曲面

上述命令可以在两条直线或曲线之间用直线连接形成直纹曲面。这两条直线或曲线用于定义网格的边。边可以是直线、圆弧、样条曲线、圆或多段线。作为边的两个对象必须都开放或都闭合且均为一个整体。

1. 命令

(1)命令行：RULESURF

(2)菜单栏："绘图"→"建模"→"网格"→"直纹网格"

2. 举例

绘制如图 10 - 16 所示图形的过程如下：

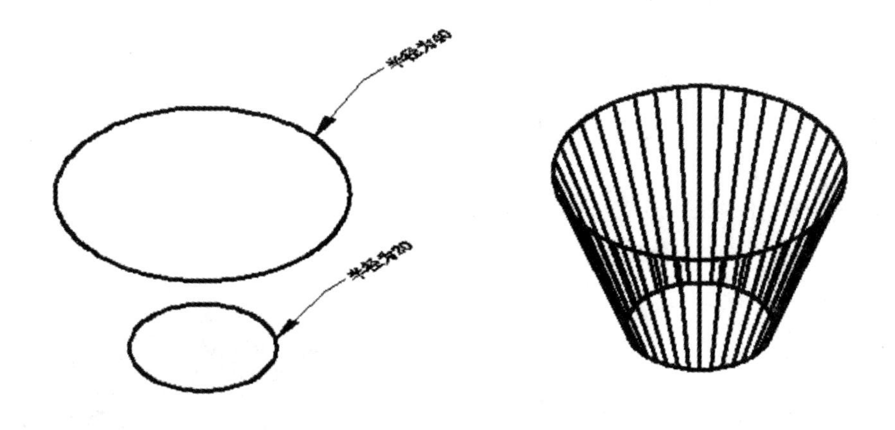

图 10 - 16　直纹网格

(1)点击，选择"西南等轴测"视图。

(2)绘制不同高度的半径为 20 及 40 的圆。

(3)在命令行中输入 SURFTAB1 命令，更改 SURFTAB1 的值为 40。

(4)执行 RULESURF 命令。

执行过程如下：

1)命令：RULESURF ↙

当前线框密度：SURFTAB1 =40

2)选择第一条定义曲线：　（选择半径为 20 的圆）

3)选择第二条定义曲线：　（选择半径为 40 的圆）

知识要点提示：

(1)点用作开放曲线或闭合曲线的一条边。

(2)选择对象的位置不同,得到的直纹曲面也不同,如图 10-17 所示。

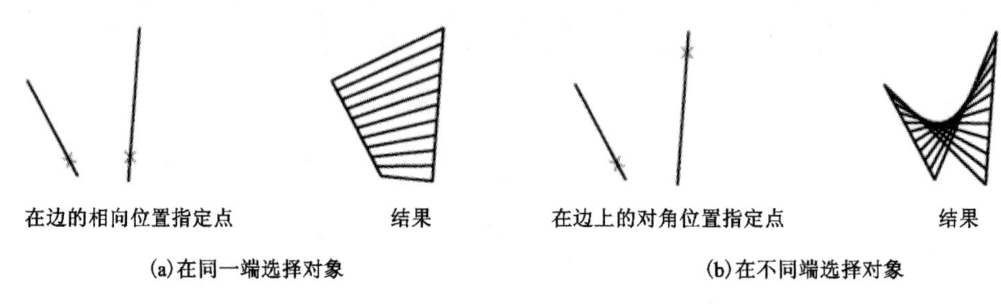

图 10-17 选择对象的位置不同得到不同的直纹曲面

10.3.4 创建边界曲面

上述命令可以使用 4 条首尾连接的边创建三维多边形网格。边界可以是圆弧、直线、多段线、样条曲线和椭圆弧，并且必须形成闭合环和共享端点。

1. 命令

(1)命令行：EDGESURF

(2)菜单栏："绘图"→"建模"→"网格"→"边界网格"

2. 举例

绘制如图 10-18 右图所示图形的过程如下：

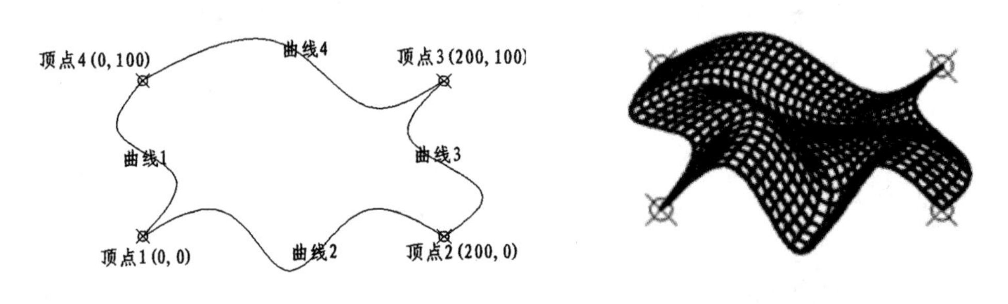

图 10-18 边界曲线

(1)按图 10-18 左图在 XY 平面内绘制四条样条曲线。

(2)在命令行中输入 SURFTAB1 命令，更改 SURFTAB1 的值为 30。

(3)执行 EDGESURF 命令。

执行过程如下：

1)命令：EDGESURF↙

当前线框密度：SURFTAB1 = 30 SURFTAB2 = 20

2)选择用作曲面边界的对象 1：　　(选择曲线 1)
3)选择用作曲面边界的对象 2：　　(选择曲线 2)
4)选择用作曲面边界的对象 3：　　(选择曲线 3)
5)选择用作曲面边界的对象 4：　　(选择曲线 4)

10.3.5　上机操作

(1)利用直纹曲面功能绘制图 10－19 所示凸轮曲面

操作提示：

1)在 XOY 平面绘制圆心在(0，0)，半径为 60 的圆。

2)利用“绘图→点→定数等分”绘制圆的八等分点，如图 10－19(a)所示。

3)将 0°、45°、135°、180°、225°、280°、315°处的等分点分别沿 Z 轴复制，距离分别为 10、10、12、30、60、30、12、10，结果如图 10－19(b)所示。

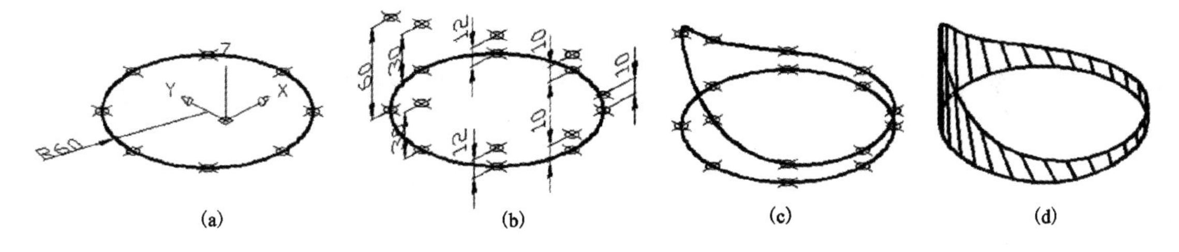

图 10－19　凸轮曲面练习

4)删除圆。

5)绘制两条闭合样条曲线，注意起点保持一致，如图 10－19(c)所示。

6)设置 SURTAB1＝30，利用直纹曲面功能绘制曲面。

(2)利用平移曲面绘制图 10－20 所示的斜圆柱体曲面。

操作提示：设置 SURTAB1＝30。

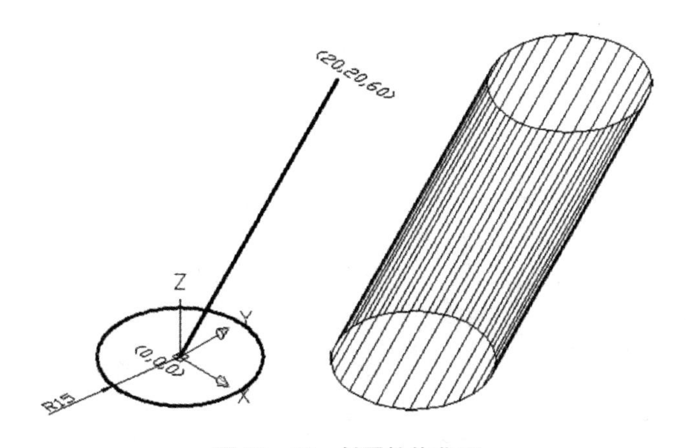

图 10－20　斜圆柱体曲面

(3)利用旋转曲面绘制图 10－21 所示的花瓶曲面

操作提示：

1)绘制一个样条曲线和一条直线。

2)设置 SURFTAB1 与 SURFTAB2 的数值(均设置为 20)。

3)将样条曲线作为旋转对象，将直线作为旋转轴，生成旋转曲面。

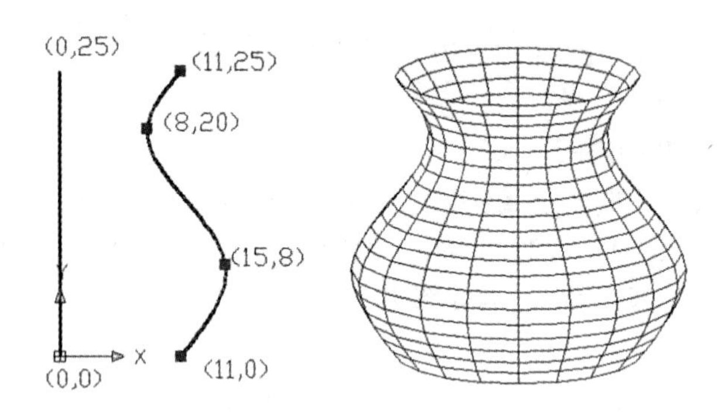

图 10－21 花瓶曲面

第 11 章　三维实体的绘制与编辑

【学习目标】

(1)掌握基本实体的绘制。
(2)掌握使用布尔运算绘制复杂图形。
(3)掌握三维实体生成二维图形的方法。
(4)掌握实体的绘制和标注。
(5)了解对实体设置材质和贴图。

11.1　基本三维实体的绘制

AutoCAD 可以创建的基本三维实体有长方体、球体、圆柱体、圆锥体、楔体和圆环体，也可以用二维图形拉伸或旋转生成三维实体，“建模”工具栏如图 11 －1 所示。

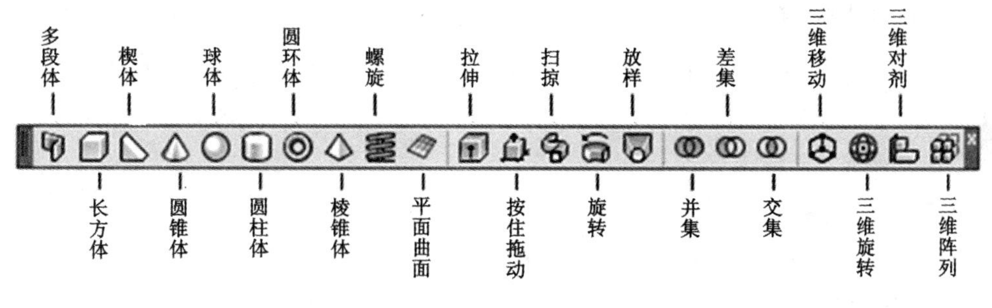

图 11 －1　“建模”工具栏

11.1.1　绘制多段体

可以创建具有固定高度和宽度的直线段和曲线段的墙。

1. 命令

(1)多段体命令：POLYSOLID

(2)工具栏：建模工具栏

(3)菜单：绘图(D)→建模(M)→多段体(P)

2. 命令说明

(1)使用“圆弧”选项为多段体添加曲线段。具有曲线段的多段体的轮廓与路径保持垂直。

(2)使用“对象”选项将诸如多段线、圆、直线或圆弧等对象转换为多段体。

【例题 11 -1】　绘制如图 11 -2 所示的多段体。

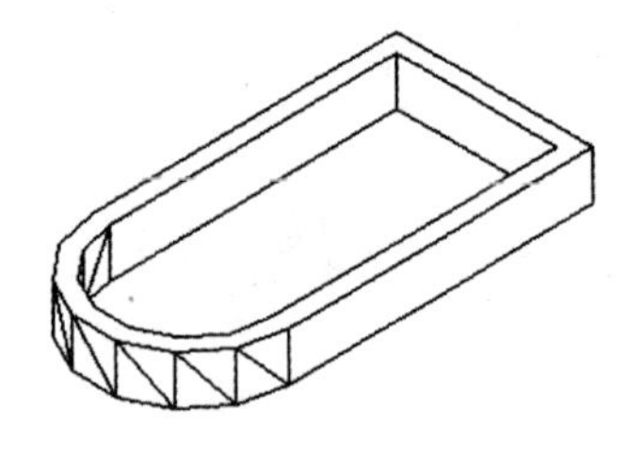

图 11 -2　绘制多段体

(1)命令：POLYSOLID↙　　（启动 Polysolid 命令）

高度 =40.0000，宽度 =15.0000，对正 = 居中

(2)指定起点或［对象(O)/高度(H)/宽度(W)/对正(J)］<对象>：0，0↙（输入起点坐标可修改多段体截面参数。）

(3)指定下一个点或［圆弧(A)/放弃(U)］：<正交开> 250↙

(4)指定下一个点或［圆弧(A)/放弃(U)］：150↙

(5)指定下一个点或［圆弧(A)/闭合(C)/放弃(U)］：250↙

(6)指定下一个点或［圆弧(A)/闭合(C)/放弃(U)］：a↙

(7)指定圆弧的端点或［闭合(C)/方向(D)/直线(L)/第二个点(S)/放弃(U)］：

（单击起始点）

(8)指定下一个点或［圆弧(A)/闭合(C)/放弃(U)］：↙

> **知识要点提示：**
>
> (1)本章所有实体均在西南等轴测视图内绘制（含线框和面域）。
>
> (2)操作过程中输入数值后均要回车（文中以"↙"符号代替回车）。

11.1.2　绘制长方体

创建长方体，始终将长方体的底面与当前 UCS 的 XY 平面（工作平面）平行。

1. 命令

(1)长方体命令：BOX

(2)工具栏：建模工具栏

(3)菜单：绘图(D)→建模(M)→长方体(B)

2. 命令说明

(1)如果长方体的另一角点指定的 Z 值与第一个角点的 Z 值不同，将不显示高度提示。

(2)指定高度时如果输入正值将沿当前 UCS 的 Z 轴正方向绘制高度。输入负值将沿 Z 轴负方向绘制高度。

【例题 11 -2】　绘制如图 11 -3 所示的长方体。

方法 1：指定角点创建长方体

(1)命令：BOX↙　　（启动 box 命令）

(2)指定第一个角点或［中心(C)］：

（在绘图区任取一点）

(3)指定其他角点或［立方体(C)/长度(L)］：@100，60↙　　（指定对角点）

(4)指定高度或［两点(2P)］：50↙　　（指定高度）

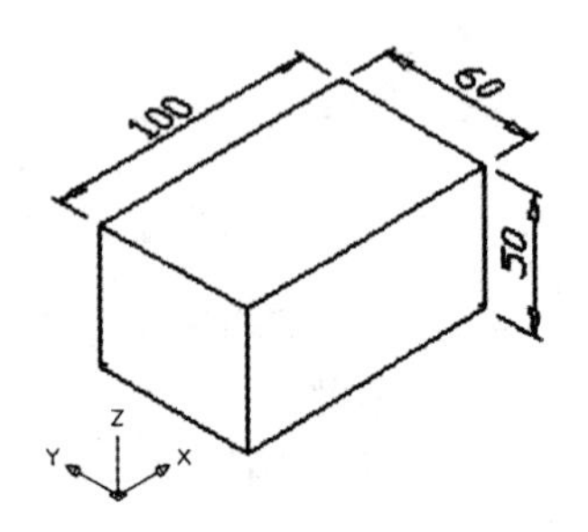

图 11 -3　绘制长方体

方法2：指定中心创建长方体

(1)命令：BOX↙ （启动box命令）

(2)指定第一个角点或［中心(C)］：C↙ （输入C是用指定中心的方式画长方体）

(3)指定中心： （在绘图区任取一点作为长方体的中心）

(4)指定角点或［立方体(C)/长度(L)］：L↙ （输入L是用指定长度的方式画长方体）

(5)指定长度 <15.0000>：100↙

(6)指定宽度 <8.0000>：60↙

(7)指定高度或［两点(2P)］ <8.0000>：50↙

11.1.3 绘制球体

指定中心点后，创建圆球实体。

1.命令

(1)命令：SPHERE

(2)工具栏：建模工具栏

(3)菜单：绘图(D)→建模(M)→球体(S)

【例题11-3】 绘制如图11-4所示的球体。

(1)命令：SPHERE↙ （启动sphere命令）

(2)指定中心点或［三点(3P)/两点(2P)/相切、相切、半径(T)］：（在绘图区任取一点作为球体的中心。）

(3)指定半径或［直径(D)］ <50.0000>：50↙ （指定半径）

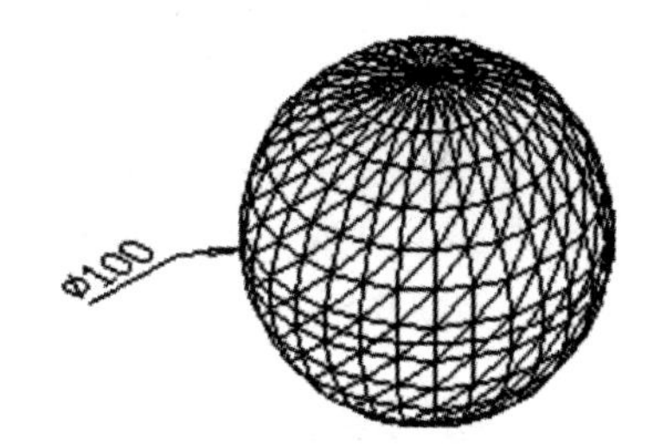

图11-4　绘制球体

11.1.4 绘制圆柱体

可以创建以圆或椭圆为底面的实体圆柱体。

1.命令

(1)圆柱体命令：CYLINDER

(2)工具栏：建模工具栏

(3)菜单：绘图(D)→建模(M)→ 圆柱体(C)

【例题11-4】 绘制如图11-5所示的圆柱体。

(1)命令：CYLINDER↙ （启动cylinder命令）

(2)指定底面的中心点或［三点(3P)/两点(2P)/相切、相切、半径(T)/椭圆(E)］： （在绘图区任取一点作为底面的中心点。）

(3)指定底面半径或［直径(D)］ <20.0000>：50↙ （指定底面半径）

(4)指定高度或［两点(2P)/轴端点(A)］ <60.0000>：90↙ （指定高度）

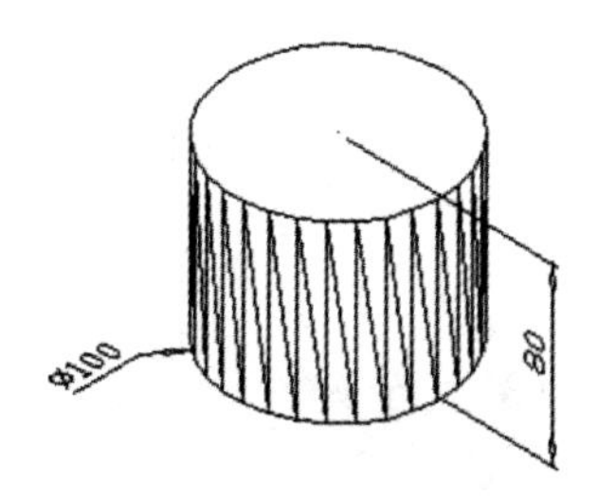

图11-5　绘制圆柱体

11.1.5 绘制圆锥体

创建以圆或椭圆为底的圆锥体。

1. 命令

(1)圆锥体命令：CONE

(2)工具栏：建模工具栏

(3)菜单：绘图(D)→建模(M)→圆锥体(O)

【例题 11-5】 绘制如图 11-6 所示的锥体。

(1)命令：CONE↙ (启动 cone 命令)

(2)指定底面的中心点或［三点(3P)/两点(2P)/相切、相切、半径(T)/椭圆(E)］： (在绘图区取一点作为底面的中心点)

(3)指定底面半径或［直径(D)］<50.0000> d↙ (输入直径选项)

(4)指定直径 <200.0000>：100↙ (指定直径)

(5)指定高度或［两点(2P)/轴端点(A)/顶面半径(T)］<30.0000>：90↙ (指定高度)

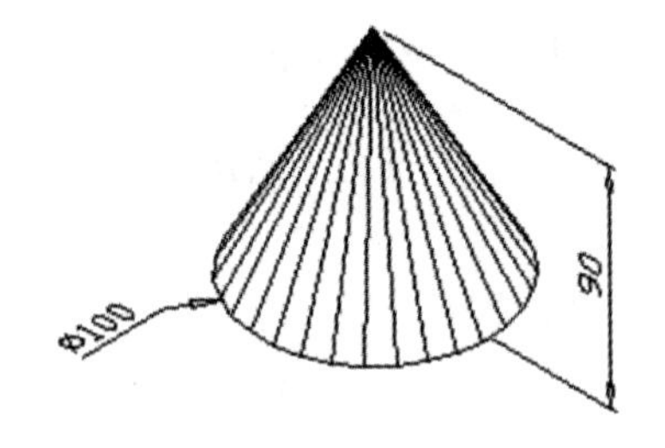

图 11-6 绘制圆锥体

11.1.6 绘制楔体

楔体的底面将与当前 UCS 的 XY 平面平行，斜面正对第一个角点。楔体的高度与 Z 轴平行，创建五面三维实体。

1. 命令

(1)楔体命令：WEDGE

(2)工具栏："建模"工具栏

(3)菜单栏：绘图(D)→建模(M)→楔体(W)

2. 命令说明

(1)如果使用与第一个角点不同的 Z 值指定楔体的其他角点，那么将不显示高度提示。

(2)输入正值将沿当前 UCS 的 Z 轴正方向绘制高度。输入负值将沿 Z 轴负方向绘制高度。

【例题 11-6】 绘制如图 11-7 所示的楔体。

(1)命令：WEDGE↙ (启动 wedge 命令)

(2)指定第一个角点或［中心(C)］： (在绘图区任取一点)

(3)指定其他角点或［立方体(C)/长度(L)］：@80，30↙ (指定对角点)

(4)指定高度或［两点(2P)］<40.0000>：40↙ (指定高度)

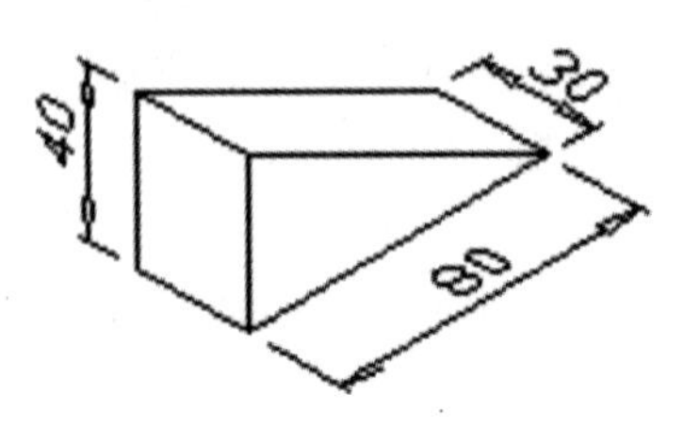

图 11-7 绘制楔体

11.1.7　绘制圆环体

创建与轮胎内胎相似的环形实体。圆环体由两个半径值定义，一个是圆管的半径，另一个是从圆环体中心到圆管中心的距离。

1. 命令

(1)圆环体命令：TORUS

(2)工具栏：建模工具栏◎

(3)菜单：绘图(D)→建模(M)→圆环体(T)

【例题 11－7】　绘制如图 11－8 所示的圆环体。

(1)命令：TORUS↙　　(启动 torus 命令)

(2)指定中心点或［三点(3P)/两点(2P)/相切、相切、半径(T)］：　　(在绘图区任取一点)

(3)指定半径或［直径(D)］<50.0000>：50↙　　(指定半径)

(4)指定圆管半径或［两点(2P)/直径(D)］<20.0000>：20↙　　(指定圆管半径)

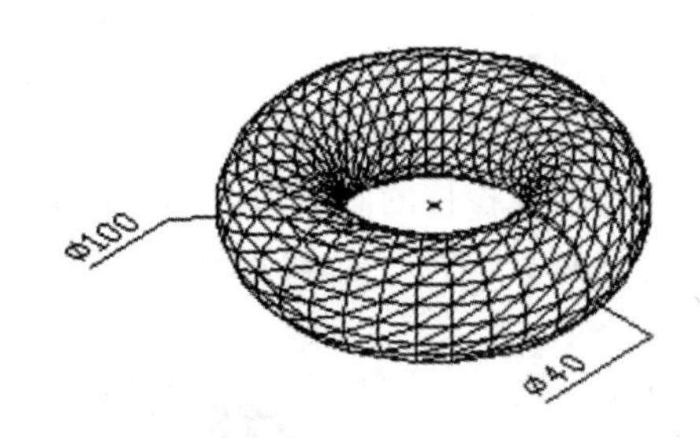

图 11－8　绘制圆环体

11.2　根据二维图形创建实体

11.2.1　实体拉伸

可以沿指定路径拉伸对象或按指定高度值和倾斜角度拉伸对象来创建三维实体。

1. 命令

(1)拉伸命令：EXTRUDE

(2)工具栏：建模工具栏

(3)菜单：绘图(D)→建模(M)→拉伸(X)

2. 命令说明

(1)可以拉伸平面三维面、封闭多段线、多边形、圆、椭圆、封闭样条曲线、圆环和面域。

(2)正角度表示从基准对象逐渐变细地拉伸，而负角度则表示从基准对象逐渐变粗地拉伸。默认角度 0 表示在与二维对象所在平面垂直的方向上进行拉伸。所有选定的对象都将倾斜到相同的角度。

(3)拉伸路径不能和选定的面位于同一个平面，也不能有大曲率的区域。

【例题 11－8】　绘制如图 11－9(a)所示的实体。

先绘制如图 10－9(b)所示的二维线框并进行面域(不要标尺寸)，再拉伸。

(1)命令：EXTRUDE↙　　(启动 extrude 命令)

当前线框密度：ISOLINES＝12

(2)选择对象：找到 1 个　　(选择要拉伸的面域)

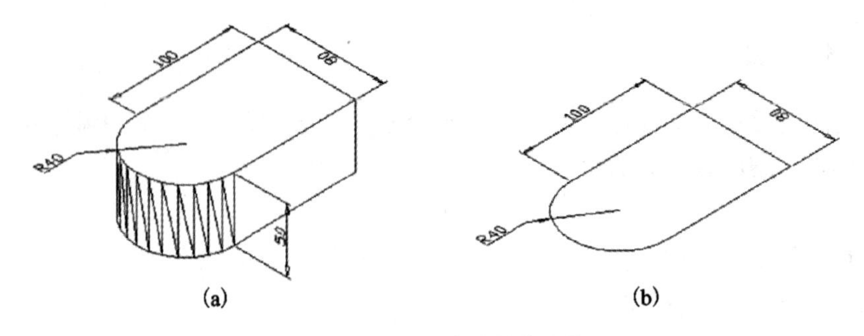

图 11－9　指定高度拉伸实体

(3)选择对象:↙

(4)指定拉伸高度或［路径(P)］: 50↙

(5)指定拉伸的倾斜角度 <0>:↙

【例题 11－9】 绘制如图 11－10(a)所示的实体。

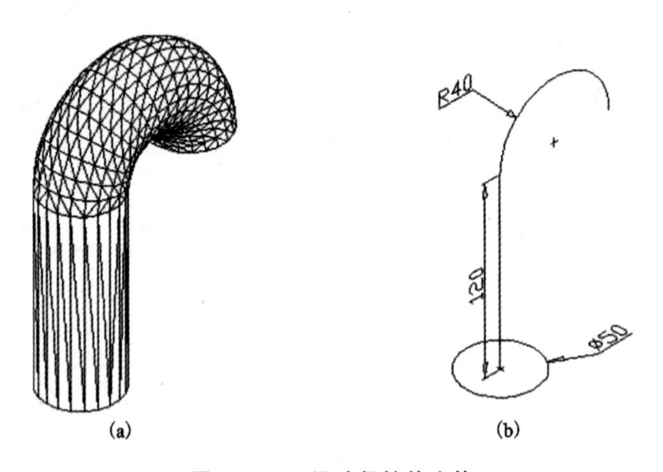

图 11－10　沿路径拉伸实体

先绘制如图 11－10(b)所示的二维图形(不要标尺寸)，再沿路径拉伸。

(1)命令: EXTRUDE↙

当前线框密度: ISOLINES＝9

(2)选择对象: 找到 1 个　　(选择要拉伸的圆)

(3)选择对象:↙

(4)指定拉伸高度或［路径(P)］: p↙　　(输入 P 选择沿路径拉伸)

(5)选择拉伸路径或［倾斜角］:　　(选择拉伸路径的线型可以是直线、圆弧或多段线)

11.2.2　旋转

通过绕轴旋转二维对象来创建三维实体。

1. 命令

(1)旋转命令: REVOLVE

(2)工具栏：建模工具栏

(3)菜单：绘图(D)→建模(M)→旋转(R)

2. 命令说明

(1)可以旋转闭合多段线、多边形、圆、椭圆、闭合样条曲线、圆环和面域。

(2)根据右手定则判定旋转的正方向。指定旋转轴的第一点和第二点。轴的正方向从第一点指向第二点。正角将按逆时针方向旋转对象。负角将按顺时针方向旋转对象。

【例题 11－10】 绘制如图 11－11(a)所示的实体。

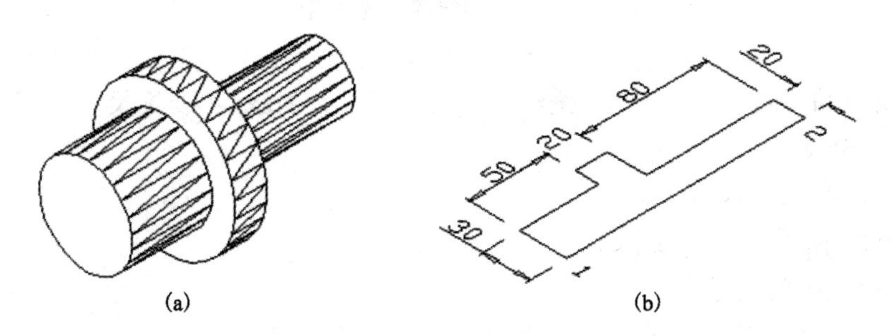

图 11－11　旋转实体

先绘制如图 11－11(b)所示的二维线框并进行面域(不要标尺寸)，再旋转。

(1)命令：REVOLVE↙

当前线框密度：ISOLINES＝9

(2)选择对象：找到 1 个　　(选择要旋转的面域)

(3)选择对象：↙

(4)指定旋转轴的起点或定义轴依照［对象(O)/X 轴(X)/Y 轴(Y)］：　　(选择点 1)

(5)指定轴端点：　　(选择点 2)

(6)指定旋转角度 <360>：↙

11.2.3　扫掠

通过沿路径扫掠二维对象来创建三维实体或曲面。

1. 命令

(1)拉伸命令：SWEEP

(2)工具栏：建模工具栏

(3)菜单栏：绘图(D)→建模(M)→扫掠(P)

2. 命令说明

(1)可以通过沿开放或闭合的二维或三维路径扫掠开放或闭合的平面曲线(轮廓)创建新实体或曲面。

(2)可以扫掠多个对象，但是这些对象必须位于同一平面中。

(3)选择要扫掠的对象时，该对象将自动与用作路径的对象对齐。

【例题 11－11】 绘制如图 11－12(b)所示的实体。

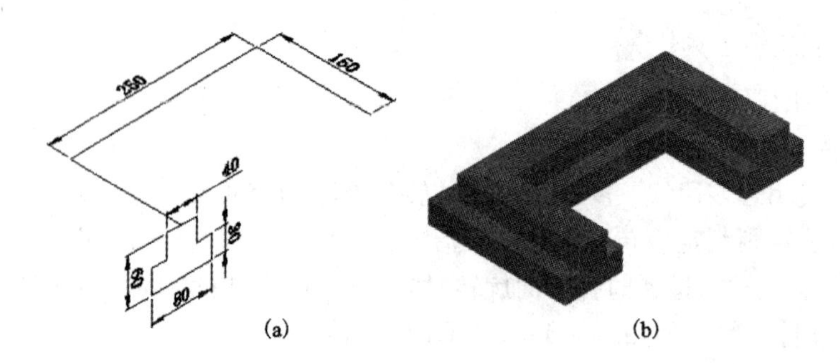

图 11－12　指定高度拉伸实体

先绘制如图 11－12(a)所示的二维线框并将截面进行面域(不要标尺寸)，再扫掠。

(1)命令：SWEEP↙

当前线框密度：ISOLINES＝4

(2)选择要扫掠的对象：找到 1 个　　(选择截面)

(3)选择要扫掠的对象：↙

(4)选择扫掠路径或［对齐(A)/基点(B)/比例(S)/扭曲(T)］：　　(选择扫掠路径)

11.2.4　螺旋

创建二维螺旋或三维弹簧。

1. 命令

(1)螺旋命令：HELIX

(2)工具栏："建模"工具栏

(3)菜单栏：绘图(D)→螺旋(I)

2. 命令说明

(1)绘制图形时，底面半径的默认值始终是先前输入的任意实体图元或螺旋的底面半径值。

(2)如果指定一个值来同时作为底面半径和顶面半径，将创建圆柱形螺旋。

(3)如果指定的高度值为 0，则将创建扁平的二维螺旋。

【例题 11－12】　绘制如图 11－13(b)所示的实体。

绘图步骤：

(1)先绘制如图 11－13(a)所示的螺旋线框。

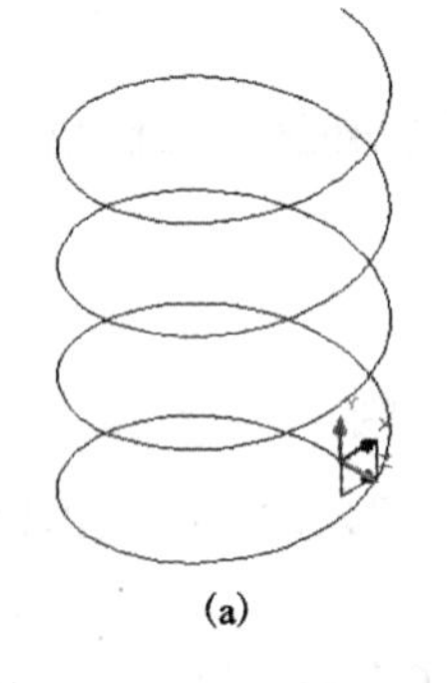

图 11－13　绘制弹簧

1)命令：HELIX↙

圈数＝5.0000 扭曲＝CCW

2)指定底面的中心点：　　(在绘图区指定任意一点)

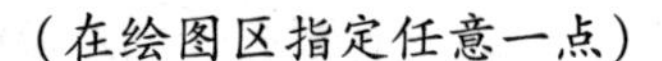

3)指定底面半径或［直径(D)］＜50.0000＞：100↙

4)指定顶面半径或［直径(D)］ <30.0000 >: 100↙
5)指定螺旋高度或［轴端点(A)/圈数(T)/圈高(H)/扭曲(W)］ <1250.0000 >: t↙
6)输入圈数 <5.0000 >: 4↙
7)指定螺旋高度或［轴端点(A)/圈数(T)/圈高(H)/扭曲(W)］ <1250.0000 >: h↙
8)指定圈间距 <250.0000 >: 80↙
(2)用“扫掠”命令绘制如图 11－13(b)所示的实体。
1)命令: SWEEP↙
当前线框密度: ISOLINES =4
2)选择要扫掠的对象: 找到 1 个　　　(选择截面)
3)选择要扫掠的对象:↙
4)选择扫掠路径或［对齐(A)/基点(B)/比例(S)/扭曲(T)］:　　　(选择扫掠路径)

11.2.5　放样

在若干横截面之间的空间中创建三维实体或曲面。

1. 命令

(1)放样命令: LOFT
(2)工具栏:“建模”工具栏
(3)菜单栏: 绘图(D)→建模(M)→放样(L)

2. 命令说明

(1)横截面(通常为曲线或直线)可以是开放的(例如圆弧)，也可以是闭合的(例如圆)。
(2)使用“路径”选项，可以选择单一路径曲线以定义实体或曲面的形状。
(3)使用“导向”选项，可以选择多条曲线以定义实体或曲面的轮廓。

【例题 11－13】　绘制如图 11－14(b)所示的五角星三维实体。

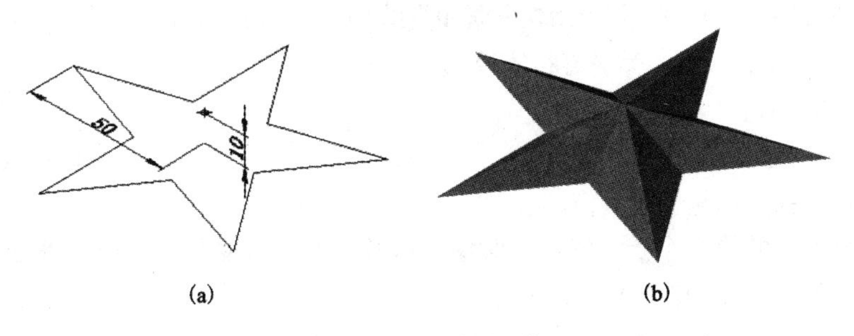

图 11－14　放样实体

先绘制如图 11－14(a)所示的五角星二维线框并进行面域(不要标尺寸)，在五角星的中心垂直向上 10mm 处作一点，再进行放样。

(1)命令: LOFT↙
(2)按放样次序选择横截面: 找到 1 个　　　(选择五角星面域)
(3)按放样次序选择横截面: 找到 1 个，总计 2 个　　　(选择上面的一点)
(4)按放样次序选择横截面:↙

(5)输入选项 [导向(G)/路径(P)/仅横截面(C)] <仅横截面>:↙

11.2.6 剖切

用剖切命令可以将实体切开，形成两个独立的实体。

1. 命令

(1)旋转命令：SLICE

(2)菜单栏：修改(M)→三维操作(3)→剖切(S)

2. 命令说明

(1)剖切平面必须与被剖切的实体相交。

(2)可以保留剖切平面的某一侧实体或两侧都保留。

【例题 11－14】 绘制如图 11－15(b)所示的实体，剖切后生成如图 11－15(c)所示的实体。

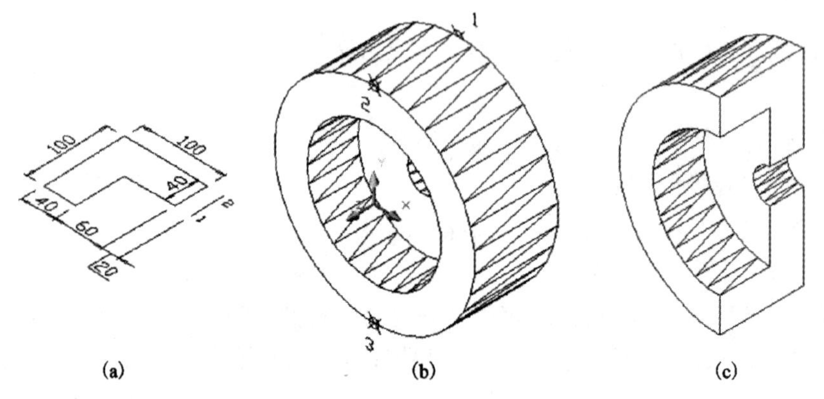

图 11－15 剖切实体

先绘制如图 11－15(a)所示的二维线框和直线(1、2)并进行面域(不要标尺寸)，然后旋转成如图 11－15(b)所示的实体，再将实体进行剖切。

(1)命令：SLICE↙

(2)选择对象：找到 1 个　　(选择要剖切的实体)

(3)选择对象:↙

(4)指定切面上的第一个点，依照 [对象(O)/Z 轴(Z)/视图(V)/XY 平面(XY)/YZ 平面(YZ)/ZX 平面(ZX)/三点(3)] <三点>:　　(选择点象限点 1)

(5)指定平面上的第二个点：　　(选择点象限点 2)

(6)指定平面上的第三个点：　　(选择点象限点 3，利用三点来构成一剖切平面。)

(7)在要保留的一侧指定点或 [保留两侧(B)]：　　(单击要保留一侧)

> **知识要点提示：**
>
> 用剖切命令剖切实体，要保留的一侧指定点应在实体上点选，而不能点选在其他空间位置，否则，系统无法判别而造成剖切失误。

11.3　布尔运算

布尔运算就是对各个三维实体或面域进行并集、差集或交集的计算，以创建复杂的实体。

11.3.1　并集

通过添加操作来合并选定的面域或实体，如图 11－16 所示。

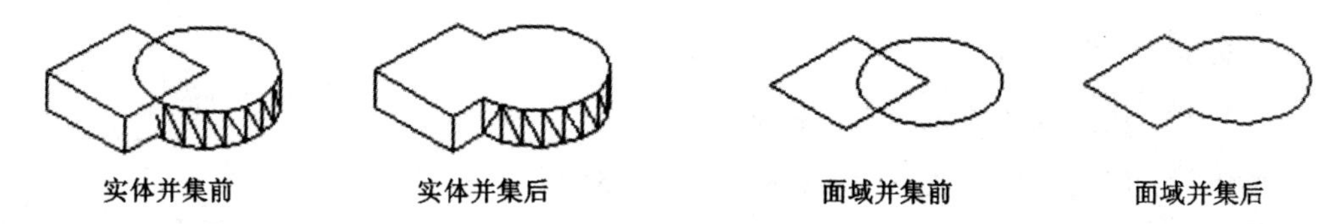

图 11－16　并集

1. 命令

(1)并集命令：UNION

(2)工具栏：建模或实体编辑工具栏

(3)菜单栏：修改(M)→实体编辑(N)→ 并集(U)

2. 命令说明

(1)选择实体或面域时，可以一次选一个对象或用窗口方式一次选多个对象。

(2)得到的复合实体包括所有选定实体所封闭的空间。得到的复合面域包括子集中所有面域所封闭的面积。

(3)并集的实体或面域可以不相交，但它们会成为一个整体。

【例题 11－15】 先绘制如图 11－17(a)所示的长方体和圆柱体，再将它们合并成一整体。

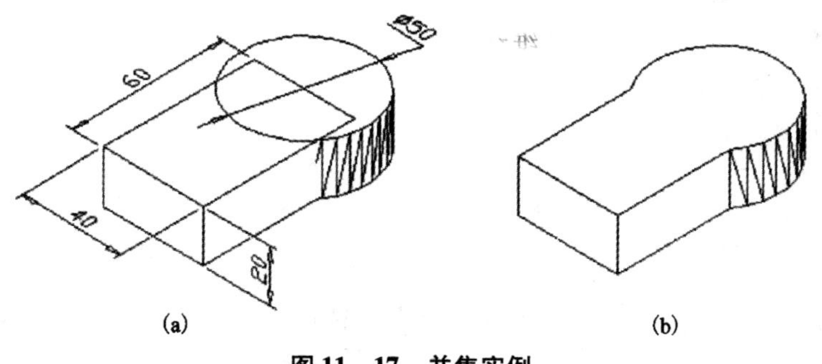

图 11－17　并集实例

(1)命令：UNION↙

(2)选择对象：找到 1 个　　(选择长方体)

(3)选择对象：找到 1 个，总计 2 个　　(选择圆柱体)

(4)选择对象：↙

11.3.2　差集

从第一个选择集中的对象减去第二个选择集中的对象，得到一个新的实体或面域，如图

11－18 所示。

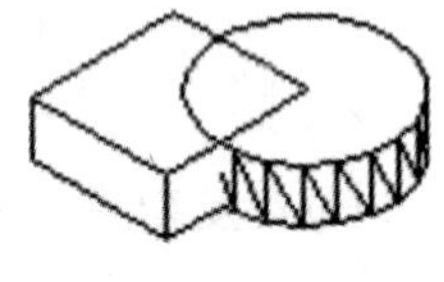
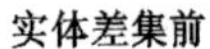
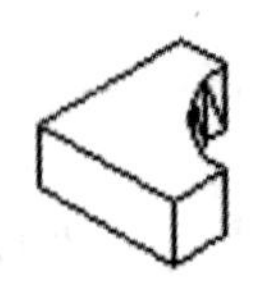
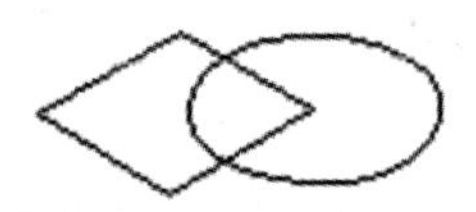
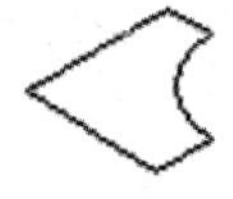

实体差集前　　实体差集后　　面域差集前　　面域差集后

图 11－18　差集

1. 命令

（1）差集命令：SUBTRACT

（2）工具栏：建模或实体编辑工具栏

（3）菜单栏：修改（M）→实体编辑（N）→差集（S）

【例题 11－16】 先绘制如图 11－19（a）所示的长方体和圆柱体（尺寸同上例），再用差集得到如图 11－19（b）所示的实体。

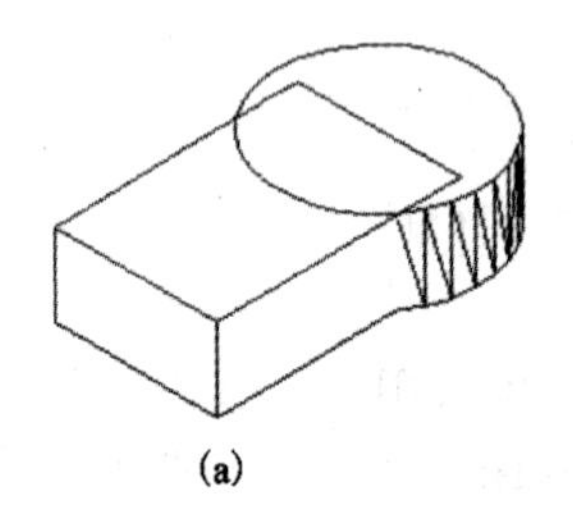

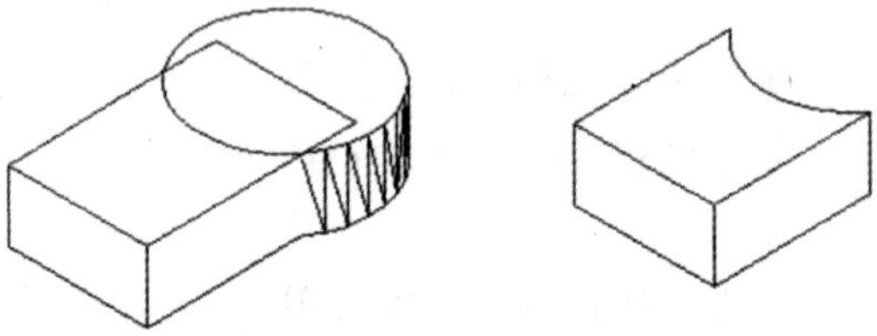

(a)　　(b)

图 11－19　差集实例

（1）命令：SUBTRACT↙

选择要从中减去的实体或面域：..

（2）选择对象：找到 1 个　　（选择长方体）

（3）选择对象：↙

选择要减去的实体或面域：..

（4）选择对象：找到 1 个　　（选择圆柱体）

（5）选择对象：↙

11.3.3　交集

从两个或多个实体或面域的交集中创建复合实体或面域，然后删除交集外的区域，计算两个或多个现有面域的重叠面积和两个或多个现有实体的公共体积，如图 11－20 所示。

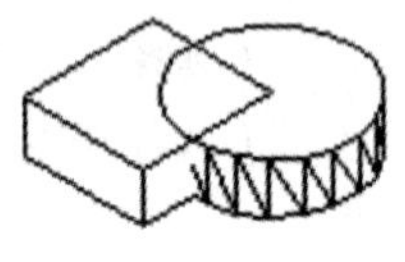
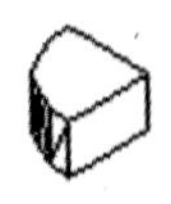
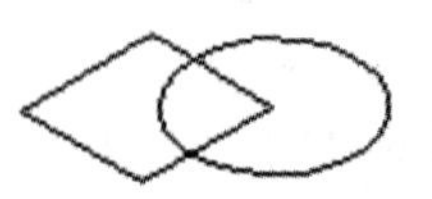

实体交集前　　实体交集后　　面域交集前　　面域交集后

图 11－20　交集

1. 命令

(1)交集命令：INTERSECT

(2)工具栏：建模或实体编辑工具栏

(3)菜单栏：修改(M)→实体编辑(N)→交集(I)

【例题 11 - 17】　先绘制如图 11 - 21(a)所示的长方体和圆柱体(尺寸同上例)，再用差集得到如图 11 - 21(b)所示的实体。

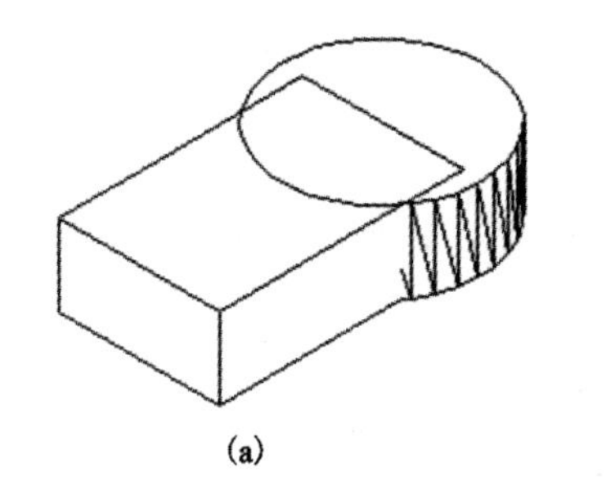

(a)

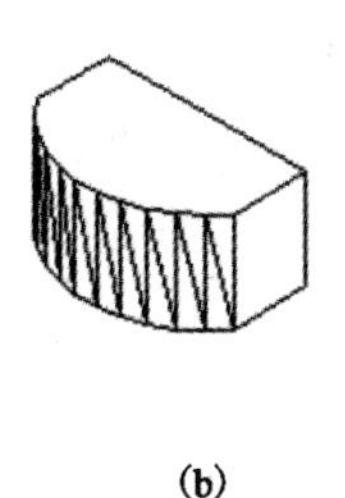

(b)

图 11 - 21　交集实例

(1)命令：INTERSECT↙

(2)选择对象：指定对角点：找到 2 个　　　　(窗口方式选择两个实体)

(3)选择对象：↙

11.4　三维操作和实体编辑

11.4.1　创建三维阵列

1. 命令

(1)三维阵列命令：3DARRAY

(2)工具栏：建模工具栏

(3)菜单栏：修改(M)→ 三维操作(3)→ 三维阵列(3)

2. 命令说明

(1)三维矩形阵列是在行(X 轴)、列(Y 轴)和层(Z 轴)矩形阵列中复制对象。输入正值将沿 X、Y、Z 轴的正向生成阵列。输入负值将沿 X、Y、Z 轴的负向生成阵列。

(2)数值可以直接输入，也可以用两点来代替。

(3)环形阵列是绕旋转轴复制对象。

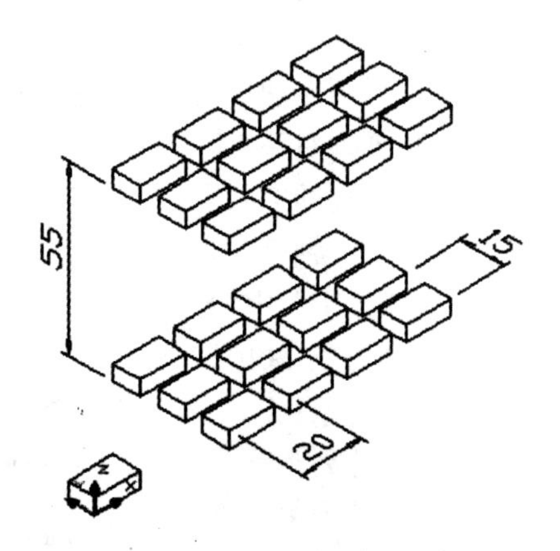

图 11 - 22　三维矩形阵列

【例题 11 - 18】　先绘制一个长、宽、高分别为 15、9、5 的小长方体(用户坐标系如图 11 - 22 所示)，再用三维矩形阵列得到实体。

(1)命令：3DARRAY↙

(2)选择对象：找到 1 个　　　　(选择对象小长方体)

(3)选择对象：↙

(4)输入阵列类型［矩形(R)/环形(P)］<矩形>：↙　　　　(选择矩形阵列)

(5)输入行数(---)<1>：3↙

(6)输入列数(|||)<1>：4↙

(7)输入层数(...)<1>：2↙

(8)指定行间距(---)：15↙

(9)指定列间距(|||)：20↙

(10)指定层间距(...)：45↙

【例题 11-19】 将上例中的小长方体进行环形阵列得到如图 11-23(a)、(b)所示图形。

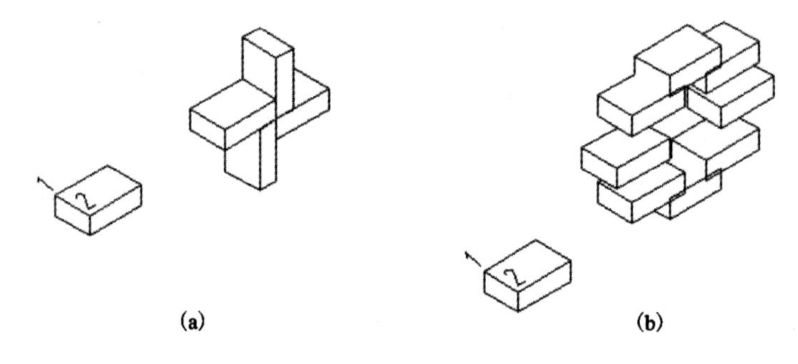

图 11-23　三维环形阵列

(1)命令：3DARRAY↙

(2)选择对象：找到 1 个　　　　(选择小长方体)

(3)选择对象：↙

(4)输入阵列类型［矩形(R)/环形(P)］<矩形>：p↙　(输入 p 为环形阵列)

(5)输入阵列中的项目数目：4↙

(6)指定要填充的角度(+=逆时针，-=顺时针)<360>：

(7)旋转阵列对象？［是(Y)/否(N)］<是>：

(8)指定阵列的中心点：　　　　(单击点 1)

(9)指定旋转轴第二点：　　　　(单击点 2)

(10)命令：3DARRAY↙　　　　(再次使用 3darray 命令)

(11)选择对象：找到 1 个

(12)选择对象：↙

(13)输入阵列类型［矩形(R)/环形(P)］<矩形>：p↙(输入 p 为环形阵列)

(14)输入阵列中的项目数目：9↙

(15)指定要填充的角度(+=逆时针，-=顺时针)<360>：↙

(16)旋转阵列对象？［是(Y)/否(N)］<是>：n↙

(17)指定阵列的中心点：　　　　　　(单击点 1)

(18)指定旋转轴第二点：　　　　　　(单击点 2)

11.4.2　创建三维镜像

创建相对于某一平面的镜像对象。

1. 命令

(1)三维镜像命令：MIRROR3D

(2)菜单栏：修改→三维操作→三维镜像

【例题 11－20】　用三点指定镜像平面，将如图 11－24(a)所示的实体镜像为如图 11－24(b)所示。

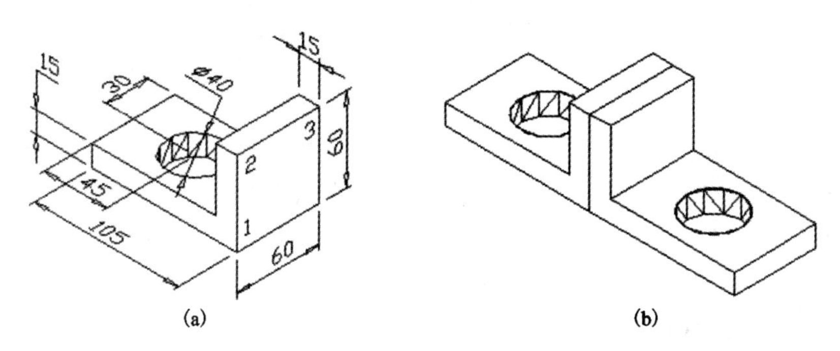

图 11－24　三维镜像

(1)命令：MIRROR3D↙

(2)选择对象：找到 1 个　　　　　　　　　　(选择实体)

(3)选择对象：↙

(4)指定镜像平面(三点)的第一个点或［对象(O)/最近的(L)/Z 轴(Z)/视图(V)/XY 平面(XY)/YZ 平面(YZ)/ZX 平面(ZX)/三点(3)］<三点>：(选择点 1)

(5)在镜像平面上指定第二点：　　　　　　　(选择点 2)

(6)在镜像平面上指定第三点：　　　　　　　(选择点 3)

(7)是否删除源对象？［是(Y)/否(N)］：n↙

11.4.3　创建对齐

在二维和三维空间中将对象与其他对象对齐。

1. 命令

(1)对齐命令：ALIGN

(2)工具栏：建模工具栏

(3)菜单栏：修改→三维操作→对齐

【例题 11－21】　将如图 11－25(a)右边的实体点 4、5、6 与左边的实体点 1、2、3 对齐为如图 11－25(b)所示实体。

(1)命令：ALIGN↙

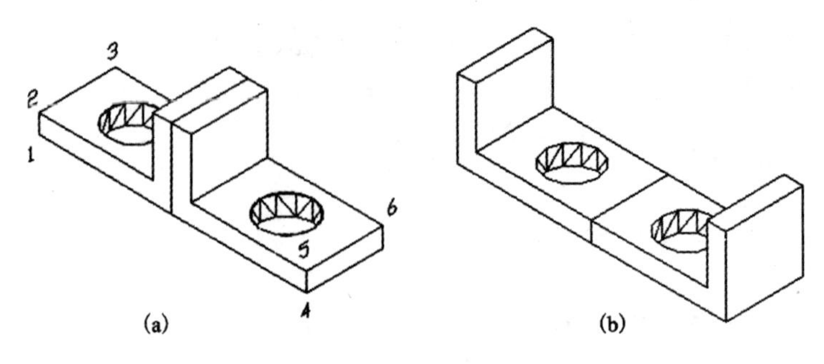

图 11 - 25　三维对齐

(2)选择对象：指定对角点：找到 1 个　　　[选择如图 11 - 25(a)的实体]
(3)选择对象：↙
(4)指定第一个源点：　　　(选择点 1)
(5)指定第一个目标点：　　　(选择点 4)
(6)指定第二个源点：　　　(选择点 2)
(7)指定第二个目标点：　　　(选择点 5)
(8)指定第三个源点：　　　(选择点 3)
(9)指定第三个目标点：　　　(选择点 6)

11.4.4 创建三维旋转

三维旋转命令实现三维空间内旋转实体。

1. 命令

(1)三维旋转命令：ROTATE3D

(2)工具栏：建模工具栏

(3)菜单栏：修改→三维操作→三维旋转

【例题 11 - 22】 用三维旋转命令将如图 11 - 26(a)所示的实体转变为如图 11 - 26(b)所示的实体。

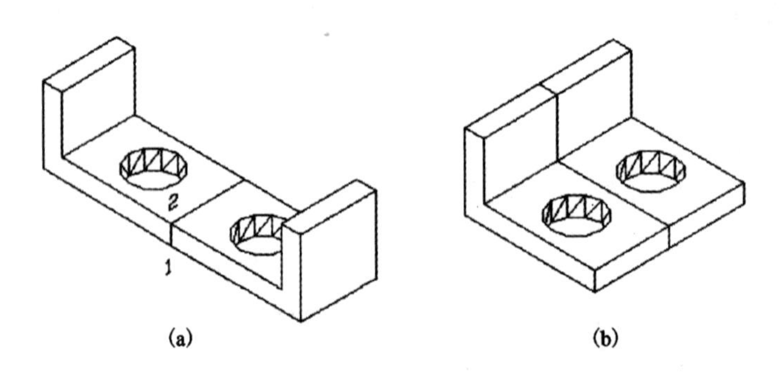

图 11 - 26　三维旋转

(1)命令：ROTATE3D ↙
当前正向角度：ANGDIR = 逆时针 ANGBASE = 0

(2)选择对象：指定对角点：找到 1 个　　[选择图(a)右边的实体]

(3)选择对象：↙

(4)指定轴上的第一个点或定义轴依据[对象(O)/最近的(L)/视图(V)/X 轴(X)/Y 轴(Y)/Z 轴(Z)/两点(2)]：　　[选择图(a)的点 1]

(5)指定轴上的第二点：　　[选择图(a)的点 2]

(6)指定旋转角度或[参照(R)]：-90 ↙

11.4.5　对三维实体圆角

在二维编辑中的圆角命令，对三维实体同样适用。

1. 命令

(1)圆角命令：FILLET

(2)工具栏：修改工具栏

(3)菜单栏：修改(M)→圆角(F)

2. 命令说明

边：选择一条边。可以连续选择单个边直到按 Enter 键为止。

链：选中一条边也就选中了一系列相切的边(称为链选择)。

半径：定义被圆角的边的半径。

【例题 11-23】　先绘制一个长、宽、高分别为 60、40、20 的长方体如图 11-27(a)所示，再用圆角命令得到实体如图 11-27(b)所示。

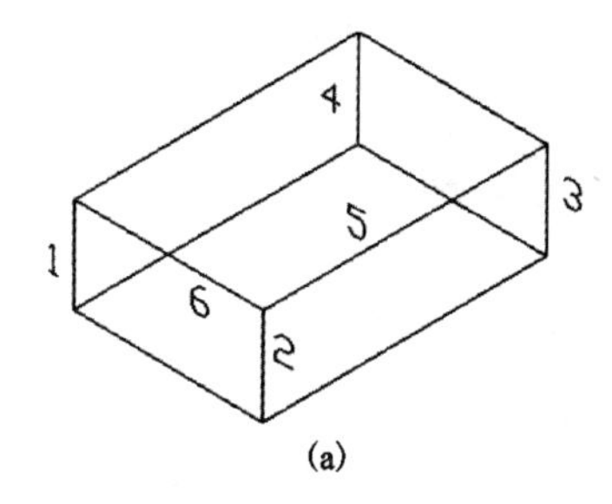

(a)

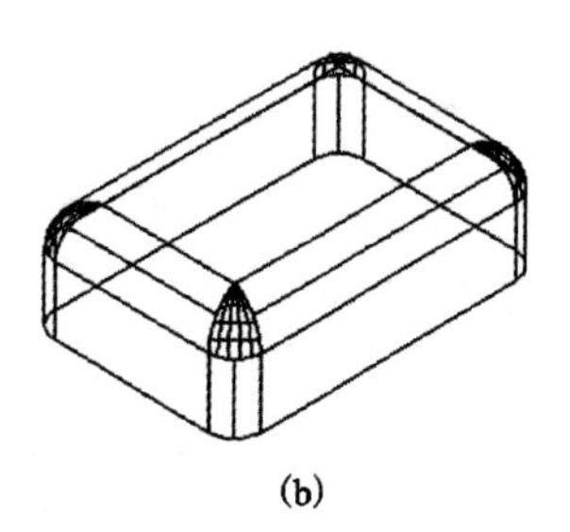
(b)

图 11-27　对三维实体圆角

(1)命令：FILLET ↙

当前设置：模式 = 修剪，半径 = 4.0000

(2)选择第一个对象或[多段线(P)/半径(R)/修剪(T)/多个(U)]：↙

(3)输入圆角半径 <4.0000>：5 ↙

(4)选择边或[链(C)/半径(R)]：　　(先后选择边 1、2、3、4 再回车)

(5)命令：FILLET ↙　　(再次使用 fillet 命令)

当前设置：模式 = 修剪，半径 = 5.0000

(6)选择第一个对象或[多段线(P)/半径(R)/修剪(T)/多个(U)]：　　(选择边 5)

(7)输入圆角半径 <5.0000>：7 ↙

(8)选择边或[链(C)/半径(R)]：c ↙　　(输入 c 使用链选择方式)

(9)选择边链或［边(E)/半径(R)］:（选择边 6）

(10)选择边链或［边(E)/半径(R)］:↙

11.4.6 对三维实体倒角

在二维编辑中的倒角命令，对三维实体同样适用。

1. 命令

(1)倒角命令：CHAMFER

(2)工具栏：修改工具栏

(3)菜单栏：修改→倒角

2. 命令说明

边：选择一条边进行倒角。

环：选择基面上的所有边。

【例题 11－24】 先绘制一个长、宽、高分别为 60、40、20 的长方体如图 11－28(a)所示，再用倒角命令得到实体如图 11－28(b)所示。

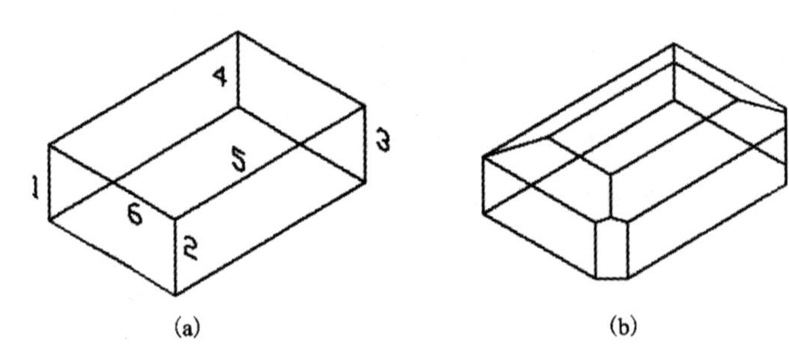

图 11－28 对三维实体倒角

(1)命令：CHAMFER↙

(“修剪”模式)当前倒角距离 1＝5.0000，距离 2＝15.0000

(2)选择第一条直线或［多段线(P)/距离(D)/角度(A)/修剪(T)/方式(M)/多个(U)］:（选择边 5）

(3)输入曲面选择选项［下一个(N)/当前(OK)］<当前>：n↙（选择下一个基面：实体顶面）

(4)输入曲面选择选项［下一个(N)/当前(OK)］<当前>:↙

(5)指定基面的倒角距离 <5.0000>：9↙

(6)指定其他曲面的倒角距离 <15.0000>：5↙

(7)选择边或［环(L)］：L↙（输入 L 为环选择方式）

(8)选择边环或［边(E)］:（选择顶面的任一边线）

(9)命令：CHAMFER↙（再次使用 chamfer 命令）

(“修剪”模式)当前倒角距离 1＝5.0000，距离 2＝5.0000

(10)选择第一条直线或［多段线(P)/距离(D)/角度(A)/修剪(T)/方式(M)/多个(U)］:（选择边 2）

基面选择...

(11)输入曲面选择选项［下一个(N)/当前(OK)］ <当前>: n↙

(选择下一个基面：实体前面)

(12)输入曲面选择选项［下一个(N)/当前(OK)］ <当前>:↙

(13)指定基面的倒角距离 <5.0000>:↙

(14)指定其他曲面的倒角距离 <5.0000>:↙

(15)选择边或［环(L)］:　(选择实体的边 2、边 3)

11.4.7　三维实体面、线、体的编辑

三维实体的面编辑有拉伸、移动、偏移、删除、旋转、倾斜、着色和复制；线编辑可以对三维实体中的棱边进行复制和改变颜色；体编辑用于将一个对象压印到实体上，或拆分实体，进行抽壳以及清除多余的边、顶点、几何对象和检查实体的有效性。

1. 命令

(1)三维实体的面、线、体编辑命令：solidedit

(2)工具栏：实体编辑工具栏(如图 11－29 所示)

(3)菜单栏：修改→实体编辑→(相关编辑命令)

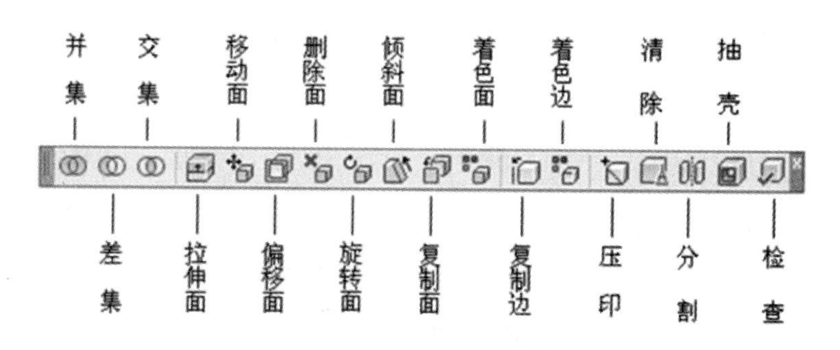

图 11－29　实体编辑工具栏

1. 拉伸面

将选定的三维实体对象的面拉伸到指定的高度或沿一路径拉伸。一次可以选择多个面。

2. 移动面

沿指定的高度或距离移动选定的三维实体对象的面。一次可以选择多个面。

3. 偏移面

按指定的距离或通过指定的点，将面均匀地偏移。正值增大实体尺寸或体积，负值减小实体尺寸或体积。

4. 删除面

删除面，包括圆角和倒角。

5. 旋转面

绕指定的轴旋转一个或多个面或实体的某些部分。

6. 倾斜面

按一个角度将面进行倾斜。倾斜角的旋转方向由选择基点和第二点(沿选定矢量)的顺

序决定。

正角度将往里倾斜选定的面，负角度将往外倾斜面。默认角度为 0，可以垂直于平面拉伸面。选择集中所有选定的面将倾斜相同的角度。

7. 抽壳

抽壳是用指定的厚度创建一个空的薄层。可以为所有面指定一个固定的薄层厚度。通过选择面可以将这些面排除在壳外。通过将现有面偏移出其原位置来创建新的面。

指定正值从实体表面向内抽壳，外围尺寸不变；指定负值从实体表面向外抽壳，外围尺寸变大。

【例题 11－25】 先绘制如图 11－30 所示实体，再用面、线、体编辑命令分别得到如图(b)、(c)、(d)、(e)、(f)、(g)、(h)所示的实体。

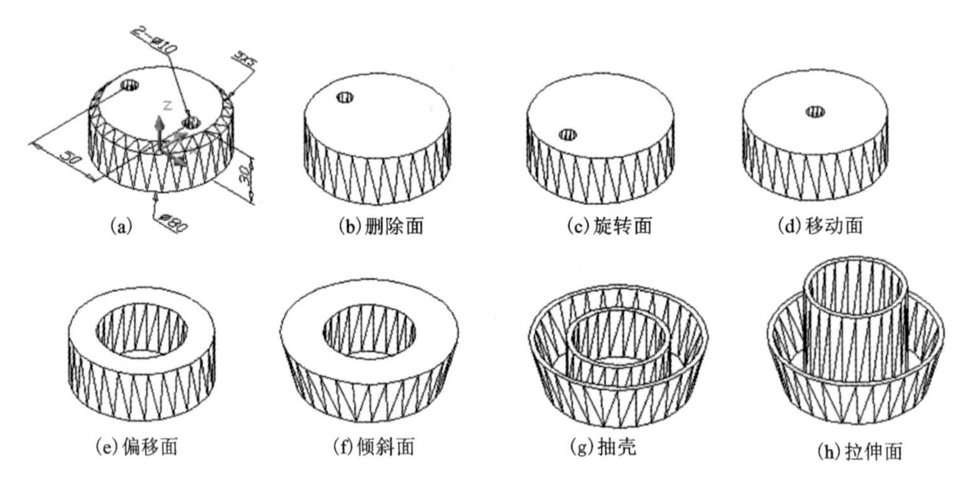

图 11－30　实体编辑

绘图步骤：

(1)单击删除面

选择面或［放弃(U)/删除(R)］：找到一个面　　(选择实体的倒角)
选择面或［放弃(U)/删除(R)/全部(ALL)］：找到一个面　　(选择实体的右下角小孔)
选择面或［放弃(U)/删除(R)/全部(ALL)］：↙　　［结果见图 11－30(b)］

(2)单击旋转面

选择面或［放弃(U)/删除(R)］：找到一个面　　(选择实体的左上角小孔)
选择面或［放弃(U)/删除(R)/全部(ALL)］：
指定轴点或［经过对象的轴(A)/视图(V)/X 轴(X)/Y 轴(Y)/Z 轴(Z)］<两点>：
　　(选择圆柱体底圆圆心)
在旋转轴上指定第二个点：　　(选择圆柱体顶圆圆心)
指定旋转角度或［参照(R)］：90↙　　［结果见图 11－30(c)］

(3)单击移动面

选择面或［放弃(U)/删除(R)］：找到一个面　　(选择实体的小孔)

选择面或［放弃(U)/删除(R)/全部(ALL)］:↙

指定基点或位移:　(选择小孔顶圆圆心)

指定位移的第二点:　［选择圆柱体顶圆圆心，结果见图 11－30(d)］

(4)单击偏移面

选择面或［放弃(U)/删除(R)］：找到一个面　(选择小孔圆柱面)

选择面或［放弃(U)/删除(R)/全部(ALL)］:↙

指定偏移距离：－20↙　［结果见图 11－30(e)］

(5)单击倾斜面

选择面或［放弃(U)/删除(R)］：找到一个面　(选择圆柱体的外圆柱面)

选择面或［放弃(U)/删除(R)/全部(ALL)］:↙

指定基点:　(选择圆柱体底圆圆心)

指定沿倾斜轴的另一个点:　(选择圆柱体顶圆圆心)

指定倾斜角度：－15↙　［结果见图 11－30(f)］

(6)单击抽壳

选择三维实体:　(选择实体)

删除面或［放弃(U)/添加(A)/全部(ALL)］：找到一个面，已删除 1 个　(选择实体上顶面)

删除面或［放弃(U)/添加(A)/全部(ALL)］:↙

输入抽壳偏移距离：3↙　［结果见图 11－30(g)］

(7)单击拉伸面

选择面或［放弃(U)/删除(R)］：找到一个面　(选择实体的小圆环面)

选择面或［放弃(U)/删除(R)/全部(ALL)］:↙

指定拉伸高度或［路径(P)］：30↙　［结果见图 11－30(h)］

指定拉伸的倾斜角度 <0>:↙

11.4.8 创建穿过实体的横截面

在编辑三维对象时，可以通过平面和实体对象的交集来创建穿过三维实体的横截面，以创建面域。也可以使用剪切平面(称为截面对象)，实时查看相交实体的剪切轮廓。

1. 命令

实体的横截面命令：SECTION

2. 命令说明

使用 SECTION 命令，可以创建穿过实体的横截面。用户可通过指定三个点来定义横截面的平面，也可以通过其他对象、当前视图、Z 轴或者 XY、YZ 或 ZX 平面来定义横截面平面。所创建的横截面平面将被放置在当前图层上。

【例题 11－26】 绘制如图 11－31(a)所示的实体，生成如图 11－31(b)所示的实体的横截面。

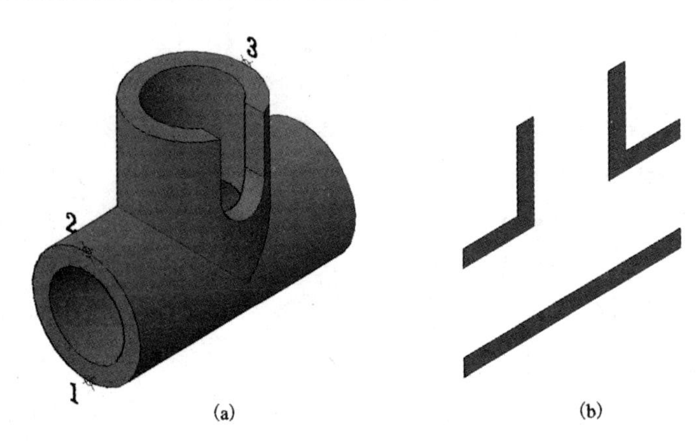

图 11－31 创建截面平面

绘图步骤：

(1)绘制如图 11－31(a)所示的实体。

(2)创建穿过实体的横截面。

1)命令：SECTION↙

2)选择对象：找到 1 个 (在三维实体上单击)

3)指定截面上的第一个点，依照［对象(O)/Z 轴(Z)/视图(V)/XY(XY)/YZ(YZ)/ZX(ZX)/三点(3)］<三点>： (选择点象限点 1)

4)指定平面上的第二个点： (选择点象限点 2)

5)指定平面上的第三个点： (选择点象限点 3)

(3)对创建的横截面的位置进行调整，选中刚创建的横截面，用左键拖动夹点将横截面移出三维实体，如图 11－31(b)所示。

11.4.9 生成二维或三维截面图形

【例题 11－27】 绘制如图 11－32 所示的实体，生成实体的二维视图。

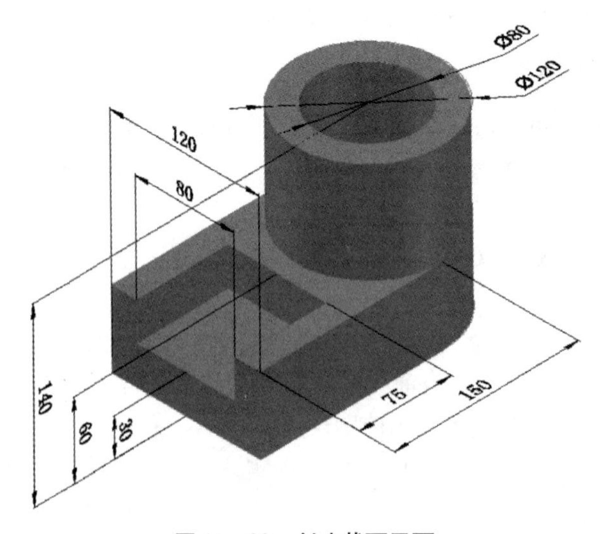

图 11－32 创建截面平面

绘图步骤：

(1)绘制如图 11 -32 所示的三维实体(西南等轴测视图)。

(2)将视图从“模型”空间切换到“布局 1”，并将视角切换为“俯视”。选择菜单栏：“绘图”→“建模”→“设置”→“轮廓”命令，框选三维实体，四次回车后得到“俯视图”。

(3)将视角切换为“前视”，再单击“轮廓”命令，框选三维实体，四次回车后得到“主视图”。

(4)同理得到“左视图”，切换到“西南等轴测视图”后如图 11 -33(a)所示。

(5)关闭实体所在的 0 层，在“俯视图”所在的平面绘制“主视图”和“左视图”的参照图形如图 11 -33(b)所示。

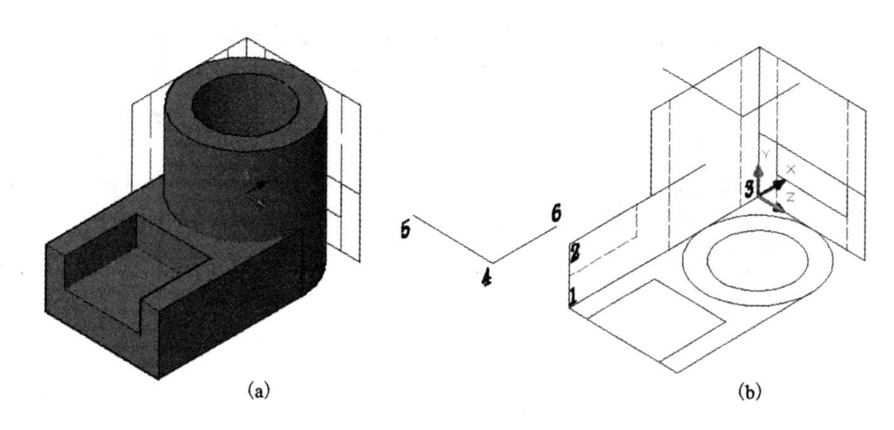

图 11 -33　实体生成二维图形

(6)移动“主视图”。

1)命令：ALIGN　(使用三维对齐命令)

2)选择对象：找到 1 个　(选择前视图)

3)指定第一个源点：　(选择点 1)

4)指定第一个目标点：　(选择 4 点)

5)指定第二个源点：　(选择 2 点)

6)指定第二个目标点：　(选择 5 点)

7)指定第三个源点或 <继续>：　(选择 3 点)

8)指定第三个目标点：　(选择 6 点)

同理移动“左视图”，如图 11 -34(a)所示。

(7)将图层 PH -226 的线型修改为虚线，图层 PV -226 的线宽修改为粗实线，新建图层并绘制中心线，如图 11 -34(b)所示。

(8)重新显示 0 层，绘制长方体并用“差集”切去实体的左前部分，如图 11 -35(a)所示。

(9)在“布局 1”内，将视角切换为“西南等轴测视图”。选择菜单栏：“绘图”→“建模”→“设置”→“轮廓”命令，框选三维实体，四次回车后得到“轴测图”，关闭 0 层不显示三维实体。

(10)将“轴测图”虚线删除，用“分解”命令分解“轴测图”，用“视图”方式将坐标系的 XY

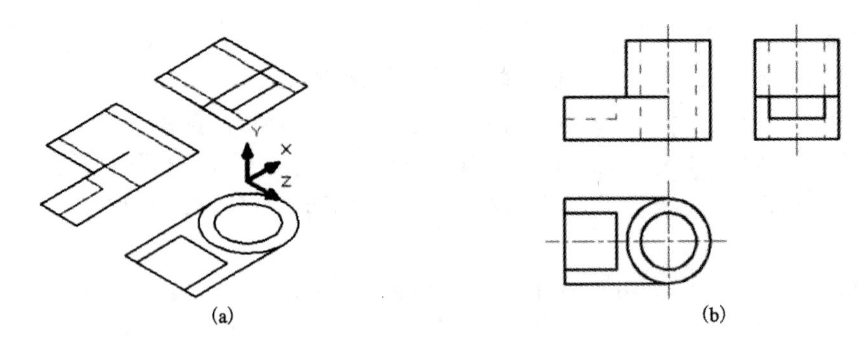

图 11－34　实体生成二维图形

平面与屏幕平行，用“填充”命令填充实体剖截面，结果如图 11－35(b)所示。

图 11－35　实体生成有剖截面的轴测图

11.4.10　为三维图形设置材质和贴图

通过为模型添加材质和贴图，可增加模型的真实感。使用这些材质和贴图类型可创建出丰富的材质效果，来模拟现实世界中的金属、玻璃、木材、布料等材质。

【例题 11－28】　为图 11－36 的 3 个三维实体设置不同类型的材质和贴图。

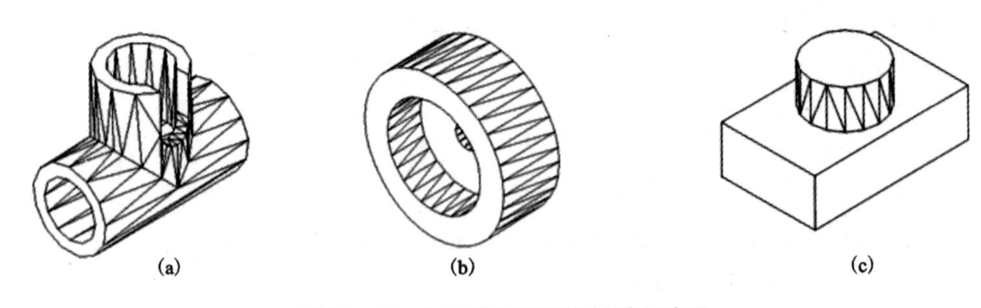

图 11－36　为三维图形设置材质和贴图

绘图步骤：

(1)绘制如图 11－36 所示的 3 个三维实体，并设为“西南等轴测”图，视觉样式设为“真实”样式。

(2)选择菜单栏“视图”→“渲染”→“材质”命令，打开如图 11 - 37 所示的“材质”窗口。

图 11 - 37　创建截面平面

(3)单击图标 新建“材质 1”，在“材质编辑器”卷展栏中单击颜色按钮打开“选择颜色”对话框，选择黄色。然后拖动“材质 1”材质样例到实体上，如图 11 - 38 所示。

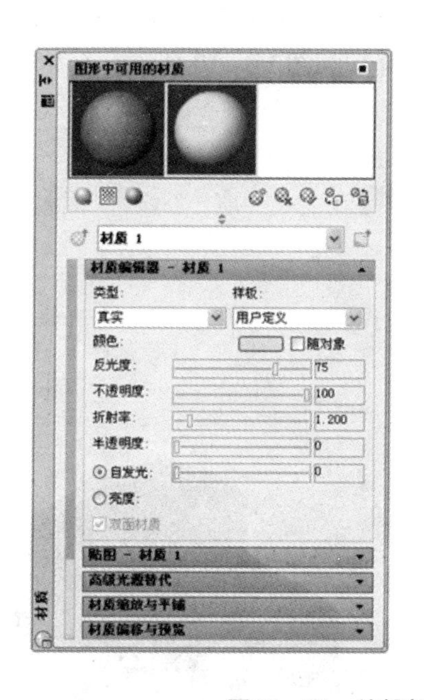

图 11 - 38　编辑颜色创建材质 1

(4)单击图标 新建“材质 2”，在“贴图”卷展栏的“漫射贴图”选项组中选择贴图类型为“木材”。然后拖动“材质 2”材质样例到实体上，如图 11 - 39 所示。

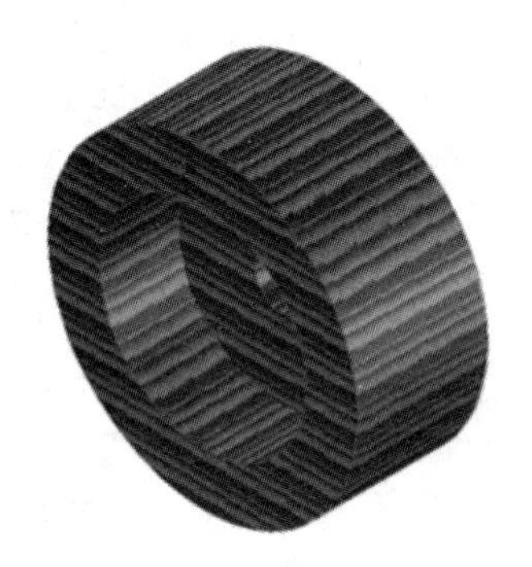

图 11 - 39　选择贴图类型创建材质 2

(5)单击图标 ，新建“材质 3”，在“贴图”卷展栏的“漫射贴图”选项组中单击“选择图像”按钮，在系统默认的材质库的 Bump 文件夹中选择材质“Masonry. Unit. Masonry. CMU. Bump. jpg”。然后拖动“材质 3”材质样例到实体上，如图 11 - 40 所示。

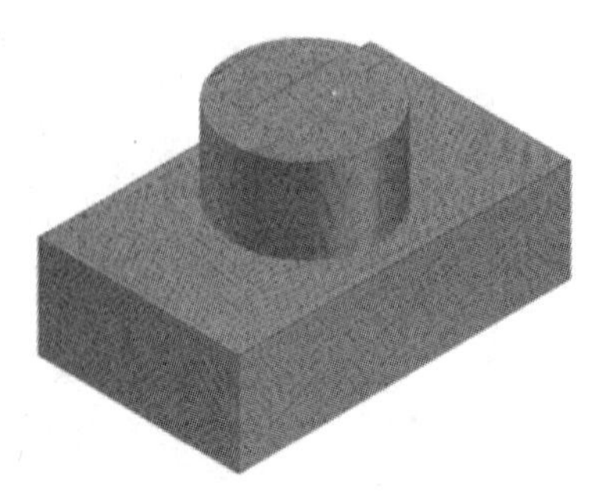

图 11 - 40　选择图像创建材质 3

(6)在“材质 3”的“材质缩放与平铺”卷展栏中选择“比例单位”为毫米，宽度和高度平铺均为 100，如图 11 - 40 所示。然后拖动“材质 3”材质样例到实体上，如图 11 - 41 所示。

(a)

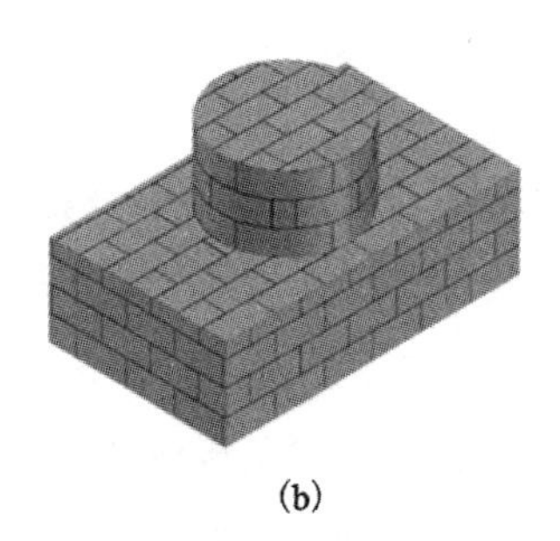

(b)

图 11 - 41　材质 3 的缩放与平铺

11.5　复杂实体的绘制

【例题 11 - 29】　绘制如图 11 - 42 所示的机件图形。

操作步骤:

(1)选择菜单栏“文件”→“新建”命令，新建一空白文档。

(2)选择菜单栏“格式”→“图层”命令，打开“图层特性管理器”对话框。

(3)单击“新建”按钮，创建“辅助线层”，设置颜色为“品红”，线型为 ACAD - ISO04W100，线宽为默认；创建“轮廓线层”，设置颜色为“绿色”，线型为 continuous，线宽为 0.2 毫米；创建“标注层”，设置颜色为“白色”，线型为 Continuous，线宽为默认。

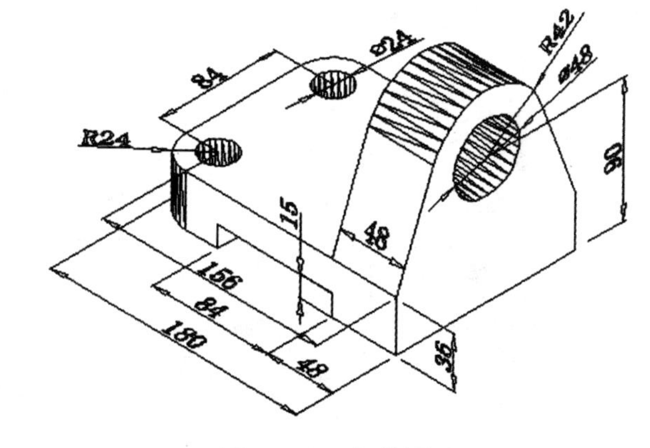

图 11 - 42　机件图形

(4)首先打开 5 个工具栏，即：“UCS”“实体编辑”“建模”“视觉样式”“动态观察”，如图 11 - 43 所示。

(5)选择菜单栏“视图”→“三维视图”→“西南等轴测”命令，点击“长方形”图标，绘长方形，长 132，宽 180。

> **知识要点提示：**
> 系统默认 X 轴方向为长，Y 轴方向为宽。

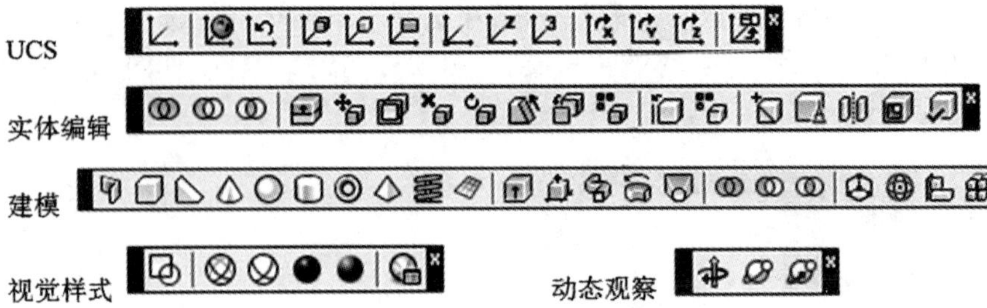

UCS

实体编辑

建模

视觉样式　　　　动态观察

图 11-43　打开工具栏

(6)点击“圆角”图标，倒圆 R24，再点击绘圆图标，绘两小圆 ϕ24，见图 11-44。

(7)点击“面域”图标，全选整个图形，将此线框面域为平面。

(8)点击“差集”图标，去除两个小圆平面 ϕ24(可点击“视觉样式”工具栏的“真实视觉样式”图标，检查是否已面域成功)，如图 11-45 所示。

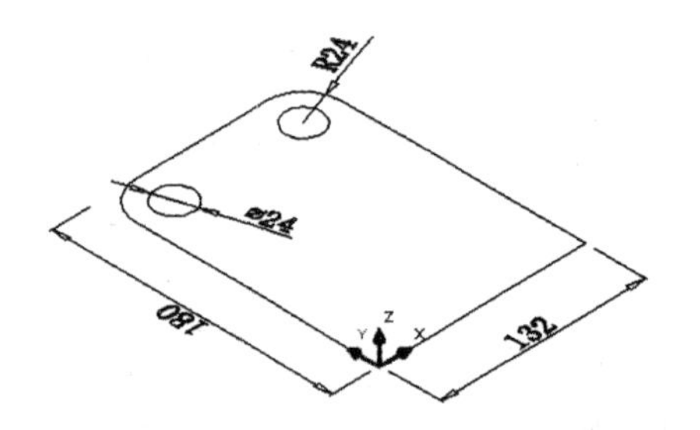

图 11-44　绘矩形、倒圆和绘圆

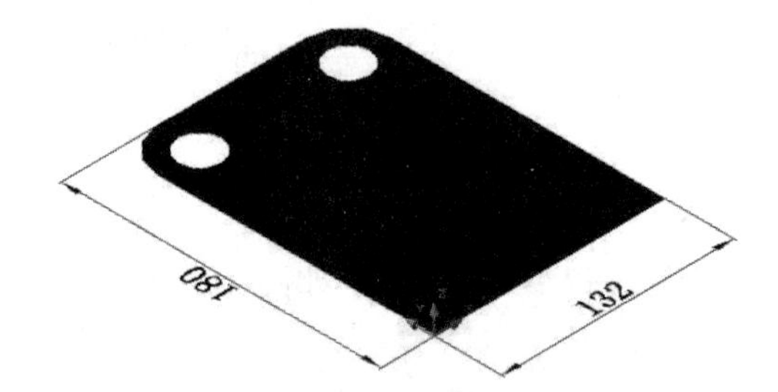

图 11-45　面域和差集

(9)点击“建模”工具栏中的“拉伸”图标，Z 向拉伸 36，如图 11-46 所示。

知识要点提示：

输入拉伸高度为正值 36，平面将沿 Z 轴的正方向拉伸，如果输入拉伸高度为负值 -36，则平面将沿 Z 轴的反方向拉伸。

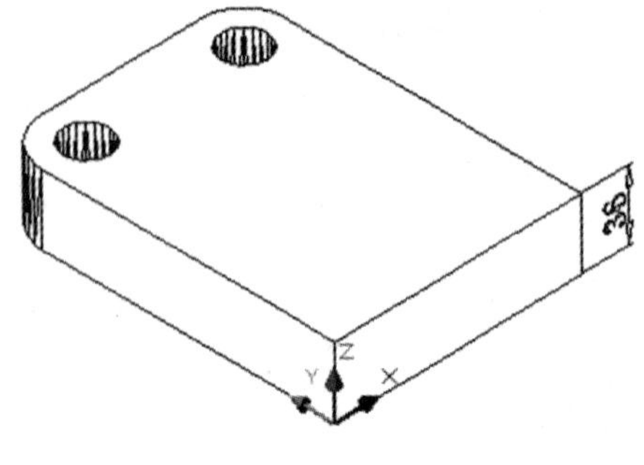

图 11-46　拉伸

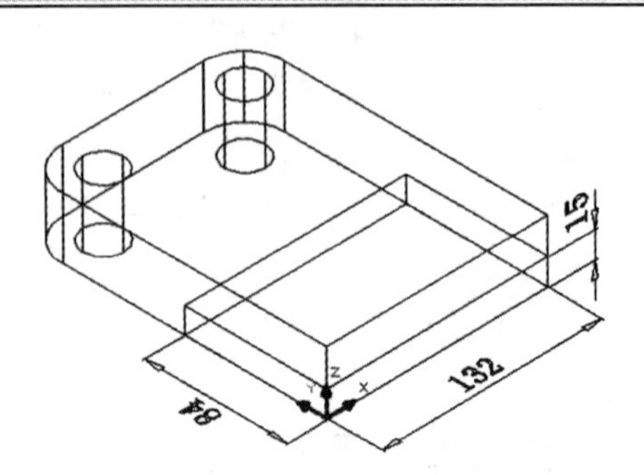

图 11-47　绘矩形、面域和拉伸

(10)先点击“视觉样式”工具栏的“三维线框视觉样式”图标，让底板呈三维线框显示，点击“长方形”图标，绘长方形，长 132，宽 84。先面域，再 Z 向拉伸 15，如图 11－47 所示。

(11)点击“移动”图标，打开正交，将光标移到 Y 轴正方向任何位置，输入 48，则此长方体沿 Y 轴正方向移 48。如图 11－48 所示。

(12)点击“差集”图标，将底板挖去长方形凹槽，如图 11－49 所示。(可点击“视觉样式”工具栏的“三维隐藏视觉样式”图标，检查效果。)

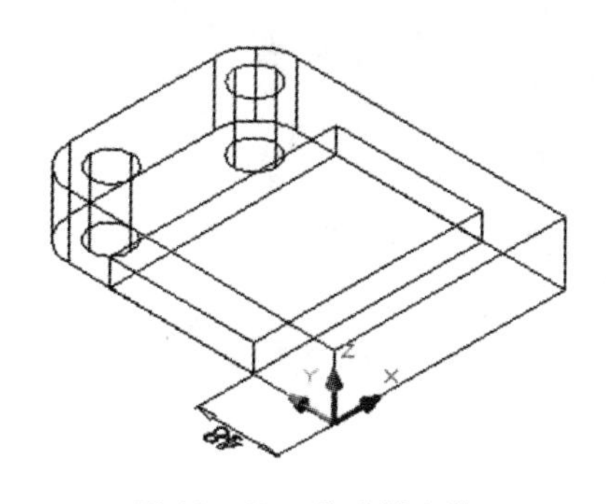

图 11－48　移动长方体

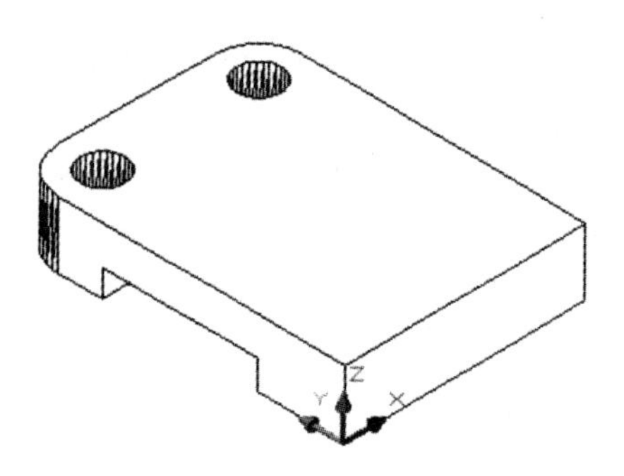

图 11－49　差集

(13)点击“UCS”工具栏的“原点”图标，将坐标系移到底板右侧面的中点 A，再点击“X”图标，输入角度 90，则 Y、Z 轴都绕 X 轴逆时针旋转 90 度，如图 11－50 所示。

知识要点提示：

旋转规律符合右手定则，大拇指指向 X 轴正向，四指弯曲方向指向另两轴绕 X 轴旋转的正值角度的方向。

(14)打开正交，绘制直线 AB，长度为 90，如图 11－50 所示。以端点 B 为圆心，画圆 R24 和圆 R42。打开对象捕捉的切点，绘两斜线与圆 R42 相切，如图 11－51 所示。

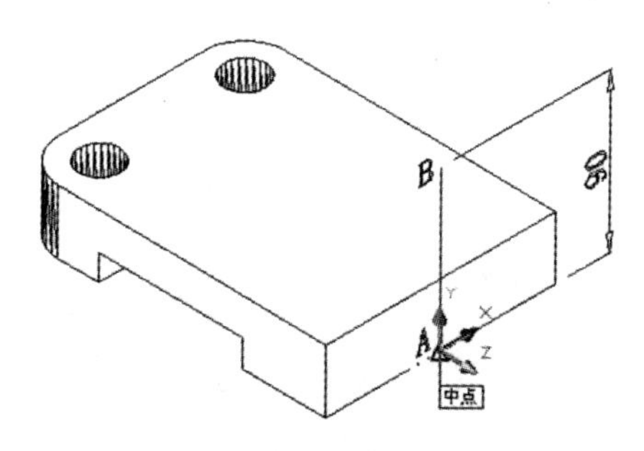

图 11－50　移动和旋转坐标系

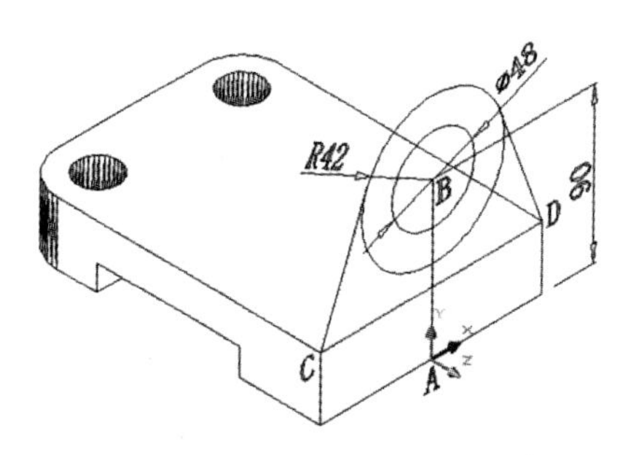

图 11－51　绘圆和两斜线

知识要点提示：

CAD 系统设置二维图形只能在 XY 平面内绘制，Z 轴方向只能用来拉伸平面成为实体，如果要在不同方位的平面内绘图，一定要先将该平面转换为 XY 平面，可以通过点击"UCS"工具栏的"三点"图标、"X"图标、"Y"图标和"Z"图标调整实现。

(15)删除直线 AB，修剪图形，接着补绘一条直线 CD，再选中刚绘的 5 条线段，创建 2 个面域，如图 11－52 所示。

知识要点提示：

面域之前，一定要补绘一条直线 CD，而不能共用底板实体的棱线，否则，面域不能成功。

(16)点击"拉伸"图标，Z 向拉伸高度为－48，拉伸成实体，如图 11－53 所示。

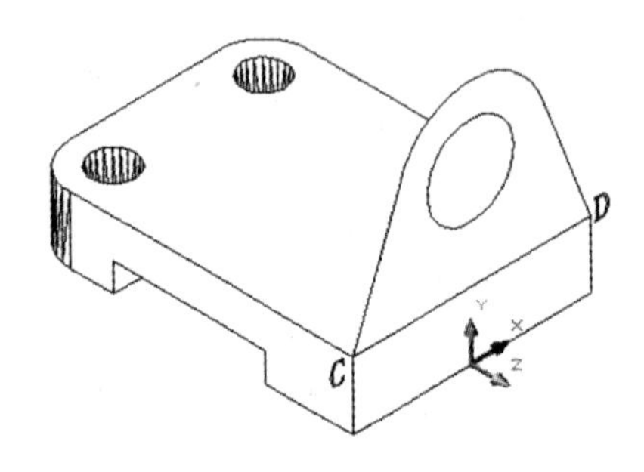

图 11－52 修剪和面域

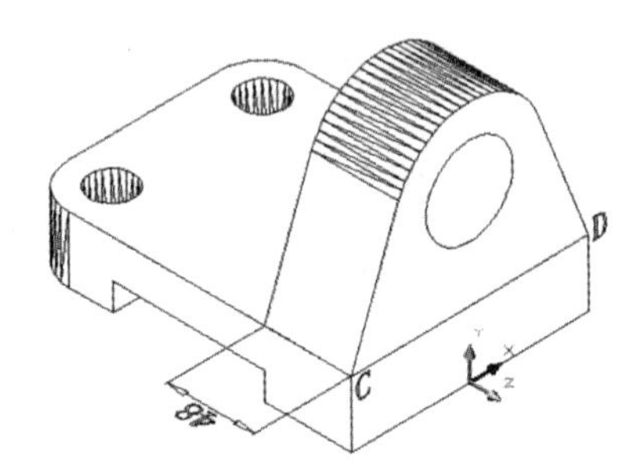

图 11－53 拉伸

知识要点提示：

并集、差集和交集既可应用于编辑面域的平面，又可应用于编辑实体。

(17)点击"差集"图标，去除 R24 的孔内实体，如图 11－54 所示。

(18)最后，点击"并集"图标" "，使底板和上面的圆头竖板成为一个整体，叠交线 CD 将会消失，效果如图 11－55 所示。(此时，可以用"连续动态观察"图标，连续动态转动和全方位观察该实体。)

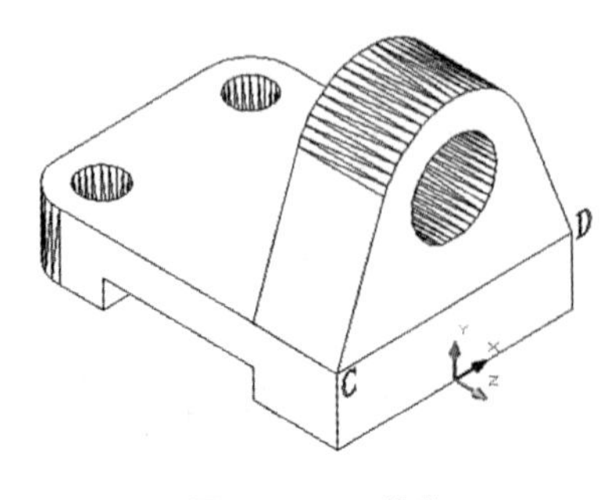

图 11－54 差集

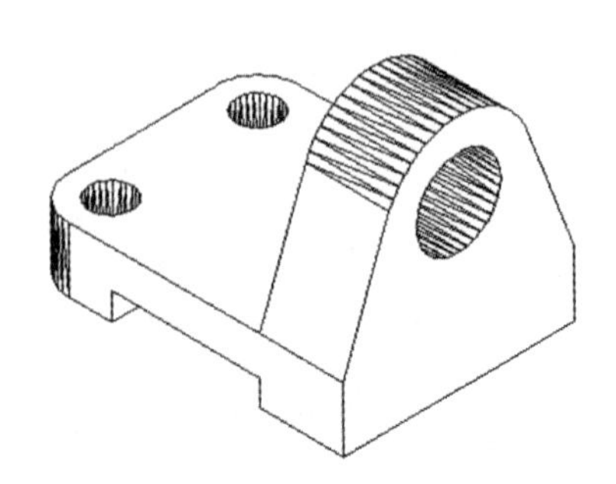

图 11－55 并集

【例题 11－30】 绘制如图 11－56 所示的机件图形。

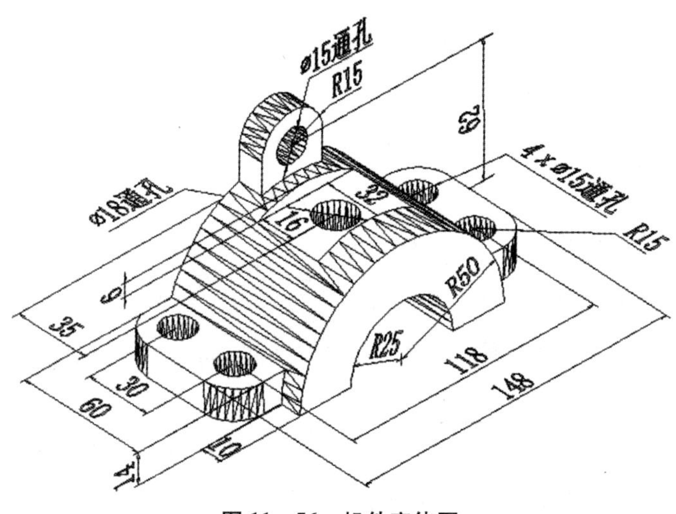

图 11－56　机件实体图

(1)选择“文件”→“新建”命令，新建一空白文档。

(2)选择“格式”→“图层”命令，打开“图层特性管理器”对话框。

(3)单击“新建”按钮，创建“辅助线层”，设置颜色为“品红”，线型为 ACAD_ISO04W100，线宽为默认；创建“轮廓线层”，设置颜色为“绿色”，线型为 Continuous，线宽为 0.2 毫米；创建“标注层”，设置颜色为“白色”，线型为 Continuous，线宽为默认。

(4)首先打开 5 个工具栏，即：“UCS”“实体编辑”“建模”“视觉样式”“动态观察”，如图 11－57 所示。

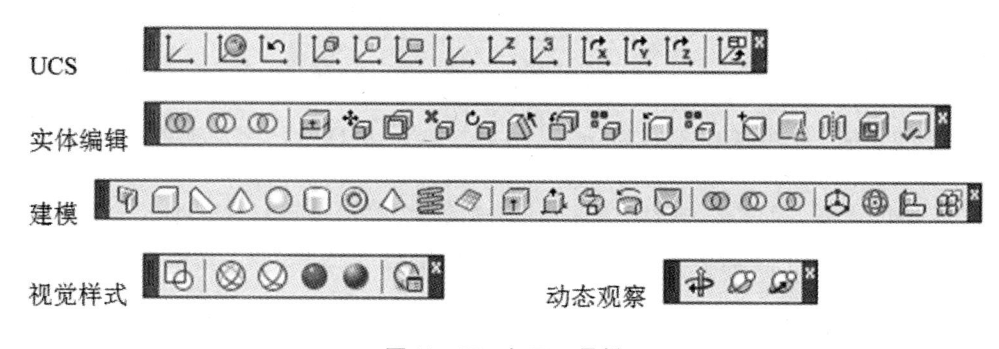

图 11－57　打开工具栏

(5)选择菜单栏“视图”→“三维视图”→“西南等轴测”命令，点击“建模”工具栏中的“长方体”图标，绘长方体，长 148，宽 60，高 14。如图 11－58 所示。

(6)点击“圆角”图标，点选长方体的四条竖边 a、b、c、d，如图 11－58 所示。倒圆 R15，如图 11－59 所示。

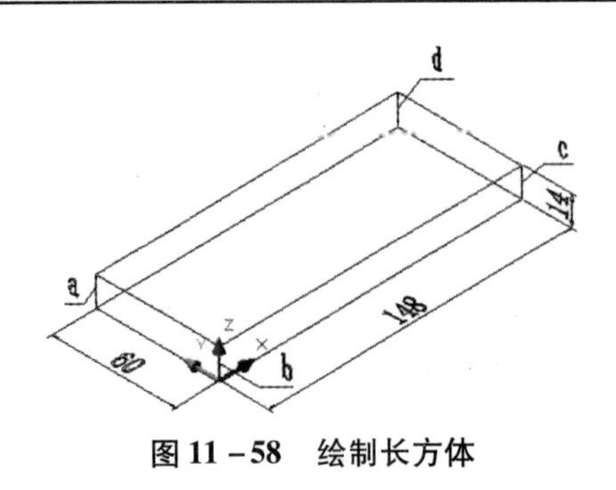

图 11－58　绘制长方体

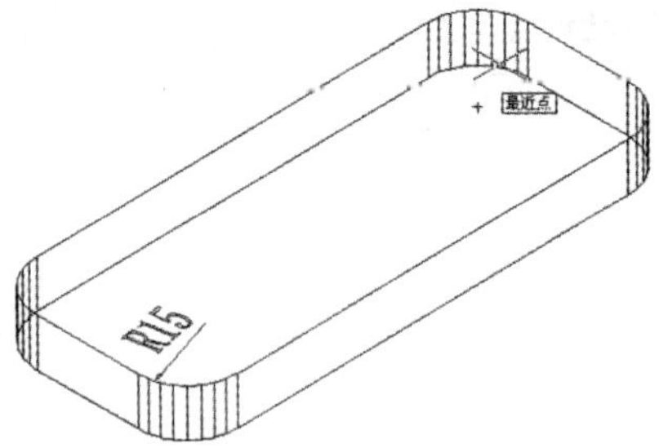

R15
最近点

图 11－59　倒圆

(7)点击“UCS”工具栏的“原点”图标，打开对象捕捉的圆心和最近点，将光标移到底面圆弧处，系统自动显示出该圆弧的圆心标记“＋”，如图 11－59 所示。点击该圆心标记“＋”，将坐标系移到此处，如图 11－60 所示。

(8)点击“建模”工具栏中的“圆柱体”图标，绘圆柱体，直径为 ϕ15，高 14。点击“复制”图标，再多重复制 3 个。点击“差集”图标，将底板挖空 4 个 ϕ15 的圆柱孔，如图 11－60 所示。

(9)点击“原点”图标，将坐标系移到底平面后侧棱边的中点。点击“Z”图标，输入角度 90，坐标系将绕 Z 轴旋转 90 度，再点击“X”图标，输入角度 90，坐标系将绕 X 轴旋转 90 度，效果如图 11－61 所示。

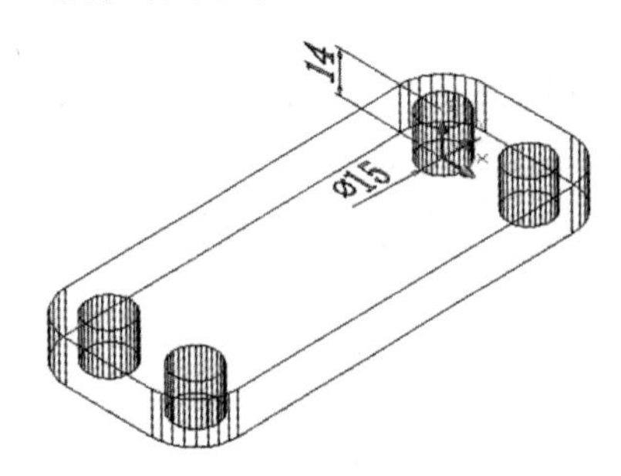

图 11－60　绘制和复制圆柱体

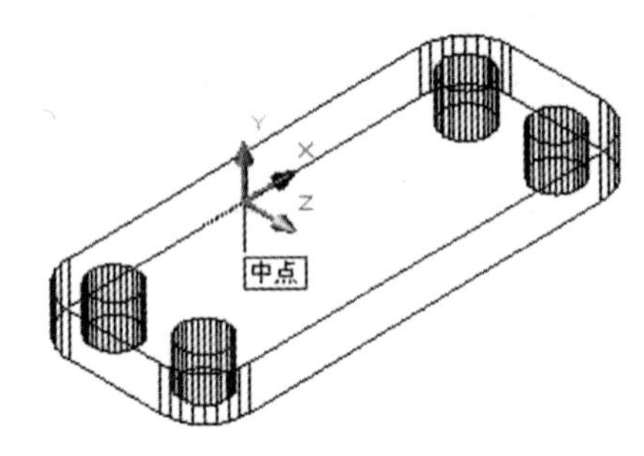

图 11－61　移动和旋转坐标系

(10)点击“建模”工具栏中的“圆柱体”图标，绘两个圆柱体，半径分别为 R25 和 R50，高都为 70，如图 11－62 所示。(可点击“视觉样式”工具栏的“三维隐藏视觉样式”图标，检查效果，如图 11－63。)

(11)点击“原点”图标，将坐标系移出实体外，点击“长方体”图标，绘长方体，长 30，宽 62，高 12，如图 11－63 所示。

知识要点提示：

无论坐标系 X、Y、Z 三轴在空间的位置如何摆放，系统都默认 X 轴方向为长，Y 轴方向为宽，Z 轴方向为高。

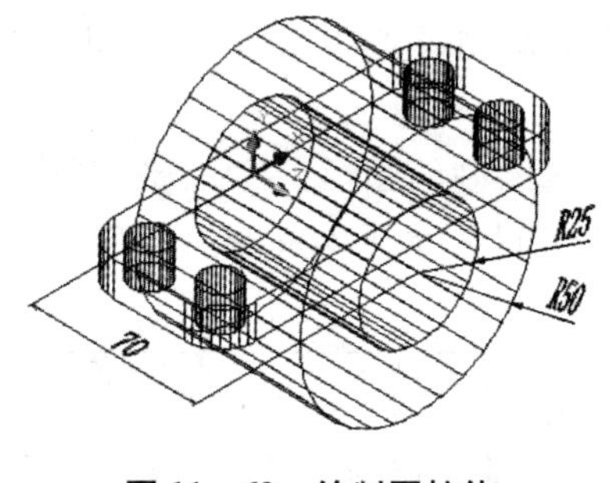

图 11－62　绘制圆柱体

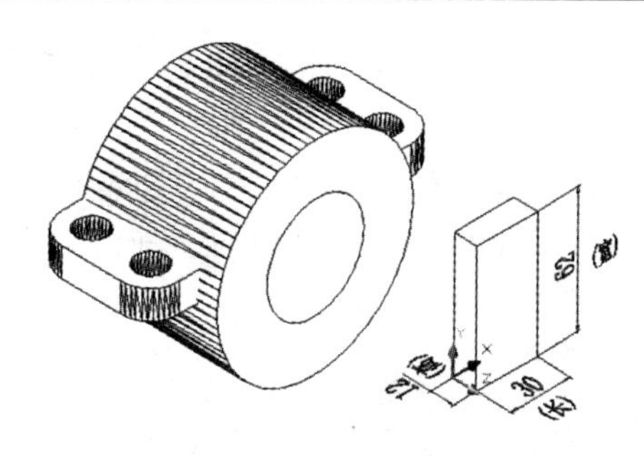

图 11－63　绘制长方体

（12）点击“原点”图标，将坐标系移到长方形竖板的顶面后侧边的中点，再点击“圆柱体”图标，绘 R15 和 ϕ15，高都为 12 的两个圆柱体，如图 11－64 所示。

（13）点击“原点”图标，将坐标系移到底板平面后侧棱边的中点，如图 11－65 所示。点击“移动”图标，以长方形竖板的底面后侧边的中点为基点，将此竖板移到坐标系原点位置，如图 11－66 所示。

（14）点击“并集”图标，选择底板①、R50 的圆柱体②、长方体③和 R15 的圆柱体④，如图 11－66 所示，对它们进行并集。

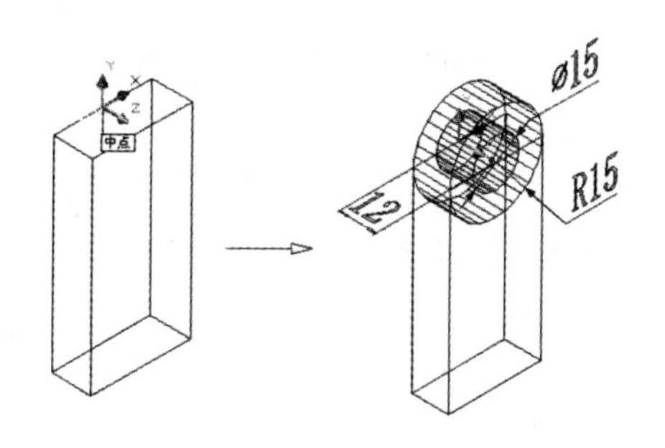

图 11－64　绘制圆柱体

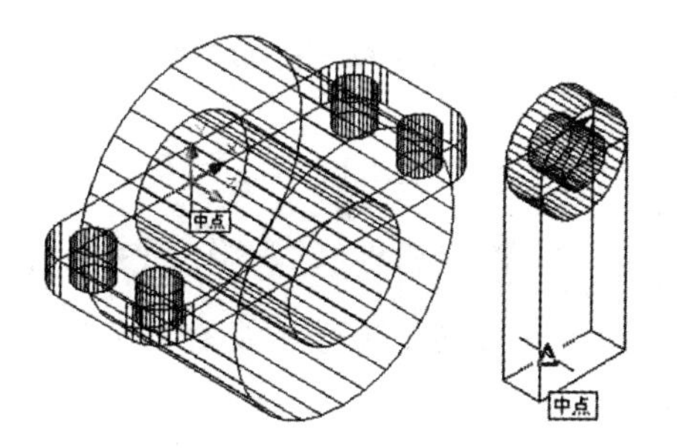

图 11－65　移动长方体

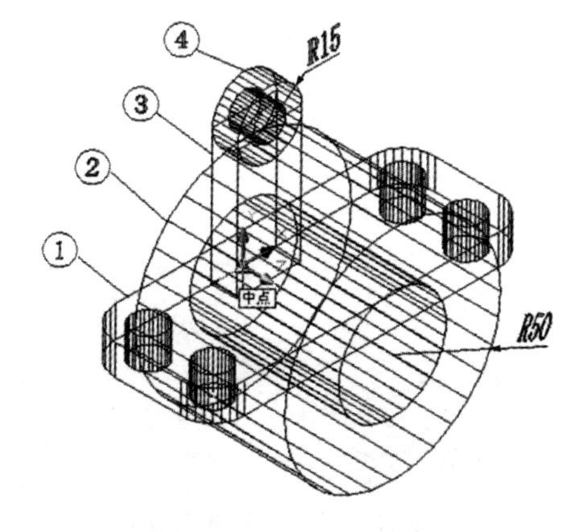

图 11－66　并集实体

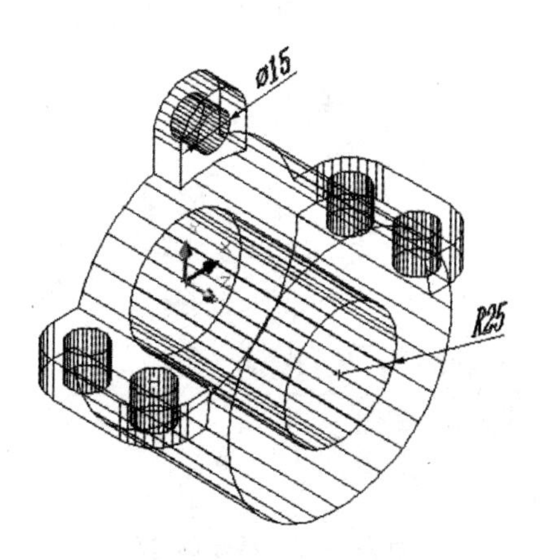

图 11－67　差集

（15）点击“差集”图标，将合并后的实体减去 ϕ15 和 R25 的圆柱体，如图 11－67 所示。

（16）选择菜单“修改”→“三维操作”→“剖切”，点选绘制的图形，然后选择过坐标原点（0，0，0）的 ZX 平面为剖切面，剖切实体，任意点选如图 11－68 所示的端点作为 ZX 平面以上要保留的一侧实体的方向。

知识要点提示：

要保留的一侧指定点应在实体上点选，而不能点选在其他空间位置，否则，系统无法判别其具体位置而易造成剖切失误。

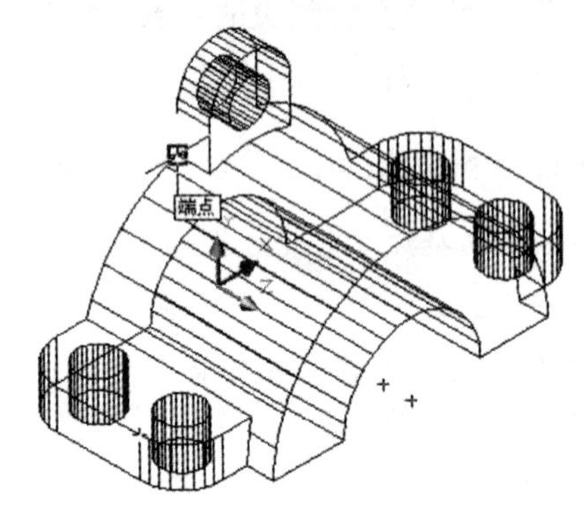

图 11－68　剖切实体

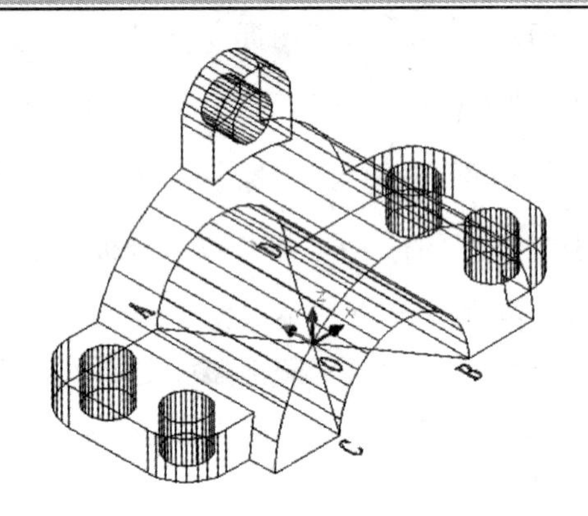

图 11－69　绘直线和移动坐标系

（17）绘直线 AB 和 CD，相交于点 O，点击图标，将坐标系移到 O 点［绘出 O 点是为了得到 R50 圆柱长度（60＋10）的中点距离，即 35］，点击“X”图标，输入角度－90，坐标系将绕 X 轴旋转－90 度，如图 11－69 所示。再点击“圆柱体”图标，绘 ϕ18，高为 50 的圆柱体，如图 11－70 所示。

（18）将坐标系移出圆柱体外，点击“实体”工具栏中的“长方体”图标，绘长方体，长 60，宽 32，高 6。如图 11－71 所示。

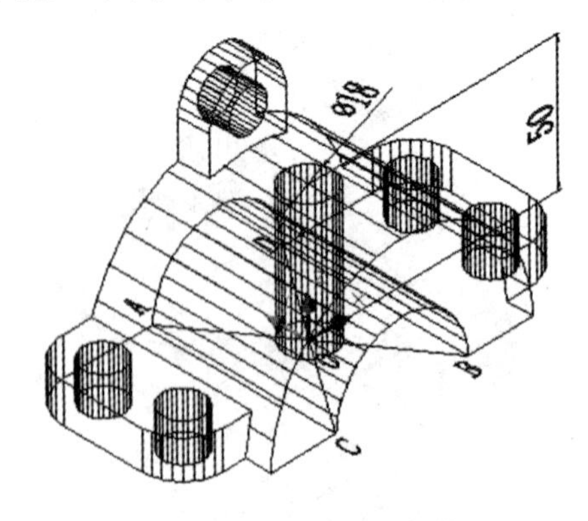

图 11－70　绘制圆柱体

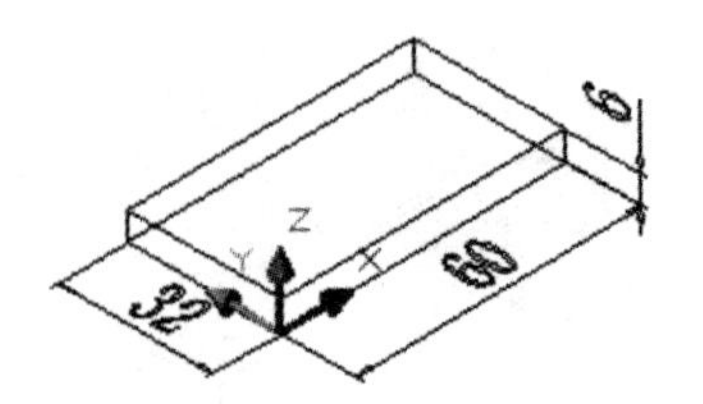

图 11－71　绘制长方体

(19)在长方体的上表面绘直线连接对角点，得直线 EF 和 GH，相交于点 K。点击图标 ，将坐标系移到 ϕ18 圆柱的上端面的圆心，如图 11－72 所示。

(20)点击“移动”图标，以长方体上表面的直线交点 K 为基点，将此长方体移到坐标系原点位置，再删除辅助线 AB、CD、EF 和 GH，如图 11－73 所示。

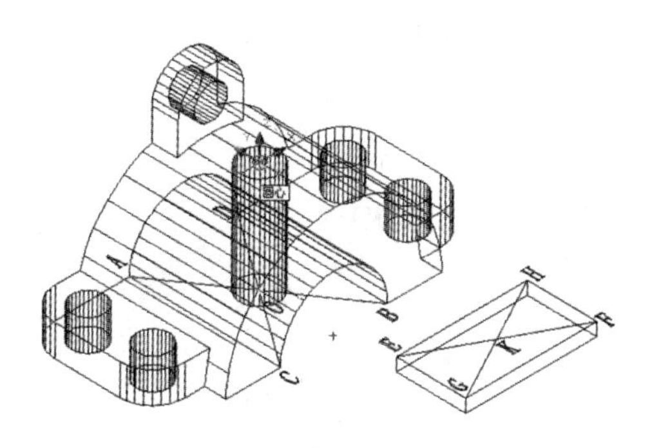

图 11－72　绘直线和移动坐标系

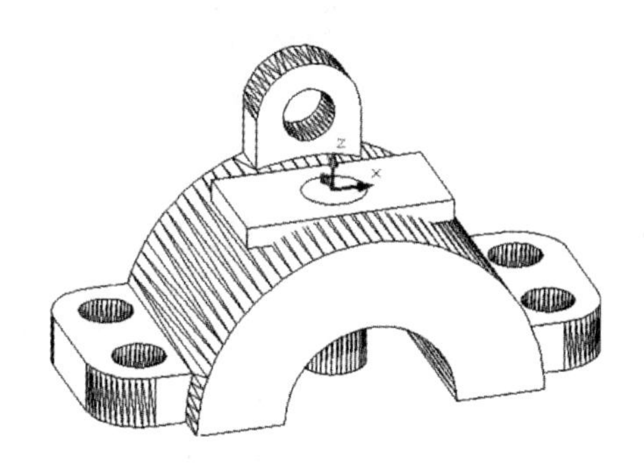

图 11－73　移动长方体

(21)点击“差集”图标，使用前面创建的图形减去刚刚绘制的圆柱体和长方体，结果如图 11－74 所示。

(22)可点击“视觉样式”工具栏的“三维隐藏视觉样式”图标，可观察最后效果，结果如图 11－75 所示。

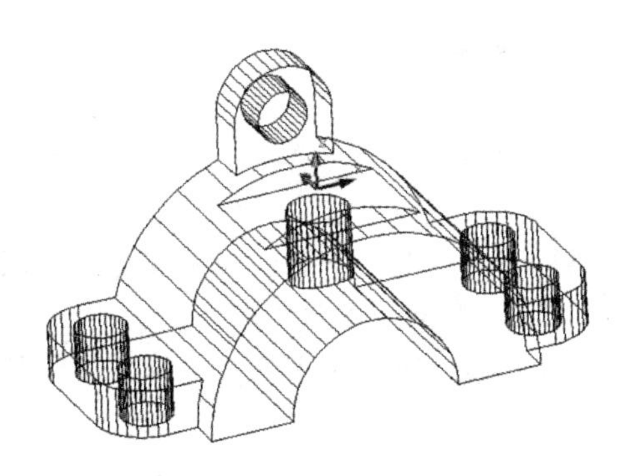

图 11－74　差集

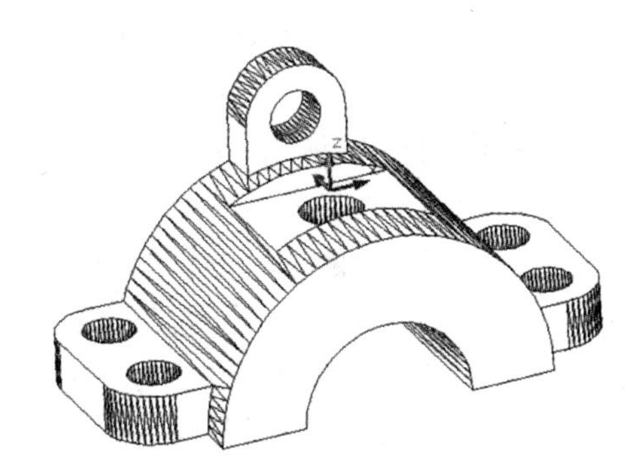

图 11－75　最后效果

知识要点提示：

在上例绘图过程中，同学们最容易出错的步骤是图 11－66 和图 11－67，一定要将件①、②、③和④先并集成为一个整体后，再差集去除 ϕ15 和 R25 的孔内实体，得到图 11－76(b)的正确效果。

同学们习惯于先差集 ϕ15 和 R25，使之成为孔，再将件①、②、③和④并集成为一个整体，结果如图 11－77(b)所示，这样，ϕ15 和 R25 孔内的长方体部分将无法去除。

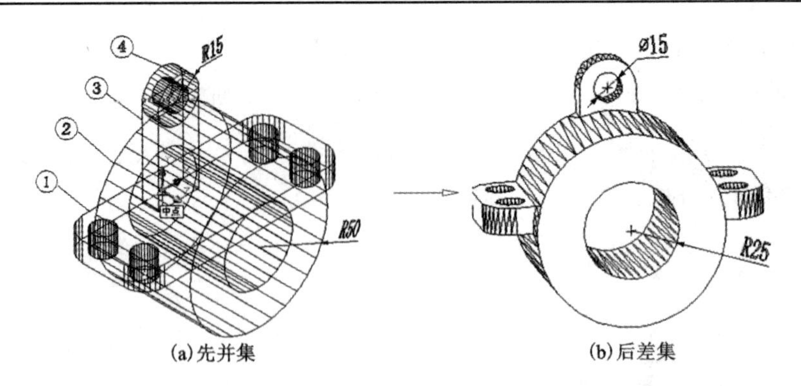

(a)先并集 (b)后差集

图 11－76 先并集、后差集的实体效果(正确步骤)

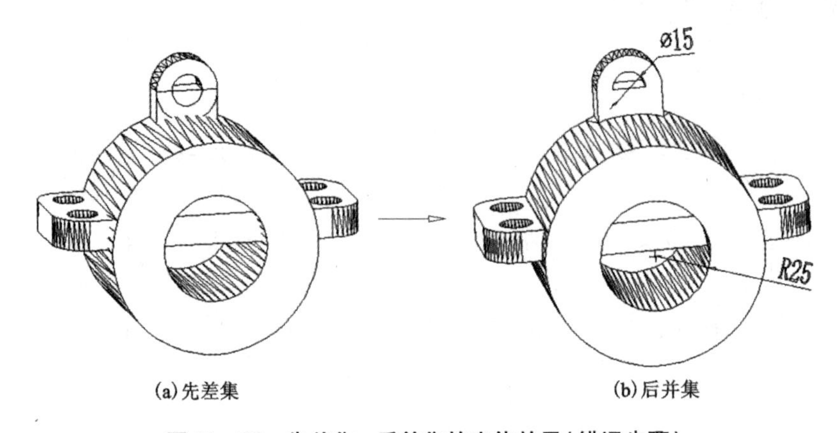

(a)先差集 (b)后并集

图 11－77 先差集、后并集的实体效果(错误步骤)

另外，三维图形的显示效果，可通过以下 3 种形式来显示：

(1)使用 ISOLINES 命令，修改曲面轮廓素线

当三维图形的弯曲面(如球体和圆柱体等)用线条的形式来显示，这些线条称为网线或轮廓素线。使用 ISOLINES 系统变量可以设置显示曲面时所用的网线条数。默认值为 4，即用 4 条网线来表达每一个曲面。该值为 0 时，表示曲面没有网线，如果输入的值越大，网线条数则越多，图形看起来更接近 3D 实物，如图 11－78 所示。

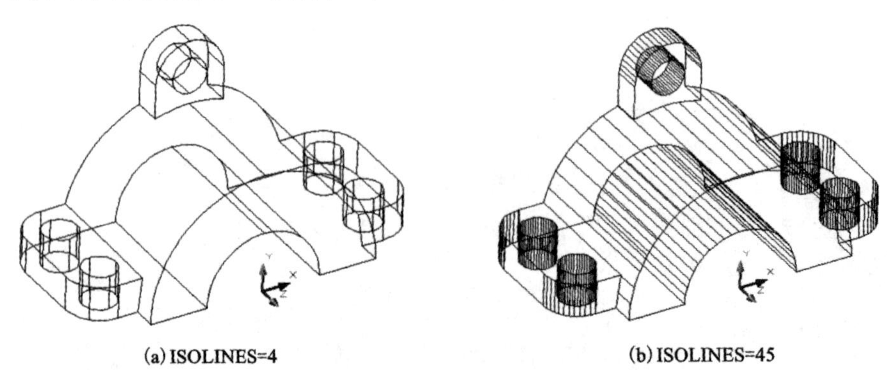

(a) ISOLINES=4 (b) ISOLINES=45

图 11－78 ISOLINES 不同的设置显示不同的实体效果

修改 ISOLINES 值后，选择“视图”→“重生成”命令(或输入 REGEN 命令)，可以更新显示。

(2)使用 DISPSILH 命令，以线框形式显示实体轮廓

使用 DISPSILH 系统变量可以以线框形式显示实体轮廓。此时需要将其值设置为 1，如图 11－79(b)所示。修改 DISPSILH 值后，必须执行“消隐”命令才能看出效果。

选择“视图”→“重生成”命令(或输入 REGEN 命令)，可以更新显示。

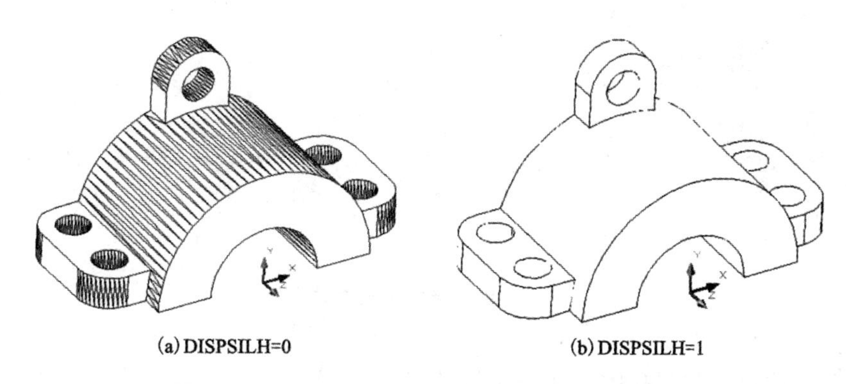

(a) DISPSILH=0　　(b) DISPSILH=1

图 11－79　DISPSILH 不同的设置显示不同的效果

(3)使用 FACETRES 命令，改变实体表面的平滑度

要想改变实体表面的平滑度，可通过修改 FACETRES 系统变量来实现，该变量用于曲面的面数，取值范围为 0.01～10。值越大时，曲面越平滑，如图 11－80 所示。

修改 FACETRES 值后，选择“视图”→“重生成”命令(或输入 REGEN 命令)，可以更新显示。

另外注意，如果 DISPSILH 变量值为 1，那么在“消隐”状态并不能看到 FACETRES 设置效果，此时必须将 DISPSILH 值设置为 0。

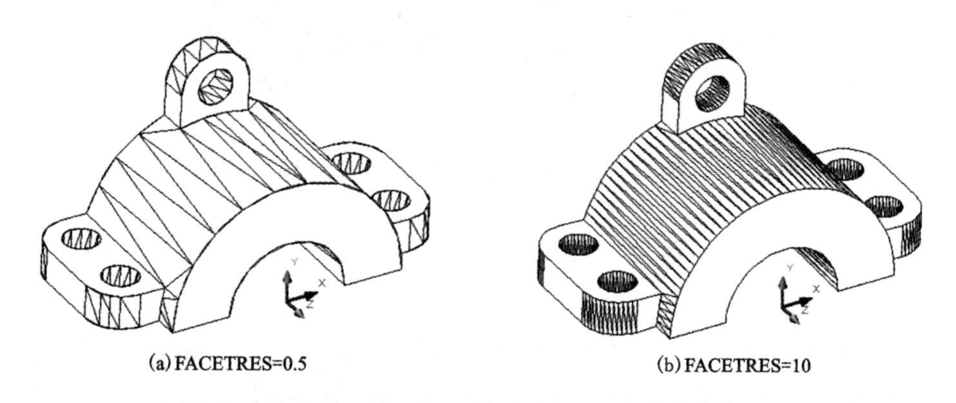

(a) FACETRES=0.5　　(b) FACETRES=10

图 11－80　FACETRES 不同的设置显示不同的表面平滑度

【例题 11－31】　绘制如图 11－81(a)所示的三维立体图。

绘图步骤：

(1)选择已经制好的绘图模板。调整绘图界限为 297×29，视图转为“西南等轴测视图”。

(2)在绘图界限内的适当位置绘制如图 11－81(b)所示二维图形，并对 6 个对象进行面域，再差集，去掉 5 个圆孔，最后拉伸这个面域，深度为－3。

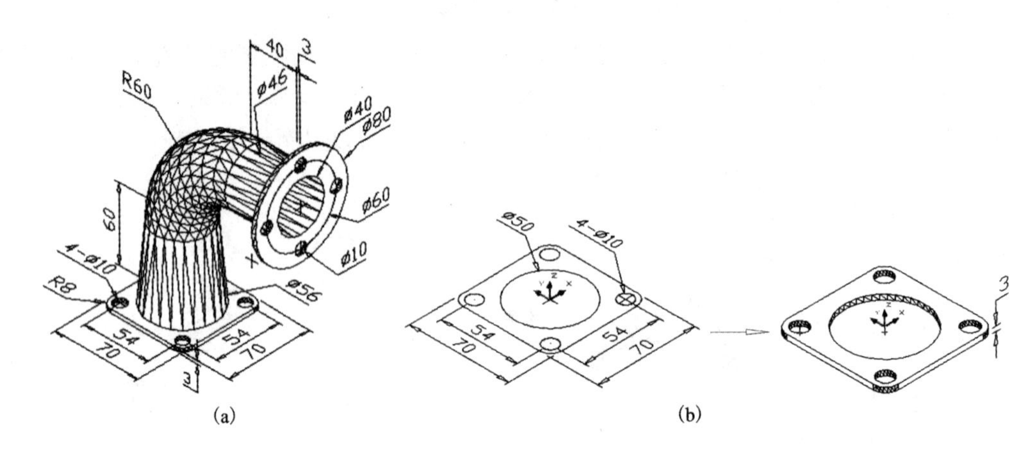

图 11－81　绘制三维立体图

(3)将坐标原点移到圆孔中心并绕 X 轴转 90°，再绕 Y 轴转－90°，作二维图形如图 11－82(a)所示，并进行面域。

(4)将如图 11－82(a)所示的面域用“旋转”图标进行旋转，旋转轴为中间的垂直直线，得到如图 11－82(b)所示三维实体。

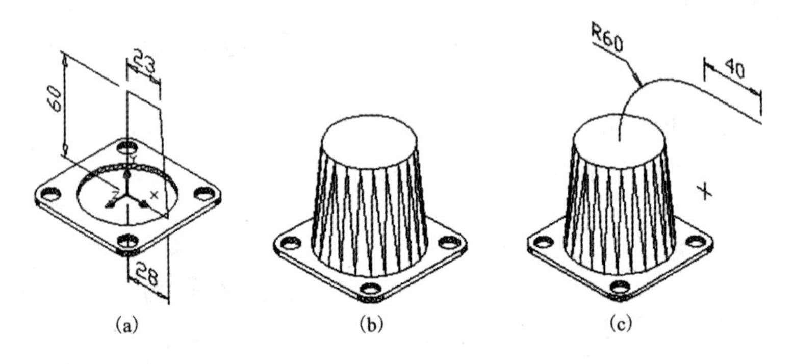

图 11－82　将面域图形旋转并绘二维图

(5)绘制如图 11－82(c)所示二维图形(线型为多段线)。圆弧的端点为实体上顶面的圆心。

(6)单击“实体编辑”工具栏的“拉伸面”图标，选择上顶面，以如图 11－82(c)所示二维图形(多段线)为拉伸路径进行拉伸，得到如图 11－83(a)所示的实体图形。

(7)用旋转命令将实体绕点 1、2 旋转 90°，如图 11－83(b)所示，单击“抽壳”图标，删除弯管的两端面，厚度为 3，得到如图 11－83(c)所示的实体图形。再用三维旋转命令将实体绕点 3、4 旋转－90°，如图 11－84(a)所示。

(8)将坐标移到弯管的右边端面圆心并绕 Y 轴旋转 90°，绘制如图 11－84(b)所示二维

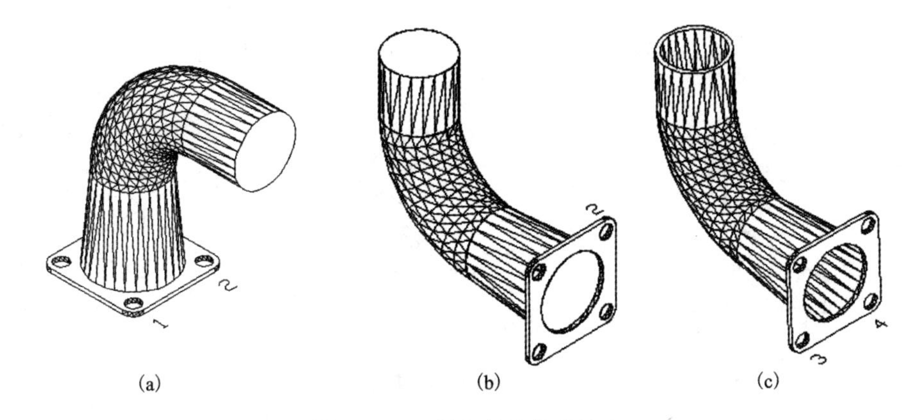

(a)　　(b)　　(c)

图 11－83　沿路径拉伸并抽壳

图形(要删除 ¢60 的圆)，并对 6 个圆进行面域，再差集，去掉 5 个圆(即 ϕ40 及 4 个 ϕ10)。最后拉伸这个面域，深度为 3，最后效果如图 11－84(c)所示。

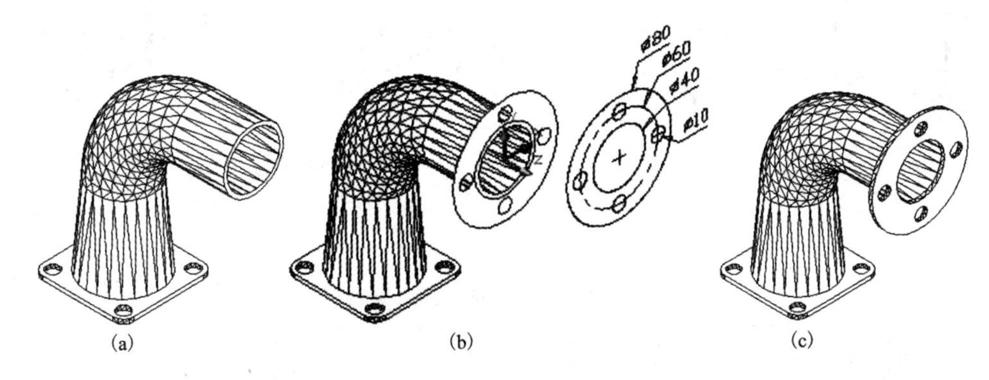

(a)　　(b)　　(c)

图 11－84　绘二维图形并拉伸

11.6　三维实体的标注

在 AutoCAD 中，尺寸标注都是基于二维的图形平面标注的。因此，要在某平面上生成文字对象或尺寸标注时，须先以该平面为 XY 坐标平面建立新的坐标系，然后再标注。

为了使三维标注满足制图要求，在标注尺寸的端面上建立用户坐标系时，必须使该端面为 XY 平面，操作者应正面对着 XY 平面方向观看，此时，X、Y 轴的方向应符合图 11－85 所示的方向(坐标原点可以在端面的任意位置上)。

【例题 11－32】　图 11－86(a)是一个支架的三维图形，要求为支架标注尺寸。标注结果如图 11－86(b)所示。

绘图步骤：

(1)移动并转换 UCS 坐标系的 XY 平面到支架的底板上平面：在命令行键入“UCS”，回车，键入“3”，回车，在命令提示下先后捕捉点 1、点 2 之间的直线的中点 3、点 2 以及尺寸为 70 的直线的中点 6，如图 11－87(a)。

(2)标注底板上表面相应的尺寸 40、两个 70、100、R15、4－ϕ16，如图 11－87(b)。

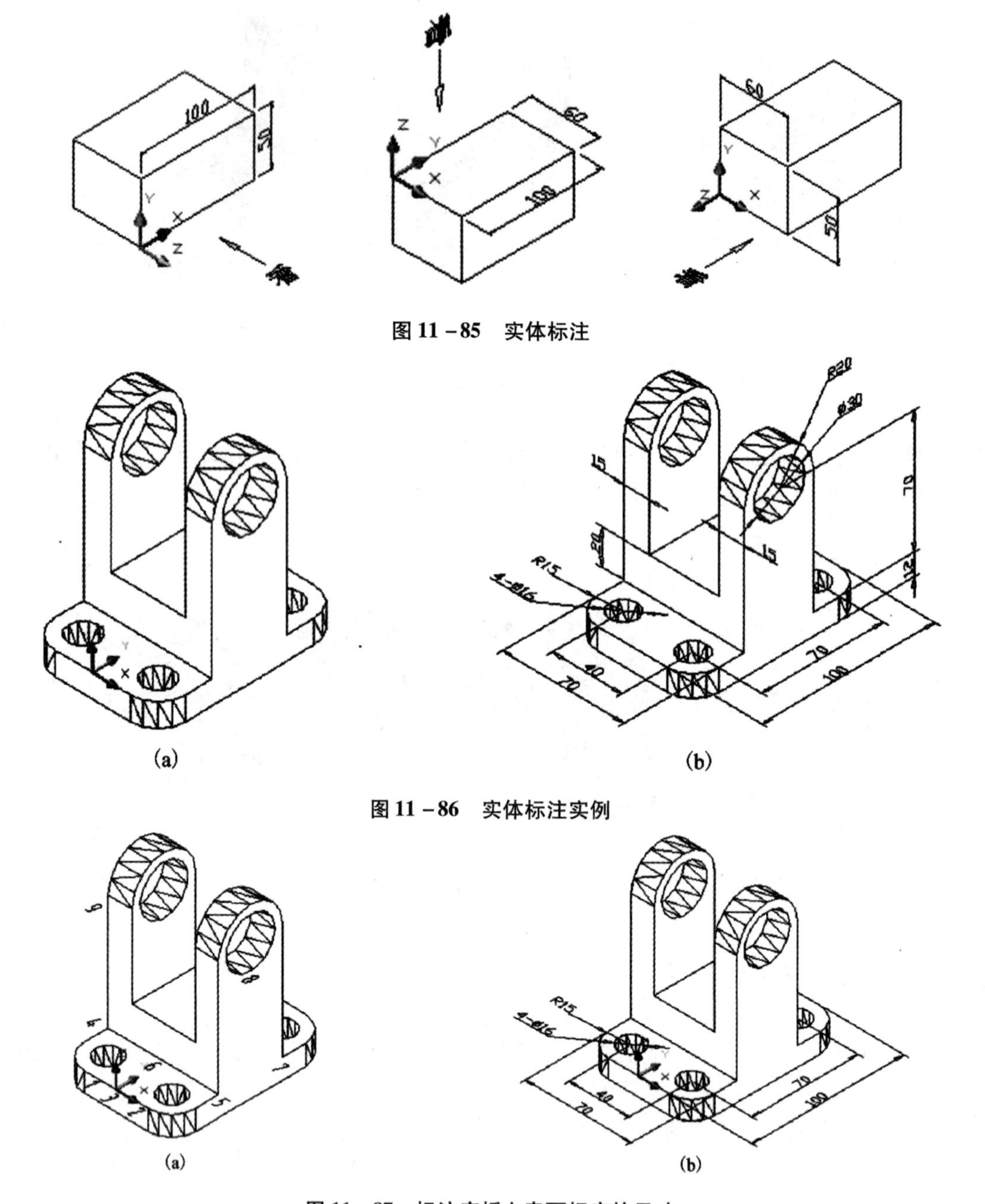

图 11－85　实体标注

图 11－86　实体标注实例

图 11－87　标注底板上表面相应的尺寸

（3）移动并转换 UCS 坐标系的 XY 平面到支架的侧平面：在命令行键入“UCS”，回车，键入“3”，回车，在命令提示下先后捕捉点 5、点 7、点 8，如图 11－88（a）。

（4）标注侧平面上相应的尺寸 12、70、R20、ϕ30，如图 11－88（b）。

（5）移动并转换 UCS 坐标系的 XY 平面到支架的 U 形平面：在命令行键入“UCS”，回车，键入“3”，回车，在命令提示下先后捕捉点 4、点 6、点 9，如图 11－89（a）。

（6）标注 U 形平面上相应的尺寸：两个 15 及 20，如图 11－89（b）。

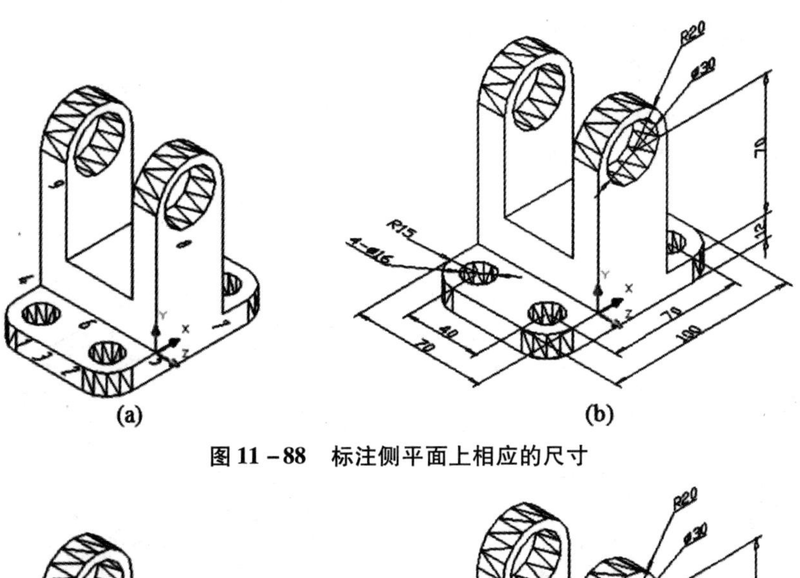

图 11－88　标注侧平面上相应的尺寸

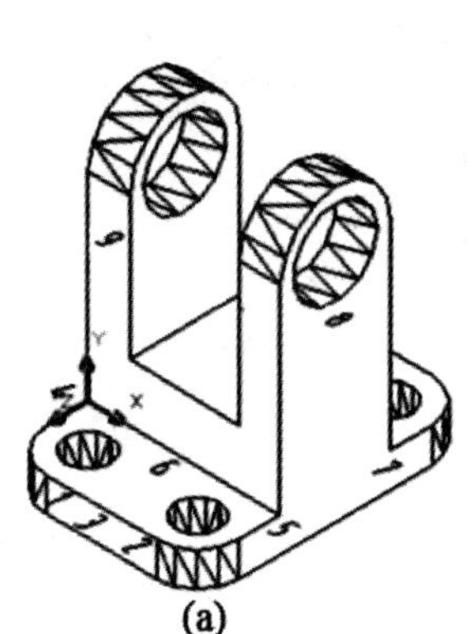

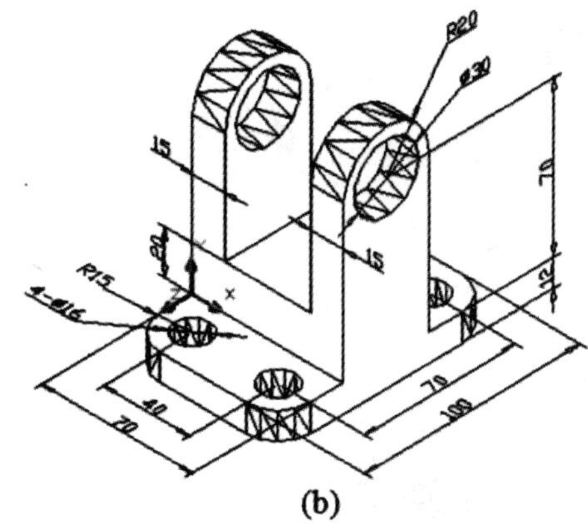

图 11－89　标注 U 形平面上相应的尺寸

11.7　习题与上机操作

1. 填空题

(1)绘制拉伸实体时，输入 ________ 表示从基准对象逐渐变细地拉伸，而 ________ 则表示从基准对象逐渐变粗地拉伸。

(2)绘制旋转实体时，根据 ________ 定则判定旋转的正方向。

(3)布尔运算就是对各个三维实体或面域进行 ________、________ 或交集的计算，以创建复杂的实体。

(4)指定 ________ 从实体表面向内抽壳，实体表面尺寸不变；指定 ________ 从实体表面向外抽壳，实体表面尺寸变大。

2. 操作题

(1)绘制如图 11－90 所示图形并进行标注。

(2)绘制如图 11－91 所示图形并进行标注。

(3)绘制如图 11－92 所示图形。

(4)绘制如图 11－93 所示图形。

(5)绘制如图 11－94 所示图形。

(6)绘制如图 11－95 所示图形。

(7)绘制如图 11－96 所示图形。

(8)绘制如图 11－97 所示图形。

(9)绘制如图 11－98 所示图形。

(10)绘制如图 11－99 所示图形。

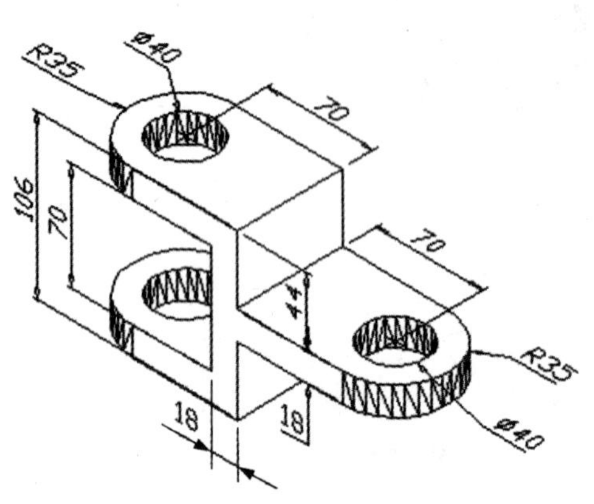

图 11－90　绘制三维实体并标注

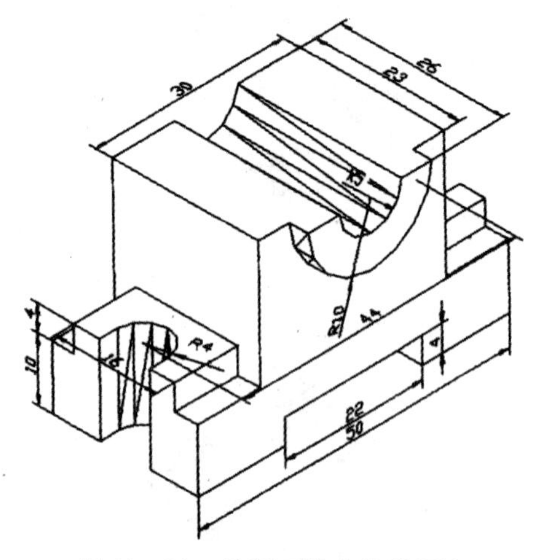

图 11－91　绘制三维实体并标注

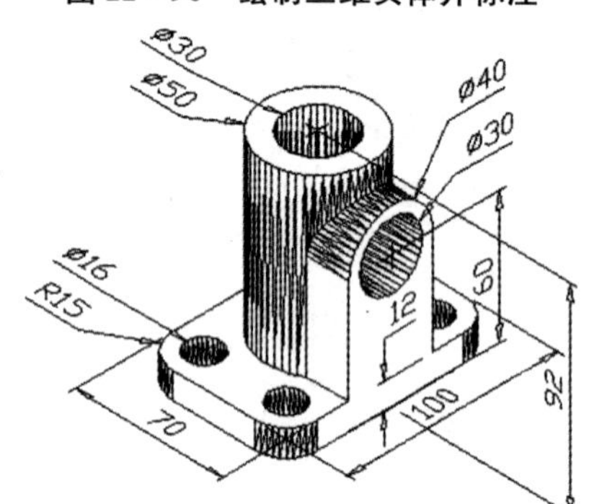

图 11－92　绘制三维实体

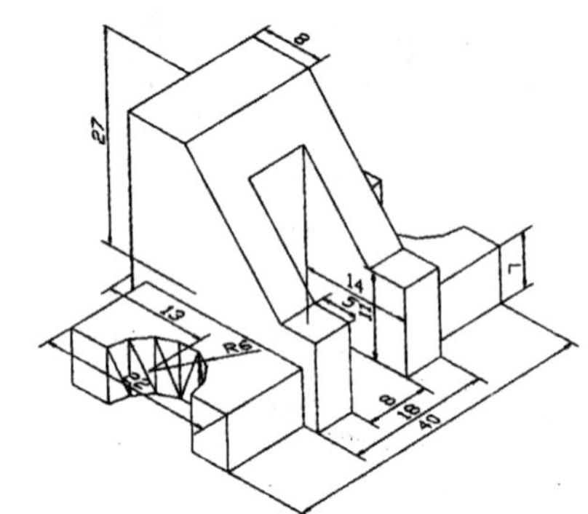

图 11－93　绘制三维实体

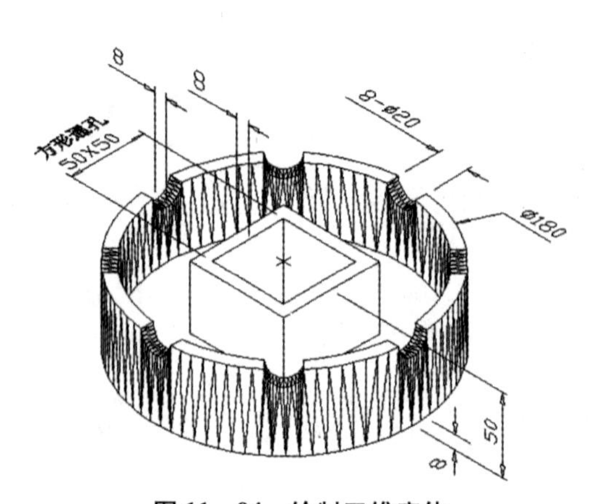

图 11－94　绘制三维实体

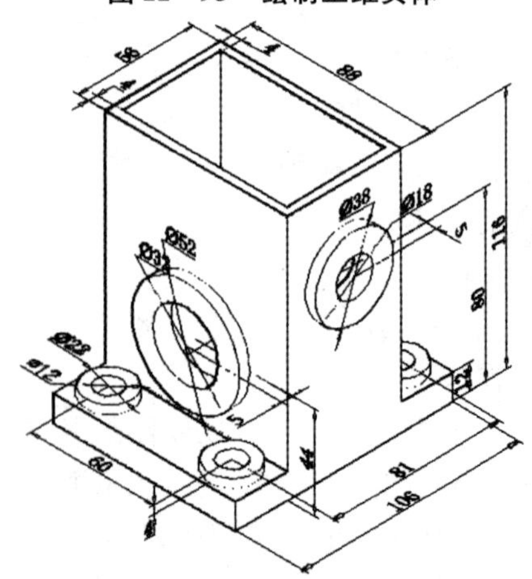

图 11－95　绘制三维实体

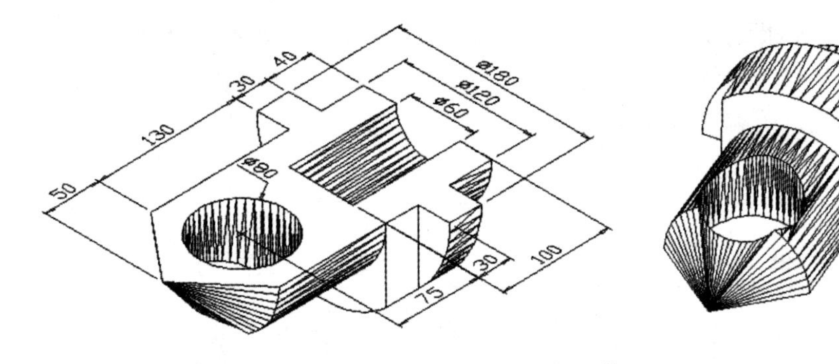

图 11－96　绘制三维实体

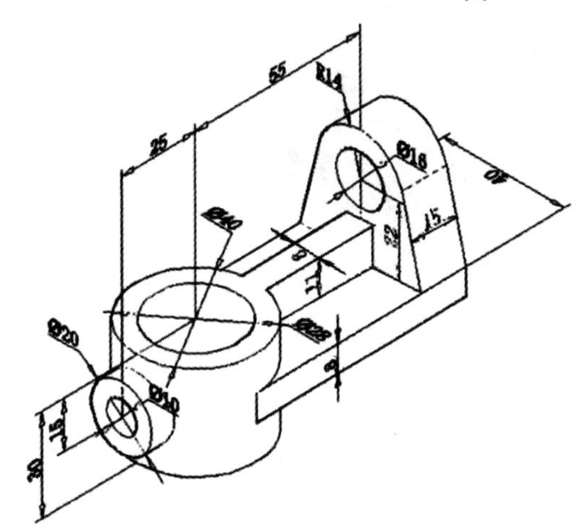

图 11－97　绘制三维实体

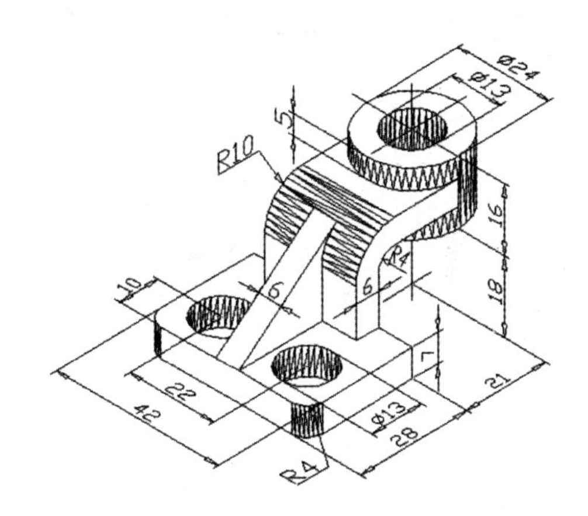

图 11－98　绘制三维实体

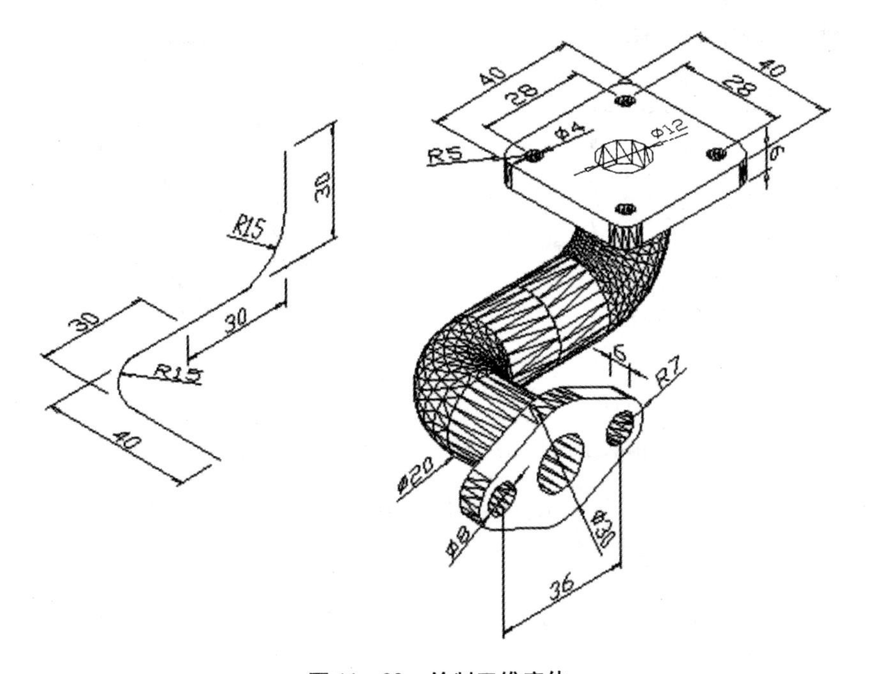

图 11－99　绘制三维实体

(11 *)绘制如图 11 - 100 所示图形，图形的尺寸不限，编辑方法不限。利用视口命令分别建立如图 11 - 100 所示物体的四个视口，调整视口并缩放和平移图形显示，分别显示前视图、俯视图、左视图和东南等轴测图。

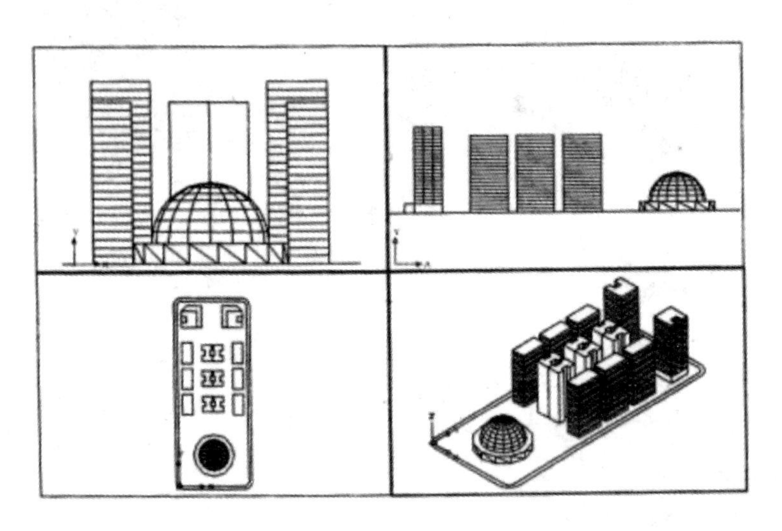

图 11 - 100　绘制图形

(12 *)绘制如图 11 - 101 所示图形，图形的尺寸不限，编辑方法不限。利用视口命令分别建立如图 11 - 101 所示物体的三个视口，调整视口并缩放和平移图形显示，分别显示前视图、左视图和西南等轴测图。

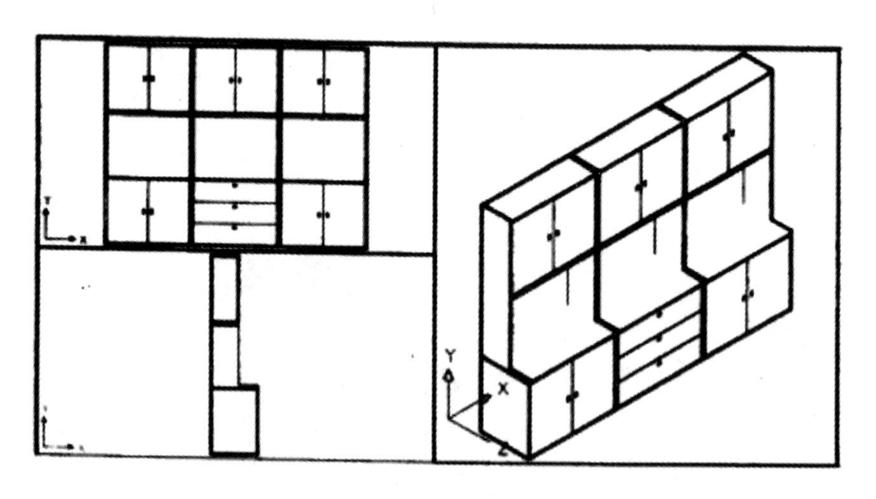

图 11 - 101　绘制图形

AutoCAD 模拟试题(一)

姓名________**班级**________**学号**________**得分**________(考试时间:120 分钟)

一、按下列要求设置绘图环境。(20 分)

1. 设置图层。

“轮廓线层”颜色为绿色，线型为实线，线宽为 0.3mm;

“中心线层” 颜色为红色，线型为点划线;“剖面线层”颜色为青色;

“尺寸层” 颜色为黄色;“文本层”颜色为白色。

2. 设置文字样式。

新建名为“汉字”的文字样式，字体名为“仿宋 - GB2312”。

3. 设置图幅: 350 ×300，单位为 mm。所有尺寸精度设为二位。

二、块的制作。(10 分)

1. 制作块RA▽并定义属性。

2. 运用块插入进行标注。

三、画二维图和三维图，并标注尺寸、文本、形位公差及其他所有符号。(70 分)

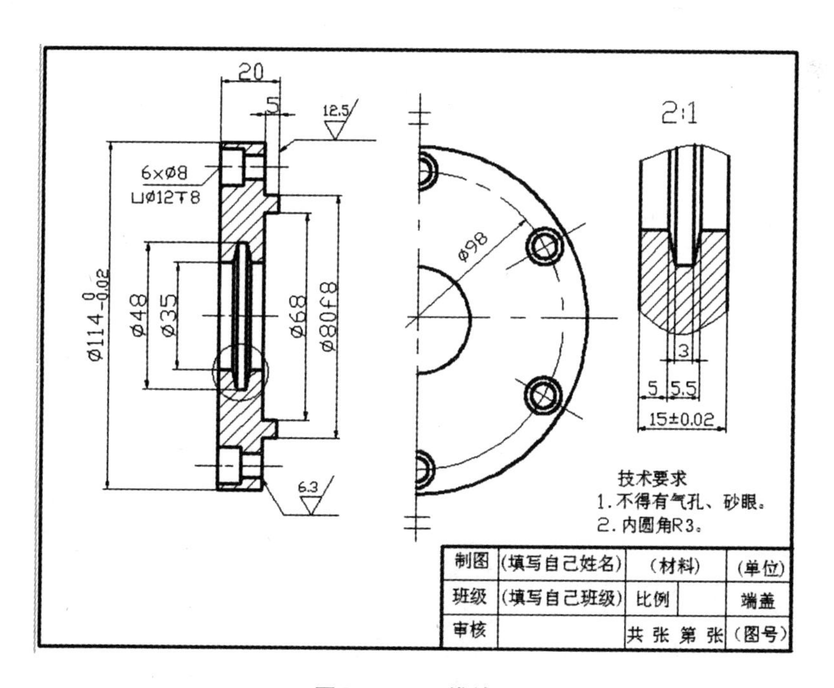

图 M1.1　二维绘图

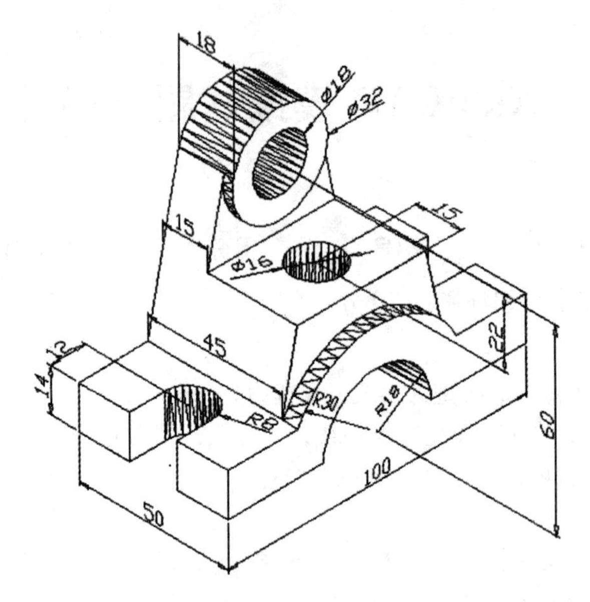

图 M1.2 三维实体图

AutoCAD 模拟试题(二)

姓名________ **班级**________ **学号**________ **得分**________(考试时间:120 分钟)

一、按下面要求设置绘图环境。(20 分)

1. 设置图层:“中心线层”颜色为红色,线型为点划线;
“图形层”颜色为绿色,线型为粗实线,线宽为 0.25;
“尺寸层”颜色为黄色;
“文本层”颜色为白色。
2. 设置图幅为:140 × 100,单位为 mm。所有尺寸精度设为二位。

二、块的制作。(10 分)

1. 制作块“RA▽”,并定义属性。
2. 运用块插入进行标注。

三、按要求抄画下图并标注:尺寸;文本;形位公差及其他所有符号。(70 分)

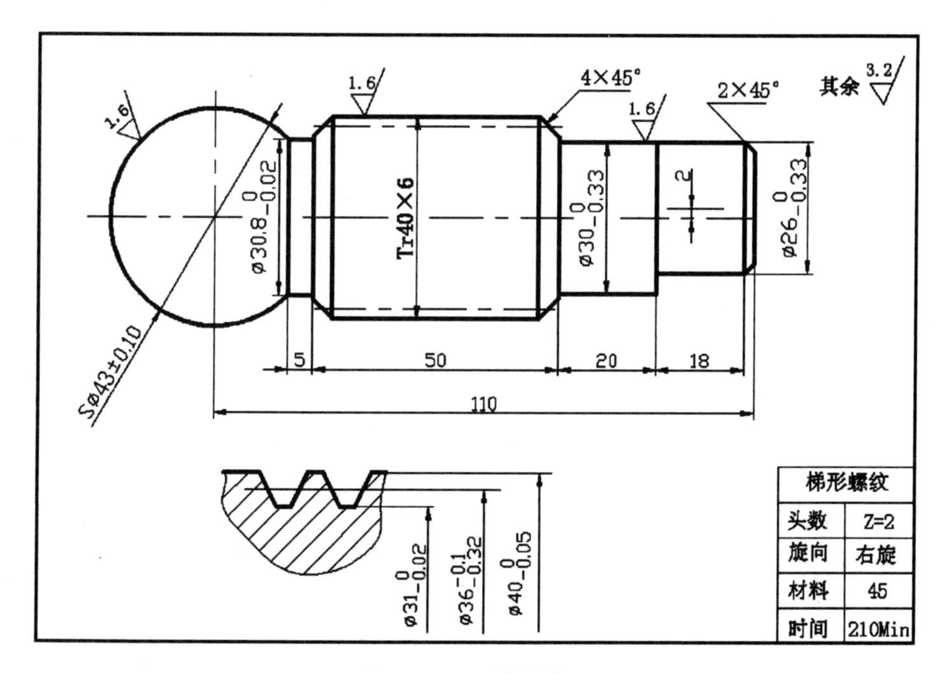

梯形螺纹	
头数	Z=2
旋向	右旋
材料	45
时间	210Min

图 M2.1 二维零件图

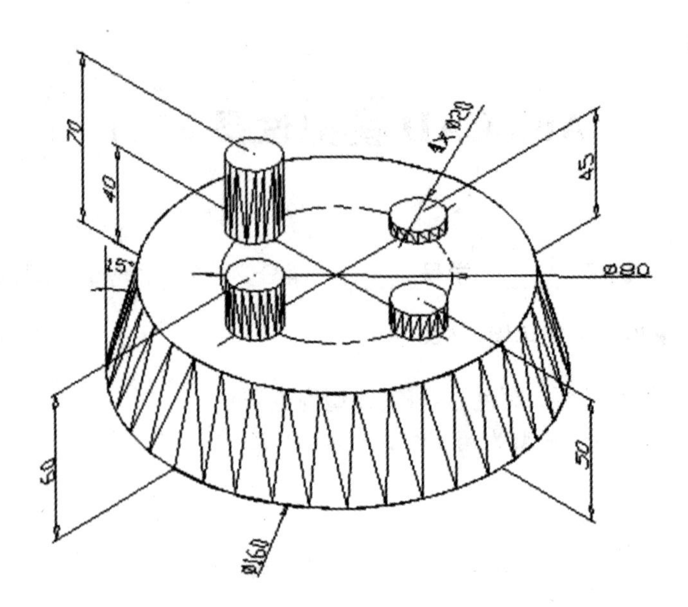

图 M2.2 三维实体模型

附录　AutoCAD 2010 常用命令

本附录按下列工具栏中的图标顺序列出了 AutoCAD 2010 的部分常用命令、命令别名及该命令所能实现的功能。

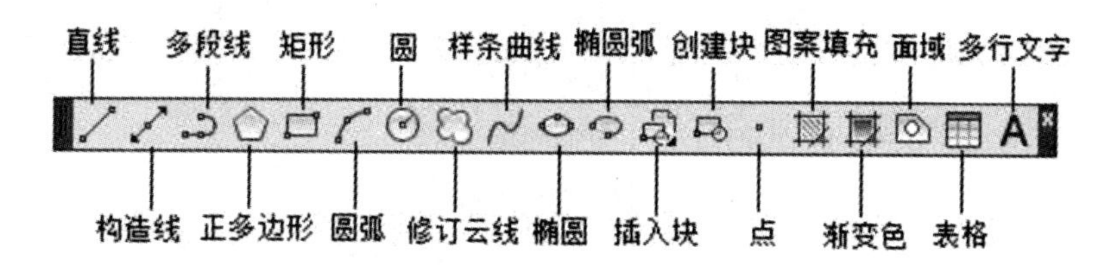

图 1　“绘图”工具栏

表 1　绘图命令与功能

命令	命令别名	功能
直 线 LINE	L	绘制直线
构造线 XLINE	XL	绘制构造线
多段线 PLINE	PL	绘制二维多段线
正多边形 POLYGON	POL	绘制正多边形
矩 形 RECTANG	REC	绘制矩形
圆 弧 ARC	A	绘制圆弧
圆 CIRCLE	C	绘制圆
修订云线 REVCLOUD		绘制一系列圆弧组成的多段线
样条曲线 SPLINE	SP	绘制样条曲线
椭 圆 ELLIPSE	EL	绘制椭圆或椭圆弧
插入块 INSERT	I	将指定的图形块插入到当前图形
创建块 BLOCK	B	创建块
点 POINT	PO	绘制点
图案填充 BHATCH	BH	填充某一个区域
渐变色 GRADIENT		设置图案填充的颜色
面 域 REGION	ERG	建立面域
表 格 TABLE		绘制表格
多行文字 MTEXT	MT	创建多行文字

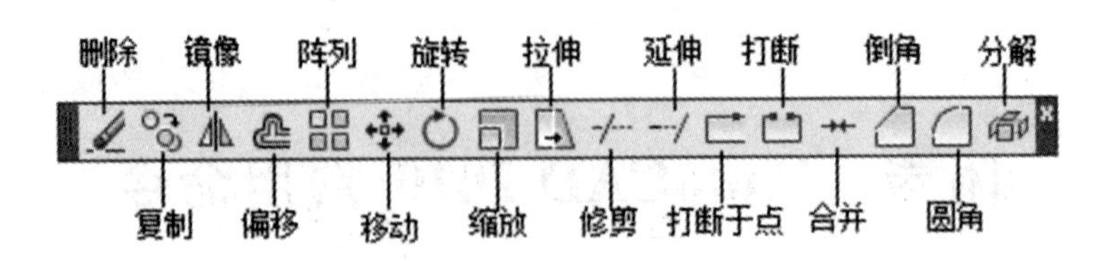

图 2 “修改”工具栏

表 2 编辑命令与功能

命 令	命令别名	功 能
删 除 ERASE	E	删除图形
复 制 COPY	CO	复制图形
镜 像 MIRROR	MI	镜像复制指定的对象
偏 移 OFFSET	O	使用偏移的方法复制对象
阵 列 ARRAY	AR	建立图形阵列
移 动 MOVE	M	移动指定的图形对象
旋 转 ROTATE	RO	将对象绕基点旋转指定的角度
缩 放 SCALE	SC	将图形按指定比例相对于基点缩放
拉 伸 STRETCH	S	拉伸指定的图形对象
拉 长 LENGTHEN	LEN	修改线段或者圆弧的长度
修 剪 TRIM	TR	修剪图形
延 伸 EXTEND	EX	延伸对象
打 断 BREAK	BR	擦去对象的一部分，或切断成两个对象
合 并 JOIN	J	连接某一连续图形上的两个部分
倒 角 CHAMFER	CHA	对两条直线边倒棱角
圆 角 FILLET	F	对图形倒圆角
分 解 EXPLODE	X	将一个图形块分离成单个图形对象
对 齐 ALIGN	AL	移动和旋转对象

参考文献

[1] 崔洪斌. AutoCAD 2004 实用培训教程. 北京：清华大学出版社，2005
[2] 朱宏. AutoCAD 基础教程. 北京：人民邮电出版社，2006
[3] 李水春. 机械制图. 长沙：湖南科学技术出版社，1996
[4] 刘连富. 机械制图习题集. 北京：中国劳动社会保障出版社，2000
[5] 姜勇. AutoCAD 习题精解. 北京：人民邮电出版社，2000
[6] 张玉华，刘二亮，张慧萍. AutoCAD 2009 机械制图技法精讲. 北京：科学出版社，2009
[7] 美国普林斯计算机教育研究中心和北京金企鹅文化发展中心联合主编. AutoCAD 2007 机械制图精品教程. 北京：艺术与科学电子出版社，2008
[8] 张樱枝，吴永福. AutoCAD 2010 中文版基础入门与范例精通. 北京：科学出版社，2010
[9] 高级绘图员级 国家职业技能鉴定专家委员会计算机专业委员会著. 计算机辅助设计（AutoCAD 平台）AutoCAD 2002/2004 试题汇编. 成都：电子科技大学出版社，2004
[10] 程绪琦. AutoCAD 2010 中文版标准教程. 北京：电子工业出版社，2010
[11] 薛焱. 中文版 AutoCAD 2010 基础教程. 北京：清华大学出版社，2009
[12] 曾令宜. AutoCAD 2000 工程绘图教程. 北京：高等教育出版社，2000
[13] 王彬华，蔡原. AutoCAD 2002 中文版实例教程. 成都：电子科技大学出版社，2002
[14] 谢永奇，黄文波，等. AutoCAD 2005 工程制图精彩实例. 北京：清华大学出版社，2005

图书在版编目（CIP）数据

AutoCAD 2010 实用教程／段绍娥，肖祖政主编．—长沙：
中南大学出版社，2011.9
ISBN 978－7－5487－0381－5

Ⅰ．A…　Ⅱ．①段…②肖…　Ⅲ．AutoCAD 软件—教材
Ⅳ．TP391.72

中国版本图书馆 CIP 数据核字（2011）第 175021 号

AutoCAD 2010 实用教程

段绍娥　肖祖政　主编

□**责任编辑**　周芝芹　何　晋
□**责任印制**　易红卫
□**出版发行**　中南大学出版社
社址：长沙市麓山南路　　邮编：410083
发行科电话：0731－88876770　　传真：0731－88710482
□**印　　装**　长沙印通印刷有限公司

□**开　　本**　787 mm×1092 mm　1/16　□**印张** 22.25　□**字数** 555 千字　□**插页** 2
□**版　　次**　2011 年 8 月第 1 版　□2020 年 1 月第 5 次印刷
□**书　　号**　ISBN 978－7－5487－0381－5
□**定　　价**　47.00 元